"双一流"建设精品出版工程

特种轴承设计

DESIGN FOR SPECIAL TYPE OF BEARINGS

庞志成　编著

U0223322

哈尔滨工业大学出版社
HITP HARBIN INSTITUTE OF TECHNOLOGY PRESS

内 容 简 介

本书对液体轴承、气体轴承、滚动轴承等特种轴承的设计制造提出了一些实践可行的理论和方法,并已在实际科研中得到广泛应用。本书包括液体静压轴承,液体动压轴承,液体动静压轴承,气体静压轴承,气体动压轴承,滚动轴承,螺杆、花键、导轨,其他类型轴承,特殊弹簧,与轴承有关轴系的力学问题,摩擦与磨损,振动与噪声等 11 章内容。

本书是一本现代机械工程设计的参考书,许多内容是工程实践的总结,具有很强的实用价值,亦可作为机械专业本科生、研究生教学的教材和参考书。

图书在版编目(CIP)数据

特种轴承设计/庞志成编著. —哈尔滨:
哈尔滨工业大学出版社,2020.6
ISBN 978 - 7 - 5603 - 8011 - 7

Ⅰ.①特… Ⅱ.①庞… Ⅲ.①轴承 - 设计 Ⅳ.①TH133.3

中国版本图书馆 CIP 数据核字(2019)第 046775 号

策划编辑　杜　燕　李艳文　范业婷
责任编辑　李长波　谢晓彤
出版发行　哈尔滨工业大学出版社
社　　址　哈尔滨市南岗区复华四道街 10 号　邮编150006
传　　真　0451 - 86414749
网　　址　http://hitpress.hit.edu.cn
印　　刷　黑龙江艺德印刷有限责任公司
开　　本　787mm × 1092mm　1/16　印张 31.75　字数 830 千字
版　　次　2020 年 6 月第 1 版　2020 年 6 月第 1 次印刷
书　　号　ISBN 978 - 7 - 5603 - 8011 - 7
定　　价　98.00 元

(如因印装质量问题影响阅读,我社负责调换)

前　言

随着科学技术的进步和发展,现有的机械设计资料需要进一步充实。

在强文义教授的启发、关心和指导下,作者在继承的基础上,收集、归纳、筛选和补充了有关机械设计资料,这项工作也是作者的一个学习过程。

撰写的指导思想是以机器的支承为中心,尽量反映新技术、新方法及所涉及的新工艺、新材料等,如液体静压、动压及动静压轴承,气体静压、动压及动静压轴承,以及与轴系有关的力学问题(应力蠕变、应力松弛等)。将直线运动系统,如滚动螺杆、滚动花键及滚动导轨,编入了设计计算实例。提供了计算程序和参数选择要点,便于设计者掌握正确的设计方法。

在内容处理上,优选经过工程实践验证的课题内容,尽量做到理论与实践相结合。另外,在国内外内容相同的机械设计资料中,注意选择新技术、新结构和新方法,如空气轴承的扩散、绕流问题,轴与轴承相对倾斜对轴承负荷性能的影响问题,以及轴承的摩擦和磨损、振动与噪声等问题。

本书一方面继承有关机械设计资料中的新技术、新结构、新方法;另一方面又优选经过工程实践验证的新课题,在内容处理上注意了较宽的读者对象,可作为机械专业本科生、研究生的学习、设计必备的参考资料,又可作为机械专业必备的设计资料,特别是编入了机械设计中常遇到的特殊问题。

强文义教授对本书的撰写做了深入全面的指导,在此向他表示衷心的感谢。

由于作者水平有限,本书难免出现疏漏及不足之处,恳请批评和指正。

作　者

庞志成

2019 年 12 月

目　　录

第 1 章　液体静压轴承

液体静压轴承靠液压泵把压力油送到轴承间隙中,强力形成压力润滑油膜来支承外载荷。轴承中油膜压力与轴颈转速基本无关,可在极低转速甚至零转速下获得液体润滑,也能在较高转速下形成液体润滑,具有较低的摩擦阻力,支承效率较高。

但是,在推广应用中常出现动态不稳定现象,严重影响轴承的支承精度。针对这一问题,作者经过理论分析和实验验证,总结出液体静压轴承的动态特性判别方法,并系统地提出了解决轴承动态不稳定问题的有效措施,包括:在阶跃载荷作用下,静压支承过渡过程的延续时间及最大动态位移量;在周期性交变载荷作用下,开式及闭式静压支承的动态稳定性判别式及其稳态措施,并写出研究论文,发表于国际知名论文 WEAR 和 *Tribology Transactions* 等刊物上。

在上述理论指导下,有关液体静压轴承的科研课题,都获得了理想的性能,特别对于重型液体静压轴承,效果更为明显,不仅轴承的动态稳定性好,而且支承精度高,保证了轴承的承载特性(承载能力及油膜刚度)。

液体静压轴承设计的重要环节是节流器的选择,在本书中只介绍两种节流器:小孔固定节流器及膜反馈节流器。实践证明这两种节流静压轴承的静态设计理论是可行的,工艺性也较好,应用比较广泛,特别是在精密机械设计中效果更加突出和明显。

1.1　液体静压径向轴承

1.1.1　结构类型及尺寸参数

径向静压轴承基本分为两类,即有轴向回油槽(又称油垫)轴承(图 1-1(a))和无轴向回油槽(又称油腔)轴承(图 1-1(b))。

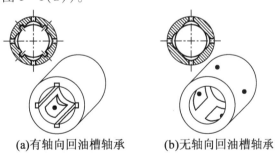

(a)有轴向回油槽轴承　　　　(b)无轴向回油槽轴承

图 1-1　两类径向静压轴承

与油腔轴承相比,油垫轴承的刚度较大,流量也较大,适用于中、小轴承,应用比较广泛,是本节重点介绍内容。

径向轴承结构尺寸参数如图 1-2 所示。

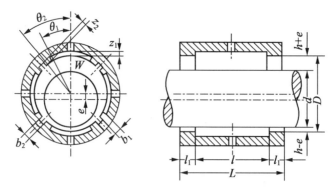

图 1-2　径向轴承结构尺寸参数

（1）轴承内径 $D = 2R$。

（2）轴承长度 L，一般 $L = (0.8 \sim 1.2)D$，最大长度 $L = 1.5D$。

（3）轴向封油面长度 l_1 及周向封油面宽度 b_1。

①有轴向回油槽（油垫）轴承。

当 $D = 200$ mm 时，

$$l_1 = b_1 = 0.1D$$

②无轴向回油槽（油腔）轴承。

$$l_1 = 0.1D, \quad b_1 \approx \frac{D}{n} \quad （n \text{ 为油腔数目}）$$

（4）油腔轴向长度 l。

$$l = L - 2l_1$$

（5）θ_1 为油腔张角的一半，θ_2 为周向封油面外侧张角的一半。

（6）回油槽宽度 b_2、深度 z_2，见表 1-1。

表 1-1　回油槽的结构参数

$D/$mm	$40 \sim 60$	$70 \sim 100$	$110 \sim 150$	$160 \sim 200$
$b_2/$mm	3	4	5	6
$z_2/$mm	0.6	0.8	1.0	1.2

（7）油腔深度 $z_1 = (30 \sim 60)h_0$，h_0 为转轴与轴承同心时的半径间隙。

（8）转轴与轴承直径间隙的公差。

$$\Delta h_0 = \left(\frac{1}{20} - \frac{1}{10} \right) 2h_0$$

（9）主轴与轴承形位公差 Δx_1（包括不圆柱度等）。

$$\Delta x_1 \leqslant \left(\frac{1}{20} \sim \frac{1}{10} \right) 2h_0$$

（10）工作表面粗糙度。

轴颈，取 $Ra = (0.1 \sim 0.4) \mu m$；

轴承，取 $Ra = 0.8 \mu m$。

1.1.2　定压径向静压轴承设计计算

以下介绍的内容均为等面积四油腔对置分布油垫轴承的设计公式。小孔节流静压轴承如图 1-3 所示。

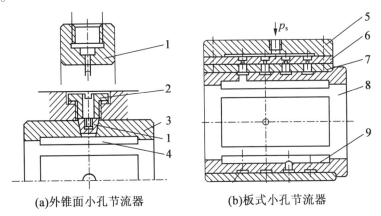

(a)外锥面小孔节流器　　　　(b)板式小孔节流器

图 1-3　小孔节流静压轴承

1—外锥面小孔节流器;2—紧固螺钉;3—轴承;4—油腔;5—盖板;
6—板式小孔节流器;7—壳体;8—轴承;9—供油环槽

(1)一个油垫的有效承载面积。

$$A_{\mathrm{b}} = 2R(l + l_1)\sin\frac{\theta_1 + \theta_2}{2} \tag{1-1}$$

(2)轴承结构系数及节流比。

$$\lambda_0 = \frac{1}{2}\left[\sqrt{1 + \frac{8\rho h_0^6 R^2 p_{\mathrm{s}}\left(\dfrac{ll_1}{Rb_1} + 2\theta_1\right)^2}{9\pi^2\alpha^2 l_1^2\mu^2 d_{\mathrm{c}}^4}} - 1\right] \tag{1-2}$$

$$\beta_0 = \lambda_0 + 1$$

式中　α——流量系数,对于小孔节流 $\alpha = 0.7$;

　　　μ——油液黏度;

　　　d_{c}——节流小孔直径;

　　　p_{s}——供油压力;

　　　ρ——油液密度。

(3)轴承油膜刚度。

$$J_0 = \frac{12 p_{\mathrm{s}} A_{\mathrm{b}}(\beta_0 - 1)\cos\theta_1}{h_0\beta_0(2\beta_0 - 1)} \tag{1-3}$$

(4)轴承承载能力。

偏心率　　　　　$\varepsilon = \dfrac{e}{h_0}$　（e 为受载后转轴偏心量）　　　$\tag{1-4}$

当 $\varepsilon \leqslant 0.4$ 时,油膜刚度基本恒定,即 e 与载荷 W 呈线性变化,因此轴承承载能力可用下式表示:

$$W = J_0 e = J\varepsilon h_0 \tag{1-5}$$

（5）轴承流量。

空载时通过小孔节流器流入轴承一个油腔的流量

$$Q_{c0} = \alpha \frac{\pi d_c^2}{4} \sqrt{\frac{2(p_s - p_0)}{\rho}} \qquad (1-6)$$

式中　p_0——空载时轴承油腔中压力，$p_0 = \dfrac{p_s}{\beta_0}$。

空载时从轴承一个油腔流出的流量

$$Q_0 = \frac{Rh_0^3}{6\mu l_1} \left(\frac{l l_1}{Rb_1 + 2\theta_1} \right) p_0 \qquad (1-7)$$

（6）轴承摩擦功率。

$$N_f = 9.8 \times 10^{-6} \mu v^2 \left(\frac{A_1}{h_0} + \frac{A_2}{h_0 + z_1} \right) \qquad (1-8)$$

式中　v——轴径线速度；

　　　A_1——轴向和周向封油面积；

　　　A_2——油腔面积。

（7）油泵输出功率。

$$N_p = \frac{p_p Q_p}{612} \qquad (1-9)$$

式中　p_p——泵输出压力；

　　　Q_p——泵输出流量。

（8）轴承油液温升。

$$\Delta t^\circ = \frac{102(N_f + N_p)}{427 c_t \rho Q_p} \qquad (1-10)$$

式中　c_t——油液比热容，一般 $c_t = (1.7 \sim 2.1) \times 10^3$ J/（kg·℃）；

　　　ρ——油液密度，$\rho = (8.5 \sim 9.0) \times 10^{-4}$ kg/cm³。

1.1.3　定压供油薄膜节流径向静压轴承设计计算

如图 1-4 所示，其工作原理是通过节流器的反馈作用，使轴承承载压力差增大，提高轴承的承载能力和刚度，轴承的性能设计公式及参数选取如下。

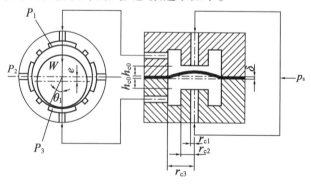

图 1-4　薄膜反馈节流静压轴承工作原理

（1）轴承有效承载面积同小孔节流轴承。

（2）轴承结构系数及节流比。

$$\lambda_0 = \frac{R\left(\dfrac{ll_1}{Rb_1} + 2\theta_1\right)\ln\dfrac{r_{c2}}{r_{c1}}}{\pi l_1}\left(\frac{h_0}{h_{c0}}\right)^3 \tag{1-11}$$

$$\beta_0 = 1 + \lambda_0 \tag{1-12}$$

式中　r_{c1}——节流圆台内孔半径；

　　　r_{c2}——节流圆台半径；

　　　h_{c0}——薄膜平直状态下的节流间隙。

薄膜反馈节流器结构如图 1-5 所示。

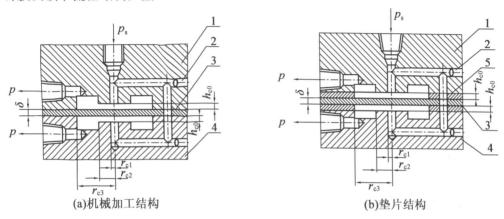

图 1-5　薄膜反馈节流器结构

1—上盖板；2—塞柱；3—薄膜；4—下盖板；5—垫片

（3）轴承流量同小孔节流轴承。

通过节流器流入轴承的流量为

$$Q_{c0} = \frac{\pi h_{c0}^3 (p_s - p_0)}{6\mu \ln \dfrac{r_{c2}}{r_{c1}}} \tag{1-13}$$

（4）轴承承载能力。

$$W = \frac{6p_s A_b \lambda_0 \left[1 - 3K\omega^2(1-K) - K^3\omega^4\right]\varepsilon\cos\theta_1}{(1 - K^2\omega^2)^3 + 2\lambda_0\left[1 - 3K + K^2\omega^2(3-K)\right] + \lambda_0^2} \tag{1-14}$$

式中　K——薄膜控制系数，见表 1-2；

　　　ω——载荷系数，$\omega = \dfrac{W}{A_b p_s}$（对于轻型机械，$\omega = 0.1 \sim 0.2$；对于中型机械，$\omega = 0.3 \sim 0.4$；

　　　对于重型机械，$\omega = 0.5 \sim 0.6$）。

（5）轴承油膜刚度。

$$J = \frac{6p_s A_b (\beta_0 - 1)\left[1 - 3K\omega^2(1-K) - K^3\omega^4\right]\cos\theta_1}{h_0\left\{(1 - K^2\omega^2)^3 + 2(\beta_0 - 1)\left[1 - 3K + K^2\omega^2(3-K) + (\beta_0 - 1)^2\right]\right\}} \tag{1-15}$$

（6）节流薄膜厚度。

$$\delta = \sqrt[3]{\frac{3(r_{c3} - r_{c1})^2(1 - \gamma^2)p_s}{16EKh_{c0}}} \tag{1-16}$$

式中 r_{c3}——薄膜变形半径；

    γ——泊松比，一般取 $\gamma = 0.28$；

    E——薄膜材料弹性模量；

    r_{c2}——节流凸台半径；

    r_{c1}——节流器进油口半径。

(7)薄膜节流间隙。

$$h_{c0} = h_0 \sqrt[3]{\frac{R\ln\frac{r_{c2}}{r_{c1}}\left(\frac{ll_1}{Rb_1} + 2\theta_1\right)}{\pi(\beta_0 - 1)l_1}} \tag{1-17}$$

(8)轴承参数优化。

a. 最佳参数组合(表1-2)。

表1-2　节流参数表

ω	0.1	0.2	0.3	0.4	0.5	0.6
K	0.700	0.704	0.710	0.720	0.736	0.750
λ_0	0.644	0.626	0.595	0.558	0.494	0.420
β_0	1.644	1.626	1.595	1.558	1.494	1.420

上述最佳参数组合,不仅满足在额定(规定)载荷作用下,轴承油膜具有的最大刚度,而且载荷从0到额定载荷的加载过程,均处于正刚度。但是由于存在加工误差,也有可能在某一载荷的作用下,出现负刚度。

b. 较佳实用参数。

这种参数选择在额定载荷下轴承刚度略小于最佳参数组合的参数。但是,只要使控制参数 $K \leqslant \frac{2}{3}$,β_0 值就可以在一定范围内变化,并且均保证具有正刚度,从而十分有利于轴承和节流器的制造和调整,允许存在计算和加工微量误差。

设计时,通常取

$$K = \frac{2}{3}$$

$$\beta_0 = 1.7 \sim 2.0$$

(9)设计计算实例见文献[1]、[2]。

1.2　无轴向回油槽静压轴承

无轴向回油槽静压轴承的工作特点是空载时各个油腔的压力相等,油腔回油经过轴向封油面流出,如图1-6(a)所示。主轴径受载偏移后,由于各油腔压力不相等,油腔之间产生"内流",使对置两个油腔压力差有所减小,轴承油膜刚度比油垫轴承略小,如图1-6(b)所示。

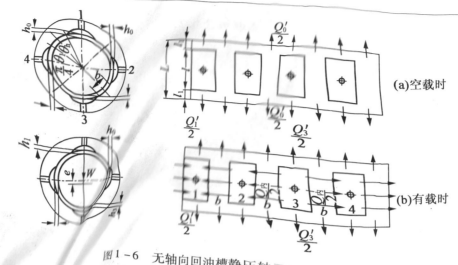

图 1-6 无轴向回油槽静压轴承工作特点

轴承设计计算公式

以等面积回油方形轴承为对象进行介绍。

（1）轴承承载力。

（2）轴承一个油腔有效承载面积。

$$W = A_b(p_3 - p_1) \qquad (1-18)$$

（3）轴承一个油腔向外流出的流量。

$$A_b = 2R(l + l_2)\sin 45° \qquad (1-19)$$

（4）空载时通过节流器流入轴承一个油膜的流量。

$$Q_0 = \frac{\pi R h_0^3 p_0}{12\mu l_1} \qquad (1-20)$$

（5）节流比和结构系数。其计算公式按式(1-6)、式(1-13)。

①小孔节流静压轴承。

武中 β_0 ——最佳节流比，可近似取 $\beta_0 = 1 + \dfrac{1}{\sqrt{2(1+\lambda_K)}}$。

$$\lambda_0 = \beta_0 - 1 = \frac{1}{2}\left(\sqrt{1 + \frac{2\rho R^2 h_0^6 p_s}{9\mu^2 l_1^2 \alpha^2 d_c^4}}\right) \qquad (1-21)$$

②薄膜反馈节流静压轴承。

（6）轴承承载能力计算。

①小孔节流静压轴承。

$$\lambda_0 = \beta_0 - 1 = \frac{R h_0^3}{2 h_{c0}^3 l_1}\ln\frac{r_{c2}}{r_{c1}} \qquad (1-22)$$

②薄膜反馈节流静压轴承。

$$W = \frac{12\varepsilon\lambda_0 A_b p_s \cos\theta_1}{(1+\lambda_0)(2\lambda_0+1) + 2\lambda_K\lambda_0(1+\lambda_0)} \qquad (1-23)$$

$$W = \frac{6P_s A_b \lambda_0[1 - 3K(1-K)\omega^2 - K^3\omega^4]\varepsilon\cos\theta_1}{(1-K^2\omega^2)^3 + 2\lambda_0[1 - 3K + K^2(3-K)\omega^2] + \lambda_0\lambda_K(1+\lambda_0 + 3K^2\omega^2) + \lambda_0^2} \qquad (1-24)$$

式中　ω——载荷系数，对轻载及精密设备取 $\omega \in [0.2, 0.4]$；

　　　K——控制系数；

　　　ε——偏心率；

　　　λ_K——内流系数，$\lambda_K = \dfrac{2ll_1}{\pi R b} = \dfrac{2ll_1}{\pi R^2 \theta_b}$。

（7）轴承刚度。

①小孔节流静压轴承。

$$J_0 = \frac{W}{e} = \frac{12\lambda_0 A_b p_s \cos\theta_1}{\left[(1+\lambda_0)(2\lambda_0+1)+2\lambda_K\lambda_0(1+\lambda_0)\right]h_0} \qquad (1-25)$$

式中　λ_0——轴承最佳刚度结构系数，可近似取 $\lambda_0 = \dfrac{1}{\sqrt{2(1+\lambda_K)}}$。

②薄膜反馈节流静压轴承。

$$W = \frac{6p_s A_b \lambda_0 \left[1-3K(1-K)\omega^2 - K^3\omega^4\right]\varepsilon\cos\theta_1}{h_0\left\{(1-K^2\omega^2)^3 + 2\lambda_0\left[1-3K+K^2(3-K)\omega^2\right] + \lambda_0\lambda_K(1+\lambda_1+3K^2\omega^2) + \lambda^2\right\}}$$

利用数学分析，可求得三组最佳组合参数列于表 1-3 ~ 1-5 中。

表1-3　节流参数表（$L=1.0D$, $\lambda_K = \dfrac{2ll_1}{\pi R b} = 0.407\,4$）

ω	0.01	0.05	0.10	0.15	0.20	0.30	0.40	0.50
K	0.836 4	0.836 9	0.838 7	0.841 8	0.846 1	0.859 1	0.878 0	0.907 4
λ_0	0.540 5	0.538 4	0.533 4	0.524 5	0.511 8	0.475 0	0.421 7	0.349 9
β_0	1.540 5	1.538 4	1.533 4	1.524 5	1.511 8	1.475 0	1.421 7	1.349 9

表1-4　节流参数表（$L=1.1D$, $\lambda_K = \dfrac{2ll_1}{\pi R b} = 0.458\,0$）

ω	0.01	0.05	0.10	0.15	0.20	0.30	0.40	0.50
K	0.853 0	0.853 6	0.856 0	0.857 0	0.863 5	0.877 5	0.898 5	0.929 0
λ_0	0.529 2	0.527 4	0.522 1	0.512 6	0.500 4	0.462 5	0.407 9	0.334 2
β_0	1.529 2	1.527 4	1.522 1	1.512 6	1.500 4	1.462 5	1.407 9	1.334 2

表1-5　节流参数表（$L=1.2D$, $\lambda_K = \dfrac{2ll_1}{\pi R b} = 0.509\,2$）

ω	0.01	0.05	0.10	0.15	0.20	0.30	0.40	0.50
K	0.870 1	0.870 8	0.872 9	0.876 3	0.881 3	0.896 1	0.918 9	0.952 5
λ_0	0.518 2	0.516 5	0.510 9	0.501 6	0.488 5	0.450 2	0.394 4	0.318 9
β_0	1.518 2	1.516 5	1.510 9	1.501 6	1.488 5	1.450 2	1.394 4	1.318 9

同理,为轴承加工、调整方便,在相等的 δ、r_{c1}、r_{c2} 和 $h<0$ 参数下,仍可采用较佳实用参数 $K \leqslant \dfrac{2}{3}$ 及 $\beta_0 = 2$,为获得较佳的承载能力,供油压力 p_s 需要提高 20%。

1.2.2　轴承油腔数目对轴承刚度的近似修正公式

以上静压轴承的全部设计计算公式均是以等面积四油腔为对象推导的,对于非四油腔轴承,其油膜刚度的修正公式如下:

$$J_{0i} = \sum_{i=1}^{n} j_i \cos^2 \varphi_i \qquad (1-27)$$

式中　j_i——第 i 个油腔的刚度。

如图 1-7 所示,按公式(1-27)可分别求得以下刚度修正公式。

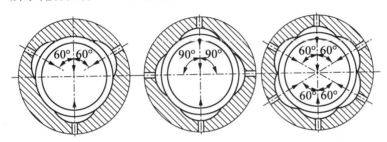

图 1-7　不同油腔数目轴承

(1)等面积三油腔轴承。

$$J_{03} = j\cos^2 0° + j\cos^2 60° + j\cos^2 60° = j + \frac{1}{4}j + \frac{1}{4}j = \frac{3}{2}j$$

(2)等面积四油腔轴承。

$$J_{04} = j\cos^2 0° + j\cos^2 90° + j\cos^2 90° + j\cos^2 0° = j + 0 + 0 + j = 2j$$

(3)等面积六油腔轴承。

$$J_{06} = 2j\cos^2 0° + 4j\cos^2 60° = 2j + 4 \times \frac{1}{4}j = 3j$$

以四油腔为基准,对于任意油腔数目静压轴承,其刚度公式可以写成

$$J_{0n} = \frac{n}{4} J_{04} \qquad (1-28)$$

式中　n——油腔数目;

　　　J_{04}——四油腔轴承刚度。

应该指出,从公式(1-28)的形式看,似乎整个轴承油膜刚度与油腔数目成比例,但其实并非如此。在轴承内径 D 已定的条件下,油腔数目越多,一个油腔有效载荷面积 A_b 越小,因此,整个轴承的刚度变化是不大的。

1.3　液体静压止推轴承

1.3.1　结构类型及轴承尺寸参数

液体静压止推轴承基本分为两类:环形油腔止推轴承(图1-8(a))和扇形多油腔止推轴承(图1-8(b))。

环形油腔只能承受通过轴线的轴向力,不能承受偏心力和力矩作用,因此必须与径向轴承配合使用。

多油腔止推轴承可承受偏芯轴向力和力矩作用,但加工工艺性不好,只适用于大型止推轴承。

(1)环形油腔尺寸,如图1-8(c)所示。

$$R_2 = 1.2R, \quad R_3 = 1.4R, \quad R_4 = 1.6R$$

式中　　R——轴承内半径。

如轴肩无退刀槽,$R_1 = R$ 或 $R_1 + R = 0.5$ mm(倒棱);

如轴肩有退刀槽,$R_1 = R + b$(b 为退刀槽宽度);

油腔深度 $z_1 = (30 \sim 60)h_0$,h_0 为轴向总间隙的一半。

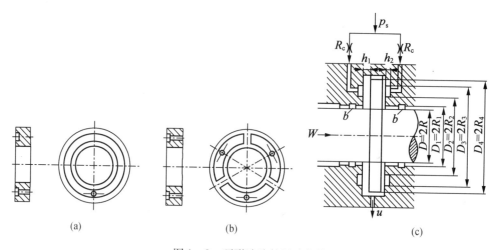

图1-8　环形油腔的尺寸参数

(2)轴承轴向总间隙。

$$D \leqslant 60 \text{ mm}, \quad 2h_0 = (0.0005 \sim 0.0007)D$$

$$D = (60 \sim 100) \text{mm}, \quad 2h_0 = (0.0004 \sim 0.0006)D$$

$$D \geqslant 100 \text{ mm}, \quad 2h_0 = (0.0003 \sim 0.0004)D$$

轴向间隙公差为

$$\Delta h_0 = \pm \left(\frac{1}{10} \sim \frac{1}{7} \right) h_0$$

（3）止推面与圆柱面轴径的垂直度。

$$\perp < \frac{h_0}{5 \sim 10}$$

（4）止推面的粗糙度为 $\overset{0.4}{\triangledown} \sim \overset{0.1}{\triangledown}$。

1.3.2　定压供油止推轴承静压轴承设计计算

（1）小孔节流静压止推轴承。

① 环形油腔有效承载面积。

$$A_{\mathrm{b}} = \frac{\pi}{2}\left[\frac{R_4^2 - R_3^2}{\ln\dfrac{R_4}{R_3}} - \frac{R_2^2 - R_1^2}{\ln\dfrac{R_2}{R_1}}\right] \qquad (1-29)$$

② 环形油腔止推轴承流出的流量。

$$Q_0 = \frac{\pi h_0^3 p_{\mathrm{s}}}{6\mu\beta_0} \cdot \frac{\ln\left(\dfrac{R_2}{R_1} \cdot \dfrac{R_4}{R_3}\right)}{\ln\dfrac{R_2}{R_1} \cdot \ln\dfrac{R_4}{R_3}} \qquad (1-30)$$

③ 止推轴承结构系数及节流比。

$$\lambda_0 = -\frac{1}{2}\left\{\sqrt{1 + \frac{8\rho p_{\mathrm{s}} h_0^6}{9\mu^2\alpha^2 d_{\mathrm{c}}^4}\left[\frac{\ln\left(\dfrac{R_2}{R_1} \cdot \dfrac{R_4}{R_3}\right)}{\ln\dfrac{R_2}{R_1} \cdot \ln\dfrac{R_4}{R_3}}\right]} - 1\right\} \qquad (1-31)$$

$$\beta_0 = 1 + \lambda_0 \qquad (1-32)$$

④ 轴承承载能力。

$$W = \frac{12 p_{\mathrm{s}} A_{\mathrm{b}} \varepsilon \lambda_0}{(1+\lambda_0)(1+2\lambda_0)} \qquad (1-33)$$

⑤ 轴承油膜刚度。

$$J_0 = \frac{12 p_{\mathrm{s}} A_{\mathrm{b}} \lambda_0}{h_0(1+\lambda_0)(1+2\lambda_0)} \qquad (1-34)$$

⑥ 最佳节流比。

$\beta_0 = 1.71$，较佳节流范围 $\beta_0 = 1.5 \sim 3.0$，则有 $\lambda_0 = \beta_0 - 1 = 0.71$ 以及 $\lambda_0 = 0.5 \sim 2.0$。

（2）薄膜反馈节流静压止推轴承。

A_{b}、Q_0 同式（1-19）、式（1-20）。

① 承载能力。

$$W = \frac{6 A_{\mathrm{b}} p_{\mathrm{s}}(\beta_0 - 1)\left[1 - 3K\omega^2(1-K) - K^3\omega^4\right]\varepsilon}{(1 - K^2\omega^2)^3 + 2(\beta_0 - 1)\left[1 - 3K + K^2\omega^2(3-K)\right] + (\beta_0 - 1)^2} \qquad (1-35)$$

② 油膜刚度。

$$J_0 = \frac{6 A_{\mathrm{b}} p_{\mathrm{s}}(\beta_0 - 1)\left[1 - 3K\omega^2(1-K) - K^3\omega^4\right]\cos\theta_1}{h_0\left\{(1 - K^2\omega^2)^3 + 2(\beta_0 - 1)\left[1 - 3K + K^2\omega^2(3-K)\right] + (\beta_0 - 1)^2\right\}} \qquad (1-36)$$

③ 参数优化。

a. 最佳组合参数 $(\omega, K, \lambda_0, \beta_0)$ 见表 1-2。

b. 较佳实用参数仍为 $K \leqslant \dfrac{2}{3}$，β_0 为 $1.7 \sim 2.0$。

1.4　液体静压轴承动态特性

流体(液体和气体)静压轴承(统称支承)的动态特性主要研究两个方面:一是在阶跃(瞬时突加)载荷作用下静压支承的动态过渡特性;二是在周期交替载荷作用下,支承的动态特性。具体研究内容如下。

1.4.1　阶跃作用下静压支承的过渡特性

(1)阶跃载荷的函数形式。

$$W(t) = \begin{cases} \Delta W, & t \geqslant 0 \\ 0, & t < 0 \end{cases} \tag{1-37}$$

式中　t——过渡时间;

　　　ΔW——阶跃载荷。

公式(1-26)的 Laplace 变换为

$$F(s) = \frac{\Delta W}{s} \tag{1-38}$$

式中　s——Laplace 算子。

(2)静压支承的传递函数。

①开式静压支承(图1-9(a))。

$$W(s) = j^{-1} \frac{T_0 s + 1}{T_2^2 s^2 + T_1 s + 1} \tag{1-39}$$

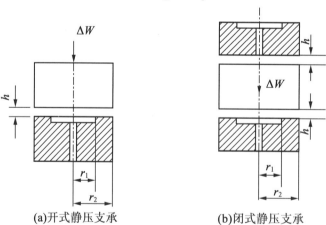

(a)开式静压支承　　(b)闭式静压支承

图1-9　两种静压支承示意图

②闭式静压支承(图1-9(b))。

$$W(s) = j^{-1} \frac{T_0 s + 1}{T_3^3 s^3 + T_2^2 s^2 + T_1 s + 1} \tag{1-40}$$

式中　j——静压支承刚度;

T_0, T_1, T_2, T_3——时间常数,其值分别为

$$T_0 = \frac{\tau R_h}{1 + \dfrac{R_h}{R_c}} \tag{1-41}$$

$$T_3^3 = j^{-1} m T_0 \tag{1-42}$$

$$T_2^2 = j^{-1} \left[m + \gamma_1 (A_\gamma - A_b) T_0 \right] \tag{1-43}$$

$$T_1 = j^{-1} \gamma \left(A_\gamma - \frac{A_b}{1 + \dfrac{R_h}{R_c}} \right) \tag{1-44}$$

式中　R_h——支承间隙液阻;

　　　R_c——支承节流液阻;

　　　γ——支承间隙阻尼系数,其值为

$$\gamma = \frac{3\mu}{h^3} (r_2^2 - r_1^2) \tag{1-45}$$

式中　r_2——支承半径;

　　　r_1——油腔半径;

　　　A_b——支承有效承载面积;

　　a. 对于中心油腔

$$A_b = \frac{\pi}{2} \cdot \frac{(r_2^2 - r_1^2)}{\ln \dfrac{r_2}{r_1}} \tag{1-46}$$

　　b. 对于环形油腔

$$A_b = \frac{\pi}{2} \left[\frac{(r_4^2 - r_3^2)}{\ln \dfrac{r_4}{r_3}} - \frac{(r_2^2 - r_1^2)}{\ln \dfrac{r_2}{r_1}} \right] \tag{1-47}$$

　　　A_γ——支承有效挤压面积;

　　a. 对于中心油腔

$$A_\gamma = \pi (r_2^2 - r_1^2) \tag{1-48}$$

　　b. 对于环形油腔

$$A_\gamma = \pi \left[(r_4^2 - r_3^2) + (r_2^2 - r_1^2) \right] \tag{1-49}$$

　　　m——被支承物体质量;

　　　τ——静压支承油液压缩系数,其值为

$$\tau = \frac{V_{oa}}{E_{oa}} + \frac{V_c}{E_c} \tag{1-50}$$

式中　V_{oa}——支承油腔和敏感油路中油液总容积;

　　　V_c——反馈节流器压力腔变化容积(对于固定节流器 $V_c = 0$);

　　　E_c——反馈节流器中弹性元件变形模量;

　　　E_{oa}——常温下含气油液的弹性模量(MPa),其实验测试值为

$$E_{oa} = (1\,150 \sim 1\,200) + 800 \lg p$$

式中　p——油液压力。

（3）静压支承过渡过程的特性方程及其传递函数。

将阶跃载荷作为输入函数（激励），支承油膜间隙变化作为输出函数（响应），其 Laplace 变换可用下式表示：

$$y(s) = F(s)W(s) = \frac{\Delta W}{sj} \cdot [\,T\,] \qquad (1-51)$$

式中　j——油膜刚度；

　　　s——Laplace 算子。

开式与闭式静压支承如图 1-10 所示。

①对于开式支承，

$$[\,T\,] = \frac{T_0 s + 1}{T_2 s^2 + T_1 s + 1}$$

②对于闭式支承，

$$[\,T\,] = \frac{T_0 s + 1}{T_3^3 s^3 + T_2^3 s^2 + T_1 s + 1}$$

式中　T_i——时间常数。

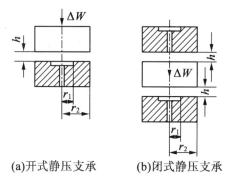

(a)开式静压支承　　　(b)闭式静压支承

图 1-10　开式与闭式静压支承

1.4.2　阶跃载荷作用下静压支承过渡过程的延续时间及最大位移量

（1）过渡延续时间。

①对于非周期性振荡过程的过渡过程为

$$t = \frac{3 + \ln|f(A_1)|}{f(B_1)} \qquad (1-52)$$

②对于有限阻尼的周期性振荡的过渡过程为

$$t = \frac{3 + \ln|f(C)|}{f(D)} \qquad (1-53)$$

（2）过渡过程中油膜间隙的最大位移量。

①当 $f(A_1) < 0$ 时，属于无超位移的非周期性的过渡过程，因此，支承间隙的最大位移量等于在静力 ΔW 作用下的静态位移量，即

$$y_{\max} = \frac{\Delta W}{j} \qquad (1-54)$$

②当 $f(A_2) > 0$ 时，属于有超位移的非周期性过渡过程，其位移达到最大值所需要的时间

为

$$t_s = \ln\left[\frac{f(A_1)f(B_1)}{f(A_2)f(B_2)}\right]\left[f(B_1) - f(B_2)\right]^{-1} \tag{1-55}$$

相应的最大位移量为

$$y_{max} = \frac{\Delta W}{j}\left\{1 + f(A_1)\exp\left[-f(B_1)t_s\right] + f(A_2)\exp\left[-f(B_2)t_s\right]\right\} \tag{1-56}$$

③对于有阻尼的周期性振荡过渡过程,位移达到最大值的时间为

$$t_s = \frac{\tan\left[\dfrac{-f(E)}{f(D)} - \varphi\right]}{57.3\left[-f(E)\right]} \tag{1-57}$$

相应的最大位移量为

$$y_{max} = \frac{\Delta W}{j}\left[1 + f(C)\exp f(D)t_s \sin(57.3t_s + \varphi)\right] \tag{1-58}$$

式中

$$f(A_1) = \frac{(K_1 - K_2 + K_3^{\frac{1}{4}})(K_2 + K_3^{\frac{1}{4}})}{\left[(K_2 - K_3^{\frac{1}{4}}) - (K_2 + K_3^{\frac{1}{4}})\right]K_1}$$

$$f(A_2) = \frac{(K_1 - K_2 + K_3^{\frac{1}{4}})(K_2 - K_3^{\frac{1}{4}})}{\left[(K_2 + K_3^{\frac{1}{4}}) - (K_2 - K_3^{\frac{1}{4}})\right]K_1}$$

$$f(B_1) = K_2 - (K_2^2 - K_4)^{\frac{1}{4}}$$

$$f(B_2) = K_2 + (K_2^2 - K_4)^{\frac{1}{4}}$$

$$f(C) = \frac{\left[(K_1 - K_2)^2 + (K_4 - K_2^2)^{\frac{1}{2}}K_4^{\frac{1}{2}}\right]}{(K_3 - K_2^2)^{\frac{1}{2}}K_1}$$

$$f(D) = K_2$$

$$f(E) = K_3^{\frac{1}{2}}$$

由于被支承物体质量 m 与支承油膜承载力比较很小,可以忽略不计,因此

$$K_1 = \frac{1}{T_0}$$

$$K_2 = \frac{1}{2T_2}$$

$$K_3 = \frac{T_1 - 2}{2T_2^2}$$

$$K_4 = \frac{1}{T_2^2}$$

$$\varphi = \arctan\left(\frac{-K_3^{\frac{1}{2}}}{K_1 - K_2}\right) - \arctan\left(\frac{-K_3^{\frac{1}{2}}}{K_2}\right)$$

1.4.3　周期性交变载荷作用下静压支承的动态特性

(1)闭式静压支承传递函数。

$$G(s) = \frac{\Delta h(s)}{\Delta W(s)} = A_0 \frac{T_b^2 s^2 + T_a s + 1}{T_4^4 s^4 + T_3^3 s^3 + T_2^2 s^2 + T_1 s + 1} \tag{1-59}$$

式中　A_0——增益系数,对于静压支承相当于油膜柔度(即刚度的倒数);

　　　s——Laplace 算子;

　　　T_a,T_b,T_1,T_2,T_3,T_4——时间算子。

$$A_0 = \frac{1}{j} = \cfrac{1}{\cfrac{3p_1 A_{b1}}{h_1\left(1 + \cfrac{R_1}{R_{c1}}\right)} + \cfrac{3p_2 A_{b2}}{h_2\left(1 + \cfrac{R_2}{R_{c2}}\right)}}$$

$$T_b^2 = \cfrac{\tau_1 \tau_2 R_1 R_2}{\left(1 + \cfrac{R_1}{R_{c1}}\right)\left(1 + \cfrac{R_2}{R_{c2}}\right)}$$

$$T_a = \cfrac{\tau_1 R_1}{1 + \cfrac{R_1}{R_{c1}}} + \cfrac{\tau_2 R_2}{1 + \cfrac{R_2}{R_{c2}}}$$

$$T_4^4 = A_0 T_b^2 m$$

$$T_3^3 = A_0 \left\{ mT_a + T_b^2 \left[\gamma_1(A_{\gamma 1} - A_{b1}) + \gamma_2(A_{\gamma 2} - A_{b2}) \right] \right\}$$

$$T_2^2 = A_0 \left\{ m + \left[\gamma_1(A_{\gamma 1} - A_{b1}) + \gamma_2(A_{\gamma 2} - A_{b2}) \right] + \cfrac{\gamma_1 A_{b1} \tau_2 R_2 + \gamma_2 A_{b2} \tau_1 R_1}{\left(1 + \cfrac{R_1}{R_{c1}}\right)\left(1 + \cfrac{R_2}{R_{c2}}\right)} \right\}$$

$$T_1 = A_0 \left[\gamma_1 - \left(A_{\gamma 1} - \cfrac{A_{b1}}{1 + \cfrac{R_1}{R_{c1}}}\right) + \gamma_2\left(A_{\gamma 2} - \cfrac{A_{b2}}{1 + \cfrac{R_2}{R_{c2}}}\right) + \cfrac{\left(\cfrac{3p_1 A_{b1}}{h_1}\right)\tau_2 R_2 + \left(\cfrac{3p_2 A_{b2}}{h_2}\right)\tau_1 R_1}{\left(1 + \cfrac{R_1}{R_{c1}}\right)\left(1 + \cfrac{R_2}{R_{c2}}\right)} \right]$$

式中　R_1,R_2——分别为下、上支承间隙液阻;

　　　R_{c1},R_{c2}——分别为上、下支承节流液阻。

（2）开式静压支承传递函数。

$$G(s) = A_0 \frac{T_a s + 1}{T_3^3 s^3 + T_2^3 s^2 + T_1 s + 1} \tag{1-60}$$

式中

$$A_0 = \frac{1}{j} = \cfrac{\left(1 + \cfrac{R}{R_c}\right)h}{3pA_b}$$

$$T_a = \cfrac{\tau R}{1 + \cfrac{R}{R_c}}$$

$$T_3^3 = \frac{1}{j} mT_a$$

$$T_2^2 = \frac{1}{j}\left[m + \gamma(A_\gamma - A_b)T_a \right]$$

$$T_1 = \frac{1}{j}\left(A_\gamma - \cfrac{A_b}{1 + \cfrac{R}{R_c}}\right)$$

式中　A_γ——有效挤压面积,$A_\gamma = \dfrac{\pi}{2}(r_2^2 + r_1^2)$;

　　　m——被支承体质量;

A_b——有效承载面积，$A_b = \dfrac{\pi}{2} \dfrac{(r_2^2 - r_1^2)}{\ln\left(\dfrac{r_2}{r_1}\right)}$。

同前，油液压缩系数为

$$\tau = \frac{V_{oa}}{E_{oa}} + \frac{V_c}{E_c}$$

式中　V_{oa}——油腔和敏感油路总容积；

E_{oa}——调压元件变形模量；

V_c——调压元件压力腔变化容积；

E_c——调压元件压力腔弹性变形模量；

τ——油液压缩系数。

（3）静压支承动态稳定性判别式。

在交变（正弦）载荷作用下，所谓静压支承是稳定的，是指支承间隙也按正弦规律变化，其频率与载荷相同。

静压支承的稳定条件，可根据传递函数来分析。

①闭式静压支承。

令其传递函数分母等于 0，由式（1-48）得出特征方程式为

$$T_4^4 s^4 + T_3^3 s^3 + T_2^2 s^2 + T_1 s + 1 = 0$$

利用 Routh 稳定判据求得特征方程的稳定根。Routh 数列为

$$
\begin{array}{c|ccc}
s^4 & T_4^4 & T_2^2 & 1 \\
s^3 & T_3^3 & T_1 & 0 \\
s^2 & A_1 & 1 & 0 \\
s & A_2 & 0 & 0 \\
s^0 & 1 & 0 & 0
\end{array}
$$

由 Routh 数列，可得闭式静压支承的稳定条件为：

a. $T_4 > 0$，$T_3 > 0$。

b. $A_1 = \dfrac{T_2^2 T_3^3 - T_1 T_4}{T_3^3} > 0$，即 $T_2^2 T_3^3 - T_1 T_4 > 0$。

c. $A_2 = T_1 - \dfrac{(T_3^3)^2}{T_2^2 T_3^3 - T_1 T_4^4} > 0$，即 $T_1 T_2^2 T_3^3 > T_1 T_4^4 + (T_3^3)^2$。

②开式静压轴承。

同理，由公式（1-60）得其特征方程为

$$T_3^3 s^3 + T_2^2 s^2 + T_1 s + 1 = 0$$

Routh 数列为

$$
\begin{array}{c|ccc}
s^3 & T_3^3 & T_1 & 0 \\
s^2 & T_2^2 & 1 & 0 \\
s & A_3 & 0 & 0 \\
s^0 & 1 & 0 & 0
\end{array}
$$

则稳定条件为：

a. $T_2 > 0$，$T_3 > 0$。

b. $A_3 = \dfrac{T_1 T_2^2 - T_3^3}{T_2^2} > 0$，即 $T_1 T_2 - T_3^3 > 0$。

第2章 液体动压轴承

为了支承轴向载荷,出现了液体和动压止推轴承,以结构形式分为平面瓦动止推轴承、扇形瓦动压止推轴承、斜-平面瓦止推轴承和阶梯瓦止推轴承等等。

为了便于读者掌握液体动压轴承的设计方法并提高计算效率,本章采用理论公式和图线相结合的方法,并编入设计计算实例来说明设计要点、正确选择和修正参数,使轴承的工程设计完善可行。

在内容取舍方面,尽量选入新的轴承结构方案,使其加工性好,易于调整,方便维护。

在上述四种结构动压止推轴承中,斜-平面瓦止推轴承和阶梯瓦止推轴承的动压效应最强,承载能力最大,但加工工艺性最不好,比如阶梯瓦的差高很小,切削加工很难保证精度,而采用腐蚀方法加工,难度也是很大的。

2.1 压力供油径向圆柱动压轴承

2.1.1 简介及供油槽形式

普通径向滑动轴承,若轴瓦孔的各项横截面均为圆或圆弧的滑动轴承,称为圆柱轴承。轴瓦包角为360°的,称为全圆轴承;若轴瓦不是完整的圆弧形,即包角小于360°,称为部分瓦轴承(图2-1)。当轴颈中心偏离轴瓦孔的中心时,轴承间隙呈现收敛楔形。压力供油提供充分润滑油,可以构成动力润滑,成为动压轴承。间隙最大处的油膜厚度为最大油膜厚度 h_1,间隙最小处的油膜厚度为最小油膜厚度 h_2,轴颈中心偏离的距离称为偏心距 e。轴承半径间隙为 c,它等于轴瓦半径 R 与轴颈半径 r 之差,即 $c = R - r$。轴颈与轴瓦处于同心状态时的油膜厚度(即设计半径间隙)为 h_0,因而 $h_0 = c$。

润滑油以 0.05 ~ 0.20 MPa 的压力泵入轴瓦的油槽中。供油温度决定于循环润滑系统的冷却能力,对于高速轴承,供油温度定为40 ℃左右是适合的。向轴瓦内供油,最合适的方法是在轴瓦不受载的区域钻供油孔,再开供油槽。

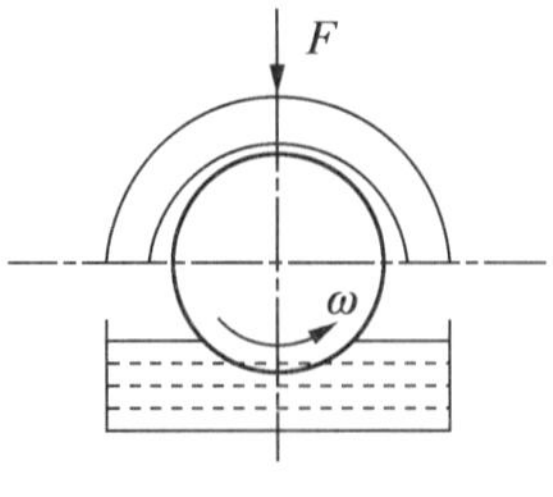

有两种供油槽形式可供选择:轴向油槽为与轴线平行的直线形槽,它适用于载荷方向固定或变化不大的场合;周向油槽为与轴承同心的环形槽,也可以是局部周向槽,适用于载荷方向变化超过180°,甚至旋转的场合。

压力供油径向圆柱轴承常用供油槽形式及特点见表2-1。

图2-1 部分瓦轴承

表 2 – 1　供油槽形式及特点

油槽形式	单轴向油槽		双轴向油槽	周向油槽
简图				
非承载区理论端泄流量计算式	$\bar{q}_{E2} = \dfrac{\pi}{6} \cdot \dfrac{(1+\varepsilon)^2}{A\ln\dfrac{B}{l_a}}$ l_a——槽长; B——轴承宽度。	$\bar{q}_{E2} = \dfrac{\pi}{6} \cdot \dfrac{1}{A\ln\dfrac{B}{l_a}}$ l_a——槽长; B——轴承宽度。	$\bar{q}_{E2} = \dfrac{\pi}{6} \cdot \dfrac{2}{A\ln\dfrac{B}{l_a}}$ l_a——槽长; B——轴承宽度。	$\bar{q}_{E2} = \dfrac{\pi}{24} \cdot \dfrac{D(1+1.5\varepsilon^2)}{A\ln\dfrac{B}{l_a}} \times$ $\dfrac{B}{B-b}$ l_a——槽长; B——轴承宽度。
特点 轴承座	整体式	对开式	对开式/整体式	对开式/整体式
特点 轴径转向	单向		双向	
特点 载荷方向	不变或变动很小			变化或旋转

　　(1)单轴向油槽。

　　单轴向油槽最好开在最大油膜(间隙)厚度的位置上。但是因偏位角随载荷转速、转向变化,所以只有在稳定工况下最大油膜厚度的位置才稳定,当工况变化不大时,可按其平均每年工况拟定油槽位置,也可以将油槽开在载荷的反向位置。当油槽位置与最大油膜位置偏离不是很多时,不存在很不利的影响。

　　剖分轴瓦常把油槽开在剖分处,而不开在最大油膜厚度位置处。

　　轴向油槽的长度可以小到轴承宽度的 70%($0.7B$);油槽宽度可以在轴承直径的 10% ~ 30% 之间选取,也可以取较宽的油槽,使油槽变为油室,宽度只要不超出非承载区即可;油槽深度应显著大于轴承间隙。

　　(2)双轴向油槽。

　　双轴向油槽一般开在与载荷作用方向成 90°的直径上,对于剖分轴瓦,通常剖分面也在此位置,因此,油槽通常开在剖分处。

　　这种双轴向油槽形式允许轴颈正、反两方向旋转。

　　油槽尺寸与单轴向油槽相同。

（3）周向油槽。

它的特点是使润滑油沿周向分布。周向油槽通常都开在轴瓦中间,把轴承分割成两个独立的窄轴承,计算时各承担载荷的一半,但总承载能力有所下降。

所以,除非载荷方向大范围变动,一般不采取周向油槽。在非旋转载荷工况下,也可以采用局部周向油槽。

在满足供油量的条件下,槽宽尽可能窄一些,槽深应显著大于轴承间隙。

2.1.2　稳态条件下的性能计算

下面介绍的计算仅适用于层流状态,满足层流条件的判别公式为

$$Re \leqslant 41.3 \sqrt{\frac{D}{2c}}$$

式中　Re——雷诺数;

　　　D——轴颈;

　　　c——设计半径间隙。

（1）承载能力。

轴承上的平均载荷为 $p_m = \dfrac{\overline{F}}{BD}$,相对间隙为 $\psi = \dfrac{c}{r}$,$\left[\dfrac{p_m \psi^2}{\eta n} \right]$ 是量纲为 1 的数群,称其为载荷数 $\overline{F}$,η 为润滑油黏度,n 为转速,动压轴承的载荷数为

$$\overline{F} = \frac{p_m \psi_e^2}{\eta_e n_e} \qquad\qquad (2-1)$$

式中　ψ_e——考虑轴颈、轴瓦热膨胀后的有效平均相对间隙;

　　　η_e——润滑油有效黏度,即在有效油温 θ_e 下的黏度;

　　　n_e——有效转速。

上述参数与偏心率 $\varepsilon = \dfrac{e}{c}$,宽径比 $\overline{B} = \dfrac{B}{D}$,轴瓦包角 α 有关。

如图 2-2~2-6 所示为 $\alpha = 360°$、$180°$、$150°$、$120°$ 和 $90°$ 各种轴瓦,载荷数 $\overline{F}$ 在不同宽径比下随偏心率 ε 的变化曲线。图中 A 区为 $\varepsilon = 0.9 \sim 0.98$ 下的各种载荷数。

（2）流量。

润滑油充满轴承间隙,形成完全油膜时,通过轴瓦两侧的端泄流量 q_E 由两部分组成,一部分为承载区端泄流量 q_{E1},另一部分为非承载区端泄流量 q_{E2}。

①承载区端泄流量 q_{E1} 与有效平均相对间隙 ψ_e、有效转速 n_e 和轴承宽度 B 成正比,与轴承直径 D 的平方成正比。令量纲为 1 的承载区端泄流量为 $\overline{q}_{E1}$,于是有

$$\overline{q}_{E1} = \frac{q_{E1}}{\psi_e n_e B D^2} \qquad\qquad (2-2)$$

如图 2-7~2-11 所示为 $\alpha = 360°$、$180°$、$150°$、$120°$ 和 $90°$ 各种轴瓦,承载区端泄流量 $\overline{q}_{E1}$ 在不同宽径比下随偏心率 ε 的变化曲线。

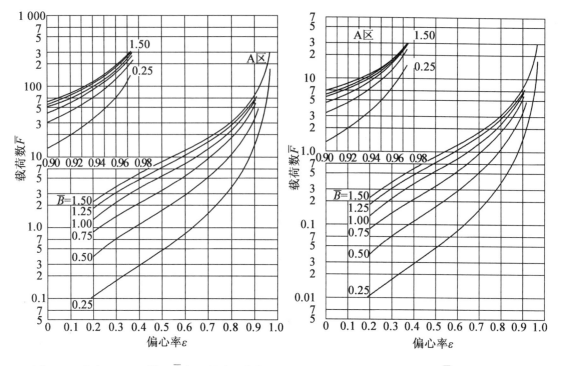

图 2-2　包角 $\alpha = 360°$ 轴承 $\overline{F}$ 与 ε 的关系曲线　　图 2-3　包角 $\alpha = 180°$ 轴承 $\overline{F}$ 与 ε 的关系曲线

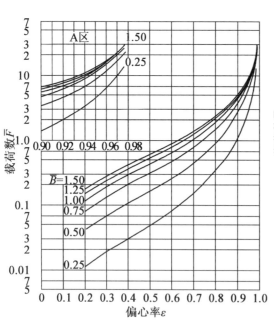

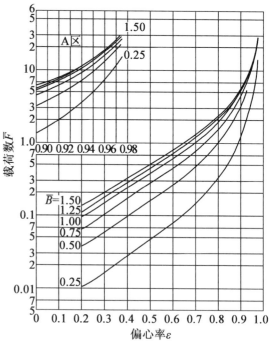

图 2-4　包角 $\alpha = 150°$ 轴承 $\overline{F}$ 与 ε 关系曲线　　图 2-5　包角 $\alpha = 120°$ 轴承 $\overline{F}$ 与 ε 的关系曲线

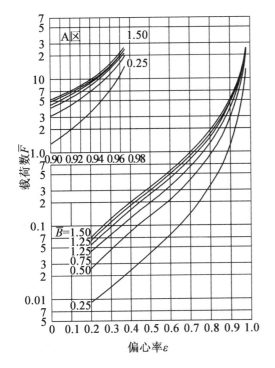

图 2 - 6　包角 $\alpha = 90°$ 轴承 $\overline{F}$ 与 ε 的关系曲线

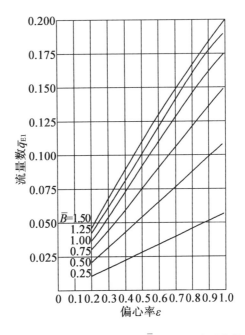

图 2 - 7　包角 $\alpha = 360°$ 轴承 $\overline{q}_{E1}$ 与 ε 的关系曲线

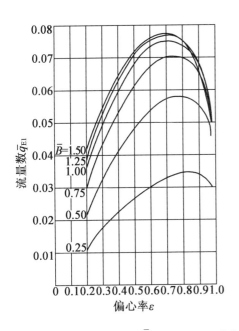

图 2 - 8　包角 $\alpha = 180°$ 轴承 $\overline{q}_{E1}$ 与 ε 的关系曲线

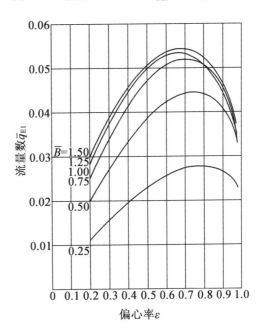

图 2 - 9　包角 $\alpha = 150°$ 轴承 $\overline{q}_{E1}$ 与 ε 的关系曲线

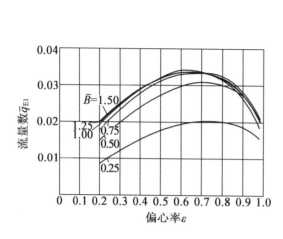

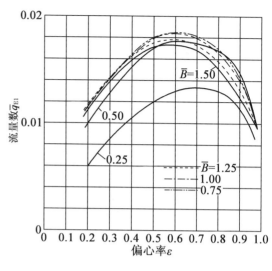

图 2 – 10   包角 $\alpha = 120°$ 轴承 $\bar{q}_{E1}$ 与 ε 的关系曲线   图 2 – 11   包角 $\alpha = 90°$ 轴承 $\bar{q}_{E1}$ 与 ε 的关系曲线

②非承载区理论端泄流量 q_{E2} 与供油压力成正比,与轴承直径、有效平均相对间隙的三次方成正比,与润滑油有效黏度成反比。令量纲为 1 的非承载区理论端泄流量为 $\bar{q}_{E2}$,其表达式为

$$\bar{q}_{E2} = \frac{q_{E2}\eta_e}{D^3\psi_e^3 p_s} \tag{2 – 3}$$

式中 p_s——供油压力。

各种供油槽形式的 $\bar{q}_{E2}$ 计算式见表 2 – 1,其中

$$A = 1.188 + 1.582\left(\frac{l_a}{B}\right) - 2.585\left(\frac{l_a}{B}\right)^2 + 5.563\left(\frac{l_a}{B}\right)^3$$

③油槽供油量。

a. 轴向油槽供油量 q。

轴向油槽供油量 q 由 q_v 和 q_p 两部分组成,q_v 是因轴颈旋转从油槽带入转承间隙的速度供油量,q_p 是靠供油压力从油槽压向轴承间隙的压力供油量。

速度供油量 $\bar{q}_v$ 的表达式为

$$\bar{q}_v = \frac{q_v}{\psi_e n_e l_a D^2} \tag{2 – 4}$$

式中 l_a——供油槽长度。

它在不同宽径比下与偏心率的关系曲线如图 2 – 12 和图 2 – 13 所示。周向供油槽的速度供油量 $q_v = 0$。对于全圆轴承,压力供油量 $\bar{q}_p$ 的表达式为

单轴向供油槽

$$\bar{q}_p = \frac{\eta_i q_p}{p_s h_f^3} \tag{2 – 5}$$

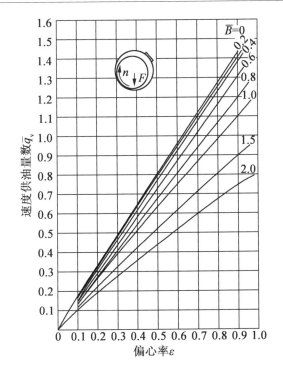

图 2 - 12　速度供油量数 $\overline{q}_v$ 与 ε 的关系曲线

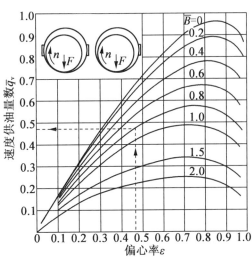

图 2 - 13　速度供油量数 $\overline{q}_v$ 与 ε 的关系曲线

双轴向供油槽

$$\overline{q}_p = \frac{\eta_i q_p}{p_s (h_{f1}^3 + h_{f2}^3)} \tag{2-5a}$$

式中　η_i——进口油温下的润滑油黏度；

　　　h_f、h_{f1}、h_{f2}——油槽处的油膜厚度，可由图 2 - 14 查出相对油膜厚度 $\dfrac{h_f}{h_0}$ 值。

图中 I 为单水平供油槽，II 为双供油槽，III 为供油槽位于非压力区。

q_p 与油槽形状和尺寸的关系曲线如图 2 - 15 所示。

b. 周向油槽的供油量 q_p。

周向油槽只有压力供油量 q_p，当泄槽在轴瓦中间时，其计算公式为

$$q_p = \frac{0.523\ 2 p_s h_0^3 D (1 + 1.5 \varepsilon)}{\eta_m B} \tag{2-6}$$

式中　η_m——温度为 $\theta_m = \dfrac{\theta_e + \theta_i}{2}$ 下的润滑油黏度；

　　　θ_e——承载区的有效油温；

　　　θ_i——进口油温。

当供油量大于计算流量时，轴承获得充分供油，可以形成完全油膜；当供油量小于计算流量时，轴承不能得到充分供油，只能形成不完全油膜。

设计时，应尽量使供油量大于计算流量。

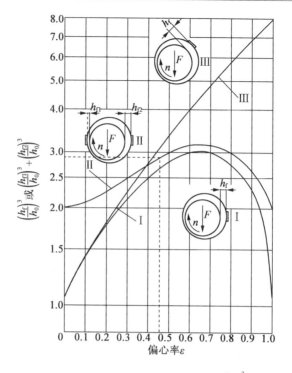

图 2 - 14 油槽处的相对油膜厚度 $\left(\dfrac{h_f}{h_0}\right)^3$

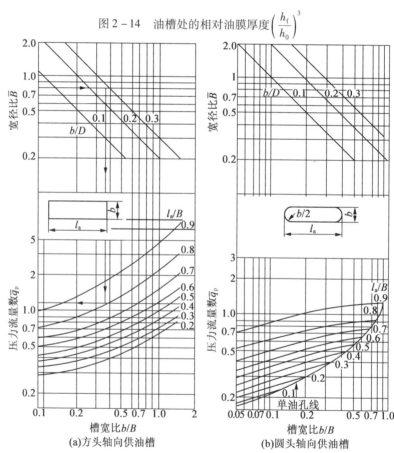

(a)方头轴向供油槽　　　(b)圆头轴向供油槽

图 2 - 15 压力供油径向圆柱轴承的压力供油量数 $\bar{q}_p$

（3）摩擦功耗。

在流体动压滑动轴承中，润滑油的黏滞切应力引起的摩擦力与载荷之比，也称为摩擦因数 μ。因此，摩擦功耗的计算式为

$$p_\mu = \pi \mu F D n_e \qquad (2-7)$$

令摩擦数 $\overline{\mu} = \dfrac{\mu}{\psi_e}$，则摩擦功耗的计算式改写为

$$p_\mu = \pi \overline{\mu} F \psi_e D n_e \qquad (2-8)$$

如图 2-16~2-20 所示为不同包角轴瓦，在不同宽径比时，$\overline{\mu}$ 随偏心率 ε 的变化曲线。

（4）润滑油温度。

①润滑油温升。轴承间隙中的摩擦热有少部分靠传导、对流和辐射传递给周围环境，而大部分靠润滑油带出。润滑油带出部分所占比例称为散热比 K。严格计算 K 值十分困难，压力供油轴承通常取 K 为 $0.8 \sim 1.0$，非压力供油轴承通常取 K 为 $0 \sim 0.2$。

因此润滑油温升 $\Delta\theta$ 的计算式为

$$\Delta\theta = \frac{K \Gamma_\mu}{c_p \rho q}$$

式中　c_p——润滑油的比定压热容；

　　　ρ——润滑油的密度；

　　　q——润滑油的流量。

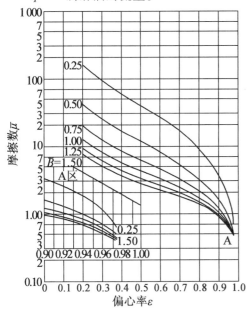

图 2-16　包角 $\alpha = 360°$ 轴承 $\overline{\mu}$ 与 ε 的关系曲线

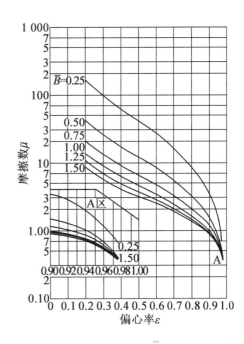

图 2-17　包角 $\alpha = 180°$ 轴承 $\overline{\mu}$ 与 ε 的关系曲线

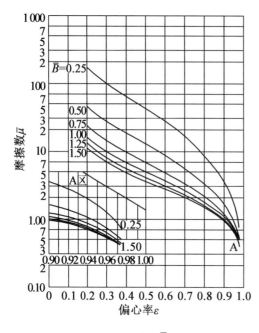

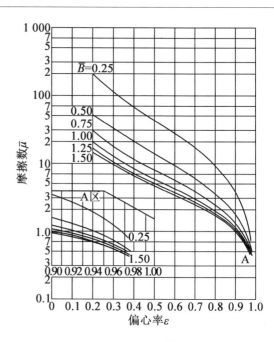

图 2 - 18　包角 α = 150°轴承 $\bar{\mu}$ 与 ε 的关系曲线　　　　图 2 - 19　包角 α = 120°轴承 $\bar{\mu}$ 与 ε 的关系曲线

对于矿物油,可取 $c_p \cdot \rho = (1.7 \sim 1.8) \times 10^6 \, \mathrm{J/(m^3 \cdot K)}$。代入不同的流量表达式,可得轴承润滑油温升的计算公式,见表 2 - 2。

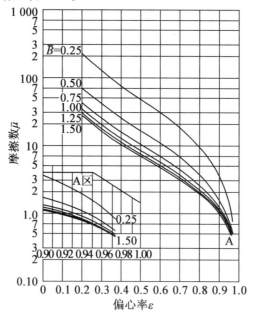

图 2 - 20　包角 α = 90°轴承 $\bar{\mu}$ 与 ε 的关系曲线

表 2 - 2　油温计算式

计算项目	横向油槽		周向油槽
	$q_{p} + q_{v} \geqslant q_{E}$	$q_{p} + q_{v} < q_{E}$	
润滑油温升	$\Delta\theta = \dfrac{Kp_{\mu}}{c_{p}\rho q_{E}}$	$\Delta\theta = \dfrac{Kp_{\mu}}{c_{p}\rho(q_{p} + q_{v})}$	$\Delta\theta = \dfrac{Kp_{\mu}}{c_{p}\rho q_{p}}$
有效油温	$\theta_{e} = \theta_{i} + \Delta\theta$		$\theta_{e} = \theta_{i} + \dfrac{\Delta\theta}{2}$
出口油温	$\theta_{o} = \dfrac{Kp_{\mu}}{c_{p}\rho(q_{p} + q_{v})} + \theta_{i}$		$\theta_{o} = \dfrac{Kp_{\mu}}{c_{p}\rho q_{v}} + \theta_{i}$
最高油温	$\theta_{max} = \theta_{i} + 2\Delta\theta$		$\theta_{max} = \theta_{i} + \Delta\theta$

②润滑油温度。轴承油膜中各处的油温是不同的,润滑油进入轴承间隙处的油温称为进口油温,记作 θ_{i};润滑油流过轴承间隙,温度升高,流出轴承间隙的润滑油的平均温度称为出口油温,记作 θ_{o};油温的最高值为最高油温 θ_{max}。

计算轴承性能时采用有效油温。有效油温、出口油温和最高油温的计算与供油槽形式有关,计算公式见表 2 - 2。

进口油温随出口油温和外部供油装置的散热能力而变化,而外部供油装置的散热能力差别极大,因此很难准确计算进口油温 θ_{i}。不便计算时,建议取 $\theta_{i} \approx 40\ ℃$。

对于重要轴承,应在外部供油装置中设置加热器和冷却器,以便控制进口油温。

(5)偏位角。

轴颈中心与轴瓦孔中心的连心线与载荷作用线所夹锐角称为偏位角 φ,其值指明了最大油膜厚度和最小油膜厚度的角度位置,因而可以确定供油槽的位置。

偏位角与偏心率、包角和宽径比有关,如图 2 - 21 ~ 2 - 25 所示为不同包角轴瓦在不同宽径比时,φ 随偏心率 ε 的变化曲线。

2.1.3　动态特性

润滑油膜的刚度和阻尼是描述轴承动态特性的重要参数,它们分别反映油膜压力与轴颈位移,油膜阻尼与轴颈位移速度之间的函数关系。用刚度系数 K_{ij} 和阻尼系数 d_{ij} 表示刚度和阻尼大小,将它们的量纲化为 1,称为刚度因子和阻尼因子,它们的表达式为

$$\overline{K}_{ij} = \frac{K_{ij}h_{0}}{F} \qquad (2 - 9)$$

$$\overline{d}_{ij} = \frac{2\pi n h_{0} d_{ij}}{F} \qquad (2 - 10)$$

对于不可压缩的牛顿流体,在层流状态下,不考虑轴的变形时,油膜刚度因子 $\overline{K}_{ij}$ 与载荷数 $\overline{F}$ 的关系曲线如图 2 - 26 和图 2 - 27 所示;油膜阻尼因子 $\overline{d}_{ij}$ 与载荷数 $\overline{F}$ 的关系曲线如图 2 - 28 和图 2 - 29 所示。

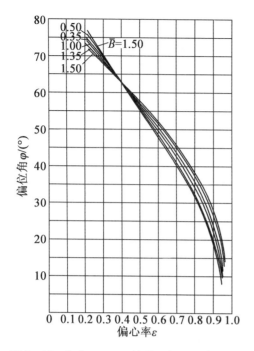

图 2 – 21　包角 α = 360°轴承 φ 与 ε 的关系曲线

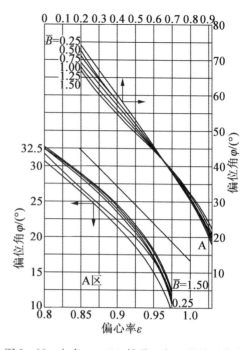

图 2 – 22　包角 α = 180°轴承 φ 与 ε 的关系曲线

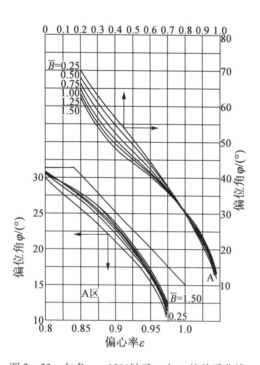

图 2 – 23　包角 α = 150°轴承 φ 与 ε 的关系曲线

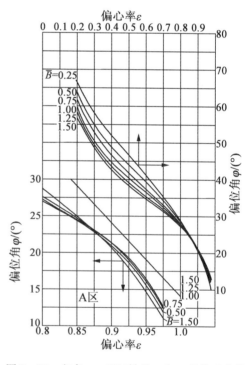

图 2 – 24　包角 α = 120°轴承 φ 与 ε 的关系曲线

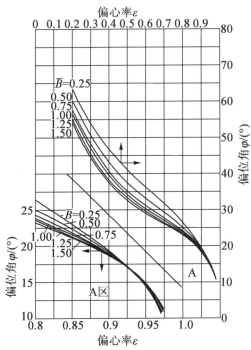

图 2 - 25　包角 $\alpha = 90°$ 轴承 φ 与 ε 的关系曲线

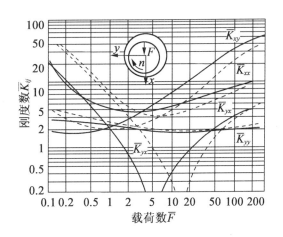

图 2 - 26　$\overline{K}_{ij} - \overline{F}$ 的关系曲线

—— $\dfrac{B}{D} = 0.5$；------ $\dfrac{B}{D} = 1.0$

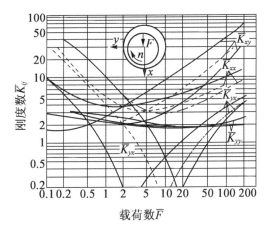

图 2 - 27　$\overline{K}_{ij} - \overline{F}$ 的关系曲线

—— $\dfrac{B}{D} = 0.35$；------ $\dfrac{B}{D} = 0.75$；—·— $\dfrac{B}{D} = 1.5$

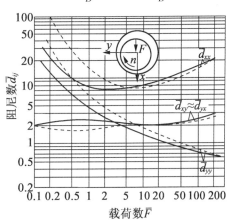

图 2 - 28　$\overline{d}_{ij} - \overline{F}$ 的关系曲线

—— $\dfrac{B}{D} = 0.5$；------ $\dfrac{B}{D} = 1.0$

通过特征方程的系数分析进行稳定性判别,特征方程系数的计算公式为

$$a_1 = \frac{d_{xx} + d_{yy}}{m}$$

$$a_2 = \frac{d_{xx}d_{yy} - d_{xy}d_{yx}}{m^2} + \frac{K_{xx} + K_{yy}}{m}$$

$$a_3 = \frac{d_{xx}K_{yy} + d_{yy}K_{xx}}{m^2} - \frac{d_{xy}K_{yx} + d_{yx}K_{xy}}{m^2}$$

$$a_4 = \frac{K_{xx}K_{yy} - K_{xx}K_{yx}}{m^2}$$

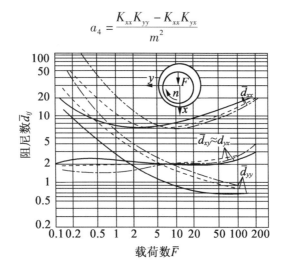

图 2 - 29　$\bar{d}_{ij} - \bar{F}$ 的关系曲线

——$\frac{B}{D} = 0.35$；------ $\frac{B}{D} = 0.75$；-·-·- $\frac{B}{D} = 1.5$

根据 Routh - Hurwitz 判别法,在各个系数(a_i)都为正的条件下,稳定运转的条件是系数行列式的主子式大于0,即

$$\left. \begin{array}{l} a_1 > 0, a_2 > 0, a_3 > 0, a_4 > 0 \\ a_1 a_2 a_3 - a_1^2 a_4 - a_3^2 > 0 \end{array} \right\} \qquad (2-11)$$

2.1.4　参数选择

(1)宽径比。

通常 $\bar{B}$ 在 0.3 ~ 0.5 范围内。

宽径比小有利于:增大压力(单位面积载荷)而提高运转稳定性;增加流量而降低温升;减小摩擦面积而降低摩擦功耗;减小轴向尺寸而减小占用空间。但是,承载能力也将降低,油膜压力分布曲线变得陡峭,易出现轴瓦材料局部过热的现象。

选定宽径比 $\bar{B}$ 时要考虑轴承的载荷、速度、轴的挠度(性)及转子系统刚度的要求,见表 2 - 3。

表 2 - 3　宽径比的选用

工况条件	取较大 $\bar{B}$	取较小 $\bar{B}$
载荷	小	大
转速	低	高
轴的挠性	小	大
要求的转子系统刚度	大	小

(2)相对间隙。

轴承间隙对轴承运转特性有很大影响。由于轴颈和轴瓦孔的制造误差,轴承间隙也有上下偏差,因此,相对间隙也有上下偏差 ψ_{max} 和 ψ_{min} 。计算时以平均相对间隙 ψ_m 为基础。

实践经验表明,有时候很难按公差配合标准选定合适的配合间隙。

轴承相对间隙 ψ_m 建议优先从下面数列中选取:0.056%、0.08%、0.112%、0.132%、0.16%、0.19%、0.224%、0.315%。

选定平均相对间隙 ψ_m 时,要考虑许多影响因素,但实验表明,仅考虑直径和滑动速度的经验许用值还是很有价值的,见表 2 - 4。

表 2 - 4 　 ψ_m 的经验许用值 　 %

轴径直径 d/mm	轴径滑动速度 $v/(m \cdot s^{-1})$				
	≤1	1 ~ 3	3 ~ 10	10 ~ 30	>30
≤100	0.132	0.16	0.19	0.224	
100 ~ 200	0.112	0.132	0.16	0.19	0.224
>250	0.112		0.132	0.16	0.19

(3)润滑油黏度。

选用高黏度润滑油,轴承承载能力高,流量小,摩擦功耗大,故轴承温升高。但油温高时,润滑油黏度下降,因而靠提高润滑油黏度来增加轴承承载能力是有一定限制的。

根据转速,一般滑动轴承按下面公式选取润滑油黏度,可以保证轴承温升不致过高。

$$\eta = \frac{0.068}{\sqrt[3]{n}} \tag{2-12}$$

式中 　 η ——润滑油动力黏度(Pa · s);

n ——轴颈转速(r/s)。

计算所得的黏度应为有效油温下的黏度。

(4)最小油膜厚度的极限值 h_{2lim} 。

为确保滑动轴承在液体润滑状态下安全运转,应限定最小油膜厚度的极限值,以使磨损降低到最低程度及减小轴承对装配、制造误差的敏感性。

由混合摩擦过渡到流体摩擦的最小油膜厚度的极限值为

$$h_{2lim} = R_{ZB} + R_{ZS} + \gamma \frac{B}{2} + y + a_e \tag{2-13}$$

式中 　 R_{ZB} ——轴瓦表面轮廓最大高度;

R_{ZS} ——轴颈表面轮廓最大高度;

γ ——轴颈倾斜角;

y ——轴挠曲变形在轴承端面出现的挠度;

a_e ——有效波纹度。

对中间受载的双支点轴(图 2 - 30(a))挠度 y 的计算式为

$$y_1 \approx \frac{1.6By_{max}}{L} \tag{2-14}$$

对悬臂受载的双支点轴(图 2 - 30(b))挠度 y 的计算式为

$$y_1 \approx \frac{By_{max}}{2a\left(1 + 1.5\frac{a}{L}\right)} \tag{2-15}$$

用式(2-13)计算最小油膜厚度极限值是有困难的。当 $R_Z \leqslant 4$ μm 时,滑动表面的几何误差很小,装配精度良好,润滑剂经过仔细过滤,可按表2-5给出的经验值确定最小油膜厚度极限值 $h_{2\lim}$。

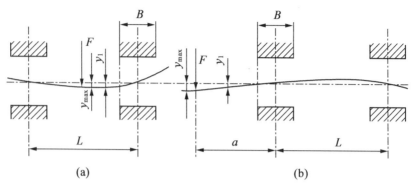

图2-30 挠度 y 的计算

表2-5 $h_{2\lim}$ 的经验值 μm

轴径直径 d/mm	轴径滑动速度 v/(m·s⁻¹)				
	$\leqslant 1$	$1 \sim 3$	$3 \sim 10$	$10 \sim 30$	> 30
$24 \sim 63$	3	4	5	7	10
$63 \sim 160$	4	5	7	9	12
$160 \sim 400$	6	7	9	11	14
$400 \sim 1\,000$	8	9	11	13	16
$1\,000 \sim 2\,500$	10	12	14	16	18

(5)轴承允许的极限温度。

以出口油温 θ_0 代表轴承温度 θ_B,轴承允许的温度 $\theta_{B\lim}$ 取决于轴瓦材料和润滑油。

随着轴承温度的升高,轴瓦材料的硬度和强度将有所下降,对铅基和锡基轴承合金,属于低熔点合金,其效应尤为显著。

当温度高于80 ℃时,以矿物油为基础油的润滑油,老化速度将加快。影响润滑油老化速度的还有润滑油总量与润滑油流量的比值。

考虑到轴承温度场的最高温度大于出口油温 θ_0 后,允许的轴承极限温度 $\theta_{B\lim}$ 的经验值见表2-6。

表2-6 $\theta_{B\lim}$ 的经验值

润滑油总量/润滑油流量	$\leqslant 5$	> 5
$\theta_{B\lim}$/℃	100(115)	110(125)

注:括号中的值适用于一些特殊情况

(6)轴承允许的极限压力。

规定轴承允许的极限压力 $p_{\lim}$ 是为了保证滑动表面的变形不致影响轴承的正常功能和滑

动表面不出现裂纹。除轴瓦材料成分外,影响 p_{lim} 的决定因素还有:加工方法、轴瓦衬层厚度和几何形状。除此之外,还要考虑轴承是否负载启动。如果轴承启动时压力达到 2.5 ~ 3.0 MPa,就有必要设置一套静压顶起装置,否则滑动表面将会出现过度磨损。p_{lim} 的经验值见表 2 - 7。

表 2 - 7　轴承允许的极限压力 p_{lim}

轴瓦材料	铅锡基合金	铜铅基合金	铜锡基合金	铝锡基合金	铝锌基合金
p_{lim}/MPa	5(15)	7(20)	7(25)	7(18)	7(20)

注:括号中的数值仅用于个别场合和一些特殊条件,如极低的滑动速度

(7)轴承制造公差和表面粗糙度的确定。

a. 制造公差的确定。

对动压轴承而言,按国家标准规定的公差与配合所确定的制造公差,难以保证轴承安全运转。为此,应限定相对间隙公差。建议该偏差限定为

$$\psi_{max} \leqslant 1.185\psi_{m}$$
$$\psi_{min} \leqslant 0.875\psi_{m}$$

这时,轴承孔与轴颈直径偏差应满足

$$D_{max} - d_{min} = \psi_{max}D$$
$$D_{min} - d_{max} = \psi_{min}D$$

式中　D——轴瓦直径;

　　　d——轴直径。

b. 表面粗糙度的确定。

通常,轴颈和轴瓦孔表面轮廓的算术平均偏差之和($R_{as} + R_{aB}$)应不大于 h_{2lim} 的 $1/5 \sim 1/10$。如图 2 - 31 所示可供按最小油膜厚度极限值 h_{2lim} 选取 R_{as} 和 R_{aB} 的参数。

考虑到加工孔与轴颈的难易因数不同,一般轴颈表面粗糙度参数值要小于轴瓦孔的,建议 R_{as} 按图中下限取值,而 R_{aB} 按上限取值。

(8)计算程序示例。

算例　计算汽轮机转子的径向轴承。已知:转子直径 $d = 300$ mm,轴承上载荷 $F = 65$ kN = 65 000 N,轴颈转速 $n = 3\ 000$ r/min = 50 r/s,轴承选用剖分、调心式结构,载荷垂直向下,压力供油,在水平剖分面开两个轴向供油槽,进油温度控制在 40 ℃ 左右。

计算结果见表 2 - 8。

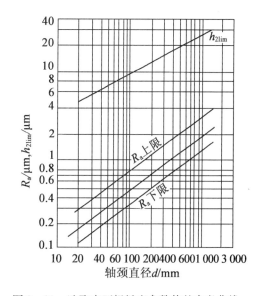

图 2 - 31　选取表面粗糙度参数值的参考曲线

表 2 – 8　计算结果

计算项目	计算公式及说明	计算结果
宽径比	试取 $\bar{B} = \dfrac{B}{D}$	0.8
轴承宽度	$B = \bar{B} \times D = 0.8 \times 0.3$	0.24 m（240 mm）
轴承压力	$p_m = F/(BD) = \dfrac{65\,000}{0.3 \times 0.24}$	0.903 MPa
滑动速度	$v = \pi Dn = \pi \times 0.3 \times \dfrac{3\,000}{60}$	47.1 m/s
平均相对间隙	ψ_m，根据表 2 – 4 选取	0.001 9
半径间隙	$c = \dfrac{\psi_m D}{2} = \dfrac{0.001\,9 \times 0.3}{2}$	0.285×10^{-3} m
初选黏度	根据式（2 – 12），$\eta = \dfrac{0.068}{n^3} = \dfrac{0.068}{50^3} = \dfrac{1}{50^3}$	0.018 5 Pa·s
选润滑油牌号	润滑油牌号	L – TSA22
初取有效油温	θ_e	50 ℃
有效油温下的运行黏度	v_e，参考有关资料	18 mm²/s
润滑油密度	ρ，查有关手册	900 kg/s
有效油温下的黏度	$\eta_e = v_e \rho = 18 \times 10^{-6} \times 900$	0.016 2 Pa·s
载荷数	$\bar{F} = \dfrac{p_m \psi_m^2}{\eta_e n} = \dfrac{0.903 \times 10^{-6} \times 0.001\,9^2}{0.016\,2 \times 50}$	4.02
偏心率	ε，查图 2 – 2	0.495
最小油膜厚度	$h_2 = c(1 - \varepsilon) = 0.285 \times 10^{-3}(1 - 0.495)$	0.144×10^{-3} m（0.144 mm）
最小油膜厚度极限值	$h_{2\text{lim}}$，查表 2 – 5	0.014 mm，满足小于 h_2，否则重新选择 B、η、ψ_m

续表 2-8

计算项目	计算公式及说明	计算结果
偏位角	φ，查图 2-21	53.6°
摩擦数	$\bar{\mu}$，查图 2-16	4.5
摩擦功耗	$P_\mu = \pi \mu F \psi_m D n = \pi \times 4.5 \times 65\,000 \times 0.001\,9 \times 0.3 \times 50$	26.2 kW
承载区端泄流量数	$\bar{q}_{E1}$，查图 2-7	0.086
承载区端泄流量	$q_{E1} = \bar{q}_{E1} \psi_m n B D^2 = 0.086 \times 0.001\,9 \times 50 \times 0.24 \times 0.3^2$	0.176×10^{-3} m³/s
供油槽长度	$l_a = 0.7B = 0.7 \times 0.24$	0.168 m (168 mm)
供油槽宽度	$b = 0.3D = 0.3 \times 0.3$	0.09 m (90 mm)
参数 A	$A = 1.188 + 1.582\left(\dfrac{l_a}{B}\right) - 2.585\left(\dfrac{l_a}{B}\right)^2 + 5.563\left(\dfrac{l_a}{B}\right)^3 = 1.188 + 1.582 \times 0.7 - 2.585 \times 0.7^2 + 5.563 \times 0.7^3$	2.936 9
非承载区理论端泄流量数	$\bar{q}_{E2} = \dfrac{\pi}{6} \cdot \dfrac{2}{A \ln \dfrac{B}{l_a}} = \dfrac{\pi}{6} \cdot \dfrac{2}{2.936\,9 \ln \dfrac{1}{0.7}}$	1.0
供油压力	p_s，选取	0.2 MPa
非承载区理论端泄流量	$q_{E2} = \bar{q}_{E2} \psi_m^3 D^3 \dfrac{p_s}{\eta_e} = 1.0 \times 0.001\,9^3 \times \dfrac{0.2 \times 10^6}{0.016\,2}$	2.286×10^{-3} m³/s
总端泄流量	$q_E = q_{E1} + q_{E2} = 0.177 \times 10^{-3} + 2.286 \times 10^{-3}$	2.463×10^{-3} m³/s
速度供油量数	$\bar{q}_v$，查图 2-13	0.485
速度供油量	$q_v = \bar{q}_v \psi_m n l_a D^2 = 0.485 \times 0.001\,9 \times 50 \times 0.168 \times 0.3^2$	0.697×10^{-3} m³/s
比值 $\left(\dfrac{h_{f1}}{h_0}\right)^3 + \left(\dfrac{h_{f2}}{h_0}\right)^3$	查图 2-15	3.0
参数 $h_{f1}^3 + h_{f2}^3$	$h_{f1}^3 + h_{f2}^3 = \left[\left(\dfrac{h_{f1}}{c}\right)^3 + \left(\dfrac{h_{f2}}{c}\right)^3\right] \times c^3 = 3.0 \times (0.285 \times 10^{-3})^3$	69.45×10^{-12}
压力供油量数	$\bar{q}_p$，查图 2-14	0.9

续表 2－8

计算项目	计算公式及说明	计算结果
压力供油量	$\bar{q}_p = q_p p_e = \dfrac{h_{f1}^3 + h_{f2}^3}{\eta} = \dfrac{0.9 \times 0.2 \times 10^6 \times 69.45 \times 10^{-12}}{0.061\,2}$	0.772×10^{-3} m³/s
总供油量	$q = q_p + q_v = 0.772 \times 10^{-3} + 0.697 \times 10^{-3}$	1.469×10^{-3} m³/s $< q_E$
散热比	K，假设	0.8
润滑油温升	$\Delta\theta = \dfrac{Kp_\mu}{c_p \rho (q_v + q_p)} = \dfrac{0.8 \times 26.2 \times 10^3}{1.8 \times 10^6 \times 1.469 \times 10^{-3}}$	7.9 ℃
有效温升	$\theta_e = \theta_i + \Delta\theta = 40 + 7.9$	≈48 ℃，与初设接近，否则，重新选择 θ_e
最高油温	$\theta_{max} = \theta_i + 2\Delta\theta = 40 + 2 \times 7.9$	56 ℃，满足 $<\theta_{Blim}$，否则，重新选 B、η、ψ_m
轴承分担的转子质量	m，汽轮机径向轴承上的载荷主要是转子重力，故 $m = \dfrac{F}{g} = \dfrac{65\,000}{9.8}$	6 633 kg
刚度数	$\bar{K}_{xy}$，查图 2－27	2.9
	$\bar{K}_{yx}$，查图 2－27	−1.05
	$\bar{K}_{xx}$，查图 2－27	3.7
	$\bar{K}_{yy}$，查图 2－27	2.0
阻尼数	$\bar{d}_{xy}$，查图 2－29	2.0
	$\bar{d}_{yx}$，查图 2－29	2.0
	$\bar{d}_{xx}$，查图 2－29	7.1
	$\bar{d}_{yy}$，查图 2－29	2.3

续表 2 - 8

计算项目		计算公式及说明	计算结果
刚度		$\overline{K}_{xy} = K_{xy}\dfrac{F}{h_0} = 2.9 \times \dfrac{65\,000}{0.285 \times 10^{-3}}$	$0.661\,4 \times 10^9$ N/m
		$\overline{K}_{yx} = K_{yx}\dfrac{F}{h_0} = -1.05 \times \dfrac{65\,000}{0.285 \times 10^{-3}}$	$-0.239\,5 \times 10^9$ N/m
		$\overline{K}_{xx} = K_{xx}\dfrac{F}{h_0} = 3.7 \times \dfrac{65\,000}{0.285 \times 10^{-3}}$	$0.843\,9 \times 10^9$ N/m
		$\overline{K}_{yy} = K_{yy}\dfrac{F}{h_0} = 2.0 \times \dfrac{65\,000}{0.285 \times 10^{-3}}$	$0.456\,1 \times 10^9$ N · s/m
阻尼		$d_{xy} = \overline{d}_{xy}\dfrac{F}{2\pi n h_0} = \dfrac{2.0 \times 65\,000}{2\pi \times 50 \times 0.285 \times 10^{-3}}$	1.45×10^6 N · s/m
		$d_{yx} = \overline{d}_{yx}\dfrac{F}{2\pi n h_0} = \dfrac{2.0 \times 65\,000}{2\pi \times 50 \times 0.285 \times 10^{-3}}$	1.45×10^6 N · s/m
		$d_{xx} = \overline{d}_{xx}\dfrac{F}{2\pi n h_0} = \dfrac{7.1 \times 65\,000}{2\pi \times 50 \times 0.285 \times 10^{-3}}$	5.15×10^6 N · s/m
		$d_{yy} = \overline{d}_{yy}\dfrac{F}{2\pi n h_0} = \dfrac{2.3 \times 65\,000}{2\pi \times 50 \times 0.285 \times 10^{-3}}$	1.67×10^6 N · s/m
特征方程系数		$a_1 = \dfrac{d_{xx} + d_{yy}}{m} = \dfrac{5.15 \times 10^6 + 1.67 \times 10^6}{6\,633}$	$1\,028.6$ s^{-1}
		$a_2 = \dfrac{d_{xx}d_{yy} - d_{xy}d_{yx}}{m^2} + \dfrac{K_{xx} + K_{yy}}{m}$ $= \dfrac{5.15 \times 10^6 \times 1.67 \times 10^6 - 1.45 \times 10^6 \times 1.45 \times 10^6}{6\,633^2} + \dfrac{0.843\,9 \times 10^9 + 0.456\,1 \times 10^9}{6\,633}$	3.441×10^5 s^{-2}
		$a_3 = \dfrac{d_{xx}K_{yy} + d_{yy}K_{xx} - d_{xy}K_{yx} - d_{yx}K_{xy}}{m^2}$ $= \dfrac{5.15 \times 10^6 \times 0.456\,1 \times 10^9 + 1.67 \times 10^6 \times 0.843\,9 \times 10^9 - 1.45 \times 10^6 \times (-0.239\,5 \times 10^9) - 1.45 \times 10^6 \times (0.661\,4 \times 10^9)}{6\,633^2}$	$7.151\,6 \times 10^7$ s^{-2}
		$a_4 = \dfrac{K_{xx}K_{yy} - K_{xy}K_{yx}}{m^2} = \dfrac{0.843\,9 \times 10^9 \times 0.456\,1 \times 10^9 - 0.661\,4 \times 10^9 \times 0.239\,5 \times 10^9}{6\,633^2}$	$5.148\,1 \times 10^9$ s^{-2}

续表 2 - 8

计算项目	计算公式及说明	计算结果
稳定运转条件	a_1, a_2, a_3, a_4	>0
	$a_1 a_2 a_3 - a_1^2 a_4 - a_3 = 1\,029.7 \times 0.344\,1 \times 10^6 \times 0.116\,8 \times 10^9 - 1\,029.7^2 \times 5.148\,1 \times 10^9 - 0.116\,8 \times 10^9$	$40.324\,3 \times 10^{15} > 0$ 通过，否则改变轴承参数
相对间隙上偏差	$\psi_{max} \leqslant 1.185 \psi_m = 1.185 \times 0.001\,9$	0.002 3
相对间隙下偏差	$\psi_{min} \geqslant 0.875 \psi_m = 0.875 \times 0.001\,9$	0.001 7
孔的尺寸公差		$\phi 300^{+0.052}$
轴径的尺寸公差		$\phi 300^{-0.570}_{-0.630}$
轴径表面粗糙度参数	R_{as} 参考图 2 - 31	0.8 μm
轴瓦孔表面粗糙度参数	R_{aB} 参考图 2 - 31	1.6 μm

2.2　液体动压止推轴承

2.2.1　液体动压止推轴承的基本形式

液体动压止推轴承的基本形式如图 2 – 32 所示,图(a)、(b)为普通止推轴承,不易获得完全油膜润滑,只用于不重要的轴承。其中,图(a)为端轴径,轴瓦直径受轴的直径限制,承载能力有限。图(b)是环状轴颈,可以用增加环数来增加支承面积。图(c)主要用于气体轴承。图(d)～(g)为固定轴瓦止推轴承,是止推轴承最主要的结构形式。其中,图(e)只适用于卧轴,图(h)、图(i)为可倾瓦止推轴承,是大中型重要止推轴承常采用的形式。

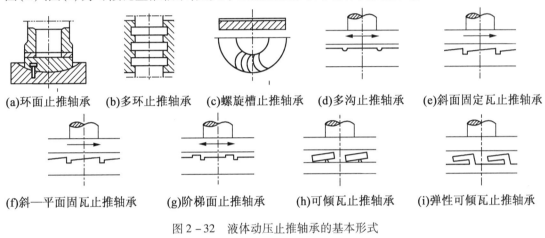

(a)环面止推轴承　　(b)多环止推轴承　　(c)螺旋槽止推轴承　　(d)多沟止推轴承　　(e)斜面固定瓦止推轴承

(f)斜—平面固瓦止推轴承　　(g)阶梯面止推轴承　　(h)可倾瓦止推轴承　　(i)弹性可倾瓦止推轴承

图 2 – 32　液体动压止推轴承的基本形式

2.2.2　平面瓦止推轴承

从理论上讲,平面止推轴颈与平面瓦不可能形成动压作用。实际上,由于微量的表面起伏,运转时热膨胀引起的微小尺寸变化,在一定速度下也能产生动压作用。不同润滑油黏度能产生动压作用的速度,见表 2 – 9。

表 2 – 9　平面止推轴承产生 0.5 MPa 承载能力的最低速度

润滑剂黏度等级	100	68	46	32
最低速度 $v_{\min}/(\mathrm{m \cdot s^{-1}})$	2.5	4	6	8

液体动压止推轴承均采用环形结构,由若干扇形瓦块和止推环组成(图 2 – 33)。参数选择如下。

(1)宽长比。

宽长比为轴瓦宽度 B 与轴瓦中径周长 L 之比;取 $\dfrac{B}{L}$ 为 0.6～2.0。

(2)外内径比。

外内径比为轴承外径 D_o 与其内径 D_i 之比。内径 D_i 取决于轴承直径 d_s,它应比 d_s 大一些,完全避开止推环和转子间的过渡圆角,并保证有足够的缝隙供润滑油通过。

轴承外径 D_o 根据轴承上载荷决定,原则是使固定瓦瓦面上的压力 p_m 在 $1.5 \sim 3.5$ MPa 为宜。对于进油温度要严格控制,具有均载结构的可倾瓦块止推轴承,p_m 可提高到 $6 \sim 7$ MPa。

由于希望 $\dfrac{B}{L} = 1$,所以 $\dfrac{D_o}{D_i}$ 与瓦块数 Z 呈一定的对应关系,考虑到瓦块数不宜过多,通常取 $\dfrac{D_o}{D_i}$ 为 $1.2 \sim 2.4$。

(3)瓦数。

瓦数 Z 最少为 3,多数 Z 为 $6 \sim 12$,最多可达到 20 块以上。瓦数过多,承载能力下降,且增加制造、安装调整的困难;瓦数少,轴承温度高。

(4)填充因子。

填充因子为瓦面中径周长之和 ZL 与轴承中径周长 πD_m 之比。建议取 K_K 为 $0.70 \sim 0.85$,K_K 值过大,瓦与瓦之间距离即油沟宽度过小,由前瓦流出的热油易于进入下一瓦块,使进瓦油温升高,油黏度下降,影响承载能力。K_K 过小,使轴瓦工作面积减少,使承载能力也降低。

(5)最小油膜厚度极限值。

不考虑制造与安装误差的最小油膜厚度安全值 h_s,可根据表面粗糙度参数 Ra 值查表 2-10 获得。h_{2lim} 值应在 h_s 上增加制造与安装误差确定。不做精细计算时,可取 h_{2lim} 为 $10 \sim 50$ μm。

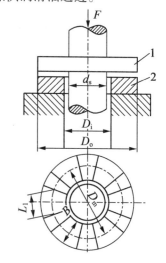

图 2-33　止推轴承组成
1—止推环;2—扇形区

表 2-10　h_s 值

瓦面粗糙度 $Ra/$μm	$0.1 \sim 0.2$	$0.2 \sim 0.4$	$0.4 \sim 0.8$	$0.8 \sim 1.6$	$1.6 \sim 3.2$
$h_s/$μm	2.5	6.2	12.5	25	50

(6)润滑方式与润滑油温度。

液体动压止推轴承的润滑主要有两种方式:油浴润滑和压力供油润滑(图 2-34)。为降低搅油功耗,高速轴承不宜采用油浴润滑。

①油浴润滑时,温度为 θ_1 的冷油从内侧进入轴瓦,同时混入温度为 θ_2 的热油,故进瓦油温 θ_i 近似取为

$$\theta_i = \frac{\theta_1 + \theta_2}{2} \tag{2-16}$$

②压力供油润滑时,进瓦油温即为供油油温。通过轴瓦后,油的温度升高,温升为 $\Delta\theta$,油膜最高油温约为

$$\theta_{max} = \theta + 1.5\Delta\theta \tag{2-17}$$

进瓦油温 θ_i 宜控制在 $40 \sim 60$ ℃,油的温升 $\Delta\theta$ 最好在 20 ℃ 左右。使用矿物油,最高油温不宜超过 120 ℃。

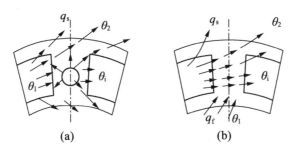

图 2 - 34　液体动压止推轴承润滑方式

q_f——供油流量;q_s——侧泄流量;θ_1——进油油温;θ_2——出油油温;θ_i——进瓦流量

2.2.3　平面瓦止推轴承性能特性

这种轴承的性能不能精确化预测,只能近似计算。

(1)最大载荷。

$$F = 0.3(D_o^2 - D_i^2) \qquad (2-18)$$

式中　F——载荷(N);

D_o——轴瓦外径(mm);

D_i——轴瓦内径(mm)。

(2)功耗。

$$P_\mu = 70 \times 10^{-6} FnD_m \qquad (2-19)$$

式中　P_μ——摩擦功耗(W);

n——轴的转速(r/s);

D_m——轴瓦中径(mm)。

(3)润滑油流量。

$$q = 2.1 \times 10^{-12} FnD_m \qquad (2-20)$$

式中　q——流量(m^3/s)。

2.2.4　斜平面瓦止推轴承

斜平面瓦止推轴承主要用于中小尺寸的止推轴承,最大直径约为 0.6 m。瓦面有斜面和平面两部分(图 2 - 35)。转子转动时止推环与瓦的斜平面构成油楔,形成动压油膜。

对于立轴,静止时由平面部分支承全部静载荷。

单向和双向转动的止推轴承,其瓦块沿轴承中径周长方向的轮廓,如图 2 - 36 所示,双向旋转时 $\dfrac{B}{L} = \dfrac{3}{5}$,而且只有一个斜面起动压作用,与单向旋转轴承相比,瓦数约少 $\dfrac{1}{3}$,承载能力约小 35%,功耗低 20%。

各瓦平面部分应在同一平面上,若偏差大于瓦块斜面升高 δ 的 10%,则严重影响轴承性能,高出的轴瓦将过热。

瓦面和止推环平面必须垂直于转子轴线,否则个别瓦将会过热。

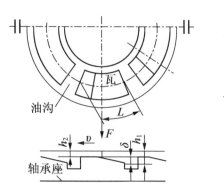

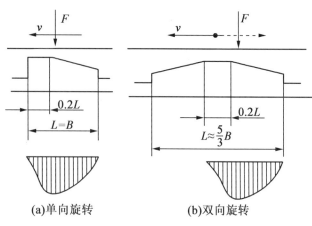

(a)单向旋转　　　　　　(b)双向旋转

图 2 - 35　斜 - 平面瓦止推轴承　　　　　图 2 - 36　斜 - 平面瓦周向轮廓

(1)几何尺寸选择。

定义如下特征数：

载荷数

$$\overline{F} = \frac{F}{\eta_e n D_i^2}$$

最小油膜厚度数

$$\overline{h}_2 = \frac{h_2 \sqrt{\overline{F}}}{D_i}$$

温升数

$$\overline{\Delta\theta} = \frac{\Delta\theta c_p \rho D_i^2}{F}$$

按转子直径确定轴承内径。选定润滑油牌号,赋温升 $\Delta\theta$ 一个初值后,根据这些特征数,建议如图 2 - 37 所示选取外内径比 $\frac{D_o}{D_i}$、瓦数 Z 和瓦斜面升高比 $\frac{\delta}{h_2}$,计算出外径 D_o 和瓦斜面升高 δ,即初步选定了止推轴承几何尺寸。

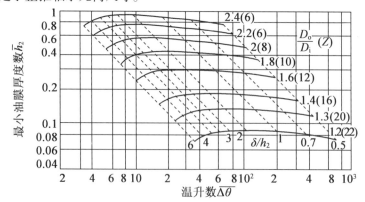

图 2 - 37　止推轴承内外径比、瓦数和瓦斜面升高

（2）校核计算。

最小油膜厚度的极限值 h_{2lim} 取决于轴瓦和止推环表面粗糙度，制造和安装精度，建议按下式确定：

$$h_{2lim} = h_s + (0.10 \sim 0.25) \times 10^{-3} d_s \qquad (2-21)$$

瓦载荷数

$$\overline{F_p} = \frac{F_p}{\eta_e n B D_m}$$

瓦功耗数

$$\overline{P_{\mu p}} = \frac{P_{\mu p} \sqrt{\overline{F_p}}}{n D_m F_p}$$

瓦最小油膜厚度数

$$\overline{h_{2p}} = \frac{h_{2p} \sqrt{\overline{F_p}}}{B}$$

瓦端泄流量数

$$\overline{q_{sp}} = \frac{q_{sp} \sqrt{\overline{F_p}}}{n B^2 D_m}$$

瓦温升数

$$\overline{\Delta\theta_p} = \frac{\Delta\theta B^2 c_p \rho K_\theta}{F_p}$$

如图 2-38~2-41 分别给出瓦功耗数、瓦最小油膜厚度数、瓦端泄流量数和瓦温升数与瓦斜面升高比 $\frac{\delta}{h_2}$ 的关系曲线，其中 K_θ 是温升修正因子。图 2-42 给出了 K_θ 与瓦斜面升高比 $\frac{\delta}{h_2}$ 的关系曲线。

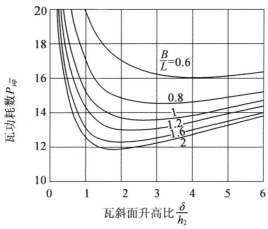

图 2-38　止推轴承瓦最小油膜厚度数

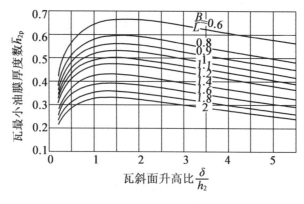

图 2-39　止推轴承瓦最小油膜厚度数

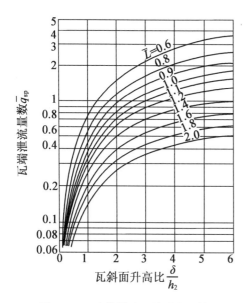

图 2-40　止推轴承瓦端泄流量数

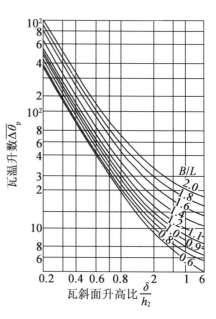

图 2-41　止推轴承瓦温升数

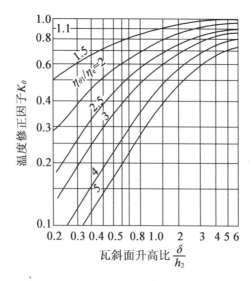

图 2-42　止推轴承温度修正因子 K_θ

计算出的 $\Delta\theta$ 必须接近所赋温升的初值;最小油膜厚度 h_2 必须小于油膜厚度的极限值 $h_{2\text{lim}}$;当采用压力供油润滑时,供油量必须大于轴承总端泄流量 Zq_{sp}。

(3)算例。

设计一立轴的斜—平面瓦止推轴承。轴径 $d_s = 125$ mm,转速 $n = 7\ 200$ r/min,转子质量 $m = 102$ kg,工作载荷 $F = 8\ 000$ N,压力供油润滑。

设计公式及说明如下:

① 轴承内径。

D_i 略大于 d_s,取 $D_i = 140$ mm。

② 油膜厚度最小安全值。

取粗糙度 Ra 为 $0.2 \sim 0.4$ μm,由表 2 – 10 查得 $h_s = 6.2$ μm。

③ 最小油膜厚度极限值。

$$h_{2\text{lim}} = h_s + (0.10 \sim 0.25) \times 10^3 d_s$$

取

$$\begin{aligned}
h_{2\text{lim}} &= h_s + (0.25) \times 10^{-3} d_s \\
&= 6.2 \times 10^{-6} + 0.25 \times 10^{-3} \times 0.125 \\
&= 37.5(\mu\text{m})
\end{aligned}$$

④ 选取润滑油牌号:L – FD46。

⑤ 进瓦油温。

设定 $\theta_i = 60$ ℃。

⑥ 赋油温升初值。

设定 $\Delta\theta = 8$ ℃。

⑦ 有效油温。

$$\theta_e = \theta_i + \Delta\theta = 60 + 8 = 68 \text{ ℃}$$

⑧ 润滑油黏度。

查有关资料得 $\eta_{\theta i} = 0.020\ 6$ Pa · s。

⑨ 有效润滑黏度。

查有关资料得 $\eta_e = 0.015\ 5$ Pa · s。

⑩ 黏度比。

$$\frac{\eta_{\theta i}}{\eta_e} = \frac{0.020\ 6}{0.015\ 5} = 1.33$$

⑪ $c_p\rho$ 值。

c_p 为油比热容,ρ 为油密度,由热力学查得 $c_p \cdot \rho = 1.70 \times 10^6$ J/(m · K)。

⑫ 载荷数。

⑬ 最小油膜厚度。

$$\overline{h}_2 = \frac{h_2\sqrt{F}}{D_i} = \frac{37.5 \times 10^{-6}\sqrt{2\ 190}}{0.140} = 0.012\ 5$$

(这里 h_2 应为 $h_{2\text{lim}}$)

⑭温升数。

$$\overline{\Delta\theta} = \frac{\Delta\theta D_i^2 c_p \rho}{F} = \frac{8 \times 0.140^2 \times 1.7 \times 10^6}{8\ 000} = 33.32$$

⑮外内径比。

根据 $\overline{\Delta\theta}, \overline{h}_2$ 由图 2-37 查得，$\dfrac{D_o}{D_i} = 1.3$。

⑯瓦块数。

根据 $\overline{\Delta\theta}, \overline{h}_2$ 由图 2-37 查得，$Z = 20$。

⑰瓦斜面升高。

$$\delta = \left(\frac{\delta}{h_2}\right) h_2 = 3.0 \times 41.6 = 0.125(\text{mm})$$

根据 $\overline{\Delta\theta}, \overline{h}_2$ 由图 2-37 查得，$\dfrac{\delta}{h_2} = 3.0$。

⑱轴承外径。

$$D_o = \left(\frac{D_o}{D_i}\right) \times D_i = 1.3 \times 0.140 = 182(\text{mm})$$

⑲轴承中径。

$$D_m = \frac{(D_o + D_i)}{2} = \frac{(182 + 140)}{2} = 161(\text{mm})$$

⑳轴承宽度。

$$B = \frac{(D_o - D_i)}{2} = \frac{(182 - 140)}{2} = 21(\text{mm})$$

㉑轴瓦中径周长。

$$L = B = 21\ \text{mm}$$

㉒校核填充因子。

$$K_K = \frac{ZL}{\pi D_m} = \frac{20 \times 21}{161\pi} = 0.83$$

㉓瓦平面部分中径周长。

按图 2-36，取 F_p。

校核计算：

㉔瓦载荷。

$$F_p = \frac{F}{Z} = \frac{8\ 000}{20} = 400(\text{N})$$

㉕瓦载荷数。

$$\overline{F}_p = \frac{F_p}{\eta_e n B D_m} = \frac{400}{0.015\ 5 \times 120 \times 0.021 \times 0.161} = 63.6 \times 10^3$$

㉖温度修正因子。

根据 $\dfrac{\delta}{h_2}$ 和 $\dfrac{B}{L}$ 由图 2-42 查得，$K_\theta = 0.97$。

㉗瓦温升数。

根据 $\dfrac{\delta}{h_2}$ 和 $\dfrac{B}{L}$ 由图 2-41 查得，$\overline{\Delta\theta}_p = 12.5$。

㉘温升。

$$\Delta\theta = \frac{\overline{\Delta\theta_p}F_p}{B^2c_p\rho K_\theta} = \frac{12.5 \times 400}{0.021^2 \times 1.7 \times 10^6 \times 0.97} = 6.9(\text{℃})(与初值有关)$$

㉙瓦最小油膜厚度数。

根据$\dfrac{\delta}{h_2}$和$\dfrac{B}{L}$由图 2-39 查得，$\overline{h_{2p}} = 0.50$。

㉚最小油膜厚度。

$$h_2 = \frac{\overline{h_{2p}}B}{\sqrt{F_p}} = \frac{0.50 \times 0.021}{\sqrt{63.6 \times 10^3}} = 41.6(\mu\text{m}) > h_{2\lim}，可以$$

㉛最高油温。

$$\theta_{\max} = \theta_i + 1.5\Delta\theta = 60 + 1.5 \times 6.9 = 70(\text{℃}) < 120(\text{℃})，可以$$

㉜瓦平面部分面积。

$$A_p \approx 4.2ZB = 4.2 \times 20 \times 21 = 1\,764(\text{mm}^2)$$

㉝静载荷。

$$F_{st} = mg = 102 \times 98 = 1\,000(\text{N})$$

㉞静载压力。

$$p_{st} = \frac{F_{st}}{A_p} = \frac{1\,000}{1\,764} = 0.57(\text{MPa})$$

㉟瓦斜面升高。

$$\delta = \left(\frac{\delta}{h_2}\right)h_2 = 3.0 \times 41.6 = 124.8(\mu\text{m}) = 0.125(\text{mm})$$

㊱瓦功耗数(摩擦)。

根据$\dfrac{\delta}{h_2}$和$\dfrac{B}{L}$由图 2-38 查得，$\overline{P_{\mu p}} = 13.7$。

㊲瓦功耗。

$$P_{\mu p} = \frac{\overline{P_{\mu p}}nD_mF_p}{\sqrt{F_p}} = \frac{13.7 \times 120 \times 0.161 \times 400}{\sqrt{63.6 \times 10^3}} = 0.42(\text{kW})$$

㊳总功耗。

$$P_\mu = ZP_{\mu p} = 20 \times 0.42 = 8.4(\text{kW})$$

㊴瓦端泄流量数。

根据$\dfrac{\delta}{h_2}$和$\dfrac{B}{L}$由图 2-39 查得，$\overline{q_{sp}} = 1.1$。

㊵瓦端泄流量。

$$q_{sp} = \frac{nB^2D_m\overline{q_{sp}}}{\sqrt{F_p}} = \frac{120 \times 0.021^2 \times 0.161 \times 1.1}{\sqrt{63\,600}} = 0.037$$

㊶需要供油量。

$$q \geqslant Zq_{sp} = 20 \times 0.037\,2 \times 60 = 44.6(\text{L/mm})$$

2.2.5 阶梯面瓦止推轴承

阶梯面瓦止推轴承(图2-43)结构简单,主要用于小型轴承。每一瓦面由高度差为δ的两平行面组成。根据流动力润滑要求,$\delta = h_1 - h_2$,它应该近似等于最小油膜厚度h_2,所以δ是极小的值。这样小的δ值切削加工困难,可用压痕法、腐蚀法等制出阶梯面。

在运转中,当间隙比$\alpha = \dfrac{h_1}{h_2} = 1.866$,$\dfrac{L}{L_1} = 2.549$时,轴承的承载能力最大。这时,计算油膜厚度$h_2$及功耗$P_\mu$的公式分别为

$$h_2 = 0.8L\left(\eta D_{\mathrm{m}} n Z \frac{B}{F}\right)^{\frac{1}{2}} \tag{2-22}$$

$$P_\mu = 8.34 L \eta D_{\mathrm{m}}^2 n^2 Z \frac{B}{h_2} \tag{2-23}$$

如果想要进一步提高承载能力,可将阶梯面制成(加工成)带阻滞边的形式,如图2-44所示。

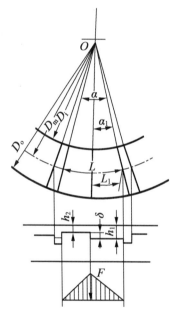

图2-43 阶梯面瓦止推轴承

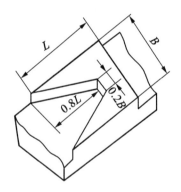

图2-44 带阻滞边的阶梯面瓦

2.2.6 可倾瓦止推轴承

可倾瓦止推轴承的各瓦能适应工况的变化而自动调节斜度,出油侧供油膜厚度h_2及间隙比$\dfrac{h_1}{h_2}$相应改变(图2-45)。因此,在载荷或速度经常变化的大、中、小轴承内适用,特别在大型轴承内应用最广。

可倾瓦的支承方式见表2-11。平衡块支承能自动调节,使各瓦载荷趋于均匀,但平衡式只适用于低速。螺柱支承调整瓦高较为麻烦。

表 2-11 可倾瓦止推轴承支承方式

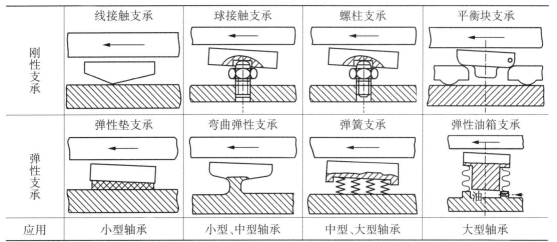

	线接触支承	球接触支承	螺柱支承	平衡块支承
刚性支承				
	弹性垫支承	弯曲弹性支承	弹簧支承	弹性油箱支承
弹性支承				
应用	小型轴承	小型、中型轴承	中型、大型轴承	大型轴承

线接触支承,单向旋转的轴承使承载能力最大的支承点位置和最佳间隙比,如图 2-46 所示。双向旋转的轴承支承点只能取在瓦的中点。

为降低瓦温,可以采取下列措施:适当增大瓦间距;改变瓦形状,切去对承载能力贡献不大的瓦角,甚至采用圆形瓦;在瓦间设置冷却喷管;设置刮油板以刮去瓦上的热油;在瓦内设冷却盘管。后几种方法主要用于大型止推轴承。

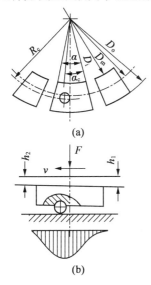

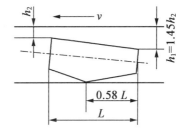

图 2-45 可倾瓦止推轴承 　　　　图 2-46 最佳支承点的位置和间隙

(1)瓦块尺寸的选取。

宽长比确定之后,轴承的承载能力决定于瓦块数、转速和润滑油的黏度。对于中、小型轴承,若取 $\dfrac{B}{L}=1$,当载荷、轴的直径给定之后,可以用图 2-47 选取瓦块数(瓦数)Z 和瓦块宽度(瓦宽)B。

然后用图 2-48,根据瓦数和瓦宽选取瓦块的内径(内接圆直径)D_i,则瓦块外径 $D_o = D_i + 2B$,瓦块长 $L = B$。

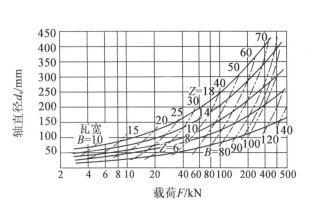

图 2-47　瓦数 Z 和瓦宽 B 的初选

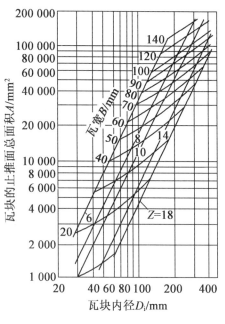

图 2-48　轴瓦内径初选

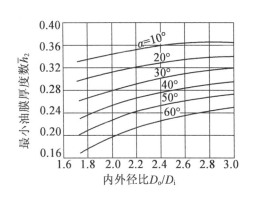

图 2-49　最小油膜厚度数 $\overline{h}_2$

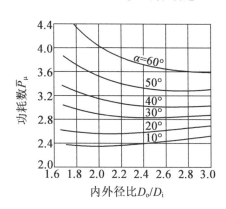

图 2-50　摩擦功耗数 $\overline{P}_\mu$

（2）校核与性能计算。

可倾瓦止推轴承的校校与性能计算见表 2-12。

表 2-12　可倾瓦止推轴承主要计算公式

计算项目	最小油膜厚度	摩擦功耗	平均总流量	支点角度位置	支点半径
计算公式	$h_2 = \overline{h}_2 L\left(ZB\eta\,\dfrac{v}{F}\right)^{\frac{1}{2}}$	$P_\mu = \overline{P}_\mu\left(FZB\eta v^3\right)^{\frac{1}{2}}$	$q_m = \overline{q}_m Z h_2 Bv$	$\alpha_c = \left(\dfrac{\alpha_c}{\alpha}\right)\alpha$	$R_c = (0.97 \sim 1.06)R_m$
说明	$\overline{h}_2$—最小油膜厚度数,查图 2-49;L—瓦块长;Z—瓦块数;η—润滑油黏度;v—平均线速度;F—轴承总载荷;$\overline{P}_\mu$—摩擦功耗数,查图 2-50;$\overline{q}_m$—平均总流量数,查图 2-51;$\dfrac{\alpha_c}{\alpha}$—支点相对位置;α—轴瓦包角,查图 2-52				

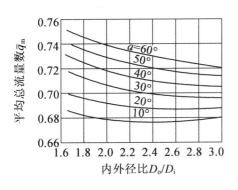

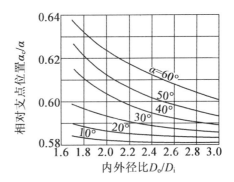

图 2 - 51　平均总流量数 $\overline{q}_m$　　　　　　　图 2 - 52　支点相对位置 $\dfrac{\alpha_c}{\alpha}$

（3）算例。

设计一可倾瓦止推轴承。已知载荷 $F = 210$ kN $= 210\ 000$ N，轴径 $d = 180$ mm，转速 $n = 5$ r/s $= 300$ r/min，希望进瓦油温不低于 35 ℃，出瓦油温不高于 70 ℃。采用 L - FD30 主轴油，压力供油。

设计计算：

①瓦块数 Z。

Z 由图 2 - 47 选取，$Z = 8$。

②瓦块宽度 B。

B 由图 2 - 47 选取，$B = 0.090$ m（90 mm）。

③轴瓦内径 D_i。

D_i 由图 2 - 48 选取，$D_i = 0.200$ m（200 mm）。

④轴瓦外径 D_o。

$$D_o = D_i + 2B = 0.2 + 2 \times 0.09 = 0.380（\text{m}）= 380 \text{ mm}$$

⑤平均直径。

$$D_m = \frac{D_i + D_o}{2} = \frac{0.2 + 0.38}{2} = 0.29（\text{m}）= 290 \text{ mm}$$

⑥内外径比。

$$\frac{D_o}{D_i} = \frac{0.38}{0.2} = 1.9$$

⑦瓦块平均周长。

$$L = B = 0.09 \text{ m}（90 \text{ mm}）$$

⑧填充因子。

$$K_K = \frac{ZL}{\pi D_m} = \frac{8 \times 0.09}{\pi \times 0.29} = 0.79（\text{合适}）$$

⑨平均周速度。

$$\upsilon = \pi n D_m = \pi \times 5 \times 0.29 = 4.56（\text{m/s}）$$

⑩平均油温。

初设　　　　　　　　　　　　　　　　$\theta_m = 50$ ℃

⑪润滑油黏度。

查有关资料　　　　　　　　　　　　　$\eta_{\theta m} = 0.028$ Pa·s

⑫轴瓦包角。

$$\alpha = \frac{2L \times 180}{\pi D_m} = \frac{2 \times 0.09 \times 180}{\pi \times 0.29} = 35.6(°)$$

⑬最小油膜厚度数。

查图 2 - 49 得 $\bar{h}_2 = 0.26$

⑭最小油膜厚度。

$$h_2 = \bar{h}_2 L \left(\frac{ZB\eta v^3}{F} \right)^{\frac{1}{2}} = 0.26 \times 0.09 \times \left(\frac{8 \times 0.09 \times 0.028 \times 4.56}{210\,000} \right)^{0.5}$$
$$= 15.5 \times 10^{-6}(m) = 15.5 \times 10^{-3} mm = 15.5\ \mu m(可行)$$

⑮摩擦功耗数。

查图 2 - 50,得 $\bar{P}_\mu = 3.08$

⑯摩擦功耗。

$$P_\mu = \bar{P}_\mu (FZB\eta v^3)^{0.5} = 3.08 \times (210\,000 \times 8 \times 0.09 \times 0.028 \times 4.56^3)^{0.5} = 1\,951(W)$$

⑰平均总流量数。

查图 2 - 51 得 $\bar{q}_m = 0.714$

⑱平均总流量。

$$q_m = \bar{q}_m Z h_2 B v = 0.714 \times 8 \times 15.5 \times 10^{-6} \times 0.09 \times 4.56$$
$$= 36.3 \times 10^{-6}(m^3/s) = 36.3 \times 10^{-3}\ L/s$$

⑲润滑油温升。

$$\Delta\theta = \frac{P_\mu}{c_p \rho q_m} = \frac{1\,951}{1.7 \times 10^6 \times 36.3 \times 10^{-6}} = 31.6(℃)$$

⑳校核平均油温。

$$\theta_m = \theta_i + \frac{\Delta\theta}{2} = 35 + \frac{31.6}{2} = 50.8(℃) \quad 与初设相符(> 35\ ℃)$$

㉑校核出瓦油温。

$$\theta_2 = \theta_i + \Delta\theta = 35 + 31.6 = 66.6(℃) \quad 满足要求(> 70\ ℃)$$

㉒支点相对位置。

查图 2 - 52 得 $\frac{\alpha_c}{\alpha} = 0.6$

㉓支点角度。

$$\alpha_c = \left(\frac{\alpha_c}{\alpha} \right) \times \alpha = 0.6 \times 35.6 = 21.4(℃)$$

㉔支点分布半径。

$$R_c = (0.97 \sim 1.06)\frac{D_m}{2} = (0.97 \sim 1.06) \times \frac{0.29}{2}$$
$$= 0.141 \sim 0.154(m)$$

取 $R_c = 0.150\ m$

第3章 液体动静压轴承

3.1 液体动静压轴承简介

动压与静压效应结合于一个轴承,则构成动静压轴承,按其结合方式可分为三种:

(1)静压启动,动压工作型。

这类轴承在机器启动前,先启动静压供油系统,利用静压油腔的压力支承静止的转子,然后启动机器,待转子达到预定转速后,启动动压供油系统,并关闭静压供油系统,利用动压效应产生的压力支承转子上的载荷。因此,它具有启动转矩小,启动过程无磨损,特别是压力较高的静压供油系统又无须长时间工作,节省了能源,故多用于重型机械,如冷轧机、大型立式车床、水轮机等。

(2)动静压联合型。

这类轴承利用动压油楔内的压力液体,使之流入一个油腔,形成静压力(图3-1)。它具有承载能力高、温升低、功耗少,但瓦面结构复杂、工艺性不好,而且启动转矩大,启动时有磨损,未能克服动压轴承的主要缺点。

图3-1 动静压联合轴承

(3)动静压混合型。

这类轴承在机器启动前,先启动静压供油系统,利用静压油腔的压力支承静止的转子,然后启动转子(机器),随着转子转速的增加,动压效应增大,达到预定转速后,再施加工作载荷。由于动压与静压效应同时支承转子上的全部载荷,它具有承载能力高、刚度大、油膜阻尼大的特点,而且供油压力、流量泵功耗均比静压轴承低,启动转矩比动压轴承低,启动过程无磨损,特别适用于高速、精密主轴承,亦可用于高速承载轴承。

3.2 液体动静压轴承具体类型及计算

3.2.1 静压径向升举轴承

为了不过分减少动压承载面积,升举轴承的静压油腔一般宜取小些、浅些,所以供油压力都比较大。

液体静压升举轴承的基本形式及其静压升举性能计算见表3-1,其动压效应与动压轴承相同,可参看本书第2章液体动压轴承。

表 3 - 1　液体静压升举径向轴承性能计算

形式	轴向油腔	周向油腔	中间油腔
简图			
性能计算公式	$p_0 = \dfrac{2F[B]}{(B-2b)d[A]}$ $q = \dfrac{p_0(B-2b)d^2\psi^3}{2\eta[B]}$ $\psi = \dfrac{c}{r}, \varepsilon = \dfrac{e}{c}, c$—半径间隙	$p_0 = \dfrac{F}{(L-2l)(B-b)}$ $q = \dfrac{p_0(L-2l)h^3}{6\eta b}$ $h = c - e$	$p_0 = \dfrac{F}{K_1 + K_2 + K_3}, h_1 = e$ $h_2 = \sqrt{R^2 + \sqrt{4R^2 - l^2} + 2e + e^2}$ $q = \dfrac{p_0}{6\eta}\left(\dfrac{h_1^3 K_2}{b^2} + \dfrac{h_2^3 K_3}{l^2}\right)$ $K_1 = (B-2b)(L-2l)$ $K_2 = (L-2l)b$ $K_3 = (L-2b)l$
说明	q—流量；p_0—油腔压力；F—升举载荷 $[A] = 12\left[\dfrac{2+3\varepsilon-\varepsilon^2}{1-\varepsilon^2}\right]$ $[B] = 12\left\{\dfrac{\varepsilon(4-\varepsilon)^2}{2(1-\varepsilon^2)^2} + \dfrac{2+\varepsilon^2}{(1-\varepsilon^2)^{\frac{5}{2}}} \times \arctan\left[\dfrac{1+\varepsilon}{(1-\varepsilon^2)^{\frac{1}{2}}}\right]\right\}$ $[A][B]$ 值见表 3 - 2		

液体静压升举径向轴承的承载性能与油腔结构有关，对于常用的宽轴承 $\left(\dfrac{B}{D} \geq 1\right)$，多用轴向油腔，其性能计算公式如下：

（1）油腔压力。

$$p_0 = \frac{2F[B]}{(B-2b)d[A]} \tag{3-1}$$

式中　F——升举载荷；

　　　b——供油槽轴向封油宽度。

（2）流量。

$$q = \frac{p_0(B-2b)d^2\psi^3}{2\eta[B]} \tag{3-2}$$

（3）相对间隙及偏心率。

$$\left.\begin{array}{l} \psi = \dfrac{c}{r} \\[2mm] \varepsilon = \dfrac{e}{c} \end{array}\right\}$$

式中　c——半径间隙；

　　　r——轴颈半径。

（4）计算参数。

$$[A] = 12\left[\frac{2 + 3\varepsilon - \varepsilon^2}{(1 - \varepsilon^2)^2}\right]$$

$$[B] = 12\left\{\frac{\varepsilon(4 - \varepsilon^2)}{2(1 - \varepsilon^2)^2} + \frac{2 + \varepsilon^2}{(1 - \varepsilon^2)^{\frac{5}{2}}} \times \arctan\left[\frac{1 + \varepsilon}{1 - \varepsilon^2}\right]^{\frac{1}{2}}\right\}$$

具体数值见表 3 – 2。

表 3 – 2　因子 $[A]$、$[B]$ 数值

ε	$[A]$	$[B]$	ε	$[A]$	$[B]$	ε	$[A]$	$[B]$	ε	$[A]$	$[B]$
0	24.00	24.00	0.5	72.00	78.04	0.91	1 615	4 345	0.96	7 800	31 993
0.1	28.15	28.15	0.6	105.00	127.68	0.92	2 025	5 997	0.97	13 733	65 729
0.2	33.75	33.75	0.7	137.33	245.39	0.93	2 620	8 044	0.98	30 600	178 813
0.3	41.63	41.63	0.8	360.00	633.31	0.94	3 533	11 753	0.99	121 200	1 005 534
0.4	53.33	52.79	0.9	1 320.00	3 360.00	0.95	5 040	18 426	1.00	∞	∞

算例　设计一静压升举、动压运转式径向轴承，已知轴径 $d = 200$ mm，轴瓦宽度 $B = 300$ mm，半径间隙 $c = 0.15$ mm，载荷 $F = 6\ 400$ N，润滑油工作黏度 $\eta = 0.106$ Pa·s。求升举至 $\varepsilon = 0.4$ 时所需油泵压力和流量。

因轴承较宽，采用轴向油腔，计算结果如下：

①油腔长度。

$$L = B - 2b = 300 - 2 \times 75 = 0.150(\text{m})$$

②油腔宽度。

H 稍大于进油孔直径。

③相对间隙。

$$\psi = \frac{2c}{d} = \frac{2 \times 0.15}{200} = 0.001\ 5(\text{m})$$

④因子 $[A]$、$[B]$。

查表 3 – 2，$[A] = 53.33$，$[B] = 52.79$。

⑤所需油腔压力。

$$p_0 \approx \frac{2F[B]}{(B - 2b)d[A]} = \frac{2 \times 6\ 400 \times 52.79}{(300 - 2 \times 75) \times 10^{-3} \times 200 \times 10^{-3} \times 53.33} = 0.42(\text{MPa})$$

取 $p_0 = 4.5$ MPa。

⑥流量。

$$q = \frac{p_0(B - 2b)d^2\psi^3}{2\eta[B]} = \frac{4.5 \times 10^6 \times 0.15 \times 0.2^2 \times 0.001\ 5^3}{2 \times 0.106 \times 52.79} = 8.1 \times 10^{-6}(\text{m}^3/\text{s})$$

3.2.2　小油腔式动静压径向轴承

油腔尺寸小，则封油面尺寸增大，因而动压效应随之增加，但静压作用下降。计算小油腔

式径向轴承,必须考虑动压效应,即轴径旋轴的影响。

(1)定义轴承的辅助参数。

$$S_h = \frac{4\eta n}{p_s \psi^2}$$

$$\psi = \frac{2c}{D}$$

功率比 $$G = \frac{P_\mu}{P_p} \qquad (3-3)$$

式中　P_μ——摩擦功率,$P_\mu = \dfrac{\eta A_\mu v^2}{c}$(摩擦功率);

　　　η——液体黏度;

　　　A_μ——摩擦面积,$A_\mu = \dfrac{B\left[\pi D - 4l(1-2\bar{b})\right]}{\cos\gamma}$;

　　　P_p——泵功率,$P_p = p_s q$(p_s供油压力,q耗油量);

　　　$\bar{b} = \dfrac{b}{B}$;

　　　γ——轴承锥半角,对于圆柱轴承 $\gamma = 0°$。

计算出辅助参数 S_h 后,再求得功率比 G,轴承承载能力、轴承刚度、功耗、温升等都是 G 的函数。

(2)如图 3-2 所示,当轴承的几何参数为 $\bar{B} = \dfrac{B}{D} = 1$、$\bar{b} = \dfrac{b}{B} = 0.05$ 及 0.10、$Z = 4$、$\beta = 12°$

及 $18°$、$\bar{\varphi} = 0°$(偏位角),压力比为 $\bar{p_0}$ 时,有如图 3-3 所示辅助参数 S_h、量纲为 1 的载荷数 $\bar{F}$、功耗数 $\bar{P}$、温升数 $\Delta\bar{\theta}$ 与功耗比 G 的关系曲线。

载荷数 $\bar{F}$、功耗数 $\bar{P}$、温升数 $\Delta\bar{\theta}$ 的表达式为

$$\bar{F} = \frac{F}{p_s BD} \qquad (3-4)$$

$$\bar{P} = \frac{6p_s^2 c\,\bar{b}\,\bar{B}p}{\pi F^2 n^2 \eta} \qquad (3-5)$$

$$\Delta\bar{\theta} = \frac{D^2 c_p \rho \Delta\theta}{F} \qquad (3-6)$$

式中　c_p——油比热容。

因而刚度的计算式为

$$K = \frac{p_s BD\,\bar{F}}{\varepsilon c} \qquad (3-7)$$

式中　ε——偏心率;

　　　c——轴承半径间隙。

流量计算式为

$$q = \frac{P}{c_p \rho \Delta\theta} \qquad (3-8)$$

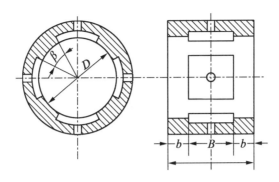

图 3 - 2　小油腔式径向轴承

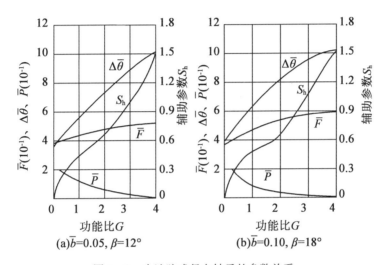

(a)$\bar{b}$=0.05, β=12°　　　(b)$\bar{b}$=0.10, β=18°

图 3 - 3　小油腔式径向轴承的参数关系

3.2.3　无腔静动压径向轴承

轴瓦孔内不开油腔,常用的节流方式是缝式节流和孔式节流,如图 3 - 4 所示。

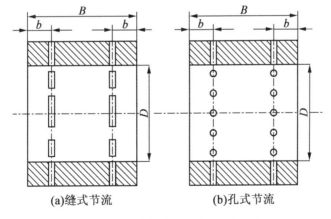

(a)缝式节流　　　　　　　(b)孔式节流

图 3 - 4　无腔静动压静动压径向轴承

孔式节流由于没有油腔,起节流作用的是孔口间隙的环面积,即 $\pi d_j h$,也称环隙节流。

一般轴承开双排缝(或孔),当轴承较窄时,也可开单排缝(或孔)。

无腔轴承结构简单,工艺性好,缝(或孔)的位置用位置因子 $\bar{b} = \dfrac{b}{B}$ 表示,采用单排缝(孔)时,缝(孔)开在轴瓦中间,$\bar{b} = 0.5$;采用双排缝(孔)时,$\bar{b} = 0.25$,静压性能最佳。但是当动压效应较高时,节流缝(孔)处的油膜压力可能超过供油压力,这时润滑油可能由该处节流缝(孔)倒流,影响轴承性能。为避免产生倒流,可取较小的 $\bar{b}$ 值,然而 $\bar{b}$ 值小,轴承的静压承载能力变小,同时流量增大,可以接受的最小 $\bar{b}$ 值约为 0.1。

(1)纯静压承载能力。

无腔径向轴承的纯静压(即功耗比 $G = 0$)承载能力与 $\bar{p}_0$(压力比)的关系曲线如图 3 - 5 所示,图中纵坐标为载荷数(式(3 - 4))。

图 3 - 5(a)中曲线是按 $\bar{B} = 1$、$\bar{b} = 0.5$ 单排缝(或孔)作出的。

图 3 - 5(b)中曲线是按 $\bar{B} = 1$、$\bar{b} = 0.25$ 双排缝(或孔)作出的。

若 $\bar{B} \neq 1$,则可做出如下近似修正:

$$\bar{B} = 0.5, \bar{F}_{0.5} \approx 1.1 \bar{F}_1$$
$$\bar{B} = 2.0, \bar{F}_2 \approx 0.6 \bar{F}_1 \tag{3-9}$$

若 $\bar{b} \neq 0.25$,则可做出如下近似修正:

$$\bar{F}_b \approx \frac{\bar{F}_{0.25}(1 - \bar{b})}{1 - 0.25} \tag{3-10}$$

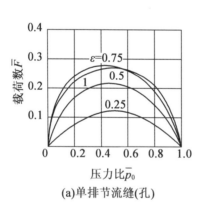

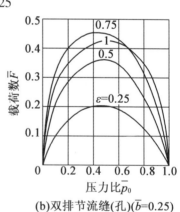

(a)单排节流缝(孔)　　　　　(b)双排节流缝(孔)($\bar{b} = 0.25$)

图 3 - 5　无腔径向轴承静压承载能力

(2)动静压混合承载能力。

无腔径向轴承在 $G = 3$ 时,动静压混合轴承的承载能力的载荷数 $\bar{F}$ 随 $\bar{p}_0$ 值变化曲线如图 3 - 6 所示;载荷数 $\bar{F}$ 随 $\bar{b}$ 值变化曲线如图 3 - 7 所示。

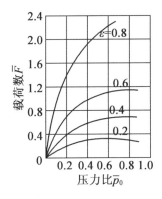

图 3-6　无腔径向轴承 $\bar{F}-\bar{p}_0$ 曲线

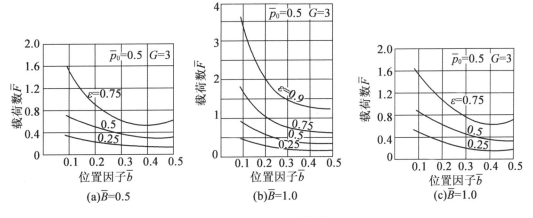

图 3-7　无腔径向轴承 $\bar{F}-\bar{b}$ 曲线

（3）参数选择。

① 供油压力。供油压力 p_s 应根据启动时的载荷,按纯静压承载能力保证启动前即建立起油膜来计算选取。

②相对间隙。ψ 根据轴瓦直径 D 和公差等级由图 3-8 选取,图中 IT5 和 IT6 是推荐选用的公差等级。

③润滑油黏度。由图 3-8 根据 $\bar{b}$、G 和 ψ 可找出最佳的 $\dfrac{p_s}{\eta n\,B}$ 值,选定供油压力和轴承宽度后,即可计算出适宜的润滑油黏度。

（4）算例。

计算一无腔径向轴承,采用缝式节流。启动载荷 800 N,要求 $\varepsilon_{qd} \leqslant 0.25$,轴颈转速 $n = 30$ r/s,运转总工作载荷 8 000 N,要求 $\varepsilon_{yz} \leqslant 0.75$。供油压力要求 $p_s \leqslant 2.5$ MPa。

a. 选取宽径比。

$$\bar{B} = \frac{B}{D} = 1$$

b. 节流缝位置因子。

$$\bar{b} = 0.1$$

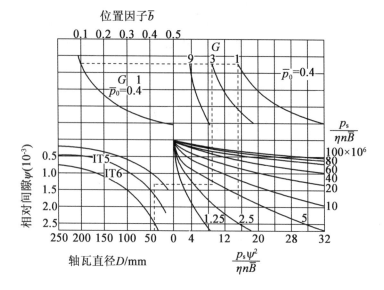

图 3-8　无腔径向轴承的最佳 $\dfrac{p_s}{\eta n B}$ 值

c. 压力比。

$$\overline{p}_0 = 0.5$$

d. 功耗比。

$$G = 3$$

e. 载荷数。

查图 3-6，$\varepsilon = 0.75$ 时 $\overline{F} = 1.7$。

f. 轴瓦直径。

$$D = \left[\frac{F}{p_s \overline{B} \overline{F}}\right]^{\frac{1}{2}} = \left[\frac{8\,000}{2.5 \times 10^6 \times 1 \times 1.70}\right]^{\frac{1}{2}} = 0.043\,(\text{m})$$

取 $D = 0.045$ m。

g. 轴瓦宽度。

$$B = \overline{B} \times \overline{D} = 1 \times 0.045 = 0.045\,(\text{m})$$

h. 启动载荷数。

$$\overline{F}_{0.1} = \frac{F_{\text{qd}}}{p_s \overline{B} D^2} = \frac{800}{2.5 \times 10^6 \times 1 \times 0.045^2} = 0.16$$

$$\overline{F}_{0.25} = \frac{F_{0.1}(1 - \varepsilon_{\text{qd}})}{1 - \overline{b}} = \frac{0.16(1 - 0.25)}{1 - 0.1} = 0.13$$

i. 校核启动偏心率。

查图 3-5，$\varepsilon_{\text{qd}} < 0.25$。

j. 公差等级。

选取 IT5。

k. 相对间隙。

查图 3-8，当 $D = 0.045$ m 时，$\psi = 1.4 \times 10^{-3}$。

l. 半径间隙。

$$c = \psi \times \frac{D}{2} = 14 \times 10^{-4} \times \frac{0.045}{2} = 3.15 \times 10^{-5}$$

取 $c = 32 \times 10^{-6}$。

m. 求线速度。

$$v = \pi Dn = \pi \times 0.045 \times 30 = 4.24(\text{m/s})$$

n. 参数 $\dfrac{p_s}{\eta n \overline{B}}$。

根据 $\overline{b}$、ψ 和 G，从图 3 - 8 查得 $\dfrac{p_s}{\eta n \overline{B}} = 4.5 \times 10^6$。

o. 润滑油计算(动力)黏度。

$$\eta = \frac{p_s}{n \overline{B} \left(\dfrac{p_s}{\eta n \overline{B}} \right)} = \frac{2.5 \times 10^6}{30 \times 1 \times 4.5 \times 10^6} = 0.018\ 5(\text{Pa} \cdot \text{s})$$

选取 L - FC22 油,实际黏度 $\eta_{40} = 0.018\ 8$ Pa·s。

p. 耗油量(流量)。

$$q = \frac{\pi D p_s \overline{P}_0 c^3}{6 \overline{b} B \eta_{40}} = \frac{\pi \times 0.045 \times 2.5 \times 10^6 \times 0.5 \times (32 \times 10^{-6})^3}{6 \times 0.1 \times 0.045 \times 0.018\ 8} = 11.41 \times 10^{-6}(\text{m}^3/\text{s})$$

q. 泵功耗。

$$P_p = p_s q = 2.5 \times 10^6 \times 11.41 \times 10^{-6} = 28.5(\text{W})$$

r. 摩擦功耗。

$$P_\mu = \frac{\eta_{40} A_\mu v^2}{c} = \frac{0.018\ 8 \times \pi \times DB \times 4.24^2}{32 \times 10^{-6}} = \frac{0.018\ 8 \times \pi \times 0.045 \times 0.045 \times 4.24^2}{32 \times 10^{-6}}$$
$$= 67.2(\text{W})$$

s. 实际功耗比。

$$G = \frac{P_\mu}{P_p} = \frac{67.2}{28.5} = 2.36$$

t. 温升。

$$\Delta\theta = \frac{(1 + G)p_s}{c_p \rho} = \frac{(1 + 2.36) \times 2.5 \times 10^6}{2\ 000 \times 850} = 5(\text{℃})$$

式中　ρ——油密度,$\rho = 850$ kg/m³;

　　p_s——油压力,$p_s = 2.5$ MPa $= 2.5 \times 10^6$ Pa $= 2.5 \times 10^6$ N/m²;

　　c_p——油比热容,$c_p = 2\ 000$ J/(kg·℃) $= 2\ 000$ N·m/(kg·℃)。

3.2.4　阶梯腔径向轴承

阶梯腔径向轴承由阶梯面动压轴承演变而来。这种轴承分为有节流器和无节流器两种结构。

(1)无节流器阶梯腔径向轴承。

如图 3 - 9 所示为它的典型结构,该轴承又称表面节流径向轴承。供油压力 p_s 由中部环槽供入,通过瓦面与轴颈的间隙流入很浅的油腔,再经过封油面流出。油腔深度很浅,通常只有半径间隙的2倍左右,故腔内压力不能再认为均匀分布。

当轴颈受载偏心时,各油腔及封油面与轴颈表面构成的间隙将不等,故通过各油腔及封油面流出的润滑油流量也不同。因此,各油腔内的压力及其分布也不相同,于是产生使轴颈回到同心位置的油腔压力差,这就是静压承载能力。

在轴旋转的状态下,由于腔与封油面形成的阶梯面的油楔效应,因此产生动压承载能力。

这种轴承没有节流器,结构简单,工艺性好,不会堵塞,且动压承载能力高。它的缺点是静压承载能力较低,不宜用于在载荷作用下的启动机器。

(2)有节流器阶梯腔径向轴承。

如图3-10所示为孔式环面节流阶梯腔径向轴承,属于有节流器结构。压力油通过节流孔孔口与轴颈表面构成的环形间隙的节流作用(环隙节流)后,流入油腔,再通过封油面流出。

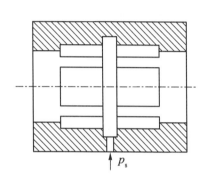 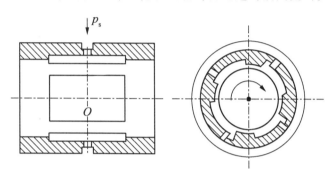

图3-9 无节流器阶梯腔径向轴承   图3-10 孔式环面节流阶梯腔径向轴承

起节流作用的通过面积为

$$A_j = \pi d_j(h + \delta) \tag{3-11}$$

式中 d_j——节流孔直径;

       h——节流孔处的间隙;

       δ——油腔深度。

由于油腔很浅,油在腔内流动有节流作用,当轴转动时腔与封油面构成阶梯面产生油楔效应,即产生动压承载能力。

动压和静压综合承载能力比纯静压承载能力高得多。如图3-11所示为一个四阶梯腔孔式节流径向轴承,在载荷指向油腔中心时的 $\bar{F}-\varepsilon$ 曲线,图中点画线为纯静压的 $\bar{F}-\varepsilon$ 曲线 $\left[S_h = \dfrac{4\eta n}{p_s \psi^2} = 0\right]$;实线为 $S_h = 31.24$ 时的 $\bar{F}-\varepsilon$ 曲线(动静压综合效应)。由图3-11可见,当 $\varepsilon = 0.5$ 时,后者比前者大2倍多。图中载荷数为

$$\bar{F} = \frac{F}{p_s BD}$$

在轴线方向,应将节流孔设置在油腔的中间;在圆周方向,应将节流孔设置在油腔的一侧,处于收敛油膜的起始端,这里的油膜压力低,可以避免出现动压油膜压力造成的倒流现象。另外,采用环面节流,其节流孔较大,故不宜堵塞。

有节流器轴承的静压承载能力比无节流器的高,而且实验与计算表明,其动静压综合承载

能力也比无节流器的高约 60%（图 3 - 12），刚度也高。所以，它更适合于有较大启动载荷的主轴。

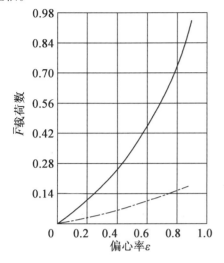

图 3 - 11　阶梯腔径向轴承的 $\overline{F} - \varepsilon$ 曲线
------ $S_\mathrm{h}\overline{P}_0 = 0$；—— $S_\mathrm{h}\overline{P}_0 = 31.24$

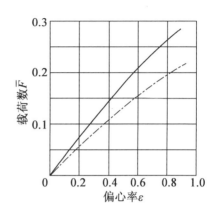

图 3 - 12　阶梯腔径向轴承静压承载能力比较
—— 有节流器；------ 无节流器
$d_\mathrm{j} = 1.0\ \mathrm{mm}$；$p_\mathrm{s} = 2\ \mathrm{MPa}$；$\overline{F} = \dfrac{F}{p_\mathrm{s}BD}$

3.3　液体静压径向止推混合轴承

径向止推轴承能同时承受径向载荷和轴向载荷，共有三种结构形式：H 形、锥形和球形轴承。

3.3.1　H 形轴承

利用径向轴瓦的两个端面做止推瓦面，相应的轴上有两个止推环，构成能同时承受径向力和双向轴向力的径向止推轴承，这种结构轴承称为 H 形轴承。

在止推瓦面上开设油腔，与径向轴瓦的间隙相通，用径向部分的回油供给止推部分，这种 H 形静压轴承如图 3 - 13 所示。它结构简单，使用可靠，所需的油量少，单位载荷的泵功率小。但是这种 H 形轴承的径向性能与轴向性能相互影响，在有足够的径向承载能力和刚度时，轴向承载能力和刚度较低。

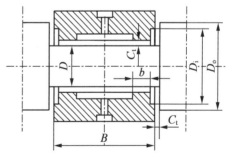

图 3 - 13　H 形轴承

在轴向载荷大或要求轴向刚度高的场合，需要用径向和止推有各自独立的供油系统的 H 形静压轴承或其他形式的径向止推轴承。

下面仅介绍用径向部分的回油供给止推部分的 H 形轴承。

（1）轴承性能计算。

①承载能力。H 形静压轴承的径向和轴向承载数分别定义为

$$\overline{F}_r = \frac{F_r}{p_s BD} \qquad\qquad (3-12)$$

$$\overline{F}_t = \frac{F_t}{p_s A_{et}} \qquad\qquad (3-13)$$

式中　A_{et}——止推油垫的有效承载面积。

对于止推油垫为环形油腔的 H 形轴承,其值与止推油垫封油面积 A_{et} 的计算式为

$$A_{et} = \frac{\pi(K_{A_{et}} D_0^2 - D^2)}{4} \qquad (3-14)$$

式中　$K_{A_{et}}$——止推油垫有效面积因子,其值与止推油垫封油面内、外径之比 $\dfrac{D_o}{D_t}$ 有关,其关系曲线如图 3-14 所示。

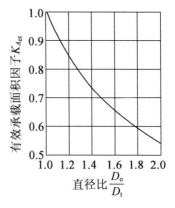

图 3-14　H 形轴承止推油垫有效承载面积因子 $K_{A_{et}}$

对于止推油垫为环形油腔的 H 形轴承,在复合载荷、不同压力比下的径向载荷数在图3-15 中给出。

在给定轴向、径向压力比下,不同载荷数对应的偏心率 ε,如图 3-16 所示。

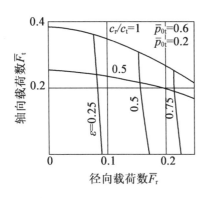

图 3-15　H 形轴承 $\overline{F}_r$、$\overline{F}_t - \overline{p}_{0t}$ 曲线

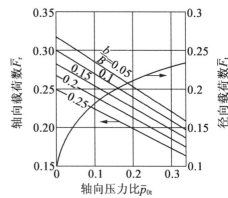

图 3-16　H 形轴承承载能力特性曲线

②流量。H 形轴承的流量计算公式为

$$q = \frac{p_s c_t^3}{\eta} \overline{q} \qquad\qquad (3-15)$$

$$\overline{q} = 2\,\overline{q}_{0t} \overline{q}_{0r}$$

$$\overline{q}_t = \frac{\pi D}{12 b}\left(\frac{c_r}{c_t}\right)^3 \left(\frac{\overline{p}_{0r}}{\overline{p}_{0t}} - 1\right) \qquad (3-16)$$

式中　c_r——径向部分的半径间隙;

　　　　c_t——止推部分的单向间隙;

$\overline{q}$——流量数;

$\overline{q}_t$——轴向流量数。

③刚度。H 形轴承的径向和轴向刚度数分别定义为

$$\overline{K}_r = \frac{K_r c_r}{p_s D(B-b)} \tag{3-17}$$

$$\overline{K}_t = \frac{K_t c_t}{p_s A_{et}} \tag{3-18}$$

若无止推部分影响的纯径向刚度数为 $\overline{K}_{rj}$,则径向刚度数与纯径向刚度数的关系式为

$$\overline{K}_r = \overline{K}_{rj}(1 - \overline{p}_{0t}) \tag{3-19}$$

式中　$\overline{K}_{rj}$——纯径向刚度数,常用的腔数为 3~6 的径向部分。

其值在表 3 - 3 之中给出。

表 3 - 3　H 形轴承纯径向刚度数 $\overline{K}_{rj}$

径向部分腔数	管式节流	孔式节流
3	$0.270/(1-0.75\Gamma)$	$0.540/(1.5-0.75\Gamma)$
4	$0.955/(1-0.50\Gamma)$	$1.910(1.5-\Gamma)$
5	$1.030/(1-0.345\Gamma)$	$2.125/(1.5-0.69\Gamma)$
6	$1.075/(1-0.25\Gamma)$	$2.150(1.5-0.50\Gamma)$

注:Γ—阻力比,$\Gamma = Zb(B-b)/(\pi DL)$

轴向刚度数 $\overline{K}_t$ 与 $\overline{p}_{0t}$ 的关系曲线如图 3 - 17 所示。

④摩擦功耗。H 形轴承的摩擦功耗,包括径向油垫的摩擦功耗和止推油垫的摩擦功耗,定义摩擦功耗的表达式为

$$\overline{P}_\mu = \frac{2P_\mu c_r}{\eta n^2 D^4} \tag{3-20}$$

其值与摩擦面积有关,其计算式为

$$\overline{P}_\mu = 2\pi^3 \left(\frac{B K_{A_{\mu r}}}{D} + \frac{2c_r K_{A_{\mu r}}}{c_t} \right) \tag{3-21}$$

式中　$K_{A_{\mu r}}$——径向油垫摩擦面积因子,其值与 $\overline{b} = \dfrac{b}{B}$ 有关,如图 3 - 18 所示;

$K_{A_{\mu t}}$——止推油垫摩擦面积因子,其值与 $\dfrac{D_o}{D}$ 有关,如图 3 - 19 所示。

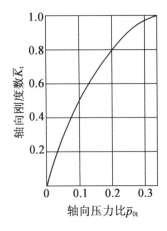

图 3 - 17　H 形轴承的轴向刚度数 $\overline{K}_t$

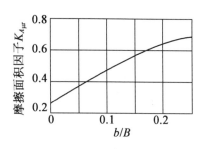

图 3 - 18　径向油垫摩擦面积因子 $K_{A_{\mu r}}$

（2）参数选择。

各设计参数以脚标 r 表示属于径向部分，脚标 t 表示属于止推部分。

①压力比。在设计状态下，径向部分和止推部分的压力比具有下述关系

$$\overline{p}_{0r} = \frac{1 + \overline{p}_{0t}}{2} \tag{3 - 22}$$

为使径向部分和止推部分都能得到满意的承载能力和刚度，建议取 $\overline{p}_{0t}$ 为 0.1 ~ 0.3，则

$$\overline{p}_{0r} = \frac{1 + (0.1 ~ 0.3)}{2} = 0.55 ~ 0.65$$

②封油面宽度。径向部分的轴向封油面宽度的选取与径向轴承相同，同向封油面宽度应该与轴向的接近相等，建议按下式计算：

$$l = \frac{4\pi b D}{3 I B} \tag{3 - 23}$$

止推部分的封油面宽度需按流量平衡确定，故止推部分油腔尺寸应根据流量数 $\overline{q}_r$ 由如图 3 - 20 所示曲线确定。

③润滑油黏度。根据最佳功耗比选取，为此引入量纲为 1 的辅助参数

$$S_h = \frac{\eta n}{p_s \psi_r^2}$$

其最佳值为

$$S_{hop} = \sqrt{\frac{\overline{q}\left(\dfrac{c_t}{c_r}\right)^3}{8 \overline{p}_\mu}}$$

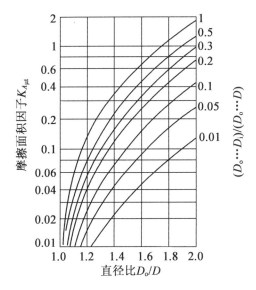

图 3 - 19　止推油垫摩擦面积因子 $K_{\mu t}$

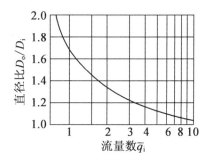

图 3 - 20　H 形轴承止推部分尺寸

于是,最佳黏度的计算公式为

$$\eta_{op} = \frac{p_s \sqrt{2c_r c_t^3 \overline{q}}}{nd^2 \sqrt{\overline{P_\mu}}} \tag{3-24}$$

H 形径向止推轴承的性能算例见表 3 - 4。

表 3 - 4　H 形径向止推轴承的性能算例

计算项目	计算公式及说明	计算结果
止推油垫压力比	$\overline{p}_{0t}$ 选定	0.2
径向油垫压力比	$\overline{p}_{0r} = \dfrac{\overline{p}_{0r}+1}{2} = \dfrac{0.2+1}{2}$	0.6
轴向载荷数	根据 $\overline{p}_{0t} = 0.2$ 由图 3 - 15 查出 $\overline{F}_r$	0.21
径向载荷数	根据 $\overline{b} = 0.25$,$\overline{p}_{0t} = 0.2$,由图 3 - 16 查出 $\overline{F}_t$	0.20
供油压力	$p_s = \dfrac{F_r}{BD \overline{F}_r} = \dfrac{2\ 000}{0.080 \times 0.080 \times 0.20}$	1.56×10^6 N/m²
径向部分周向油面宽度	$l = \dfrac{4\pi b D}{3ZB} = \dfrac{4 \times \pi \times 0.020 \times 0.080}{3 \times 4 \times 0.080}$	0.021 m
相对封油面宽度	$\overline{l} = \dfrac{l}{B} = \dfrac{0.021}{0.080}$	0.262 5 m
宽径比	$\overline{B} = \dfrac{B}{D} = \dfrac{0.080}{0.080}$	1
轴向流量数	$q_t = \left(\dfrac{\pi D}{12b}\right)\left(\dfrac{\overline{p}_{0r}}{\overline{p}_{0t}}-1\right)\left(\dfrac{c_r}{c_t}\right)^3 = \left(\dfrac{\pi \times 0.080}{12 \times 0.020}\right)\left(\dfrac{0.6}{0.2}-1\right)\left(\dfrac{30}{30}\right)^3$	2.094
止推部分直径比	根据 $\overline{q}_t$ 值,由图 3 - 20 查出 $\dfrac{D_o}{D_t}$	1.3

续表 3 - 4

计算项目	计算公式及说明	计算结果
止推油垫 有效面积因子	根据 $\dfrac{D_o}{D_t}$ 值,由图 3 - 14 查出 $K_{A_{et}}$	0.78
止推油垫需要的 有效面积	$A_{et} = \dfrac{F_t}{p_s \overline{F_t}} = \dfrac{1\ 200}{1.56 \times 10^6 \times 0.21}$	3.66×10^{-3} m^2
止推油垫外径	$D_o = \left(\dfrac{4A_{et}}{\pi K_{A_{et}}} + \dfrac{D^2}{K_{A_{et}}} \right)^{\frac{1}{2}} = \left(\dfrac{4 \times 3.66 \times 10^{-3}}{\pi \times 0.78} + \dfrac{0.080^2}{0.78} \right)^{\frac{1}{2}}$	0.119 m 取 0.120 m
止推油垫 油腔直径	$D_t = \dfrac{D_o}{\dfrac{D_o}{D_t}} = \dfrac{0.120}{1.3}$	0.092 m
阻力比	$\Gamma = \dfrac{Zb(B-b)}{\pi Dl} = \dfrac{4 \times 0.020 \times (0.080 - 0.020)}{\pi \times 0.080 \times 0.021}$	0.909
纯径向刚度数	由表 3 - 3 查出 $K_{rj} = \dfrac{0.955}{(1 - 0.50\Gamma)} = \dfrac{0.955}{1 - 0.5 \times 0.909}$	1.75
径向刚度数	$\overline{K}_r = \overline{K}_{rj}(1 - \overline{p}_{0t}) = 1.75 \times (1 - 0.2)$	1.40
轴承径向刚度	$K_r = \dfrac{p_s D(B-b)\overline{K}_r}{c_r} = \dfrac{1.56 \times 10^6 \times 0.08 \times (0.08 - 0.02) \times 1.4}{30 \times 10^{-6}}$	3.494×10^8 N/m
轴向刚度数	根据 $\overline{p}_{0t}$,由图 3 - 17 查出 $\overline{K}_t$	0.8
轴承轴向刚度	$K_t = \dfrac{p_s A_{et} \overline{K}_t}{c_t} = \dfrac{1.56 \times 10^6 \times 3.66 \times 10^{-3} \times 0.8}{30 \times 10^{-6}}$	152.3×10^6 N/m
直径因子	$\overline{d} = \dfrac{D_o - D_t}{D_o - D} = \dfrac{0.120 - 0.092}{0.120 - 0.080}$	0.7
直径比	$\dfrac{D_o}{D} = \dfrac{0.120}{0.080}$	1.5
止推油垫摩擦 面积因子	根据 $\overline{d}$ 和 $\dfrac{D_o}{D}$ 由图 3 - 19 查出 $K_{A_{\mu t}}$	0.37
径向油垫摩擦 面积因子	根据 $\overline{b}$,由图 3 - 18 查出 $K_{A_{\mu r}}$	0.7
摩擦功耗因数	$\overline{P}_\mu = 2\pi^3 \left(\dfrac{BK_{A_{\mu r}}}{D} + 2c_r K_{A_{\mu r}} \right) = 2\pi^3 \left(\dfrac{1 \times 0.7}{0.080} + 2 \times 30 \times 10^{-6} \times 0.37 \right)$	89.3
轴承流量数	$\overline{q} = 2\overline{p}_{0t}\overline{q}_t = 2 \times 0.2 \times 2.094$	0.838
最佳辅助参数	$S_{hop} = \left[\dfrac{\overline{q}\left(\dfrac{c_t}{c_r} \right)^3}{8\overline{P}_\mu} \right]^{\frac{1}{2}} = \left[\dfrac{0.838\left(\dfrac{30}{30} \right)^3}{8 \times 89.3} \right]^{\frac{1}{2}}$	0.034
径向相对间隙	$\psi_r = \dfrac{2c_r}{D} = \dfrac{2 \times 30 \times 10^{-6}}{0.080}$	0.75×10^{-3} m
润滑油计算黏度	$\eta = \dfrac{p_s}{nd^2} \dfrac{\sqrt{2\ \overline{q}c_t^3 c_r}}{\sqrt{\overline{P}_\mu}} = \dfrac{1.56 \times 10^3 \times \sqrt{2 \times 0.838 \times (30 \times 10^{-6})^3 \times 30 \times 10^{-6}}}{20 \times 0.080^2 \times \sqrt{89.3}}$	0.001 5 Pa · s
润滑油牌号	选定	L - FC2

续表 3 - 4

计算项目	计算公式及说明	计算结果
润滑油实际黏度	η_{40}	0.003 8 Pa·s
轴承流量	$q = \dfrac{p_s c_{tr}^3 q}{\eta} = \dfrac{1.56 \times 10^6 \times (30 \times 10^{-6})^3 \times 0.838}{0.003\ 8}$	$9.29 \times 10^{-6}\ \text{m}^3/\text{s}$
泵功耗	$P_p = p_s q = 1.56 \times 10^6 \times 9.29 \times 10^{-6}$	14.5 W
摩擦功耗	$P_\mu = \dfrac{\overline{P_\mu} \eta n^2 D^4}{2c_r} = \dfrac{89.3 \times 0.003\ 8 \times 20^2 \times 0.08^4}{2 \times 30 \times 10^{-6}}$	92.7 W
总功耗	$P = P_\mu + P_p$	107.2 W
轴承温升	$\Delta\theta = \dfrac{P}{c_\mu \rho q} = \dfrac{107.2}{2\ 000 \times 850 \times 9.29 \times 10^{-6}}$	6.8 ℃

3.3.2　锥形轴承

具有圆锥形孔的轴承和圆锥形轴构成的能同时承受径向力和单向轴向力的径向止推轴承（图 3 - 21），这样的轴承称为锥形静压轴承。

锥形静压轴承的特点是间隙可以调整，但轴瓦的制造工艺较为复杂。

（1）参数选取。

对于锥形腔式静压轴承，轴瓦尺寸参数可参照径向轴承确定。建议轴向和周向封油面（腔间距离）相对宽度取接近相等，即 $\dfrac{b}{B} \approx \dfrac{L}{D}$。

锥半角 γ 可根据轴向载荷与径向载荷之比 $\dfrac{F_t}{F_r}$ 和宽径比 $\dfrac{B}{D}$ 由图 3 - 22 选定。

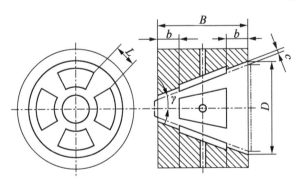

图 3 - 21　锥形轴承

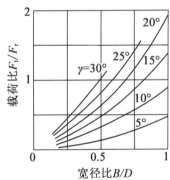

图 3 - 22　锥形腔式轴承锥半角的选取

润滑油黏度按最佳功耗比选取，辅助参数 S_h 和 H 形轴承一样，$S_h = \dfrac{\eta n}{p_s \psi_r^2}$，只是其中 $\psi = \dfrac{2c}{D}$，而 c 为轴承法向间隙。

根据最佳功耗比求出最佳辅助参数 S_{hop}，由该参数计算润滑油黏度。

腔式（毛细管）节流，$\overline{p}_0 = 0.3$ 时，最佳辅助参数 S_{hop} 如图 3 - 23 所示。

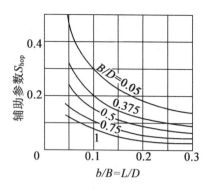

图 3 - 23　锥形腔式轴承 $S_{hop} - \bar{b}$ 曲线

（2）性能计算。

垫式锥形静压轴承,可以将其看作是油膜压力的合力方向不在一条直线上的对置斜油垫,计算时可先求出受载和背载油垫的法向轴承能力和刚度,其径向承载能力和刚度的计算公式为

$$\left.\begin{array}{l} F_r = F_1 \cos \gamma - F_2 \cos \gamma \\ K_r = K_1 \cos^2 \gamma + K_2 \cos^2 \gamma \end{array}\right\} \qquad (3-25)$$

轴向承载能力和刚度的计算公式为

$$\left.\begin{array}{l} F_t = \sum F_i \sin \gamma \\ K_t = \sum K_i \sin^2 \gamma \end{array}\right\} \qquad (3-26)$$

腔式锥形静压轴承,其性能计算基本公式为

径向承载能力

$$F_r = p_s BD \bar{F}_r \qquad (3-27)$$

轴向承载能力

$$F_t = p_s D^2 \bar{F}_t \qquad (3-28)$$

径向刚度

$$K_r = \frac{p_s BD \bar{K}_r}{c} \qquad (3-29)$$

轴向刚度

$$K_t = \frac{p_s D^2 \bar{K}_r}{c} \qquad (3-30)$$

轴承流量

$$q = \frac{p_s c^3 \bar{q}}{\eta \overline{bB}} \qquad (3-31)$$

管式节流 $\bar{p}_0 = 0.3$ 时,载荷数 $\bar{F}_r$ 和 $\bar{F}_t$、刚度数 $\bar{K}_r$ 和 $\bar{K}_t$、流量数 $\bar{q}$ 如图 3 - 24 ~ 3 - 26 所示。

（3）腔式锥形静压轴承的性能计算例题。

设计一腔式锥形静压轴承。已知:径向载荷 $F_r = 2\,500$ N,轴向载荷 $F_t = 1\,500$ N,转速 $n = 20$ r/s。计算步骤及结果见表 3 - 5。

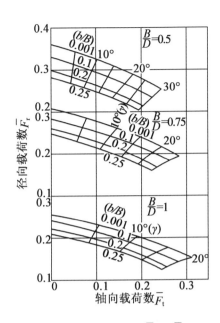

图 3 - 24　腔式锥形轴承 $\bar{F}_r$ 和 $\bar{F}_t$ 曲线

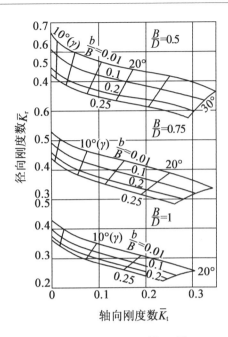

图 3 - 25　腔式锥形轴承 $\bar{K}_r$ 和 $\bar{K}_t$ 曲线

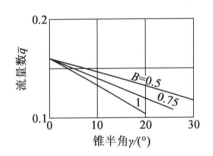

图 3 - 26　腔式锥形轴承 $\bar{q}$ 曲线

表 3 - 5　腔式锥形静压轴承的性能计算

计算项目	计算公式及说明	计算结果
宽径比	$\bar{B} = \dfrac{B}{D}$，选定	0.5
轴承宽度	$B = \bar{B}D = 0.5 \times 0.065$	0.032 5 m
封油面相对宽度	$\bar{b} = \dfrac{b}{B}$，选定	0.2
封油面相对长度	$l = \dfrac{\bar{l}}{D} = \dfrac{b}{B}$	0.2
封油面宽度	$\bar{b} = bB = 0.2 \times 0.032\ 5$	0.006 5 m
封油面长度	$l = \bar{l}D = 0.2 \times 0.065$	0.013 m
载荷比	$\dfrac{F_t}{F_r}$	0.6

续表 3－5

计算项目	计算公式及说明	计算结果
锥半角	γ 根据 $\dfrac{F_t}{F_r}=0.6,\overline{B}=0.5$ 由图 3－22 查出	20°
径向载荷数	$\overline{F}_r$ 根据 $\overline{B}=0.5,\overline{b}=0.2,\gamma=20°$ 由图 3－24 查出	0.243
轴向载荷数	$\overline{F}_t$ 根据 $\overline{B}=0.5,\overline{b}=0.2,\gamma=20°$ 由图 3－24 查出	0.145
供油压力	p_s	2.5 MPa
轴瓦直径	$D=\left(\dfrac{F_t}{p_s\overline{F}_t}\right)^{\frac{1}{2}}$	0.064,取 0.065 m
平均直径	$D_m=D-B\tan\gamma=0.065-0.032\,5\times\tan 20°$	0.053 2
法向设计间隙	c 选定	3×10^{-5} m
径向刚度数	$\overline{K}_r$ 根据 $\overline{B}=0.5,\overline{b}=0.2,\gamma=20°$，由图 3－25 查出	0.455
轴向刚度数	$\overline{K}_t$ 根据 $\overline{B}=0.5,\overline{b}=0.2,\gamma=20°$，由图 3－25 查出	0.136
最佳辅助参数	S_{hop} 根据 $\overline{B}=0.5,\overline{b}=0.2$，由图 3－23 查出	0.09
润滑油计算黏度	$\eta=\dfrac{S_{hop}p_s\left(\dfrac{2c}{D}\right)^2}{n}=\dfrac{0.09\times2.5\times10^6\times\left(\dfrac{2\times30\times10^{-6}}{0.065}\right)^2}{20}$	0.009 59 Pa·s
润滑油牌号	选取	L－FC15
润滑油实际黏度	η_{40}	0.012 8 Pa·s
流量数	$\overline{q}$ 根据 $\overline{B}=0.5,\overline{b}=0.2$，由图 3－26 查出	0.13
轴承流量	$q=\dfrac{p_sc^3\overline{q}}{\eta\,\overline{b}B}=\dfrac{2.5\times10^6\times(30\times10^{-6})^3\times0.13}{0.012\,8\times0.2\times0.5}$	6.86×10^{-6} m³/s
泵功耗	$P_p=p_sq=2.5\times10^6\times6.86\times10^{-6}$	17.2 W
摩擦面积	$A_\mu=\dfrac{B\left[\pi D-41\times(1-2\overline{b})\right]}{\cos\gamma}$ $=\dfrac{0.032\,5\times\left[\pi\times0.065-4\times0.013\times(1-2\times0.2)\right]}{\cos 20°}$	5.98×10^{-3} m²
摩擦功耗	$P_\mu=\dfrac{\pi^2\eta D_m^2n^2A_\mu}{c}=\dfrac{\pi^2\times0.012\,8\times0.053\,2^2\times20^2\times5.98\times10^{-3}}{30\times10^{-6}}$	28.3 W
功耗比	$G=\dfrac{P_\mu}{P_p}=\dfrac{28.3}{17.2}$	1.645
总功耗	$P=P_\mu+P_p=28.3+17.2$	45.5 W
温升	$\Delta\theta=\dfrac{p_s(1+G)}{c_p\rho}=\dfrac{2.5\times10^6\times(1+1.645)}{1.7\times10^6}$	3.89 ℃

3.3.3　球形轴承

球形轴颈和内球面孔的轴瓦构成能同时承受径向载荷和轴向载荷的径向止推静压轴承,

这样的轴承称为球形静压轴承。"半球面"静压轴承只能承受单向轴向力,称为单向球形轴承;"整球面"静压轴承能承受双向轴向力,称为对置球形轴承。它们的特点是倾覆阻力矩极小。

球形静压轴承的基本形式有中心油腔式和球形油腔式,球形油腔又分为单腔式和多腔式,如图 3 - 27 所示。

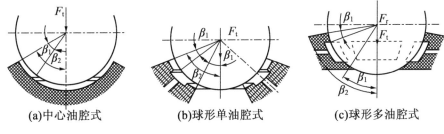

(a)中心油腔式　　　　(b)球形单油腔式　　　　(c)球形多油腔式

图 3 - 27　球形静压轴承

当压力比 $\bar{p}_0 = 0.5$ 时,球形静压轴承的推荐结构参数、设计参数和基本性能计算公式见表 3 - 6。

球形多腔式单向和对向球形轴承的承载性能曲线如图 3 - 28 和图 3 - 29 所示。

球形静压轴承的性能计算,见表 3 - 7。

表 3 - 6　球形静压轴承结构参与性能计算公式

基本形式		中心油腔	环形单油腔	环形多油腔单向轴承	环形多油腔对向轴承
结构	β_1	35°	50°	50°	50°
	β_2	70°	85°	85°	85°
	β_1	35°	7.5°	7.5°	7.5°
	φ_1	—	—	7.5°	7.5°
	Z	1	1	6	6
设计参数	$\bar{F}_r$	0	0	0.08	0.18
	$\bar{F}_t$	0.22	0.10 ~ 0.18	0.10 ~ 0.18	0.06
	$\bar{q}$	0.328	3.56	0.06	7.12
	$\bar{K}_t$	0.1	0.03	—	—
基本公式		$F_r = p_s D^2 \bar{F}_r , F_t = p_s D^2 \bar{F}_t , q = \dfrac{p_s c^3 \bar{q}}{\eta}$			
		$K_t = \dfrac{2 p_s D^2 \bar{K}_t}{c}$		$K_r = \dfrac{2 p_s D^2 \bar{K}_r}{c}$	
		—		$K_t = \dfrac{2 p_s D^2 (\bar{F}_{t0.5} - \bar{F}_{t0})}{c}$	

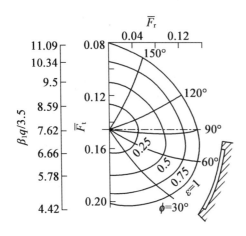

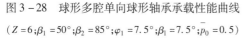

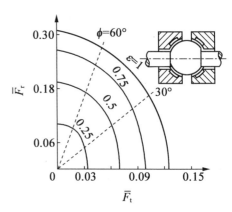

图 3 - 28　球形多腔单向球形轴承承载性能曲线
（$Z = 6$；$\beta_1 = 50°$；$\beta_2 = 85°$；$\varphi_1 = 7.5°$；$\beta_1 = 7.5°$；$\overline{p}_0 = 0.5$）

图 3 - 29　球形多腔对向球形轴承承载性能曲线
（$Z = 6$；$\beta_1 = 50°$；$\beta_2 = 85°$；$\varphi_1 = 7.5°$；$\beta_1 = 7.5°$；$\overline{p}_0 = 0.5$）

算例　设计一环形多腔对置球形静压轴承。已知：径向载荷 $F_r = 1\,800$ N，轴向载荷 $F_t = 1\,200$ N，轴颈 $d_s = 70$ mm，转速 $n = 20$ r/s。

计算程序及结果见表 3 - 7。

表 3 - 7　环形多油腔对向球形轴承的性能计算

计算项目	计算公式及说明	计算结果
结构参数	β_1 按表 3 - 6 确定	50°
结构参数	β_2 按表 3 - 6 确定	85°
结构参数	β_1 按表 3 - 6 确定	7.5°
结构参数	φ_1 按表 3 - 6 确定	7.5°
腔数	Z，选取	6
压力比	$\overline{p}_0$ 选取	0.5
设计间隙	C，选取	35×10^{-6} m
球面直径	$D = \dfrac{d_s}{\sin \beta_1} = \dfrac{0.070}{\sin 50°}$	0.091 4，取为 0.092 m
径向载荷数	$\overline{F}_r$ 由表 3 - 6 查出	0.18
轴向载荷数	$\overline{F}_t$ 由表 3 - 6 查出	0.06
供油压力	$p_s = \dfrac{F_t}{D^2 \overline{F}_t} = \dfrac{1\,200}{0.092^2 \times 0.06}$	2.36×10^6，取为 2.4 MPa
油腔面积	$A_r = \pi D^2 \left[\cos(\beta_1 + \beta_1) - \cos(\beta_2 - \beta_1) \right] \left(1 - \dfrac{Z\varphi_1}{360} \right)$ $= \pi \times 0.092^2 \left[\cos(50° + 7.5°) - \cos(85° - 7.5°) \right] \left(1 - \dfrac{6 \times 7.5°}{360} \right)$	7.47×10^{-3} m²

续表 3 - 7

计算项目	计算公式及说明	计算结果
摩擦面积	$$A_\mu = \pi D^2 (\cos\beta_1 - \cos\beta_2) - \frac{3A_r}{4}$$ $$= \pi \times 0.092^2 [\cos 50° - \cos 85°] - \frac{3 \times 7.47 \times 10^{-3}}{4}$$	9.18×10^{-3} m²
平均圆周速度	$v = \pi Dn\sin\left[\dfrac{\beta_1 + \beta_2}{2}\right] = \pi \times 0.092 \times 20 \times \sin\left[\dfrac{50° + 85°}{2}\right]$	5.34 m/s
流量数	$\overline{q}$ 由表 3 - 6 给出	7.12 m³/s
计算最佳黏度	$\eta = \left(\dfrac{p_s c^2}{v}\right)\left(\dfrac{\overline{q}}{A_\mu}\right)^{\frac{1}{2}} = \left[\dfrac{2.4 \times 10^6 \times (35 \times 10^{-6})^2}{5.34}\right] \times \left[\dfrac{7.12}{9.18 \times 10^{-3}}\right]^{\frac{1}{2}}$	0.015 3 W
润滑油牌号	根据润滑油标准	L - FC15
润滑油实际黏度	η_{40}	0.014 1 Pa·s
轴承流量	$q = \dfrac{p_s c^3 \overline{q}}{\eta} = \dfrac{2.4 \times 10^6 \times (35 \times 10^{-6})^3 \times 7.12}{0.014\ 1}$	52.0×10^{-6} m³/s
泵功耗	$P_p = p_s q = 2.4 \times 10^6 \times 52 \times 10^{-6}$	124.8 W
摩擦功耗	$P_\mu = \dfrac{\eta A_\mu v^2}{c} = \dfrac{0.014\ 1 \times 9.18 \times 10^{-3} \times 5.34^2}{35 \times 10^{-6}}$	105.5 W
功耗比	$G = \dfrac{P_\mu}{P_p} = \dfrac{105.5}{124.8}$	0.85
总功耗	$P = P_\mu + P_p = 105.5 + 124.8$	230.3 W
实际载荷数	$\overline{F}_t = \dfrac{F_r}{p_s D^2} = \dfrac{1\ 800}{2.4 \times 10^6 \times 0.092^2}$	0.089
	$\overline{F}_r = \dfrac{F_t}{p_s D^2} = \dfrac{1\ 200}{2.4 \times 10^6 \times 0.092^2}$	0.059
偏心率	ε 按 $\overline{F}_r = 0.089$、$\overline{F}_t = 0.059$ 查图 3 - 29	0.045
偏位角	φ 按 $\overline{F}_r = 0.089$、$\overline{F}_t = 0.059$ 查图 3 - 29	31°
给定偏心率下的载荷数	$\overline{F}_{r0.5}$ 查图 3 - 29	0.13
	$\overline{F}_{t0}$ 查图 3 - 29	0
	$\overline{F}_{t0.5}$ 查图 3 - 29	0.5
平均径向刚度	$K_r = \dfrac{2p_s D^2 \overline{F}_{r0.5}}{c} = \dfrac{2 \times 2.4 \times 10^6 \times 0.092^2 \times 0.13}{35 \times 10^{-6}}$	0.150×10^9 N/m
平均轴向刚度	$K_t = \dfrac{2p_s D^2 (\overline{F}_{t0.5} - \overline{F}_{t0})}{c} = \dfrac{2 \times 2.4 \times 10^6 \times 0.092^2 \times (0.05 - 0)}{35 \times 10^{-6}}$	0.058×10^9 N/m

3.4　可倾瓦径向轴承

可倾瓦径向轴承由若干弧形瓦块(块数 $Z \geqslant 3$)组成,瓦块可以绕一支点在圆周方向摆动改变与轴颈表面形成的楔角,适应不同的工况(速度、载荷)。若支点为球面,瓦块也能在轴线方向摆动,可以适应轴承的同轴度误差和轴的弯曲变形,它的主要优点是稳定性极好,故在高速、轻载轴承中应用很多。

瓦块的布置方式有两种:载荷对着瓦块的支点(图 3 – 30(a))和载荷对着两支点之间(图 3 – 30(b))。在受载最大瓦块的最小油膜厚度相同的条件下,载荷对着两支点之间,轴承承载能力较强。

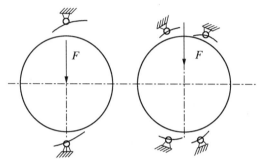

(a)载荷对着瓦块支点　(b)载荷对着两支点之间

图 3 – 30　可倾瓦径向轴承的瓦块布置方式

3.4.1　半径间隙

瓦面曲率半径 R 与轴颈半径 r 之差,称为加工间隙 c,其值由轴颈和瓦面加工尺寸决定。瓦块装入轴承座后,瓦面支点处至轴承几何中心的距离与轴颈半径 r 之差称为安装间隙 c_a。在安装调整时确定(c_a 通常可以调整)。不允许 $c_a > c$,$\dfrac{c}{c_a}$ 最好为 1 ~ 2。

3.4.2　油膜厚度

瓦块的最大油膜厚度 h_1、最小油膜厚度 h_2 不仅与轴颈偏心距有关,还与瓦块的摆角有关,而支点处的油膜厚度 h_c 仅与间隙和轴颈偏心距有关。轴颈在轴承几何中心时,各瓦块的 h_c 等于安装间隙 c_a;当轴颈偏移距离 e 之后,各瓦块的 h_c 值近似为

$$h_i = c_a + e\cos\beta_i \qquad (3 - 32)$$

式中　β_i——轴承孔几何中心与轴心连线到各瓦块支点所在半径的夹角,如图 3 – 31 所示。

当 $\dfrac{c}{c_a} = 1$ 时,最小油膜厚度 h_2 与 h_c 的关系为

$$h_2 = \frac{h_c}{\left(1 - \dfrac{L_c}{L}\right)a + \dfrac{L_c}{L}} \qquad (3 - 33)$$

式中　L_c——瓦块进油侧到支点的弧长;

　　　L——瓦块的全弧长;

　　　a——间隙比,$a = \dfrac{h_1}{h_2}$。

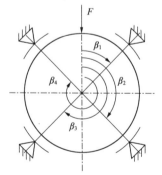

图 3 – 31　支点的角度坐标

3.4.3　支点位置

支点位置影响瓦块的承载能力,获得最大承载能力的支点位置与瓦块几何尺寸$\frac{L}{B}$有关,如

图 3 – 32 所示为最佳相对支点位置$\frac{L_c}{L}$与$\frac{L}{B}$的关系曲线。

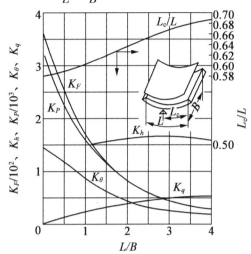

图 3 – 32　可倾瓦径向轴承的性能影响因子和最佳支点位置

当轴颈需要双向旋转时,只能牺牲承载能力,取$\frac{L_c}{L} = \frac{1}{2} = 0.5$。

3.4.4　几何尺寸

一个轴承所有瓦块总弧长 ZL 与轴颈圆周长 πd 之比,称为填充因子 K_k,即

$$K_k = \frac{ZL}{\pi d} \qquad (3 - 34)$$

通常取 $K_k = 0.7 \sim 0.8$。因功耗与 K_k 成正比,当载荷较小时,可取较小的 K_k 值(如 $K_k = 0.5$),以降低摩擦功耗与温升。

每个瓦块的弧长为

$$L = \frac{K_k \pi d}{Z} \qquad (3 - 35)$$

瓦块的轴向尺寸为宽度 B,其值最好接近瓦块的弧长 L,即最好取$\frac{L}{B} \approx 1$。

同一直径的轴承,瓦块数多,则 L 值小,B 亦小。所以,瓦块数越多,轴承的宽径比 $\overline{B} = \frac{B}{d}$

越小。可倾瓦径向轴承的 $\overline{B}$ 通常在 $0.3 \sim 0.8$ 范围内。

3.4.5　性能计算

瓦块的几何尺寸影响其承载能力、功耗、温升和润滑剂的流量。如图 3 – 32 所示为$\frac{L}{B}$值对

可倾瓦径向轴承性能的各个影响因子：K_F、K_h、K_P、K_θ、K_q。

可倾瓦径向轴承的载荷数 $\overline{F}$ 的表达式为

$$\overline{F} = \frac{p_{\mathrm{m}}\psi^2}{\eta_{\mathrm{e}} n K_{\mathrm{k}}^2 K_F}$$

式中　ψ——相对间隙，是加工间隙与轴颈半径之比，即 $\psi = \dfrac{c}{r}$。

载荷数 $\overline{F}$ 与偏心率 $\varepsilon = \dfrac{e}{h}$ 的关系曲线如图 3-33 所示。

如图 3-33 及图 3-34 所示为轴承性能数群

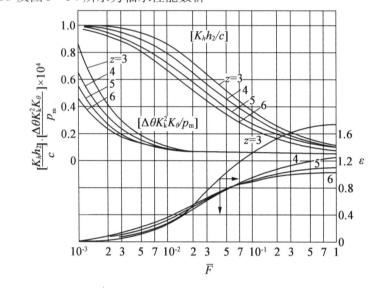

图 3-33　可倾瓦径向轴承 ε、$\left[\dfrac{K_h h_2}{c}\right]$、$\left[\dfrac{\Delta\theta K_{\mathrm{k}}^2 K_\theta}{p_{\mathrm{m}}}\right]$ 与 $\overline{F}$ 的关系曲线

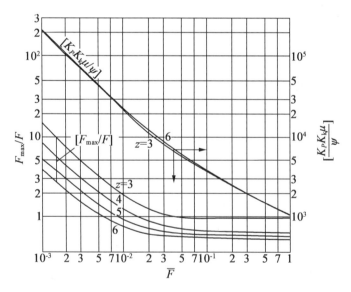

图 3-34　可倾瓦径向轴承 $\left[\dfrac{F_{\max}}{F}\right]$、$\left[\dfrac{K_P K_{\mathrm{k}}\mu}{\psi}\right]$ 与 $\overline{F}$ 的关系曲线

$$\frac{K_h h_2}{c},\ \frac{\Delta\theta K_k^2 K_\theta}{P_\mu},\ \frac{K_P K_k \mu}{\psi}$$

与 $\overline{F}$ 的关系曲线。通过这些特性曲线可以计算出偏心率 ε、最小油膜厚度 h_2、温升 $\Delta\theta$、摩擦系数 μ 和功耗 P_μ。最大瓦块载荷与轴承载荷之比与载荷数 $\overline{F}$ 的关系如图 3 – 34 所示。

可倾瓦径向轴承的性能计算步骤详见下述例题。

算例　计算一鼓风机的可倾瓦块径向轴承。已知：瓦块数 $Z = 5$，轴颈直径 $d = 80$ mm，转速 $n = 11\ 500$ r/min，相对间隙 $\psi = \dfrac{c}{r} = 0.002$，转子质量 $m = 125$ kg。进油温度希望在 $\theta = 40\ ℃$ 左右，瓦块布置如图 3 – 35 所示。

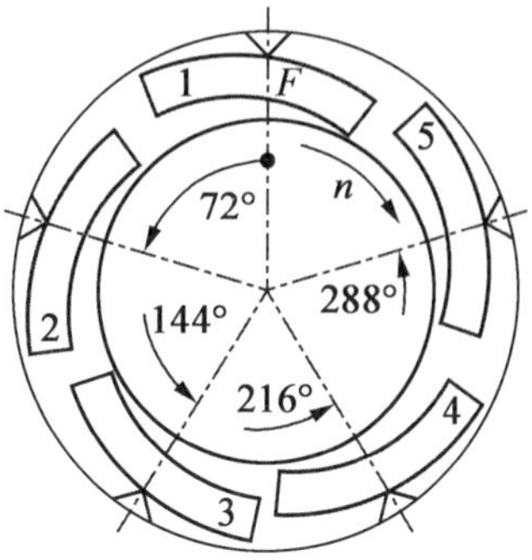

图 3 – 35　可倾瓦径向轴承示意图

①轴承载荷。
$$F = mg = 125 \times 9.8 = 1\ 225(\text{N})$$

②转速。
$$n = 11\ 500\ \text{r/min} = 191.67\ \text{r/s}$$

③轴颈直径。
$$d = 0.080\ \text{m}$$

④填充因子。
选取 $K_k = 0.7$。

⑤瓦块数。
$$Z = 5$$

⑥瓦块弧长。
$$L = \frac{\pi K_k d}{Z} = \frac{\pi \times 0.7 \times 0.08}{5} = 0.035(\text{m})$$

⑦瓦块长宽比。
$$\frac{L}{B} = 1$$

⑧瓦块宽度。
$$B = L = 0.035\ \text{mm}$$

⑨瓦块中心角。
$$\beta = \frac{2L}{d} = \frac{2 \times 0.035}{0.08} = 0.875(\text{rad})$$

⑩轴承宽径比。
$$\overline{B} = \frac{B}{d} = \frac{0.035}{0.08} = 0.437$$

⑪相对间隙。
$$\psi = 0.002$$

⑫加工间隙。
$$c = \psi \frac{d}{2} = 0.002 \times \frac{0.08}{2} = 0.08(\text{mm})$$

⑬润滑油牌号。

选取 LTSA2。

⑭初定轴承平均工作温度。

$$\theta_m = 50 \text{ ℃}$$

⑮润滑油黏度。

$$\eta = 0.014\,4\text{ Pa}\cdot\text{s}(\text{查有关资料})$$

⑯支点相对位置

$$\frac{L_c}{L} = 0.601(\text{查图 3 - 32})$$

⑰载荷因子。

$$K_F = 165(\text{查图 3 - 32})$$

⑱油膜厚度因子。

$$K_h = 1.5(\text{查图 3 - 32})$$

⑲功耗因子。

$$K_P = 1\,505(\text{查图 3 - 32})$$

⑳温升因子。

$$K_\theta = 0.85(\text{查图 3 - 32})$$

㉑流量因子。

$$K_q = 0.25(\text{查图 3 - 32})$$

㉒支点位置。

a. 到进油侧弧长。

$$L_c = \left(\frac{L_c}{L}\right)\cdot L = 0.601 \times 0.035 = 0.021(\text{m})$$

b. 到进油侧夹角。

$$\beta_c = \frac{2L_c}{d} = \frac{2 \times 0.021}{0.080} = 0.525(\text{rad})$$

㉓平均压力。

$$p_m = \frac{F}{Bd} = \frac{1\,225}{0.035 \times 0.080} = 0.437(\text{MPa})$$

㉔载荷数。

$$\overline{F} = \frac{p_m \psi^2}{\eta_c n K_k^2 K_F} = \frac{0.437 \times 10^6 \times 0.002^2}{0.014\,4 \times 191.67 \times 0.7^2 \times 165} = 7.83 \times 10^{-3}$$

㉕偏心率。

$$\varepsilon = 0.25(\text{查图 3 - 33})$$

㉖数群 $\left[\dfrac{K_h h_2}{c}\right]$。

$$\left[\frac{K_h h_2}{c}\right] = 0.775(\text{查图 3 - 33})$$

㉗最小油膜厚度。

$$h_2 = \left[\frac{K_h h_2}{c}\right] \times \frac{c}{K_h} = 0.775 \times \frac{0.08}{1.5} = 0.041(\text{mm})$$

㉘数群 $\left[\dfrac{K_P K_k \mu}{\psi}\right]$。

$$\left[\frac{K_P K_k \mu}{\psi}\right] = 28 \times 10^3 \, (\text{查图 } 3-24)$$

㉙摩擦系数。

$$\mu = \left[\frac{K_P K_k \mu}{\psi}\right] \times \left(\frac{\psi}{K_P K_k}\right) = 28 \times 10^3 \times \frac{0.002}{1\,505 \times 0.7} = 0.053$$

㉚功耗。

$$P_\mu = \pi \mu F n d = \pi \times 0.053 \times 1\,225 \times 191.67 \times 0.080 = 3.13 \, (\text{kW})$$

㉛数群 $\left[\dfrac{\Delta\theta K_k^2 K_\theta}{p_m}\right]$。

$$\left[\frac{\Delta\theta K_k^2 K_\theta}{p_m}\right] = 0.01 \times 10^{-3} \, (\text{℃} \cdot \text{m}^2/\text{N}) \, (\text{查图 } 3-33)$$

㉜温升。

$$\Delta\theta = \left[\frac{\Delta\theta K_k^2 K_\theta}{p_m}\right] \times \frac{p_m}{K_k^2 K_\theta} = \frac{0.01 \times 10^{-3} \times 0.437 \times 10^6}{0.7^2 \times 0.85} = 10.5 \, (\text{℃})$$

㉝核校轴承平均工作稳定。

$$\theta_m = \theta + \Delta\theta = 40 + 10.5 = 50.5 \, (\text{℃}) \quad \text{通过}$$

㉞流量。

$$q = \pi n d c B Z K_q = \pi \times 191.67 \times 0.080 \times 0.08 \times 10^{-3} \times 0.035 \times 5 \times 0.25 = 1.69 \times 10^{-4} \, (\text{L/s})$$

㉟ $\left[\dfrac{F_{pmax}}{F}\right]$。

由图 $3-34$ 得，根据 $\overline{F} = 3.83 \times 10^{-3}$ 查得

$$\left[\frac{F_{pmax}}{F}\right] = 1.1$$

㊱最大瓦块载荷 F_{pmax}。

$$F_{pmax} = \left[\frac{F_{pmax}}{F}\right] \times F = 1.1 \times 1\,225 = 1\,348 \, (\text{N})$$

㊲最大瓦块压力 p_{pmax}。

$$p_{pmax} = \frac{F_{pmax}}{BL} = \frac{1\,348}{0.035 \times 0.035} = 1\,100\,000 \, (\text{Pa}) = 1.1 \, (\text{MPa})$$

第4章 气体静压轴承

气体轴承是以气体作为润滑剂的滑动轴承。利用气体的黏性、吸附性和可压缩性,在轴承间隙中的动压效应、静压效应及挤压效应作用下,形成压力气膜支承载荷。气体轴承一般分为三种基本类型:气体动压轴承、气体静压轴承和气体挤压轴承。其中,气体挤压轴承所承受的载荷必须是主频挤压载荷,因此适用性不普遍。

气体轴承的特点是:属于气体摩擦,转定阻力小,损耗低,耐温度范围宽,可在 $-263 \sim +500\ ^{\circ}\mathrm{C}$ 下工作;采用空气或惰性气体作为润滑剂时,润滑剂的排放对环境无任何污染;轴承工作时噪声低,能在极高速下工作。但是,轴承承载能力低、刚度差,特别是因为气体的可压缩,因此容易产生高频振动,即所谓的气锤现象,因而无法工作。

此外,气体轴承的设计所涉及的参数较多,参数之间的匹配是很重要的环节,如果匹配不当,轴承常出现工作不稳定现象。因此,设计时参数的选择和匹配除了按照理论公式校准外,还需要具有一定的设计调控和修正的经验。

空气静压轴承稳态性能的设计计算有表压比法、节流器法、通用曲线法和复位势法等,节流器法由于资料充分,计算过程简单,因此是当前最普遍的运用方法,也是我们采用的设计方法。

4.1　常用节流器形式

气体静压轴承常用节流形式与液体静压轴承完全相同,它们在气体静压轴承中的性能比较见表 4 - 1。

4.2　气体静压径向轴承

4.2.1　孔式节流型径向轴承

小孔节流和环面(隙)节流轴承统称为孔式节流轴承,其结构示意如图 4 - 1 所示。小孔节流的节流面积 $A_{\mathrm{j}} = \dfrac{\pi d_{\mathrm{j}}^{2}}{4}$;环隙节流的节流面积 $A_{\mathrm{j}} = \pi d_{\mathrm{j}} h$,$h$ 是孔口间隙。一般来说,节流孔有凹穴(气室)者为小孔节流,无凹穴(气室)者为环隙节流。

严格来说,若凹穴深度为 δ_{R}(无凹穴 $\delta_{\mathrm{R}} = 0$),则节流孔直径 $d_{\mathrm{j}} \leqslant 1.2(h + \delta_{\mathrm{R}})$ 时为小孔节流;节流孔直径 $d_{\mathrm{j}} \geqslant 10(h + \delta_{\mathrm{R}})$ 时,为环面节流。否则,两种节流作用同时存在。

(1)设计参数选取。

稳态性能的设计计算有表压比法、节流器法、通用曲线法和复位势法等。下面仅介绍节流器法。孔式供气径向轴承各参数的取值见表 4 - 2。

表 4 - 1　气体静压轴承常用节流器及其特性

节流方式	孔式节流		缝式节流		多孔质材料节流	反馈节流	浅腔节流
节流名称	小孔节流	环隙节流	周向缝节流	轴向缝节流	多孔质节流	可调节流	表面节流
结构示意图	$A_j = \dfrac{\pi d_j^2}{4}$	$A_j = \pi d_j h$					
轴承性能　承载能力	高	较低	较高	最低	高	最高	较低
刚度	最大	较小	大	小	大	极大	（轴向）偏大
流量	最小	较小	大	最大	大	小	较大
稳定性	差	较好	好	最好	好	较差	好
涡流力矩	大	大	小	最大	最小	大	大
宽径比	0.5～2.0		≤1	≥2	任意	大	小
影响因素　非轴向流	大	大	小	最小	最小	大	小
散度	大	大	小	大	小	大	小
供气压力	大	大	小	小	大	最大	大
气体种类和温度	有	有	无	无	有	有	无

注：在相同供气压力下，可调节流器静压轴承的刚度比固定节流器的大几倍，常用的可调节流器有膜片式节流器、弹性孔节流器、自补偿节流器和压变节流器

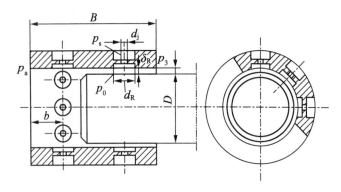

图 4 - 1　孔式供气孔径向轴承

表 4 - 2　孔式供气径向轴承参数取值表

节流形式	结构参数			节流器参数			节流器数	供气参数
	列数 i	$\dfrac{B}{D}$	$\dfrac{b}{D}$	d_j/mm	Z	A_j	Γ_k	K_{g0}
小孔节流 $(\delta \to 0)$	单列 1	$\dfrac{1}{4} \sim 1$	$\dfrac{1}{2}$	0.1 ~ 0.4	6 ~ 12	$\dfrac{\pi d_j^2}{4}$	$\dfrac{3id_j^2 Z}{p_s c^3}\sqrt{\dfrac{\Re\Theta}{1+\delta^2}}$	0.35 ~ 0.80 $K_{g0} = 0.4$ 时轴承的承载能力最大, $K_{g0} = 0.8$ 时轴承的刚度最大
	双列 2	1 ~ 2	$\dfrac{1}{4} \sim \dfrac{1}{8}$					
$\delta \to \dfrac{d_j}{4c}$	单列 1	$\dfrac{1}{4} \sim 1$	$\dfrac{1}{2}$	0.3 ~ 0.8		$\pi d_j^2 c$	$\dfrac{6id_j Z}{p_s c^2}\sqrt{\Re\Theta}$	$\dfrac{(0.5 \sim 0.7)}{\varepsilon}$
	双列 2	1 ~ 2	$\dfrac{1}{4} \sim \dfrac{1}{8}$					
备注	节流孔因子 $\delta = \dfrac{d_j^2}{4cd_R}$, d_R—凹穴直径, c—径向间隙; 相对供气压力 $\bar{p}_s = \dfrac{p_s}{p_a} = 2 \sim 10$; 列数 $i = 1$ 或 2; Θ 为热力学温度; $\Re$ 为气体常数; 表压比 $K_{g0} = \dfrac{p_0 - p_a}{p_s - p_a}$							

对于节流器数定义为 ξ, 对于空气

$$\xi = \frac{B}{D} \quad 单列节流孔$$

$$\xi = \frac{B - 2b}{D} \quad 双列节流孔$$

$$\Re = 287.1 \text{ J/}(\text{kg} \cdot \text{K})$$

节流器法设计气体静压轴承, 是在 $\Gamma_k \xi$ 的值域内给出各轴承稳态性能参数随轴承尺寸和供气压力的变化曲线, 当轴承尺寸、供气压力和节流器参数确定之后, 即可从图表中查出相应的轴承稳定性能。

(2) 轴承径向间隙与节流器尺寸的确定。

选择节流器数 Γ_k、润滑气体后, 节流器几何参数与轴承径向间隙 c 才应满足下列关系:

小孔节流

$$\frac{Zd_j^2}{\sqrt{1+\delta^2}} = \frac{p_s c^3 \Gamma_k}{2i\eta} \sqrt{\Re\Theta} \tag{4 - 1}$$

环面节流

$$Zd_{\mathrm{j}} = \frac{p_{\mathrm{s}} c^2 \Gamma_{\mathrm{s}}}{6i\eta} \sqrt{\Re\Theta} \qquad (4-2)$$

径向间隙 c 必须比零件制造误差 Δ 大 $3\sim5$ 倍以上,即应满足

$$c > (3\sim5)\Delta$$

选取出轴承径向间隙后,用式(4-1)或(4-2)可以计算出节流孔尺寸,该尺寸应符合表4-2中推荐值。

(3)轴承性能特征。

轴承各性能特征的定义,见表4-3。

表 4-3　径向轴承性能特性

性能特征	承载能力	刚度	角刚度	流量	气容比
定义式	$F = \overline{F}(p_{\mathrm{s}} - p_{\mathrm{a}})BD$	$K = \dfrac{\overline{K}\left[1 + \dfrac{2\delta^2}{3}(p_{\mathrm{s}} - p_{\mathrm{a}})BD\right]}{(1+\delta^2)c}$	$K_{\alpha} = \dfrac{\overline{K}_{\alpha}(p_{\mathrm{s}} - p_{\mathrm{a}})BD}{c}$	$q_{\mathrm{m}} = \dfrac{\pi \overline{q}_{\mathrm{m}} c^3 p_{\mathrm{s}}^2}{6\eta\Re\Theta}$	$V = \dfrac{\pi \overline{V} DB h_0}{Z}$

如图 4-2 所示为孔式节流径向轴承,当轴孔很窄,即 $\dfrac{B}{D}\to 0$ 时不同偏心率 ε 下载荷数 $\overline{F}$ 随 $\Gamma_{\mathrm{k}}\xi$ 变化曲线。

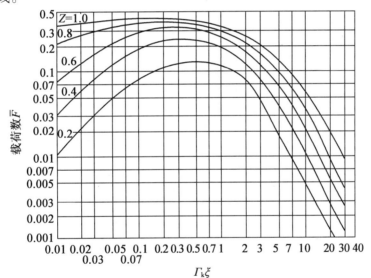

(a)单列节流孔径向轴承

图 4-2　$\overline{F} - \Gamma_{\mathrm{k}}\xi$ 曲线

$\dfrac{B}{D}\to 0$;$p_{\mathrm{s}} = 6$

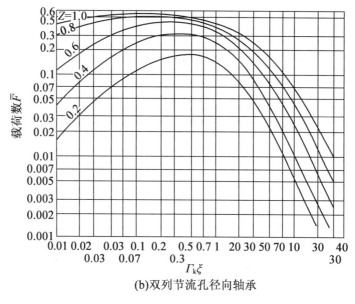

(b)双列节流孔径向轴承

续图 4－2

如图 4－3、图 4－4 所示为单、双列孔节流轴承不同压力比 $\overline{p}_s = \dfrac{p_s}{p_a}$ 下刚度数 $\overline{K}$ 随 $\Gamma_k\xi$ 变化曲线。

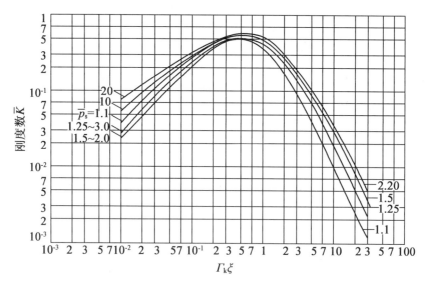

图 4－3　单列节流孔径向轴承 $\overline{K}$－$\Gamma_k\xi$ 曲线

$$\frac{B}{D}=1.0$$

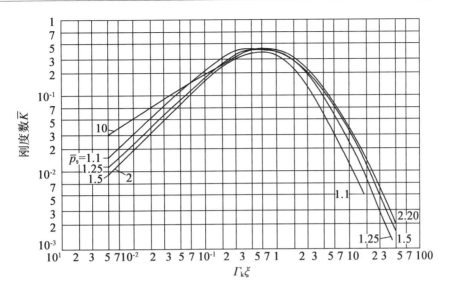

图 4 - 4　单列节流孔径向轴承 $\overline{K}$ - $\Gamma_k\xi$ 曲线

$$\frac{B}{D} = 2.0; \frac{b}{B} = 0.25$$

如图 4 - 5、图 4 - 6 所示为单、双列孔节流径向轴承在不同 $\overline{p}_s$ 下角刚度数 $\overline{K}_\alpha$ 随 $\Gamma_k\xi$ 变化的曲线。

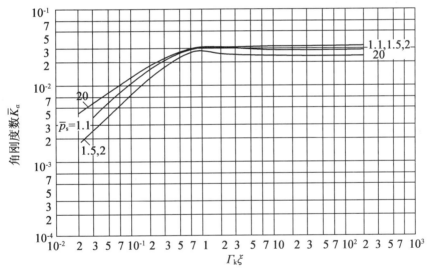

图 4 - 5　单列节流孔径向轴承 $\overline{K}_\alpha$ - $\Gamma_k\xi$ 曲线

$$\frac{B}{D} = 2.0$$

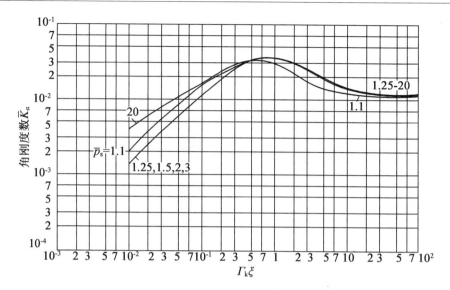

图 4 – 6　单列节流孔径向轴承 $\overline{K}_\alpha$ – $\Gamma_k\xi$ 曲线

$$\frac{B}{D}=2.0;\frac{b}{B}=0.25$$

如图 4 – 7 所示为孔式节流径向轴承不同 $\overline{p}_s$ 下质量流量数 q_m 随 $\Gamma_k\xi$ 变化的曲线。

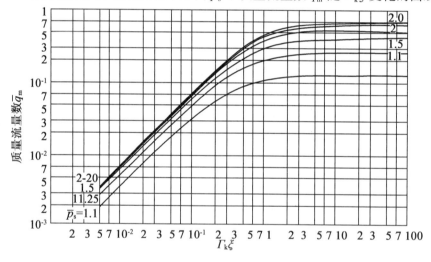

图 4 – 7　孔式节流径向轴承 $\overline{q}_m$ – $\Gamma_k\xi$ 曲线

根据载荷数、刚度数和流量数,用表 4 – 3 中的定义即可计算出承载能力、刚度和流量。
轴承的总功耗为摩擦功耗与泵功耗之和,即 $P=P_\mu+P_p$。
摩擦功耗的计算公式为

$$P_\mu=\frac{3.455\eta BD^3n^2}{h_0\sqrt{1-\varepsilon^2}} \tag{4-3}$$

式中　h_0——平均气膜厚度,即轴颈与轴瓦同心状态下气膜厚度,$h_0=c$。
泵功耗的计算公式为

$$P_p=3.455q_m\mathfrak{R}\Theta l_n\overline{p}_s \tag{4-4}$$

4.2.2　缝式节流型径向轴承

缝式节流型径向轴承绝大多数采用周向间断缝,节流缝均布在轴瓦圆周上,如图 4 – 8 所示。

由于润滑气体通过节流器的流动与通过轴承间隙的流动状态是一样的,都是缝间流动,所以在其流动关系式中不显含气体种类(η、$\Re$)和温度(Θ)参数,其润滑边界条件也比孔式节流静压轴承简单。因此,表压比可以用下式表示:

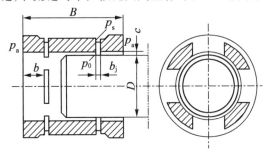

图 4 – 8　缝式供气径向轴承

$$K_{g0} = \frac{1}{\overline{p_s} - 1} \sqrt{\frac{\Gamma_f + \overline{p_s^2}}{1 + \Gamma_f} - 1} \qquad (4-5)$$

式中　Γ_f——节流缝的节流器数,是缝式节流轴承的结构参数,它的表达式为

$$\Gamma_f = \frac{2\pi y_j D}{Z i a_j b} \left(\frac{c}{b_j} \right)^3 \qquad (4-6)$$

式中　Z——间断缝数目;

　　　　i——缝列数;

　　　　y_j——缝深度;

　　　　b_j——缝宽度;

　　　　a_j——每段缝(周向)长度。

(1)设计参数选择。

缝式供气径向轴承各参数的取值范围,见表 4 – 4。

表 4 – 4　缝式供气径向轴承的设计参数及其取值范围

结构参数			节流器参数				节流器数	供气参数
列数 i	$\dfrac{B}{D}$	$\dfrac{b}{D}$	b_j	y_j	a_j	Z	Γ_f	K_{g0}
单列 1	$\dfrac{1}{4} \sim 1$	$\dfrac{1}{2}$	$0.01 \sim 0.05$	$< b$	$\approx \dfrac{\pi D}{Z}$	$3 \sim 12$	$1 \sim 2$	$0.2 \sim 0.7$
双列 2	$1 \sim 2$	$\dfrac{1}{4} \sim \dfrac{1}{8}$						

(2)稳定性能设计计算。

①表压比 K_{g0} 和节流器数 Γ_f 的确定。当供气压力 P_s 确定以后,给定 Γ_f 可以根据式(4 – 5)确定表压比 K_{g0}。反之,若给定了 K_{g0} 值,也可求得 Γ_f 值。

对应最大承载能力的 $K_{g0} = 0.5$,当 $\varepsilon = 0.5$ 时,$\Gamma_f = 8$,则刚度最大。但是,若取 $\Gamma_f = 8$,缝宽 b_j 必须很小,制造困难,故一般取 $\Gamma_f = 1 \sim 2$。一般以承载能力为主的设计,K_{g0} 的取值范围为 $0.2 \sim 0.7$,Γ_f 的取值范围为 $2 \sim 8$。

②性能特征数。载荷数和流量数的表达公式分别为

$$\overline{F} = \frac{F}{BD(p_s - p_a)}$$

$$\overline{q}_v = \frac{\eta q_v}{c^3(p_s - p_a)}$$

③稳态性能计算。以 K_{g0} 或 Γ_f 为主参数,给出缝式节流气体轴承稳态性能特征数随其变化的曲线。如图4-9所示为 $\overline{F} - K_{g0}$ 曲线。如图4-10所示为 $\overline{q}_v - K_{g0}$ 曲线,左、右纵坐标分为单、双列缝式节流轴承的 $\overline{q}_v$ 值。

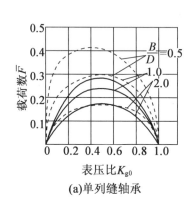
(a)单列缝轴承

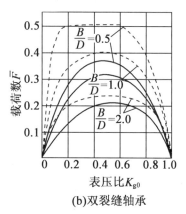
(b)双裂缝轴承

图4-9　缝式节流气体静压轴承

曲线($\overline{p}_s = 5$)

——— $\varepsilon = 0.5$;------ $\varepsilon = 1.0$

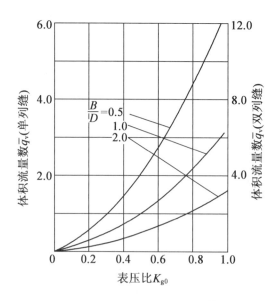

图4-10　缝式节流气体静压轴承 $\overline{q}_v - K_{g0}$

曲线($\overline{p}_s = 5$)

如图4-11所示为 $\overline{F} - \Gamma_f$ 曲线。如图4-12所示为 $\overline{F} - \dfrac{\pi D}{(Z\alpha_j \Gamma_f)}$ 关系曲线,由图看出,在

各种工况下,实现最大承载能力的 Γ_f 的取值范围应为 $\dfrac{(1.25\sim2.50)\times\pi D}{Z\alpha_j}$。

根据载荷数和流量数,用其定义式即可算出承载能力和流量。若轴承宽度、供气缝位置与图中给定的值不同,可按表 4-5 给定的数值进行修正。

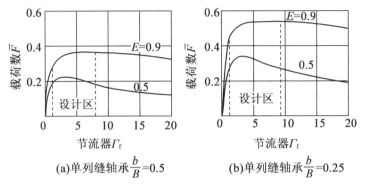

(a)单列缝轴承 $\dfrac{b}{B}=0.5$　　　　　(b)单列缝轴承 $\dfrac{b}{B}=0.25$

图 4-11　缝式节流气体静压轴承 $\bar{F}-\Gamma_f(\bar{B}=5)$

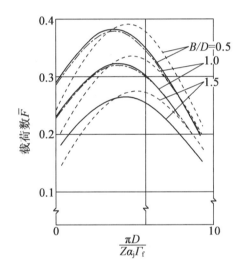

图 4-12　缝式节流气体静压轴承 $\bar{F}-\dfrac{\pi D}{Z\alpha_j\Gamma_f}(\bar{B}=5)$

$\dfrac{b}{B}=0.25;\varepsilon=0.5;A=0$

------ $y_j=0.2\Re,\bar{p}_s=2$;　—— $y_j=0.2\Re,\bar{p}_s=2$;------ $y_j=0.4\Re,\bar{p}_s=5$

表 4-5　曲线对 $\bar{B}$ 与 $\dfrac{b}{B}$ 的修正值

$\bar{B}$	0.25	0.75	1.0	1.5	2.0	$\dfrac{b}{B}$	0.125	0.333
乘因子	1.06	0.91	0.84	0.71	0.61	乘因子	1.167	0.890

轴承刚度按下式计算:

$$K = \frac{2\overline{F}(p_s - p_a)BD}{h_0} \qquad (4-7)$$

角刚度与刚度的关系是

$$K_\alpha = \frac{KB^2}{16}, \quad \frac{b}{B} = \frac{1}{4}$$

$$K_\alpha = \frac{1.05KB^2}{16}, \quad \frac{b}{B} = \frac{1}{8} \qquad (4-8)$$

对于 $\overline{B} \leqslant 0.5$ 的窄轴承,当 $\varGamma_f = 8, \varepsilon = 0.5$ 时,轴承刚度最大,其稳定性能可用下列近似公式计算:

$$\left.\begin{array}{l} F_{\varepsilon=0.5} = 0.4\left(1 - \dfrac{b}{B}\right)BD(p_s - p_a) \\[2ex] K_{\varepsilon=0.5} = 1.04\left(1 - \dfrac{b}{B}\right)\dfrac{BD(p_s - p_a)}{c} \\[2ex] q_{m,\varepsilon=0.5} = 0.111\dfrac{\pi Dc^3(p_s^2 - p_a^2)}{12\eta b \Re \varTheta} \end{array}\right\} \qquad (4-9)$$

泵功耗和摩擦功耗的计算公式与孔式节流轴承完全相同。

4.3　气体静压止推轴承

4.3.1　孔式节流型止推轴承

常用的有圆平面和环形平面两种结构,如图 4-13 所示,环形平面止推轴承用得最多。

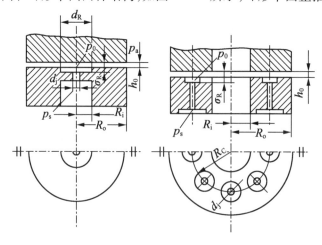

图 4-13　孔式节流止推轴承

(1)环形平面止推轴承。

①设计参数选取。孔式节流环形平面止推轴承设计参数的推荐值,见表 4-6。

表 4-6　孔式节流环形平面止推轴承设计参数推荐值

参数	$\overline{R} = \dfrac{R_0}{R_i}$	d_j/mm	h_0/mm	Z	K_{g0}
推荐值域	1.25 ~ 4.0	0.1 ~ 0.8	$(5 ~ 15) \times 10^{-3}$	3 ~ 12	0.35 ~ 0.8

②稳态性能设计计算(节流器法)。节流器数 Γ_k 的定义式与径向轴承相同(表 4-2),参数 ξ 的定义为

$$\xi = \frac{1}{2}\ln\left(\frac{R_o}{R_i}\right) \tag{4-10}$$

式中　R_o——轴承外半径;

　　　R_i——轴承内半径。

a. 止推轴承的性能特征数。轴承的稳态性能主要包括承载能力、刚度、流量和摩擦转矩或功耗等。

b. 稳态性能计算。和径向轴承一样,从节流器数 Γ_k 出发,对不同的 ξ 值给出止推(推力)轴承各稳态性能随 Γ_k 和 p_s 的变化规律,根据这些关系曲线进行轴承设计。

表 4-7　止推轴承特性

性能特性	承载能力	刚度	角刚度	流量
定义式	$F = \overline{F}\pi(p_s - p_a) \cdot (R_o^2 - R_j^2)$	$K = \dfrac{\overline{K}\left[1 + \frac{2}{3}\delta^2 \pi(p_s - p_a)(R_o^2 - R_j^2)\right]}{(1+\delta^2)h_0}$	$K_\alpha = \dfrac{\overline{K}_\alpha\left[1 + \frac{2}{3}\delta^2 \pi(p_s - p_a)(R_o^2 - R_j^2)\right]}{(1+\delta^2)h_0}$	$q_m = \dfrac{\overline{q}\pi h_0^3 p_s^2}{6\eta\Re\Theta}$

轴承摩擦功耗按下式计算:

$$P_\mu = \frac{1.728\eta(R_o^4 - R_i^4)n^2}{h_0} \tag{4-11}$$

如图 4-14 ~ 4-17 所示为 $\overline{R} = 2$ 的环形平面止推轴承在不同的 $\overline{p}_s$ 下的 $\overline{K}$、$\overline{K}_\alpha$ 和 $\overline{q}$ 随 Γ_k 的变化曲线。

c. 节流器参数。节流器参数 d_j、Z 和 R_m 中,d_j 和 Z 仍可按式(4-1)、式(4-2)确定。节流器数的取值范围为

$$\Gamma_k = \frac{0.41 - 0.55}{\xi} \quad 刚度最大$$

$$\Gamma_k \geqslant \frac{1.1 ~ 1.6}{\xi} \quad 承载能力最大$$

R_m 是环形止推轴承供气孔分布半径,从向内和向外流量均等考虑,应取 $R_m = (R_0 R_i)^{\frac{1}{2}}$,从轴承具有最大承载能力和刚度,而流量又尽可能小来考虑,应取 $R_m = (R_0 R_i)^{\frac{1}{2}}$。

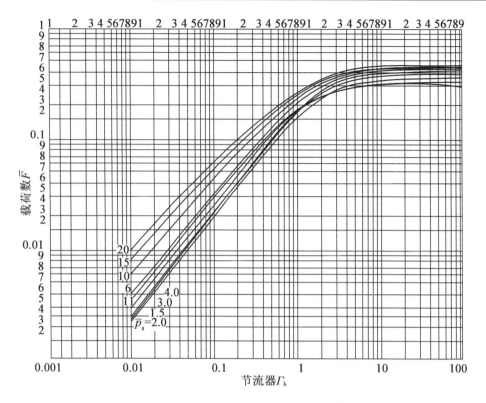

图 4-14　环形平面止推轴承 $\overline{F}-\Gamma_{k}$ 曲线（$\overline{R}=2$）

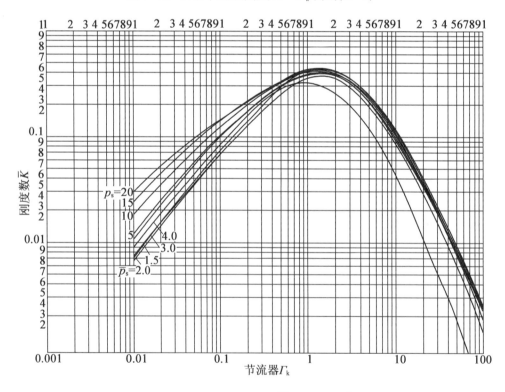

图 4-15　环形平面止推轴承 $\overline{K}-\Gamma_{k}$ 曲线（$\overline{R}=2$）

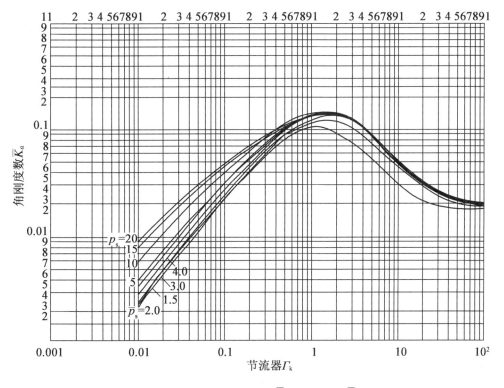

图 4-16 环形平面止推轴承 $\overline{K}_\alpha - \varGamma_k$ 曲线($\overline{R}=2$)

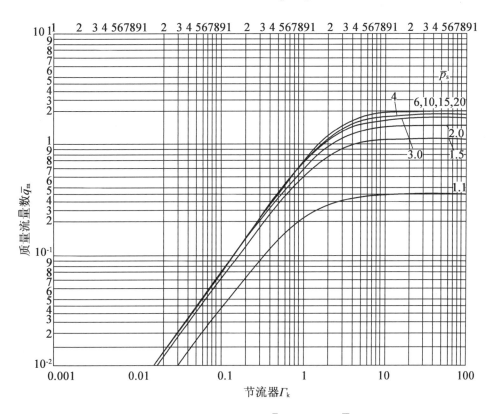

图 4-17 环形平面止推轴承 $\overline{q}_m - \varGamma_k$ 曲线($\overline{R}=2$)

d.轴承设计气膜厚度(间隙)。一般的常规设计,推荐轴承的设计气膜厚度取值范围为

$$h_0 = (0.5 \sim 2.0) \times 10^{-3} R_o$$

(2)圆平面止推轴承。

对于单供气孔的圆平面止推轴承,按最大刚度设计($K_{g0} = 0.9$),有如下简化公式计算:

$$\overline{F} = \frac{4F}{\pi (p_s - p_a)(D^2 - d_R^2)} \tag{4-12}$$

$$\overline{k} = \frac{K_{g0}}{\pi (p_s - p_a)(D^2 - d_R^2)} \tag{4-13}$$

$$\overline{q}_m = \frac{k \eta \Re \Theta q_m l_n \dfrac{D}{d_R}}{\pi h_0^3 (p_s^2 - p_a^2)} \tag{4-14}$$

式中 d_R——节流孔口凹穴直径(图4-13)。

4.3.2 缝式节流型止推轴承

缝式节流止推轴承常用单列周向缝,环形平面的结构形式,如图4-18所示。

这种轴承节流器数的表达式为

$$\Gamma_f = \frac{4 y_i}{R_m \ln \left(\dfrac{R_o}{R_i} \right)} \left(\dfrac{h_0}{b_j} \right)^3 \tag{4-15}$$

式中 h_0——设计状态下的气膜厚度,这时其表压比 K_{g0} 与 $\sqrt[3]{\Gamma_f}$ 之间的变化关系,如图4-19所示。

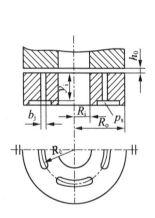

图4-18 缝式节流止推轴承

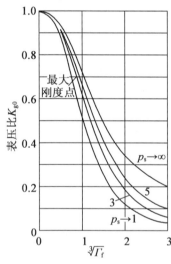

图4-19 缝式节流环平面止推轴承的 K_{g0} 与 $\sqrt[3]{\Gamma_f}$ 曲线

使轴承具有最大刚度的 K_{g0} 和 Γ_f 值分别为

$$K_{g0} = 0.67 \sim 0.75, \quad D_f = 0.42 \sim 0.86$$

单向支承的平面止推轴承,以设计载荷控制轴承气膜厚度,设计载荷可根据需要确定,常取最大载荷的一半作为设计载荷。

双向支承平面止推轴承,以偏心率来控制轴承气膜厚度。

（1）性能计算。

在周向缝节流窄环形平面止推轴承中，沿径向压力分布，可以认为是线性的，于是其设计状态下稳态性能的近似计算公式为

$$F = \frac{K_{g0}}{2} \pi (R_o^2 - R_i^2)(p_s - p_a)$$

$$K = \frac{\mathrm{d}K_{g0}}{\mathrm{d}h} \cdot \frac{\pi}{2}(R_o^2 - R_i^2)(p_s - p_a)$$

$$q_m = \frac{\pi h_0^3}{3\eta \Re \Theta \ln \overline{R}} \cdot \frac{p_s^2 - p_a^2}{1 + \Gamma_f} \qquad (4-16)$$

这时，最佳 Γ_f 值对应的 K_{g0} 和 $\dfrac{\mathrm{d}K_{g0}}{\mathrm{d}h}$ 值见表 4-8。

表 4-8　最佳 Γ_f 值对应的 K_{g0} 和 $\dfrac{\mathrm{d}K_{g0}}{\mathrm{d}h}$ 值

$\overline{p}_s$	2	3	5
Γ_f	0.65	0.72	0.77
K_{g0}	0.68	0.69	0.70
$\dfrac{\mathrm{d}K_{g0}}{\mathrm{d}h}$	0.64	0.61	0.58

单、双支承的缝式节流环形平面止推轴承稳态性能的简化计算公式，见表 4-9。其中，流量系数 K_q，如图 4-20 所示。

表 4-9　缝式节流环形平面止推轴承稳态性能的简化计算式

稳态性能	单向止推轴承	双向止推轴承
承载能力 F	$0.25\pi(R_o^2 - R_i^2)(p_s - p_a)$	$0.23\pi(R_o^2 - R_i^2)(p_s - p_a)$
刚度 K	$\dfrac{0.375\pi(R_o^2 - R_i^2)(p_s - p_a)}{h_0}$	$\dfrac{0.50\pi(R_o^2 - R_i^2)(p_s - p_a)}{h_0}$
体积流量 q_v	$K_p h_0^3(p_s^2 - p_a^2)A_q$	$0.4K_p h_0^3(p_s^2 - p_a^2)A_q$
摩擦转矩 T_μ	$\dfrac{2\pi^3 \eta(R_o^4 - R_i^4)n}{h_0}$	$\dfrac{4\pi^3 \eta(R_o^4 - R_i^4)n}{h_0}$
备注	$\Gamma_f = 1.25$，空气：$A_q = 35.4$，蒸汽：$A_q = 43.0$	

（2）参数选择。

节流缝的位置与尺寸建议如下：

节流缝所在半径　　　　　　　$R_m = (R_o R_i)^{\frac{1}{2}}$

节流缝长度　　　　　　　　　$y_i(0.1 \sim 0.5)R_o$

节流缝宽度　　　　　　　　　$b_j = (0.01 \sim 0.05)\text{mm}$

轴承内外径比
$$\frac{R_o}{R_i} = 1.5 \sim 4.0$$

4.3.3 径向排气型止推轴承

这是一种利用径向排气支承的止推轴承,如图 4 - 21 所示,适用于轴向载荷较小的场合。这种轴承的承载能力计算公式为

$$F = \frac{(p_s - p_a)\pi(R_o^2 - R_i^2)\bar{p}_e}{2\ln\left(\frac{1}{\bar{R}}\right)}\left[1 - \frac{2\bar{R}^2\ln\left(\frac{1}{\bar{R}}\right)}{1 - \bar{R}^2}\right] \qquad (4 - 17)$$

$$\bar{p}_e = \frac{p_e - p_a}{p_s - p_a}$$

式中 p_e——径向排气压力。

设计时应尽可能使止推环和径向轴颈间为清角(不倒角),轴瓦止推面和径向圆柱面间倒角最小。

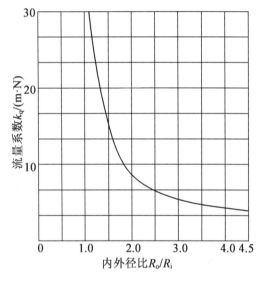

图 4 - 20 缝式节流环形平面止推轴承 $K_q - \left(\frac{R_o}{R_i}\right)$

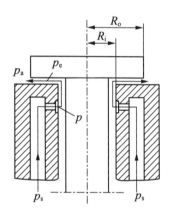

图 4 - 21 径向排气壁止推轴承

4.3.4 双向止推轴承

在实际应用中,大多数机械都设置两个止推轴承,以便承受两个方向的轴向载荷和轴向定位。这种轴承的稳定性能与单个止推轴承相应性能关系是:

双向止推轴承的流量
$$q_d = 2q$$

双向止推轴承的承载能力
$$F_d = 1.25F$$

双向止推轴承的刚度

$$K_d = \frac{2.88F}{h_0}$$

双向止推轴承的摩擦转矩

$$T_{\mu d} = 2T_{\mu}$$

双向止推轴承的摩擦功耗

$$P_{\mu d} = 2P_{\mu}$$

4.4　气体静压轴承动态特性分析

由于气体轴承所支承的主轴浮动在可压缩的气膜上,与液体轴承相比,气体轴承的运转稳定差,容易产生振动,因此需要分析其动态稳定性。

气体轴承的不稳定现象大致可分为:

a. 由于气体的可压缩性而产生的"气锤"现象。

b. 由于转子运转的不平衡而引起的"同步涡动"。

c. 在转子高速转动时,气膜的动压效应而引起的自激涡动,又称半频涡动。

(1)气锤。

气锤是由于气体的可压缩性而引起的不稳定现象,它主要产生在具有气腔的静压轴承中,为了提高轴承的刚度,往往采用具有气腔的轴承。在这种轴承中,由于气体的容积较大,可压缩的程度也严重,轴承极容易发生剧烈振动和产生噪声(交频哨声),这就是"气锤"现象。

根据轴的运动方程,利用轴承的气体流入量与流出量的平衡,以及轴承的气体质量的变化关系,推导出如图4－22所示的在中心供气孔部位带有气腔的圆盘形静压止推轴承的动态稳定判别公式,即轴承不产生"气锤"的稳定条件如下。

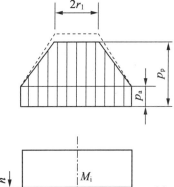

a.
$$\left.\begin{array}{c} \alpha + \beta > 0 \\ \eta > 0 \\ q > 0 \\ s > 0 \end{array}\right\}$$
　　　　(4－18)

b.
$$\frac{s}{q} > \frac{\eta}{\alpha + \beta}$$
　　　　(4－19)

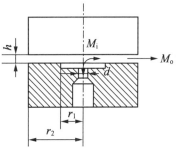

图 4－22　圆盘形静压止推轴承

式中　$\alpha = -\dfrac{dM_i}{dp_p}$;

$\beta = \dfrac{dM_o}{dp_p}$;

$\eta = \dfrac{dM_o}{dh}$;

$q = \dfrac{dM}{dp_p}$;

$s = \dfrac{dM}{dh}$。

参数　M_i——单位时间流入轴承的气体质量(即流入质量流量);

M_0——单位时间流出轴承的气体质量(即流出质量流量);

M——轴承间隙及气腔内含有的气体质量;

p_p——轴承气腔中的压力;

h——轴承间隙。

c. 不等式(4 – 19)及其参数的物理意义。不等式(4 – 19)左侧的 s 为轴承内所含气体质量 M 对于轴承间隙的变化率,称为"压缩效应"。q 为轴承内所含气体质量对于气腔压力 p_p 的变化率,称为"挤压效应"。

不等式(4 – 19)右侧的 $\dfrac{\eta}{\alpha + \beta}$ 表示轴承半径面积上的静刚度。

不产生"气锤"的判别公式为

$$\frac{挤压效应}{压缩效应} > 轴承单位面积的静刚度$$

由此可知:

①如果润滑介质是不可压缩的,即 $M_0 = 0$,$\eta = 0$,亦即 $q = 0$,气体轴承就会处于稳定的工作状态而不产生"气锤"。然而,气体是可压缩的,在设计中必须仔细分析其动态稳定性。

②若增大轴承气腔,尽管使轴承刚度有所提高,但压缩效应却加大,最终导致轴承工作不稳定。由此可见,要使轴承不产生"气锤"现象,具有优良的工作稳定性,轴承最好不设置气腔,并且要采用环隙(自成)节流形式。

对于某些设备(如精密测量仪器等),要求轴承具有较高的刚度,设置气腔是必要的,可以采取下面措施来提高轴承工作稳定性而不产生"气锤"现象。

a. 用环形槽连通全部供气孔出口(图4 – 23),改变轴承工作面上的压力分布,使各个供气孔出口处的压力相等,提高并保持轴承中的压力,从而削弱(或消除)了"气锤"现象。应当指出,这种轴承只能支承不偏心载荷。若在偏心力矩的作用时,必须与径向轴承搭配。

b. 附设与轴承气腔相连的阻尼腔,如图4 – 24所示。阻尼腔的作用,一是当产生"气锤"时,轴承中的气压会剧烈变化,使气体经阻尼孔流入或流出阻尼腔,由于阻尼孔的节流作用,会消耗振动的能量,有效地削弱了"气锤"振动;二是附加了阻尼腔改变了轴衬中压缩气体的容积,亦即改变了被压缩气体的固有频率,从而避免了发生共振,不产生"气锤"。

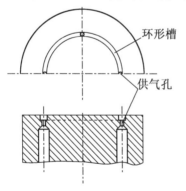

图4 – 23 环形槽连通全部供气孔

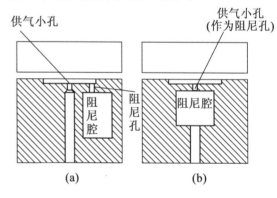

图4 – 24 阻尼腔示意图

(2)同步涡动。

同步涡动是由于转子的转动不平衡引起的一种振动现象。

气体轴承的共振点与转子的质量及轴承的刚度有关。根据轴承动态特性的理论分析，求得转速与轴的振动幅值之间的关系，即转速 – 振幅特性曲线，如图 4 – 25 所示。

图中，最初的两个波峰是由同步涡动引起的，但尚未达到共振点。同步涡动达到共振的条件是转子转速 n 等于轴承气膜的固有频率或固有频率的整数倍。

① 涡动类形。在转子结构系统是完全对称的条件下，如果转子系统只是静不平衡，而且不平衡力作用在转子重心上，这时转子呈圆柱形涡动；如果转子存在动不平衡，则转子转动时产生力偶，使转子呈圆锥形涡动，其两个锥形交于转子重心上；若是转子同时存在静态和动态不平衡，转子呈圆锥台状涡动。

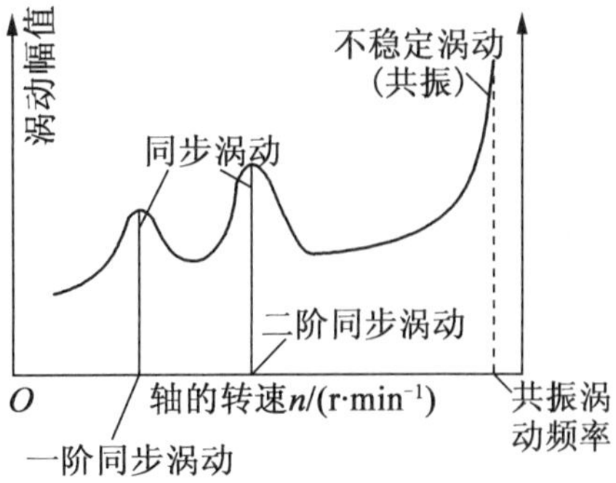

② 涡动频率。

a. 圆柱涡动频率

$$f_1 = \frac{1}{2\pi}\sqrt{\frac{K}{M}} \qquad (4-20)$$

图 4 – 25　转速 – 振幅特性曲线

b. 圆锥涡动频率

$$f_2 = \frac{1}{2\pi}\sqrt{\frac{2Kl^2}{I_t - I_0}} \qquad (4-21)$$

式中　M——单个轴承所支承的转子质量；

　　　K——单个径向轴承的刚度；

　　　I_t——转子轴向转动惯量；

　　　I_0——转子周向转动惯量；

　　　l——两个径向轴承的跨距。

同步涡动振幅的大小，取决于转子的不平衡量、轴承刚度、轴承气膜阻尼力及转子转速。如果不平衡所产生的离心力超过轴承气膜的承载能力，就会造成轴颈与轴承接触而磨损，甚至烧损。

③ 有弯曲挠度转子的固有频率。在假定转子是等直径结构对称的条件下，其涡动固有频率为

$$f_3 = \frac{\bar{f}^2}{2\pi d^2}\sqrt{\frac{EI_z g}{\gamma A}} \qquad (4-22)$$

式中　$\bar{f}$——频率系数，通常取 $\bar{f} = 4.730$；

　　　E——轴材料弹性模量；

　　　I_z——轴的抗弯弹性模量，$I_z = \dfrac{\pi d^4}{64}$；

　　　g——重力加速度；

　　　γ——轴材料密度；

　　　A——轴截面面积。

（3）自激涡动（半频涡动）。

① 产生原因。如图 4 – 26 所示，当转轴转速超过第一阶及第二阶涡动频率，再继续提高转速时，转轴涡动振幅会突然增大，这就是自激涡动。自激涡动频率一般约等于轴转速的 1/2，通称"半频涡动"。

自激涡动是由气膜的"动压效应引起的",不论是气体静压轴承还是气体动压轴承,只要转轴处于高速运转,都会产生气膜振荡现象。图4-26直观地表示了引起自激涡动的原因。由动压效应所产生的动压承载能力 W 可分解为互相垂直的两个分力 W_n 和 W_t。W_n 用于承载,而 W_t 相对轴承中心 O 形成一个力矩 $T = W_t e$,使转轴绕轴承中心 O(涡动)即称为自激涡动。

②稳定特性。对于单个径向气体轴承,其轴承所支承的重力与转轴稳定临界转速的关系曲线,如图4-27所示。图中所标注的点是不同机器轴承稳定临界点,它们大致分布于一条直线上:

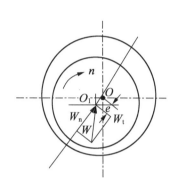

图4-26 自激涡动形成原理图

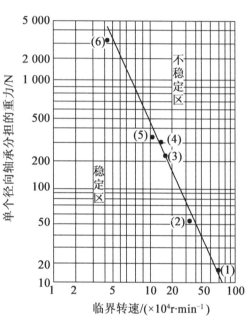

图4-27 支承重力与临界转速间的关系

图4-27中,点(1)——NBS5/16径流式膨胀机;

点(2)——BOC300H膨胀机;

点(3)——ETL用于 $\dfrac{250l}{h}$ 的膨胀机;

点(4)——ETL试制膨胀机(无磁铁);

点(5)——ETL试制膨胀机(有磁铁);

点(6)——离心式低温氦压缩机。

在设计高速机械中的气体轴承时,根据轴承承重及主轴运转速度所确定的工作点位于特征直线左侧,主轴运转便是稳定的,不产生自激涡动。

(4)防止自激涡动的措施。

①气体动压轴承。

a.改变轴承设计间隙,减小切向力 W_t,降低涡动力矩。

b.增大转轴偏心量 e,使转轴在偏心下运转。

c.采用多瓦块轴承。

d.采用螺旋槽或人字槽轴承。

②气体静压轴承。

a. 改变供气节流孔直径,使主轴处于偏心运转。

b. 设计倾斜供气孔,以获得与轴旋转方向相反的进气速度,可有效减小 W_t,如图 4-28 所示。

c. 采用排气阻尼小孔,或设置排气空腔串连阻尼小孔,腔中的压力变化滞后于涡动压力,能产生与动压自激振动力相反的阻尼力,以抑制涡动力。但是,这种轴承会减小轴承有效承载面积,刚度低,而且轴承流量也较大,如图 4-29 所示。

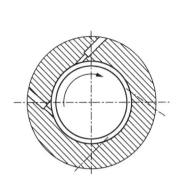 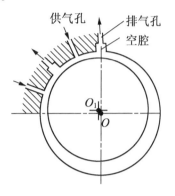

图 4-28　倾斜供气孔图　　　　　　　图 4-29　排气阻尼小孔图

4.5　气体静压轴承的稳定性具体判别式

在气体静压轴承中,运转的转子可能产生气锤振动和涡动。

4.5.1　气锤振动

气锤振动是因气体的可压缩性引起的。除轴承间隙形成的气膜外,还要考虑轴承气容总和与气膜容积之比,称之为气容比。在气体静压轴承中,转子不产生气锤振动的条件是气容比小于极限值,即

对于径向轴承　　　　　$\dfrac{ZV_c}{\pi BDh_0} \leqslant 0.05 \sim 0.15 (V_c —— 节流容积)$

对于止推轴承　　　　　$\dfrac{ZV_c}{\pi (R_o^2 - R_i^2) h_0} \leqslant 0.02 \sim 0.10$

缝式节流轴承的气容比近似为 0(因为 $V_c \to 0$),动态性能好。

4.5.2　涡动

涡动失稳的工程判别法如下:

在气体静压轴承中,转子涡动稳定性条件是

$$1.7 n_{cr2} < n < 0.6 n_{cr1}$$

式中　n_{cr}——涡动临界转速。

两个气体静压轴承支承的转子,涡动临界转速,可按下式计算:

$$n_{cri} = \frac{1}{2\pi} \sqrt{\frac{1}{2}(\Omega_2 + \Omega_1) \pm \sqrt{\frac{1}{4}(\Omega_2 - \Omega_1)^2 + \Omega_3^2}} \qquad (4-23)$$

$$\varOmega_1 = \frac{K_1 + K_2}{m}$$

$$\varOmega_2 = \frac{K_1 L_1^2 + K_2 L_2^2}{(J_t - J_p)}$$

$$\varOmega_3 = \frac{(K_2 L_2 - K_1 L_1)^2}{m(J_t - J_p)}$$

式中　K_1、K_2——两个轴承各自的刚度;

　　　m——转子质量;

　　　L_1、L_2——转子质心到两个轴承中的距离;

　　　J_t——转子横向转动惯量;

　　　J_p——转子极转动惯量。

注:随温度变化的气体黏度与润滑油相反,气体黏度随温度升高而增大。各种气体黏度随温度变化曲线如图 4 - 30 所示。

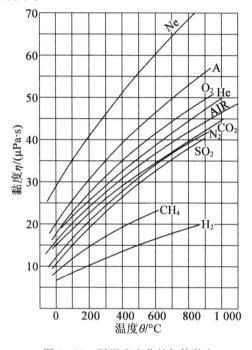

图 4 - 30　随温度变化的气体黏度

4.6　气体轴承材料与精度

4.6.1　气体轴承材料应具备的性能

①耐磨性好,静摩擦因数小,硬度高,有一定的强度。

②抗咬合性能好,在高速、高温条件下,轴承发生瞬时接触时,不会咬合,工作表面不会被擦伤。

③尺寸稳定性好,线膨胀系数小,或者摩擦副两种材料的线膨胀系数接近,热变形小,不蠕变。

④耐腐蚀性好,有防磁化、防辐射能力,能承受各种污染。

⑤加工性好,便于制造,可实现较高的制造精度和理想的表面质量。

⑥能满足某些特殊要求,如多孔材料要求一定的孔隙度和透气性,且孔隙均匀,自润滑性、确定的弹性,对于气体有较强的吸附性、耐高温和低温等。

⑦价格不昂贵,便于推广应用。

4.6.2 气体轴承材料的分类与特性

气体轴承材料的分类与特性见表 4 - 10。几种常用的气体轴承材料及其主要性能,见表 4 - 11。

表 4 - 10 气体轴承材料的分类与特性

类型		名称	特性
耐磨类		陶瓷	超硬、耐磨、中等强度、质轻、难加工
		硬质合金	超硬、耐磨、高强度、高密度、难加工
		钢结合硬质合金	可加工、密度较小
自润滑类		石墨、铸铁、含固体润滑剂的粉末冶金材料	自润滑、易加工、低强度、质脆
易加工类	钢	轴承钢、不锈钢、结构钢	易加工、致密性好,中等或较高强度、价廉
	铜	硬黄铜、青铜	
	铝	超硬铝	
特殊类	多孔质材料	多孔青铜、石墨或陶瓷	材料来源困难、低强度、易变形、不稳定
	复合材料	钢背尼龙	
	可激振材料	压电陶瓷	

表 4 - 11 几种常用的气体轴承材料及其主要特性

名称	牌号	主要性能					
		密度 $\rho/(g \cdot cm^{-3})$	线膨胀系数 $\alpha/(\times 10^{-6}℃)$	硬度	弹性模量 E/GPa	抗拉强度 σ_b/MPa	抗弯强度 σ_{bb}/MPa
轴承钢	GCr15	7.81	13.29 ~ 14.85[①]	HRC61 ~ 65	216	588 ~ 716[⑦]	
不锈钢	9Cr18	7.7	10.5 ~ 12.0[②]	HRC55	203.89	510	
	1Cr18Ni9Ti	7.9	16.6 ~ 18.6[③]	HBS187	202	550 ~ 800	
高速工具钢	W18Cr4V	8.7	10.4 ~ 10.8[④]	HRC56 ~ 67		1 800 ~ 4 300	
黄铜	H62		16.2 ~ 18.1[⑤]			300 ~ 380	
硅青铜	QSi3 - 1	8.62	18		101.25	350 ~ 500	650 ~ 750
碳化钛	YT5 ~ YT30	11.17	40 ~ 50	HV1 600		1200	3 900
钛合金	TC4	4.8	9.4 ~ 10.8	HBS300	105 ~ 120	750 ~ 950	
	TA7	4.42			113	950	
碳化钨	YG6 ~ YG20	14.5	60 ~ 65	HV1 600		1 400 ~ 2 000	4 600
石墨		1.66	1 ~ 5	HBS40 ~ 45	4.9 ~ 9.9		

续表 4 – 11

名称	牌号	主要性能					
		密度 $\rho/(\text{g}\cdot\text{cm}^{-3})$	线膨胀系数 $\alpha/(\times10^{-6}℃)$	硬度	弹性模量 E/GPa	抗拉强度 σ_{b}/MPa	抗弯强度 σ_{bb}/MPa
青铜石墨	M1XXC						
钢结构硬质合金	GT35	6.5	6.1~8.4[6]	HRC67~71	343	1 540	
	ST60	5.8	8.4~10.1[6]	HRC70			
微晶陶瓷	Al₂O₃	4.24	7.6	HV2 130	380	800	3 200
氮化硅	Si₃N₄	3.19	3.6	HV1 600	315	950	4 200
氧化锆	ZrO₂	6.05	9.2	HV1 340	210	1 300	

注:标号圆圈表示温度条件:①温度范围20~900 ℃;②温度范围20~500 ℃;③温度范围20~700 ℃;④温度范围20~800 ℃;⑤温度范围20~625 ℃;⑥温度范围20~200 ℃;⑦780 ℃退火状态

4.6.3　气体轴承精度

气体动压轴承的精度要求一般比气体静压轴承高,动压轴承的典型精度值、工艺方法及测量仪器,见表4 – 12。

表4 – 12　气体动压轴承几何尺寸精度

轴承类型	几何形状精度	允许偏差/μm	工艺方法	测量仪器
径向和平面止推轴承	孔径圆度	0.1~0.25	超精磨,研磨	圆度仪
	轴径圆度	0.15~0.30	超精磨,研磨	圆度仪
	孔直线度	0.10~0.25	超精磨,研磨	直线度测量仪
	轴直线度	0.15~0.30	超精磨,研磨	直线度测量仪
	圆柱度	0.10~0.30	超精磨	圆度仪
径向和平面止推轴承	同轴度	0.10~0.30	研磨	电子测微比较仪
	平面度	0.10~0.30	超精磨,研磨	光学平晶/单色光
	止推面垂直度	1"~3"	超精磨,研磨	准直光仪
	止推环垂直度	1"~3"	超精磨	准直光仪
	表面粗糙度	≤0.04	研磨、抛光	表面粗糙度仪
球形轴承	面轮廓度	0.1~0.3	研磨	圆度仪、球精仪
	表面粗糙度 Ra	≤0.04	研磨	光学样板、表面粗糙度仪
对置锥形轴承	锥角	1"~3"	超精磨,将床主轴按锥半角调整好角度后锁紧。加工好凸锥后,机床主轴不动,按加工凸锥的方法,做一个与凸锥一样的胎具上,用磨内圆砂轮加工凹锥面	光学分度头和电子测微比较仪配合一起测量。表面粗糙度仪
	同轴度	0.1~0.3		
	直线度	0.1~0.3		
	表面粗糙度 Ra	≤0.04		

4.7　轴承内压力损失

轴承中气膜存在两个影响压力的效应:扩散效应和绕流效应。

4.7.1　空气轴承的扩散效应

扩散效应是指气流器在节流出口周围发散流出,引起压力分散产生畸变,导致轴承承载能力下降,如图 4-31 所示,Dudgeon 和 Lowe 研究了这种效应,并以"气流扩散系数" C_W 定性估算轴承的实际承载能力。

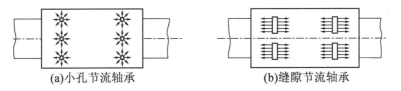

(a)小孔节流轴承　　　　　　　(b)缝隙节流轴承

图 4-31　两种节流轴承的扩散效应

$$C_W = 0.89\left(\frac{dn}{\pi D}\right)^{0.21}\left(\frac{Ln}{\pi D}\right)^{0.42}\left(\frac{p_d}{p_0}\right)^{0.0505}\left(\frac{\pi D}{nd}\right)^{0.379}\left(\frac{\pi D}{nL}\right)^{0.758} \tag{4-24}$$

式中　d——节流孔径;

　　　n——每排节流孔数;

　　　D——轴承内径;

　　　L——轴承长度;

　　　p_d——轴承内压力;

　　　p_0——供气压力。

用式(4-24)求解 C_W 麻烦又不方便。在设计时可由图 4-32 曲线直接查得。值得指出的是,对于周向节流气体轴承,可以减弱扩散效应,但仍受到非轴向流的影响。而轴向进气缝隙虽能减小非轴向流影响,但仍不能避免扩散效应的危害。对于短轴承,采用周向狭缝是有利的;对于长轴承,宜采用轴向进气狭缝轴承。

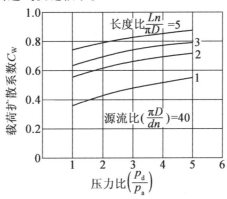

图 4-32　载荷扩散系数与压力比间的关系

p_d——轴承内压力;p_a——环境压力

4.7.2 非轴向流效应

当轴径受载偏心后,由于气膜厚度发生变化(气膜变薄处压力大,气膜变厚处压力小),轴承内产生压力分布不一致,因此气流由高压处流至低压处,形成非轴向流效应(即绕流效应),使轴承承载能力下降,如图4-33所示。求非轴向流效应的解析解十分困难,Shires 对这种效应能进行了数值解,并根据一系列试验进行修正,求得下面估算公式:

$$\frac{C_L}{C_{L0}} = 0.315 \frac{\left[\dfrac{\cosh\left(6.36\dfrac{l}{D}\right)-1}{\sinh\left(6.36\dfrac{l}{D}\right)} + \tanh\left(6.36\dfrac{L-2l}{D}\right)\right]}{\left(\dfrac{L-l}{D}\right)} \qquad (4-25)$$

式中　C_{L0}——基于理想的轴向流对载荷的影响系数;

　　　C_L——对非轴向流(绕流)做了修正的载荷影响系数;

　　　l——节流器距轴承端距离;

　　　D——径向轴承直径;

　　　L——轴承长度。

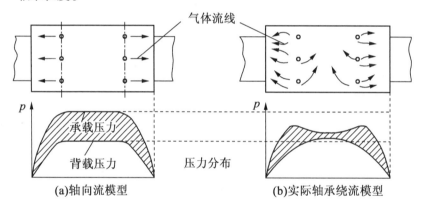

图4-33　轴向与非轴向流模型

※注1:式(4-25)也对扩散效应做了一定考虑,因此该式既包括了扩散效应,又涵盖了绕流效应的综合因素(因为实验中总是同时存在着两种效应)。

注2:增大长径比其"非轴向流效应"也增大,因此长轴承的承载特性是较差的。

注3:cosh——双曲余弦函数;

　　　sinh——双曲正弦函数;

　　　tanh——双曲正切函数。

4.7.3 节流器数量对载荷系数 $\overline{w}$ 的影响

以每排节流器数目 $n=8$ 为对比轴承,令其载荷系数 $\overline{w}=1$,以便对其他几个值进行比较,如图4-34所示。

(1)使承载能力降低的扩散效应随节流器数量增多而减弱,将节流器数量加倍,即由8个增至16个,承载能力增大20%。

（2）当每排节流器数量小于 8 个（尤其是小于 6 个），由扩散损失引起的承载能力下降是相当明显的。一般径向轴承节流器数量不要小于 6 ~ 8 个。

（3）对于长径比较小的轴承，可以适当增多节流器数量，以提高承载能力。

（4）从加工考虑，轴径越大，半径间隙也越大，从而降低了加工难度，设计者可以增多节流器数量，同时增大（或不增大）节流器直径来补偿轴承间隙的增大。

4.7.4　节流器位置对径向轴承承载系数的影响

载荷系数与节流器位置的关系如图 4 – 35 所示。

（1）当节流器排列在距轴承端为 1/4 ~ 1/8 轴承长度之间时，可获得高承载系数，对于双排节流孔，通常确定 1/4 轴承长度为标准位置。

（2）对于短轴承，不应将节流器移近轴承端，因为这样会引起严重扩散损失，对于长径比为 0.5 或更小的轴承，就不宜选用小孔或自成节流孔，而应该选用狭缝（沟槽）节流器。

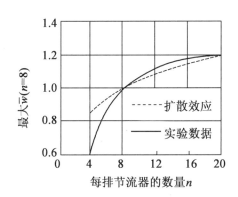

图 4 – 34　节流器数量对载荷系数的影响

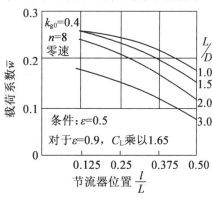

图 4 – 35　载荷系数与节流器位置的关系

4.7.5　长径比对径向轴承扩散效应的影响

长径比 $\dfrac{L}{D}$ 对径向轴承扩散效应的影响如图 4 – 36 所示。

$$C'_L = \frac{W}{(p_0 - p_a)D^2}$$

（1）在节流器位置 $\dfrac{l}{L} = \dfrac{1}{4}$ 条件下，当 $\dfrac{L}{D} >$ 2.0 或 $\dfrac{l}{L} = \dfrac{1}{2}$（单排节流器），$\dfrac{L}{D} > 1.5$ 时，其承载能力提高很小。

（2）在轴承间隙和表压比 K_{g0} 相同时，单排节流器 $\dfrac{l}{L} = \dfrac{1}{2}$ 的气体流量只有 $\dfrac{l}{L} = \dfrac{1}{4}$ 轴承的一半。当然单排进气孔轴承的承载能力也下降约 25%。设计时具体分析轴承特性而确定结构。

（3）对于要求较大的承载能力和刚度轴

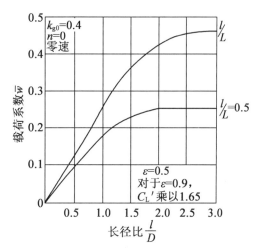

图 4 – 36　载荷系数与长径比间的关系

承,通常优选 $\dfrac{l}{L}=\dfrac{1}{4}$ 双排孔。根据单排孔流量小的优点,可以选用两个单排孔短轴承,中间为用窄排气凹槽隔开的组合结构。

4.7.6　估算例子

由式(4-25)计算结果见表4-13,并根据 $D=240$ mm 给出 $l-C_L$ 线图(图4-37),供设计者选择轴承参数。

表4-13　轴承参数选择

题序	D/mm	L/mm	l/mm	C_L/mm
1		400	100	0.47
2		320	80	0.56
3	240	280	70	0.62
4		260	65	0.65
5		240	60	0.69
6		200	40	0.79

为计算方便,令 $C_{L0}=1$(即不存在扩散和扰流)。

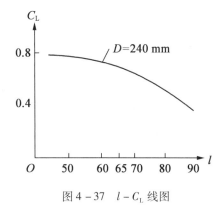

图4-37　$l-C_L$ 线图

4.8　轴颈与轴承相对倾斜对承载的影响

4.8.1　概述

当前,有关空气静压轴承的静态、动态特性的研究及其参数优化设计已经比较成熟和完善了,从而为空气静压轴承的推广应用确立了充实的理论基础。但是,空气静压轴承在实际应用中仍常常出现一些问题,如承载能力低,气膜刚度小,甚至不能形成压力气膜而无法工作等。应当指出的是,以上问题并不是空气静压轴承本身设计有误,而往往是转轴与轴承相对倾斜所导致的。

本书重点分析了轴系受力变形、加工和装配的形位误差等因素对空气静压轴承承载特性的影响,求得轴与轴承相对倾斜系数与轴承承载能力和气膜刚度的关系曲线,并提出了对上述受力变形和加工、安装误差的控制范围,以获得较好的轴承承载特性。在此基础上,进一步求得轴系相对倾斜后的空气轴承承载能力和气膜刚度的修正计算公式,不仅为空气轴承设计补充了理论依据和参数选择原则,而且对轴系结构刚度、加工和装配的形位误差提出了限制条件,以保证轴承技术性能的要求。

实践证明,本节所介绍的内容可以作为设计参考。

4.8.2 相对倾斜参数

轴系受力变形、加工及装配形位误差等因素,最终都会导致转轴与轴承之间的相对倾斜,如图 4 - 38 所示。

轴与轴承的相对倾斜量,不仅与倾斜角 α 有关,而且与轴承尺寸(主要是长度 L)、轴承设计间隙 h_0 有关,因此要以相对倾斜参数来表示其对轴承承载特性的影响。

(1)相对倾斜角。

$$\varepsilon_\alpha = \frac{\alpha L}{2h_0} \tag{4-26}$$

式中 α——倾斜角;

L——轴承长度;

h_0——轴承半径设计间隙。

(2)相对倾斜特性系数。

轴系产生相对倾斜后,直接导致轴承承载特性变坏,本节以相对倾斜特性系数 C_α 来反映承载特性的恶化程度。C_α 越大,轴承承载特性越差。

$$C_\alpha = \frac{1}{2}\left\{\frac{(1-\varepsilon_\alpha)^2\left[1-\varepsilon_\alpha\left(1-\frac{2l_1}{L}\right)\right]^2}{1-\varepsilon_\alpha\left(1-\frac{2l_1}{L}\right)} + \frac{(1+\varepsilon_\alpha)^2\left[1+\varepsilon_\alpha\left(1-\frac{2l_1}{L}\right)\right]^2}{1+\varepsilon_\alpha\left(1-\frac{2l_1}{L}\right)}\right\} \tag{4-27}$$

式中,l_1 及 L 如图 4 - 38 所示。

为了方便设计计算,按不同的 $\frac{l_1}{L}$ 用式(4 - 27)求得 $\varepsilon_\alpha - C_\alpha$ 特性曲线,如图 4 - 39 所示。在设计计算中,可以根据 ε_α 直接求得 C_α。

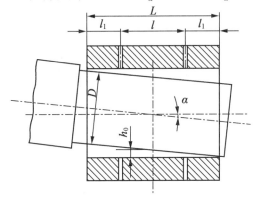

图 4 - 38 轴承与转轴相对倾斜示意图

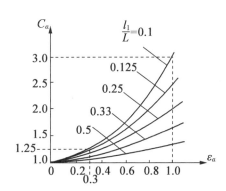

图 4 - 39 倾斜特性系数与相对倾斜角间的关系

分析该组特性曲线,可知:

①C_α 随着 ε_α 的增加而增大,设计时必须限制倾斜角 α,使得轴承特性不至于严重恶化。

②C_α 随着 $\dfrac{l_1}{L}$ 的减小而增大,因此轴承长度 L 不宜过长,通常取 $0.8D \leqslant L \leqslant 1.2D$。

③当 ε_α 较小时,不论 $\dfrac{l_1}{L}$ 值大小,C_α 变化不大,对轴承特性影响较小。如 $\varepsilon_\alpha \leqslant 0.3$,即使 $\dfrac{l_1}{L}$ 从 0.5 到 0.1,相应的 $C_\alpha \leqslant 1.25$,即对轴承承载特性影响不大,因此可将 $\varepsilon_\alpha \leqslant 0.3$ 作为轴承倾斜的临界值。在空气轴承的工程设计中,当有关尺寸参数确定之后,还要校核一下 ε_α 值是否在允许范围之内,以保证轴承性能。

轴承相对倾斜后的轴承承载特性:

控制 C_α 值是保证空气轴承承载特性的重要环节。因此,在满足 $C_\alpha \leqslant 1.25$ 的条件下,方可进一步分析轴承性能特性,该特性主要包括两方面:承载能力及气膜刚度。具体研究方法是以无相对倾斜空气轴承的承载特性作为基础,加以修正,得出轴系相对倾斜轴承的性能特性。

轴系相对倾斜的轴承气膜刚度为

$$J_\alpha = \bar{j}_\alpha J$$
$$J = \bar{j} \frac{D^2 p_s}{h} \tag{4-28}$$

式中　J——无相对倾斜的轴承气膜刚度;

　　　$\bar{j}_\alpha$——有相对倾斜的轴承气膜刚度系数;

　　　J_α——有相对倾斜的轴承气膜刚度;

　　　D——轴承内径;

　　　h——轴承半径间隙(即气膜厚度)。

其中,$\bar{j}_\alpha$ 可由下式求得:

$$\bar{j}_\alpha = \frac{3 C_\alpha \lambda L \dfrac{1}{m}}{2\left(C_\alpha + \lambda + \dfrac{1}{m}\right)\left(C_\alpha + \dfrac{1}{m}\right) l_1} \tag{4-29}$$

式中　λ——轴承的尺寸系数,其值为

$$\lambda = \frac{4(l + l_1) l_1}{\pi D b} \tag{4-30}$$

式中　l, l_1, D, L 参见图 4-38;

　　　b——相邻节流孔周向距离;

　　　m——轴承进出气阻比,$m = \dfrac{R_c}{R_{0\alpha}}$($R_c$ 为节流气阻,$R_{0\alpha}$ 为空载时轴倾斜后的轴承间隙气阻)。

在设计时,给定偏心率 ε 之后,根据不同的 ε_α,由式(4-27)、式(4-29)求得 $\varepsilon - \bar{j}_\alpha$ 特性曲线如图 4-40 所示。

分析可知:

①在偏心率 $\varepsilon = 0.4$ 的条件下,当 $\varepsilon_\alpha = 0.05$ 时,$\bar{j}_\alpha = 0.6$;当 $\varepsilon_\alpha = 0.5$ 时,$\bar{j}_\alpha = 0.3$。二者对比,后者的轴承气膜刚度下降为原来的 $\dfrac{1}{2}$。

在设计时可取 $\varepsilon_\alpha \leqslant 0.15$，由式（4 - 26）可得

$$\alpha L = 2h_0 \varepsilon_\alpha = 0.3h_0$$

$$\alpha h \approx \frac{h_0}{3}$$

即轴相对于轴承边缘的最大倾斜量应小于设计间隙的 $\frac{1}{3}$，以保证轴承的刚度特性。

②同理，在 $\varepsilon = 0.3$ 的条件下，为保证轴承刚度，只能取

$$\varepsilon_\alpha \leqslant 0.2$$

$$\alpha L = 2h_0 \varepsilon_\alpha = 0.4h_0$$

$$\alpha L = \frac{h_0}{2.5}$$

即轴相对于轴承边缘的最大倾斜量应小于 h_0 的 $\frac{1}{2.5}$。

③轴系相对倾斜的轴承承载能力。

如图 4 - 41 所示，由轴承的承载与位移（即 $W - e$）特性曲线可知：当偏心率 $\varepsilon = \dfrac{e}{h_0} \leqslant 0.4$ 时，气膜刚度恒定，即轴承承载与轴的位移呈线性关系，因此轴承的承载能力公式为

$$J_\alpha = \frac{\mathrm{d}W_\alpha}{\mathrm{d}e} = \frac{W_\alpha}{e}$$

$$W_\alpha = J_\alpha e = J_\alpha \varepsilon h_0 \tag{4 - 31}$$

式中　ε——偏心率；

　　　J_α——轴系相对倾斜时的轴承气膜刚度；

　　　h_0——轴承半径设计间隙。

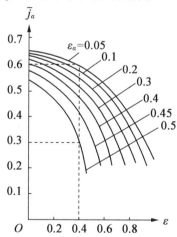

图 4 - 40　气膜刚度系数与偏心率之间的关系

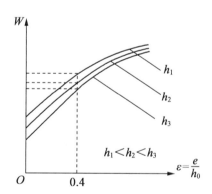

图 4 - 41　承载与位移间的特性曲线

结论：

①即使对空气轴承本身进行了承载优化设计，而且轴与轴承的尺寸精度满足设计要求，但由于受力变形以及加工和装配的形位误差等因素的影响，也会恶化轴承的承载特性。因此，在轴承设计中必须对此予以充分重视。

②对于空气静压轴承，除了轴承本身的设计之外，还要校核轴系相对倾斜对轴承特性的影

响。本节求得 $C_\alpha - \varepsilon_\alpha$ 特性曲线,用以判别相对倾斜对轴承特性的恶化程度;$\bar{J} - \varepsilon$ 特性曲线,用以求出轴承的气膜刚度 J_α,并进一步求得轴承的承载能力 W_α,从而方便了设计,简化了计算。

4.9 气垫带式输送机

气垫带式输送机是将通用带式输送机的支承托辊去掉,改用具有气室的盘槽,由盘槽上的气孔(节流孔)喷出的气流在盘槽与输送带之间形成气膜,使通用带式输送机的接触支承变为气膜状态下的非接触支承,从而显著减小了摩擦损耗。理论与实践表明,气垫带式输送机有效地克服了一般通用带式输送机的缺点,具有以下特性:

①气垫式带式输送机的结构简单,运动部件特别少,具有可靠的工作性能和较低的维护费用。

②被运送的物料在输送带上相对静止,减小了粉尘,降低或几乎消除了运行过程中的振动,有利于提高输送机的运行速度,最高带速可达 8 m/s。

③在气垫带式输送机上,承载的输送带和盘槽之间的摩擦阻力几乎和带速无关。一台长距离静止的负载气垫带式输送机,只要通气形成气膜,不需要其他措施,便能立即启动。

④气垫带式输送机只要采用箱型断面的气箱,在形成气膜的条件下具有良好的刚度和强度,且易于制造。

⑤气垫带式输送机的输送带受力平衡,不易跑偏。

4.9.1 气垫带式输送机的工作原理

气垫带式输送机的工作原理如图 4 - 42 所示。输送带 5 围绕支承(张紧)滚筒 7 和驱动滚筒 1 运行。输送机的输送带 5 的支承体是一个封闭的长形气箱 6,箱体上部为槽形,承载带由压力气膜支承在槽里运行。输送带的下部分采用下托辊 9 支承。从原理来讲承载带下部分也可以与上部分一样由气膜来支承,但这样并不经济。

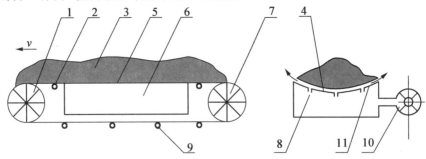

图 4 - 42 气垫带式输送机的工作原理图
1—驱动滚筒;2—过渡托辊;3—物料;4—气垫;5—输送带;6—气箱;
7—支承滚筒;8—气孔;9—下托辊;10—鼓风机;11—盘槽

鼓风机 10 产生的压力空气经过气孔 8 流入盘槽 11 与输送带 5 之间形成气垫 4,然后流入大气。正是由于产生的气膜使输送带与盘槽之间形成非接触支承(即气体摩擦)从而显著降低了摩擦损耗,使输送机运行性能得到很大改善。

4.9.2 气垫带式输送机主要参数计算

气垫带式输送机适用于密度小的散装物料,一般散状物料密度 $\rho_M \leqslant 2\ t/m^3$,这是因为受鼓风机的风压所限。另外,国内外应用比较多的带宽在 1 m 和 1 m 以下。

气垫带式输送机主要计算参数,如:气垫压力、气垫厚度、气室盘槽上的气孔数目、鼓风机的流量和压力、鼓风机功率和驱动电动机功率等。

(1)气垫压力。

输送带及带上的物料都是由气膜压力来支承的,根据力学平衡条件可知:当气垫稳定后,气膜压力应等于物料及输送带的质量。

假设气孔在盘槽中心线上,如图 4 - 29 所示,则气垫在气孔出口处的压力 p_F 为

$$p_F = p_B + p_M \qquad (4-32)$$

式中 p_F——输送带中心线下面的气膜压力(Pa);

p_B——输送带质量产生的压力(Pa);

p_M——物料质量产生的压力(Pa)。

可以近似地计算 p_B

$$p_B = \frac{q_0 g}{b_1} \qquad (4-33)$$

式中 q_0——输送带每米长质量(kg/m),见《机械设计手册》(2 版),机械工业出版社,2004 年,P8 - 96,表 8 - 2 - 5;

g——重力加速度(m/s²),$g = 9.8\ m/s^2$;

b_1——输送带装料后形成凹槽后的宽度,如图 4 - 43 所示。

$$p_M = R\rho_M g(1 - \cos\varphi + \tan\alpha\sin\varphi) \qquad (4-34)$$

对于圆形盘槽

$$p_F = R\rho_M g(1 - \cos\varphi + \tan\alpha\sin\varphi) + \frac{q_0 g}{b_1} \qquad (4-35)$$

式中 R——圆形盘槽半径(m);

ρ_M——散积物料密度(kg/m³),对于空气 $\rho_M = 1.29\ kg/m^3$;

φ——物料半张角,即等于盘槽槽角,一般 $\varphi = 30°$;

α——散积物堆积角(动态)(°);

有关参数 R、φ、α 如图 4 - 43 所示。

通过式(4 - 35)求出气垫压力 p_F,然后再求鼓风机的压力 p_s 为

$$p_s = (1 + \varepsilon)p_F + \Delta p_k \qquad (4-36)$$

式中 ε——气流压力系数,一般 $\varepsilon = 0.6$;

Δp_k——气流在气箱中流动的压力损耗(Pa);它包括两部分损耗,即空气沿着气箱壁流动引起的摩擦损耗和由于气体速度变化而引起的压力损耗,一般流体力学书中均有计算。

如果气垫带式输送机很短,Δp_k 可以忽略不计,这时

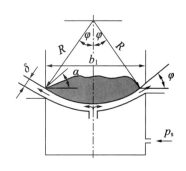

图 4 - 43 圆形槽截面图

$$p_s = (1 + \varepsilon)p_F \tag{4-37}$$

（2）空气消耗量的计算。

气垫带式输送机所需的空气消耗量即为鼓风机的流量。在计算时都是先计算气垫输送机每米所需空气消耗量 Q_{Am}，即

$$Q_{Am} = \frac{\beta\delta^3(\sin\varphi + \cos\varphi\tan\alpha)\rho_M g}{6\mu_a} \tag{4-38}$$

式中 β——修正系数，$\beta = 1.2 \sim 4$；

δ——气垫厚度（m），一般取 $\delta < 1$ mm；

μ_a——空气黏度，$\mu_a = 1.855 \times 10^{-5}$（N·s/m²，即 Pa·s）；

Q_{Am}——输送机每米长空气消耗量（m³/(s·m)）。

空气总消耗量为

$$Q_A = \frac{L\beta\delta^3\rho_M g(\sin\varphi + \cos\varphi\tan\alpha)}{6\mu_a} \tag{4-39}$$

式中 L——气箱总长度；

Q_A——空气总消耗量（m³/s）。

（3）气孔。

气孔直径一般取 $d_1 = 3$ mm，然后求出盘槽每米长度上的气孔数。

盘槽总长度上气孔面积为

$$A_{om} = Q_{Am}\frac{1}{\alpha}\left[\frac{\dfrac{\rho_A}{2}}{(1 - \cos\varphi + \tan\alpha\sin\varphi)R\rho_M g + \dfrac{q_0 g}{b_1}}\right]^{\frac{1}{2}} \tag{4-40}$$

式中 α——流量系数，$\alpha = 0.5$；

ρ_A——空气密度（kg/m³），$\rho_A = 1.29$ kg/m³；

A_{om}——盘槽每米长气孔面积（m²）。

每米盘槽上的气孔数为

$$n = \frac{A_{om}}{\dfrac{\pi d_1^2}{4}} \tag{4-41}$$

（4）鼓风机功率的计算。

$$P_A = K\frac{p_s Q_A}{\eta_k} \tag{4-42}$$

式中 K——电动机容量储备系数，$K = 1.1$；

η_k——鼓风机效率，$\eta_k = 0.5 \sim 0.55$；

P_A——鼓风机功率（W）。

关于气垫带式输送机驱动电机功率的计算，完全可用 ISO5048 的计算方法，只有一点不同，就是托辊模拟摩擦系数 f 值不同，气垫的模拟摩擦系数 $f_1 = 0.012 \sim 0.02$。

(5)驱动电动机负载启动时功率的验算。

气垫带式输送机必须验算启动负载功率,理论计算出的电机驱动功率较小,有时很难满足启动的要求。其验算方法如下:

$$P \geqslant \frac{P_\mathrm{M} + P_\mathrm{B}}{K_\mathrm{D}^2 \lambda} \tag{4-43}$$

式中　P_M——电动机功率计算值(kW),$P_\mathrm{M} = \dfrac{F_\mathrm{u} v}{\eta_\mathrm{m}}$,所有参数同前;

　　　P_B——加速功率(kW),是由于物料和托辊、滚筒等产生加速度而消耗的功率;

　　　K_D——电压降系数,一般 $K_\mathrm{D} = 0.9$;

　　　λ——电动机转动力矩与额定转矩之比;

　　　P——所选用的电动机产品的额定功率(kW)。

$$P_\mathrm{B} = \frac{0.000\,2 L v^2}{\eta_\mathrm{m}}\left(q + 2q_0 + q_1 + q_2 + \frac{\sum m_0}{L} \right) + K_0 J \tag{4-44}$$

式中　m_0——滚筒转动部分质量(kg),可参考《机械设计手册》(2 版),机械工业出版社,2004
　　　　　年,表 8.2-33;

　　　K_0——与电动机级数有关的系数;

　　　当电动机为 4 极时,$K_0 = 1.24$;

　　　当电动机为 6 极时,$K_0 = 0.54$;

　　　当电动机为 8 极时,$K_0 = 0.3$;

　　　J——电动机转子的转动惯量($\mathrm{kg \cdot m^2}$);

　　　η_m——传动效率,一般取 $\eta_\mathrm{m} = 0.85 \sim 0.95$。

当验算结果不能满足要求时,应改选大一级电动机功率,并再次验算,直到满足为止。

4.9.3　气垫带式输送机设计时应注意的问题

①在选用风机时,一定要注意风机的流量和压力是否达到说明书中给出的额定值。因此,购买风机时,应要求厂家做一次风机性能测试,看其是否达到名牌规定的技术性能参数。

②在设计气垫带式输送机时,风机的安装位置很重要,安装在气垫输送机的尾部效果比较好。

③在制造盘槽时,要求盘槽的直线度和圆柱度较高,这是因为气垫带式输送机形成的气膜很薄,如果精度不高很容易造成胶带与盘槽摩擦,增大运行阻力。

④在气垫带式输送机安装好后,试车时一定要详细检查所有气箱和管路是否有漏气现象,如漏气则不能形成气垫。

以上问题在设计、制造和安装时一定要注意。

第 5 章　气体动压轴承

气体动压轴承的工作原理与液体动压轴承的原理基本相同,所以在理论上液体动压轴承的结构形式也可供气体动压轴承借鉴。

由于气体黏度要比液体低得多,所以气体润滑轴承的承载能力也比液体润滑轴承低许多。此外,气体是可以压缩的,当轴承参数选择不当或参数之间的匹配不正确时,气体轴承常发生工作不稳定的现象。

对于径向气体动压轴承,为了提高其承载能力,多采用螺旋槽型,或采用更小的轴承间隙和更多表面粗糙度精度。这样,就增加了精加工的难度,从而限制了推广应用。

为了使轴承获得高速稳定性,适宜采用可倾瓦块径向动压轴承。这种轴承常用的是三瓦块和四瓦块。由于瓦块具有自动调心作用,轴承的高速稳定性好,但结构复杂,制造困难,主要用于高速径向动压轴承,止推轴承很少用。

对于平面止推轴承,应用最多的是环形平面螺旋槽型止推轴承和扇形阶梯面止推轴承。

本章简要附加了气体动静压混合轴承,即在同一轴承内,同时具有两种润滑形式,称为混合轴承。理论上,当转轴旋转时,静压轴承都有动压润滑作用,均应属于混合轴承,实际上只是把动压效应放大的静压轴承算作动静压混合轴承。

5.1　气体动压径向轴承

常用的气体轴承的结构类型,见表 5-1。

表 5-1　常用的气体轴承的结构类型

轴承类型		径向轴承	止推轴承	球形轴承	锥形轴承	组合轴承
结构形式	阶梯面		☆			☆
	螺旋槽(人字槽)	☆	☆	☆	☆	☆
	可倾瓦块	☆				☆

为了获得高承载能力,适宜采用螺旋槽型结构;为了获得高速稳定性,适宜采用可倾瓦块型结构。

5.1.1　螺旋槽型径向轴承

螺旋槽型轴承分为螺旋槽轴承和人字槽轴承两种,如图 5-1 所示为人字槽径向轴承的结构示意图。

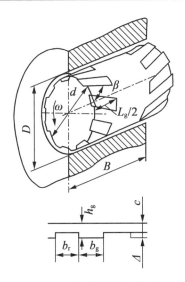

图 5 - 1　螺旋槽径向轴承

表 5 - 2 给出单向回转轴承推荐的槽参数,表 5 - 3 给出性能计算的近似公式。

表 5 - 2　螺旋槽径向轴承槽参数的推荐值

槽结构参数	最大承载能力		最大稳定性		超高速工作
	槽面旋转	无槽面旋转	槽面旋转	无槽面旋转	
螺旋角 $\beta/(°)$	23 ~ 24	27 ~ 28	20 ~ 50	21 ~ 32	34
槽宽比 $\bar{b}_g = \dfrac{b_g}{b_g + b_r}$	0.35 ~ 0.45	0.40 ~ 0.50	0.60	0.47 ~ 0.53	0.67
槽长比 $\bar{L}_g = \dfrac{L_g}{B}$	0.5 ~ 0.6	0.70 ~ 0.85	1.0	0.5 ~ 0.7	—
槽深比 $\bar{h}_g = (h_g + c)c$	2.6	2.6 ~ 2.8	3.0 ~ 4.0	2.2 ~ 2.5	2.43
槽数	$Z \geqslant \dfrac{\Lambda}{5},\Lambda = \dfrac{12\pi\eta n}{p_s\psi^2}$				

表 5 - 3　螺旋槽(人字槽)径向轴承的性能计算

计算项目		符号	单位	计算公式	
				按最大承载能力选择槽参数	按最大稳定性选择槽参数
承载能力	槽面旋转	F	N	$F = (1 + 0.040B\Lambda)p_a\bar{B}D\varepsilon,\bar{B} = \dfrac{B}{D} \geqslant 1,$ $F = (0.7 + 0.056B\Lambda)p_a\bar{B}D\varepsilon,\bar{B} < 1$	$F_s = (0.23 \sim 0.50)F$
	无槽面旋转			$F = (1 + 0.055B\Lambda)p_a\bar{B}D\varepsilon,\bar{B} = \dfrac{B}{D} \geqslant 1,$ $F = (0.7 + 0.072B\Lambda)p_a\bar{B}D\varepsilon,\bar{B} < 1$	$F_s = (0.7 \sim 0.8)F$

续表 5 - 3

计算项目	符号	单位	计算公式	
			按最大承载能力选择槽参数	按最大稳定性选择槽参数
摩擦转矩	T_μ	N·m	$k = \left[\, 0.35\Lambda^{0.6} + 0.045\Lambda(\bar{B} - 1)p_a\dfrac{BD}{h_0}\,\right],\qquad 5 \leqslant \Lambda < 40$ $k = \left[\,(0.048\pi^2 + 0.044\bar{B})\Lambda - 0.00025\Lambda^2\,\right]p_a\dfrac{BD}{h_0},\quad 40 \leqslant \Lambda \leqslant 100$	
摩擦功耗	P_μ	W	$P_\mu = 0.90\pi^3\eta n^2\dfrac{BD^3}{h_0}$	
偏位角	φ	(°)	$\varphi = 43 - (6.625 - 0.3125\Lambda)(\Lambda - 2),\qquad 2 \leqslant \Lambda < 10$ $\varphi = \bar{B}^{-2.2}\arctan\left(\dfrac{3.6}{\Lambda} - 0.085\right) + 0.96(\bar{B} - 1)^{\frac{1}{2}},\quad 10 \leqslant \Lambda < 40$ $\varphi = 1 + 9(\bar{B} - 1)^{\frac{1}{2}},\qquad 40 \leqslant \Lambda \leqslant 100$	

5.1.2　可倾瓦径向轴承的设计

最常用的是三瓦和四瓦轴承。可倾瓦气体轴承高速稳定性好,有自动调心作用,但结构复杂,制造较困难,主要用于高速径向轴承,气体止推轴承很少采用。

(1)可倾瓦径向轴承的结构参数。

可倾瓦径向轴承的瓦块内半径记作 R_p,支点处瓦面到轴承几何中心的距离称为轴承半径,记作 R_B。轴承半径为 r 时,称 $R_p - r$ 为加工半径间隙,记作 C_a,通常要求 $C \geqslant C_a$。

可倾瓦径向轴承可倾瓦结构尺寸及坐标关系如图 5 - 2 所示。

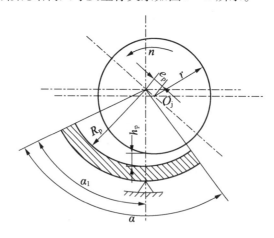

图 5 - 2　可倾瓦结构尺寸及坐标关系

结构参数的推荐值见表 5 - 4。可倾瓦径向轴承的各个性能特征数的定义式见表 5 - 5。

表 5 – 4　可倾瓦径向轴承的结构参数

结构参数	推荐值	取值说明
瓦块数	3、4、5	—
瓦块包角 α/rad	$(1.5 \sim 1.7)\pi/Z$	速度高者取小值
瓦块长宽比 $\dfrac{L_\mathrm{p}}{B_\mathrm{p}}$	1.0	$L_\mathrm{p} = \alpha R_\mathrm{p}$，瓦块弧长；$B_\mathrm{p}$ 是瓦块宽度，即轴承宽度
支点位置 $\dfrac{\alpha_1}{\alpha}$	$0.6 \sim 0.7$	α_1 为瓦块支点引导边一侧的包角；一般取 0.65，载荷大时取 0.7
相对间隙 $\psi = \dfrac{c}{r}$	$(1 \sim 2) \times 10^{-3}$	直径小者取大值，反之取小值
相对油膜厚度 $\bar{h}_\mathrm{p} = \dfrac{h_\mathrm{p}}{c}$	$0.5 \sim 0.7$	h_p 是支点处油膜厚度，即支点处间隙；一般取 0.6，高速时因发热膨胀间隙减小则取 0.7，反之取 0.5
瓦厚比 $\dfrac{\delta_\mathrm{p}}{r}$	0.37	—

表 5 – 5　可倾瓦径向轴承性能特征数的定义式

性能特征数	轴承载荷数	瓦载荷数	瓦径向载荷数	瓦角刚度数
定义式	$\bar{F} = \dfrac{F}{p_\mathrm{a}Bd}$ F——轴承总载荷	$\bar{F}_\mathrm{p} = \dfrac{F_\mathrm{p}}{p_\mathrm{a}Bd}$ F_p——一块瓦的载荷	$\bar{K}_\mathrm{rp} = \dfrac{K_\mathrm{rp}c}{p_\mathrm{a}Bd}$ K_rp——瓦块径向刚度	$\bar{K}_{\alpha\mathrm{p}} = \dfrac{4K_{\alpha\mathrm{p}}c}{p_\mathrm{a}Bd^2}$ $K_{\alpha\mathrm{p}}$——瓦块角刚度
性能特征数	瓦摩擦转矩数	轴承摩擦转矩数	轴质量数	瓦转动惯量数
定义式	$\bar{T}_{\mu\mathrm{p}} = \dfrac{T_{\mu\mathrm{p}}}{p_\mathrm{a}BcR_\mathrm{p}}$ $\bar{T}_{\mu\mathrm{p}}$——一块瓦上的摩擦力矩	$\bar{T}_\mu = \dfrac{8T_{\mu\mathrm{j}}c}{2\pi n\eta Bd^3}$ $T_{\mu\mathrm{j}}$——轴颈上的摩擦力矩	$\bar{m}_\mathrm{s} = \dfrac{2\pi^2 m_\mathrm{s}cn^2}{p_\mathrm{a}Bd}$ m_s——轴质量	$\bar{J}_\mathrm{p} = \dfrac{\pi^2 J_\mathrm{p}cn^2}{p_\mathrm{a}BR_\mathrm{p}^3}$ J_p——瓦绕支点摆动的转动惯量

注：p_a——环境压力；R_p——瓦块内半径

（2）三块瓦径向轴承的性能计算。

由三块瓦构成的可倾瓦块径向轴承，通常采用包角为 $100°$ 和 $120°$ 两种轴瓦块，如图 5 – 3 ~ 5 – 6 所示分别绘出 $\alpha = 100°$、$\dfrac{\alpha_1}{\alpha} = 0.65$，压缩数 $\Lambda = 1.5$、3.5、5.0 时的瓦载荷数 $\bar{F}_\mathrm{p}$、瓦径向刚度数 $\bar{K}_\mathrm{rp}$、瓦摆动角刚度数 $\bar{K}_{\alpha\mathrm{p}}$ 和摩擦转矩数 $\bar{T}_{\mu\mathrm{p}}$ 随相对油膜厚度 $\bar{h}_\mathrm{p}$ 的变化曲线。

计算可倾瓦径向轴承的稳定性能，可先求出各瓦块的承载能力、刚度、摩擦转矩、偏位角等，然后通过矢量叠加求出。进行叠加时要先确定载荷作用线的方向。一般取两种方向，一种是载荷作用线通过一个支点，另一种是载荷作用线在两个支点的中分线上。通过偏位角迭代来实现确定的载荷方向。

（3）瓦块支点的设计。

支点的常用形式有球面对球面、球面对柱面和球面对平面。形状要尽量简单，同时注意材质的强度、耐磨性、表面处理和制造精度。

有些场合应考虑设计成弹性支座,常用的有梁型弯曲支座、柔软的螺旋弹簧型支座和金属膜片型支座等。

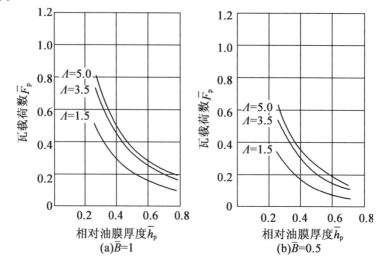

图 5 – 3　包角 100°瓦 $\bar{F}_\mathrm{p}$ – $\bar{h}_\mathrm{p}$ 曲线

$$\frac{\alpha_1}{\alpha} = 0.65$$

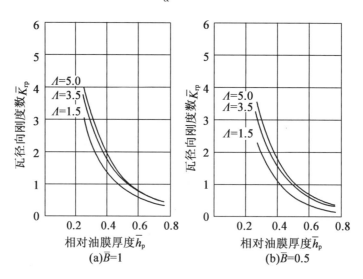

图 5 – 4　包角 100°瓦 $\bar{K}_\mathrm{rp}$ – $\bar{h}_\mathrm{p}$ 曲线

$$\frac{\alpha_1}{\alpha} = 0.65$$

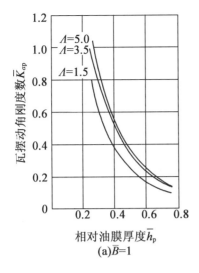 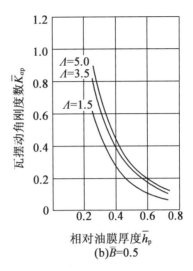

图 5-5　包角 100° 瓦 $\overline{K}_{\alpha p} - \overline{h}_p$ 曲线

$$\frac{\alpha_1}{\alpha} = 0.65$$

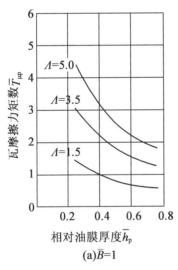 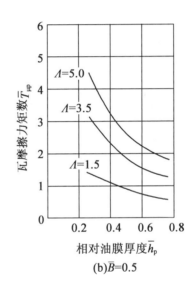

图 5-6　包角 100° 瓦 $\overline{T}_{\mu p} - \overline{h}_p$ 曲线

$$\frac{\alpha_1}{\alpha} = 0.65$$

5.2　气体动压止推轴承

5.2.1　扇形阶梯面止推轴承

环形扇面阶梯面止推轴承的结构与液体阶梯面止推轴承瓦相似(图 2-43)。轴承外径为 R_o,内径为 R_i,两者之比称为内外径比,即 $\overline{R} = \dfrac{R_o}{R_i}$,轴承宽度为 $R_o - R_i$,扇形角为 α,浅腔的扇形

角为 α_1。轴承的载荷数 $\overline{F}$ 和压缩数 Λ 定义式如下：

$$\overline{F} = \frac{F}{\pi p_a (R_o^2 - R_i^2)}$$

$$\Lambda = \frac{12\pi\eta n}{p_a}\left(\frac{R_o}{h_2}\right)^2$$

$$\Lambda_\delta = \frac{12\pi\eta n}{p_a}\left(\frac{R_o}{h_1 - h_2}\right)^2$$

式中　p_a——环境压力。

如图 5-7、图 5-8 所示为扇形阶梯面止推轴承在不同间隙比 $a = \dfrac{h_1}{h_2}$ 下的载荷数 $\overline{F}$ 随阶梯

长度比 $\dfrac{L_1}{L}$ 和扇形阶梯面数 Z 变化的曲线。

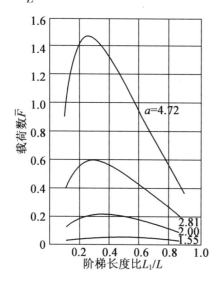

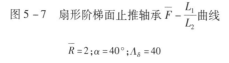

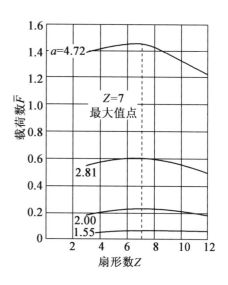

图 5-7　扇形阶梯面止推轴承 $\overline{F} - \dfrac{L_1}{L_2}$ 曲线　　　　图 5-8　扇形阶梯面止推轴承 $\overline{F} - Z$ 曲线

$\overline{R} = 2; \alpha = 40°; \Lambda_\delta = 40$　　　　　　　　$\overline{R} = 2; \alpha = 40°; \Lambda_\delta = 40$

如图 5-9 所示为扇形阶梯面止推轴承最佳扇形角 α_{opt} 随 Λ_δ 变化的曲线。表 5-6 是按最

大承载能力给出结构参数：Z、$\dfrac{L_1}{L}$ 和相应的 $\overline{F}$ 值。

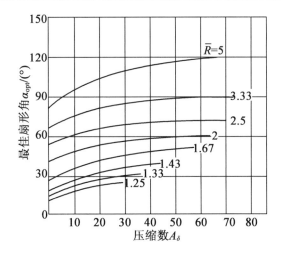

图 5 - 9 扇形阶梯面推力轴承 $\alpha_{\mathrm{opt}} - \Lambda_\delta$ 曲线

表 5 - 6 扇形阶梯面止推轴承最佳 Z、$\dfrac{L_1}{L}$ 和 $\overline{F}$ 值

Λ	参数	$\overline{R}$							
		5.00	3.33	2.50	2.00	1.67	1.43	1.33	1.25
10	Z	4	5	6	8	11	15	18	23
	$\dfrac{L_1}{L}$	0.45	0.45	0.46	0.48	0.49	0.50	0.51	0.53
	$\overline{F}$	0.064	0.059	0.053	0.046	0.038	0.029	0.024	0.019
20	Z	4	5	6	7	10	14	17	21
	$\dfrac{L_1}{L}$	0.39	0.39	0.39	0.39	0.42	0.45	0.46	0.48
	$\overline{F}$	0.141	0.131	0.119	0.103	0.084	0.063	0.052	0.041
40	Z	3	4	5	7	9	12	15	19
	$\dfrac{L_1}{L}$	0.26	0.29	0.31	0.33	0.36	0.36	0.37	0.40
	$\overline{F}$	0.286	0.270	0.248	0.219	0.184	0.141	0.116	0.091
80	Z	3	4	5	6	8	11	13	17
	$\dfrac{L_1}{L}$	0.16	0.20	0.23	0.23	0.25	0.28	0.28	0.31
	$\overline{F}$	0.470	0.457	0.431	0.397	0.349	0.284	0.243	0.195
160	Z	3	4	5	6	7	9	11	14
	$\dfrac{L_1}{L}$	0.10	0.12	0.14	0.14	0.17	0.17	0.19	0.22
	$\overline{F}$	0.638	0.622	0.602	0.572	0.530	0.466	0.421	0.363

注:$\overline{h} = 2$,$\alpha_{\mathrm{g}} = 2°$

5.2.2　螺旋槽平面止推轴承

在螺旋槽平面止推轴承中,应用最多的是环形平面止推轴承,如图5-10所示。有泵入型螺旋槽、泵出型螺旋槽和人字槽型螺旋槽三种结构形式,其中,以泵入型螺旋槽应用最多。泵入型螺旋槽止推轴承,若内侧(R_i处)与环境压力相通,则称开式泵入型螺旋槽止推轴承,如果内侧不与环境压力相通,则称为闭式泵入型螺旋槽止推轴承。开式泵入型螺旋槽推力轴承性能最佳。

螺旋槽环形平面止推轴承一般推荐的结构参数值见表5-7。

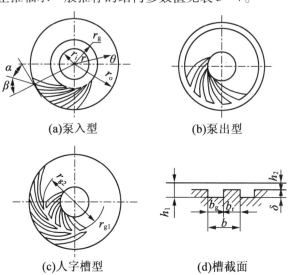

(a)泵入型　　　　　　　　　(b)泵出型

(c)人字槽型　　　　　　　　(d)槽截面

图5-10　螺旋槽环形平面止推轴承结构形式

表5-7　螺旋槽环形平面止推轴承结构参数推荐值

轴承类型		结构参数					
		螺旋角 $\beta/(°)$	槽宽比 $\overline{b}_g$	槽长比 $\overline{L}_g$	槽深比 $\overline{h}_g$	内外径比 $\overline{R}$	槽数 Z
泵入型或泵出型	最大刚度	72.2	0.65	0.72	3.25	1.43~2.5	$Z \geqslant \dfrac{10\pi\, \overline{b}_s\left(1+\dfrac{1}{R}\right)}{\overline{L}_g\tan\beta\left(1-\dfrac{1}{R}\right)}$
	最大承载能力	70.5	0.69	0.75	4.22		
人字槽型	最大刚度	75.0	0.5	1.0	2.93		
	最大承载能力	74.5	0.5	0.5	3.61		
说明		$\overline{b}_g=\dfrac{b_g}{b}$, b_g——槽宽, b——槽台副总宽度; $$\overline{L}_g=\dfrac{R_o-R_g}{R_o-R_i}(泵入型), \overline{h}_g=\dfrac{h_g+h_0}{h_0};$$ $$\overline{L}_g=\dfrac{R_g-R_i}{R_o-R_i}(泵出型);$$ $$\overline{L}_g=\dfrac{(R_o-R_{g2})+(R_{g1}-R_i)}{R_o-R_i}(人字槽型)$$						

采用所推荐结构参数的螺旋槽环形平面止推轴承,其稳态性能可用下列公式求得:

$$F = \frac{\pi p_a (R_o^2 - R_i^2)}{K_g S_j} \overline{F}$$

$$k = \frac{\pi p_a (R_o^2 - R_i^2)}{K_g S_j h_0} \overline{k}$$

$$T_\mu = \frac{\pi p_a h_0}{6} (R_o^2 - R_i^2) \Lambda \, \overline{T}_\mu$$

$$q = \frac{\pi p_a h_0^3}{3\eta} \overline{q}$$

式中　K_g——考虑槽数的修正因子,如图 5 – 11 所示;

　　　　S_j——安全因子;

　　　　Λ——压缩数,$\Lambda = \dfrac{6\pi\eta n(R_o^2 - R_i^2)}{P_a h_0^2}$。

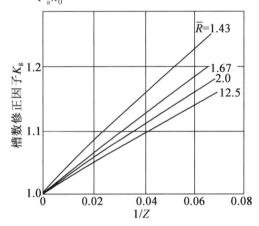

图 5 – 11　螺旋槽环形平面止推轴承 $K_g - \dfrac{1}{Z}$ 曲线

按最大承载能力计算,承载能力有所降低,则有

$$\overline{F} = 0.025\,5\Lambda$$

$$\overline{T}_\mu = \frac{0.319(\overline{R}+1)^2}{\overline{R}^2+1}$$

按最大刚度计算,则有

$$\overline{F} = 0.021\,5\Lambda$$

$$\overline{T}_\mu = \frac{0.337(\overline{R}+1)^2}{(\overline{R}^2+1)\pi}$$

开式结构 $\overline{K} = 0.007\,6\Lambda^{1.03} e^{-\frac{2.68}{Z}}$;

闭式结构 $\overline{K} = 0.010\,2\Lambda e^{-\frac{2.68}{Z}}$。

5.3 气体动静压混合轴承

在同一轴承内,同时具有两种或两种以上的润滑形式称为混合轴承。理论上,凡转轴旋转的静压轴承都有动力润滑作用,均应属于混合轴承,实际上只把动压效应较大的静压轴承算作动静压混合轴承。

通常,习惯把高速孔式(环隙)节流和缝式节流轴承列为动静压混合轴承。

5.3.1 表面节流型轴承

在轴瓦工作表面,沿圆周均匀分布地开设 Z 个有一定轴向长度的浅槽,构成表面节流型动静压混合径向轴承,如图5-12所示。压缩气体通过轴瓦中部的供气孔和环槽进入浅槽,经浅槽节流后进入轴承间隙中。这种轴承工艺性好,成本低,动压效应大,角刚度和高速稳定性都优于孔式和缝式供气静压轴承。

浅槽横截面形状有矩形、三角形和半圆形等几种,如图5-13所示。其中矩形浅槽用得最多。

表面节流型轴承,浅槽的结构参数及其推荐值见表5-8。

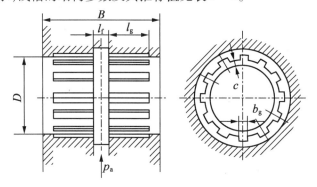

图5-12　表面节流型动静压混合径向轴承

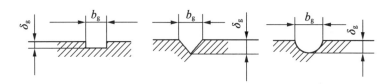

图5-13　节流浅槽的形状

表5-8　径向轴承浅槽结构参数

径向轴承			
Z 槽数	$\bar{l}_g = \dfrac{2l_g}{B - l_f}$ 槽长比	$\bar{b}_g = \dfrac{Zb_g}{\pi D}$ 槽宽比	$\bar{h}_g = \dfrac{h_g + h_0}{h_0}$ 槽深比
16	0.8~0.9	0.1~0.3	2.25~4.00

续表 5 - 8

Z 槽数	$\bar{l}_g = \dfrac{2l_g}{R_o - R_i - l_f}$ 槽长比	$\bar{b}_g = \dfrac{Z\varphi_g}{2\pi}$ 槽宽比	$\bar{h}_g = \dfrac{h_g + h_0}{h_0}$ 槽深比
径向轴承			
18 ~ 48	0.9	0.1 ~ 0.5	2.5 ~ 4.0

注:符号意义如图 5 - 12 和图 5 - 13 所示

5.3.2　孔—腔二次节流型径向轴承

在轴承工作表面上,沿周向均布数个(通常是 3 ~ 8 个)浅腔,在每个浅腔的某个特定位置上,设有 1 ~ 2 个供气孔,这样的轴承称为孔—腔二次节流型轴承,其典型结构与液体阶梯腔动静压轴承相似,如图 5 - 14 所示。

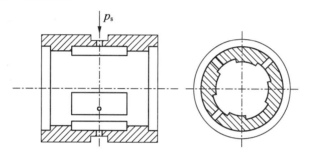

图 5 - 14　孔式环面节流阶梯腔径向轴承

浅腔的长度、宽度和深度对轴承性能均有一定影响,其中,以腔的深度影响 h_q 最为显著。对每一给定的半径间隙 c 值,有一最佳腔深比 $\dfrac{h_q}{c}$ 值,使轴承承载能力和刚度接近最大,且随着 c 的减小,最佳腔深比 $\dfrac{h_q}{c}$ 值也减小。不同的 c 值下的最佳腔深比 $\dfrac{h_q}{c}$ 值,见表 5 - 9。

表 5 - 9　最佳腔深比 $\dfrac{h_q}{c}$ 值

$c/\mu m$	6	8	12	16
$\dfrac{h_q}{c}$	0.8	1.0	1.67	5.0

第6章 滚动轴承、螺杆、花键、导轨

普通滚动轴承是广泛应用的机械支承,参考资料丰富。本章编入内容是机械设计手册中缺少的部分,作为补充和参考。

滚动螺杆(丝杠)中的钢球在丝杠轴与螺母间滚动,摩擦阻力小,运动效率高,与普通滑动丝杠对比,驱动力矩仅为前者的1/3。此外,运动及定位精度高,传动效率高,不仅可将转动变为直线运动,也可以将直线运动变为回转运动。

滚动花键可同时做直线运动和传递扭矩,是重要的支承运动系统,传动效率高,通过预紧可承受较大的振动即冲击载荷。同样,运动精度较高并适用于高速运动。

滚动导轨容许载荷大,支承刚度高,摩擦阻力小,效率高,运动及定位精度较高。另外,不仅对安装基准误差有精度均化作用,而且维护保养简便。

滚动轴承、螺杆、花键及导轨属于标准产品,由专业厂家制造,其类型、结构、尺寸齐全,在工程设计中通常是先选择再进行计算,即所谓"选择计算"。

6.1 滚动轴承的接触变形和刚度

在一般情况下,轴承径向、轴向受径向、轴向和力矩联合负载作用,内外套圈将产生径向、轴向相对位移量和相对倾角。

滚动轴承的刚度定义为轴承内外套圈产生单位的相对弹性位移量所需的外加负荷。按照相对位移的方向,可分为轴承的径向刚度、轴向刚度和角刚度等。

在几种常用的轴承弹性相对位移量和刚度的计算中,忽略了轴承套圈的弯曲变形,而是仅考虑滚动体与套圈滚道接触处的弹性形变。

6.1.1 在轴向和径向形变下的计算公式

在实际应用中,对于简单的负荷状态,可以给出计算套圈相对位移量的表达式。

(1)轴承在受径向和轴向联合负荷作用时,在滚动体受最大负荷的位置处(即 $\psi_i = 0$ 处),最大弹性变形量为

$$\delta_{max} = \delta_a \sin \alpha + \delta_r \cos \alpha \tag{6-1}$$

(2)若轴承仅有轴向套圈相对位移量(即 $\delta_r = 0$),则有

$$\delta_a = \frac{\delta_{max}}{\sin \alpha} \tag{6-2}$$

(3)若轴承仅有径向套圈相对位移量(即 $\delta_a = 0$),则有

$$\delta_r = \frac{\delta_{max}}{\cos \alpha} \tag{6-3}$$

对于具体的钢质标准轴承,可用公式计算滚动轴承的相对弹性形变,即套圈相对位移量。

6.1.2　在纯轴向形变下的计算公式

在纯轴向形变即 $\delta_r = 0$ 的条件下。

（1）向心推力轴承。

$$\delta_a = \frac{0.000\,44}{\sin \alpha}\left(\frac{Q_{max}^2}{D_b}\right)^{\frac{1}{3}} \tag{6-4}$$

式中　Q_{max}——承受最大负荷的滚动体的承载量；

　　　D_b——滚动体直径；

　　　α——轴承接触角。

（2）双列向心球轴承。

$$\delta_a = \frac{0.000\,7}{\sin \alpha}\left(\frac{Q_{max}^2}{D_b}\right) \tag{6-5}$$

（3）外圈滚道是线接触的滚子轴承。

$$\delta_a = \frac{0.000\,077}{\sin \alpha}\left(\frac{Q_{max}^{0.9}}{l_e^{0.8}}\right) \tag{6-6}$$

式中　l_e——滚子接触长度。

（4）推力球轴承。

$$\delta_a = \frac{0.000\,52}{\sin \alpha}\left(\frac{Q_{max}^2}{D_b}\right)^{\frac{1}{3}} \tag{6-7}$$

6.1.3　在纯径向形变下的计算公式

在纯径向形变即 $\delta_a = 0$ 的负荷条件下。

（1）对于向心和向心推力球轴承。

$$\delta_r = \frac{0.000\,44}{\cos \alpha}\left(\frac{Q_{max}^2}{D_b}\right)^{\frac{1}{3}} \tag{6-8}$$

（2）对于双列向心球面轴承。

$$\delta_r = \frac{0.000\,7}{\cos \alpha}\left(\frac{Q_{max}^2}{D_b}\right)^{\frac{1}{3}} \tag{6-9}$$

（3）内外圈滚道都是线接触的滚子轴承。

$$\delta_r = \frac{0.000\,077}{\cos \alpha}\left(\frac{Q_{max}^{0.9}}{l_e^{0.8}}\right)^{\frac{1}{3}} \tag{6-10}$$

6.1.4　Palmgren 计算公式

对于在一个套圈滚道上是点接触，而在另一滚道上是线接触的滚子轴承，帕姆格林（Palmgren）给出计算滚动轴承弹性变形的近似公式。

（1）在纯轴向形变条件下，为

$$\delta_a = \frac{0.000\,18}{\sin \alpha}\left(\frac{Q_{max}^{\frac{3}{4}}}{l_e^{\frac{1}{2}}}\right) \tag{6-11}$$

（2）在纯径向形变条件下,为

$$\delta_r = \frac{0.000\ 18}{\sin\ \alpha}\left(\frac{Q_{max}^{\frac{3}{4}}}{l_e^{\frac{1}{2}}}\right) \tag{6-12}$$

在式（6-4）～（6-12）中:

Q_{max}——受载最大滚动体的负荷（N）,计算公式见附录;

D_b 和 l_e——滚动体直径和有效长度（mm）;

δ_a 和 δ_r——轴向和径向弹性变形（mm）。

滚动轴承的刚度 ψ 是指轴承内外套圈产生单位的相对弹性位移量所需的外加负荷,可用下式表示:

$$\psi = \frac{\partial F}{\partial \delta} \tag{6-13}$$

式中　F——轴承所受的负荷;

　　　δ——相应于 F 方向的套圈相对弹性位移量,可以是径向、轴向或倾角方向。

6.1.5　滚动轴承刚度计算公式

（1）单列向心球轴承的径向刚度。

$$\psi_r = 32\ 375D_b^{\frac{1}{2}}\delta_r^{\frac{1}{2}}\cos^{\frac{5}{2}}\alpha \tag{6-14}$$

相应的径向变形量 δ_r 为

$$\delta_r = \frac{0.001\ 29F^{\frac{2}{3}}}{Z^{\frac{2}{3}}D_b^{\frac{1}{3}}\cos^{\frac{5}{2}}\alpha} \tag{6-14a}$$

式中　Z——滚动体数目;

　　　α——受力后接触角。

可以看出,球轴承的刚度是非线性的,它与径向弹性变形的平方根（$\sqrt{\delta_r}$）成正比。可以采用预加径向弹性变形的方法增加轴承的刚度,轴承刚度的单位为 N/mm 。

（2）向心推力球轴承的轴向刚度。

$$\psi_a = 162\ 520ZD_b^{\frac{1}{2}}\delta_a^{\frac{1}{2}}\sin^{\frac{5}{2}}\alpha \tag{6-15}$$

相应的轴向位移量为

$$\delta_a = \frac{0.000\ 44F_a^{\frac{2}{3}}}{Z^{\frac{2}{3}}D_b^{\frac{1}{3}}\sin^{\frac{5}{2}}\alpha} \tag{6-15a}$$

公式中没有考虑在轴向负荷作用下轴承接触角的变化,因而只是一个近似公式。但在原始接触角大于 20°时,式（6-15）还是相当准确的。

（3）推力球轴承的轴向刚度。

$$\psi_a = 126\ 500ZD_b^{\frac{1}{2}}\delta_a^{\frac{1}{2}}\sin^{\frac{5}{2}}\alpha \tag{6-16}$$

相应的轴向位移量为

$$\delta_a = \frac{0.000\ 52F_a^{\frac{2}{3}}}{Z^{\frac{2}{3}}D_b^{\frac{1}{3}}\sin^{\frac{5}{2}}\alpha} \tag{6-16a}$$

（4）圆锥滚子轴承的轴向刚度。

$$\psi_a = 41\ 335 Z L_e^{\frac{2}{3}} \delta_a^{0.1} \sin^{\frac{10}{3}} \alpha \qquad (6-17)$$

相应的轴向位移量为

$$\delta_a = \frac{0.000\ 077 F_a^{0.9}}{Z^{0.9} l_e^{0.8} \sin^{1.9} \alpha} \qquad (6-17a)$$

可以看出，内外圈滚道都是线接触的圆锥滚子轴承，其轴向形变 δ_a 与负荷 F_a 的 0.9 次幂成正比。而轴向刚度与变形的 0.1 次幂成正比。因此，近似地可认为轴向变形与负荷呈线性关系，则轴向刚度可认为是常数，简化了计算。

注：附录　轴承中受载最大的滚动体负荷 Q_{max}（公式（a）~（p））

1. 径向轴承受径向力的情况。

（1）无游隙情况（径向）。

①球轴承。

$$Q_{max} = \frac{4.37 F_r}{Z} \qquad (a)$$

②滚子轴承。

$$Q_{max} = \frac{4.08 F_r}{Z} \qquad (b)$$

（2）有径向游隙情况。

这时受负荷区域将减小，可用下列近似公式计算向芯轴承中受载最大的滚动体负荷 Q_{max}。

①球轴承。

$$Q_{max} = \frac{5 F_r}{Z} \qquad (c)$$

②滚子轴承。

$$Q_{max} = \frac{4.6 F_r}{Z} \qquad (d)$$

2. 受轴向负荷的轴承。

受轴向负荷的轴承可以是单向推力、双向推力以及向心推力球和滚子轴承。

（1）单向推力轴承。

①推力球和滚子轴承受中芯轴向负荷作用时，各滚动体的接触负荷相同，为

$$Q_{max} = \frac{F_a}{Z \sin \alpha} \qquad (e)$$

式中　α——受轴向负荷后轴承的实际接触角。

②单向推力轴承受偏芯轴向负荷为

$$Q_{max} = \frac{F_a}{Z J_a(\varepsilon) \sin \alpha} \qquad (f)$$

或

$$Q_{max} = \frac{2M}{D_m J_m(\varepsilon) \sin \alpha} \qquad (g)$$

式中，$J_a(\varepsilon)$ 与 $J_m(\varepsilon)$ 均由万长森，《滚动轴承的分析方法》，机械工业出版社，1987 年 P81 图 4-7 及表 4-3 查得。

（2）双向推力轴承。

①双向推力轴承受中芯轴向负荷作用时，仅有一列滚动体受载，可采用式（e）计算。

②在偏芯轴向负荷作用时，两列滚动体均承受负荷，这时由万长森《滚动轴承的分析方法》，机械工业出版社，1987 年，P84，表 4 - 4，根据 $\dfrac{2e}{D_m}$（e 为负荷偏心量）查得 $J_a(\varepsilon_1,\varepsilon_2)$、$J_m$ $(\varepsilon_1,\varepsilon_2)$、$\varepsilon_1$ 和 ε_2。

对于球轴承，当 $e \leqslant 0.3D_m$ 及滚子轴承 $e \leqslant 0.261\,9D_m$ 时，只一列滚动体受负荷，可按单向推力轴承计算。

若偏心距 e 大于上述值，另一列也将受负荷。

若受纯力矩 M 作用，这时

a. 对于球轴承，

$$Q_{max1} = Q_{max2} = \frac{4.37M}{ZD_m} \tag{h}$$

b. 对于滚子轴承，

$$Q_{max1} = Q_{max2} = \frac{4.08M}{ZD_m} \tag{i}$$

式中　D_m——滚动体分布直径。

脚标 1 及 2 分别表示两列滚动体。

（3）向心推力球轴承。

在轴承转速不高时，忽略钢球离心力和陀螺力矩的影响，钢球与内外圈的接触度相等，并随轴向负荷的增加而增加。

若轴承原始接触角为 α_0，受偏芯轴向负荷作用后，因产生接触变形的影响，内外套圈沿轴向有相对趋势量 δ_a，沿接触法线的法向弹性形变量 δ_n，导致实际接触角 α 的变化，其计算公式为

$$\alpha = \alpha_0 + \frac{3\sin 2\alpha_0}{26+\cos^2\alpha_0} \times \left[\sqrt{1 + \frac{26+\cos^2\alpha_0}{\sin^2\alpha_0}\left(\frac{F_a k^{\frac{3}{2}}}{ZD_0^2\sin\alpha_0}\right)^{\frac{3}{2}}} - 1 \right] \tag{j}$$

常数 K 仅与内外套圈曲率 f_i、f_e 有关，可按表 6 - 1 根据 $G = f_i + f_e - 1$ 查取。

表 6 - 1　轴承内外圈曲率与常数 K 的参数表

G	0.03	0.035	0.04	0.05
K	0.014 11	0.012 53	0.011 29	0.009 52

若轴承原始接触角 α_0 愈大，轴向负荷 F_a 愈小，则上式的计算准确性愈高。

①对于单列向心推力轴承，同时承受径向和中芯轴向负荷，并假定：

a. 忽略套圈的倾斜，内外套圈保持在相互平行的平面内运动。

b. 所有受载滚动体的接触角是相等的，并且已知实际接触角。

这时受载最大的滚动体的负荷为

$$Q_{max} = \frac{F_r}{J_r(\varepsilon)Z\cos\alpha} = \frac{F_a}{J_a(\varepsilon)Z\sin\alpha} \tag{k}$$

式中，$J_r(\varepsilon)$、$J_a(\varepsilon)$ 由万长森《滚动轴承的分析方法》，机械工业出版社，1987 年，表 4 - 4 查得。

②双列向心推力轴承。对称的双列向心推力轴承以及双列向心球面球轴承、双列向心球面滚子轴承均属于这一类。假设轴承原始游隙为零,以脚标 1、2 表示双列轴承的左右列序,并以 1 表示受负荷较大的一列,2 表示负荷较小的一列。

受重载的一列,其中受载最大的滚动体负荷为

$$Q_{max1} = \frac{F_r}{ZJ_r(\varepsilon_1, \varepsilon_2)\cos\alpha} \tag{1}$$

或

$$Q_{max1} = \frac{F_a}{ZJ_a(\varepsilon_1, \varepsilon_2)\sin\alpha} \tag{m}$$

式中,$J_r(\varepsilon_1, \varepsilon_2)$ 及 $J_\alpha(\varepsilon_1, \varepsilon_2)$ 由上述参考文献求得。

③受径向、轴向和力矩联合负荷的向心推力轴承。若轴承同时承受径向、轴向负荷和力矩作用,且此力矩向量垂直于轴承周线,则内、外套圈将产生相对位移(包括轴向相对趋势量 δ_a、径向相对趋近量 δ_r 和相对倾角 θ)。

这时,受载最大的滚动体负荷为

$$Q_{max} = \left(\frac{GD_b}{K}\right)^{\frac{3}{2}} \left\{ \left[(\sin\alpha_0 + \overline{\delta}_a + \overline{\theta})^2 + (\cos\alpha_0 + \overline{\delta}_r + \overline{\theta})^2 \right]^{\frac{1}{2}} - 1 \right\}^{\frac{3}{2}} \tag{n}$$

a. 钢球与套圈滚道为点接触时,系数 K 为

$$K = K_p = \frac{2K(e)^3}{\pi m_a} \sqrt[3]{\frac{1}{8}\left[\frac{3}{2}\left(\frac{1-\gamma_1^2}{E_1} + \frac{1-\gamma_2^2}{E_2}\right)^2 \sum\rho\right]} \tag{o}$$

b. 滚子与套圈滚道为线接触时,系数 K 为

$$K = K_1 = 3.81\left[\frac{1-\gamma_1^2}{\pi E_1} + \frac{1-\gamma_2^2}{\pi E_2}\right]^{0.9} \frac{1}{l^{0.8}} \tag{p}$$

式中　$G = \frac{\delta_n}{D_b}$;

δ_n——法线趋近量;

E_1、E_2——钢球、套圈滚道材料的弹性模量;

γ_1、γ_2——钢球、套圈滚道材料的泊松比;

m_a——该参数由《滚动轴承的分析方法》,表 3 - 1 查得,机械工业出版社,1987 年。

6.2　滚动轴承摩擦力矩的计算

6.2.1　近似计算

考虑到轴承类型、结构、尺寸和工作条件,可按下式近似计算轴承的摩擦力矩:

$$M = \frac{1}{2}\mu dF \tag{6-18}$$

式中　μ——轴承的摩擦系数,可由表 6 - 2 选取;

d——轴承内径;

F——轴承所受载荷,对于向芯轴承是指径向载荷,对于推力轴承是指轴向载荷。

表6-2 滚动轴承的摩擦系数

轴承类型	μ
单列向心球轴承	0.001 5 ~ 0.002 2
双列向心球面球轴承	0.001 ~ 0.001 8
单列向心短圆柱滚子轴承	0.001 1 ~ 0.002 2
双列向心球面滚子轴承	0.001 8 ~ 0.002 5
滚针轴承	0.002 5 ~ 0.004 0
单列向心推力球轴承	0.001 8 ~ 0.002 5
单列圆锥滚子轴承	0.001 8 ~ 0.002 8
单列推力球轴承	0.001 3 ~ 0.002 0
单列推力球面滚子轴承	0.001 8 ~ 0.003 0

表6-2中的摩擦系数值有一定的变化范围。当$\dfrac{F}{C} \leqslant 0.05$时,摩擦系数取偏大的数值;当$\dfrac{F}{C} \geqslant 0.1$时,摩擦系数取偏小的数值。

从表中可以看出,在要求低摩擦力矩的场合,宜选用单列向心球轴承、双列向心球面球轴承和单列向心短圆柱滚子轴承。轴承启动时,摩擦力矩可能高于式(6-18)所计算的数值。

6.2.2 较准确的计算

帕姆格林基于轴承摩擦力矩的测量结果,提出较准确的计算公式,轴承的总摩擦力矩由两项组成(SKF General Catalogue 1981),即

$$M = M_0 + M_1 \tag{6-19}$$

式中 M_0——与轴承类型、转速和润滑油性质有关的力矩(N·mm);

M_1——与轴承所受负荷有关的摩擦力矩(N·mm)。

(1)M_0的计算。

M_0反映了润滑剂的流体动力损耗,可按下式计算:

在$\gamma n \geqslant 2\,000$时

$$M_0 = 10^{-7} f_0 (\gamma n)^{\frac{2}{3}} D_m^3 \tag{6-20}$$

在$\gamma n < 2\,000$时

$$M_0 = 160 \times 10^{-7} f_0 D_m^3 \tag{6-21}$$

式中 D_m——轴承平均直径(mm);

f_0——与轴承类型和润滑方式有关的系数,可以从表6-3中查取;

n——轴承转速(r/min);

γ——在工作温度下润滑剂的运动黏度(对于润滑脂,取基油的黏度)(mm²/s)。

轻系列轴承可取偏小的f_0值,重系列轴承宜取偏大的f_0值。

表 6-3 系数 f_0 的数值

轴承类型	油雾润滑	油浴润滑或脂润滑	油浴润滑(立轴)或喷油润滑
单列向心球轴承和双列向心球面球轴承	0.7~1	1.5~2	3~4
向心推力球轴承(单列)	1	2	4
向心推力球轴承(双列)	2	4	8
向心短圆柱滚子轴承(带保持架)	1~1.5	2~3	4~6
向心短圆柱滚子轴承(满装滚子)	—	2.5~4	—
双列向心球面滚子轴承	2~3	4~6	8~12
圆锥滚子轴承	1.5~2	3~4	6~8
推力球轴承	0.7~1	1.5~2	3~4
推力短圆柱滚子轴承	—	2.5	5
推力球面滚子轴承	—	3~4	6~8

(2)M_1 的计算。

M_1 反映了弹性滞后和局部差动滑动的摩擦损耗,可按下式计算:

$$M_1 = f_1 P_1 D_{\mathrm{m}} \qquad (6-22)$$

式中 f_1——与轴承类型和所受载荷有关的系数,可从表 6-4 中选取;

P_1——确定轴承摩擦力矩的计算载荷(N);

P_0——轴承当量静载荷(N);

C_0——轴承的额定静负荷(N)。

表 6-4 f_1 和 P_1 的计算式

轴承类型		f_1	P_1[①]
单列向心球轴承		$0.0009\left(\dfrac{P_0}{C_0}\right)^{0.55}$	$3F_{\mathrm{a}} - 0.1F_{\mathrm{r}}$
双列向心球面球轴承		$0.0003\left(\dfrac{P_0}{C_0}\right)^{0.4}$	$1.4YF_{\mathrm{a}} - 0.1F_{\mathrm{r}}$
向心推力球轴承	单列	$0.0013\left(\dfrac{P_0}{C_0}\right)^{0.33}$	$F_{\mathrm{a}} - 0.1F_{\mathrm{r}}$
	双列	$0.001\left(\dfrac{P_0}{C_0}\right)^{0.33}$	$1.4YF_{\mathrm{a}} - 0.1F_{\mathrm{r}}$
向心短圆柱滚子轴承	带保持架	$0.00025 \sim 0.0003$[②]	F_{r}[③]
	满装滚子	0.00045	F_{r}[③]
双列向心球面滚子轴承		$0.0004 \sim 0.0005$	$1.2YF_{\mathrm{a}}$
圆锥滚子轴承		$0.0004 \sim 0.0005$	
推力球轴承		$0.0012\left(\dfrac{P_0}{C_0}\right)^{0.33}$	F_{a}
推力短圆柱滚子轴承		0.0018	F_{a}
推力球面滚子轴承		$0.0005 \sim 0.0006$[②]	$F_{\mathrm{a}}(F_{r\mathrm{max}} \leqslant 0.55F_{\mathrm{a}})$

①若 $P_1 < F_{\mathrm{r}}$,则取 $P_1 = F_{\mathrm{r}}$

②轻系列时,取偏小的值;重系列时,取偏大的值

③短圆柱滚子轴承若受轴向负荷,则考虑附加力矩 M_2,参见式(6-23)

(3) M_2 的计算。

若短圆柱滚子轴承受径向和轴向负荷同时作用,则应考虑附加摩擦力矩 M_2,即轴承总摩擦力矩为

$$M = M_0 + M_1 + M_2 \qquad (6-23)$$

而

$$M_2 = f_2 F_a D_m \qquad (6-24)$$

式中　f_2——与轴承结构及润滑方式有关的系数,可从表 6-5 中查得。

表 6-5　f_2 的数值

轴承结构	油润滑	脂润滑
带保持架	0.006	0.009
满装滚子	0.003	0.006

表 6-5 中 f_2 值适用于 $K_\gamma = 1.5$,$K_\gamma = \dfrac{\gamma}{\gamma_1}$($\gamma$ 为所选用润滑剂的黏度;γ_1 为轴承运转所需黏度,根据轴速 n 和轴承平均直径 D_m 由图 6-1 查得),以及 $\dfrac{F_a}{F_r}$ 应不超过 0.4。

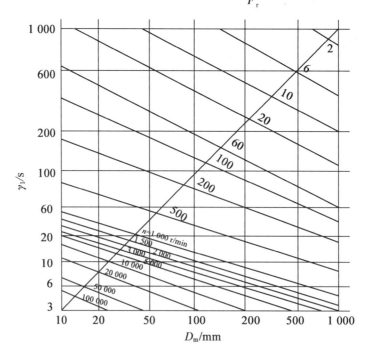

图 6-1　轴承运转所需的黏度

6.2.3　轴承内部全部摩擦功耗的整体计算法

轴承工作时,其摩擦功耗为

$$H_f = 1.047 \times 10^{-4} nM \tag{6-25}$$

式中　H_f——摩擦功率损失(W);

　　　n——轴承转速(r/min);

　　　M——轴承的总摩擦力矩(N·mm)。

Palmgren 通过进一步分析大量的摩擦力矩测量结果,把轴承总摩擦力矩分为与轴承载荷无关的摩擦力矩 M_0 和与轴承载荷有关的摩擦力矩 M_1。即

$$M = M_0 + M_1$$

摩擦力矩 M_0 主要与轴承类型、润滑剂黏度和用量、轴承转速有关。

当 $\gamma n \geqslant 2\,000$ 时,M_0 可表示为(同式(6-20))

$$M_0 = 10^{-7} f_0 (\gamma n)^{\frac{2}{3}} D_m^3$$

当 $\gamma n < 2\,000$ 时,M_0 可表示为(同式(6-21))

$$M_0 = 160 \times 10^{-7} f_0 D_m^3$$

式中　D_m——轴承的平均直径(mm);

　　　γ——润滑剂运动黏度(对于润滑脂取基油黏度)(mm^2/s);

　　　f_0——与轴承类型和润滑有关的系数。

对于角接触球轴承,$f_0 = 2$;对于脂润滑圆柱滚子轴承,$f_0 = 2 \sim 3$。

与负荷有关的摩擦力矩 M_1 主要是弹性滞后和接触表面差动滑动的摩擦损耗有关,其表达式为

$$M_1 = f_1 F_\beta D_m \tag{6-26}$$

式中　F_β——取决于外加载荷的大小和方向(N),其近似值为

$$F_\beta = F_a - 0.1 F_r \tag{6-27}$$

若 $F_\beta < F_r$,取 $F_\beta = F_r$(N);

　　　f_1——与轴承类型和负荷有关的系数,对于滚子轴承,$f_1 = 0.000\,2 \sim 0.000\,4$,对于角接

触球轴承,$f_1 = 0.001\,3 \left(\dfrac{F_s}{C_s}\right)^{0.33}$;

　　　F_s——当量静载荷(N),$F_s = XF_r + YF_a$;

　　　C_s——基本额定静载荷(N)。

6.2.4　高速球轴承的摩擦功耗分析

一般认为滚动轴承的摩擦力矩较小,但是对于高速轴承来说,由于速度相对较高,较小的摩擦力矩也会引起较大的能量损失,这种能量损失用功率损耗来表达,最终表现为轴承温度的上升。高速球轴承的摩擦功耗主要包括:

(1)滚动弹性滞后引起的摩擦功耗。

在相同的应力水平下,加载时产生的变形小于卸载时产生的变形,称为弹性滞后。它反映了一定的能量损失,表现为滚动摩擦阻力。通常,弹性滞后引起的摩擦功耗与滚动轴承其他的摩擦功耗相比要小得多,可以忽略不计。

（2）球与滚道的差动滑动引起的摩擦功耗。

如图 6 - 2 所示，由于球与套圈滚道的曲面接触，因此球表面线速度 v_b 与套圈滚道表面线速度 v_i 不一致，从而引起球与滚道表面产生差动滑动（只是在两个接触点 O 上球与滚道线速度相等，属于纯滚动）。

（3）球在套圈滚道上的自旋滑动引起的摩擦功耗。

由于球沿套圈滚道上产生的绕接触面法线的旋转而引起的滑动（即自旋），将导致摩擦功率损耗。

（4）球与保持架兜孔之间的滑动引起的摩擦功耗。

（5）保持架与套圈引导面之间的滑动引起的摩擦功耗。

（6）球和保持架之间的润滑油黏性所拖动的摩擦引起的摩擦功耗。

球通过充满油气混合空间受到绕流阻力而产生的黏性摩擦，这种黏性摩擦将导致能量损失，也称搅油功耗。

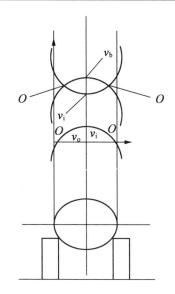

图 6 - 2　球与套圈滚道接触的差动滑动示意图

根据轴承内部接触表面的受力和相对运动关系，可以确定每一个热源的具体功率损耗，而轴承的总功耗为各局部热源的功率损耗的总和。轴承内部不同热源的具体功率损耗，可以分别由下列公式确定。

① 第 j 个球与滚道的差动滑动（沿接触椭圆短轴 y）摩擦功耗为

$$H_{1n_j} = \int \tau_{yn_j} v_{yn_j} \mathrm{d}A \qquad (6-28)$$

式中，V_{yn_j} 和 $\tau_{yn_j}\mathrm{d}A$ 可分别由《滚动轴承的极限设计》中式（7.6）和式（7.17）确定，哈工大出版社，2013 年。

$$V_{yj} = \frac{\omega_i}{2} d_m - \left\{ \sqrt{R_i^2 - x_i^2} - \sqrt{R_i^2 - a_i^2} + \sqrt{\left(\frac{D_b}{2}\right)^2 - a_i^2} \right\} \times$$

$$\left(\frac{\omega_b}{\omega_i} \cos \beta \cos \beta' \cos \alpha_i + \frac{\omega_b}{\omega_i} \sin \beta \sin \alpha_i - \cos \alpha_i \right) \omega_i \qquad (6-29)$$

② 第 j 个球的陀螺转动（沿接触椭圆长轴 x）摩擦功耗为

$$H_{2n_j} = \frac{1}{2} D_b \omega_{y_j} F_{xn_j} \qquad (6-30)$$

式中，F_{xn_j} 可由《滚动轴承的极限设计》中式（7.19）求得，哈工大出版社，2013 年。

③ 球的自旋摩擦功耗为

$$H_{ns_j} = M_{ns_j} \omega_{ns_j} \qquad (6-31)$$

式中，M_{ns_j} 可由《滚动轴承的极限设计》中式（7.20）求得。

④ 第 j 个球的润滑拖动摩擦功耗为

$$H_{d_j} = \frac{1}{2} d_m F_{d_j} (\omega_{mj} - \omega_0)^{0.81} \qquad (6-32)$$

$$F_{d_j} = \frac{\pi \xi' C_v D_b^2 (d_m \omega_{mj})^{1.95}}{32g} \qquad (6-33)$$

⑤ 保持架与套圈引导面之间的滑动摩擦功耗为

$$H_{CL} = \frac{1}{2} D_{CR} F_{CL} [C_n (\omega_c - \omega_n)] \qquad (6-34)$$

式中

$$F_{\mathrm{CL}} = \eta \, \frac{\pi \omega_{\mathrm{c}} c_{\mathrm{n}} D_{\mathrm{CR}} (\omega_{\mathrm{c}} - \omega_{\mathrm{n}})}{1 - \dfrac{d_1}{d_2}} \qquad (6-35)$$

⑥第 j 个球和保持架的滑动摩擦功耗为

$$H_{\mathrm{c}_j} = 0.5 \mu D_{\mathrm{b}} Q_{\mathrm{c}_j} \omega_{\mathrm{b}_j} \qquad (6-36)$$

⑦轴承的总功耗为

$$H_{\mathrm{t}} = \sum_{j=1}^{N} (H_{1n_j} + H_{2n_j} + H_{ns_j} + H_{d_j} + H_{c_j}) + H_{\mathrm{CL}} \qquad (6-37)$$

6.2.5　高速圆柱滚子轴承的摩擦功耗分析(参考资料同上)

影响高速滚子轴承摩擦功率损耗的主要因素有:

①滚子与套圈滚道之间的滚动及滑动摩擦。

②滚子与保持架兜孔之间的滑动摩擦。

③滚子端面与套圈挡边侧面之间的滑动摩擦。

④保持架与套圈引导面之间的滑动摩擦。

⑤润滑剂的黏性摩擦。

根据高速圆柱滚子轴承各元件间的运动和摩擦关系,可以确定的轴承内部的摩擦功耗,包括:

①滚子与滚道的滑动摩擦功耗为

$$H_{nj} = \sum_{\lambda=1}^{N_l} \tau_{\lambda nj} V_{\lambda nj} \mathrm{d}A \qquad (6-38)$$

式中　N_l——滚子与滚道接触面划分的窄条总数。

如图 6-3 所示,$N_l = \dfrac{l}{\omega}$。

$V_{\lambda n_j}$ 查阅《滚动轴承的极限设计》,式(7.33),哈工大出版社,2013 年。

②滚子的搅油摩擦功耗为

$$H_{dj} = 0.5 d_{\mathrm{m}} F_{dj} (\omega_{mj} - \omega_0)^{0.81} \qquad (6-39)$$

$$F_{dj} = \frac{\xi' C_{\mathrm{v}} D_{\mathrm{r}} l (d_{\mathrm{m}} \omega_{mj})^{1.95}}{16g} \qquad (6-40)$$

③保持架与套圈引导面的摩擦功耗为

$$H_{\mathrm{CL}} = 0.5 D_{\mathrm{CR}} F_{\mathrm{CL}} [C_{\mathrm{n}} (\omega_{\mathrm{c}} - \omega_{\mathrm{n}})] \qquad (6-41)$$

④滚子与保持架兜孔的滑动摩擦功耗为

$$H_{cj} = 0.5 D_{\mathrm{r}} \omega_{rj} Q_{cj} d \qquad (6-42)$$

⑤滚子端面与套圈挡边的滑动摩擦功耗为

$$H_{fj} = Q_{fj} \mu [r_{\mathrm{f}} \omega_{n_j} - (0.5 D_{\mathrm{r}} - S) \omega_{rj}] \qquad (6-43)$$

⑥轴承总功耗为

$$H_{\mathrm{t}} = \sum_{j=1}^{N} (H_{nj} + H_{dj} + H_{cj} + H_{fj}) + H_{\mathrm{CL}} \qquad (6-44)$$

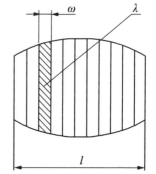

图 6-3　窄条总数确定

式中 N——轴承中的滚子总数。

与高速球轴承的摩擦功耗计算模型相比,滚子轴承少了滚子在套圈滚道上的自旋摩擦功耗和陀螺转动引起的摩擦功耗,多了滚子端面与套圈挡边的滑动摩擦功耗。由于高速圆柱滚子轴承工作时承受轴向载荷较小,因此滚子端面与套圈挡边接触负荷较小,故在高速圆柱滚子轴承功率损耗分析时,可以忽略滚子端面与套圈挡边的摩擦功耗。

6.3 滚动轴承精度、配合、预紧

6.3.1 滚动轴承的精度选择

滚动轴承按基本尺寸精度和旋转精度分为 P_0、$P_{6(6x)}$、P_5、P_4、P_2 五个公差等级,其等级依次增高。

向芯轴承(圆锥滚子轴承除外)公差等级分为五级:P_0、P_6、P_5、P_4、P_2 级。

圆锥滚子轴承公差等级分为四级:P_0、P_{6x}、P_5、P_4 级。

推力轴承公差等级分为四级:P_0、P_6、P_5、P_4 级。

同样等级均依次由低到高。

基本尺寸精度指轴承内径、外径和宽度等尺寸的加工精度。

旋转精度指内圈和外圈的径向圆跳动、内圈的端面圆跳动、外圈表面对基准面(中心线)的垂直度、内外圈端面的平行度等。

各类轴承都制造有 P_0 级精度的产品。高于 P_0 级精度的轴承可按《机械设计手册》3 版表 20.2 – 11(机械工业出版社,2004 年)选用。使用高精度轴承时,相应的轴径与外壳孔的加工精度也应提高。

《机械设计手册》3 版表 20.2 – 12(机械工业出版社,2004 年)列出了部分机械设备中使用的高精度轴承的实例,供选择时参考。

6.3.2 滚动轴承的游隙选择

游隙是决定轴承旋转精度的重要因素。滚动轴承的游隙分为:

径向游隙 U_r 和轴向游隙 U_a。它们分别表示一个套圈固定时,另一套圈沿径向和轴向由一个极限位置到另一个极限位置的移动量,如图 6 – 4 所示。

各类轴承的径向游隙 U_r 和轴向游隙 U_a 之间有一定的对应关系,如图 6 – 5 所示。

径向游隙又分为原始游隙、安装游隙和工作游隙。原始游隙指未安装前的游隙。各种轴承的原始游隙分组数(即轴承完成加工后测量游隙量分组)见《机械设计手册》3 版,表 20.2 – 13 ~ 20.2 – 28(机械工业出版社,2004 年)。

轴承的基本额定动载荷,严格说来是随游隙的大小而变化的。产品样本中所列出的基本额定载荷(包括额定动载荷 C 和额定静载荷 C_0)是工作游隙为零时的载荷数值。

实验分析表明,使轴承寿命最大的工作游隙值,是一个比零稍小的载值(即轴承实施较小的预紧)。

合理地选择轴承游隙,应在原始游隙的基础上,考虑因配合、内外圈热变形以及载荷等因素所引起的游隙变化,以使工作游隙接近于最佳状态。

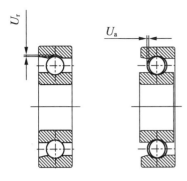

图 6 - 4 滚动轴承游隙

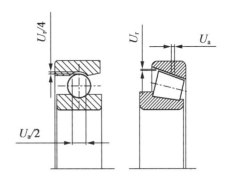

图 6 - 5 径向游隙与轴向游隙的关系

轴承零件在工作中的温度变化是不同的,在稳定状态下,内圈比外圈温度高,膨胀量大,从而使径向游隙减小。

径向游隙的减小量 $\Delta U(\mathrm{mm})$ 可由下式估定:

$$\Delta U = \Delta t \cdot \alpha(d + D)\frac{1}{2} \tag{6-45}$$

式中　Δt——内外圈温度差;

　　　α——钢的线膨胀系数, $\alpha = 0.000\,011$。

在一般条件下, Δt 为 $5 \sim 10$ ℃,当工作温度较高以及轴承散热条件不好时, Δt 可达 $15 \sim 20$ ℃。

如果有外部热源影响轴承时,径向游隙的变化会更大。外部热源可使径向游隙减小,也可使径向游隙增大,主要取决于热量是从轴颈还是从外壳导入轴承。

此外,过盈配合也将造成轴承径向游隙的减小。

轴承的径向游隙,是考虑上述温度及配合等因素的影响下确定的。所以在一般的工作条件下,应优先选用基本组游隙值;在温度较高或有外部热源存在,或配合的过盈量较大时,在需要降低摩擦力矩、改善调心性能以及深沟球轴承承受较大的轴向载荷的场合下,宜采用较大的游隙组;在运转精度要求较高,或需要严格限制轴向位移时,宜选用较小游隙组。

角接触球轴承、圆锥滚子轴承及内圈带锥孔的轴承,其工作游隙可以在安装或使用中调整。

转速很低或在回转运动中产生振动的轴承,可采用无游隙或预紧安装。

6.3.3　轴承的配合

滚动轴承内圈与轴的配合采用基孔制,外圈与外壳孔的配合采用基轴制。与一般的圆柱面配合不同,由于轴承内、外径的上偏差均为零,故在配合种类相同的条件下,内圈与轴颈的配合较紧,外圈与外壳孔的配合较松。

滚动轴承的配合种类和公差等级应根据轴承类型、精度、尺寸以及载荷的大小、方向和性质确定。

(1)轴、孔公差带及其与轴承的配合。

轴承与轴和外壳配合的常用公差如图 6 - 6 和图 6 - 7 所示。

(2)轴承配合选择的基本原则。

配合种类的选择。

a. 相对载荷方向旋转的套圈与轴或外壳孔,应选择过渡配合或过盈配合。过盈量的大小,以轴承在载荷下工作时,其套圈在轴上或外壳内的配合表面上不产生爬行现象为原则。

b. 相对于载荷方向固定的套圈与轴或外壳孔,应选择过渡配合或间隙配合。

c. 相对于轴或外壳孔需要做轴向移动的套圈(游动圈)以及需要经常拆卸的套圈与轴或外壳孔,应选择较松的过渡配合或间隙配合。

d. 承受重载荷的轴承,通常应比承受轻载荷或正常载荷的轴承选用较紧的过盈配合,且载荷愈重,其过盈量应愈大。

(3)公差等级的选择。

与轴承配合的轴或外壳孔的公差等级与轴承等级有关。与 P_0 级精度轴承配合的轴,其公差等级一般为 IT6,外壳孔一般为 IT7。

对回转精度和运转平稳性有较高要求的场合(如电动机等),轴的公差等级应为 IT5,外壳孔应为 IT6。

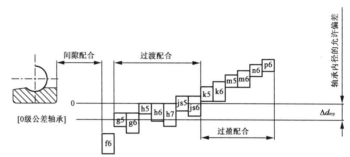

(a)通用轴承,轴承与轴颈配合的常用公差带

注:Δd_{mp} 为轴承内圈单一平面平均内径的偏差

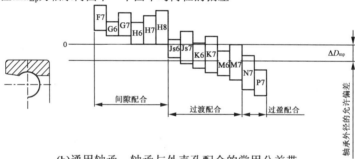

(b)通用轴承,轴承与外壳孔配合的常用公差带

注:ΔD_{mp} 为轴承外圈单一平面平均外径的偏差

图 6-6　通用轴承常用公差带

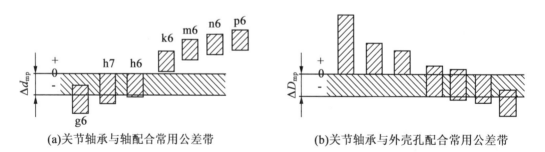

(a)关节轴承与轴配合常用公差带　　　　(b)关节轴承与外壳孔配合常用公差带

图 6-7　关节轴承常用公差带

（4）公差带的选择。

当量径向载荷 P 可分为"轻""正常"和"重"三种情况，它们与轴承额定动载荷 C 之间的关系，见表 6 – 6。

根据 P 的大小和性质，轴和外壳孔的公差带代号见《机械设计手册》3 版中的表 20.4 – 7 ~ 20.4 – 10。关节轴承的公差带代号见其中的表 20.4 – 11 ~ 20.4 – 12（机械工业出版社，2004）。

表 6 – 6　当量径向载荷与额定动载荷的关系

P	P 与 C 之比
轻	$P \leqslant 0.07C$
正常	$0.07C < P \leqslant 0.15C$
重	$0.15C < P$

对于向心型和角接触型轴承而言，大多数情况下，轴旋转且径向载荷方向不变，即轴承内圈相对载荷方向旋转，故轴和内圈一般选择过渡配合或过盈配合。当轴不转动，即轴承内圈相对载荷方向静止时，轴和内圈可选做过渡配合或间隙配合。

当载荷方向相对轴承外圈摆动或旋转时，外圈与外壳孔之间应避免用间隙配合。

（5）外壳结构形式的选择。

外壳结构原则上应选择整体式，尤其当外壳孔的公差等级为 IT6 时更应如此。剖分式外壳装卸方便，适用于间隙配合，对紧于 K7（包括 K7）的配合，不应采用剖分式结构。

6.3.4　配合面的形状和位置公差

轴颈和外壳孔表面的圆柱度公差、轴肩和外壳孔的端面圆跳动（图 6 – 8 和图 6 – 9），均应不超过《机械设计手册》3 版中，表 20.4 – 13 及表 20.4 – 14 中的数值（机械工业出版社，2004年）。

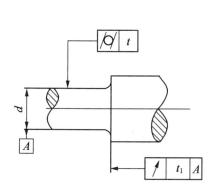

图 6 – 8　轴颈的形状、位置公差

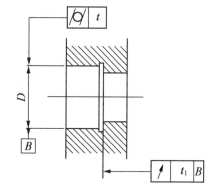

图 6 – 9　外壳孔的形状、位置公差

图中，t 为圆柱度，t_1 为端面圆跳动，见《机械设计手册》3 版中，表 20.4 – 13。

6.3.5　配合表面粗糙度

轴颈和外壳孔的表面粗糙度应符合《机械设计手册》3 版中的表 20.4 – 14 及表 20.4 – 15。表面粗糙度与表面光洁度的新、旧国家标准,查看其中表 20.4 – 16。

6.3.6　轴承的预紧

滚动轴承的预紧,是指在安装时使轴承内滚动体与套圈间,保持一定的初始压力和弹性变形,以减小工作载荷下轴承的实际变形量,从而改善支承刚度、提高旋转精度的一种措施。

轴承的预紧分轴向预紧和径向预紧。轴向预紧又分定位预紧和定压预紧。

(1)定位预紧。

将一对轴承的外圈或内圈磨去一定厚度或在其间加装垫片(图 6 – 10),以使轴承在一定的轴向载荷作用下,产生预变形的方法,称为定位预紧。

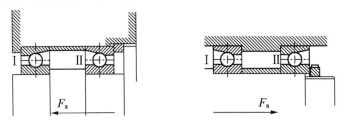

图 6 – 10　轴承定位预紧结构

一对深沟球轴承,在定位预紧安装下,其载荷 – 变形曲线如图 6 – 11 所示。

预紧前,两轴承的内圈与内垫片间存在间隙,施加轴向预紧力 F_{a0} 后,轴向间隙消除,轴承内部产生的轴向变形 δ_{aI} 和 δ_{aII} 均为 δ_0。

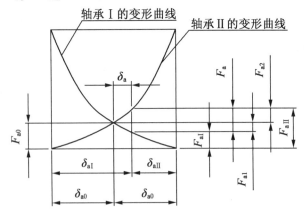

图 6 – 11　定位预紧原理

当继续施加轴向载荷 F_a 时,两轴承的轴向变形和轴向载荷发生如下变化,如图 6 – 11 所示。

$$\delta_{aI} = \delta_{a0} + \delta_a$$
$$\delta_{aII} = \delta_{a0} - \delta_a$$

相应的轴承 I 、II 所受的轴向负荷分别为

$$F_{aI} = F_{a0} + F_{a1}$$
$$F_{aII} = F_{a0} - F_{a2}$$

根据力平衡条件可得 $F_a = F_{aI} - F_{aII}$

当 F_a 增大到使 $F_{a2} = F_{a0}$，轴承 II 将处于卸荷状态（即 $F_{aII} = 0$），此时支承系统的轴向变形量 $\delta_a = \delta_{a0}$。

若不加预紧，使轴承 II 卸荷的支承系统变形量（即轴承 I 的变形量）为

$$\delta_a = 2\delta_{a0}$$

可见，与不预紧相比，定位预紧可提高一倍支承刚度。

预紧量过小将达不到预紧目的，预紧量过大又会使轴承中的接触应力和摩擦阻力增大，从而导致轴承寿命降低。合适的预紧量应根据表 6 - 7 中的公式，作出轴承的载荷 - 变形曲线，再由不同的载荷情况和使用要求确定。

表 6 - 7　轴向变形量计算公式

轴承类型	轴向变形量 δ_a/mm
深沟球轴承角接触球轴承	$\dfrac{0.002 F_a^{\frac{2}{3}}}{D_g^{\frac{1}{3}} Z^{\frac{2}{3}} (\sin \alpha)^{\frac{5}{3}}}$
推力球轴承	$\dfrac{0.002\,4 F_a^{\frac{2}{3}}}{D_g^{\frac{1}{3}} Z^{\frac{2}{3}} (\sin \alpha)^{\frac{5}{3}}}$
圆锥滚子轴承	$\dfrac{0.000\,6 F_a^{\frac{2}{3}}}{Z_g^{0.9} L^{0.8} (\sin \alpha)^{1.9}}$

轻度预紧用于高速轻载条件下，要求提高旋转精度和减轻振动的支承。中度或重度预紧用于中速中载荷低速重载条件下，要求增大支承刚度的场合。

定位预紧时，滚动体与滚道应始终保持接触，为此所需要的最小预紧载荷 F_{a0min} 可按表 6 - 8 所列公式计算确定。

表 6 - 8　定位预紧的最小预紧载荷 F_{a0min}

轴承类型	载荷条件	
	纯轴向载荷 F_a	径、轴向联合载荷 F_a、F_r
角接触球轴承	$0.35 F_a$	$1.7 F_{rI} \tan \alpha_I - \dfrac{F_a}{2}$ $1.7 F_{rII} \tan \alpha_{II} + \dfrac{F_a}{2}$
圆锥滚子轴承	$0.5 F_a$	$1.9 F_{rI} \tan \alpha_I - \dfrac{F_a}{2}$ $1.9 F_{rII} \tan \alpha_{II} - \dfrac{F_a}{2}$

续表 6 - 8

轴承类型	载荷条件	
	纯轴向载荷 F_a	径、轴向联合载荷 F_a、F_r
说明		F_{rI} ——轴承 I 所承受的径向载荷； F_{rII} ——轴承 II 所承受的径向载荷； α_I ——轴承 I 的接触角； α_{II} ——轴承 II 的接触角

（2）定压预紧。

利用弹簧使轴承承受一定的轴向载荷并产生预变形的方法，称为定压预紧，如图 6 - 12 所示。

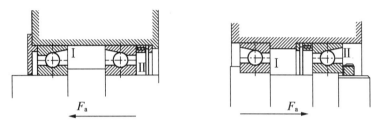

图 6 - 12　轴承定压预紧结构

一对角接触球轴承采用定压预紧时的载荷 - 变形曲线如图 6 - 13 所示。图中弹簧产生的预紧载荷为 F_{ao}，当外部轴向载荷 F_a 作用在轴上时，轴承 I 的轴向变形增加 δ_a，而轴承 II 的变形量几乎不变。因此，定压预紧不会出现卸荷状态，且预紧量不受温度变化影响，但对轴承刚度提高不大。

（3）径向预紧。

利用轴承和轴颈的过盈配合，使轴承内圈膨胀，以清除轴承径向游隙并产生一定的预变形的方法，称为轴承的径向预紧。通常，这种预紧可以通过带锥孔的轴承内圈，在锥面的衬套或轴颈上移动来实现。

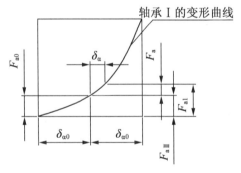

图 6 - 13　定压预紧原理

6.4　弹性流体动力润滑

　　在普通流体动力润滑理论中,把摩擦表面视作刚体,并认为润滑剂黏度不随压力而改变。当两摩擦表面处于赫兹接触状态,接触压力很大时,摩擦表面产生不能忽略的局部变形,润滑剂也出现黏度变化,如齿轮轮齿啮合,滚动轴承中滚动体与滚道的接触,等等。

　　高的接触压力使物体变形,线接触和点接触变成面接触。依靠润滑剂与摩擦表面的黏附作用,当两接触物体相对滚动或滑动时,将润滑剂带入二者之间的间隙中,接触面上出现平行间隙,除进油口之外,在接触边缘上出现突起,阻碍润滑油流出,从而形成很高的油膜压力,如图 6 - 14 所示。

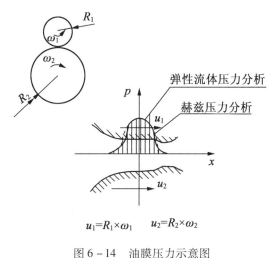

图 6 - 14　油膜压力示意图

6.4.1　基本参数

　　在弹性流体动力润滑理论中,有三个重要的设计参数,即

（1）载荷参数。

线接触
$$\overline{F} = \frac{F_N}{E'RL}$$

点接触
$$\overline{F} = \frac{F_N}{E'R_x^2}$$

（2）速度参数。

线接触
$$\overline{u} = \frac{\eta_0 u}{E'R}$$

点接触
$$\overline{u} = \frac{\eta_0 u}{E'R_x}$$

（3）材料参数。
$$G = \alpha E'$$

式中　R——当量曲率半径,$R = \dfrac{R_1 R_2}{R_2 \pm R_1}$;

E'——综合弹性模量，$E' = \dfrac{2E_1 E_2}{(1 - \gamma_1^2)E_2 + (1 - \gamma_2^2)E_1}$；

u——平均（卷吸）速度，$u = \dfrac{u_1 + u_2}{2}$；

R_x——运动方向有效半径；

L——接触线长度；

η_0——常压 F 润滑剂黏度（动力黏度）；

α——润滑剂压黏指数。

6.4.2 基本公式

弹性流体动力润滑的基本公式是最小油膜厚度计算公式。根据考虑因素不同，主要有 4 种类型计算公式。

（1）既不考虑弹性变形，又不考虑黏度随压力变化的赫兹接触流体动力润滑的基本公式称作 Martin（马丁）方程（适于线接触）和 Калица（卡毕查）方程（适用于点接触）。

（2）不考虑弹性变形，但计入随压力而变化的黏度变化，称作 Blok（布劳克）方程。

（3）考虑弹性变形，但不考虑黏度变化的称为 Herre brugh（黑尔布鲁尼）方程。

（4）同时考虑弹性变形和黏度变化的，有 Dowson（道森）方程。

由最小油膜计算公式可知。

（1）载荷对油膜厚度的影响较小。

（2）速度对油膜厚度的影响较大。

（3）材料对油膜厚度的影响与速度相当，为了获得较厚油膜，应选用压黏指数 α 较大的润滑剂。

6.4.3 滚动轴承弹性流体动力润滑

球轴承为点接触，滚子轴承为线接触，轴承在承载中，每个滚动体由于位置不同，承受载荷也不等。

（1）受载最大的滚动体的载荷。

$$F = \frac{F_r}{[J_r(\varepsilon)]Z\cos\beta} \tag{6-46}$$

式中　F_r——滚动轴承的径向载荷；

$J_r(\varepsilon)$——径向载荷分布积分；

Z——滚动体数目；

β——接触角。

（2）接触当量半径。

$$\left.\begin{array}{c} R = \dfrac{D_w[1 \pm r]}{2} \\[2mm] r = \left(\dfrac{D_w}{D_m}\right)\cos\beta \end{array}\right\} \tag{6-47}$$

式中　D_w——滚动体直径；

D_m——滚动轴承平均直径（或滚动体中心所在圆直径）。

式中，"+"号用于外圈；"-"号用于内圈。

平均速度

$$u = \frac{\overline{R}nD_{\mathrm{m}}(1-r^2)}{120} \tag{6-48}$$

（3）适用的计算公式。

根据计算所得的 F、R、u 和轴承材料的弹性模量与泊松比，计算出弹性参数 q_{E} 及黏性参数 q_{α}，按图 6-16 所在区域选定适用公式，再进行计算。

①弹性参数。

$$q_{\mathrm{E}} = \frac{\overline{F}}{\sqrt{\overline{u}}} = \frac{F}{L\sqrt{E'R\eta_0 u}} \tag{6-49}$$

式中，载荷参数 $\overline{F} = \dfrac{F_{\mathrm{N}}}{E'RL}$（线接触）；

$\qquad\overline{F} = \dfrac{F_{\mathrm{N}}}{E'R_x}$（点接触）；

速度参数 $\overline{u} = \dfrac{\eta_0 u}{E'R}$（线接触）；

$\qquad\overline{u} = \dfrac{\eta_0 u}{E'R_x}$（点接触）；

平均速度 $u = \dfrac{u_1 + u_2}{2}$（u_1——滚动体速度；u_2——套圈速度）；

R_x——运动方向有效半径；

L——接触线长度；

η_0——常压下润滑油黏度；

E'——综合弹性模量，$E' = \dfrac{2E_1E_2}{(1-\gamma_1^2)E_2 + (1-\gamma_2^2)E_1}$。

②黏性参数。

$$q_{\alpha} = \frac{G\sqrt{\overline{F}^3}}{\sqrt{\overline{u}}} = \frac{\alpha\sqrt{F^3}}{R\sqrt{\eta_0 uL^3}} \tag{6-50}$$

式中　G——材料参数，$G = \alpha E'$；

$\qquad\alpha$——润滑油压黏指数。

③油膜厚度参数。

$$\overline{H} = \frac{\overline{h_{\min}}\,\overline{F}}{\overline{u}} \tag{6-51}$$

④弹性流体动力润滑区域图。计算出 q_{E} 及 q_{α} 之后，由图 6-15 可查出各区适用的基本方程，并列于表 6-9 中。

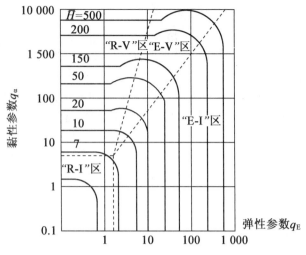

图 6-15 弹性动力润滑区域图

表 6-9 弹性流体动力润滑基本公式的适用区域

区域	R-Ⅰ	R-Ⅴ	E-Ⅴ	E-Ⅰ
膜厚公式	$\overline{H}=4.9$	$\overline{H}=1.66q_{\alpha}^{\frac{2}{3}}$	$\overline{H}=2.65q_{E}^{0.06}q_{\alpha}^{0.54}$	$\overline{H}=3.10q_{E}^{0.8}$
公式名称	H. Martin 方程	H. Blok 方程	D. Dowson 方程	K. Herrebraugh 方程
说明	刚性接触、等黏度	刚性接触、变黏度	弹性接触、变黏度	弹性接触、等黏度

⑤线接触最小油膜厚度计算公式见表 6-10。

表 6-10 线接触最小油膜厚度计算公式

有量纲的表达式	$h_{\min}=2.65\dfrac{\alpha^{0.54}(\eta_0 u)^{0.7}R^{0.43}}{E'^{0.03}\left(\dfrac{F_N}{L}\right)^{0.13}}$	$h_{\min}=1.95\dfrac{(\alpha\eta_0 u)^{0.73}R^{0.36}E'^{0.09}}{\left(\dfrac{F_N}{L}\right)^{0.9}}$	$h_{\min}=3K\dfrac{\alpha^n\sqrt{\left(\dfrac{F_N}{L}\right)^{3n}}}{R^n\sqrt{\eta_0 u}}$ $n=2.5K-3.6K+1.9$
量纲为1的表达式	$\overline{h}_{\min}=2.65\dfrac{\overline{G}^{0.54}\overline{u}^{0.7}}{\overline{F}^{0.13}}$	$\overline{h}=1.95\dfrac{(\overline{G}\,\overline{u})^{0.73}}{\overline{F}^{0.09}}$	$K=\left\|\dfrac{\lg\dfrac{\dfrac{F_N}{L}}{\sqrt{E'\eta_0 uR}}}{\lg\dfrac{\alpha\sqrt{\left(\dfrac{F_N}{L}\right)^3}}{\sqrt{\eta_0 uR}}}\right\|$
公式名称	D. Dowson 公式	A. Грубцн 公式	

注:1. $\overline{h}_{\min}=\dfrac{h_{\min}}{R}$ 为相对最小油膜厚度

2. $K>1$ 时,取 $K=1$;$K<\dfrac{5}{9}$ 时,取 $K=\dfrac{5}{9}$

⑥点接触最小油膜厚度计算公式见表 6-11。

表 6 – 11　点接触最小油膜厚度计算公式表

有量纲的表达式	量纲为 1 的表达式	公式名称
$h_{\min} = 2.04 \dfrac{(\alpha \eta_0 u)^{0.74} R_x^{0.407} E'^{0.074}}{F_N^{0.074}\left(1 + \dfrac{2R_y}{3R_x}\right)^{0.74}}$	$\overline{h}_{\min} = 2.04 \dfrac{(G\,\overline{u})^{0.74}}{\overline{F}^{0.074}\left(1 + \dfrac{2R_y}{3R_x}\right)^{0.74}}$	I. Archard 公式
$h_{\min} = 3.63 \dfrac{\alpha^{0.49}(\eta_0 u)^{0.68} R_x^{0.466}\left(1 - \dfrac{1}{e^{0.68k}}\right)}{E'^{0.117} F_N^{0.073}}$	$\overline{h}_{\min} = 3.63 \dfrac{G^{0.49}\overline{u}^{0.68}\left(1 - \dfrac{1}{e^{0.68k}}\right)}{\overline{F}^{0.073}}$	D. Dowson 公式
$h_{\min} = \left(2.63 - 0.98\dfrac{R_x}{R_y}\right)\dfrac{(\alpha\eta_0 u)^{0.75} R_x^{0.416} E'^{0.083}}{F_N^{0.083}}$	$\overline{h}_{\min} = \left(2.63 - 0.98\dfrac{R_x}{R_y}\right)\dfrac{(G\,\overline{u})^{0.75}}{\overline{F}^{0.083}}$	M. Галахов 公式

注:1. $\overline{h}_{\min} = \dfrac{h_{\min}}{R}$ 为相对最小油膜厚度

2. $k = \dfrac{a}{b}$;a 为横向半轴,b 为运动方向半径

　　滚动轴承球及滚子与滚道最小油膜厚度简化计算公式如果不考虑接触椭圆的影响,可用下式简化计算油膜厚度,其计算误差不超过 ±10%:

$$h_{\min} = KD(\alpha\eta_0 u)^{0.74} \qquad (6-52)$$

式中　$h_{\min}$——最小油膜厚度(μm);

　　　　K——轴承类型系数,其值见表 6 – 12;

　　　　D——轴承外径。

表 6 – 12　滚动轴承 K 值

轴承类型	内圈/($\times 10^6$)	外圈/($\times 10^6$)
球轴承	2.47	2.69
调芯轴承和圆柱滚子轴承	2.39	2.57
圆锥滚子轴承和滚针轴承	2.29	2.42

6.5　润滑脂更换周期

　　根据密封球轴承的试验结果,对于采用防尘盖或密封圈的标准密封的球轴承,油脂的填充量达到轴承内部自由空间 30% 左右时,到润滑失效为止,其平均运转累计时间,即润滑脂寿命,可按下列两种经验公式计算。

6.5.1　威尔科克(Wilcock)公式

　　考虑温度、转速、负荷和轴承尺寸等因素的影响,推荐下列公式:

$$\lg t = 4.73 - (T - 17.2) \times (0.014 + 8.46n \times 10^{-7}) - 0.03 \dfrac{n(9.8 \times F_r)^{1.5}}{(C \times 9.8)^{1.9}} \quad (6-53)$$

式中　t——润滑脂平均寿命(h);

　　　　T——轴承工作温度(℃);

　　　　n——轴承转速(r/min);

　　　　F_r——轴承所受径向载荷(N);

　　　　C——轴承额定动负荷(N)。

　　公式(6-53)是20世纪50年代发表的,考虑润滑脂性能的提高及改进,实际寿命可能超过计算值。

6.5.2　精工(NSK)公式

　　日本精工轴承公司推荐下列公式:

$$\lg t = 6.54 - 2.6 \frac{n}{n_{max}} - \left(0.025 - 0.012 \frac{n}{n_{max}}\right)T \qquad (6-54)$$

式中　n_{max}——由样本所规定的润滑脂极限转速。

　　注1:公式(6-54)适用于下述条件:

$$0.25 \leqslant \frac{n}{n_{max}} \leqslant 1$$

$$40 \text{ ℃} \leqslant T < 120 \text{ ℃}$$

　　若$\frac{n}{n_{max}} < 0.25$,则以0.25代入公式计算;

　　若$T < 40$ ℃,则以40 ℃代入公式。

　　注2:公式(6-53)、公式(6-54)均不含润滑脂性能参数,不同种类和成分的润滑脂,其寿命也有差异,但公式中未反映,因此计算结果只是大致的平均值。

6.5.3　脂润滑开式轴承的计算公式

　　对于脂润滑的开式轴承,不采用上述公式计算,而是根据轴承转速,由图表查取润滑脂的更换或补充周期。如图6-16和图6-17所示分别是向心球轴承和滚子轴承,以及圆锥、球面滚子轴承的润滑脂补充周期曲线图。

　　这些线图适用于轴承温度在70 ℃以下,若超过70 ℃,每上升15 ℃,补充周期应减半。

　　如果轴承用于尘埃很多,且密封不可靠的场合,补充周期可缩短到图示值的1/2~1/10。

6.5.4　润滑脂寿命的影响因素

　　影响润滑脂寿命的因素包括工作温度、转速、轴承负荷、润滑脂成分,以及安装条件、振动、尘埃、水分侵入等。其中,以轴承工作温度的影响最为显著。

　　(1)温度的影响。

　　以305型号(单列向心球轴承),带双面密封圈或防尘盖,并填充3.4 g润滑脂,在转速$n = 300$ r/min条件下试验。用最小二乘法处理数据,得到下列润滑脂寿命与轴承工作温度的关系式:

$$\lg t = 5.85 - 0.022T \qquad (6-55)$$

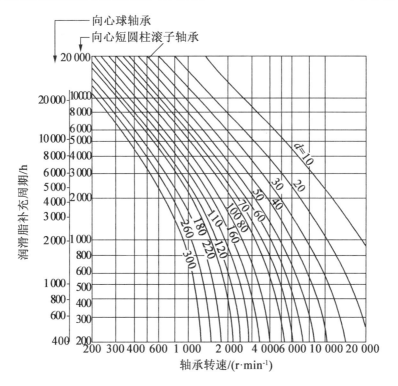

图 6 – 16　向心球和短圆柱滚子轴承的润滑脂补充周期

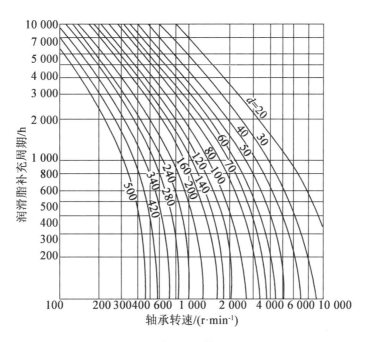

图 6 – 17　圆锥滚子和球面滚子轴承的润滑脂补充周期

公式(6 – 55)表明,温度上升 14 ℃,润滑脂寿命降低一半。

算例:$T = 20$ ℃时,$t = 257\ 039$ h($\lg t = 5.41$)

　　　$T = 34$ ℃时,$t = 126\ 473$ h($\lg t = 5.102$)

$T = 48$ ℃时，$t = 62\ 230$ h $(\lg t = 4.794)$

$T = 60$ ℃时，$t = 33\ 884$ h $(\lg t = 4.53)$

（2）转速的影响。

以 5 种不同的润滑脂，在温度 $T = 120$ ℃的试验条件下，运行不同转速的润滑脂试验，得到润滑脂寿命与轴承转速的关系式，即

$$\lg t = 3.73 - 0.000\ 16n \tag{6-56}$$

公式（6-56）表明，转速每分钟增加 2 000 r，润滑脂寿命大致将降低一半。

算例：

$$n = 1\ 000\ \text{r/min}, \quad t = 3\ 715\ \text{h} \quad (\lg t = 3.57)$$
$$n = 3\ 000\ \text{r/min}, \quad t = 1\ 778\ \text{h} \quad (\lg t = 3.25)$$
$$n = 5\ 000\ \text{r/min}, \quad t = 851\ \text{h} \quad (\lg t = 2.93)$$
$$n = 7\ 000\ \text{r/min}, \quad t = 408\ \text{h} \quad (\lg t = 2.61)$$

（3）润滑脂的基油成分对润滑脂寿命有显著影响，一般以为氧化安定性和热稳定性好的基油，其润滑脂寿命长。试验表明，酯类合成油的润滑脂比矿物油润滑脂寿命长得多。

（4）在轻负荷条件下，轴承负荷对润滑脂几乎没有影响。若负荷增加使轴承工作温度上升时，则相应引起润滑脂寿命的降低。

（5）振动和尘埃的侵入会使润滑脂寿命降低。

6.6 钢丝轴承设计计算

钢丝滚道轴承（以下简称钢丝轴承）的结构特点是以四根钢丝代替轴承的内外圈滚道，从而构成钢球与钢丝之间的滚动摩擦副，如图 6-18 所示。这种轴承不仅可做成尺寸很大的轴承，而且由于四根钢丝对钢球的约束，可以同时承受径向力和轴向力，特别是钢球数目较多，其承载能力很大，尤其适合用作大尺寸中空转轴的支承，如空心旋转平台及转台等。

当前，有关钢丝轴承的设计计算资料较少，也不系统，对其设计与应用带来一定影响。基于此，本节结合钢丝轴承的结构，利用弹性力学理论分析了轴承摩擦副间的接触弹性变形，以及对空芯轴系支承刚度的影响，并在总结钢丝轴承设计和应用实践的基础上，介绍了轴承的结构设计要点和参数选择原则及装配、调整和预紧等方面的知识，从而为钢丝轴承的推广应用提供了理论与设计参考。

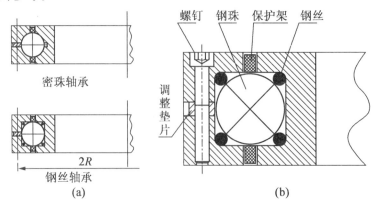

图 6-18 钢丝轴承结构

　　鉴于钢丝轴承的资料较少,本节重点分析了轴承的结构和支承刚度,并结合轴承的研制实践介绍了设计要点和参数选择原则,谨供参考。

　　对比密珠轴承,钢丝轴承的工艺性较好,效率稍高,噪声稍低,结构更加简单,制造成本较低。钢丝轴承的缺点是不适于高速转动。

　　如图 6-18(b)所示,钢丝轴承由钢球、钢丝、预紧调整垫及紧固螺钉构成,四条钢丝构成轴承滚道,工作时钢球在钢丝(滚道)上滚动。由于钢球数目多,分布直径 $2R$ 较大,从而形成具有较大支承范围和较高承载能力的滚动轴承。

　　影响钢丝轴承支承精度的因素,除了钢球和钢丝本身精度以及钢丝支承槽的加工精度外,轴承接触副(包括钢球与钢丝及钢丝与支承槽)的受力弹性变形也应予以重点分析。

6.6.1　钢球与钢丝的接触刚度

　　(1)钢球与钢丝接触点的曲率。

　　如图 6-19 所示,令钢球为物体 1,其球径为 D_b;钢丝为物体 2,丝径为 d_b。二者在主平面 Ⅰ、Ⅱ 上的曲率半径分别为

$$\left.\begin{array}{l} \dfrac{1}{\rho_{11}} = \dfrac{D_b}{2} \\[2mm] \dfrac{1}{\rho_{12}} = \dfrac{D_b}{2} \\[2mm] \dfrac{1}{\rho_{21}} = \infty \\[2mm] \dfrac{1}{\rho_{22}} = \dfrac{d_b}{2} \end{array}\right\} \tag{6-57}$$

式中　ρ_{xy}——曲率($\dfrac{1}{\rho_{xy}}$ 为曲率半径),脚标 x 表示物体,y 表示所在主平面。

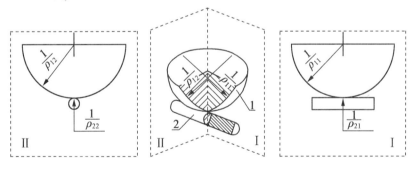

图 6-19　钢球与钢丝接触点的曲率

　　轴承中钢球与钢丝接触点的主曲率和为

$$\sum \rho = \rho_{11} + \rho_{12} + \rho_{21} + \rho_{22} = \frac{2}{D_b} + \frac{2}{D_b} + 0 + \frac{2}{d_b} = \frac{4}{D_b} + \frac{2}{d_b} \tag{6-58}$$

　　二者接触点的曲率差为

$$\Delta\rho = \frac{\left| (\rho_{11} - \rho_{12}) + (\rho_{21} - \rho_{22}) \right|}{\sum \rho} \tag{6-59}$$

（2）钢球与钢丝的接触变形量。

$$\delta_1 = 2.79 \times 10^{-4} \frac{2K}{\pi m_a} \Big[\Big(\frac{Q}{n} \Big)^2 \sum \rho \Big]^{\frac{1}{3}} \tag{6-60}$$

式中　Q——钢球与钢丝法向接触载荷，$Q = \dfrac{Q_0}{2\cos \alpha}$；

　　　Q_0——轴承轴向载荷；

　　　α——接触角；

　　　n——轴承钢球数；

　　　$\dfrac{2K}{\pi m_a}$——综合系数；

　　　K——弹性变形系数；

　　　m_a——接触椭圆长半径。

计算时，$\dfrac{2K}{\pi m_a}$可根据 $\Delta \rho$ 由文献[2]查得，再利用公式（6-60）求出钢珠与钢丝接触点的弹性变量 δ_1。

6.6.2　钢丝与支承槽之间的接触刚度

（1）直角支承槽的接触变形量。

钢丝与支承槽属于线接触，若二者均为碳钢材料，即 $E_1 = E_2 = E$，$\gamma_1 = \gamma_2 = \gamma = 0.3$ 时，在外载作用下，接触相对位移量为

$$\delta_2 = 1.159 \frac{P}{lE} \Big(0.41 + \ln \frac{4R}{b} \Big) \tag{6-61}$$

式中　P——外载荷；

　　　l——线接触长度；

　　　E——弹性模量；

　　　R——钢丝半径；

　　　b——接触尺寸系数，$b = 1.526 \sqrt{\dfrac{PE}{Rl}}$。

（2）圆弧支承槽的接触变形量。

同样，若二者均为钢材，$E_1 = E_2 = E$，$\gamma_1 = \gamma_2 = \gamma = 0.3$ 时，

$$\delta_2 = 1.82 \frac{P}{lE} (1 - \ln b) \tag{6-62}$$

式中　$b = 1.522 \sqrt{\dfrac{P}{lE} \cdot \dfrac{R_1 R_2}{(R_2 - R_1)}}$；

　　　R_1——钢丝半径；

　　　R_2——支承槽圆弧半径。

6.6.3　钢丝轴承计算实例

（1）钢球与钢丝的相对位移。

已知：$D_b = 20$ mm，$d_b = 4$ mm，$P = 10\,000$ N，$n = 65$，钢球分布间距 $t = 29$ mm。

$$\sum \rho = \rho_{11} + \rho_{12} + \rho_{21} + \rho_{22} = \frac{2}{D_b} + \frac{2}{D_b} + \frac{1}{\infty} + \frac{2}{d_b} = \frac{2}{20} + \frac{2}{20} + 0 + \frac{2}{4} = 0.7$$

$$\Delta \rho = \frac{\left| (\rho_{11} - \rho_{12}) + (\rho_{21} - \rho_{22}) \right|}{\sum \rho} = \frac{\left| \left(\frac{2}{20} - \frac{2}{20} \right) + \left(0 - \frac{2}{4} \right) \right|}{0.7} = 0.7143$$

根据 $\Delta \rho$ 由文献[2]查得综合系数 $\dfrac{2k}{\pi m_a} = 0.853$，则钢球与钢丝的相对位移量为

$$\delta_1 = 2.79 \times 10^{-4} \frac{2k}{\pi m_a} \left[\left(\frac{Q}{n} \right)^2 \sum \rho \right]^{\frac{1}{3}}$$

$$= 2.79 \times 10^{-4} \times 0.853 \times \left[\left(\frac{10\,000}{65} \right)^2 0.7 \right]^{\frac{1}{3}}$$

$$= 6.1 \times 10^{-3} \text{ mm}$$

$$= 6.1 \text{ μm}$$

（2）钢丝与支承槽同为钢材的相对位移。

①直角支承槽。

$$R_1 = 2 \text{ mm（钢丝半径）}$$

$$b = 1.526 \sqrt{\frac{PR_1}{lE}} = 1.526 \sqrt{\frac{10\,000 \times 2}{3\,140 \times 2 \times 10^5}} = 8.6 \times 10^{-3}$$

$$\delta_2 = 1.159 \frac{p}{lE} \left(0.41 + \ln \frac{4R}{b} \right)$$

$$= 1.159 \frac{10\,000}{3\,140 \times 2 \times 10^5} \left(0.41 + \ln \frac{4 \times 2}{8.6 \times 10^{-3}} \right)$$

$$= 0.1137 \text{ μm}$$

②圆弧支承槽。

$$b = 1.522 \sqrt{\frac{p}{lE} \times \frac{R_1 R_2}{(R_2 - R_1)}} = 1.522 \sqrt{\frac{10\,000}{3\,140 \times 2 \times 10^5} \times \frac{2 \times 2.5}{(2.5 - 2)}} = 1.919 \times 10^{-2}$$

$$\delta_2 = 1.82 \frac{p}{lE} (1 - \ln b) = 1.82 \frac{10\,000}{3\,140 \times 2 \times 10^5} (1 - \ln 1.919 \times 10^{-2}) = 0.078 \text{ μm}$$

6.6.4　钢丝轴承设计参数

以下轴承设计参数是根据应用实例总结确定的，谨供参考。

（1）轴承结构尺寸。

$$\left. \begin{array}{l} \text{钢球直径 } D_b = \xi \dfrac{Q}{D_0} \\[2mm] \text{钢丝直径 } d_b = \dfrac{D_b}{4 \sim 10} \end{array} \right\} \tag{6-63}$$

球距 t 可根据钢球及保持架结构 R 确定，通常 $t = \xi D_b$。（$\xi = 1.6 \sim 2.0$）

（2）钢丝轴承预紧量。

$$\delta_a = \frac{0.0004 \sim 0.0005}{\sin \alpha} \sqrt[3]{\frac{Q}{D_b}} \tag{6-64}$$

式中　α——钢球与钢丝的接触角；

　　　Q——轴向载荷。

（3）钢球与钢丝精度。

主要根据轴承的支承精度确定其精度。钢球的尺寸和形位精度（即直径及不圆球度精度）较高；而钢丝在应用长度内，其直径及不圆柱度的精度较低，是影响轴承支承精度的主要因素，必须予以重视，最好选用专业厂家生产的精度较高的特殊钢丝作为钢丝轴承的滚道。

（4）轴承支承槽结构的确定。

建议：当 $d_b \leqslant (3 \sim 4)$ mm 时，可采用圆弧支承槽；当 $d_b \geqslant (3 \sim 4)$ mm 时，可采用直角支承槽。

（5）钢丝滚道接口。

钢丝接口无须焊接，对接面要垂直钢丝中心线，而且不平面度的精度要高。钢丝轴承属于多球支承，处于接口处的钢球只能有一个；而且钢球直径 D_b 远远大于接缝宽度 h，基本不影响轴承的支承精度。但是，如果接缝宽度 h 过大，会产生振动，建议

$$h \leqslant \frac{d_b}{150 \sim 200} \tag{6-65}$$

（6）存在问题。

当前，国产普通钢丝主要存在两个问题：一是钢丝硬度不均匀；二是在应用范围内，钢丝直径和不圆度误差有待进一步提高。因此，钢丝轴承多用在承载能力大，支承直径范围广而对支承精度要求不高的场合。

6.7　交叉滚子轴承设计计算

6.7.1　构造与特点

在交叉滚子轴承中，因相邻滚子呈 90°排列在 V 形沟槽滚动面上，通过间隔保持器被相互垂直地排列，所以用一个交叉滚子轴承就可以同时承受径向负荷、轴向负荷及力矩负荷等所有方向的负荷。

在内、外圈极薄结构形式及最小型尺寸下，具有高刚度，所以最适合用于工业机器人和关节部或旋转部、机械加工中心的旋转工作台、机械手旋转部、精密旋转工作台、医疗机器、计量器、IC 制造装置等用途。

（1）出色的旋转精度。

因在垂直排列的滚子之间装有间隔保持器，防止了滚子倾斜或滚子的相互摩擦，所以避免了旋转扭矩的增加。另外，与采用铁板状保持器形式相比，不会发生滚子的一方接触现象或卡死现象，即使被施加预压，也能获得稳定的旋转运动。

同时，由于内圈或外圈是分割的结构，则轴承间隙可调整，即使施加预压，也能获得高精度的旋转运动。

（2）操作容易。

被分割两部分的内圈或外圈，在装入滚子和间隔保持器之后，再被固定在一起，故安装时操作容易。

（3）防止滚子倾斜。

由于保持器的作用,滚子能被保持在正常位置,所以防止了滚子的倾斜,也避免了滚子之间相互摩擦,从而获得了稳定的旋转性能。

(4)大负荷容量。

与以前的带状保持器结构相比,增大了滚子与保持器的有效接触长度,大幅度提高了耐负荷的能力。同时,以前的铁板式保持器与间隔式保持器相比,是容易引起滚子倾斜或旋转不圆滑的。

①与以前的铁板式保持器相比,间隔保持器可增大滚子的有效接触长度,故大幅提高了轴承的耐负荷能力。同时,间隔保持器能对滚子的全长保持导向,而铁板带状保持器对滚子的导向部分只有滚子中央的一个点,故不能正确地防止滚子的倾斜。

②以前的交叉滚子轴承,内圈侧和外圈侧的负荷范围相对滚子长度的中央不对称,使滚子上附加了作用力矩,而且随着负荷的增大,力矩也增加,引起端面接触,摩擦阻力增大,不能实现圆滑的旋转运动,磨损也将加快。

(5)大幅度提高了刚性(3～4倍)。

因滚子相互垂直排列在一起,与双列薄形角接触球轴承相比,只需一个交叉滚子轴承就可以承受各个方向的负荷,而且刚性提高了3～4倍以上。

6.7.2　交叉滚子轴承的选择

交叉滚子轴承的选择是根据各种机械所要求的条件进行的,一般按如图6-20所示程序进行。

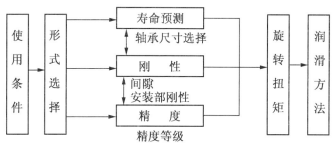

内圈旋转——RB 型;
外圈旋转——RE 型;
节省安装空间——RA－C、RA 型
程序
图 6-20　交叉滚子轴承的选择

6.7.3　种类及特点

(1)薄型——RA 型(外圈分割型)。

RA 型是内圈和外圈的壁厚做得很薄的小型轻量的交叉滚子轴承。即小型又能承受重负荷,因此轴承座或这面压紧法兰盘都可轻量化,最适合于机器人的手部等旋转关节部分。外圈是二分割(分离)结构,用铆钉固定后成为非分开形式。

(2)薄型——RA－C 型(单一开口型)。

RA－C 型的主要尺寸与 RA 型相同,因只有外圈一个地方被分割,是容易安装而且结构极薄,最适合要求内、外圈高刚度、高精度的地方。

(3)标准型——RB 型(外圈分割型)。

RB 型的内外圈尺寸最小限度的小型化,其结构是外圈为分割的,内圈是一体的,最适合于要求内圈旋转精度高的地方。

(4)标准型——RE 型(内圈分割型)。

RE 型是由 RB 型的设计理念产生的新结构形式,内圈为分割的,外圈为一体结构,最适合于要求外圈旋转精度高的地方。

特殊结构例子如图 6-21 所示。将内外圈加厚,如果与轴承座成一体的就能减小变形,提高支承及转动精度。

6.7.4 基本额定动负荷与寿命

交叉滚子轴承的几百年额定动负荷 C,就是用一批相同的交叉滚子轴承进行逐个运行时,当它们的额定寿命为 $L=1$(单位为 10^6)时其大小和方向都不变的径向负荷。

交叉滚子轴承的寿命按下式计算:

$$L = \left(\frac{f_T C}{f_w p_C} \right)^{\frac{10}{3}}$$

式中 L——额定寿命(让一批相同的交叉滚子轴承在相同条件下逐个(同时)运行,其中的 90%不产生因滚动疲劳所引起的表面剥落时,所能旋转的总圈数);

C——基本额定动负荷(kN);

p_C——等效动径向负荷(kN);

f_T——温度系数(图 6-22);

f_w——负荷系数(表 6-13)。

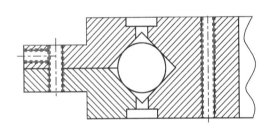

图 6-21 特殊结构例子

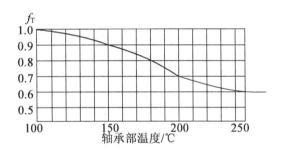

图 6-22 温度系数 f_T

表 6-13 负荷系数 f_w

使用条件	f_w
无冲击的圆滑运动情况	1~1.2
普通运动情况	1.2~1.5
有激烈冲击情况	1.5~3

(1)等效径向动负荷。

交叉滚子轴承的等效径向动负荷可按下式计算:

$$\nabla = X \cdot \left(F_r + \frac{2M}{d_p} \right) + Y \cdot F_a$$

式中　∇——等效径向动负荷(kN)；

　　　F_r——径向负荷(kN)；

　　　F_a——轴向负荷(kN)；

　　　M——力矩(kN·cm)；

　　　X——动径向系数(表6-14)；

　　　Y——动轴向系数(表6-14)；

　　　d_p——滚子的节圆直径(mm)。

表 6 - 14　动径向系数及动轴向系数

分类	X	Y
$\dfrac{F_a}{F_r+\dfrac{2M}{d_p}}\leqslant 1.5$	1	0.45
$\dfrac{F_a}{F_r+\dfrac{2M}{d_p}}> 1.5$	0.67	0.67

(2)计算例题(图6-23、图6-24)。

计算下列使用条件时的寿命。

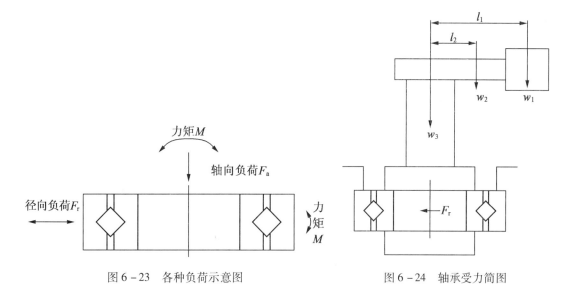

图 6 - 23　各种负荷示意图　　　　　　图 6 - 24　轴承受力简图

使用型号 RB25025，$C=69.3$ kN，$C_0=150$ kN，$d_p=277.5$ mm，径向负荷 $F_r=2.45$ kN，轴向负荷

$$F_a=w_1+w_2+w_3=1.47+0.49+4.9=6.86(\text{kN})$$

力矩 $M=w_1\times l_1+w_2\times l_2=1.47\times 800+0.49\times 400=1\,372(\text{kN}\cdot\text{mm})$

因为　　　　　　$\dfrac{F_a}{F_r+\dfrac{2M}{d_p}}=\dfrac{6.86}{2.45+\dfrac{2\times 1\,372}{277.5}}=0.56<1.5$

所以由表 6 – 14 得 $X = 1$, $Y = 0.45$。

由此可得等效径向动负荷为

$$P_\mathrm{C} = X \cdot \left(F_\mathrm{r} + \frac{2M}{d_\mathrm{p}} \right) + YF_\mathrm{a} = 1 \times \left(2.45 + \frac{2 \times 1\,372}{277.5} \right) + 0.45 \times 6.86 = 15.4(\mathrm{kN})$$

设 $f_\mathrm{W} = 1.2$, 则

$$L = \left(\frac{f_\mathrm{T}C}{f_\mathrm{W}p_\mathrm{C}} \right)^{\frac{10}{3}} = \left(\frac{1 \times 69.3}{1.2 \times 15.4} \right)^{\frac{10}{3}} = 81.9 \times 10^6 (\mathrm{r})$$

即寿命 $L = 81.9 \times 10^6$ r。

6.7.5　基本额定静负荷与静安全系数

基本额定静负荷 C_0 就是,在承受最大应力的接触部,滚子的永久变形量和滚动面(滚道)的永久变形之和达到滚子直径的 0.000 1 倍时,其方向和大小都一定的静止负荷(称为 C_0)。如果永久变形量之和超过滚子直径的 0.000 1 倍,工作时就会出现故障。

对于静的或动的负荷,都有必要考虑以下的静安全系数:

$$\frac{C_0}{P_0} \leqslant f_\mathrm{s}$$

式中　f_s——静安全系数(表 6 – 15);

　　　C_0——基本额定静负荷(kN);

　　　P_0——等效径向静负荷(kN)。

表 6 – 15　静安全系数 f_s

负荷条件	f_s 的下限
普通负荷	1 ~ 2
冲击负荷	2 ~ 3

(1)等效径向静负荷。

交叉滚子轴承的等效径向静负荷按下式计算:

$$P_0 = X_0 \left(F_\mathrm{r} + \frac{2M}{d_\mathrm{p}} \right) + Y_0 F_\mathrm{a}$$

式中　P_0——等效径向静负荷(kN);

　　　F_r——径向负荷(kN);

　　　F_a——轴向负荷(kN);

　　　M——力矩(kN·mm);

　　　X_0——静径向系数;

　　　Y_0——静轴向系数;

　　　d_p——滚子分布节圆直径(mm)。

(2)计算例题。

根据以下的使用条件计算静安全系数。

如图 6 – 25 所示,使用型号 RB25025, $C = 69.3$ kN, $C_0 = 150$ kN, $d_\mathrm{p} = 277.5$ mm,径向负荷

$F_r = 2.45$ kN,轴向负荷

$$F_a = w_1 + w_2 + w_3 = 1.47 \times 0.49 + 4.9 = 6.86(\text{kN})$$

力矩 $M = w_1 \times l_1 + w_2 \times l_2 = 1.47 \times 800 + 0.49 \times 400 = 1\ 372(\text{kN} \cdot \text{mm})$

等效径向静负荷 P_0 为

$$
\begin{aligned}
P_0 &= X_0 \cdot \left(F_r + \frac{2M}{dP} \right) + Y \cdot F_a \\
&= 1 \times \left(2.45 + \frac{2 \times 1\ 372}{277.5} \right) + 0.44 \times 6.86 \\
&= 15.4(\text{kN})
\end{aligned}
$$

$$f_s = \frac{C_0}{P_0} = \frac{150}{15.4} = 9.71 > 1$$

所求安全系数为9.7。

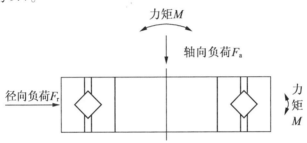

图 6 - 25　径向负荷图

交叉滚子轴承的容许静力矩按下式计算:

$$M_0 = C_0 \frac{d_p}{2}$$

式中　M_0——容许力矩(kN · mm);

　　　C_0——基本额定静负荷(kN);

　　　d_p——滚子分布节圆直径(mm)。

(3)计算例题。

使用型号 RB25025,$C = 69.3$ kN,$C_0 = 150$ kN,$d_p = 277.5$ mm,容许力矩

$$M_0 = C_0 \frac{d_p}{2} = 150 \times \frac{277.5}{2} \times 10^3 = 20.8 \text{ kN} \cdot \text{mm}$$

交叉滚子轴承的容许轴向负荷按下式计算:

$$F_{a0} = \frac{C_0}{Y_0}$$

式中　F_{a0}——容许轴向负荷(kN);

　　　Y_0——静轴向系数,$Y_0 = 0.44$。

实际计算

$$F_{a0} = \frac{C_0}{Y_0} = \frac{150}{0.44} = 340.9(\text{kN})$$

6.7.6　力矩刚性

交叉滚子轴承单体(只指轴承)的力矩刚性曲线,如图 6 - 26 ~ 6 - 29 所示。另外,轴承座

或侧面压紧法兰盘及螺栓等的变形对刚性有影响,在进行刚性设计时有必要同时考虑这些零部件的强性。

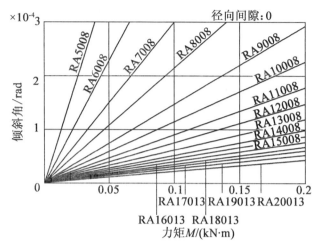

图 6 - 26　轴承的力矩刚性曲线(RA 序列)

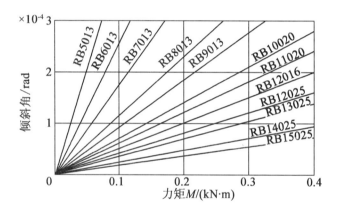

图 6 - 27　轴承的力矩刚性曲线(RB 序列 - 1)

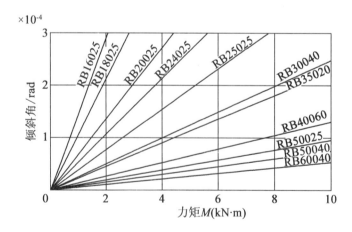

图 6 - 28　轴承的力矩刚性曲线(RB 系列 - 2)

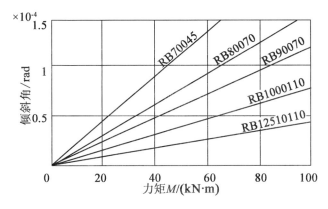

图 6-29　轴承的力矩刚性曲线（RB 系列 -3）

6.7.7　精度规格

交叉滚子轴承的精度及尺寸容许误差按表 6-16~6-22 所示基准确定。

表 6-16　RB 型的内圈旋转精度

轴承内径 d /mm		内圈径向跳动容许值/μm					内圈轴向跳动容许值/μm				
超过	以下	0 级	PE6 级 P6 级	PE5 级 P5 级	PE4 级 P4 级	PE2 级 P2 级	0 级	PE6 级 P6 级	PE5 级 P5 级	PE4 级 P4 级	PE2 级 P2 级
18	30	13	8	4	3	2.5	13	8	4	3	2.5
30	50	15	10	5	4	2.5	15	10	5	4	2.5
50	80	20	10	5	4	2.5	20	10	5	4	2.5
80	120	25	13	6	5	2.5	25	13	6	5	2.5
120	150	30	18	8	6	2.5	30	18	8	6	2.5
150	180	30	18	8	6	5	30	18	8	6	5
180	250	40	20	10	8	5	40	20	10	8	5
250	315	50	25	13	10	—	50	25	13	10	—
315	400	60	30	15	12	—	60	30	15	12	—
400	500	65	35	18	14	—	65	35	18	14	—
500	630	70	40	20	16	—	70	40	20	16	—
630	800	80	—	—	—	—	80	—	—	—	—
800	1 000	90	—	—	—	—	90	—	—	—	—
1 000	1 250	100					100				

表 6 – 18　RE 型的外圈旋转精度

轴承内径 D /mm		外圈径向跳动容许值/μm					外圈轴向跳动容许值/μm				
超过	以下	0 级	PE6 级 P6 级	PE5 级 P5 级	PE4 级 P4 级	PE2 级 P2 级	0 级	PE6 级 P6 级	PE5 级 P5 级	PE4 级 P4 级	PE2 级 P2 级
30	50	20	10	7	5	2.5	20	10	7	5	2.5
50	80	25	13	8	5	4	25	13	8	5	4
80	120	35	18	10	6	5	35	18	10	6	5
120	150	40	20	11	7	5	40	20	11	7	5
150	180	45	23	13	8	5	45	23	13	8	5
180	250	50	25	15	10	7	50	25	15	10	7
250	315	60	30	18	11	7	60	30	18	11	7
315	400	70	35	20	13	8	70	35	20	13	8
400	500	80	40	23	15	—	80	40	23	15	—
500	630	100	50	25	16	—	100	50	25	16	—
630	800	120	60	30	20	—	120	60	30	20	—
800	1 000	120	75	—	—	—	120	75	—	—	—
1 000	1 250	120	—	—	—	—	120	—	—	—	—
1 250	1 600	120	—	—	—	—	120	—	—	—	—

表 6 – 19　RA/RA – C 型内圈旋转精度

轴承内径 d/mm		径向跳动 轴向跳动 容许值/μm
超过	以下	
40	65	13
65	80	15
80	100	15
100	120	20
120	140	25
140	180	25
180	200	30

　　当要求 RA/RA – C 型的内圈旋转精度比表 6 – 18 所示精度高时,可向 THK 公司咨询。

表 6 - 20　RA - C 型外圈旋转精度

轴承内径 d/mm		径向跳动 轴向跳动 容许值/μm
超过	以下	
65	80	13
80	100	15
100	120	15
120	140	20
140	180	25
180	200	25
200	250	30

注:表中的 RA - C 型的外圈旋转精度是分割前的数值

表 6 - 21　d_m 的尺寸允许误差表

轴承内径 d/mm		d_m 的容许误差/μm							
		0、P6、P5、P4、P2 级		PE6 级		PE5 级		PE4、PE2 级	
超过	以下	上	下	上	下	上	下	上	下
18	30	0	- 10	0	- 8	0	- 6	0	- 5
30	50	0	- 12	0	- 10	0	- 8	0	- 6
50	80	0	- 15	0	- 12	0	- 9	0	- 7
80	120	0	- 20	0	- 15	0	- 10	0	- 8
120	150	0	- 25	0	- 18	0	- 13	0	- 10
150	180	0	- 25	0	- 18	0	- 13	0	- 10
180	250	0	- 30	0	- 22	0	- 15	0	- 12
250	315	0	- 35	0	- 25	0	- 18	—	—
315	400	0	- 40	0	- 30	0	- 23	—	—
400	500	0	- 45	0	- 35	—	—	—	—
500	630	0	- 50	0	- 40	—	—	—	—
630	800	0	- 75	—	—	—	—	—	—
800	1 000	0	- 100	—	—	—	—	—	—
1 000	1 250	0	- 125	—	—	—	—	—	—

注:(1)RA/RA - C 的内径精度为 0 级,有关 0 级以上的精度可向 THK 公司咨询

(2)d_m 是通过对轴承内径进行测试而得到的最大直径和最小直径的算数平均值

(3)另外,在轴承内径的精度等级中,无数值记载的地方,其值可适用下一级精度等级中的最高等级的数值

表 6 – 22　D_m 的尺寸允许偏差表

轴承外径 D/mm		D_m 的容许误差/μm							
		0、P6、P5、P4、P2 级		PE6 级		PE5 级		PE4、PE2 级	
超过	以下	上	下	上	下	上	下	上	下
30	50	0	− 11	0	− 9	0	− 7	0	− 6
50	80	0	− 13	0	− 11	0	− 9	0	− 7
80	120	0	− 15	0	− 13	0	− 10	0	− 8
120	150	0	− 18	0	− 15	0	− 11	0	− 9
150	180	0	− 25	0	− 18	0	− 13	0	− 10
180	250	0	− 30	0	− 20	0	− 15	0	− 11
250	315	0	− 35	0	− 25	0	− 18	0	− 13
315	400	0	− 40	0	− 28	0	− 20	0	− 15
400	500	0	− 45	0	− 33	0	− 23	—	—
500	630	0	− 50	0	− 38	0	− 28	—	—
630	800	0	− 75	0	− 45	0	− 35	—	—
800	1 000	0	− 100	—	—	—	—	—	—
1 000	1 250	0	− 125	—	—	—	—	—	—
1 250	1 600	0	− 160	—	—	—	—	—	—

注：(1)RA/RA – C 的内径精度为 0 级,有关 0 级以上的精度可向 THK 公司咨询

(2)D_m 是通过对轴承外径进行测试而得到的最大直径和最小直径的算数平均值。另外,在轴承外径的精度等级中,无数值记载的地方,其值可适用下一级精度等级中的最高等级的数值

表 6 – 23　内外圈宽度的容许误差(所有等级通用)

轴承内径 d/mm		B 的容许误差/μm		B1 的容许误差/μm	
		使用 RB 型内圈、RE 型外圈		使用 RB 型外圈、RE 型内圈	
超过	以下	上	下	上	下
18	30	0	− 75	0	− 100
30	50	0	− 75	0	− 100
50	80	0	− 75	0	− 100
80	120	0	− 75	0	− 100
120	150	0	− 100	0	− 120
150	180	0	− 100	0	− 120
180	250	0	− 100	0	− 120
250	315	0	− 120	0	− 150
315	400	0	− 150	0	− 200
400	500	0	− 150	0	− 200
500	630	0	− 150	0	− 200

续表 6-23

轴承内径 d/mm		B 的容许误差/μm		B1 的容许误差/μm	
		使用 RB 型内圈、RE 型外圈		使用 RB 型外圈、RE 型内圈	
超过	以下	上	下	上	下
630	800	0	-150	0	-200
800	1 000	0	-300	0	-400
1 000	1 250	0	-300	0	-400

注:RA/RA-C 型的 B、B1 全部在 -0.120~0 的范围内制作

6.7.8　配合

关于 RB、RE 和 RA 型的配合,建议使用表 6-24 中所示的组合。

表 6-24　RB、RE 和 RA 型的配合

径向间隙	使用条件		轴	轴承座
C0	内圈旋转负荷	普通负荷	h5	H7
		冲击、力矩大的情况	h5	H7
	外圈旋转负荷	普通负荷	g5	JS7
		冲击、力矩大的情况	g5	JS7
C1	内圈旋转负荷	普通负荷	j5	H7
		冲击、力矩大的情况	k5	JS7
	外圈旋转负荷	普通负荷	g6	JS7
		冲击、力矩大的情况	h5	K7

对于 RB 型和 RE 型 USP 级系列的配合,建议采用表 6-25 所示的组合。

表 6-25　RA-C 型轴承的配合

径向间隙	使用条件	轴	轴承座
CCO	内圈旋转负荷	h5	J7
	外圈旋转负荷	g5	JS7
CO	内圈旋转负荷	5	J7
	外圈旋转负荷	g5	K7

对于 CCO 间隙时的配合,为防止产生过大的预压,要避免使用过盈配合,如机器人的关节部或旋转部,当选用 CCO 间隙时,建议采用 g5,H7 的配合。

6.7.9　公称型号的组成

只要按下列交叉滚子轴承的公称型号与 THK 公司联系,就能迅速报价、制作。

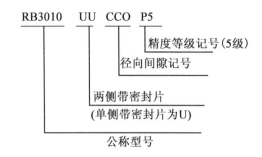

6.7.10　轴承座及侧面压紧法兰盘的设计

　　因交叉滚子轴承是小型薄壁结构,要充分考虑轴承座或侧面压紧法兰盘的刚性。

　　当外圈被分割成两部分时,如果轴承座或侧面压紧法兰盘及压紧螺栓刚性不足,就不能均匀地固定内圈和外圈,在承受力矩负荷时,轴承产生变形,滚子的接触状态会变得不均匀,轴承的性能就会显著降低。

　　如图6-30所示为交叉滚子轴承的安装实例。

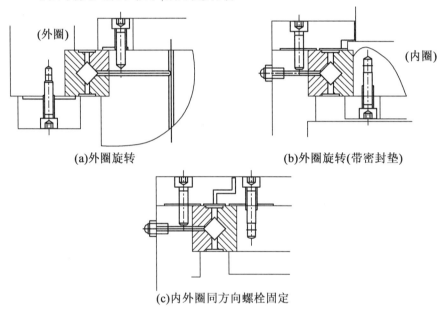

图6-30　交叉滚子轴承的安装实例

6.7.11　轴承座

　　轴承座的壁厚,按轴承端面高度的60%以上为基准进行设计,即

$$轴承座壁厚 = \frac{D-d}{2} \times 0.6 \text{ 以上}$$

式中　　D——轴承外圈直径;

　　　　d——轴承内圈直径。

　　如图6-31所示,采用螺纹孔拆卸轴承内、外圈时,就不会产生损伤。请注意,在拆卸外圈时一定不能推内圈或在拆卸内圈时推外圈。此外,轴承侧面压板尺寸,请参照轴承肩部尺寸,

按轴承尺寸表确定。

6.7.12 侧面压紧法兰盘及压紧螺栓

侧面压紧法兰盘的壁厚(F)、法兰盘部位的间隙值(s),可按图 6 - 32 中尺寸为基准。另外,尽管压紧螺栓的数目越多越安稳,仍可按表 6 - 26 的基准设计。

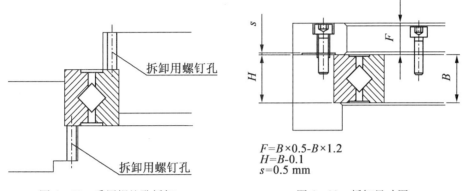

$F=B\times0.5-B\times1.2$
$H=B-0.1$
$s=0.5$ mm

图 6 - 31 采用螺纹孔拆卸   图 6 - 32 拆卸尺寸图

同时,即使轴或轴承座的材料是轻合金,侧面压紧法兰盘的材料还是建议采用铁质材料。拧紧压紧螺栓时,要使用扭矩扳手将螺栓结实地拧紧。

轴承座或侧面压紧法兰盘如果是一般的中硬度钢材,拧紧力矩见表 6 - 27。

表 6 - 26 压紧螺栓的数目与螺栓尺寸   mm

轴承外径 D		螺栓根数	螺栓尺寸(参考)
超出	以下		
—	100	8 以上	M3 ~ M5
100	200	12 以上	M4 ~ M8
200	500	16 以上	M5 ~ M12
500	—	24 以上	M12 以上

表 6 - 27 螺栓拧紧力矩   N·m

螺栓公称尺寸	拧紧力矩	螺栓公称尺寸	拧紧力矩
M3	2	M10	70
M4	4	M12	120
M5	9	M16	200
M6	14	M20	390
M8	30	M22	530

6.7.13 润滑

在交叉滚子轴承中,因已全部装入了优质锂基润滑脂2号,所以轴承到货后就可直接使用。但是,与一般滚子轴承相比,轴承内部空间小,以及对于润滑脂来讲,滚子滚动接触处于不利状况,必须定期补充润滑脂。

补充润滑脂是通过设在内、外圈上的与油沟项链的补油(脂)空来进行的。补充间隔时间通常为6个月至1年,补充的润滑脂要与被补充的同类同牌号。

轴承被润滑脂装满后,由于润滑脂的阻力,初期的旋转扭矩会暂时增大,等多余的润滑脂由密封部溢出后,阻力矩就会回到正常值。另外,在薄型轴承中没有设置油沟,可在轴承内径侧面设置油沟,以补充润滑脂。

6.7.14 轴承使用的注意事项

对二分割的内圈或外圈是用特殊的铆钉或螺栓—螺母连接在一起,再装入轴承座中使用。如果间隔保持器安装错了,对轴承旋转性能会产生很大影响,这时一般不要随便将轴承拆开。

(1)内圈或外圈的接缝,有时多少有些偏离,在装入轴承座之前请将固定内圈或外圈的螺栓拧松动,用塑料锤进行修正后再安装。对于铆钉连接接缝会随着轴承座而减小偏离,或增大偏离。

(2)安装或拆卸轴承时,一定不要给固定铆钉或螺栓施加外力(变形)。

(3)注意安装零部件的尺寸公差,使侧面压紧法兰盘能从侧面将内圈或外圈结实压紧。

6.7.15 安装次序

(1)安装前零部件的检查。将轴承座或其他的安装零部件进行清洗,清除污垢,并确认各零部件的毛刺是否已被除去。

(2)由于是薄壁轴承,装配时易发生倾斜,可用塑料锤一遍找准水平,一遍在圆周方向均匀地敲打,要一点一点地插入,直到能通过声音确认与接触面完全地靠近时为止。

(3)轴承拧紧螺栓,由暂时(初始)拧紧到正式拧紧可分为3~4个阶段,每个阶段按对角线上的顺序反复拧紧,如图6-33所示。

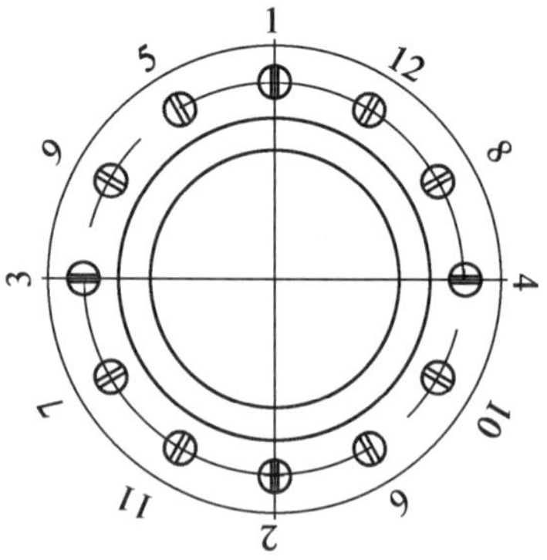

图6-33 拧紧顺序

在拧紧被分成2分割的内圈或外圈的压紧螺栓时,在拧紧过程中,经常将一体的外圈或内圈稍微转动一下,就能使2分割部偏离得到修正。

6.8 滚珠螺杆的选择计算

6.8.1 高速运送装置

高速运送装置(水平使用)如图6-34所示。

（1）选择条件。

工作台质量　$m_1 = 60$ kg

工件质量　$m_2 = 20$ kg

行程长度　$l_s = 1\ 000$ mm

最高速度　$v_{max} = 1$ m/s

加速时间　$t_1 = 0.15$ s

减速时间　$t_3 = 0.15$ s

每分钟往返次数　$n = 8$ min^{-1}

游隙　0.15 mm

定位精度　± 0.3 mm/1 000 mm（从一个方向进行定位）

反复定位精度　± 0.1 mm

最小进给量　$s = 0.020$ mm/脉冲

希望寿命时间　30 000 h

驱动电机　AC 伺服马达（电机）（额定转速 3 000 r·min^{-1}）

马达的转动惯量　$J_m = 1 \times 10^{-3}$ kg·m^2

减速机构　无（直接连接驱动）

导向面（滚动）摩擦系数　$\mu = 0.03$

导向面阻力　$f = 15$ N

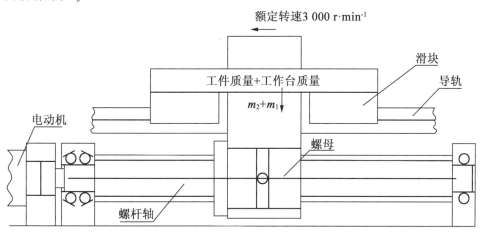

图 6 – 34　高速运送装置

（2）选择项目。

螺杆轴直径

导　程

螺母型号

精　度

轴向间隙

螺杆轴支承方式

驱动马达

（3）导程精度与轴向间隙的选择。

①导程精度的选择。为满足定位精度 ±0.3 mm/1 000 mm,按下式比例

$$\frac{\pm 0.3}{1\ 000} = \frac{\pm 0.090}{300}$$

必须选择 ±0.090 mm/300 mm 以上的导程精度,并以此选择螺杆的精度等级为 C7 级(参照 THK 公司商品目录 PD-31 表3选择)。

C7 级精度螺杆的累积导程误差为 ±0.05 mm/300 mm。因 C 级精度等级既可选用滚压(转造)滚珠螺杆,又有精密滚珠螺杆,在此首先选择价格低廉的滚压滚珠螺杆。

②轴向间隙的选择。为了满足 0.15 mm 游隙的要求,必须选择轴向间隙在 0.15 mm 以下的滚珠螺杆。参照 THK 公司 PD-33 表8,选择轴径在 32 mm 以下的滚珠螺杆。

综上所述,初定选择螺杆直径在 32 mm 以下,精度等级 C7 的滚压制造的滚珠螺杆。

(4)螺杆轴的选择。

①假设螺杆轴的选择。初设螺母全长 100 mm,螺杆轴端部长度也是 100 mm。因此,由于行程长度为 1 000 mm,则螺杆轴总长度是 1 000 + 100 + 100 = 1 200(mm)。

②导程的选择。驱动马达的额定转速是 3 000 r·min^{-1},进给最高速度是 1 m/s,所以滚珠螺杆的导程是

$$1 \times 1\ 000 \times 60/3\ 000 = 20(mm)$$

因此,必须选择 20 mm 以上的导程。

另外,因滚珠螺杆和马达之间不使用减速机而直接相连,AC 伺服马达每转一周的最小分辨率是根据通常随着 AC 伺服马达的标准角度测试仪的分率(1 000 p/r、1 500 p/r)而成为

> 1 000 p/r(无倍增)
>
> 1 500 p/r(无倍增)
>
> 2 000 p/r(2 倍增)
>
> 3 000 p/r(2 倍增)
>
> 4 000 p/r(4 倍增)
>
> 6 000 p/r(6 倍增)

为了满足选择条件中的最小进给量 0.020 mm/脉冲,可选择的导程为

> 20 mm　1 000 p/r
>
> 30 mm　1 500 p/r
>
> 40 mm　2 000 p/r
>
> 60 mm　3 000 p/r
>
> 80 mm　4 000 p/r

③螺杆轴直径的选择。为满足(3)的螺杆轴直径为 32 mm 以下,滚压(转造)滚珠螺杆及(4)的导程 20 mm、30 mm、40 mm、60 mm、80 mm 的滚珠螺杆参照 THK 公司 PD19 表2可得

螺杆轴直径	导程
15 mm	20 mm
15 mm	30 mm
20 mm	20 mm
20 mm	40 mm
30 mm	60 mm

另外,由(4)列出的螺杆轴长度在 1 200 mm 以上,如果螺杆轴直径是 15 mm 时,螺杆轴会

显得细长,因此要选择直径为 20 mm 以上的螺杆轴。

由上所述,有螺杆轴直径 20 mm,导程 20 mm;螺杆轴直径 20 mm,导程 40 mm;螺杆轴直径 30 mm,导程 60 mm 3 种选择。

④螺杆轴支承方式的选择。因行程为 1 000 mm 较长,最高运送速度是 1 m/s,属于高速使用,故螺杆轴的支承方式可选择"固定—支承"或"固定—固定"方式。

但是,"固定—固定"方式结构比较复杂,且对零件精度、组装精度的要求较高,成本也高。考虑以上因素,滚珠螺杆的支承方式选择"固定—支承"结构。

⑤容许轴向负荷的探讨。最大轴向负荷的计算:

导向面的阻力　　　　　　　　$f = 15$ N(无负荷时)

工作台质量　　　　　　　　　$m_1 = 60$ kg

工件质量　　　　　　　　　　$m_2 = 20$ kg

导向面摩擦系数　　　　　　　$\mu = 0.003$

最高运送速度　　　　　　　　$v_{max} = 1$ m/s

重力加速度　　　　　　　　　$g = 9.807$ m/s^2

加速时间　　　　　　　　　　$t_1 = 0.15$ s

由此,加速度为

$$a = \frac{v_{max}}{t_1} = \frac{1}{0.15} = 6.67(\text{m/s}^2)$$

去路加速时,轴向负荷

$$F_{a1} = \mu(m_1 + m_2)g + f + (m_1 + m_2)a = 550(\text{N})$$

去路等速时

$$F_{a2} = \mu(m_1 + m_2)g + f = 17(\text{N})$$

去路减速时

$$F_{a3} = \mu(m_1 + m_2)g + f - (m_1 + m_2)a = -516(\text{N})$$

回程加速时

$$F_{a4} = -\mu(m_1 + m_2)g - f - (m_1 + m_2)a = -550(\text{N})$$

回程等速时

$$F_{a5} = -\mu(m_1 + m_2)g - f = -17(\text{N})$$

回程减速时

$$F_{a6} = -\mu(m_1 + m_2)g - f + (m_1 + m_2)a = 516(\text{N})$$

由以上计算,作用于滚珠螺杆的最大轴向负荷为

$$F_{amax} = F_{a1} = 550 \text{ N}$$

螺杆直径越细,螺杆轴的容许轴向负荷越小。如果选定轴直径为 20 mm,导程 20 mm(沟槽谷径为 17.5 mm)能满足工作要求,那么使用轴直径 30 mm 的螺杆轴也不会存在问题。下面对所选用的螺杆轴直径 20 mm,导程 20 mm 来进行计算。

螺杆轴的压曲负荷计算。

由 PD - 46 可知,与安装方式相关的系数 $\eta = 20.0$ 为"固定—固定"安装方式。

安装间距 $l_a = 1\ 100$ mm(推算)

螺杆轴沟槽谷径　　　　　　　$d_1 = 17.5$ mm

螺杆轴压曲负荷

$$P_1 = \eta_2 \frac{d_1^4}{l_a^2} \times 10^4 = 20 \times \frac{17.5^4}{1\ 100^2} \times 10^4 = 15\ 500 (\text{N})$$

螺杆轴的容许压缩、拉伸负荷为

$$P_2 = 116 \times d_1^2 = 116 \times 17.5^2 = 35\ 500 (\text{N})$$

由上述计算可知,螺杆轴容许的压曲负荷、容许压缩负荷、拉伸负荷均大于最大轴向负荷,所以在使用上没有问题。

⑥容许转速的探讨。

a. 最高转速。已知螺杆轴直径 20 mm,导程 $l = 20$ mm,最高运送速度 $v_{max} = 1$ m/s,

最高转速 $\qquad n_{max} = \dfrac{v_{max} \times 60 \times 10^3}{l} = 3\ 000 (\text{r} \cdot \text{min}^{-1})$

螺杆轴直径 20 mm,导程 $l = 40$ mm,$v_{max} = 1$ m/s,

最高转速 $\qquad n_{max} = \dfrac{v_{max} \times 60 \times 10^3}{40} = 1\ 500 (\text{r} \cdot \text{min}^{-1})$

螺杆轴直径 30 mm,导程 $l = 60$ mm,$v_{max} = 1$ m/s,

$$n_{max} = \frac{v_{max} \times 60 \times 10^3}{60} = 1\ 000 (\text{r} \cdot \text{min}^{-1})$$

b. 由螺杆轴的临界转速所决定的容许转速。由安装方式所决定的系数 $\lambda_2 = 15.1$(参照 THK 公司 PD-48)

为探讨临界转速,安装方式取"固定—支承"结构,安装距离 $l_0 = 1\ 100$ mm,螺杆轴直径 20 mm,导程 20 mm 及 40 mm,螺杆轴沟槽谷径 $d_1 = 17.5$ mm

$$n_1 = \lambda_2 \times \frac{d_1}{l_b^2} \times 10^7 = 15.1 \times \frac{17.5}{1\ 100^2} \times 10^7 = 2\ 180 (\text{r} \cdot \text{min}^{-1})$$

也可以由 THK 公司 PD-49 图 23 直接查得 n_1。

当螺杆轴直径为 30 mm,导程 60 mm,沟槽谷径 $d_1 = 26.4$ mm 时,

$$n_1 = \lambda_2 \times \frac{d_1}{l_b^2} \times 10^7 = 15.1 \times \frac{26.4}{1\ 100^2} \times 10^7 = 3\ 294 (\text{r} \cdot \text{min}^{-1})$$

同样,也可由 THK 公司 PD-49 图 23 直接查得 n_1。

c. 由 DN 值所决定的容许转速。螺杆轴直径 20 mm,导程 20 mm 及 40 mm(大导程滚珠螺杆),滚珠中心直径 $D = 20.75$ mm,

$$n_2 = \frac{70\ 000}{D} = \frac{70\ 000}{20.75} = 3\ 370 (\text{r} \cdot \text{min}^{-1})$$

螺杆轴径 30 mm,导程 60 mm(大导程滚珠螺杆),滚珠中心直径 $D = 31.25$ mm,

$$n_2 = \frac{70\ 000}{31.25} = 2\ 240 (\text{r} \cdot \text{min}^{-1})$$

由上述计算可知:

a. 当螺杆直径为 20 mm、导程 $l = 20$ mm 时,螺杆轴的最高转速 $n_{max} = 3\ 000$ r·min^{-1},超过了临界转速 $n_1 = 2\ 180$ r·min^{-1}。

b. 当螺杆直径为 20 mm、导程 40 mm 及螺杆直径为 30 mm、导程为 60 mm 时,其最高转速为 1 500 r·min^{-1} 及 1 000 r·min^{-1},均小于临界转速 2 180 r·min^{-1} 及 3 294 r·min^{-1},也小于由 DN 值决定的转速(3 370 r·min^{-1} 及 2 240 r·min^{-1})。

因此,选择螺杆轴径 $d = 20$ mm、导程 $l = 40$ mm 或螺杆轴径 30 mm、导程 60 mm 的螺杆是合理的。

(5)螺母的选择。

①螺母型号的选择。使用转造(滚压)滚动螺杆,螺杆轴直径 20 mm、导程 40 mm 及螺杆直径 30 mm、导程60 mm 的螺母为大导程转造滚动螺杆型,可供选择的有:

$$WTF2040 - 2 \quad (C_a = 5.4 \text{ kN}, C_{0a} = 13.6 \text{ kN})$$
$$WTF2040 - 3 \quad (C_a = 6.6 \text{ kN}, C_{0a} = 17.2 \text{ kN})$$
$$WTF2040 - 2 \quad (C_a = 11.8 \text{ kN}, C_{0a} = 30.6 \text{ kN})$$
$$WTF2040 - 3 \quad (C_a = 14.5 \text{ kN}, C_{0a} = 38.9 \text{ kN})$$

②容许轴向负荷。采用基本额定静负荷(C_{0a})最小的 WTF2040 - 2($C_{0a} = 13.6$ kN)型进行分析。

由于属于高速运送装置(1 m/s),在加速、减速时具有冲击作用,故设定 $f_s = 2.5$(静安全系数)。

容许轴向负荷

$$\frac{C_{0a}}{f_s} = \frac{13.6}{2.5} = 5.44(\text{kN}) = 5 \ 440(\text{N})$$

与最大轴向负荷 550 N 相比,容许轴向负荷 $\left(\dfrac{C_{0a}}{f_s}\right)$ 大,所以不存在问题。

行走距离计算:

最高速度 $v_{max} = 1$ m/s

加速时间 $t_1 = 0.15$ s

减速时间 $t_3 = 0.15$ s

加速时的行走距离为

$$l_{1.4} = \frac{v_{max} \cdot t_1}{2} \times 10^3 = \frac{1 \times 0.15}{2} \times 10^3 = 75(\text{mm})$$

等速时行走距离为

$$l_{2.5} = l_3 - \frac{v_{max} \cdot t_1 + v_{max} \cdot t_3}{2} \times 10^3 = 1 \ 000 - \frac{1 \times 0.15 + 1 \times 0.15}{2} \times 10^3 = 850(\text{mm})$$

减速时行走距离为

$$l_{3.6} = \frac{v_{max} \cdot t_3}{2} \times 10^3 = \frac{1 \times 0.15}{2} \times 10^3 = 75(\text{mm})$$

如上计算,轴向负荷与行走距离的关系见表 6 - 28。

表 6 - 28　　轴向负荷与行走距离的关系

动作	轴向负荷 F_{aN}/N	行走距离 l_N/mm
NO.1 去路加速时	550	75
NO.2 去路等速时	17	850
NO.3 去路减速时	-516	75
NO.4 回程加速时	-550	75
NO.5 回程等速时	-17	850
NO.6 回程减速时	516	75

因负荷的方向 F_{a3}、F_{a4}、F_{a5} 是相反的(数值为"-"),所以要计算正反两个方向的平均轴向负荷。

③平均轴向负荷。

a.计算正符号方向平均轴向负荷,应按 $F_{a3} = F_{a4} = F_{a5} = 0$(N)进行计算,即

$$F_{m1} = \sqrt[3]{\frac{F_{a1}^3 \times l_1 + F_{a2}^3 \times l_2 + F_{a6}^3 \times l_6}{l_1 + l_2 + l_3 + l_4 + l_5 + l_6}} = 225(\text{N})$$

b.计算负符号方向的平均轴向负荷,因负荷方向不同,不考虑正方向负荷,即 $F_{a1} = F_{a2} = F_{a6} = 0$(N)来进行计算,即

$$F_{m2} = \sqrt[3]{\frac{|F_{a3}|^3 \times l_3 + |F_{a4}|^3 l_4 + |F_{a5}|^3 l_5}{l_1 + l_2 + l_3 + l_4 + l_5 + l_6}} = 225(\text{N})$$

由计算可知 $F_{m1} = F_{m2}$,所以平均轴向负荷为

$$F_m = F_{m1} = F_{m2} = 225 \text{ N}$$

④额定寿命。

负荷系数　$f_W = 1.5$(参照 THK 公司 PD - 54)

平均负荷　WTF2040 - 2

额定寿命 L(r)以下式计算:

$$L = \left(\frac{C_a}{f_w \cdot F_m}\right)^3 \times 10^6$$

结果见表 6 - 29。

表 6 - 29　　额定寿命表

型号	额定动负荷 C_a/N	额定寿命 L/r
WTF2040 - 2	5 400	4.10×10^9
WTF2040 - 3	6 600	7.47×10^9
WTF3060 - 2	11 800	4.27×10^{10}
WTF3060 - 3	14 500	7.93×10^{10}

⑤每分钟平均转速。

每分钟往返次数　$n = 8 \text{ r} \cdot \text{min}^{-1}$

行程　$l_s = 1\ 000$ mm

a.导程　$l = 40$ mm

$$n_{\mathrm{m}} = \frac{2 \times n \times l_{\mathrm{s}}}{l} = \frac{2 \times 8 \times 1\,000}{40} = 400(\mathrm{r} \cdot \mathrm{min}^{-1})$$

b. 导程 $l = 60$ mm

$$n_{\mathrm{m}} = \frac{2 \times n \times l_{\mathrm{s}}}{l} = \frac{2 \times 8 \times 1\,000}{40} = 267(\mathrm{r} \cdot \mathrm{min}^{-1})$$

⑥根据额定寿命计算寿命时间 L_{h}（以小时 h 表示）。

a. WTF2040 − 2 型。

额定寿命 $L = 4.10 \times 10^{9}$ r

每分钟平均转速 $n_{\mathrm{m}} = 400$ r · min^{-1}

$$L_{\mathrm{h}} = \frac{L}{60 \times n_{\mathrm{m}}} = \frac{4.10 \times 10^{9}}{60 \times 400} = 171\,000(\mathrm{h})$$

b. WTF2040 − 3 型。

额定寿命 $L = 7.47 \times 10^{9}$ r

$$n_{\mathrm{m}} = 400 \text{ r} \cdot \mathrm{min}^{-1}$$

$$L_{\mathrm{h}} = \frac{L}{60 \times n_{\mathrm{m}}} = \frac{7.47 \times 10^{9}}{60 \times 400} = 311\,000(\mathrm{h})$$

c. WTF3060 − 2 型。

额定寿命 $L = 4.27 \times 10^{10}$ r

$$n_{\mathrm{m}} = 267 \text{ r} \cdot \mathrm{min}^{-1}$$

$$L_{\mathrm{h}} = \frac{L}{60 \times n_{\mathrm{m}}} = \frac{4.27 \times 10^{10}}{60 \times 267} = 2\,670\,000(\mathrm{h})$$

d. WTF3060 − 3 型。

额定寿命 $L = 7.93 \times 10^{10}$ r

$$n_{\mathrm{m}} = 267 \text{ r} \cdot \mathrm{min}^{-1}$$

$$L_{\mathrm{h}} = \frac{L}{60 \times n_{\mathrm{m}}} = \frac{7.93 \times 10^{10}}{60 \times 267} = 4\,950\,000(\mathrm{h})$$

⑦根据额定寿命（转数）计算行走寿命（距离）L_{s}。

a. WTF2040 − 2 型。

额定寿命 $L = 4.10 \times 10^{9}$ r

导程 $l = 40$ mm

$$L_{\mathrm{s}} = L \times l \times 10^{-6} = 4.10 \times 10^{9} \times 40 \times 10^{-6} = 164\,000(\mathrm{km})$$

b. WTF2040 − 3 型。

$$L = 7.47 \times 10^{9} \text{ r}$$

$$l = 40 \text{ mm}$$

$$L_{\mathrm{s}} = L \times l \times 10^{-6} = 7.47 \times 10^{9} \times 40 \times 10^{-6} = 298\,800(\mathrm{km})$$

c. WTF3060 − 2 型。

$$L = 4.27 \times 10^{10} \text{ r}$$

$$l = 60 \text{ mm}$$

$$L_{\mathrm{s}} = L \times l \times 10^{-6} = 4.27 \times 10^{10} \times 60 \times 10^{-6} = 2\,562\,000(\mathrm{km})$$

d. WTF3060 − 3 型。

$$L = 7.93 \times 10^{10} \text{ r}$$

$$l = 60 \text{ mm}$$

$$L_s = L \times l \times 10^{-6} = 7.93 \times 10^{10} \times 60 \times 10^{-6} = 4\ 758\ 000 (\text{km})$$

由上述计算可知,能满足寿命时间 30 000 h 的螺杆,可选择:WTF2040 - 2、WTF2040 - 3、WTF3060 - 2、WTF3060 - 3 等 4 种型号。

(6)刚性的探讨。

作为选择条件,高速运送装置对刚性无特别要求,可以省略。

(7)定位精度的探讨。

①导程精度。在(3)项中,选择了精度等级 C7 级。

C7 级精度规定:累积导程误差为 ±0.05 mm/300 mm,依此评定定位精度可满足要求 ±0.3 mm/1 000 mm。

②轴向间隙。从一个方向进行定位时,轴向间隙不影响定位精度,所以无须讨论。

WTF2040 型,轴向间隙为 0.1 mm。

WTF3060 型,轴向间隙为 0.14 mm。

③轴向刚性。由于轴向负荷不发生变化,可以不需要根据轴向刚度来探讨定位精度。

④热变形分析。假设在工作中,温度上升 5 ℃,因温度上升引起的定位误差为

$$\Delta l = \rho \times \Delta t \times l = 12 \times 10^{-6} \times 5 \times 1\ 000 = 0.06 (\text{mm})$$

⑤运行中姿态变化的影响。因滚珠螺杆中心与需要精度的位置相距 150 mm,因此有必要探讨运行中姿势的变化对定位精度的影响。

假设俯仰角在 ±10″以下,因俯仰角引起的定位误差为

$$\Delta a = l \times \sin\ \theta = 150\sin(\pm 10″) = \pm 0.007 (\text{mm})$$

由此可知定位精度 Δp 为

$$\Delta p = 累积导程误差 + 姿势变化引起的误差 + 热变形引起的误差$$

$$= 0.05/300 \times 1\ 000 + 0.007 + 0.06$$

$$= 0.234 \text{ mm}/1\ 000 \text{ mm} < 0.3 \text{ mm}/1\ 000 \text{ mm}$$

满足选择条件。

根据上述计算可知:能满足选择条件的滚珠螺杆有 WTF2040 - 2、WTF2040 - 3、WTF3060 - 2、WTF3060 - 3 型,按其中最小型选择 WTF2040 - 2 型。

(8)回转扭矩。

①由外部负荷产生的摩擦扭矩 T_1。回转扭矩为

$$T_1 = \frac{F_a \cdot l}{2\pi \cdot \eta} A = \frac{17 \times 40}{2\pi \times 0.9} \times 1 = 120 (\text{N} \cdot \text{mm})$$

式中 F_a——轴向负荷(N);

   l——导程(mm);

   η——传动效率(0.9);

   A——电机与螺杆之间的减速比,无减速器的直接驱动,$A = 1$。

②由滚珠螺杆预压产生的附加扭矩。因未实施对滚动螺杆的预压,无预压产生的扭矩。

③加速所需要的扭矩。螺杆每单位长度的惯性矩 J_s 为 1.23×10^{-3} kg·cm²/mm(参照产品样本),螺杆轴全长 1 200 mm 的惯性矩为

$$J_s = 1.23 \times 10^{-3} \times 1\ 200 = 1.48 \text{ kg} \cdot \text{cm}^2 = 1.48 \times 10^{-4} (\text{kg} \cdot \text{m}^2)$$

整个运动部件的惯性矩 J 为

$$J = (m_1 + m_2)\left(\frac{l}{2\pi}\right)^2 \cdot A^2 \times 10^{-6} + J_s \cdot A^2$$

$$= (60 + 20)\left(\frac{40}{2\pi}\right)^2 \times 1^2 \times 10^{-6} + 1.48 \times 10^{-4} \times 1^2$$

$$= 3.39 \times 10^{-3}(\text{kg} \cdot \text{m}^2)$$

角加速度为

$$\omega = \frac{2\pi \cdot n}{60 t_1} = \frac{2\pi \times 1\,500}{60 \times 0.15} = 1\,050(\text{rad/s})$$

由上述计算,加速时所需要的扭矩 T_2 为

$$T_2 = (J + J_M) \times \omega$$

$$= (3.39 \times 10^{-3} + 1 \times 10^{-3}) \times 1\,050$$

$$= 4.61(\text{N} \cdot \text{m})$$

$$= 4.61 \times 10^3(\text{N} \cdot \text{mm})$$

式中　J_M——马达转子惯性矩,$J_M = 1 \times 10^{-3}$ N·m。

各运动程序所需扭矩

加速时

$$T_k = T_1 + T_2 = 120 + 4.61 \times 10^3 = 4\,730(\text{N} \cdot \text{mm}) = 4.73(\text{N} \cdot \text{m})$$

等速时

$$T_t = T_1 = 120 \text{ N} \cdot \text{mm}$$

减速时

$$T_g = T_1 - T_2 = 120 - 4\,610 = -4\,490(\text{N} \cdot \text{mm}) = -4.49(\text{N} \cdot \text{m})$$

(9)驱动马达(电动机)。

①转速。滚珠螺杆的导程根据马达的额定转速进行选择,本题:

最高使用转速　　　　　　$n_{max} = 1\,500$ r·min^{-1}

电动机额定转速　　　　　$n_0 = 3\,000$ r·min^{-1}

②最小进给量。和转速一样,选择滚珠螺杆的导程通常是根据 AC 伺服马达所使用的角度测试仪进行的,无须探讨。

角度测试仪的分辨率　1 000 p/r

2 倍增　2 000 p/r

③马达的扭矩。在(8)中计算加速时所产生的扭矩便是所需要的最大扭矩,即

$$T_{max} = 4\,730 \text{ N} \cdot \text{mm}$$

因此,AC 伺服马达的瞬间最大扭矩必须在 4 730 N·mm 以上。

④扭矩的有效值。综合选择条件和在(8)中计算出的扭矩:

加速时

$$T_k = 4\,730 \text{ N} \cdot \text{mm}$$

$$t_1 = 0.15 \text{ s}$$

等速时

$$T_t = 120 \text{ N} \cdot \text{mm}$$

$$t_2 = 0.85 \text{ s}$$

减速时

$$T_g = 4\ 490\ \text{N} \cdot \text{mm}$$
$$t_3 = 0.15\ \text{s}$$

停止时

$$T_s = 0$$
$$t_4 = 2.6\ \text{s}$$

扭矩有效值为

$$T_{rms} = \sqrt{\frac{T_k^2 \cdot t_1 + T_t^2 \cdot t_2 + T_g^2 \cdot t_3 + T_s \cdot t_4}{t_1 + t_2 + t_3 + t_4}}$$

$$= \sqrt{\frac{4\ 730^2 \times 0.15 + 120^2 \times 0.85 + 4\ 490^2 \times 0.15 + 0}{0.15 + 0.85 + 0.15 + 2.6}}$$

$$= 1\ 305 (\text{N} \cdot \text{mm})$$

⑤惯性矩。作用于马达上的惯性矩,在(8)中已经计算了,即

$$J = 3.39 \times 10^{-3}\ \text{kg} \cdot \text{m}^2$$

尽管马达制造厂家不同,生产的马达也不同,通常马达本身有必要具有作用在马达上的惯性矩的 $1/10$ 以上的惯性矩。因此,AC 伺服马达的惯性矩必为 $J_M = 3.39 \times 10^{-4}\ \text{kg} \cdot \text{m}^2$ 以上。

6.8.2   垂直运送装置

垂直运送装置如图 6−35 所示。

(1)选择条件。

工作台质量

$$m_1 = 40\ \text{kg}$$

工件质量

$$m_2 = 10\ \text{kg}$$

行程长度

$$l_s = 600\ \text{mm}$$

最高速度

$$v_{max} = 0.3\ \text{m/s}$$

加速时间

$$t_1 = 0.2\ \text{s}$$

减速时间

$$t_3 = 0.2\ \text{s}$$

每分钟往返次数

$$n = 5\ \text{min}^{-1}$$

游隙

$$0.1\ \text{mm}$$

定位精度

$$\pm 0.7\ \text{mm}/600\ \text{mm}$$

反复定位精度

$$\pm 0.05\ \text{mm}$$

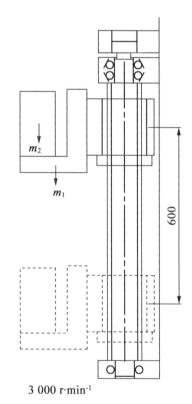

3 000 r·min⁻¹

图 6−35   垂直运送装置

最小进给量

$$s = 0.01 \text{ mm/脉冲}$$

寿命时间

$$20\ 000 \text{ h}$$

驱动马达

AC 伺服马达,额定转速 3 000 r · min^{-1}

马达的惯性矩

$$J_M = 5 \times 10^{-5} \text{ kg} \cdot \text{m}^2$$

减速机构

无(直接驱动螺杆)

导向面摩擦系数(滚动)

$$\mu = 0.03$$

导向面阻力

$$f = 20 \text{ N(无负荷时)}$$

(2)选择项目。

螺杆轴直径

轴向间隙

导　程

螺杆轴的支承方式

螺母型号

驱动马达

精　度

(3)导程精度和轴向间隙的选择。

①导程精度的选择。为满足定位精度 ±0.7 mm/600 mm,则有

$$\frac{\pm 0.7}{600} = \frac{\pm 0.35}{300}$$

可知导程精度必须选择在 ±0.35 mm/300 mm 以上。由此,滚珠螺杆的精度等级选择为 C10,其累积导程误差为 ±0.21 mm/300 mm。

精度等级 C10 有价格低廉的转造(滚压)滚珠螺杆可选。

②轴向间隙的选择。尽管要求游隙在 0.1 mm 以下,因是垂直使用,轴向负荷常作用于一个方向,所以不管轴向间隙是多少,工作时也不成为游隙,则轴向间隙不会产生问题,选择价格低廉的转造(滚制)滚珠螺杆是合理的。

(4)螺杆轴的选择。

①初选螺杆轴长度。初设螺母长度为 100 mm,螺杆轴端部长度为 100 mm,行程长为 600 mm,那么螺杆总长度为

$$600 + 100 + 100 = 800(\text{mm})$$

②导程的选择。因驱动马达的额定转速是 3 000 r · min^{-1},最高运送速度是 0.3 m/s,所以螺杆的导程为

$$\frac{0.3 \times 60 \times 1\ 000}{3\ 000} = 6(\text{mm})$$

因此,导程必须选择 6 mm 以上,以满足最高运送速度的要求。

另外,滚珠螺杆与马达之间不使用减速机而直接驱动,AC 伺服马达每转一周的最小分辨率是根据 AC 马达所带的标准角度测试仪的分辨率而定的,其值为:

$$1\ 000\ p/r(无倍增)$$
$$1\ 500\ p/r(无倍增)$$
$$2\ 000\ p/r(2\ 倍增)$$
$$3\ 000\ p/r(2\ 倍增)$$
$$4\ 000\ p/r(4\ 倍增)$$
$$6\ 000\ p/r(4\ 倍增)$$

为了满足选择条件中的最小进给量 0.01 mm/脉冲,当导程选择为 6 mm 及 8 mm 时,因最小进给量为 0.002 mm/脉冲,为满足最高进给速度 $v_{max} = 0.3$ m/s,要求马达驱动器提供指令控制器的脉冲必须是 150 kp/s。$(0.002 \times 150 = 0.3$ m/s$)$,这时控制器的成本会增加。

如果螺杆导程选择过大,马达所需要的驱动扭矩也会变大,成本也会增加。

因此,综上考虑,将滚珠螺杆的导程确定为 10 mm。

③螺杆轴直径的选择。满足(3)所选择的转造滚珠螺杆;(4)所选择的导程 10 mm 的螺杆共有:

螺杆轴直径	导程
15 mm	10 mm
20 mm	10 mm
25 mm	10 mm

根据上述值,选择螺杆轴直径为 15 mm,导程为 10 mm。

④螺杆轴支承方式的确定。因使用行程长度为 600 mm,最高运送速度为 0.3 m/s(螺杆轴转速为 1 800 r·min^{-1}),选择螺杆轴的支承方式为"固定—支承",以容纳热变形。

⑤容许轴向负荷的探讨。计算最大轴向负荷,由于工作条件为:

导向面的阻力 $f = 20$ N(无外负荷时)

工作台质量 $m_1 = 40$ kg

工件质量 $m_2 = 10$ kg

最高速度 $v_{max} = 0.3$ m/s^2

加速时间 $t_1 = 0.2$ s

所以,加速度为

$$a = \frac{v_{max}}{t_1} = \frac{0.3}{0.25} = 1.5 \ \text{m/s}^2 \quad 计算错误$$

则轴向负荷为:

上升加速时

$$\begin{aligned} F_{a1} &= (m_1 + m_2)g + f + (m_1 + m_2)a \\ &= (40 + 10) \times 9.8 + 20 + (40 + 10) \times 1.5 \\ &= 585(\text{N}) \end{aligned}$$

上升等速时

$$\begin{aligned} F_{a2} &= (m_1 + m_2)g + f \\ &= (40 + 10) \times 9.8 + 20 \end{aligned}$$

$$= 510(\text{N})$$

上升减速时

$$\begin{aligned} F_{a3} &= (m_1 + m_2)g + f - (m_1 + m_2)a \\ &= (40 + 10) \times 9.8 + 20 - (40 + 10) \times 1.5 \\ &= 435(\text{N}) \end{aligned}$$

下降加速时

$$\begin{aligned} F_{a4} &= (m_1 + m_2)g - f - (m_1 + m_2)a \\ &= (40 + 10) \times 9.8 - 20 - (40 + 10) \times 1.5 \\ &= 395(\text{N}) \end{aligned}$$

下降等速时

$$\begin{aligned} F_{a5} &= (m_1 + m_2)g - f \\ &= (40 + 10) \times 9.8 - 20 \\ &= 470(\text{N}) \end{aligned}$$

下降减速时

$$\begin{aligned} F_{a6} &= (m_1 + m_2)g - f + (m_1 + m_2)a \\ &= (40 + 10) \times 9.8 - 20 + (40 + 10) \times 1.5 \\ &= 545(\text{N}) \end{aligned}$$

根据上述计算,可知作用在螺杆上的最大轴向负荷为

$$F_{a\max} = F_{a1} = 585 \text{ N}$$

计算螺杆轴的压曲(压杆稳定)负荷:螺杆安装方式的系数(端头系数)η_2,根据安装方式"固定—支承"得 $\eta_2 = 20$。("固定—支承"时 $\eta_2 = 10$)

安装间距　　　　　　　　　$l_a = 700 \text{ mm}$(推算)

螺杆轴沟槽谷径　　　　　　$d_1 = 12.5 \text{ mm}$

螺杆轴容许压曲负荷

$$P_1 = \eta_2 \frac{d_1^4}{l_a^2} \times 10^4 = 20 \times \frac{12.5^4}{700^2} \times 10^4 = 9\,960(\text{N})$$

沟槽处容许压缩、拉伸负荷为

$$P_2 = 116 \times d_1^2 = 116 \times 12.5^2 = 18\,100(\text{N})$$

由于最大轴向负荷 $F_{a\max} = 585 \text{ N} < \begin{cases} P_1 = 9\,960 \text{ N} \\ P_2 = 18\,100 \text{ N} \end{cases}$,该螺杆轴在工作中不存在问题。

⑥容许转速分析。

最高转速　$n_{\max}$

螺杆轴直径 15 mm,导程 10 mm

最高速度　$v_{\max} = 0.3 \text{ m/s}$

导　　　程　$l = 10 \text{ mm}$

$$n_{\max} = \frac{v_{\max} \times 60 \times 10^3}{l} = \frac{0.3 \times 60 \times 10^3}{10} = 1\,800(\text{r} \cdot \text{min}^{-1})$$

由螺杆轴的临界转速所决定的容许转速 n_1。

由安装方式所决定的系数 $\lambda_2 = 15.1$。

为探讨临界转速,对于"固定—支承"安装方式,安装间距 $l_b = 700 \text{ mm}$,螺杆轴直径15 mm,

导程 10 mm,螺杆轴沟槽谷径 $d_1 = 12.5$ mm,其临界转速为

$$n_1 = \lambda_2 \times \frac{d_1}{l_b^2} \times 10^7 = 15.1 \times \frac{12.5}{700^2} \times 10^7 = 3\ 852 (\text{r} \cdot \text{min}^{-1})$$

由 DN 值所决定的容许转速 n_2。

螺杆轴直径 15 mm,导程 10 mm(属于大导程滚珠螺杆)。

球中心直径 $D = 15.75$ mm

$$n_2 = \frac{70\ 000}{D} = \frac{70\ 000}{15.75} = 4\ 444 (\text{r} \cdot \text{min}^{-1})$$

由于最高工作转速 $n_{max} = 1\ 800\ \text{r} \cdot \text{min}^{-1} < \begin{cases} n_1 = 3\ 852 \\ n_2 = 4\ 444 \end{cases} \text{r} \cdot \text{min}^{-1}$,在工作中不会产生问题。

(5)螺母的选择。

①螺母型号的选择。选择螺杆直径 15 mm、导程 10 mm 的大导程转造滚珠螺杆,型号 BLK1510 -5.6,$C_a = 9.8$ kN,$C_{0a} = 25.2$ kN。

②容许轴向负荷 $[F_{amax}]$。因加速、减速时有冲击负荷作用,设 $f_s = 2$,则容许轴向负荷为

$$[F_{amax}] = \frac{C_{0a}}{f_s} = \frac{25.2}{2} = 12.6(\text{kN}) = 12\ 600(\text{N}) \gg F_{amax} = 585\ \text{N}$$

在工作中不存在问题。

如上所述(计算),轴向负荷与行走距离的关系见表 6-30。

表 6-30 轴向负荷与行走距离的关系

动作(No 序号)	轴向负荷 F_{aN}/N	行走距离 l_N/min
No.1 上升时加速	585	30
No.2 上升时等速	510	540
No.3 上升时减速	435	30
No.4 下降时加速	395	30
No.5 下降时等速	470	540
No.6 下降时减速	545	30

③寿命的计算。

a. 行走距离计算。

最高行走速度 $v_{max} = 0.3$ m/s

加速时间 $t_1 = 0.2$ s

减速时间 $t_3 = 0.2$ s

No. n——表示动作序号。

加速时行走距离

$$l_{1.4} = \frac{v_{max} \cdot t_1}{2} \times 10^3 = 30(\text{mm})$$

等速时行走距离

$$l_{2.5} = l_s - \frac{v_{max} \cdot t_1 + v_{max} \cdot t_3}{2} \times 10^3 = 600 - \frac{0.3 \times 0.2 + 0.3 \times 0.2}{2} \times 10^3 = 540(\text{mm})$$

减速时行走距离

$$l_{3.6} = \frac{v_{\max} \cdot t_3}{2} \times 10^3 = \frac{0.3 \times 0.2}{2} \times 10^3 = 30(\text{mm})$$

b. 轴向平均负荷。

$$F_{\text{m}} = \sqrt[3]{\frac{1}{2 \times l_{\text{s}}}(F_{\text{a1}}^3 \cdot l_1 + F_{\text{a2}}^3 \cdot l_2 + F_{\text{a3}}^3 \cdot l_3 + F_{\text{a4}}^3 \cdot l_4 + F_{\text{a5}}^3 \cdot l_5 + F_{\text{a6}}^3 \cdot l_6)} = 492(\text{N})$$

c. 额定寿命。

额定动负荷 $\hspace{5cm} C_{\text{a}} = 9\,800 \text{ N}$

负荷系数 $\hspace{5.5cm} f_{\text{w}} = 1.5$

平均负荷 $\hspace{5.5cm} F_{\text{m}} = 492 \text{ N}$

额定寿命

$$L = \left(\frac{C_{\text{a}}}{f_{\text{w}} \cdot F_{\text{m}}}\right)^3 \times 10^6 = \left(\frac{9\,800}{1.5 \times 492}\right)^2 \times 10^6 = 2.34 \times 10^9 (\text{r})$$

每分钟的平均转速 $\hspace{4.5cm} n_{\text{m}}$

每分钟往复次数 $\hspace{4.5cm} n = 5 \text{ min}$

行程 $\hspace{6cm} l_{\text{s}} = 600 \text{ mm}$

导程 $\hspace{6cm} l = 10 \text{ mm}$

$$n_{\text{m}} = \frac{2 \times n \times l_{\text{s}}}{l} = \frac{2 \times 5 \times 600}{10} = 600(\text{r} \cdot \text{min}^{-1})$$

由额定寿命算出寿命时间 L_{h}:

额定寿命 $\hspace{5cm} L = 2.34 \times 10^9 \text{ r}$

每分钟的平均转速 $\hspace{4cm} n_{\text{m}} = 600 \text{ r} \cdot \text{min}^{-1}$

$$L_{\text{h}} = \frac{L}{60 \cdot n_{\text{m}}} = \frac{2.34 \times 10^9}{60 \times 600} = 65\,000(\text{h})$$

由额定寿命算出行走距离 L_{s}:

额定寿命 $\hspace{5cm} L = 2.34 \times 10^9 \text{ r}$

导程 $\hspace{6cm} l = 10 \text{ mm}$

$$L_{\text{s}} = L \times l \times 10^{-6} = 2.34 \times 10^9 \times 10 \times 10^{-6} = 23\,400(\text{km})$$

由上述计算得知,BLK1510 滚珠螺杆满足所希望的寿命时间 20 000 h。

(6)刚性的探讨。

此算题的已知选择条件中没有刚性的标准,而且在使用条件中没有特别要求,故在此省略。

(7)定位精度。

①导程精度的探讨。在(2)(3)项中,选择了精度等级为 C10,其累积导程误差为 $\pm 0.21 \text{ mm}/300 \text{ mm}$。

②轴向间隙的探讨。因为是垂直工作,轴向负荷总是向下一个方向,故无须讨论轴向间隙的影响。

③轴向刚度的探讨。对于所要求的定位精度,所选择的导程精度足够,故可省略探讨由于轴向刚度对轴向定位精度的影响。

④热变形的探讨。同理,对于所要求的定位精度,由于所选择的导程精度足够,故可省略

探讨因热变形对定位精度的影响。

　　⑤运行中姿态变化的探讨。同理,对所要求的定位精度,所选择的导程精度足够,可以省略在运行中姿态的微小变化对定位精度的影响。

　　(8)回转扭矩的探讨。

　　①由外部负荷作用所需的扭矩。

　　上升加速时

$$T_1 = \frac{F_{a1} \cdot l}{2\pi \cdot \eta} = \frac{585 \times 10}{2\pi \times 0.9} = 1\ 030\ (\mathrm{N \cdot mm})$$

　　上升等速时

$$T_2 = \frac{F_{a2} \cdot l}{2\pi \cdot \eta} = \frac{510 \times 10}{2\pi \times 0.9} = 900\ (\mathrm{N \cdot mm})$$

　　上升减速时

$$T_3 = 770\ \mathrm{N \cdot mm}\ \left(T_3 = \frac{F_{a3} \cdot l}{2\pi \cdot \eta} = \frac{435 \times 10}{2\pi \cdot 0.9} = 770\ (\mathrm{N \cdot m})\right)$$

　　下降加速时

$$T_4 = 620\ \mathrm{N \cdot mm}\ \left(T_4 = \frac{F_{a4} \cdot l}{2\pi \cdot \eta} = \frac{395 \times 10}{2\pi \cdot 0.9} = 698\ (\mathrm{N \cdot m})\right)$$

　　下降等速时

$$T_5 = 730\ \mathrm{N \cdot mm}\ \left(T_5 = \frac{F_{a5} \cdot l}{2\pi \cdot \eta} = \frac{470 \times 10}{2\pi \cdot 0.9} = 831\ (\mathrm{N \cdot m})\right)$$

　　下降减速时

$$T_6 = 830\ \mathrm{N \cdot mm}\ \left(T_6 = \frac{F_{a6} \cdot l}{2\pi \cdot \eta} = \frac{545 \times 10}{2\pi \cdot 0.9} = 964\ (\mathrm{N \cdot m})\right)$$

　　②由滚珠螺杆的预紧产生的扭矩。因未进行预紧,所以不考虑预紧产生的扭矩。

　　③加速时电机所需要的附加扭矩。查产品说明书,其单位长度的转动惯量为 3.9×10^{-4} $\mathrm{kg \cdot cm^2/mm}$,螺杆全长为 800 mm 的转动惯量为

$$J_s = 3.9 \times 10^{-4} \times 800 = 0.31\ (\mathrm{kg \cdot cm^2}) = 0.31 \times 10^{-4}\ (\mathrm{kg \cdot m^2})$$

　　输送机构的转动惯量为

$$\begin{aligned}
J &= (m_1 + m_2)\left(\frac{l}{2\pi}\right)^2 \cdot A^2 \times 10^{-6} + J_s \cdot A^2 \\
&= (40 + 10)\left(\frac{10}{2\pi}\right)^2 \times 1^2 \times 10^{-6} + 0.31 \times 10^{-4} \times 1^2 \\
&= 1.58 \times 10^{-4}\ (\mathrm{kg \cdot m^2})
\end{aligned}$$

　　角加速度

$$\omega = \frac{2\pi \cdot N}{60t} = \frac{2\pi \times 1\ 800}{60 \times 0.2} = 942\ (\mathrm{rad/s})$$

　　由上述计算,加速所需要的惯性扭矩

$$T_7 = (J + J_M) \times \omega = (1.58 \times 10^{-4} + 5 \times 10^{-5}) \times 942 = 200\ (\mathrm{N \cdot mm})$$

式中　J_M——马达转子的转动惯量。

　　输送机构驱动电机扭矩为

　　上升加速时

$$T_{k1} = T_1 + T_7 = 1\ 030 + 200 = 1\ 230(\text{N} \cdot \text{mm})$$

上升等速时

$$T_{t1} = T_2 = 900\ \text{N} \cdot \text{mm}$$

上升减速时

$$T_{g1} = T_3 - T_7 = 770 - 200 = 570(\text{N} \cdot \text{mm})$$

同样，

下降加速时

$$T_{k2} = T_4 - T_7 = 620 - 200 = 420(\text{N} \cdot \text{mm})$$

下降等速时

$$T_{t2} = T_5 - 0 = 730 - 0 = 730(\text{N} \cdot \text{mm})$$

下降减速时

$$T_{g2} = T_6 + T_7 = 830 + 200 = 1\ 030(\text{N} \cdot \text{mm})$$

（9）驱动马达探讨。

①转速。滚珠螺杆的导程是根据马达的额定转速选定的，即最高工作转速为 1 800 r · min^{-1}；马达额定转速为 3 000 r · min^{-1}。

②最小进给量。和转速一样，选择螺杆的导程，一般是根据 AC 伺服马达所使用的角度测试仪而定的，因此无须再探讨。

此题所选的马达测角仪分辨率为 1 000 p/r。

③马达的扭矩。在（8）中，计算上升加速时所需要的扭矩是工作所需的最大扭矩，即

$$T_{\max} = T_{k1} = 1\ 230\ \text{N} \cdot \text{mm}$$

因此，AC 伺服马达的瞬时最大扭矩必须在 1 230 N · mm 以上。

④扭矩的有效值。

综合选择条件和在（8）中计算出的扭矩分别为：

上升加速时

$$T_{k1} = 1\ 230\ \text{N} \cdot \text{mm}$$
$$t_1 = 0.2\ \text{s}$$

上升等速时

$$T_{t1} = 900\ \text{N} \cdot \text{mm}$$
$$t_2 = 1.8\ \text{s}$$

上升减速时

$$T_{g1} = 570\ \text{N} \cdot \text{mm}$$
$$t_3 = 0.2\ \text{s}$$

下降加速时

$$T_{k2} = 420\ \text{N} \cdot \text{mm}$$
$$t_1 = 0.2\ \text{s}$$

下降等速时

$$T_{t2} = 720\ \text{N} \cdot \text{mm}$$
$$t_2 = 1.8\ \text{s}$$

下降减速时

$$T_{g2} = 1\ 080\ \text{N} \cdot \text{mm}$$

停止时（$m_2 = 0$）

$$t_3 = 0.2 \text{ s}$$

$$T_s = 730 \text{ N} \cdot \text{mm}$$

$$t_4 = 7.6 \text{ s}$$

扭矩有效值为

$$T_{max} = \sqrt{\frac{T_{k1}^2 \cdot t_1 + T_{t1}^2 \cdot t_2 + T_{g1}^2 \cdot t_3 + T_{k2}^2 \cdot t_1 + T_{t2}^2 \cdot t_2 + T_{g2}^2 \cdot t_3 + T_s^2 \cdot t_4}{t_1 + t_2 + t_3 + t_1 + t_2 + t_3 + t_7}}$$

$$= \sqrt{\frac{1\,230^2 \times 0.2 + 900^2 \times 1.8 + 570^2 \times 0.2 + 420^2 \times 0.2 + 720^2 \times 1.8 + 1\,080^2 \times 0.2 + 720^2 \times 7.6}{0.2 + 1.8 + 0.2 + 0.2 + 1.8 + 0.2 + 7.6}}$$

$$= 770(\text{N} \cdot \text{mm})$$

因此，马达的额定转矩必须在 770 N·mm 以上。

⑤转动惯量。作用在马达上的转动惯量，在(2)(8)中已经计算了，即

$$J = 1.58 \times 10^{-4} \text{ kg} \cdot \text{m}^2$$

因马达的生产厂家不同，马达转子的转动惯量，通常是作用在马达上的转动惯量的 1/10 以上（即马达转子的转动惯量应等于马达所带动的外部转动惯量的 1/10 以上）。

因此，AC 伺服马达的转动惯量应在

$$1.58 \times 10^{-4} \times \frac{1}{10} = 1.58 \times 10^{-5} (\text{kg} \cdot \text{m}^2)$$

到此计算范例结束。

6.9　滚珠花键设计计算

6.9.1　滚珠花键种类及特点

(1)圆筒型滚珠花键(LBS 型)。

外筒外径为直筒型，做传递扭矩时，将键敲入外筒键槽中，是径向尺寸最小的结构，通常外筒外径进行渗碳处理。

(2)圆筒型重负滚珠花键(LBST 型)。

与 LBS 型具有相同的外径，属于外筒增加了长度的重负荷型。最适合用在空间小、扭矩大的地方，或有悬臂负荷长力矩作用的地方。

(3)法兰型滚珠花键(LBF 型)。

利用法兰通过蝶栓将外筒固定在支承座上，故装配简单，最适于用在支承座上无键槽（如果加工键槽有变形危险）或者支承座的宽度较窄的地方。注意，如果在法兰部位敲入定位销钉，可完全防止配合部分产生相对转动的危险。

(4)角型滚珠花键(LBH 型)。

具有连接刚度较大的角型外筒，不需要支承座可直接装在机械立体上。因此十分小巧简单，并可获得高刚性的直线运动导向作用。

(5)精密实芯花键(标准型)(图 6 - 36(a))。

通过冷拔成形的花键，对其上的滚动沟槽进行精密研磨，达到高精度后再与外筒配合。

（6）中空花键（K 型）（图 6－36（b））。

在需要配管、配线、排气或减轻质量的设备，可采用中空花键轴。

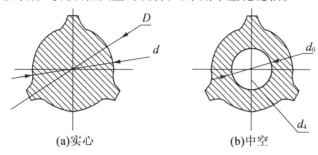

（a）实心　　　　　　　　**（b）中空**

图 6－36　两种花键截面示意图

（7）特殊花键轴。

花键轴端或中间部分的直径较大时，用切削加工制作花键部分。

6.9.2　滚珠花键轴的强度计算

（1）承受弯曲的花键轴。

当弯矩作用在滚珠花键的花键轴上时，根据下式可求出最适合的花键轴径：

$$M = \sigma Z \text{ 或 } Z = \frac{M}{\sigma} \qquad (6-66)$$

式中　M——作用在轴上的最大弯矩（N·mm）；

　　　σ——轴的允许弯曲应力，$\sigma = 98$ N/mm²；

　　　Z——轴的抗弯断面系数（mm³），由式（6－66）求得。

（2）承受扭矩的花键轴。

当扭矩作用在滚珠花键的花键轴上时，根据下式求出最合适的花键轴径：

$$T = \tau_a \cdot Z_P \text{ 或 } Z_P = \frac{T}{\tau_a} \qquad (6-67)$$

式中　T——最大扭矩（N·mm）；

　　　τ_a——轴的扭转容许应力，$\tau_a = 49$ N/mm²；

　　　Z_P——轴的扭转断面系数（mm³）。

（3）同时承受扭转和弯曲作用时。

当弯矩和扭矩同时作用在滚珠花键的花键轴上时，考虑当量弯矩 M_e 和当量扭矩 T_e（图 6－37），分别计算花键的外径，取其中较大的值。

当量弯矩

$$M_e = \frac{M + \sqrt{M^2 + T^2}}{2} = \frac{M}{2}\left[1 + \sqrt{1 + \left(\frac{T}{M}\right)^2}\right] \qquad (6-68)$$

当量扭矩

$$T_e = \sqrt{M^2 + T^2} = M\sqrt{1 + \left(\frac{T}{M}\right)^2} \qquad (6-69)$$

（4）花键轴的刚度。

花键轴的刚度是用单位长度为 $l = 1$ m 的花键轴的扭转角 θ 来表示的，它被限制在 $\frac{1}{4}$°左右。

扭转角

$$\theta = 57.3 \frac{T \cdot L}{GI_P} \tag{6-70}$$

即

$$\text{轴的刚度} = \frac{\text{扭转角}}{\text{单位长度}} = \frac{\theta}{l} < \frac{1}{4}$$

式中　θ——扭转角（°）（图 6-38）；

　　　L——轴的长度（mm）；

　　　G——剪切弹性系数，$G = 7.9 \times 10^4$ N/mm²；

　　　l——单位长度，$l = 1\ 000$ mm；

　　　I_P——断面 2 次极矩即扭转惯性矩（mm⁴）。

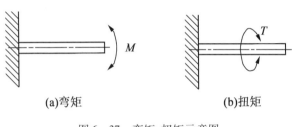

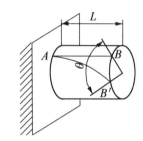

图 6-37　弯矩、扭矩示意图　　　　　　　　图 6-38　扭转角

（5）花键轴的挠度和挠角，要根据与其受力条件相适应的公式表计算，在表 6-31、表 6-32 中，表示了各种各样使用条件时的计算式。

表 6-31　挠度、挠角计算式 1

支承方式	规格条件	挠度计算式	挠角计算式
两端自由	$\frac{l}{2}$　P　j_2　δ_{max}　l	$\delta_{max} = \dfrac{Pl^3}{48EI}$	$j_1 = 0$ $j_2 = \dfrac{Pl^2}{16EI}$
两端固定	$\frac{l}{2}$　P　δ_{max}　l	$\delta_{max} = \dfrac{Pl^3}{192EI}$	$j_1 = 0$ $j_2 = 0$
两端自由	均等分布负荷 q　δ_{max}　l	$\delta_{max} = \dfrac{5ql^3}{384EI}$	$j_2 = \dfrac{ql^3}{32EI}$
两端固定	q　δ_{max}　l	$\delta_{max} = \dfrac{ql^4}{384EI}$	$j_2 = 0$

表 6 - 32 挠度、挠角计算式 2

支承方式	规格条件	挠度计算式	挠角计算式
一端固定		$\delta_{max} = \dfrac{Pl^3}{3EI}$	$j_1 = \dfrac{Pl^2}{2EI}$ $j_2 = 0$
	均布负荷 q	$\delta_{max} = \dfrac{ql^4}{8EI}$	$j_1 = \dfrac{ql^3}{6EI}$ $j_2 = 0$
两端固定		$\delta_{max} = \dfrac{\sqrt{3}\,M_0 l^3}{216EI}$	$j_1 = \dfrac{M_0 l}{12EI}$ $j_2 = \dfrac{M_0 l}{24EI}$
		$\delta_{max} = \dfrac{M_0 l^2}{216EI}$	$j_1 = \dfrac{M_0 l}{16EI}$ $j_2 = 0$

表中参数: δ_{max}——最大挠度(mm); M_0——力矩(N·mm); l——跨距(mm); j_1——负荷作用点的挠角; j_2——支承点挠角; P——集中载荷(N); I——断面惯性矩(mm^4); q——均布载荷; E——纵向弹性系数(2.06 × 10^5 N/mm^2)

6.9.3 滚珠花键轴的临界速度

采用滚珠花键传递动力,当花键轴旋转,花键轴转速与花键轴固有频率相等或接近时,便产生共振。因此,最高转速必须限制在不产生共振的程度。超过共振点使用时,或在共振点附近使用时,则有必要探讨花键轴的直径。计算花键导轨的临界转速,应乘以安全系数(0.8)以确保安全。

$$N_c = \frac{60\lambda^2}{2\pi l_b^2}\sqrt{\frac{E \times 10^3 \cdot I}{\gamma A}} \tag{6-71}$$

式中 N_c——临界转速(r·min^{-1});

l_b——跨距(mm);

E——纵向弹性系数, $E = 2.06 \times 10^5$ N/mm^2;

I——轴的最小惯性矩(mm^4), $I = \dfrac{\pi}{64}d_1^4$ (d_1 为最小直径,mm);

γ——密度(比重), 7.85×10^{-6} kg/mm^3;

A——花键轴断面积, $A = \dfrac{\pi}{4}d_1^2$;

λ——支承方式所决定的系数(图 6 - 39)。

（1）固定—自由，$\lambda = 1.875$；

（2）支持—支持，$\lambda = 3.142$；

（3）固定—支持，$\lambda = 3.927$；

（4）固定—固定，$\lambda = 4.730$。

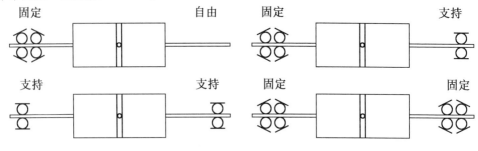

固定　　　　　　　自由　　　固定　　　　　　　支持

支持　　　　　　　支持　　　固定　　　　　　　固定

图 6 - 39　支承方式

花键轴断面特性：

I——断面惯性矩（mm^4）；

Z——断面系数（模量）（mm^3）；

I_P——极断面惯性矩（mm^4）；

Z_P——极断面系数（mm^3）。

①LBS 型花键轴的断面特性，见 THK"综合商品目录"B - 18 表 3（"直线运动系统"B 产品目录）。

②LT 型花键轴的断面特性，见 THK"综合商品目录"B - 19 表 4（"直线运动系统"B 产品目录）。

6.9.4　寿命计算

（1）额定寿命。

同一批制造出来的滚珠花键，在相同运动条件下，其寿命也有很大差别。因此，作为计算直线运动系统的基准，采用以下所定义的额定寿命。

额定寿命就是，让一批同样直线运动的系统在同样条件下分别运动时，其中的 90% 不产生剥离（伤）所能达到的总运行距离。

（2）额定寿命计算。

滚珠花键所负荷的情况可分为：

①在承受扭矩下运动；

②承受径向负荷下运动；

③承受力矩下运动。

（3）各负荷方向的基本额定载荷均记在尺寸表中，故其寿命可按下式计算。

①承受扭矩负荷时。

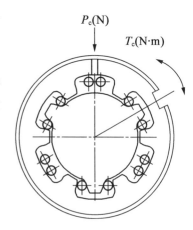

$P_c(N)$

$T_c(N\cdot m)$

图 6 - 40　滚珠花键示意图

$$L = \left(\frac{f_{\mathrm{r}} \cdot f_{\mathrm{c}}}{f_{\mathrm{W}}} \cdot \frac{C_{\mathrm{r}}}{T_{\mathrm{c}}} \right)^3 \times 50 \tag{6-72}$$

②承受径向负荷时。

$$L = \left(\frac{f_{\mathrm{r}} \cdot f_{\mathrm{c}}}{f_{\mathrm{W}}} \cdot \frac{C_{\mathrm{t}}}{P_{\mathrm{c}}} \right)^3 \times 50 \tag{6-73}$$

式中　L——额定寿命(km)；

　　　C_{r}——基本额定动扭矩(N·m)；

　　　T_{c}——计算负荷扭矩(N·m)；

　　　C——基本额动负荷(N)；

　　　P_{c}——计算径向负荷(N)(如负荷是变化的,P_{c} 以平均负荷 P_{m} 代换)；

　　　f_{r}——温度系数(参看 THK A3-19 图 1,"直线运动系统"产品解说)；

　　　f_{c}——接触系数(参看 THK A3-19 表 5,"直线运动系统"产品解说)；

　　　f_{W}——负荷系数(参看 THK A3-19 表 6,"直线运动系统"产品解说)。

③同时承受扭矩和径向负荷时。同时承受扭矩和径向负荷时,根据下式求出等效径向负荷 P_{E} 后,再计算寿命：

$$P_{\mathrm{E}} = P_{\mathrm{c}} + \frac{4 T_{\mathrm{c}} \times 10^3}{j \cdot d_{\mathrm{p}} \cdot \cos \alpha} \tag{6-74}$$

式中　P_{E}——等效(当量)径向负荷(N)；

　　　$\cos \alpha$——接触角；

　　　j——负荷列数：LBS 型 $\alpha = 45°$,$j = 3$(LBS15 以上)

　　　　　　　　　　　LT 型 $\alpha = 70°$,$j = 2$(LT13 以下)

　　　　　　　　　　　　　　　　　$j = 3$(LT16 以上)；

　　　d_{p}——滚珠中心直径(mm)。

④外筒一个,或两个靠紧使用时承受力矩负荷时。按下式求出等效径向负荷后,再计算寿命：

$$P_{\mathrm{U}} = KM \tag{6-75}$$

式中　P_{U}——等效径向负荷(N)(由力矩负荷产生)；

　　　K——等效系数；

　　　M——负荷力矩(N·mm)。

但是,M 应小于容许静力矩。

⑤同时承受力矩和径向负荷时。根据径向负荷与等效径向负荷的总和计算寿命。

用上述公式计算额定寿命(L)后,行程和次数一定时,寿命时间可按下式计算：

$$L_{\mathrm{h}} = \frac{L \times 10^3}{2 \times l_{\mathrm{s}} \times n_1 \times 60} \tag{6-76}$$

式中　L_{h}——寿命时间(h)；

　　　l_{s}——行程长度(m)；

　　　n_1——每分钟往返次数(0 pm)。

a. 温度系数 f_{T}。

滚珠花键的环境温度超过 100 ℃的高温时,高温引起的不良影响,在计算寿命时要乘以温度系数。

注:滚珠花键也具有适合高温的产品。

空气温度超过 80 ℃时,花键密封垫片、保持器材料也必须相应变成高温规格的材料。

b. 接触系数 f_c。

将直线运动导向的外筒靠紧使用时,由于力矩或安装精度的影响,很难得到均等的负荷分布。因此,在几个外筒靠紧使用时,应在基本额定负荷(C 及 C_0)上乘以接触系数 f_c(表 6 - 33)。

表 6 - 33　接触系数 f_c

靠紧时的外筒	接触系数 f_c
2	0.81
3	0.72
4	0.66
5	0.61
通常使用	1.0

注:在大型装置中,若预料负荷分布不均匀,须考虑上述的接触系数

c. 负荷系数 f_W。

通常往返运动的机械,在运动中大都伴有振动和冲击,特别是高速运转时产生的振动,以及经常反复启动、停止时所引起的冲击等,要全部正确算出来是很困难的。因此,在不能实际作用于直线运动系统上的负荷,或速度、振动的影响很大时,应将基本额定负荷(C 及 C_0)除以表 6 - 34 中由经验所得到的负荷系数。

表 6 - 34　负荷系数 f_W

振动、冲击	速度 v	f_W
微小	微速时 $v \leqslant 0.25$ m/s	1 ~ 1.2
小	低速时 $0.25 < v \leqslant 1.0$ m/s	1.2 ~ 1.5
中	中速时 $1.0 < v \leqslant 2.0$ m/s	1.5 ~ 2.0
大	高速时 $v > 2.0$ m/s	2.0 ~ 3.5

6.9.5　平均负荷计算

以工业用机器人的摇臂为例,前进时抓住工件运动,后退时(已放下 2 件)即只有摇臂自重时,或是像机床那样,作用在外筒上的负荷,根据各种条件而变动时,必须考虑负荷的变化情况来进行寿命计算。

平均负荷(P_m)是指,当作用在外筒上的负荷伴随着运行中各种条件而变动时,与这个变动负荷条件下的寿命具有相同寿命的一定负荷(图 6 - 41)。

$$P_m = \sqrt[3]{\frac{1}{L} \cdot \sum_{n=1}^{n} (P_n^3 \cdot L_n)} \qquad (6 - 77)$$

式中　P_m——平均负荷(N);

P_n——变动负荷(N);

L——运行总距离(mm);

L_n——P_n 负荷作用下的运行距离(mm)。

(1)阶段性变化的情况(图 6-42)。

$$P_m = \sqrt[3]{\frac{1}{L} \cdot \sum_{n=1}^{n} (P_n^3 \cdot L_n)} \qquad (6-78)$$

式中　P_m——平均负荷(N);

P_n——变动负荷(N);

L——运行总距离(m);

L_n——P_n 负荷作用下的运行距离(m)。

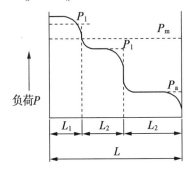

图 6-41　运行距离与负荷的关系 1
（阶段性变化）

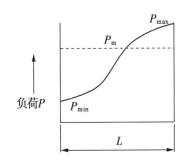

图 6-42　运行距离与负荷的关系 2
（单调变化）

(2)单调变化的情况。

$$P_m \approx \frac{1}{3}(P_{min} + 2P_{max}) \qquad (6-79)$$

式中　P_{min}——最小负荷(N);

P_{max}——最大负荷(N)。

(3)正弦曲线式变化的情况(图 6-43)。

这时可将正弦曲线折算平均载荷 P_m 进行计算。

① $\qquad\qquad\qquad\qquad P_m \approx 0.65 P_{max}$ $\qquad\qquad\qquad (6-80)$

② $\qquad\qquad\qquad\qquad P_m \approx 0.75 P_{max}$ $\qquad\qquad\qquad (6-81)$

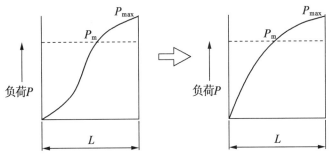

图 6-43　运行距离与负荷的关系 3(正弦变化)

6.9.6　等效系数表

（1）滚珠花键所受力矩如图 6 - 44 所示。表 6 - 35 表示 LBS 各型号滚珠花键在承受力矩时的等效径向负荷系数 K。

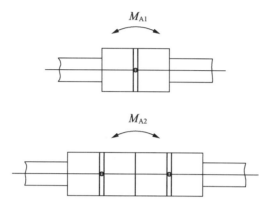

图 6 - 44　滚珠花键所受力矩

表 6 - 35　滚珠花键的型号及等效系数（LBS 型）

公称型号	等效系数 K	
	1 个外筒	2 个外筒靠紧
LBS 15	0.22	0.022
LBS 20	0.24	0.030
LBST 20	0.17	0.027
LBS 25	0.19	0.026
LBST 25	0.14	0.023
LBS 30	0.16	0.022
LBST 30	0.12	0.020
LBS 40	0.12	0.017
LBST 40	0.10	0.016
LBS 50	0.11	0.015
LBST 50	0.09	0.014
LBST 60	0.08	0.013
LBS 70	0.10	0.013
LBST 70	0.08	0.012
LBS 85	0.08	0.011
LBST 85	0.07	0.010
LBS 100	0.08	0.009
LBST 100	0.06	0.009
LBST 120	0.05	0.008
LBST 150	0.045	0.006

但是,LBF60 与 LBST60 等效系数相同;LBH15 与 LBS15 型等效系数相同。

(2)滚珠花键 LT 型的等效系数 K。

表 6 - 36 　滚珠花键的型号及等效系数(LT 型)

公称型号	等效系数 K	
	1 个外筒	2 个外筒靠紧
LT 4	0.65	0.096
LT 5	0.55	0.076
LT 6	0.47	0.060
LT 8	0.47	0.058
LT 10	0.31	0.045
LT 13	0.30	0.042
LT 16	0.19	0.032
LT 20	0.16	0.026
LT 25	0.13	0.023
LT 30	0.12	0.020
LT 40	0.088	0.016
LT 50	0.071	0.013
LT 60	0.070	0.011
LT 80	0.062	0.009
LT 100	0.057	0.008

注:LF 型与 LT 型具有相同的等效系数 K

6.9.7 　寿命计算实例

(1)例题 1。

工业用机器人的摇臂(水平)。

①使用条件(图 6 - 45)。

顶端负荷质量

$$m = 50 \ kg$$

行程

$$l_s = 200 \ mm$$

外筒安装跨距(假定),如图 6 - 46 所示。

$$L_1 = 150 \ mm$$

最大行程时摇臂长度

$$L_{max} = 400 \ mm$$

$$L_2 = 325 \ mm$$

$$L_3 = 50 \ mm$$

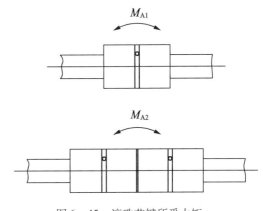

图 6 - 45 　滚珠花键所受力矩

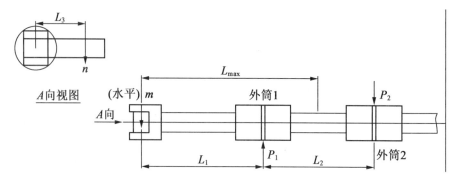

图 6 – 46　滚珠花键结构参数

②轴的强度计算。计算作用于轴上的弯矩 M 和扭矩 T。

$$M = m \times 9.8 \times L_{max} = 196\ 000 (\text{N} \cdot \text{mm})$$

$$T = m \times 9.8 \times L_3 = 24\ 500 (\text{N} \cdot \text{mm})$$

因同时承受扭矩和弯矩,所以要计算当量弯矩(M_e)和当量扭矩(T_e),根据数值大的一方来决定轴径,根据式(6 – 68)、式(6 – 69)得

$$M_e = \frac{M + \sqrt{M^2 + T^2}}{2} \approx 196\ 762.7 (\text{N} \cdot \text{mm})$$

$$T_e = \sqrt{M^2 + T^2} \approx 197\ 525.3 (\text{N} \cdot \text{mm})$$

$$M_e < T_e$$

所以根据 $T_e = \tau_a \times Z_p$

$$Z_p = \frac{T_e}{\tau_a} \approx 4\ 031 (\text{mm}) \quad (\tau_a = 49\ \text{N}/\text{mm}^2)$$

从表 3(THK 公司产品目录 B – 18(直线运动系统手册))得知,能满足 Z_p 值的 LBS 型的公称轴径,应选择 LBS40 以上的公称轴径(表中 $Z_p = 7\ 460$)。

③平均负荷 P_m。先计算摇臂最大伸长时的作用负荷(P_{max})和缩短时的作用负荷(P_{min}),再分别计算外筒的平均负荷。

a. 伸长时

$$P_{1max} = \frac{m \times 9.8 \times (L_1 + L_2)}{L_1} \approx 1\ 551.7 (\text{N}) \quad (\text{伸长量}\ L_1 + L_2)$$

$$P_{2max} = \frac{m \times 9.8 \times L_2}{L_1} = 1\ 061.7 (\text{N})$$

b. 缩短时

$$P_{1max} = \frac{m \times 9.8 \times [(L_2 - l_s) + L_1]}{L_1} = 898.3 (\text{N})$$

$$P_{2max} = \frac{m \times 9.8 \times (L_2 - l_s)}{L_1} = 408.3 (\text{N})$$

上述变动负荷,如 P9 变化单调情况的图示,负荷呈单调变化,故可使用式(6 – 79)来计算平均负荷:

①外筒 1 的平均负荷(P_{1m})为

$$P_{1m} = \frac{1}{3} (P_{1min} + 2P_{1max}) = 1\ 333.9 (\text{N})$$

②外筒 2 的平均负荷(P_{2m})为

$$P_{2m} = \frac{1}{3}\left(P_{2min} + 2P_{2max}\right) = 843.9(\text{N})$$

③计算作用在单个外筒上的扭矩。

$$T = \frac{m \times 9.8 \times L_3}{2} = 12\ 250(\text{N} \cdot \text{mm})$$

④因同时承受径向负荷和扭矩,根据式(6-74)计算等效径向负荷。

$$P_{1E} = P_{1m} + \frac{4 \times T}{3 \times dp \times \cos\alpha} = 1\ 911.4(\text{N})$$

$$P_{2E} = P_{2m} + \frac{4 \times T}{3 \times dp \times \cos\alpha} = 1\ 421.4(\text{N})$$

(5)额定寿命 L_n。

根据式(6-74)额定寿命的计算公式为

$$L_1 = \left(\frac{f_T \times f_c}{f_W} \times \frac{C}{P_{1E}}\right)^3 \times 50 = 36\ 598.9(\text{km})$$

$$L_2 = \left(\frac{f_T \times f_c}{f_W} \times \frac{C}{P_{2E}}\right)^3 \times 50 = 88\ 996.8(\text{km})$$

如上述寿命计算,在已知使用条件下,单元寿命应是外筒(套)1 的 36 598.9 km。

(2)例题 2。

以摇臂设备为例,其运行的速度-时间关系如图 6-47 所示,摇臂设备的尺寸及质量如图 6-48 所示。

行程(1 个行程 30 s)。

①下降(3.5 s);

②静止(1 s)有工件;

③上升(3.5 s);

④静止(7 s);

⑤下降(3.5 s);

⑥静止(1 s)无工件;

⑦上升(3.5 s);

⑧静止(7 s)。

①使用条件。

推力位置(点)F_s

行程速度

$$v_{max} = 0.25\ \text{m/s}$$

加速度

$a = 0.36\ \text{m/s}^2$ 根据速度线图

行程

$$s = 700\ \text{m}$$

外筒支座质量

$$m_1 = 30\ \text{kg}$$

摇臂质量

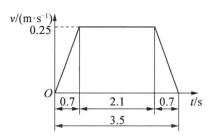

图 6-47　速度-时间图

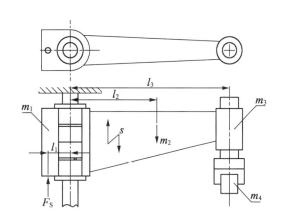

图 6-48　摇臂设备的尺寸及质量

$$m_2 = 20 \text{ kg}$$

摇臂顶端部质量

$$m_3 = 15 \text{ kg}$$

工件质量

$$m_4 = 12 \text{ kg}$$

从推力作用位置到各质量(重心)的尺寸:$l_1 = 200 \text{ mm}$,$l_2 = 500 \text{ mm}$,$l_3 = 1\,276 \text{ mm}$。

②轴的强度计算。计算轴的强度,假定使用 LBS60(LBF60 的 2 个靠紧使用)。

③根据各质量 m_n 计算作用于外筒(套)上的负荷量。

计算在加速时、等速时、减速时各质量(m_n)作用在外筒(套)上的力矩(M_n):

加速时的负荷力矩 M_1

$$M_1 = m_n \times 9.8 \left(1 \pm \frac{a}{g} \right) \times l_n \tag{a}$$

等速时的负荷力矩 M_2

$$M_2 = m_n \times 9.8 \times l_n \tag{b}$$

减速时的负荷力矩 M_3

$$M_3 = m_n \times 9.8 \left(1 \mp \frac{a}{g} \right) \times l_n \tag{c}$$

式中 m_n——各质量(kg);

   a——加速度(m/s^2);

   g——重力加速度;

   l_n——各负荷作用点与推力中心的偏心量(mm)。

在上述公式中,可令 $A = 1 + \dfrac{a}{g}$、$B = 1 - \dfrac{a}{g}$。

a. 下降时,根据公式(c)

$$M_{m1} = m_1 \times 9.8 \times B \times l_1 + m_2 \times 9.8 \times B \times (l_1 + l_2) + m_3 \times 9.8 \times B \times (l_1 + l_3)$$
$$= 398\,105.01(\text{N} \cdot \text{mm})$$

根据公式(b)

$$M_{m2} = m_1 \times 9.8 \times l_1 + m_2 \times 9.8 \times (l_1 + l_2) + m_3 \times 9.8 \times (l_1 + l_3) = 412\,972(\text{N} \cdot \text{mm})$$

根据公式(a)

$$M_{m3} = m_1 \times 9.8 \times A \times l_1 + m_2 \times 9.8 \times A \times (l_1 + l_2) + m_3 \times 9.8 \times A \times (l_1 + l_3)$$
$$= 427\,838.99(\text{N} \cdot \text{mm})$$

b. 上升时,根据公式(a)

$$M_{m1} = m_1 \times 9.8 \times A \times l_1 + m_2 \times 9.8 \times A \times (l_1 + l_2) + m_3 \times 9.8 \times A \times (l_1 + l_3)$$
$$= 427\,838.99(\text{N} \cdot \text{mm})$$

根据公式(b)

$$M_{m2} = m_1 \times 9.8 \times l_1 + m_2 \times 9.8 \times (l_1 + l_2) + m_3 \times 9.8 \times (l_1 + l_3) = 412\,972(\text{N} \cdot \text{mm})$$

根据公式(c)

$$M_{m3} = m_1 \times 9.8 \times B \times l_1 + m_2 \times 9.8 \times B \times (l_1 + l_2) + m_3 \times 9.8 \times B \times (l_1 + l_3)$$
$$= 398\,105.01(\text{N} \cdot \text{mm})$$

c. 下降时(有工件时),根据公式(c),工件质量为 m_4

$$M_{\text{N1}} = M_{\text{m1}} + m_4 \times 9.8 \times B \times (l_1 + l_3) = 565\,433.83(\text{N} \cdot \text{mm})$$

根据公式(b)

$$M_{\text{N2}} = M_{\text{m2}} + m_4 \times 9.8 \times (l_1 + l_3) = 586\,549.6(\text{N} \cdot \text{mm})$$

根据公式(a)

$$M_{\text{N3}} = M_{\text{m3}} + m_4 \times 9.8 \times A \times (l_1 + l_3) = 607\,665.37(\text{N} \cdot \text{mm})$$

d. 上升时(有质量为 m_4 的工件),根据公式(a)

$$M_{\text{N1}} = M_{\text{m1}} + m_4 \times 9.8 \times A \times (l_1 + l_3) = 607\,665.37(\text{N} \cdot \text{mm})$$

根据公式(b)

$$M_{\text{N2}} = M_{\text{m2}} + m_4 \times 9.8 \times (l_1 + l_3) = 586\,549.6(\text{N} \cdot \text{mm})$$

根据公式(c),工件质量为 m_4

$$M_{\text{N3}} = M_{\text{m3}} + m_4 \times 9.8 \times B \times (l_1 + l_3) = 565\,433.83(\text{N} \cdot \text{mm})$$

则

$$M_1 = M_{\text{m1}} = M'_{\text{m3}} = 39\,810\,501(\text{N} \cdot \text{mm})$$

$$M_2 = M_{\text{m2}} = M'_{\text{m2}} = 412\,972(\text{N} \cdot \text{mm})$$

$$M_3 = M_{\text{m3}} = M'_{\text{m1}} = 42\,838.99(\text{N} \cdot \text{mm})$$

$$M_1 = M''_{\text{m1}} = M'''_{\text{m2}} = 565\,433.83(\text{N} \cdot \text{mm})$$

$$M_2 = M''_{\text{m2}} = M'''_{\text{m2}} = 586\,569.6(\text{N} \cdot \text{mm})$$

$$M_3 = M''_{\text{m3}} = M'''_{\text{m1}} = 607\,665.37(\text{N} \cdot \text{mm})$$

④计算各力矩引起的外筒等价径向负荷。力矩 M_n 与 P_n 的关系式

$$P_n = M_0 \times k \tag{d}$$

式中　P_n——等价径向负荷(N);

　　　M_0——负荷力矩(N·mm);

　　　k——等效系数,根据表 6-37 查得(LBF 60 的 2 个靠紧时 $k = 0.013$)。

根据公式(d),计算各负荷力矩的等效径向负荷:

$$P_{\text{m1}} = P'_{\text{m3}} = M_1 \times 0.013 \approx 5\,175.4\ \text{N}$$

$$P_{\text{m2}} = P'_{\text{m2}} = M_2 \times 0.013 \approx 5\,368.6\ \text{N}$$

$$P_{\text{m3}} = P'_{\text{m1}} = M_3 \times 0.013 \approx 5\,561.9\ \text{N}$$

$$P''_{\text{m1}} = P'''_{\text{m3}} = M'_1 \times 0.013 \approx 7\,350.7\ \text{N}$$

$$P''_{\text{m2}} = P'''_{\text{m2}} = M'_2 \times 0.013 \approx 7\,625.2\ \text{N}$$

$$P''_{\text{m3}} = P'''_{\text{m1}} = M'_3 \times 0.013 \approx 7\,899.7\ \text{N}$$

$$P_1 = P_{\text{m1}} = P'_{\text{m3}} \approx 5\,175.4\ \text{N}$$

$$P_2 = P_{\text{m2}} = P'_{\text{m2}} \approx 5\,368.6\ \text{N}$$

$$P_3 = P_{\text{m3}} = P'_{\text{m1}} \approx 5\,561.9\ \text{N}$$

$$P_4 = P''_{\text{m1}} = P'''_{\text{m3}} \approx 7\,350.7\ \text{N}$$

$$P_5 = P''_{\text{m2}} = P'''_{\text{m2}} \approx 7\,625.2\ \text{N}$$

$$P_6 = P''_{\text{m3}} = P'''_{\text{m1}} \approx 7\,899.7\ \text{N}$$

$$S = S_a = S_b - S_c = S_d = 700\ \text{mm}$$

$$S_1 = S'_1 = S''_1 = S'''_1 = 87.5\ \text{mm}$$

$$S_2 = S'_2 = S''_2 = S'''_2 = 525\ \text{mm}$$

$$S_3 = S'_3 = S''_3 = S'''_3 = 87.5\ \text{mm}$$

各阶段力矩与载荷如图 6 – 49 所示。

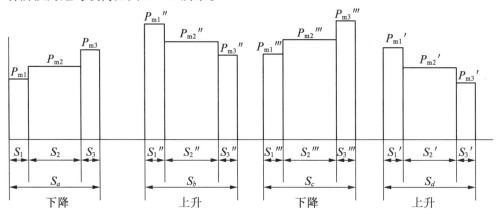

图 6 – 49　等效径向负荷

a. 计算平均负荷 P_m。根据式(6 – 76)进行计算

$$P_m = \sqrt[3]{\frac{1}{4s}\{2[(P_1^3 \times S_1) + (P_2^3 \times S_2) + (P_3^3 \times S_3)] + 2[(P_4^3 \times S_3) + (P_5^3 \times S_2) + (P_6^3 \times S_1)]\}}$$

$$\approx 6\ 689.5(\text{N})$$

b. 根据平均负荷计算额定寿命 L。根据式(6 – 71)进行计算

$$L = \left(\frac{f_r \cdot f_c}{f_W} \cdot \frac{C}{P_m}\right)^3 \times 50 = 7\ 630\ \text{km}$$

式中　f_r——温度系数，$f_r = 1$；

　　　f_c——接触系数，$f_c = 0.81$；

　　　f_W——负荷系数，$f_W = 1.5$；

　　　C——额定负荷，$C = 66.2\ \text{kN}$。

根据上述计算，LBF60 的 2 个套筒靠紧使用时的额定寿命为 7 630 km。

⑤选择预压(紧)。滚珠花键的预压(紧)对精度、耐负荷性能及刚度都有很大影响，因此需要根据使用用途选择恰当的间隙(预压)。

各型号的间隙值已被规格化，因此要根据使用条件选择。

a. 旋转方向间隙。在滚珠花键中，将圆周方向间隙的总和作为旋转方向间隙，并且进行规格化。特别是规定了适合于传递旋转扭矩的 LBS 型、LT 型的旋转方向间隙。

b. 预压与刚性。预压(Preload)是以清除旋转方向间隙、提高刚性为目的，事前给滚珠施加的负荷。

滚珠花键通过施加预压，根据预压量的大小可提高刚性，清除旋转方向的间隙(图 6 – 50)。如图 6 – 51 表示了承受扭矩时旋转方向的变位量。

如图 6 – 51 所示，预压的效果一直保持到预压负荷的 2.8 倍时为止。与无预压时相比，相同扭矩时的变位量减少 1/2，刚度提高 2 倍以上。

c. 使用条件与预压的选择。在表 6 – 37 中，表示了根据滚珠花键的使用条件，选择旋转方向的间隙基准。滚珠花键旋转方向的间隙对外筒(套)的精度或刚度有很大的影响。

因此，根据用途选择恰当的间隙是很重要的。一般来说，都使用有预压的产品。在进行反复旋转运动或往复直线运动时，因作用很大的振动或冲击，所以施加预压会显著提高寿命和精度。在有无间隙的情况下,两种花键转角 – 扭矩关系如图 6 – 52 和图 6 – 53 所示。

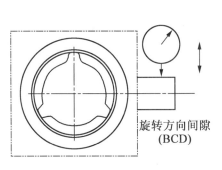

图 6 – 50　旋转方向间隙测试

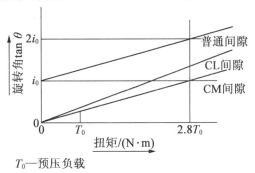

T_0—预压负载

图 6 – 51　承受扭矩时旋转方向的变位量

表 6 – 37　滚珠花键旋转方向间隙的选择基准

		使用条件	适用实例
旋转方向间隙	CM	1. 需提高刚性,易产生振动冲击的场合 2. 用一个外筒承受力矩的地方	工程车辆的转向操纵轴、点焊接机轴、自动盘、工具台分度轴
	CL	1. 承受悬臂负荷或力矩作用的地方 2. 需要反复精度高的地方 3. 有交变负荷作用的地方	工业用机器人摇臂、各种自动装卸机械自动涂装机导向轴、电火花加工机主轴、冲压式冲模导向轴、钻床主轴
	普通	1. 想用小的力流畅地驱动的地方 2. 扭矩总是一定方向作用的地方	各种计测器、自动绘图机、形状测定器动力计、卷线器、自动焊接机、珩磨床主轴、自动包装机

间隙的选择请参照各型号花键的间隙之项目。

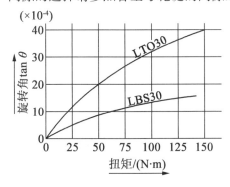

图 6 – 52　间隙为 0 时 LBS 型与 LT 型的比较

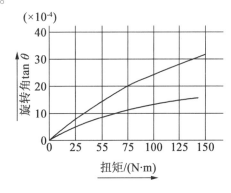

图 6 – 53　CL 间隙时 LBS 型与 LT 型的比较

⑥精度设计。

a. 精度等级。滚珠花键的精度是用花键外筒(套)外径对花键轴支承部的摆动来表示的。它分为普通级(无记号)、高级(H)、精密级(P)。

b. 精度规格。滚珠花键的各测试项目见表 6 – 38 ~ 6 – 41。这个精度规格适用于 LBS 型及 LT 型。

表6-38 花键外筒外径对花键轴支承的摆动

μm

摆动(MAX)

花键轴全长		公称轴径 4~8			10			13~20			25~32			40~50			60~80			85~120			150		
以上	以下	普通	高级	精密		H	P		H	P		H	P		H	P		H	P		H	P		H	P
—	200	72	46	26	59	36	20	56	34	18	53	32	18	53	32	16	51	30	16	51	30	16	—	—	—
200	315	133	(89)	—	83	54	32	71	45	25	58	39	21	58	36	19	55	34	17	53	32	17	—	—	—
315	400	—	—	—	103	68	—	83	53	31	70	44	25	63	39	21	58	36	19	55	34	17	—	—	—
400	500	—	—	—	123	—	—	95	62	38	78	50	29	68	43	24	61	38	21	57	35	19	46	36	19
500	630	—	—	—	—	—	—	112	—	—	88	57	34	74	47	27	65	41	23	60	37	20	49	39	21
630	800	—	—	—	—	—	—	—	—	—	103	68	42	84	54	32	71	45	26	64	40	22	53	43	24
800	1 000	—	—	—	—	—	—	—	—	—	124	83	—	97	63	38	79	51	30	69	43	24	58	48	27
1 000	1 250	—	—	—	—	—	—	—	—	—	—	—	—	114	76	47	90	59	35	76	48	28	63	55	32
1 250	1 600	—	—	—	—	—	—	—	—	—	—	—	—	139	93	—	106	70	43	86	55	33	80	65	40
1 600	2 000	—	—	—	—	—	—	—	—	—	—	—	—	—	—	—	128	86	54	99	65	40	100	80	50
2 000	2 500	—	—	—	—	—	—	—	—	—	—	—	—	—	—	—	156	—	—	117	78	49	125	100	68
2 500	3 000	—	—	—	—	—	—	—	—	—	—	—	—	—	—	—	—	—	—	143	96	61	150	129	84

表 6－39　轴花键部端面对于花键轴支承部的直角度(垂直度)　　μm

公称轴径 ＼ 精度	直角度(MAX)		
	普通	高级(H)	精密级(P)
4,5,6,8,10	22	9	6
13,15,16,20	27	11	8
25,30,32	33	13	9
40 50	39	16	11
60 70 80	46	19	13
85 100 120	54	22	15
150	63	25	18

表 6－40　配件安装部对于花键支承部的同轴度　　μm

公称轴径 ＼ 精度	同轴度(MAX)		
	普通	高级(H)	精密级(P)
4,5,6,8	33	14	8
10	41	17	10
13,15,16,20	46	19	12
25,30,32	53	22	13
40,50	62	25	15
60,70,80	73	29	17
85,100,120	86	34	20
150	100	40	23

表 6－41　外筒法兰盘安装面对于花键轴支承部的直角度(垂直度)　　μm

公称轴径 ＼ 精度	直角度(MAX)		
	普通	高级(H)	精密级(P)
6,8	27	11	8
10,13	33	13	9
15,16,25,25,30	39	16	11
40,50	46	19	13
60,70,80,85	54	22	15
100	63	25	18

6.10 直线运动系统(滚动导轨)的额定负荷和寿命

6.10.1 额定负荷及寿命

在选择滚动导轨的型号时,根据使用条件,对负荷容量和寿命进行计算。负荷容量的验算是利用基本额定静载荷,求出静安全系数。寿命的验算是利用基本额定等负荷来计算额定寿命,根据计算数值来判断选择滚动导轨的型号是否符合要求。

滚动导轨的寿命是指,在滚动面或者滚动体上,由于循环应力的作用,因材质的滚动疲劳所发生的表面剥落(金属表面产生鱼鳞状剥离)时,所运行的距离。

(1)基本额定负载。

滚动导轨的基本额定负载有两种:一种是确定静的容许限度的基本额定静负载 C_0;另一种是寿命计算时使用的基本额定动载荷 C。

(2)基本额定静负荷。

滚动导轨在静止或运动状态中,当承受过大的负荷或承受冲击载荷时,在滚动面或者滚动体之间会产生局部的永久变形。这个永久的变形量如果超过了某个限度,就会影响滚动导轨平滑稳定地运动。

基本额定静负载荷就是在产生最大应力的接触中,滚动体的永久变形与滚动面(滚道)的永久变形量之和,达到滚动体(滚珠)直径的1/10 000 的方向和大小一定的静止负荷。该负荷在滚动导轨中是以径向负荷来定义的。

因此,基本额定静负荷被当作容许静负荷的限度。

直线滚动导轨各种型号的基本额定静负载荷可在各厂家产品目录中查得,如"THK"商品目录等。

(3)容许静力矩。

当滚动导轨作用力矩时,从滚动导轨内滚动体的应力分布来看,两端部的滚动体上产生的应力最大。

容许静力矩(M_0)是指,在产生最大应力的接触部中,使滚动体的永久变形量与滚动面上的永久变形量之和达到滚动体直径的 0.000 1 倍时,产生方向和大小一定的静力矩。

如图 6-54 所示,在滚动导轨中,是从 M_A、M_B 和 M_C 这三个方向的力矩来定义的,即纵向力矩 M_A、水平力矩 M_B 及横向力矩 M_C。

因此,容许静力矩被当作静的作用力矩的限度。

(4)静安全系数。

在静止或者运动中,由于振动、冲击或启动、停止所产生的惯性力矩等外力会作用在直线的滚动导轨上。对于这样的动负荷有必要考虑静安全系数。

静安全系数(f_s)是按照直线滚动导轨的负荷能力(基本额定静负荷 C_0),是用实际作用在滚动导轨上的负荷的多少

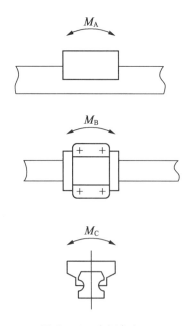

图 6-54 力矩方向

倍来表示的。

$$f_s = \frac{C_0}{P} \text{或} f_s = \frac{M_0}{M} \tag{6-82}$$

式中　f_s——静安全系数;

　　　C_0——基本额定静负荷(N);

　　　M_0——容许静力矩(N·mm);

　　　P——计算负荷(N);

　　　M——计算力矩(N·mm)。

(5)基本额定动负载。

基本额定动负载 C 是指,使一批相同的滚动导轨,在相同条件下运动时,使用球的滚动导轨,其额定寿命 L 定位 $L=50$ km;而对于滚子的滚动导轨,其额定寿命定位 $L=100$ km,且方向、大小都不变的负荷称为基本/额定动负荷。

在滚动导轨承受负载荷运动时,为计算寿命,要采用基本额定动负荷 C。直线滚动导轨中,各型号的基本额定动载荷可参看本产品说明书中的尺寸表。

(6)额定寿命。

即使同一批制造出来的产品,在同样条件下运行,滚动导轨的寿命也会多少产生差异。因此,为了确定滚动导轨的寿命,通常采用以下定义的额定寿命。

所谓额定寿命是指,一批相同的滚动导轨,在相同的条件下运动时,其中的 90% 不产生表面剥落所能达到的总运行距离。

滚动导轨的额定寿命 L 是根据基本额定动负载 C 和实际负载 P 按下式计算:

滚球型滚动导轨

$$L = \left(\frac{C}{P}\right)^3 \times 50 \tag{6-83}$$

滚子型滚动导轨

$$L = \left(\frac{C}{P}\right)^{\frac{10}{3}} \times 100 \tag{6-84}$$

式中　L——额定寿命(km);

　　　C——基本额定动负载(N);

　　　P——实际(当量)负载(N)。

6.10.2　摩擦系数

由于滚动导轨在导轨和滑块之间,通过球或滚子等滚动体做滚动运动,因此其摩擦阻力与滑动导轨相比,可小 1/20 ~ 1/40。特别是静摩擦力非常小,与动摩擦几乎没有差别,因此不会发生突转打滑现象,并能实现超微米级精度的进给运动。

滚动导轨的摩擦阻力随着结构的形式、预压量、润滑剂的黏性阻力,以及作用在导轨上的负荷等的变化而发生变化。

特别是在有力矩作用的场合,或为了提高导轨的刚性而施加预压力的场合,摩擦阻力会增大。

通常的摩擦系数根据直线运动,系统结构形式的不同而不同,其数值见表 6-42,而负荷

量 P 与基本额定动负荷 C 之比 $\left(\dfrac{P}{C}\right)$ 与摩擦系数的关系曲线如图 6 - 55 所示。

表 6 - 42　各种曲线运动系统的摩擦系数

直线运动类型	主要形式	摩擦系数 μ
LM 导轨	SSR、SR、HSR、HRW、NR、RSR	0.002 ~ 0.003
滚珠花键	LBS、LBF、LT、LF	0.002 ~ 0.003
LM 滚筒	LRU、LR—Z	0.005 ~ 0.010
交叉滚子导轨	VR、VRU、VRT	0.001 ~ 0.002 5
直线滚珠花键	LS	0.000 6 ~ 0.001 2

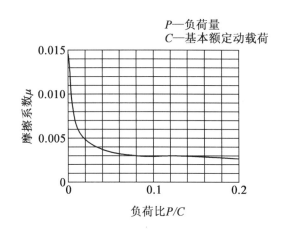

图 6 - 55　负荷量与基本额定动载荷之比和摩擦系数的关系曲线

6.10.3　润滑和安全设计

(1)润滑。

直线运动系统在工作中进行良好的润滑是十分必要的,否则滚动副的摩擦会增加,将成为缩短寿命的主要原因。

润滑剂的作用如下:

①减少各运动部分的摩擦,防止烧伤,降低磨损。

②在滚动面形成油膜,缓和表面接触应力,延长滚动疲劳寿命。

③将金属表面用油膜覆盖,防止生锈。

为了充分发挥线运动系统的机能,要根据使用条件进行润滑。

另外,直线运动系统即使装有密封垫片,内部的润滑油在运行过程中,也会一点点地往外渗出。因此,有必要根据使用条件,按适当的时间间隔进行补充加油。

(2)润滑剂种类。

直线运动系统的润滑剂,主要有润滑脂和润滑油。

对润滑剂的性能通常有下列要求:

①油膜强度高。

②摩擦小。

③出色的耐磨性。

④出色的热稳定性。

⑤没有腐蚀性。

⑥出色的防锈性。

⑦粉尘和水分少。

⑧即使反复搅拌,润滑脂的稠度也不发生太大的变化。

能满足上述性能要求的润滑剂产品,见表 6 – 43。

表 6 – 43　一般使用的润滑剂

润滑剂	种类	商品名
润滑脂	锂皂基润滑油(JIS2 号) 尿素基润滑脂(JIS2 号)	AFB 润滑脂(THK) ALvania N o 2(照和英荷壳石油)
润滑油	滑动面润滑油或透平润滑油 ISOVG32 ~ 68	Super mult;32 ~ 68(出光兴产) Vactra oil N o 2S(Mobil 石油) DT 润滑油(Mobil 石油) 壳牌通拿导轨油(照和 SHELL 石油) 相当品

(3)在特殊环境下的润滑。

在有振动的场合或在清洁室、真空、低温、高温等特殊条件下使用时,一般的润滑脂就不适用了。这时可与 THK 联系,以获得更合适的润滑脂(表 6 – 44)。

表 6 – 44　适用于特殊环境的润滑脂

使用环境	润滑剂特性	商品名
高速运动	低阻力、发热少的润滑脂	①AFA 润滑脂(THK) NBU15(NOK) Multemp(协同油脂) 相当品
真空	氟系真空用润滑油或润滑脂(根据品牌不同蒸汽压不同②)	Fomblin 润滑油 Fomblin 润滑脂 Barrierta IEL/V(NOK) Infrex(NOK) Krytox
清洁室	挥发非常少的润滑脂	①AFE 润滑脂(THK) (上述真空用润滑脂也可以使用)
易发生微动磨损,微振动或微小行程的运动环境	易形成油膜,具有出色的耐微动磨损性的润滑脂	①AFC 润滑脂(THK)

续表 6 - 44

使用环境	润滑剂特性	商品名
机床等冷却液易飞散的环境	油膜强度大,不易被冷却液乳化,流失,防锈性好的特制矿物油或合成油,耐水性好的润滑油③	Super multi 68(出光兴产) Vactra oil No 2S(Mobil 石油) 或相当品
喷雾润滑	容易雾化又具有出色润滑性能的润滑油	

注:① 可以参看 THK A24

② 使用真空润滑脂时,注意与一般锂基润滑脂相比,有可能启动阻力要大数倍

③ 特别是在水溶性的冷却液飞散的环境中,根据冷却液的种类,即使是中等黏度的油,因乳化或冲洗会使润滑油的润滑性明显降低,不能形成适当的油膜,所以要确认冷却液和润脂油的相容性

④ 如果把不同种类的润滑脂混在一起用,有时是危险的,要尽可能避免不同润滑脂混合在一起使用

a. AFA 润滑脂。AFA 润滑脂是用高级合成油作为基油的尿素基增稠剂的高级长寿命润滑脂,其特性如下。

(a)长寿命润滑脂。与一般金属肥皂基润滑脂不同,其具有出色的氧化安定性,可长期使用。

(b)适用温度范围广泛的润滑脂。在 - 45 ~ + 160 ℃的温度范围内,能保持良好的润滑性。在低温条件下,仍具有较低阻力。

(c)出色的耐水性。水分混入油脂中,对润滑性能影响较小。

(d)出色的机械稳定性。即使长期使用,也不容易软化的润滑脂。

其代表特性见表 6 - 45。

表 6 - 45　AFA 润滑脂的测试项目及代表值

测试项目		代表值
稠度(25 ℃,60 W)		285
滴点(℃)		261
铜板腐蚀(B 法,100 ℃,24 h)		合格
蒸发量(B 法,99 ℃,22 h)		0.20
离油度(100 ℃,30 h)/%		0.50
氧化安定度(99 ℃,100 h)/MPa		0.029
混合安定度(10 万回)		329
水洗耐洗度(38 ℃,1 h)		0.6
低温扭矩(-54 ℃)/(N·m)	启动时	0.439
	运动中	0.049
防锈性能(52 ℃,48 h)		合格
使用温度范围		- 45 ~ + 160 ℃

b. AFB 润滑脂。AFB 润滑脂是用特别矿物油作为基油的锂皂基增稠剂的万能润滑脂,具

有出色的极压性能和机械稳定性。其特性如下。

（a）出色的极压性。由于特殊的添加剂的作用，与市面上出售的万能锂皂基润滑脂相比，具有出色的耐摩擦性和极压性。

（b）出色的机械稳定性。即使长时间使用，也不太容易软化（氧化），具有出色的机械稳定性。

（c）出色的耐水性。因水分混入对性能影响较小，不会出现润滑脂软化或极压性的降低。

其代表特性见表 6 - 46。

表 6 - 46　AFB 润滑脂的测试项目及代表性

测试项目	代表值
稠度(25 ℃ ,60 W)	273
滴点(℃)	190
铜板腐蚀(B 法,100 ℃ ,24 h)	合格
蒸发量(B 法,99 ℃ ,22 h)	0.42
离油度(100 ℃ ,24 h)/%	2.4
混合安定度(10 万回)	298
蒂姆肯(Timken)OK 值/lbs(磅)	60
水洗耐洗度(38 ℃ ,1 h)/%	1.6
湿润(14 日)	A 级
防锈性能(52 ℃ ,48 h)	合格
氧化安定度(99 ℃ ,100 h)/MPa	0.025
使用温度范围	- 15 ~ + 100 ℃

c. AFC 润滑脂。AFC 润滑脂是使用了高级合成油作为基油的尿素系增稠剂和特殊添加剂制成的润滑脂，因此具有出色的耐微动磨损性。其特性如下。

（a）出色的耐微动（振动）磨损性。是新研制的能充分发挥出色的耐微动磨损效果的润滑脂。请参看实验数据（代表特性表）

（b）长寿命润滑脂。与一般的金属皂基润滑脂不同，具有出色的氧化安定性，可长期使用，从而减轻了保养负担。

（c）适用温度范围广的润滑脂。由于基油使用了高级合成油，在 - 54 ~ + 177 ℃ 的温度范围内，能发挥良好的润滑特性。

其代表特性见表 6 - 47。

表 6 - 47　AFC 润滑脂的测试项目及代表性

测试项目	代表值
稠度(25° ,60 W)	288
滴点(℃)	269
铜板腐蚀(B 法,100 ℃ ,24 h)	合格

续表 6-47

测试项目		代表值
蒸发量(B 法,177 ℃,22 h)/%		7.9
离油度(177 ℃,30 h)/%		2.0
氧化安定度(99 ℃,100 h)/MPa		0.031
夹杂物(个/cm³)	25~75 μm	370
	75 以上 μm	0
混合安定度(10 万回)		3.41
水洗耐洗度(38 ℃,1 h)/%		0.6
低温扭矩(-54 ℃)/(N·m) 启动时	启动时	0.439
	运转中	0.049
防锈性能(52 ℃,48 h)		合格
振动试验(200 h)		合格
使用温度范围		-54~+177 ℃

耐微动磨损性的实验数据:

AFC 润滑脂因使用了尿素基增稠剂、高级合成油及特殊添加剂,所以能发挥出色的耐微动磨损性。

图 6-56 为试验数据与一般轴承用润滑脂比较结果。实验条件见表 6-48。

表 6-48　AFC 润滑脂的试验条件

试验条件	
行程	3 mm
每分钟行程数	200 min⁻¹
总行程回数	2.88×10^5(24 h)
面压	1 118 MPa
润滑脂装入量	12 g/1 个(每 8 h 给脂一次)

<运行前>

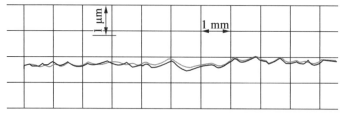

图 6-56　AFC 润滑脂试验数据

<运行后>无微动磨损发生

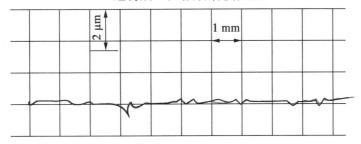

（a）AFC 润滑脂

<运行前>

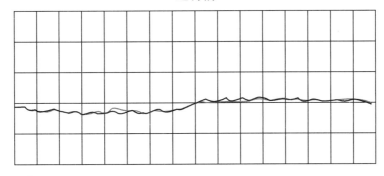

<运行后>有微动磨损发生

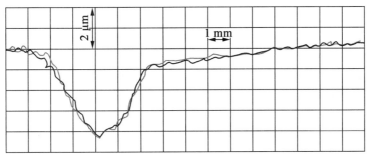

（b）轴承用润滑脂

续图 6－56

　　d. AFE 润滑脂。AFE 润滑脂是使用尿素作为增稠剂的高级合成油,具有出色低发尘特性的清洁环境用润滑脂。其特性如下。

　　（a）低发尘润滑脂。与以前作为低发尘润滑脂用的真空润滑脂相比,其发尘量更小,最适合于半导体、液晶关联装置等清洁室内使用。

　　（b）长寿命润滑脂。与一般的金属皂基润滑脂不同,具有出色的氧化安定性,可长期使用,从而减轻保养负担。

　　（c）适用温度范围较广的润滑脂。在 －40 ～ ＋200 ℃的广泛温度范围内,能保持良好的润滑特性。

　　（d）出色的化学安定性。其有耐药品性、耐 NO_x 性、耐辐射线性等出色的化学安定性。

　　其代表特性见表 6－49。

表 6 - 49　AFE 润滑脂的测试项目及代表性

测试项目		代表值
外观		淡褐色黏稠状
增稠剂		尿素
基油		合成油
混合稠度		280
滴点(℃)		260
离油度/%	150 ℃　24 h	1.8
化学安定度/kPa（N/cm³)	99 ℃　100 h	10(1.0)
轴承防锈	52 ℃　48 h	#1
基油动黏度	100 ℃	12.8(12.8)
使用温度范围		- 40 ~ + 200 ℃

低发尘性的试验测试数据：

AFE 润滑脂因使用尿素作为增稠剂,高级合成油及具有出色的化学稳定性,从而能发挥其低发尘特性。

图 6 - 57 的试验数据是与其他润滑脂的发尘量相比较结果。表 6 - 50 为 AFE 润滑脂的试验条件。

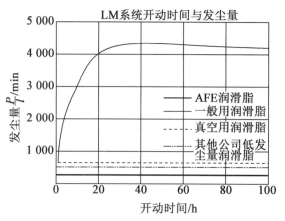

图 6 - 57　AFE 润滑脂试验数据

表 6 - 50　AFE 润滑脂的试验条件

试验条件	
试料型号	KR4610 型
滚珠螺杆的转速	1 000 r·min⁻¹
行程	210 mm
润滑脂装入量	滚珠螺杆,导轨各 2CC
计算流量	11 r·min⁻¹

续表 6 - 50

试验条件	
计算器具	粉尘计量器
粉尘粒径	0. 5 μm

标准润滑脂公称型号的组成如下。

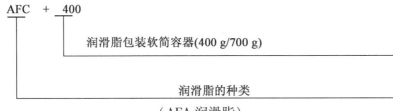

· 蛇复式包装软筒;
· 润滑脂包装软筒的容量(表 6 - 51)。

表 6 - 51　润滑脂包装软筒的容量

润滑脂容量	AFA 润滑脂	AFB 润滑脂	AFC 润滑脂	AFE 润滑脂	AFF 润滑脂
400g	0	0	0	0	0
70g	0	0	0	0	0

6.10.4　润滑方法和附层零件

(1)润滑方法。
①手动给脂法。
②强制给脂法。
③THK 喷雾润滑。
④给脂期间可用润滑脂润滑和油润滑。
(2)润滑用附层零件。
①给脂枪单元 MG70。
②专用管接头。
③润滑脂螺纹接头。
④安全设计要注意材料选择、表面处理和防尘。
(以上详细内容可参看"THK"A - 14 ~ A - 21)
以下为删除内容,如需借鉴,参看"THK"A - 25 ~ A - 75
删除内容包括:

①LM 导轨的特长。

- ·无间隙轻快运动;
- ·容易获得较高的行走精度;
- ·定位精度高;
- ·所有方向都具有高刚;
- ·容许负荷大;
- ·能长期间维持高精度;
- ·出色的高速性;
- ·总成本低;
- ·维护保养简便;
- ·节省能源效果大。

②LM 导轨分类。

a. 导向构造的设计。

- ·与使用条件相对应的 LM 导轨固定方法;
- ·基准侧 LM 导轨的表示和组合;
- ·安装面的设计;
- ·使用姿势和润滑;
- ·轴数记号;
- ·安装面的容许误差。

b. LM 导轨选定。

- ·选定流程图;
- ·负荷方向和额定负荷;
- ·负荷大小的计算;
- ·确定使用条件。

c. 为了计算直线运动系统的负荷大小、寿命时间,需要先确定必要的使用条件。

使用条件(图 6 – 58)有如下项目:

- ·质量大小 $m(\text{kg})$;
- ·作用负荷的方向;
- ·作用点的位置(重心等):$l_2, l_3, h_1(\text{mm})$;
- ·推为位置:$l_0 = 600\text{ mm}$;
- ·直线运动系统的配置:$l_0, l_1(\text{mm})$(个数,轴数);
- ·速度线图:

速度:$v(\text{mm/s})$;

定时数:$t_n(\text{s})$;

加速度:$a_n(\text{mm/s}^2)$。

- ·负荷周期,每分钟往复次数:$N(\text{r}\cdot\text{min}^{-1})$;
- ·行程长度:$l_s(\text{mm})$;
- ·平均速度:$v_m(\text{m/s})$;
- ·要求寿命时间:$L_h(\text{h})$。

重力加速度 $g=9.8\ \text{m/s}^2$

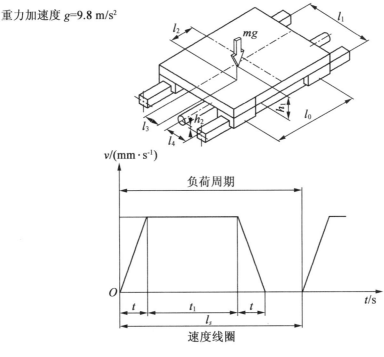

图 6 - 58 使用条件

6.10.5 负荷大小的算出

作用在 LM 导轨上的负荷,因物体重心的位置、推力的位置及启动停止时的加减速引起的惯性力、切削阻力等外力作用,负荷大小是变化的。

选定 LM 导轨时,有必要充分考虑这些条件来计算负荷大小。

用下面例子(表 6 - 52)来说明作用在 LM 导轨上的负荷大小的计算方法。

m——质量(kg);

l_n——距离(mm);

F_n——外力(N);

P_n——负荷(径向,反径向)(N);

P_{nT}——负荷(水平方向)(N);

g——重力加速度,$g = 9.8\ \text{m/s}^2$;

v——速度(m/s);

t_n:定时数(s);

a_n:加速度,$a_n = \dfrac{V}{t_n}\ \text{m/s}^2$。

表 6 − 52　负荷计算

例	使用条件	负荷大小的计算式
1	水平轴使用(滑块移动)等速运动或静止时	$P_1 = \dfrac{mg}{4} + \dfrac{mgl_2}{2l_0} - \dfrac{mgl_3}{2l_1}$ $P_2 = \dfrac{mg}{4} - \dfrac{mgl_2}{2l_0} - \dfrac{mgl_3}{2l_1}$ $P_3 = \dfrac{mg}{4} - \dfrac{mgl_2}{2l_0} + \dfrac{mgl_3}{2l_1}$ $P_4 = \dfrac{mg}{4} + \dfrac{mgl_2}{2l_0} + \dfrac{mgl_3}{2l_1}$
2	水平轴悬臂使用(滑块移动)等速匀速或静止时	$P_1 = \dfrac{mg}{4} + \dfrac{mgl_2}{2l_0} + \dfrac{mgl_3}{2l_1}$ $P_2 = \dfrac{mg}{4} - \dfrac{mgl_2}{2l_0} + \dfrac{mgl_3}{2l_1}$ $P_3 = \dfrac{mg}{4} - \dfrac{mgl_2}{2l_0} - \dfrac{mgl_3}{2l_1}$ $P_4 = \dfrac{mg}{4} + \dfrac{mgl_2}{2l_0} - \dfrac{mgl_3}{2l_1}$
3	竖立使用,等速运动或静止时 例:工业用机器人立轴,自动涂装机,升降机	$P_1 \sim P_4 = \dfrac{mgl_2}{2l_0}$ $P_{1T} \sim P_{4T} = \dfrac{mgl_2}{2l_0}$

续表 6 - 52

例	使用条件	负荷大小的计算式
4	挂壁使用,等速运动或静止时 例:十字交叉轨道,装货机的行走轴	$P_1 \sim P_4 = \dfrac{mgl_3}{2l_1}$ $P_{1T} = P_{4T} = \dfrac{mg}{4} + \dfrac{mgl_2}{2l_0}$ $P_{2T} = P_{3T} = \dfrac{mg}{4} - \dfrac{mgl_2}{2l_0}$
5	LM 导轨移动水平轴使用 例:XY 工作台,滑动叉子	$P_1 \sim P_4(\max) = \dfrac{mg}{4} + \dfrac{mgl_1}{2l_0}$ $P_1 \sim P_4(\min) = \dfrac{mg}{4} - \dfrac{mgl_1}{2l_0}$
6	侧面倾斜使用 例:NC 车床,往复台	$P_1 = \dfrac{mg\cos\theta}{4} + \dfrac{mg\cos\theta \cdot l_2}{2l_0} - \dfrac{mg\cos\theta \cdot l_3}{2l_1} + \dfrac{mg\sin\theta \cdot h_1}{2l_1}$ $P_{1T} = \dfrac{mg\sin\theta}{4} + \dfrac{mg\sin\theta \cdot l_2}{2l_0}$ $P_2 = \dfrac{mg\cos\theta}{4} - \dfrac{mg\cos\theta \cdot l_2}{2l_0} - \dfrac{mg\cos\theta \cdot l_3}{2l_1} + \dfrac{mg\sin\theta \cdot h_1}{2l_1}$ $P_{2T} = \dfrac{mg\sin\theta}{4} - \dfrac{mg\sin\theta \cdot l_2}{2l_0}$ $P_3 = \dfrac{mg\cos\theta}{4} - \dfrac{mg\cos\theta \cdot l_2}{2l_0} + \dfrac{mg\cos\theta \cdot l_3}{2l_1} - \dfrac{mg\sin\theta \cdot h_1}{2l_1}$ $P_{3T} = \dfrac{mg\sin\theta}{4} - \dfrac{mg\sin\theta \cdot l_2}{2l_0}$ $P_4 = \dfrac{mg\cos\theta}{4} + \dfrac{mg\cos\theta \cdot l_2}{2l_0} + \dfrac{mg\cos\theta \cdot l_3}{2l_1} - \dfrac{mg\sin\theta \cdot h_1}{2l_1}$ $P_{4T} = \dfrac{mg\sin\theta}{4} + \dfrac{mg\sin\theta \cdot l_2}{2l_0}$

续表 6 − 52

例	使用条件	负荷大小的计算式
7	前面倾斜使用 例:NC 车床,刀具台	$P_1 = +\dfrac{mg\cos\theta}{4} + \dfrac{mg\cos\theta \cdot l_2}{2l_0} - \dfrac{mg\cos\theta \cdot l_3}{2l_1} +$ $\dfrac{mg\sin\theta \cdot h_1}{2l_0}$ $P_{1T} = +\dfrac{mg\sin\theta \cdot l_3}{2l_0}$ $P_2 = +\dfrac{mg\cos\theta}{4} - \dfrac{mg\cos\theta \cdot l_2}{2l_0} - \dfrac{mg\cos\theta \cdot l_3}{2l_1} -$ $\dfrac{mg\sin\theta \cdot h_1}{2l_0}$ $P_{2T} = -\dfrac{mg\sin\theta \cdot l_3}{2l_0}$ $P_3 = +\dfrac{mg\cos\theta}{4} - \dfrac{mg\cos\theta \cdot l_2}{2l_0} + \dfrac{mg\cos\theta \cdot l_3}{2l_1} -$ $\dfrac{mg\sin\theta \cdot h_1}{2l_0}$ $P_{3T} = -\dfrac{mg\sin\theta \cdot l_3}{2l_0}$ $P_4 = +\dfrac{mg\cos\theta}{4} + \dfrac{mg\cos\theta \cdot l_2}{2l_0} + \dfrac{mg\cos\theta \cdot l_3}{2l_1} -$ $\dfrac{mg\sin\theta \cdot h_1}{2l_0}$ $P_{4T} = +\dfrac{mg\sin\theta \cdot l_3}{2l_0}$
8	有惯性力作用,水平轴使用 	加速时 $P_1 = P_4 = \dfrac{mg}{4} - \dfrac{ma_1 l_2}{2l_0}$ $P_2 = P_3 = \dfrac{mg}{4} + \dfrac{ma_1 l_2}{2l_0}$ $P_{1T} = P_{4T} = \dfrac{ma_1 l_3}{2l_0}$ 等速时 $P_1 \sim P_4 = \dfrac{mg}{4}$ 减速时 $P_1 = P_4 = \dfrac{mg}{4} + \dfrac{ma_3 l_2}{2l_0}$ $P_2 = P_3 = \dfrac{mg}{4} - \dfrac{ma_3 l_2}{2l_0}$ $P_{1T} = P_{4T} = \dfrac{ma_3 l_3}{2l_0}$

续表 6 – 52

例	使用条件	负荷大小的计算式
9	有惯性力作用,立轴使用 有惯性力作用,水平轴使用 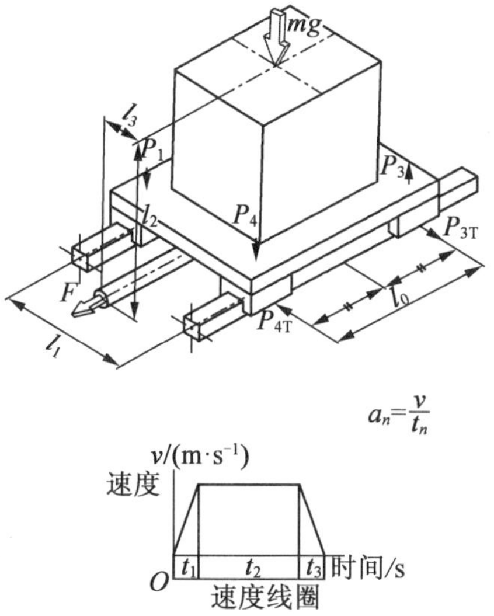 $a_n = \dfrac{v}{t_n}$ $v/(\text{m·s}^{-1})$ 速度 O　t_1　t_2　t_3　时间/s 速度线圈	加速时 $P_1 \sim P_4 = \dfrac{m(g + a_1)l_2}{2l_0}$ $P_{1T} \sim P_{4T} = \dfrac{m(g + a_1)l_3}{2l_0}$ 等速时 $P_1 \sim P_4 = \dfrac{mgl_2}{2l_0}$ $P_{1T} \sim P_{4T} = \dfrac{mgl_3}{2l_0}$ 减速时 $P_1 \sim P_4 = \dfrac{m(g - a_3)l_2}{2l_0}$ $P_{1T} \sim P_{4T} = \dfrac{m(g - a_3)l_3}{2l_0}$
10	有外力作用,水平轴使用 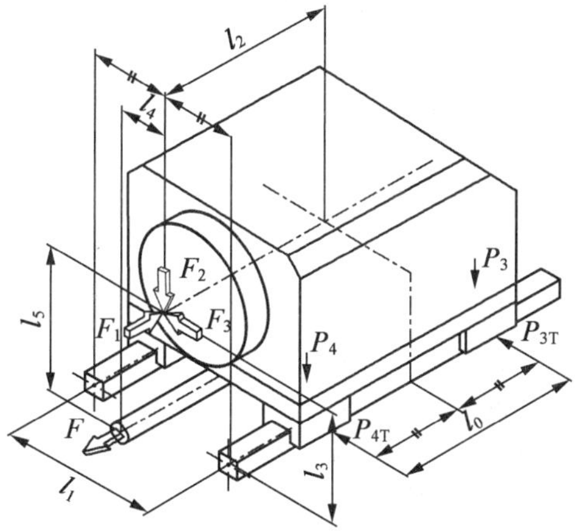 例:钻孔机部件,铣床,车床,机械加工中心等的切削机械	F_1 作用时 $P_1 \sim P_4 = \dfrac{F_1 l_5}{2l_0}$ $P_{1T} \sim P_{4T} = \dfrac{F_1 l_4}{2l_0}$ F_2 作用时 $P_1 = P_4 = \dfrac{F_2}{4} + \dfrac{F_2 l_2}{2l_0}$ $P_2 = P_3 = \dfrac{F_2}{4} - \dfrac{F_2 l_2}{2l_0}$ F_3 作用时 $P_1 \sim P_4 = \dfrac{F_3 l_3}{2l_0}$ $P_{1T} = P_{4T} = \dfrac{F_3}{4} + \dfrac{F_3 l_2}{2l_0}$ $P_{2T} = P_{3T} = \dfrac{F_3}{4} - \dfrac{F_3 l_2}{2l_0}$

6.10.6　等效负荷计算

LM 导轨可同时承受径向负荷(P_R)、反径向负荷(P_L)、横向负荷(P_L)等几个方向的负荷和力矩,如图 6 – 59 所示。

负荷种类如下。

（1）等效负荷。

LM 导轨上有复数负荷（径向、横向）同时作用时，要将所有负荷换算成径向或横向的等效负荷，再计算寿命或静安全系数。

（2）等效负荷计算公式。

LM 导轨的等效负荷计算公式，因型号不同而不同，详细计算可参照各种型号相应计算项目。LM 导轨 HSR 型例子。

径向负荷与横向负荷同时作用时，其等效负荷按下式计算：

$$P_E = P_R + P_T$$

式中　P_R——径向负荷；

　　　P_T——横向负荷。

（3）静安全系数。

计算作用在 LM 导轨上的负荷时，有计算寿命时所需的平均负荷及计算静安全系数时所需的最大负荷。特别在启动、停止很激烈的场合或切削负荷作用的场合，以及悬臂负荷所引起的大力矩作用的场合，均会产生很大的负荷。因此，在选定型号时，必须确认其最大负荷（不管是启动、停止）是否合适。表 6-53 给出了静安全系数的基准值。

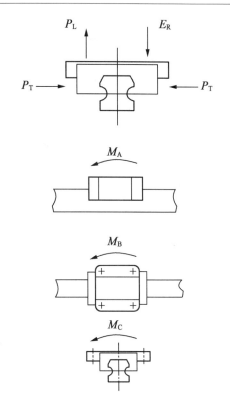

图 6-59　LM 导轨的负荷方向、力矩方向
P_R—径向负荷；M_A—俯仰方向力矩；P_L—反径向负荷；
M_B—偏转方向力矩；P_T—横向负荷；M_C—滚转方向力矩

表 6-53　静安全系数 f_s 的基准值

使用机械	负荷条件	f_s 下限
一般产业机械	没有振动、冲击作用时	1.0~1.3
	有振动、冲击作用时	2.0~3.0
机床	没有振动、冲击作用时	1.0~1.5
	有振动、冲击作用时	2.5~7.0
径向负荷很大时	$\dfrac{f_H \cdot f_T \cdot f_C \cdot C_0}{P_R} \geq f_s$	
反径向负荷很大时	$\dfrac{f_H \cdot f_T \cdot f_C \cdot C_{0L}}{P_L} \geq f_s$	
横向负荷很大时	$\dfrac{f_H \cdot f_T \cdot f_C \cdot C_{0T}}{P_T} \geq f_s$	

表中：f_s—静安全系数；C_0—基本额定静负荷（径向）（N）；C_{0L}—基本额定静负荷（反径向）（N）；C_{0T}—基本额定静负荷（横向）（N）；P_R—计算负荷（N）；P_L—计算负荷（N）；P_T—计算负荷（N）；f_H—硬度系数；f_T—温度系数；f_C—接触系数（参照表 6-52）

（4）平均负荷的计算。

对于工业机器人的手臂，前进时抓住工件运动，后退时只有手臂自重，或在机床上，LM 滑块的负荷根据各式各样的条件变化时，有必要考虑这些变动负荷来进行寿命计算。

运行中 LM 滑块的负荷大小由于各式各样的条件而变动时，与这些变动条件下的寿命具有相同寿命的一定大小的负荷就称为平均负荷（P_{m}），其基本计算公式为

$$P_{\mathrm{m}} = \sqrt[3]{\frac{1}{L} \sum_{n=1}^{n} (P_n^3 \cdot L_n)}$$

该公式适用于滚动体是球状的情况。

式中　P_{m}——平均负荷（N）；

　　　P_n——变动负荷（N）；

　　　L——总行走距离（mm）；

　　　L_n——负荷 P_n 作用时的行走距离（mm）。

①分等级变化情况。如图 6 - 60 所示。

$$P_{\mathrm{m}} = \sqrt[3]{\frac{l'}{L}(P_1^3 \cdot L_1 + P_2^3 \cdot L_2 + \cdots + P_n^3 \cdot L_n)P} \tag{6 - 85}$$

式中　P_{m}——平均负荷（N）；

　　　P_n——变动负荷（N）；

　　　L——总行程距离（mm）；

　　　L_n——负荷 P_n 作用时的行走距离（mm）。

②单调变化的情况。如图 6 - 61 所示。

$$P_{\mathrm{m}} \approx \frac{1}{3}(P_{\min} + 2 \cdot P_{\max}) \tag{6 - 86}$$

式中　$P_{\min}$——最小负荷（N）；

　　　$P_{\max}$——最大负荷（N）。

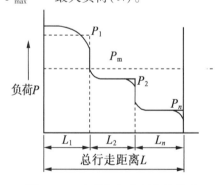

图 6 - 60　负荷与行走距离的关系
（分等级）

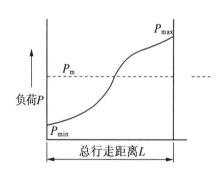

图 6 - 61　负荷与行走距离的关系
（单调变化）

③正弦曲线变化的情况。如图 6 - 62 及图 6 - 63 所示。

（a）$P_{\mathrm{m}} \approx 0.65 P_{\max}$。　　　　　　　　　　　　　　　　（6 - 87）

（b）$P_{\mathrm{m}} \approx 0.75 P_{\max}$。

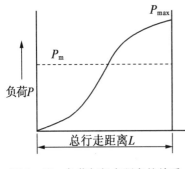

图6-62　负荷与行走距离的关系
（正弦变化a）

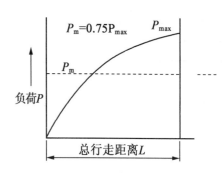

图6-63　负荷与行走距离的关系
（正弦变化b）

（5）平均负荷计算例题1。

①使用条件。水平使用，考虑加速度。

$$\alpha_1 = \frac{v}{t_1}$$

②LM滑块的负荷大小（图6-64）。

a. 等速时。

$$P_1 = +\frac{mg}{4}; P_2 = +\frac{mg}{4}; P_3 = +\frac{mg}{4}; P_4 = +\frac{mg}{4} \tag{6-88}$$

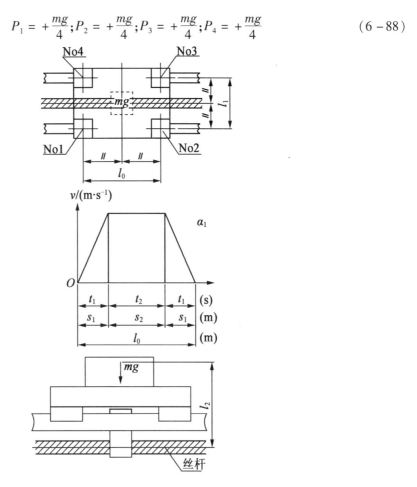

图6-64　滑块及运动示意图

b. 加速时。

$$P_{a1} = P_1 + \frac{m\alpha_1 \cdot l_2}{2l_0}; P_{a2} = P_2 - \frac{m\alpha_1 \cdot l_2}{2l_0}; P_{a3} = P_3 - \frac{m\alpha_1 \cdot l_2}{2l_0}; P_{a4} = P_4 + \frac{m\alpha_1 \cdot l_2}{2l_0} \quad (6-89)$$

c. 减速时。

$$P_{d1} = P_1 - \frac{m\alpha_1 \cdot l_2}{2l_0}; P_{d2} = P_2 + \frac{m\alpha_1 \cdot l_2}{2l_0}; P_{d3} = P_3 + \frac{m\alpha_1 \cdot l_2}{2l_0}; P_{d4} = P_4 - \frac{m\alpha_1 \cdot l_2}{2l_0} \quad (6-90)$$

③平均负荷 P_m。

$$P_{m1} = \sqrt[3]{\frac{1}{l_s}(P_{a1}^3 \cdot S_1 + P_1^3 \cdot S_2 + P_{d1}^3 \cdot S_3)} \quad (6-91)$$

$$P_{m2} = \sqrt[3]{\frac{1}{l_s}(P_{a2}^3 \cdot S_1 + P_1^3 \cdot S_2 + P_{d2}^3 \cdot S_3)} \quad (6-92)$$

$$P_{m3} = \sqrt[3]{\frac{1}{l_s}(P_{a3}^3 \cdot S_1 + P_1^3 \cdot S_2 + P_{d3}^3 \cdot S_3)} \quad (6-93)$$

$$P_{m4} = \sqrt[3]{\frac{1}{l_s}(P_{a4}^3 \cdot S_1 + P_1^3 \cdot S_2 + P_{d4}^3 \cdot S_3)} \quad (6-94)$$

注：P_{an}、P_{dn}——是作用在各 LM 滑块上的负荷,脚标 n 是上图中滑块的号码。

（6）平均负荷计算例题 2。

①使用条件。轨道移动使用。

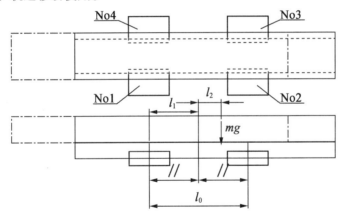

图 6-65　LM 滑块结构示意图

②LM 滑块的负荷大小。

a. 吊臂左。

$$P_{l1} = +\frac{mg}{4} + \frac{mg \cdot l_1}{2 \cdot l_0}; P_{l2} = +\frac{mg}{4} - \frac{mg \cdot l_1}{2 \cdot l_0}; P_{l3} = +\frac{mg}{4} - \frac{mg \cdot l_1}{2 \cdot l_0}; P_{l4} = +\frac{mg}{4} + \frac{mg \cdot l_1}{2 \cdot l_0}$$

$$(6-95)$$

b. 吊臂右。

$$P_{r1} = +\frac{mg}{4} - \frac{mg \cdot l_2}{2 \cdot l_0}; P_{r2} = +\frac{mg}{4} + \frac{mg \cdot l_2}{2 \cdot l_0}; P_{r3} = +\frac{mg}{4} + \frac{mg \cdot l_2}{2 \cdot l_0}; P_{r4} = +\frac{mg}{4} - \frac{mg \cdot l_2}{2 \cdot l_0}$$

$$(6-96)$$

c. 平均负荷。

$$
\left.\begin{aligned}
P_{m1} &= \frac{1}{3}(2 \cdot |P_{l1}| + |P_{r1}|) ; P_{m2} = \frac{1}{3}(2 \cdot |P_{l2}| + |P_{r2}|) \\
P_{m3} &= \frac{1}{3}(2 \cdot |P_{l3}| + |P_{r3}|) ; P_{m4} = \frac{1}{3}(2 \cdot |P_{l4}| + |P_{r4}|)
\end{aligned}\right\}
\tag{6-97}
$$

注:P_{ln}、P_{dn} 是作用在各 LM 滑块上的负荷,脚标 n 是上图中滑块的号码。

6.10.7 寿命计算式

LM 导轨的寿命按下式计算:

$$
L = \left(\frac{f_H \cdot f_T \cdot f_C}{f_W} \cdot \frac{C}{P_c}\right)^3 \times 50
\tag{6-98}
$$

式中 L——额定寿命(km)(一批相同的 LM 导轨在相同条件下分别运行,其中 90% 不发生剥离时所能到达的总行走距离);

C——基本额定动负荷(N);

P_c——计算(当量)动负荷(N);

f_H——硬度系数;

f_T——温度系数;

f_C——接触系数;

f_W——负荷系数。

用上式求出额定寿命(L)。

当行程长度及往复次数一定时,可用时间表示寿命,用下式计算:

$$
L_h = \frac{L \times 10^6}{2 \times l_s \times n_1 \times 60}
\tag{6-99}
$$

式中 L_h——寿命时间(h);

l_s——行程长度(mm);

n_1——每分钟往返次数($\min^{-1}$)。

(1)f_H:硬度系数。

为了充分发挥 LM 导轨的负荷能力,滚动面的硬度必须为 HRC 58~64。

如果滚动面硬度比这个硬度低时,基本额定动负荷及基本额定静负荷要变低,因此应分别乘以硬度系数(f_H)(图 6-66)。

通常,LM 导轨确保有充分的硬度,这时 $f_H = 1.0$。

(2)f_T:温度系数。

如果 LM 导轨的使用工作温度超过 100 ℃,要考虑高温的不良影响,即乘以如图 6-67 所示的温度系数。这时,有必要选择适应高温环境的 LM 导轨。

注:环境温度超过 80 ℃时,有必要将密封垫片、端面挡板、保持器等材料换成耐高温材料。

(3)f_C:接触系数。

将 LM 导轨滑块靠紧使用时,受力矩或安装面的精度影响,很难保证均匀的负荷分布。因此,复数滑块靠紧使用时,需将基本额定 C 及 C_0 乘以表 6-54 所示的接触系数。

注:大型装置中,材料存在不均等的负荷分布时,要考虑表中接触系数。

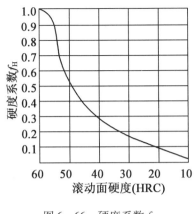

图 6 – 66　硬度系数 f_{H}

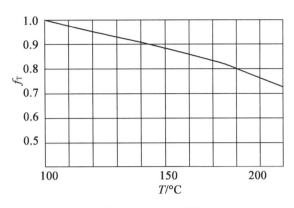

图 6 – 67　温度系数 f_{T}

表 6 – 54　滑块数量与接触系数

靠紧时滑块的个数	接触系数 f_{C}
2	0.81
3	0.72
4	0.66
5	0.61
6 以上	0.60
通常使用	1.0

（4）f_{W}：负荷系数。

对于做往复运动的机械，在运转中大都伴随着振动或冲击，特别是高速运动时产生的振动或经常反复启动、停止时的冲击等，完全正确地算出来是很困难的。因此，当速度、振动的影响很大时，请用表 6 – 55 中根据经验总结出的负荷系数 f_{W} 除以基本额定负荷 C。

表 6 – 55　振动冲击时的负荷系数

冲击、振动	速度 $v/(\mathrm{m \cdot s^{-1}})$	f_{W}
微	微速情况 $v \leqslant 0.25$	1 ~ 1.2
小	低速情况 $0.25 < v \leqslant 2.0$	1.2 ~ 1.5
中	中速情况 $1.0 < v \leqslant 2.0$	1.5 ~ 2.0
大	高速情况 $v > 2.0$	2.0 ~ 3.5

6.10.8　计算例题

水平使用时加、减速度较快的情况(图 6 – 68)。

(1)使用条件。

使用型号　HSR35LA2SS + 2500LP—II;

基本额定动负荷　$C = 50.2$ kN;

基本额定静负荷　$C_0 = 81.4$ kN;

质量 $m_1 = 800$ kg,$m_2 = 500$ kg;

速度 $v = 0.5$ m/s;

时间 $t_1 = 0.05$ s,$t_2 = 2.8$ s,$t_3 = 0.15$ s;

加速度 $a_1 = 10$ m/s^2,$a_3 = 3.333$ m/s^2;

行程 $l_s = 1\,450$ mm;

距离 $l_0 = 600$ mm,$l_1 = 400$ mm,$l_2 = 120$ mm,$l_3 = 50$ mm,$l_4 = 200$ mm,$l_5 = 350$ mm;

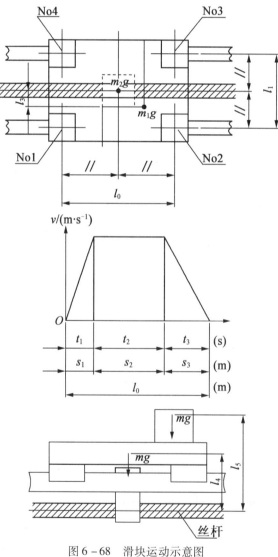

图 6 – 68　滑块运动示意图

（2）LM 滑块负荷。

计算每个 LM 滑块负荷。

①等速时。

径向负荷 P_n

$$P_1 = +\frac{m_1 g}{4} - \frac{m_1 g l_2}{2 l_0} + \frac{m_1 g l_3}{2 l_1} + \frac{m_2 g}{4} = +2\,891 \text{ N}$$

$$P_2 = +\frac{m_1 g}{4} + \frac{m_1 g l_2}{2 l_0} + \frac{m_1 g l_3}{2 l_1} + \frac{m_2 g}{4} = +4\,459 \text{ N}$$

$$P_3 = +\frac{m_1 g}{4} + \frac{m_1 g l_2}{2 l_0} - \frac{m_1 g l_3}{2 l_1} + \frac{m_2 g}{4} = +3\,479 \text{ N}$$

$$P_4 = +\frac{m_1 g}{4} - \frac{m_1 g l_2}{2 l_0} - \frac{m_1 g l_3}{2 l_1} + \frac{m_2 g}{4} = +1\,911 \text{ N}$$

②左行加速时。

a. 径向负荷 $P_{\text{la}n}$。

$$P_{\text{la1}} = P_1 - \frac{m_1 \cdot \alpha_1 \cdot l_5}{2 \cdot l_0} - \frac{m_2 \cdot \alpha_1 \cdot l_4}{2 \cdot l_0} = -275.6(\text{N})$$

$$P_{\text{la2}} = P_2 - \frac{m_1 \cdot \alpha_1 \cdot l_5}{2 \cdot l_0} + \frac{m_2 \cdot \alpha_1 \cdot l_4}{2 \cdot l_0} = +7\,625.6(\text{N})$$

$$P_{\text{la3}} = P_3 + \frac{m_1 \cdot \alpha_1 \cdot l_5}{2 \cdot l_0} + \frac{m_2 \cdot \alpha_1 \cdot l_4}{2 \cdot l_0} = +6\,645.6(\text{N})$$

$$P_{\text{la4}} = P_4 - \frac{m_1 \cdot \alpha_1 \cdot l_5}{2 \cdot l_0} - \frac{m_2 \cdot \alpha_1 \cdot l_4}{2 \cdot l_0} = -1\,255.6(\text{N})$$

b. 横向负荷 $P_{\text{t}\cdot\text{la}n}$。

$$P_{\text{t}\cdot\text{la1}} = -\frac{m_1 \cdot \alpha_1 \cdot l_3}{2 \cdot l_0} = -333.3(\text{N})$$

$$P_{\text{t}\cdot\text{la2}} = +\frac{m_1 \cdot \alpha_1 \cdot l_3}{2 \cdot l_0} = +333.3(\text{N})$$

$$P_{\text{t}\cdot\text{la3}} = +\frac{m_1 \cdot \alpha_1 \cdot l_3}{2 \cdot l_0} = +333.3(\text{N})$$

$$P_{\text{t}\cdot\text{la4}} = -\frac{m_1 \cdot \alpha_1 \cdot l_3}{2 \cdot l_0} = -333.3(\text{N})$$

③左行减速时。

a. 径向负荷 $P_{\text{ld}n}$。

$$P_{\text{ld1}} = P_1 + \frac{m_1 \cdot \alpha_3 \cdot l_5}{2 \cdot l_0} + \frac{m_2 \cdot \alpha_3 \cdot l_4}{2 \cdot l_0} = +3\,946.6(\text{N})$$

$$P_{\text{ld2}} = P_2 - \frac{m_1 \cdot \alpha_3 \cdot l_5}{2 \cdot l_0} - \frac{m_2 \cdot \alpha_3 \cdot l_4}{2 \cdot l_0} = +3\,403.4(\text{N})$$

$$P_{\text{ld3}} = P_3 - \frac{m_1 \cdot \alpha_3 \cdot l_5}{2 \cdot l_0} - \frac{m_2 \cdot \alpha_3 \cdot l_4}{2 \cdot l_0} = +2\,423.4(\text{N})$$

$$P_{\text{ld4}} = P_4 + \frac{m_1 \cdot \alpha_3 \cdot l_5}{2 \cdot l_0} + \frac{m_2 \cdot \alpha_3 \cdot l_4}{2 \cdot l_0} = +2\,966.6(\text{N})$$

b. 横向负荷 $P_{t \cdot ldn}$。

$$P_{t \cdot ld1} = + \frac{m_1 \cdot \alpha_3 \cdot l_3}{2 \cdot l_0} = + 111.1(\text{N})$$

$$P_{t \cdot ld2} = - \frac{m_1 \cdot \alpha_3 \cdot l_3}{2 \cdot l_0} = - 111.1(\text{N})$$

$$P_{t \cdot ld3} = - \frac{m_1 \cdot \alpha_3 \cdot l_3}{2 \cdot l_0} = - 111.1(\text{N})$$

$$P_{t \cdot ld4} = + \frac{m_1 \cdot \alpha_3 \cdot l_3}{2 \cdot l_0} = + 111.1(\text{N})$$

④右行加速时。

a. 径向负荷 $P_{r \cdot an}$。

$$P_{ra1} = P_1 + \frac{m_1 \cdot \alpha_1 \cdot l_5}{2 \cdot l_0} + \frac{m_2 \cdot \alpha_1 \cdot l_4}{2 \cdot l_0} = + 6\ 057.6(\text{N})$$

$$P_{ra2} = P_2 - \frac{m_1 \cdot \alpha_1 \cdot l_5}{2 \cdot l_0} - \frac{m_2 \cdot \alpha_1 \cdot l_4}{2 \cdot l_0} = + 1\ 292.4(\text{N})$$

$$P_{ra3} = P_3 - \frac{m_1 \cdot \alpha_1 \cdot l_5}{2 \cdot l_0} - \frac{m_2 \cdot \alpha_1 \cdot l_4}{2 \cdot l_0} = + 312.4(\text{N})$$

$$P_{ra4} = P_4 + \frac{m_1 \cdot \alpha_1 \cdot l_5}{2 \cdot l_0} + \frac{m_2 \cdot \alpha_1 \cdot l_4}{2 \cdot l_0} = + 5\ 077.6(\text{N})$$

b. 横向负荷 $P_{t \cdot ran}$。

$$P_{t \cdot ra1} = + \frac{m_1 \cdot \alpha_1 \cdot l_3}{2 \cdot l_0} = + 333.3(\text{N})$$

$$P_{t \cdot ra2} = - \frac{m_1 \cdot \alpha_1 \cdot l_3}{2 \cdot l_0} = - 333.3(\text{N})$$

$$P_{t \cdot ra3} = - \frac{m_1 \cdot \alpha_1 \cdot l_3}{2 \cdot l_0} = - 333.3(\text{N})$$

$$P_{t \cdot ra4} = + \frac{m_1 \cdot \alpha_1 \cdot l_3}{2 \cdot l_0} = + 333.3(\text{N})$$

⑤右行减速时。

a. 径向负荷 P_{rdn}。

$$P_{rd1} = P_1 - \frac{m_1 \cdot \alpha_3 \cdot l_5}{2 \cdot l_0} - \frac{m_2 \cdot \alpha_3 \cdot l_4}{2 \cdot l_0} = + 1\ 835.4(\text{N})$$

$$P_{rd2} = P_2 + \frac{m_1 \cdot \alpha_3 \cdot l_5}{2 \cdot l_0} + \frac{m_2 \cdot \alpha_3 \cdot l_4}{2 \cdot l_0} = + 5\ 514.6(\text{N})$$

$$P_{rd3} = P_3 + \frac{m_1 \cdot \alpha_3 \cdot l_5}{2 \cdot l_0} + \frac{m_2 \cdot \alpha_3 \cdot l_4}{2 \cdot l_0} = + 4\ 534.6(\text{N})$$

$$P_{rd4} = P_4 - \frac{m_1 \cdot \alpha_3 \cdot l_5}{2 \cdot l_0} - \frac{m_2 \cdot \alpha_3 \cdot l_4}{2 \cdot l_0} = + 855.4(\text{N})$$

b. 横向负荷 $P_{t \cdot rdn}$。

$$P_{t \cdot rd1} = - \frac{m_1 \cdot \alpha_3 \cdot l_3}{2 \cdot l_0} = - 111.1(\text{N})$$

$$P_{\mathrm{t \cdot rd2}} = + \frac{m_1 \cdot \alpha_3 \cdot l_3}{2 \cdot l_0} = + 111.1(\mathrm{N})$$

$$P_{\mathrm{t \cdot rd3}} = + \frac{m_1 \cdot \alpha_3 \cdot l_3}{2 \cdot l_0} = + 111.1(\mathrm{N})$$

$$P_{\mathrm{t \cdot rd4}} = - \frac{m_1 \cdot \alpha_3 \cdot l_3}{2 \cdot l_0} = - 111.1(\mathrm{N})$$

（3）合成负荷。

①等速时。

$$P_{\mathrm{E1}} = P_1 = 2\ 891\ \mathrm{N}$$
$$P_{\mathrm{E2}} = P_2 = 4\ 459\ \mathrm{N}$$
$$P_{\mathrm{E3}} = P_3 = 3\ 479\ \mathrm{N}$$
$$P_{\mathrm{E4}} = P_4 = 1\ 911\ \mathrm{N}$$

②左行加速时。

$$P_{\mathrm{Ela1}} = |P_{1 \cdot \mathrm{a1}}| + |P_{\mathrm{tla1}}| = 608.9\ \mathrm{N}$$
$$P_{\mathrm{Ela2}} = |P_{1 \cdot \mathrm{a2}}| + |P_{\mathrm{tla2}}| = 7\ 958.9\ \mathrm{N}$$
$$P_{\mathrm{Ela3}} = |P_{1 \cdot \mathrm{a3}}| + |P_{\mathrm{tla3}}| = 6\ 978.9\ \mathrm{N}$$
$$P_{\mathrm{Ela4}} = |P_{1 \cdot \mathrm{a4}}| + |P_{\mathrm{tla4}}| = 1\ 588.9\ \mathrm{N}$$

③左行减速时。

$$P_{\mathrm{Eld1}} = |P_{1 \cdot \mathrm{d1}}| + |P_{\mathrm{tld1}}| = 4\ 057.7\ \mathrm{N}$$
$$P_{\mathrm{Eld2}} = |P_{1 \cdot \mathrm{d2}}| + |P_{\mathrm{tld2}}| = 3\ 514.5\ \mathrm{N}$$
$$P_{\mathrm{Eld3}} = |P_{1 \cdot \mathrm{d3}}| + |P_{\mathrm{tld3}}| = 2\ 534.5\ \mathrm{N}$$
$$P_{\mathrm{Eld4}} = |P_{1 \cdot \mathrm{d4}}| + |P_{\mathrm{tld4}}| = 3\ 077.7\ \mathrm{N}$$

④右行加速时。

$$P_{\mathrm{Era1}} = |P_{\mathrm{ra1}}| + |P_{\mathrm{ra1}}| = 6\ 390.9\ \mathrm{N}$$
$$P_{\mathrm{Era2}} = |P_{\mathrm{ra2}}| + |P_{\mathrm{ra2}}| = 1\ 625.7\ \mathrm{N}$$
$$P_{\mathrm{Era3}} = |P_{\mathrm{ra3}}| + |P_{\mathrm{ra3}}| = 645.7\ \mathrm{N}$$
$$P_{\mathrm{Era4}} = |P_{\mathrm{ra4}}| + |P_{\mathrm{ra4}}| = 5\ 410.9\ \mathrm{N}$$

⑤右行减速时。

$$P_{\mathrm{Erd1}} = |P_{\mathrm{rd1}}| + |P_{\mathrm{rd1}}| = 1\ 946.5\ \mathrm{N}$$
$$P_{\mathrm{Erd2}} = |P_{\mathrm{rd2}}| + |P_{\mathrm{rd2}}| = 5\ 625.7\ \mathrm{N}$$
$$P_{\mathrm{Erd3}} = |P_{\mathrm{rd3}}| + |P_{\mathrm{rd3}}| = 4\ 645.7\ \mathrm{N}$$
$$P_{\mathrm{Erd4}} = |P_{\mathrm{rd4}}| + |P_{\mathrm{rd4}}| = 966.5\ \mathrm{N}$$

6.10.9　静安全系数

如前所示，LM 导轨上所作用的最大负荷是 LM 滑块 No2 左行加速时产生，故静安全系数（f_s）由下式计算：

$$f_\mathrm{s} = \frac{C_0}{P_{\mathrm{E \cdot la2}}} = \frac{81.4 \times 10^3}{7\ 958.9} = 10.2$$

6.10.10　平均负荷 $P_{\mathrm{m}n}$

计算每个 LM 滑块上所作用的平均负荷。

$$P_{m1} = \sqrt[3]{\frac{1}{2 \cdot l_s}(P_{\text{Ela1}}^3 \cdot S_1 + P_{\text{E1}}^3 \cdot S_2 + P_{\text{Eld1}}^3 \cdot S_3 + P_{\text{Era1}}^3 \cdot S_1 + P_{\text{E1}}^3 \cdot S_2 + P_{\text{Erd1}}^3 \cdot S_3)}$$

$$= \sqrt[3]{\frac{1}{2 \times 1\,450}(608.9^3 \times 12.5 + 2\,891^3 \times 1\,400 + 4\,057.7^3 \times 37.5 + 6\,390.9^3 \times 12.5 + 2\,891^3 \times 1\,400 + 1\,946.5^3 \times 37.5)}$$

$$= 2\,940.1(\text{N})$$

$$P_{m2} = \sqrt[3]{\frac{1}{2 \cdot l_s}(P_{\text{Ela2}}^3 \cdot S_1 + P_{\text{E2}}^3 \cdot S_2 + P_{\text{Eld2}}^3 \cdot S_3 + P_{\text{Era2}}^3 \cdot S_1 + P_{\text{E2}}^3 \cdot S_2 + P_{\text{Erd2}}^3 \cdot S_3)}$$

$$= \sqrt[3]{\frac{1}{2 \times 1\,450}(7\,958.9^3 \times 12.5 + 4\,459^3 \times 1\,400 + 3\,514.5^3 \times 37.5 + 1\,625.7^3 \times 12.5 + 4\,459^3 \times 1\,400 + 5\,625.7^3 \times 37.5)}$$

$$= 4\,492.2(\text{N})$$

$$P_{m3} = \sqrt[3]{\frac{1}{2 \cdot l_s}(P_{\text{Ela3}}^3 \cdot S_1 + P_{\text{E3}}^3 \cdot S_2 + P_{\text{Eld3}}^3 \cdot S_3 + P_{\text{Era3}}^3 \cdot S_1 + P_{\text{E3}}^3 \cdot S_2 + P_{\text{Erd3}}^3 \cdot S_3)}$$

$$= \sqrt[3]{\frac{1}{2 \times 1\,450}(6\,978.9^3 \times 12.5 + 3\,479^3 \times 1\,400 + 2\,534.5^3 \times 37.5 + 645.7^3 \times 12.5 + 3\,479^3 \times 1\,400 + 4\,645.7^3 \times 37.5)}$$

$$= 3\,520.4(\text{N})$$

$$P_{m4} = \sqrt[3]{\frac{1}{2 \cdot l_s}(P_{\text{Ela4}}^3 \cdot S_1 + P_{\text{E4}}^3 \cdot S_2 + P_{\text{Eld4}}^3 \cdot S_3 + P_{\text{Era4}}^3 \cdot S_1 + P_{\text{E4}}^3 \cdot S_2 + P_{\text{Erd4}}^3 \cdot S_3)}$$

$$= \sqrt[3]{\frac{1}{2 \times 1\,450}(1\,588.9^3 \times 12.5 + 1\,911^3 \times 1\,400 + 3\,077.7^3 \times 37.5 + 5\,410.9^3 \times 12.5 + 1\,911^3 \times 1\,400 + 966.5^3 \times 37.5)}$$

$$= 1\,985.5(\text{N})$$

6.10.11 额定寿命 L_n

根据 LM 导轨的额定寿命计算公式(假定 $f_W = 1.5$)。

$$L_1 = \left(\frac{C}{f_W \cdot P_{m1}}\right)^3 \times 50 = 71\,700(\text{km})$$

$$L_2 = \left(\frac{C}{f_W \cdot P_{m2}}\right)^3 \times 50 = 20\,600(\text{km})$$

$$L_3 = \left(\frac{C}{f_W \cdot P_{m3}}\right)^3 \times 50 = 43\,000(\text{km})$$

$$L_4 = \left(\frac{C}{f_W \cdot P_{m4}}\right)^3 \times 50 = 239\,000(\text{km})$$

算例(竖立使用情况)。直线导轨结构如图 6-69 所示。

(1)使用条件。

使用型号 HSR25A2SS + 1400L—II

$$C = 19.9 \text{ kN}; C_0 = 34.4 \text{ kN}$$

质量 $m_0 = 100$ kg, $m_1 = 200$ kg, $m_2 = 100$ kg

距离 $l_0 = 300$ mm, $l_1 = 80$ mm, $l_2 = 250$ mm

行程 $l_3 = 280$ mm, $l_4 = 150$ mm, $l_5 = 250$ mm, $l_6 = 1\,000$ mm

注:仅上升时装载质量为 m_0;而下降时不装载质量(m_0)进行运动。

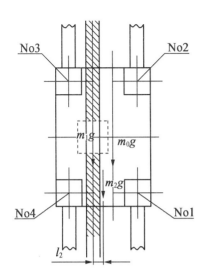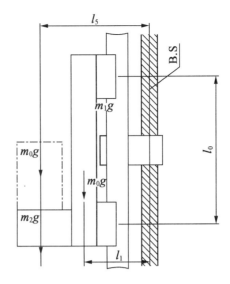

图 6 - 69　直线导轨结构示意图

(2)LM 滑块的负荷。

①上升时。

a. 上升时 LM 滑块的径向负荷 P_{un}。

$$P_{u1} = + \frac{m_1 g \cdot l_4}{2l_0} + \frac{m_2 g \cdot l_5}{2l_0} + \frac{m_0 g \cdot l_3}{2l_0} = + 1\ 355.6(\text{N})$$

$$P_{u2} = - \frac{m_1 g \cdot l_4}{2l_0} - \frac{m_2 g \cdot l_5}{2l_0} - \frac{m_0 g \cdot l_3}{2l_0} = - 1\ 355.6(\text{N})$$

$$P_{u3} = - \frac{m_1 g \cdot l_4}{2l_0} - \frac{m_2 g \cdot l_5}{2l_0} - \frac{m_0 g \cdot l_3}{2l_0} = - 1\ 355.6(\text{N})$$

$$P_{u4} = + \frac{m_1 g \cdot l_4}{2l_0} + \frac{m_2 g \cdot l_5}{2l_0} + \frac{m_0 g \cdot l_3}{2l_0} = + 1\ 355.6(\text{N})$$

b. 上升时 LM 滑块的横向负荷 P_{tun}。

$$P_{tu1} = + \frac{m_1 g \cdot l_2}{2l_0} + \frac{m_2 g \cdot l_2}{2l_0} + \frac{m_0 g \cdot l_1}{2l_0} = + 375.7(\text{N})$$

$$P_{tu2} = - \frac{m_1 g \cdot l_2}{2l_0} - \frac{m_2 g \cdot l_2}{2l_0} - \frac{m_0 g \cdot l_1}{2l_0} = - 375.7(\text{N})$$

$$P_{tu3} = - \frac{m_1 g \cdot l_2}{2l_0} - \frac{m_2 g \cdot l_2}{2l_0} - \frac{m_0 g \cdot l_1}{2l_0} = - 375.7(\text{N})$$

$$P_{tu4} = + \frac{m_1 g \cdot l_2}{2l_0} + \frac{m_2 g \cdot l_2}{2l_0} + \frac{m_0 g \cdot l_1}{2l_0} = + 375.7(\text{N})$$

②下降时。

a. 下降时 LM 滑块的径向负荷 P_{dn}。

$$P_{d1} = + \frac{m_1 g \cdot l_4}{2l_0} + \frac{m_2 g \cdot l_5}{2l_0} = + 898.3(\text{N})$$

$$P_{d2} = - \frac{m_1 g \cdot l_4}{2l_0} - \frac{m_2 g \cdot l_5}{2l_0} = - 898.3(\text{N})$$

$$P_{d3} = -\frac{m_1 g \cdot l_4}{2l_0} - \frac{m_2 g \cdot l_5}{2l_0} = -898.3(\text{N})$$

$$P_{d4} = +\frac{m_1 g \cdot l_4}{2l_0} + \frac{m_2 g \cdot l_5}{2l_0} = +898.3(\text{N})$$

b. 下降时 LM 滑块的横向负荷 P_{tdn}。

$$P_{td1} = +\frac{m_1 g \cdot l_2}{2l_0} + \frac{m_2 g \cdot l_2}{2l_0} = +245(\text{N})$$

$$P_{td2} = -\frac{m_1 g \cdot l_2}{2l_0} - \frac{m_2 g \cdot l_2}{2l_0} = -245(\text{N})$$

$$P_{td3} = -\frac{m_1 g \cdot l_2}{2l_0} - \frac{m_2 g \cdot l_2}{2l_0} = -245(\text{N})$$

$$P_{td4} = +\frac{m_1 g \cdot l_2}{2l_0} + \frac{m_2 g \cdot l_2}{2l_0} = +245(\text{N})$$

(3) 合成负荷 P_{Eun}。

①上升时。

$$P_{Eu1} = |P_{u1}| + |P_{tu1}| = 1\,731.3\ \text{N}$$
$$P_{Eu2} = |P_{u2}| + |P_{tu2}| = 1\,731.3\ \text{N}$$
$$P_{Eu3} = |P_{u3}| + |P_{tu3}| = 1\,731.3\ \text{N}$$
$$P_{Eu4} = |P_{u4}| + |P_{tu4}| = 1\,731.3\ \text{N}$$

②下降时。

$$P_{Ed1} = |P_{d1}| + |P_{td1}| = 1\,143.3\ \text{N}$$
$$P_{Ed2} = |P_{d2}| + |P_{td2}| = 1\,143.3\ \text{N}$$
$$P_{Ed3} = |P_{d3}| + |P_{td3}| = 1\,143.3\ \text{N}$$
$$P_{Ed4} = |P_{d4}| + |P_{td4}| = 1\,143.3\ \text{N}$$

(4) 静安全系数 f_s。

如前所确定的使用条件的机械或装置中,所使用的 LM 导轨的安全系数(f_s)如下:

$$f_s = \frac{C_0}{P_{Eu2}} = \frac{34.4 \times 10^3}{1\,731.3} = 19.9$$

(5) 平均负荷。

计算每个 LM 滑块上所作用的平均负荷 P_{mn}。

$$P_{m1} = \sqrt[3]{\frac{1}{2l_s}(P_{Eu1}^3 \cdot l_s + P_{Ed1}^3 \cdot l_s)} = 1\,495.1(\text{N})$$

$$P_{m2} = \sqrt[3]{\frac{1}{2l_s}(P_{Eu2}^3 \cdot l_s\| + P_{Ed2}^3 \cdot l_s)} = 1\,495.1(\text{N})$$

$$P_{m3} = \sqrt[3]{\frac{1}{2l_s}(P_{Eu3}^3 \cdot l_s + P_{Ed3}^3 \cdot l_s)} = 1\,495.1(\text{N})$$

$$P_{m4} = \sqrt[3]{\frac{1}{2l_s}(P_{Eu4}^3 \cdot l_s + P_{Ed4}^3 \cdot l_s)} = 1\,495.1(\text{N})$$

(6) 额定寿命 L_n。

根据 LM 导轨的额定寿命计算式,设定 $f_W = 1.2$。

$$L_1 = \left(\frac{C}{f_W \cdot P_{m1}}\right)^3 \times 50 = 68\ 200\,(\text{km})$$

$$L_2 = \left(\frac{C}{f_W \cdot P_{m2}}\right)^3 \times 50 = 68\ 200\,(\text{km})$$

$$L_3 = \left(\frac{C}{f_W \cdot P_{m3}}\right)^3 \times 50 = 68\ 200\,(\text{km})$$

$$L_4 = \left(\frac{C}{f_W \cdot P_{m4}}\right)^3 \times 50 = 68\ 200\,(\text{km})$$

根据已知使用条件的机械或装置中所使用的 LM 导轨寿命为 68 200 km。

(7)刚性设计。

①径向间隙与预压的选择。

a. 径向间隙。LM 导轨的径向间隙是指 LM 导轨固定时,在其长度方向的中央部,将 LM 滑块轻轻地做上下移动,这是 LM 滑块中央部的径向位移量。

径向间隙一般分为三种:普通间隙、负间隙 C_1(轻预压)及负间隙 C_0(中等预压)。各种类型的间隙值都已规格化,可根据用途选择。

LM 导轨的径向间隙,对运行精度、耐负荷性能及刚性都有明显的影响,因此,根据用途适当地选择间隙是很重要的。一般考虑到因往复运动而产生的振动、冲击,选择负间隙,对使用及精度都会带来好的效果。有载荷情况时引起的变形如图 6 – 70 所示。

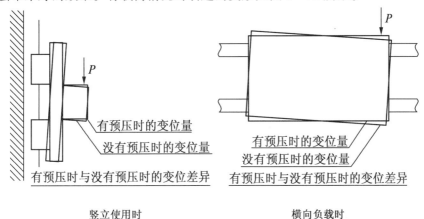

图 6 – 70　LM 导轨的变位量

b. 预压。所谓预压(Preload),其目的是为了增大 LM 滑块的刚性,消除间隙等,预先给转动体施加的内部负荷。LM 导轨的间隙分类记号 C_1 和 C_0,表示施加预压后间隙值为负数(即过盈)。

另外,LM 导轨(分离式的 GSR 型除外)因为出厂前已全部按指定间隙调整好,所以不需要再调整预压。

应根据各种使用条件(表 6 – 56)来选择最合适的间隙,选择间隙时请与厂家 THK 联系。

表 6-56　LM 导轨的使用条件与应用

	径向间隙		
	普通间隙	C_1 间隙(轻预压)	C_0 间隙(中等预压)
使用条件	负荷方向一定,振动、冲击小,两轨并列使用场所精度要求不好,但要求滑动阻力小的地方	悬臂负荷或力矩作用的地方,单轨使用的地方 轻负荷而要求高精度的地方	要求高刚性,而有振动冲击的地方 重型切削机床等
应用实例	射束焊接机械、装订机、自动包装机、一般工业机械的 XY 轴自动门窗加工机、焊接机、熔断机、工具交换装置、各种材料供给装置	磨床工作台进给导轨、自动涂装机、工业用机器人、各种材料高速进给装置、NC 车床、一般工业机械的 Z 轴、印刷线路板的打孔机、电火花加工机、测定仪、精密 XY 平台	机械加工中心、NC 车床、磨床砂轮进给导轨、铣床、立式或横式镗床、刀具导向部、工作机械 Z 轴(Z 向导轨)

②轻压的负荷与寿命。对 LM 导轨施加预压(中预压),因 LM 导轨滑块中事前作用了内部负荷,有必要考虑存在预压负荷的寿命计算。另外,在确定型号后,决定预压负荷时,可与 THK 公司联系。

③刚性。LM 导轨承受负荷时,球或 LM 滑块、LM 导轨等,在容许范围内产生弹性变形。这时,预压变位量与负荷之比率就是刚性值。LM 导轨随着预压量的增加,刚性也增加,如图 6-71 所示为普通间隙与 C_1 间隙、C_0 间隙时的刚性差别。由图 6-71 可知,对于四个方向等负荷来讲,预压的效果能保持外部负荷增大到预压负荷的 2.8 倍时为止。

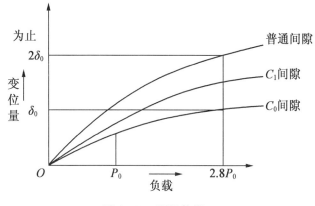

图 6-71　刚性数据

将合成树脂滑动材料或滑动方式工作机械导向面改成 LM 导轨时,需要研究滚动螺杆的刚性(因为驱动元件是滚动螺杆)。轴径、预压量、导程角和圈数有较大关系,因此打算将 LM 导轨用于导向面时,可与 THK 询问最合适的滚珠螺杆。

6.10.12　精度设计

(1)精度规格。

LM 导轨的精度包括:行走平行度、高度、宽度的尺寸容许差。当一条导轨使用几个 LM 滑块或同一平面上安装有几条导轨时,规定了各型号的高度、宽度的成对相互差值。

具体数值参照各型号的规格表。

①行走平行度。将 LM 轨道用螺栓固定在基准基础面上,使 LM 滑块在 LM 轨道全长上运动时,LM 滑块与 LM 轨道基准面之间的平行度误差。

②高度 M 的成对相互差。组合在同一平面上的各个 LM 滑块的高度尺寸(M)的最大值与最小值之差。

③宽度 W_2 的成对相互差。装在一条 LM 导轨上的各个 LM 滑块与 LM 轨道间的宽度（W_2）尺寸的最大值与最小值之差。

注（1）　同一平面上两条以上并列使用时,宽度（W_2）的尺寸容许差,成对相互差只适用于基准侧。

注（2）　精度测定值表示的是 LM 滑块中心点或中心部的平均值。

注（3）　因 LM 轨道被加工成容易矫正的大弯曲形,压紧安装在机械主机的基准面上,容易得到好的精度。安装在铝合金基础上,刚性较小的地方使用时,LM 轨道的弯曲会影响机械的精度,故有必要事前规定 LM 轨道的直线度。

（2）平均化效果。

在 LM 导轨中装入圆球度刚度大的钢球,采用了无间隙的约束结构。而且多根 LM 轨道组合并列使用,形成了多条约束的导向结构。因此,LM 导轨具有将安装基础的加工及装配时产生的直线度、平面度、平行度等误差平均化吸收的特性。安装时注意基准侧标记,如图6－72所示。

平均化效果的大小因误差的长度范围和大小、LM 导轨的预压量、多条约束数目等的不同而不同。比如:由两条 LM 导轨支承并导向的工作台,对其中一条 LM 导轨存在不直度误差,其误差的大小与工作台实际的运动精度（左、右方向的直线度）如图 6－73 所示。

如此,由于应用平均化的特点,可以很容易获得较高的运动精度的导向结构。

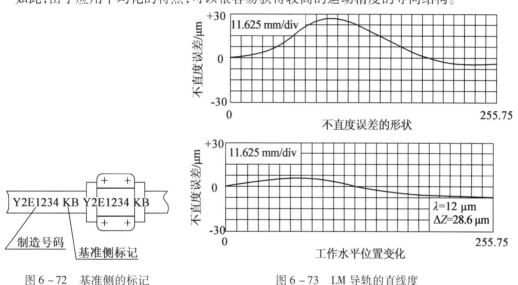

图 6-72　基准侧的标记　　　　　　　图 6-73　LM 导轨的直线度

6.10.13　使用机种与精度

表 6-57 表示了根据使用机种选定 LM 导轨精度等级的确定标准。

表 6 – 57　按使用机种确定精度等级基准

机种名称		机床														
		机械加工中心	车床	铣床	镗床	坐标镗床	磨床	电火花加工机	冲击压机	激光加工机	木工机	NC钻床	攻丝中心	集装箱交换装置	ATC	线切割机	砂轮修整装置
精度等级	UP					○	○	○									○
	SP	○	○	○	○	○	○	○		○						○	○
	P	○	○	○	○			○	○	○	○	○	○			○	
	M								○	○	○						
	普通								○					○	○		

机种名称		工业用机器人		半导体制造装置				其他机器								
		直角坐标型	圆柱坐标型	线接合器	探测器	电子部件插入机	印刷电路板开孔机	射出成形机	三次元测定机	办公机器	搬运机器	XY工作台	涂装机	焊接机	医疗器械	Digitizer	检查装置
精度等级	UP				○				○								○
	SP			○	○		○		○			○				○	○
	P	○			○	○						○				○	○
	M	○	○					○		○	○	○		○	○		
	普通	○	○					○		○	○		○	○	○		

6.11　滚动轴承噪声及其控制

　　轴承噪声与轴承本身的设计、精度、类型、安装及使用条件等因素有关。轴承噪声对精密机械是不容忽视的主要噪声源。轴承噪声一般具有宽的频率范围。滚动轴承的振动频率近似估算见表 6 – 58。由于轴承套圈的沟道加工留有波纹而引起的振动，其波纹波数与振动频率之间的关系见表 6 – 59。

表 6 – 58　滚动轴承振动频率的估算公式

轴承运转状态	频率估算公式/Hz
轴转动频率	$f = \dfrac{N}{60}$
滚动体自转频率	$f = \dfrac{N}{120} \cdot \dfrac{D}{d}\left(1 - \dfrac{d^2}{D^2}\cos^2\varphi\right)$
外环固定，保持架转动频率	$f = \dfrac{N}{120}\left(1 - \dfrac{d}{D}\cos\varphi\right)$

续表 6 – 58

轴承运转状态	频率估算公式/Hz
外环固定,外环上固定点与滚动体的接触频率	$nf = \dfrac{ZN}{60}\left[1 - \dfrac{1}{2}\left(1 - \dfrac{d^2}{D^2}\cos^2\varphi \right) \right]$
外环固定,保持架相对内环的转动频率	$f = \dfrac{N}{60}\left[1 - \dfrac{1}{2}\left(1 - \dfrac{d}{D}\cos\varphi \right) \right]$
内环固定,保持架转动频率	$f = \dfrac{N}{120}\left(1 + \dfrac{d}{D}\cos\varphi \right)$
内环固定,内环上固定点与滚动体的接触频率	$f = \dfrac{ZN}{120}\left(1 + \dfrac{d}{D}\cos\varphi \right)$
内环固定,保持架相对外环的转动频率	$f = \dfrac{ZN}{60}\left[1 - \dfrac{1}{2}\left(1 + \dfrac{d}{D}\cos\varphi \right) \right]$
内环固定,外环上固定点与滚动体的接触频率	$f = \dfrac{ZN}{60}\left[1 - \dfrac{1}{2}\left(1 + \dfrac{d}{D}\cos\varphi \right) \right]$
滚动体上固定点与内外环的接触频率	$f = \dfrac{N}{60} \cdot \dfrac{D}{d}\left(1 - \dfrac{d^2}{D^2}\cos^2\varphi \right)$

N——每分钟转速;Z——滚动体个数;D——轴承节圆直径;d——滚动体直径;φ——滚动体与滚道接触角

表 6 – 59　波峰数与振动频率

波纹	波峰数		振动频率 Hz	
	径向	轴向	径向	轴向
内环	$nZ \pm 1$	nZ	$nZf_i \pm f_v$	nZf_i
外环	$nZ \pm 1$	$nZ \pm nZf_c$	nZf_c	nZf_c
滚动体	$2nZ$	$2n$	$2nf_b \pm f_c$	$2nf_b$

n——波纹正整数;Z——滚动体个数;f_v——内环转速(Hz);f_c——保持架转速(Hz);f_b——滚动体自转转速(Hz);$f_i = f_v - f_c$

　　轴承噪声的控制措施,包括仔细选择轴承及其使用条件,提高轴承加工精度;减小轴承安装后的径向间隙,采用良好的润滑方式;增大轴承安装支座的刚性,防止轴承锈蚀和杂质进入轴承等。

第7章　其他类型轴承

由于机器功能不同,其工作环境也存在很大差异。其中,轴承工况也多种多样,例如:潜水泵中的塑料轴承以水为润滑介质,抗腐蚀性能非常理想;石油钻井机的钻杆采用的是橡胶轴承,由于轴承的弹性和嵌藏性较好,适宜泥浆作为润滑剂,其工作寿命还是比较理想的;静电轴承利用静电力使轴悬浮,也称电悬浮轴承,它结构紧凑,几乎没有摩擦,但它需要很强的电场强度,应用受到限制,仅在微型仪表(如陀螺仪)中应用;磁力轴承与静电力轴承类似,利用磁场力使轴悬浮,它无须任何润滑剂,可在真空中工作,可实现极高的转速;宝石轴承是用金刚石、人造刚玉、蓝宝石等硬质材料制成的轴承,常用于各种仪器和仪表中,手表中的钻就有代表性。与宝石轴承匹配的钢枢轴必须经淬火处理,轴尖要精细抛光。宝石轴承的特点是结构紧凑,占有空间很小,摩擦系数低,硬度高、耐腐蚀、抗压强度高。

7.1　塑料轴承

(1)在水中工作的塑料轴承通常采用热固性塑料,包括酚醛(PF)和聚邻苯二甲酸二丙烯酯(PDAP)。

酚醛塑料是以线性酚醛树脂为黏合剂,以石棉、焦炭粉、石墨等为填充料的酚醛模塑料,其牌号有 P23-1(塑料代号为 M)、P117、FM 和 COP。聚邻苯二甲酸二丙烯酯塑料从聚邻苯二甲酸二丙烯酯树脂为基体,以矿物纤维和耐热型固体润滑剂为填充料,其牌号有 DAP-2 等,这些材料的技术指标见表 7-1。

(2)轴承形式、尺寸及公差。

①径向轴承。轴套基本形式如图 7-1 所示,其工作表面开有直的或螺旋形导水槽。

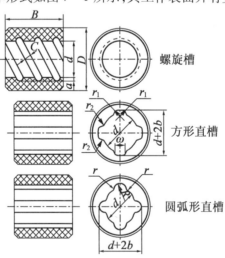

图 7-1　水润滑塑料径向轴套

直槽有圆弧形和方形两种,螺旋形为圆弧形,可以左旋或右旋,单线或多线。基本尺寸见表 7 - 2。

内径 d 的公差带为 H8,外径 D 的公差带如外圆无定位要素者是 P7,有定位要素者为 d9,宽度的上偏差为 0,下偏差为 - 0.50。

②止推轴承。其轴承基本形式如图 7 - 2 所示,其工作表面有扇面形和筋条块形两种。

支承面可以是平面(图 7 - 2(a)、(b))或槽面(图 7 - 2(c)、(d))。

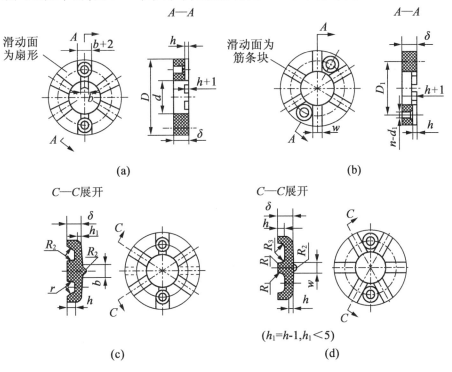

(a)　　　　　　　　　　　(b)

(c)　　　　　　　　　　　(d)

$(h_1 = h-1, h_1 < 5)$

图 7 - 2　水润滑塑料止推轴承

基本尺寸见表 7 - 2 及表 7 - 3。

轴承厚度的上偏差为 0,下偏差为 - 0.15。

表 7 - 1　热固性塑料水润滑轴承材料的技术指标(摘自 JB/T 3199—1994)

名称	密度 /(g·m³)	吸水率 /%	冲击韧度 /(kJ·m⁻²)	抗弯强度 /MPa	抗压强度 /MPa	摩擦学性能		热变形 温度/℃	线胀系数 /(10⁻⁶·℃⁻¹)
						摩擦因数	磨痕宽度/mm		
指标	≤1.8	≤0.23	≥4	≥60	≥130	≤0.16	≤5.4	≥160	≤35

注:在 1.80 MPa 下的热变形温度

表 7 - 2　水润滑塑料径向轴套尺寸（摘自 JB/T 5985—1992）　　　　　　mm

内径 d	外径 D	宽度 B	带直槽工作表面					带螺旋槽工作表面		半径间隙	
			槽数	方形槽		圆弧槽		槽宽 C	槽深 a	外圆有定位要素	外圆无定位要素
				$\omega \times b$	r_1, r_2	R, b	r				
25	40	32,40,48	4	10×3	1,2	5,3	4	6	3	0.035	0.06
28	44	35,44,52									
30	50	40,50,60									
35	55	44,55,66									
38	58	46,58,70	6	12×3	2,4	6,4	6			0.05	0.08
42	62	50,62,75									
45	65	52,65,78									
50	74	60,74,90		14×4	3,6	7,5		8	4	0.06	0.10
55	80	64,80,96									
60	85	68,85,102									
70	95	76,95,114									
80	110	86,110,132									
90	120	96,120,144	8	16×5	6,8	8,6	8	10	5	0.07	0.125
100	130	104,130,156									
120	150	120,150,180									

表 7 - 3　水润滑塑料止推轴承尺寸（摘自 JB/T 5985—1992）　　　　　　mm

外径 D		内径 d	瓦厚 δ	定位孔中心圆直径 D_1	定位孔直径 d_1	定位孔数	工作面为扇形面			工作面为筋条块		槽深或筋条块高 k	托盘进水孔总截面积/mm^2
尺寸	公差						润滑水槽数	水槽宽 b	圆角 r	筋条块数	块宽 ω		
35	-0.10 -0.25	15	10	25	5.5	2~4	6	8	2	6	6	3	35
40		20		30									
45				32									
50				35									55
55	-0.20 -0.40	30	12	43			8			8	8	4	
60				45									110
65		35		50									
70				53									200
75				55						10			
80		40	15	60			10	10				5	300
85		45		65									400
90		50		70									470
95				73						12			
100		55		78									620
110				83			12						670
120	-0.20 -0.45	65	20	92	6.6							6	
130		70		100				12		16			900
140				105			16						
150		80		115									
160		90	25	125	9		20			20		8	1 100
170				130									

注:瓦轴厚度的上偏差为 0,下偏差为 -0.15

（3）承载能力。

止推轴承在正常工况条件下,控制磨损率为 0.2 μm/h 的许用载荷见表 7 - 4。

表 7 - 4　止推轴承许用载荷(摘自 JB/T 5985—1992)

外径 D/mm	35 ~ 45	50 ~ 55	60 ~ 65	70 ~ 80	85 ~ 95	100 ~ 120	130 ~ 150	160 ~ 170
许用载荷 F/kN	1.5	2	4	6	8	10	15	22

（4）使用注意事项。

①轴径和止推盘的材料推荐用 3Cr13 或 45 号钢。工作表面应淬硬或镀硬铬,其硬度为 HRC 45 ~ 50,表面粗糙度 $Ra \le 0.8$ μm。

②与径向轴承外圆相配的轴承座孔,其直径公差带为 H8。

③所使用的水的含砂量不得超过 0.01%(质量分数),其酸碱(pH)值应为 6.5 ~ 8.5,含氯离子不得超过 400 mg/L,温度不超过 65 ℃。

（5）标记方法。

①标记代号。标记代号见表 7 - 5。

表 7 - 5　标记代号

名称	代号	名称	代号	名称	代号	名称	代号
止推轴瓦	T	平底面	B	内孔带直槽	Z	P23 - 1 塑料	M
扇面形工作面	S	带槽底面	不表示	内孔带螺纹槽(左旋)	L(左)	P117 塑料	P
筋条块工作面	不表示	径向轴承	J	内孔带螺纹槽(右旋)	L	DAP - 2 塑料	D

②径向轴套的标记方法如下。

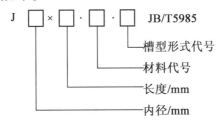

③止推轴承的标记方法如下。

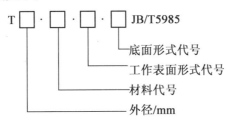

7.2　橡胶轴承

橡胶的特点是柔软具有弹性,嵌藏性好,但导热和耐热性差,故适宜用水作润滑介质。

(1)橡胶轴套材料。

适宜用水润滑轴套的橡胶,其性能见表7－6。

表7－6　轴套用橡胶的性能

扯断强度/MPa	扯断伸长率/%	永久变形/%	硬度(HS)
11.77	400	40	70~80

(2)轴套形式、尺寸与公差。

径向轴套的基本形式如图7-3所示,在其工作表面上开有直的导水槽,导水槽分为圆弧形和方形两种。

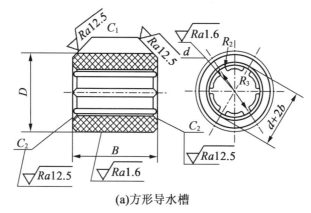

(a)方形导水槽

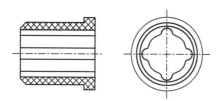

(b)圆弧形导水槽

图7-3　径向轴承的基本形式

CHB水润滑液橡胶轴承系列、轴套基本尺寸、公差和半径间隙见表7－7。

表 7 - 7　　CHB 水润滑橡胶轴套尺寸与公差　　　　　　　　mm

标记方法：CHB1210-*d-n*
　　　　　　　　└─ 宽度因子,*n*=1,5,2,3,4
　　　　　　└─ 内径

型号	d	D	内径公差	装配后半径间隙 min	装配后半径间隙 max	型号	d	D	内径公差	装配后半径间隙 min	装配后半径间隙 max
CHB1210 - 50	50	70		0.280	0.410	CHB1210 - 140	140	180	+0.590 +0.370	0.410	0.647
CHB1210 - 55	55	80	+0.300 +0.140	0.280	0.410	CHB1210 - 145	145	185	+0.700 +0.480	0.240	0.370
CHB1210 - 60	60	85				CHB1210 - 150	150	195			
CHB1210 - 65	65	90				CHB1210 - 160	160	205			
CHB1210 - 70	70	95	+0.340 +0.180	0.315	0.478	CHB1210 - 170	170	215	+0.780 +0.560	0.280	0.410
CHB1210 - 75	75	100				CHB1210 - 180	180	230			
CHB1210 - 80	80	110				CHB1210 - 190	190	240	+0.910 +0.630	0.310	0.478
CHB1210 - 85	85	115				CHB1210 - 200	200	250			
CHB1210 - 90	90	120	+0.410 +0.230	0.350	0.513	CHB1210 - 210	210	270	+0.930 +0.700	0.350	0.513
CHB1210 - 95	95	125				CHB1210 - 220	220	280			
CHB1210 - 100	100	135				CHB1210 - 230	230	290	+1.040 +0.760	0.380	0.543
CHB1210 - 105	105	140				CHB1210 - 240	240	300			
CHB1210 - 110	110	145	+0.460 +0.280	0.380	0.543	CHB1210 - 250	250	310			
CHB1210 - 115	115	150				CHB1210 - 260	260	325	+1.160 +0.820	0.410	0.606
CHB1210 - 120	120	155				CHB1210 - 270	270	335			
CHB1210 - 125	125	160				CHB1210 - 280	280	345			
CHB1210 - 130	130	165	+0.590 +0.370	0.410	0.647	CHB1210 - 290	290	355	+1.240 +0.450	0.450	0.646
CHB1210 - 135	135	175				CHB1210 - 300	300	370			

注：①b 型仅有 d = 150 ~ 300 mm 的型号

　　②轴套宽度有 $1.5 \times d,2 \times d,3 \times d$ 和 $4 \times d$ 四种

　　③导水槽数一般为 4 ~ 8 个

（3）承载能力。

橡胶轴承的承载能力 F 按下式计算：

$$F = [p]BD \qquad\qquad (7-1)$$

式中　　B——轴套宽度；

　　　　D——轴套孔径；

　　　　$[p]$——许用压力，一般取$[p] = 0.1 \sim 0.15$ MPa。

（4）使用注意事项。

①轴承座孔与橡胶轴套的配合为过渡配合，一般可取 H7/js6。

②橡胶轴套压入轴承座孔后，内孔直径有收缩，在压入后再对橡胶轴套内孔进行精加工。

③供水量（L/min）应为轴套内径厘米数的 8 ~ 10 倍。

7.3　宝石轴承

用金刚石、蓝宝石等硬质材料制成的滑动轴承称为宝石轴承。宝石轴承常用于各类仪器仪表中，在钟表行业习惯称为钻。目前，制造宝石轴承的材料主要是蓝宝石、人造刚玉、玛瑙和微晶玻璃。

宝石轴承与其配合的钢枢轴组成宝石支承，枢轴必须淬火并回火处理，轴尖要精细抛光。

在宝石轴承中加入少量的润滑油能显著降低摩擦阻力和改善性能。

（1）宝石轴承的特点。

①摩擦因数小。

与工具钢轴颈相配的摩擦因数：玛瑙宝石轴承是 0.13，刚玉宝石轴承是 0.15。低摩擦转矩的宝石支承能保证仪器仪表具有高灵敏度。

②硬度高。

常用宝石轴承材料的硬度见表 7 - 8。高硬度使宝石轴承具有高耐磨性，能保证仪器仪表寿命长和精度保持性良好。

表 7 - 8　常用宝石轴承的材料硬度

轴承材料	刚玉	玛瑙	微晶玻璃
硬度（HV）	1 525 ~ 2 000	650 ~ 850	800 ~ 1 000

③耐腐蚀。

④线胀系数低。

⑤抗压强度高。

能保证宝石轴承有足够的承载能力。虽然仪器仪表中作用在轴上的载荷不大，但为了保证有足够小的摩擦力矩，宝石支承中的接触面积很小，所以接触压力相当大，而宝石支承抗压强度高能满足要求。

（2）结构。

宝石轴承的结构类型主要有通孔宝石轴承、端面宝石轴承和槽形宝石轴承,见表 7 - 9。通孔宝石轴承相当于径向轴承,端面宝石轴承相当于止推轴承,槽形宝石轴承相当于径向止推组合轴承。

表 7 - 9　宝石轴承的结构

通孔宝石轴承	直孔	平面	球面	端面宝石轴承	平顶端面
		单面倒角	双面倒角		球顶端面
		单油槽	双油槽	槽形宝石轴承	球形槽
	弧孔	平面	球面		双球形槽
		单油槽	双油槽		锥形槽

枢轴与宝石轴承组成的支承结构有三种类型,见表 7 - 10。圆柱枢轴与通孔宝石组成的圆柱宝石支承分为托钻止推式和轴肩止推式;端部为圆锥形的枢轴轴尖与通孔宝石轴承组成顶针支承;端部为球形或锥形的枢轴轴尖与槽形宝石轴承组成轴尖支承。

表 7-10　宝石支承的类型及其计算

分类	圆柱宝石支承 托钻止推式	圆柱宝石支承 轴肩止推式	顶针支承	轴尖支承 垂直轴	轴尖支承 水平轴
简图					
摩擦转矩	$$T_\mu = \frac{F_r \mu d}{2} + \frac{3\pi F_a \mu R_k}{16}$$ $$R_k = 0.881 \times \left[F_a \left(\frac{1}{E_1} + \frac{1}{E_2} \right) r \right]^{\frac{1}{3}}$$	$$T_\mu = \frac{F_r \mu d}{2} + \frac{F_a \mu R_k}{3}$$ $$R_k = \frac{D^3 - d_1^3}{D^2 - d_1^2}$$	$$T_\mu = \left(\frac{F_r}{\cos \alpha} + \frac{F_a}{\sin \alpha} \right) \times \frac{\mu d}{2}$$	$$T_\mu = \frac{3\pi F_a \mu R_k}{16}$$ $$R_k = 0.881 \times \left[F_a \left(\frac{\frac{1}{E_1} + \frac{1}{E_2}}{\frac{1}{r} - \frac{1}{R}} \right) \right]^{\frac{1}{3}}$$	$$T_\mu = \frac{F_r \mu r}{\left[\left(\frac{\mu}{e} \right)^2 \times (R-r)^2 + 1 \right]^{\frac{1}{2}}}$$ $$e = \delta_0 \times \frac{\left[2r(K-1) - \frac{\delta_0}{2} \right]^{\frac{1}{2}}}{2}$$
轴颈尺寸	$$d \geq \left[\frac{32 F_r L}{\pi [\sigma_b]} \right]^{\frac{1}{3}}$$ L—轴颈和宝石接触点到轴颈危险截面的距离			$$r = \frac{0.485 \left(1 - \frac{1}{K} \right)}{\left[\sigma_H \right] \times \left(\frac{1}{E_1} + \frac{1}{E_2} \right)} \times \left(\frac{F_a}{[\sigma_H]} \right)^{\frac{1}{2}}$$	$$r = \frac{0.485 \left(1 - \frac{1}{K} \right)}{\left[\sigma_H \right] \times \left(\frac{1}{E_1} + \frac{1}{E_2} \right)} \times \left(\frac{F_r}{[\sigma_H]} \right)^{\frac{1}{2}}$$
说明	F_r—径向载荷(N)；F_a—轴向载荷(N)；$[\sigma_b]$—轴颈材料的许用弯曲应力(MPa)；$[\sigma_H]$—轴颈材料的许用接触应力(MPa)；e—偏心距；δ_0—轴向单侧间隙；$K = \dfrac{R}{r}$，通常取 $K = 5 \sim 10$				

槽形宝石轴承与枢轴轴尖组成的轴尖支承结构的特点见表 7-11。

表 7-11　轴尖支承

布置	垂直轴		水平轴
简图	轴线 球形槽	轴线 锥形槽	轴线 球形和锥形槽
说明	枢轴是圆柱形,端部是球面。宝石是一个球面座,用于指南针和电积分表。光学轴向角能调整	枢轴是圆柱形,端部是圆锥形,顶尖是半球形。宝石凹槽也是锥形的,底端是半球形。用于多种指示仪器,光学轴向角能调整	枢轴和宝石立轴装置时一样。因为宝石需要旋转来进行校正,故光学轴向角不能调整。因此,此种情况宝石所承受的载荷应当减小

（3）宝石轴承设计与计算。

①注意要点。

天然刚玉晶体（如蓝宝石）具有天然的解理面,且光轴（光线沿此轴透过而不发生衍射的轴）与这些平面垂直。光学轴与载荷作用线所夹锐角称为光学轴向角 α,设计宝石轴承时应取 $\alpha = 90°$。

②计算。

宝石支承的类型及其计算,见表 7-10。宝石支承常用材料的性能,见表 7-12。

表 7-12　宝石支承常用材料性能

材料	工具钢	钴钨合金	玛瑙	刚玉	微晶玻璃
弹性模量 E/GPa	204	127	98	358	55
许用接触应力 $[\sigma_H]$/MPa	4 900	3 900	4 900		
材料	中碳钢		调质钢		40Cr
许用弯曲应力 $[\sigma_b]$/MPa	500 ~ 700		700 ~ 850		900

③宝石轴承的尺寸规格,见表 7-13 ~ 7-15。

表 7 – 13　仪器仪表用通孔宝石轴承的尺寸(摘自 JB/T 6792—1993)　　　　　mm

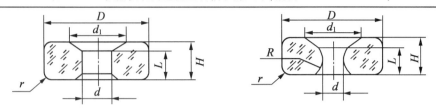

标记示例: $D = 2.5$ mm, $H = 1.0$ mm, $d = 0.8$ mm 的弧孔刚玉轴承 HG2.5 × 1.0 × 0.8 JB/T 6792—1993

直孔和弧孔刚玉轴承　　　　代号 ZG 和 HG

D 基本尺寸	D 极限偏差	d 基本尺寸					d 极限偏差	r	R	H 基本尺寸	H 极限偏差	L 基本尺寸	L 极限偏差
1.5		0.4	0.5	0.6			$d \leqslant 0.6 +$ 0.006	0.05 ~ 0.10		0.5	−0.04	0.30	
2.0			0.5	0.6	0.8					0.6		0.40	
2.5	+0.01			0.6	0.8	1.0	$d \geqslant 0.8 +$ 0.01	0.08 ~ 0.18	(2 ~ 3)d	0.8	−0.05	0.50	−0.10
3.0					0.8	1.0	1.2				1.0	−0.06	0.60	
										1.2		0.80	

D 基本尺寸	D 极限偏差	d 基本尺寸	d 极限偏差	H 基本尺寸	H 极限偏差	L 基本尺寸	L 极限偏差	r
3.0	+0.04	1.0		1.0		0.6		
4.0		1.2	+0.02	1.2	−0.06	0.8	−0.10	0.08 ~ 0.18
5.0	+0.05	1.5		1.5		1.0		
		2.0		2.0		1.2		

表 7－14　仪器仪表用槽形宝石轴承的尺寸（摘自 JB/T 6790—1993）

mm

球形

代号：刚玉轴承 QG
　　　玛瑙轴承 QM

标记示例：
D=2.5 mm，H=1.5 mm，R=1.3 mm 的球形刚玉轴承
QG2.5×1.5×1.3 JB/T 6790—1993

品种	刚玉轴承				玛瑙轴承			
D 基本尺寸	2.0	2.5	3.0		2.5	3.0	4.0	5.0
D 极限偏差	-0.04				-0.05			
H 基本尺寸	1.2	1.5	2.0		2.0	2.5	3.0	
H 极限偏差	-0.06				-0.08			
R 基本尺寸	1.0	1.3	1.7	2.0	1.3	1.7	2.5	3.0
R 极限偏差	+0.12				+0.20			
h 基本尺寸	0.35 / 0.25	0.45 / 0.35	0.55 / 0.45		0.35	0.50		
h 极限偏差	+0.10				+0.15			

锥形

代号：刚玉轴承 ZG
　　　玛瑙轴承 ZM

80°±5°

标记示例：
D=2.5 mm，H=1.5 mm，R=1.3 mm 的球形玛瑙轴承
ZM2.5×1.5×1.3 JB/T 6790—1993

品种	刚玉轴承				玛瑙轴承		
D 基本尺寸	1.0	1.2	1.5	2.0	2.0	2.5	
D 极限偏差	-0.04				-0.06		
H 基本尺寸	0.8	1.0	1.2	1.5	2.0	2.5	
H 极限偏差	-0.05				-0.06		
R 基本尺寸	0.06	0.06	0.10	0.15	0.15	0.20	
	0.10	0.10	0.15	0.20	0.20	0.25	
	0.15	0.15	0.20	0.25	0.25	0.30	
		0.20	0.25	0.30	0.30		
R 极限偏差	$R \leqslant 0.06，+0.04；R \geqslant 0.10，+0.05$						
h 基本尺寸	0.22	0.28	0.35	0.45	0.45	0.55	
h 极限偏差	+0.10						

续表 7 – 14

形状	参数	项目			
双球形	D	基本尺寸	2.5	3.5	
		极限偏差	-0.04		
	H	基本尺寸	2.0		
		极限偏差	-0.06		
	R	基本尺寸	0.4	0.4, 0.5, 0.7	
		极限偏差	+0.10		
	h	基本尺寸	0.20	0.25	0.30
		极限偏差	+0.10		
	h_1	基本尺寸	1.3	1.7	2.1
		极限偏差	±0.20		
	R_1	基本尺寸	0.50	0.60	0.80
		极限偏差	±0.10		

表7-15 仪器仪表用端面宝石轴承的尺寸(摘自 JB/T 6791—1993) mm

平顶端面宝石轴承		球顶端面宝石轴承	

标记示例:
$D=2.5$ mm, $H=1.0$ mm
的平顶端面刚玉轴承
PG2.5×1.0
JB/T 6791—1993

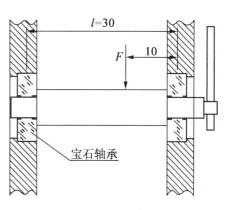

平顶端面宝石轴承:

品种		刚玉轴承				玛瑙轴承		
D	基本尺寸	1.2	1.5	2.0	2.5	2.5	3.0	4.0
	极限误差	−0.01				−0.04		−0.05
H	基本尺寸	0.4	0.5	0.6	0.8	1.0 0.8	1.0 1.2	1.5
	极限误差	−0.04			−0.05	−0.06 −0.05		−0.06
r		0.05~0.10				0.08~0.18		

球顶端面宝石轴承:

D	基本尺寸	1.0	1.5	2.0	2.5	3.0	4.0
	极限误差	−0.04					
H	基本尺寸	0.3	0.4	0.5	0.8	1.0	1.2
	极限误差	−0.06					
R	基本尺寸	3.0	4.0	5.0	6.0	7.0	8.0
	极限误差	+1.0					
r		0.05~0.10			0.08~0.18		

④例题。

某示数装置中,采用圆柱宝石轴承,两轴承跨距 $l=30$ mm,载荷 $F=25\times10^{-3}$ N,它作用在距右轴承 10 mm 处,如图7-4所示,要求支承摩擦转矩 T_μ 不大于 2.4×10^{-3} N·mm,设计选用此支承的宝石轴承。

解:

①右轴承上的载荷。

$$F_{r2} = \frac{F(l-10)}{l} = \frac{25\times10^{-3}\times(30-10)}{30}$$
$$= 16.7\times10^{-3}(\text{N})$$

②左轴承上的载荷。

$$F_{r1} = F - F_{r2} = 2.5\times10^{-3} - 16.7\times10^{-3} = 8.3\times10^{-3}(\text{N})$$

③摩擦因数。

选刚玉宝石轴承及钢枢轴,$f=0.15$。

轴颈直径 d

$$d \leqslant \frac{2T_u}{f(F_{r1}+F_{r2})} = \frac{2\times2.4\times10^{-3}}{0.15\times(16.7\times10^{-3}+8.3\times10^{-3})} = 1.28(\text{mm})$$

取 $d=1$ mm。

④宝石轴承。

选取(根据 JB/T 6792—1993 标准)通孔宝石轴承尺寸,即

$$\text{HG2.5}\times1.0\times1.2$$

式中 $D=2.5$ mm, $d=1.0$ mm, $H=1.2$ mm。

图7-4 圆柱宝石轴承

⑤接触面到轴颈危险截面距离。

$$L = \frac{H}{2} = \frac{1.2}{2} = 0.6(\text{mm})$$

⑥轴径强度校核计算。

$$\sigma_\text{b} = \frac{M}{W} = \frac{F_{r2}L}{\frac{\pi d^3}{32}} = \frac{32 F_{r2} L}{\pi d^3} = \frac{32 \times 16.7 \times 10^{-3} \times 0.6}{\pi d^3} = 0.1(\text{MPa}) \ll [\sigma_\text{b}]$$

合格。

7.4　静电轴承

静电轴承是利用电场力使轴悬浮起来,故又称电悬浮轴承。静电轴承结构紧凑,能耗很低,几乎没有摩擦。它的有害(干扰)力矩比磁力轴承小。静电轴承需要非常强的电场强度,应用受到限制,目前仅在微型仪表(如陀螺仪)中使用。轴与轴承相当于两个电极,电极间有很小的间隙(即轴承半径间隙),构成了一个电容。如果在电极上施加电压就会产生支承载荷的静电力。若按平板电容器公式计算其静电力为

$$F = -\frac{\varepsilon_0 \varepsilon_\text{r} A \left(\dfrac{U}{h_0}\right)^2}{2} \tag{7-2}$$

式中　ε_0——真空的介电常数,$\varepsilon_0 \approx 8.85 \text{ pF/m}$;

　　　ε_r——电极间物质的相对介电常数,即介电常量与真空介电常量之比;

　　　A——电极面积;

　　　U——电压;

　　　h_0——电极间隙,即轴承半径间隙。

公式中负号表示静电力吸力,计算时可以略去。和其他(液、气)轴承一样,若沿轴的一周设置 Z 个电极,则轴承的承载能力是这些电极吸力的矢量和的反向等值载荷。

(1)静电轴承分类。

①有源型静电轴承:由伺服控制达到稳定的静电轴承称为有源型静电轴承。

②无源型静电轴承:靠自身电磁参数调谐达到稳定的静电轴承称为无源型静电轴承。

(2)按几何形状分。

①平面止推轴承。

②圆柱形径向轴承。

③球形轴承。

④锥形轴承。

(3)静电轴承推荐参数及常用材料,见《机构设计手册》(2版,P21-122)表21.12-1。

(4)无源型静电轴承。

无源型静电轴承,根据支承回路可分为两类,一类是利用改变电路电感和电阻构成的谐振式支承回路;另一类是采用非调谐的电桥式支承回路,以使轴承稳定工作。

①静电平面止推轴承。

静电止推轴承大多是平面形结构,两平面板导体之间的电场力为

$$F = \frac{\varepsilon_r E^2 A}{8\pi} = \frac{\varepsilon_r U^2 A}{8\pi h^2} = \frac{U^2 C}{2h} \qquad (7-3)$$

式中　E——电场强度;

　　　h——轴承间隙;

　　　C——电容。

无源型静电平面止推轴承的回路及性能计算公式见《机械设计手册》(3 版,机械工业出版社,2004 年)表 21.12 - 2。

②圆柱和圆锥形静电轴承。

圆柱和圆锥形静电轴承的级数一般为 4 的整数倍,如图 7 - 5 所示为串联调谐 4 级静电轴承。

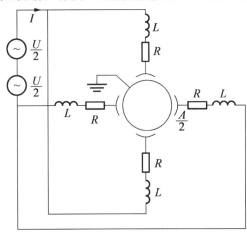

图 7 - 5　串联调谐 4 极静电轴承

a. 承载能力。

串联调谐的圆锥形静电轴承,其径向承载能力 F_r 和轴向承载能力 F_Z 的计算公式为

$$F_r = F_0 \cos^2 \frac{\pi}{Z} \cos^2 \gamma \qquad (7-4)$$

$$F_Z = F_0 \cos^2 \frac{\pi}{Z} \sin^2 \gamma \qquad (7-5)$$

$$F_0 = \frac{3.67 K_e \varepsilon_r A I^2 (Q^2 - Q_0 Q + 1) \varepsilon \times 10^{-12}}{h_0^2 G_e^2 Q_c^2 (Q^2 + 1)} \qquad (7-6)$$

式中　Z——电极数;

　　　γ——圆锥形轴承的锥半角;

　　　K_ε——因子,见表 7 - 16。

表 7 - 16　K_ε 值

Z	4	8	12	16	20	24	28	32	36
K_ε	1	1	1.5	2	2.5	3	3.5	4	4.5

$$Q = Q_C - Q_L, Q_C = \frac{\omega(C_0 + C_e)}{2G_e}; \quad Q_1 = \frac{1}{2\omega L_e G_e}; \quad Q_0 = \frac{\omega C_0}{2G_e}$$

式中　　ε——位移率；

　　　　ω——角频率，$\omega = 2\pi f$；

　　　　f——电源频率；

　　　　C_0——一个电极在无偏心时（$\varepsilon = 0$）的电容，$C_0 = 8.85\varepsilon_r A \times 10^{-12}/h_0$；

　　　　C_e——一个电极的漏电容；

　　　　G_e——等效并联电导；

　　　　L_e——等效并联电感。

b. 轴承刚度。

串联调谐的圆锥形静电轴承，其径向刚度 K_r 和轴向刚度 K_Z 的计算公式为

$$K_r = K_0 \cos^2\left(\frac{\pi}{Z}\right)\cos^2\gamma$$

$$K_Z = K_0 \cos^2\left(\frac{\pi}{Z}\right)\sin^2\gamma$$

式中　　$K_0 = \dfrac{3.67 K_Z \varepsilon_r A I^2 (Q^2 - Q_0 Q + 1) \times 10^{-12}}{h_{30} G_e^2 Q_c^2 (Q^2 + 1)}$。

在上式中，当 $\gamma = 0$ 时 K_r 即为圆柱形径向轴承的径向刚度，这时，由上式可知，$K_Z = 0$（轴承轴向刚度为0）。

③静电轴承的设计计算步骤。

详见④算例。

④算例。

设计一真空中工作的无源型球形静电轴承。

要求：转子外径 $D = 40$ mm，最大承载能力 $F_Z \geq 1.4$ N（轴向），无偏心时的轴承刚度 $K_Z \geq 100$ N/m（轴向）。

解：选择正六面体电极，采用电压源系统，计算步骤和结果如下。

转子外半径　　　　　　　　　　$R = \dfrac{D}{2} = 20$（mm）

轴承间隙 h_0 按表 21.12 − 1 静电轴承荐用参数及常用材料（《机械设计手册》3 版）选取，$h_0 = 0.1$ mm $= 100 \times 10^{-6}$ m $= 10^{-4}$ m。

一个电极的面积

$$A \approx 1.82 R^2 = 1.82 \times (20 \times 10^{-3})^2 = 0.728 \times 10^{-3}\text{（m}^2\text{）}$$

真空时相对介电常数 $\varepsilon_r = 1$。

无偏心时偏置电压 U_0 由表 21.12 − 1 选取，$U_0 = 100$ V。

常量，对于六面体电极

$$J_1 = 1.667$$

$$J_2 = 0.272$$

$$J_3 = 3.67 \times 10^{-12}$$

无偏心时，单电极吸力

$$\begin{aligned}
F_0 &= J_3 A \varepsilon_r U_0^2 / h_0^2 \\
&= 3.67 \times 10^{-12} \times 0.728 \times 100^2 / (100 \times 10^{-6})^2 \\
&= 2.67 \times 10^{-3}\text{（N）}
\end{aligned}$$

无偏心时,轴承常量

$$
\begin{aligned}
k_0 &= J_3 A \varepsilon_r U_0^2 / h_0^3 \\
&= 3.67 \times 10^{-12} \times 0.728 \times 10^{-3} \times 1 \times 100^2 / (100 \times 10^{-6})^3 \\
&= 26.7 (\text{N/m})
\end{aligned}
$$

最大偏心率 $\varepsilon_{Z\max}$,选择确定 $\varepsilon_{Z\max} = 0.15$。

Z 向上端电极电压 U_Z,根据表 21.12 – 1 选取 $U_Z = 2\,100 (\text{V}) (2 \sim 4\,\text{kV})$,
其余各电极电压 U_i

自选 $U_1 = U_2 = U_3 = U_4 = U_5 = U_6 = U_0 = 100\,\text{V}$

Z 向最大承载能力 $F_{Z\max}$

$$
\begin{aligned}
F_{Z\max} &= F_0 [(U_Z - U_6^2) + J_1 \varepsilon_Z (U_Z^2 + U_6^2) + J_2 \varepsilon_Z (U_1^2 + U_2^2 + U_3^2 + U_4^2)] / U_0^2 \\
&= 2.67 \times 10^{-3} \times [(2\,100^2 - 100^2) + 1.667 \times 0.15 \times (2\,100^2 + 100^2) + 0.272 \times \\
&\quad 0.15 \times (100^2 + 100^2 + 100^2 + 100^2)] / 100^2 \\
&= 1.47 (\text{N})
\end{aligned}
$$

Z 向无偏心时的轴承刚度 K_Z 为

$$
\begin{aligned}
K_Z &= \frac{K_0 [J_1 (U_5^2 + U_6^2) + J_2 (U_1^2 + U_2^2 + U_3^2 + U_4^2)]}{U_0^2} \\
&= \frac{26.7 \times [1.667 \times (100^2 + 100^2) + 0.272 \times (100^2 + 100^2 + 100^2 + 100^2)]}{100^2} \\
&= 118 (\text{N/m})
\end{aligned}
$$

转子材料:铍
转子材料密度

$$
\rho = 1.85 \times 10^3\ \text{kg/m}^3
$$

空心转子壁厚

$$
\delta = (0.7 \sim 2) \times 10^{-3}\ \text{N},取\ \delta = 1.5 \times 10^{-3}\ \text{m} = 1.5\ \text{mm}
$$

转子质量

$$
\begin{aligned}
m &= \frac{4 \pi \rho \delta (R^2 - RG + \delta^2)}{3} \\
&= 4\pi \times 1.85 \times 10^3 \times 1.5 \times 10^{-3} \times \frac{[(20 \times 10^{-3})^2 - 20 \times 10^{-3} \times 1.5 \times 10^{-3} + (1.5 \times 10^{-3})^2]}{3} \\
&= 4.33 \times 10^{-3} (\text{kg})
\end{aligned}
$$

转子重力　　　　　$W = mg = 4.33 \times 10^{-3} \times 9.81 = 0.042\,5 (\text{N})$

承受加速度的能力　　　　$\dfrac{F_{Z\max}}{W} = \dfrac{1.47\ \text{N}}{0.042\,5\ \text{N}} = 34.6$

7.5　磁悬浮轴承

磁力轴承是利用磁场力使轴悬浮,又称磁悬浮轴承。若无须任何润滑剂,可在真空中工作,因此可以达到极高的速度,目前可达 384 kr/s = 384 000 r/s,圆周速度有 2 倍音速的应用实力。

(1)分类与应用(见《机械设计手册》3 版,表 21.12 – 5,机械工业出版社,2004 年)。

①按磁力的提供方式分。

a. 无源型磁力轴承；

b. 有源型磁力轴承；

c. 有源、无源混合型磁力轴承。

②按磁能来源分。

a. 永磁性磁力轴承；

b. 激励型磁力轴承；

c. 激励、永磁混合型磁力轴承；

d. 超导体型磁力轴承。

③按结构形式分。

a. 径向轴承；

b. 止推轴承；

c. 锥形轴承；

d. T 形轴承；

e. 阶梯轴承；

f. 球形轴承；

g. 边缘磁场轴承。

无源型磁力轴承不可能在空间坐标的三个方向上都稳定，因此至少在一个方向要采用有源型，所以实际应用的磁力轴承都是无源和有源混合型的。按照支承系统约束自由度的不同，无源和有源混合型磁力轴承必须有 1~5 个自由度不同，其余是无源型约束轴承。磁力轴承主要应用场合为：精密陀螺仪、加速度计、空间飞行器、姿态飞轮、密度计、流量计、同步调相机、精密电流稳定器、振动阻尼器、真空泵、功率表、钟表、超高速离心机、金属提纯设备、超高速磨头、精密机床、水轮发电机、大型电动机、发电机、汽轮机、气体压缩机、抽风机等。

（2）无源型磁力轴承。

①永磁式磁力轴承。

永磁式径向轴承承载能力计算公式：

结构因子

$$\xi = \frac{R_i + R_0 + r_i + r_0}{4\sqrt{(R_i + R_0 + r_i + r_0)^2 + 16B^2}}$$

承载能力

$$F = (1-\delta) \times 10^{-7} \int_{R_i}^{R_0}\int_{r_i}^{r_0}\int_0^{2\pi}\int_0^{2\pi} \frac{(\boldsymbol{M_1}\cdot\boldsymbol{n})(\boldsymbol{M_2}\cdot\boldsymbol{n})\overline{R_r}X}{\sqrt{(Y^2+X^2)^3}} dRdrd\alpha d\beta$$

$$X = r\cos\alpha - e - R\cos\beta$$
$$Y = r\sin\alpha - R\sin\beta$$

式中 ξ——轴承结构因子；

$\boldsymbol{M_1},\boldsymbol{M_2}$——外磁环、内磁环材料的磁化强度；

$\boldsymbol{n}$——磁环介质表面单位外法线矢量；

α——内磁环中心 O 到磁元 P 的矢径与 Y 轴的夹角；

β——外磁环中心 O 到磁元 A 的矢径与 Y 轴的夹角；

B——轴承宽度;

e——偏心距。

②永磁式止推轴承。

承载能力估计公式

$$F = \frac{\xi\mu_0\mu_r H_c^2 A}{16} \times \left[\frac{1 - \dfrac{h}{\delta}}{\sqrt{1 - \left(\dfrac{h}{\delta}\right)^2}} \right]^{1.35}$$

式中　ξ——结构形式因子(图 7-5);

H_c——永磁材料的矫顽力;

μ_0——真空磁导率, $\mu_0 = 4\pi \times 10^{-7}$ H/m;

μ_r——相对磁导率;

A——轴承面积;

δ——永磁铁厚度;

h——轴承间隙。

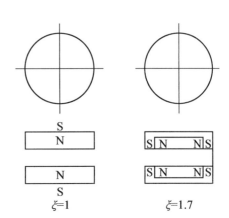

图 7-5　不同磁环的结构因子

(3)激励式磁力轴承。

①激励式磁力止推轴承通常都是成对组合的,如图 7-6 所示。

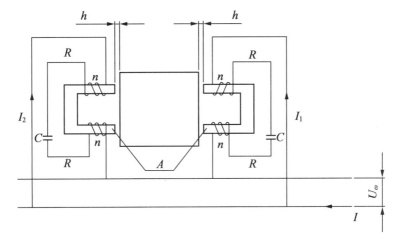

图 7-6　激磁式磁力止推轴承的结构示意图

②线圈品质因数。

$$Q_0 = \frac{n^2 \mu_0 \mu_r A \omega}{(R + R_c) h_0} \tag{7-7}$$

式中　n——线圈匝数;

ω——电源角频率;

R——线圈直流电阻;

R_c——铁损等值电阻。

考虑漏感时线圈品质因数为

$$Q_1 = \omega(L_c + L_0)/(R + R_c) \tag{7-8}$$

式中　L_c——漏感;

L_0——自感。

电容器品质因数为

$$Q_c = \frac{1}{2\omega C(R + R_c)} \tag{7-9}$$

式中 C——调谐电容。

设计时应使 Q_0 或 Q_c 尽可能大,并使 $Q = Q_L - Q_c = 1$,即所谓半功率点。

功率点与品质因数 Q 之间的关系为

$$\frac{I_0^2}{I_R^2} = \frac{1}{Q^2 + 1} \tag{7-9a}$$

式中 I_0——一个回路的稳态电流;

I_R——谐振电流。

③承载能力。

当两个方向轴承参数相同时,其承载能力估算公式为

$$F = \frac{n^2 I^2 \mu_0 \mu_r A}{(\omega R C h_0)^2} \cdot \frac{\varepsilon(Q^2 - Q_0 Q + 1)}{g_1 g_2} \tag{7-10}$$

式中 A——一个电极面积;

I——电流有效值。

$$g_1 = [Q_0 - (Q_0 - Q)(1 - \varepsilon)]^2 + (1 - \varepsilon)^2$$
$$g_2 = [Q_0 - (Q_0 - Q)(1 + \varepsilon)]^2 + (1 + \varepsilon)^2$$

④轴承刚度。

当两个方向轴承参数相同时,其刚度计算式为

$$k = \frac{n^2 I^2 \mu_0 \mu_r A(Q_L - Q)(Q^2 - Q_0 Q + 1)}{h^3(Q^2 + 1)^2} \tag{7-11}$$

⑤轴承稳定工作条件。

$$Q_0 > 2$$

或

$$\frac{Q_0 - \sqrt{Q_0^2 - 4}}{2} < Q < \frac{Q_0 + \sqrt{Q_0^2 - 4}}{2}$$

⑥总功耗。

$$P = 1.41 IU$$

⑦推荐参数。

品质因数 $Q_0 > 10, Q \approx 1$

气隙磁通密度 $B_a = 0.6 B_s$

气隙最大磁通密度 $B_a \leqslant 0.8 B_s$(B_s——饱和磁通密度)

激励频率 $f = \omega/2\pi = 400 \sim 13\,000\,(\text{Hz})$

气隙最大磁阻与铁芯最大磁阻之比

$$R_{am}/R_{cm} \approx 25$$

轴承间隙 $h_0 = (h_1 + h_2)/2 = 0.1 \sim 0.5\,(\text{mm})$

(4)激励式磁力径向轴承。

常用圆柱形,极数一般采用 4 的倍数,通常 4 极和 8 极用得最多。激励式磁力径向轴承的

示意图见《机械设计手册》(3 版,图 21.12 - 6,机械工业出版社,2004 年)。

常用电路见表 21.12 - 7(《机械设计手册》3 版,机械工业出版社,2004 年)。

①最佳电源频率。

激励电源频率对磁力轴承性能的影响很大。对于圆柱形径向轴承,其最佳电源频率可用下式估算:

$$f_0 = \left[\frac{0.445 R c^2 B_{\mathrm{c}}^{0.2}}{P_{50/10} \cdot \mu_{\mathrm{r}}^2 n^2 m} \right]^{0.769} \tag{7 - 12}$$

式中　R——线圈电阻(Ω);

　　　c——轴承半径间隙(m);

　　　B_{c}——铁芯磁通密度(T);

　　　μ_{r}——相对磁导率;

　　　$P_{50/10}$——铁芯材料在 50 Hz,0.1 T 磁通密度作用下的铁损耗(W/kg;kg);

　　　n——线圈匝数;

　　　m——半支磁路上的铁芯质量(kg)。

②品质因数。

线圈的品质因数为

$$Q_0 = \frac{\omega n^2 \mu_{\mathrm{r}} \mu_0 D \alpha B}{(R + R_{\mathrm{c}}) c} \tag{7 - 13}$$

式中　D——轴承直径;

　　　α——极靴包角的半角;

　　　B——轴承宽度。

③轴承承载能力和刚度。

激励式磁力圆柱形径向轴承的承载能力和刚度分别用下式计算:

$$F = 4 K_Z n^2 I^2 \Lambda_\delta \varepsilon \frac{Q_0 - 2}{c} \cos^2 \frac{\pi}{Z} \tag{7 - 14}$$

$$k = \frac{F}{\left(\dfrac{\varepsilon}{c} \right)} \tag{7 - 15}$$

$$\Lambda_\delta = \frac{\mu_{\mathrm{r}} \mu_0 D \alpha \beta}{c} \tag{7 - 16}$$

式中　Z——磁极数;

　　　K_Z——磁极数因子,其值见表 7 - 16。

表 7 - 17　磁极数因子 K_Z

Z	4	8	12	16	20	24	28	32	36
K_Z	1	1	1.5	2	2.5	3	3.5	4	4.5

④轴承稳定工作条件。

$$Q_0 = 2$$

⑤总功耗。

$$P = 2.83IU$$

⑥荐用参数。

气隙磁通密度　　　　　　　$B_a = 0.05 \sim 3T$

铁芯磁通密度　　　　　　　$B_C \leqslant 0.6B_s$（B_s——饱和磁通密度）

励磁频率　　　　　　　　　$f \geqslant 400\ \text{Hz}$

铁损等值电阻与铁芯最大磁阻之比

$$R_C/R = 0.8 \sim 1.2$$

最大偏心率　　　　　　　　$\varepsilon_{max} \leqslant \dfrac{1}{2(Q_0 - 1)}$

轴承半径间隙　　　　　　　$c = 0.25 \sim 0.5\ \text{mm}$

（5）激励式磁力锥形轴承。

如图 7-7 所示,这种轴承可同时承受径向和轴向载荷,属于径向止推组合轴承。锥形轴承的设计原则与径向轴承完全一样。

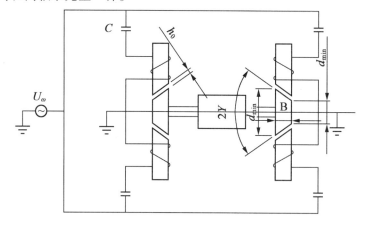

图 7-7　激励式磁力锥形轴承

①品质因数。

线圈的品质因数仍用式(7-13),只是轴承直径 D 可用平均直径代入。

②径向轴承承载能力和刚度,分别用下式计算:

$$F_r = 4K_Z n^2 I^2 \Lambda_\delta \varepsilon_r \frac{Q_0 - 2}{c} \cos^2 \frac{\pi}{Z} \cos^2 \gamma \tag{7-17}$$

$$K_r = \frac{F_r}{\varepsilon_r c} \tag{7-18}$$

$$\Lambda_\delta = \frac{\mu_r \mu_0 D_m \alpha B}{c} \tag{7-19}$$

式中　ε_r——径向偏心率;

　　　c——法向半径间隙。

③轴向承载能力和刚度分别用下列公式计算:

$$F_Z = Z n^2 I^2 \Lambda_\delta \varepsilon_Z \frac{Q_0 - 2}{c} \sin^2 \gamma \tag{7-20}$$

$$K_Z = \frac{F_Z}{\varepsilon_Z c} \tag{7-21}$$

式中　ε_Z——轴向偏心率。

④锥半角 γ 的荐用值见表 7-18。

表 7-18　激励式磁力锥形轴承荐用锥半角 γ 值

Z	4	8	12	16	20	24	28	32	36
$\gamma/(°)$	26.6	24.8	25.8	26.1	26.3	26.4		26.5	

⑤轴承稳定工作条件。

$$Q_0 = 2$$

⑥总功耗。

对于具有四条支电路的轴承对,总功耗为

$$P = 2.83IU \tag{7-22}$$

(6)算例。

设计一在真空中工作的无源型 8 极锥形磁力轴承。

要求承载能力 $F_r \geq 150$ N

$$F_Z \geq 75 \text{ N}$$

刚度 $K_r \geq 1\,500$ N/m

$$K_Z \geq 750 \text{ N/m}$$

解:选择的定子叶片槽形如图 7-9 所示。

极数

$$Z = 8$$

锥轴颈平均直径

$$D_m = 40 \times 10^{-3} \text{ m}$$

锥半角查表 21.12-9 得

$$\gamma = 24.8°$$

轴承宽度选定

$$B = 20 \times 10^{-3} \text{ m}$$

轴承法向半径间隙,按推荐值

$$C = 0.2 \times 10^{-3} \text{ m}$$

气隙磁通密度,按推荐值

$$B_A = 0.2 \text{ T}$$

轴承材料,选铁镍软磁合金 IJ79。

饱和磁通密度

$$B_S = 0.75 \text{ T}$$

铁芯磁通密度 $B_C \leq 0.6B_S = 0.45$ T,取

$$B_C = 0.4 \text{ T}$$

铁损耗,查资料

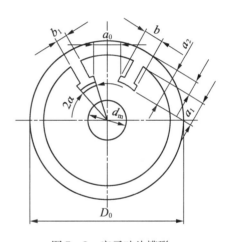

图 7-8　定子叶片槽形

$$P_{50/10} = 0.4 \text{ W/kg}$$

真空磁导率

$$\mu_0 = 4\pi \times 10^{-7} \text{ H/m}$$

介质相对磁导率

$$\mu_r = 1$$

材料密度

$$\rho = 8.6 \times 10^3 \text{ kg/m}^3$$

定子几何参数：

槽口宽

$$a_0 \geqslant 10C = 10 \times 0.2 \times 10^{-3} = 2 \times 10^{-3} (\text{m})$$

极靴高

$$a = a_0 = 2 \times 10^{-3} \text{ m}$$

齿高,选定

$$a_1 = 10 \times 10^{-3} \text{ m}$$

极靴宽

$$b = \frac{[\pi(D_m + 2C) - Za_0]}{Z}$$

$$= \frac{[\pi(40 \times 10^{-3} + 2 \times 0.2 \times 10^{-3}) - 8 \times 2 \times 10^{-3}]}{8}$$

$$= 14 \times 10^{-3} (\text{m})$$

极靴包角

$$2\alpha = \frac{2b}{D_m + 2C} = \frac{2 \times 14 \times 10^{-3}}{40 \times 10^{-3} + 2 \times 0.2 \times 10^{-3}} = 0.69 (\text{rad})$$

齿宽

$$b_1 = \frac{B_a b}{B_m} = \frac{0.2 \times 14 \times 10^{-3}}{0.4} = 7 \times 10^{-3} (\text{m})$$

轭厚

$$a_2 = b_1 = 7 \times 10^{-3} \text{ m}$$

窗口面积

$$A_1 = \left[\frac{\pi(D_m + 2C + 2a + a_1)}{Z} - b_1 \right] a_1$$

$$= \left[\frac{\pi(40 \times 10^{-3} + 2 \times 0.2 \times 10^{-3} + 2 \times 2 \times 10^{-3} + 10 \times 10^{-3})}{8} - 7 \times 10^{-3} \right] \times 10 \times 10^{-3}$$

$$= 0.144 \times 10^{-3} (\text{m}^2)$$

轴承外径

$$D_0 = D_m + 2(h_0 + a + a_1 + a_2)$$

$$= 40 \times 10^{-3} + 2 \times (0.2 \times 10^{-3} + 2 \times 10^{-3} + 10 \times 10^{-3} + 7 \times 10^{-3})$$

$$= 78.4 \times 10^{-3} (\text{m})$$

转子内径

$$d_m = D_m - \frac{2B_a b}{B_m} = 40 \times 10^{-3} - \frac{2 \times 0.2 \times 14 \times 10^{-3}}{0.4} = 26 \times 10^{-3} (\text{m})$$

半支磁路铁芯质量

$$m = \left\{ ab + a_1 b_1 + \frac{a_2 \left[\dfrac{\pi(D_0 - a_2)}{Z} + b_1 \right]}{2} + \pi(D_m^2 - d_m^2)4B \right\} B\rho$$

$$= \left\{ 2 \times 10^{-3} \times 14 \times 10^{-3} + 10 \times 10^{-3} \times 7 \times 10^{-3} + \right.$$

$$\frac{7 \times 10^{-3} \left[\dfrac{\pi(78.4 \times 10^{-3} - 7 \times 10^{-3})}{8} + 7 \times 10^{-3} \right]}{2} + \left. \frac{\pi \left[(40 \times 10^{-3})^2 - (26 \times 10^{-3})^2 \right]}{32} \right\} \cdot$$

$$20 \times 10^{-3} \times 8.6 \times 10^{-3}$$

$$= 0.053\,6(\text{kg})$$

激励电流，选定 $\qquad I = 0.1\ \text{A}$

电流密度 $\qquad J \leqslant 4 \times 10^6 = 4 \times 10^6\ \text{A/m}^2$

导线直径 $\qquad d \geqslant 2 \left[\dfrac{I}{\pi J} \right]^{\frac{1}{2}} = 2 \left[\dfrac{0.1}{4 \times 10^6 \pi} \right]^{\frac{1}{2}} = 0.2 \times 10^{-3}(\text{m})$

填充因子 $\xi = 0.2 \sim 0.8$，选 $\qquad \xi = 0.2$

每极匝数 $\qquad n = \dfrac{2\xi A_1}{\pi d^2} = \dfrac{2 \times 0.2 \times 0.144 \times 10^{-3}}{\pi(0.2 \times 10^{-3})^2} = 458$

一匝线圈平均长度

$$L_m \approx 2.4 \left\{ B + \frac{\pi[D_m + 2(c + a + a_1)]}{Z} \right\}$$

$$\approx 2.4 \left\{ \frac{20 \times 10^{-3}\pi[40 \times 10^{-3} + 2(0.2 \times 10^{-3} + 2 \times 10^{-3} + 10 \times 10^{-3})]}{8} \right\} = 0.109(\text{m})$$

环境温度按情况确定 $\qquad \theta = 60\ \text{℃}$

导线电阻率查资料 $\qquad \rho_{20} = 0.557\ \Omega/\text{m}$

线圈电阻 $\qquad R = \rho_{20}(0.92 + 0.003\,93\theta)nLm$

$$= 0.557(0.92 + 0.003\,93 \times 60) \times 458 \times 0.109$$

$$= 32.1(\Omega)$$

最佳频率 $\qquad f_0 = \left[\dfrac{0.445 Rc^2 Bc^{0.2}}{(P_{50/10}\mu_r^2 n^2 m)} \right]^{0.769}$

$$= \left[\frac{0.445 \times 32.1(0.2 \times 10^{-3})^2 \times 0.4^{0.2}}{0.4 \times 458^2 \times 0.536} \right]^{0.769}$$

$$= 1\,250(\text{Hz})$$

铁损等效电阻

$$R_C = \frac{0.14 P_{50/10}\mu_0^2 \mu_r^2 n^2 m f_0^{1.3}}{\pi^2 c^2 B_C^{0.2}}$$

$$= \frac{0.14 \times 0.4 \times (4\pi \times 10^{-7})^2 \times 1 \times 458^2 \times 0.053\,6 \times 1\,250^{1.3}}{\pi^2 \times 0.2 \times 10^{-3} \times 0.4^{0.2}}$$

$$= 32.1(\Omega)$$

线圈品质因数

$$Q_0 = \frac{2\pi f_0 n^2 \mu_r \mu_0 D_m \alpha B}{(R + R_c)c}$$

$$= \frac{2\pi \times 1\,250 \times 4\pi \times 10^{-7} \times 1 \times 40 \times 10^{-3} \times 0.345 \times 20 \times 10^{-3}}{[(32.1 + 32.1) \times 0.2 \times 10^{-3}]}$$

$$= 44.5$$

气隙磁导 $\Lambda_\delta = \dfrac{\mu_r \mu_0 D_m \alpha B}{c}$

$$= \frac{4\pi \times 10^{-7} \times 40 \times 10^{-3} \times 0.345 \times 20 \times 10^{-3}}{0.2 \times 10^{-3}}$$

$$= 1.73 \times 10^{-6} (\mathrm{H})$$

偏心率取 $\qquad\qquad\qquad\qquad \varepsilon_r = \varepsilon_Z = 0.1$

径向承载能力

$$F_r = 4K_Z n^2 I^2 \Lambda_\delta \varepsilon_r \left[\frac{Q_0 - 2}{c}\right] \cos^2\left(\frac{\pi}{Z}\right) \cos^2 \gamma$$

$$= 4 \times 1 \times 458^2 \times 0.01 \times 1.73 \times 10^{-6} \times 0.1 \times \left[\frac{44.5 - 2}{0.2 \times 10^{-3}}\right] \cos^2\left(\frac{\pi}{8}\right) \cos^2 24.8°$$

$$= 217 (\mathrm{N})$$

轴向承载能力

$$F_Z = Z n^2 I^2 \Lambda_\delta \varepsilon_Z \left[\frac{Q_0 - 2}{h_0}\right] \sin^2 \gamma$$

$$= 8 \times 458^2 \times 0.01 \times 1.73 \times 10^{-6} \times 0.1 \times \left[\frac{44.5 - 2}{0.2 \times 10^{-3}}\right] \sin^2 24.8°$$

$$= 109 (\mathrm{N})$$

径向刚度

$$k_r = \frac{F_r}{\varepsilon_r c} = \frac{217}{0.1 \times 0.2 \times 10^{-3}} = 10.9 \times 10^6 (\mathrm{N/m})$$

轴向刚度

$$k_Z = \frac{F_Z}{\varepsilon_Z c} = \frac{109}{0.1 \times 0.2 \times 10^{-3}} = 5.5 \times 10^6 (\mathrm{N/m})$$

一个线圈自感电势

$$E \approx 2\pi f_0 n^2 \Lambda_\delta \approx 2\pi \times 1\,250 \times 4\,582 \times 0.01 \times 1.73 \times 10^{-6} = 286 (\mathrm{V})$$

工作电容

$$C = \frac{10^6}{8\pi f_0 (Q_0 - 1) R} = \frac{10^6}{8\pi \times 1\,250 (44.5 - 1) \times 32.1} = 23 \times 10^{-9} (\mathrm{F})$$

电源电压

$$U = 2.828E - \frac{0.225I}{f_0 C} = 2.828 \times 286 - \frac{0.225 \times 0.1}{1\,250 \times 23 \times 10^{-9}} = 26.2 (\mathrm{V})$$

功耗

$$P = 2 \times 2.83 I U = 2 \times 2.83 \times 0.1 \times 26.2 = 14.8 (\mathrm{W})$$

第8章 特殊弹簧

由于工作机械种类及性能不同,所采用的弹簧也多种多样。本书的核心内容是"特种轴承设计",那么轴承与弹簧的关系如何?

对于大型轴承,为了进一步增大承载能力,往往采用重预紧,套装组合弹簧不仅可以实施较大的预紧力,而且弹簧占有空间小,有利于机器的结构设计。

对于中小型轴承,采用碟形弹簧预紧,可以实现轴承的多种预紧方案:轻预紧提高轴承转动精度,重预紧增大轴承承载能力,中预紧二者兼顾。因为碟形弹簧具有变刚度性质,能以小变形施加大预紧力,所以适用于轴向空间要求小的场合。

机械手表中的摆动轮轴系多采用宝石轴承支承,轮轴轴系上安装有非接触型平面蜗卷弹簧,弹簧外端固定在表壳内框架上,内端固定在轮轴上。当轮轴被施加转矩时,弹簧丝被稍加卷紧而储蓄能量,松卷时释放变形能而输出工作力矩,维持摆动轮正常摆动。而机械表中的"发条"属于接触型涡卷弹簧,其内端固定在"发条"芯轴上,外端固定在簧盒内壁,当芯轴上施加转矩,弹簧被卷紧而储蓄能量,松卷时释放能量维持钟表正常运动。对于橡胶弹簧、空气弹簧等,多用于弹性轴承座上,以减小轴系所受的冲击载荷。

8.1 套装组合及扭转弹簧

8.1.1 组合弹簧设计计算

当设计承受载荷较大,且安装空间受限制的圆柱螺旋压缩弹簧时,可采用组合弹簧结构,如图 8-1 所示。这种弹簧比普通弹簧轻,钢丝较细,制造方便。

设计组合弹簧应注意下列事项。

(1)内、外弹簧的强度要接近相等。

经推算有下式关系:

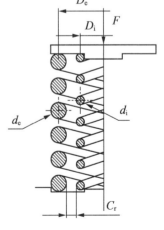

$$\frac{d_e}{d_i} = \frac{D_e}{D_i} = \frac{n_i}{n_e} = \sqrt{\frac{F_{e2}}{F_{i2}}}$$

$$F_2 = F_{e2} + F_{i2}$$

一般组合弹簧的外弹簧最大工作载荷 F_{e2} 和内弹簧最大工作载荷 F_{i2} 比例关系为 $\dfrac{F_{e2}}{F_{i2}} = \dfrac{5}{2}$。设计时先按此比值分配外、内弹簧的载荷,然后再按单个弹簧的设计步骤进行计算。

图 8-1 组合弹簧

(2)内、外弹簧的变形量应该接近相等。

其中一个弹簧在最大工作载荷下的变形量 f_2 不应大于另一个弹簧在试验载荷下的变形量 f_s。二者实际所产生的变形差,可用垫片调整。

(3)为保证组合弹簧的同心关系,防止内、外弹簧产生歪斜,两个弹簧的旋向应相反,即一个左旋,另一个右旋。

(4)组合弹簧的径向间隙 C_r 要满足

$$C_r = \frac{(D_e - d_e) - (D_i + d_i)}{2} \geqslant \frac{d_e - d_i}{2}$$

(5)弹簧端部的支承面结构应能防止内、外弹簧在工作中的偏移。

8.1.2 圆锥螺旋压缩弹簧设计计算

圆锥螺旋压缩弹簧及其特性线如图 8-2 所示。当承受载荷后,特性线 OA 段是直线,载荷继续增加时,弹簧从大圈开始逐渐接触,余下的工作圈数逐渐减少,则弹簧刚度逐渐增大(因为工作圈数的中径变小),直到所有弹簧圈完全压并为止,如弹簧特性线的 AB 段。不难看出 AB 段的刚度是渐增的,除了增大弹簧刚度,还有利于防止弹簧共振的发生。

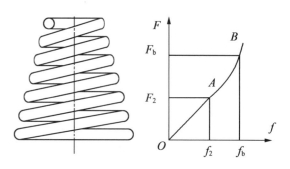

图 8-2   圆锥螺旋压缩弹簧及其特性

当大端弹簧圈的半径 R_2 和小端弹簧圈的半径 R_1 之差 $R_2 - R_1 \geqslant nd$ 时,弹簧被压并之后,弹簧所有圈都落在支承座上,其压并高度为 $H_b = nd$。

常用的圆锥螺旋压缩弹簧分为等节距和等螺旋角型两种。它们的几何尺寸计算见表 8-1,弹簧变形及强度计算见表 8-2。

表 8-1   圆锥螺旋压缩弹簧的几何尺寸计算

名称	等节距圆锥螺旋弹簧,p = 常数	等螺旋角圆锥螺旋弹簧,α = 常数
	阿基米德螺旋线	对数螺旋线
有效圈数 n	$n = \dfrac{Gd^4}{16k}\left(\dfrac{R_2 - R_1}{R_2^4 - R_1^4}\right)$ G——切变模量(MPa) K——弹簧刚度(N/mm)	
弹簧圈压并时的节距 p'	$p' = d\sqrt{1 - \left(\dfrac{R_2 - R_1}{nd}\right)^2}$	

续表 8 – 1

节距 p	$p = \dfrac{f_b + np'}{n}$　　f_b——压并变形量(mm)	
螺旋角 α		$\alpha = \dfrac{32R_2^2 F}{\pi G d^4} + \dfrac{p'}{2\pi R_2}$ F——工作载荷(N)
弹簧圈 i 的半径 R_i	$R_i = R_2 - (R_2 - R_1)\dfrac{i}{n}$	$R_i = R_2 e^{-\frac{i}{n}\ln\frac{R_2}{R_1}}$ 或 $R_i \approx R_2 - (R_2 - R_1)\dfrac{i}{n}$
小端支承圈的半径 R_1'	$R_1' = R_1 - \dfrac{n_2 d(R_2 - R_1)}{2\sqrt{H_0'^{\,2} - (R_2 - R_1)^2}}$　　n_2——支承圈数	
大端支承圈的半径 R_2'	$R_2' = R_2 + \dfrac{n_2 d(R_2 - R_1)}{2\sqrt{H_0'^{\,2} - (R_2 - R_1)^2}}$	
有效工作圈的自由高度 H_0'	$H_0' = np$	$H_0' = \pi n \alpha(R_2 - R_1)$
总圈数 n_1	当端部并紧,磨平支承圈为 1 时:$n_1 = n + 2$; 当端部并紧,磨平支承圈为 $\dfrac{3}{4}$ 时:$n_1 = n + 1.5$	
自由高度 H_0	当 $n_1 = 2$ 时,$H_0 = H_0' + 1.5d$; 当 $n_1 = 1.5$ 时,$H_0 = H_0' + d$	
弹簧丝展开长度 L	$L \approx \pi n_1(R_2' + R_1')$	

注:当 $(R_2 - R_1) \geq nd$ 时,取 $p' = 0$,由表 8 – 1 中 p' 公式可知

表 8 – 2　圆锥螺旋压缩弹簧的变形及强度计算

		等节距圆锥螺旋弹簧,p = 常数	等螺旋角圆锥螺旋弹簧,α = 常数
弹簧圈开始接触前	变形量 f	$f = \dfrac{16nF}{Gd^4}\left(\dfrac{R_2^4 - R_1^4}{R_2 - R_1}\right)$　　F——工作载荷	
	应力 τ	$\tau = \dfrac{16KFR_2}{\pi d^3}$　　K——刚度系数 $K = \dfrac{4C-1}{4C-4} + \dfrac{0.615}{C}$　　$C = \dfrac{2R_2}{d}$	
	弹簧刚度 k	$k = \dfrac{F}{f} = \dfrac{Gd^4(R_2 - R_1)}{16n(R_2^4 - R_1^4)}$	
弹簧开始接触后	载荷 F	$F_i = \dfrac{Gd^4}{64R_i^3}(p - p')$	$F_i = \dfrac{\pi Gd^4}{32R_i^2}\left(\alpha - \dfrac{p'}{2\pi R_i}\right)$
	变形量 f	$f_i = \dfrac{n}{R_2 - R_1}\left[\dfrac{16F_i}{Gd^4}(R_i^4 - R_1^4) + (p - p')\cdot(R_2 - R_1)\right]$	$f_i = \dfrac{n}{R_2 - R_1}\left[\dfrac{16F_i}{Gd^4}(R_i^4 - R_1^4) + \pi\alpha(R_2^2 - R_1^2) - p'(R_2 - R_i)\right]$
	应力 τ	$\tau = \dfrac{16KR_i F_i}{\pi d^3}$	

注:(1) 当 $(R_2 - R_1) \geq nd$ 时,取 $p' = 0$

(2) 当计算弹簧圈开始接触时的载荷 F_2、变形量 f_2 或应力 τ_2 时,取 $R_i = R_2$

(3) 当计算弹簧圈完全压并时的载荷 F_b、变形量 f_b 或应力 τ_b 时,取 $R_i = R_1$

8.1.3 扭转弹簧的设计计算

（1）弹簧结构及载荷——变形图，如图 8-3 所示。

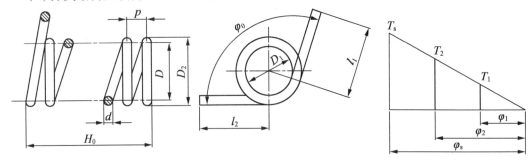

图 8-3 扭转弹簧及载荷特性

d—弹簧材料丝径(mm)；D、D_1、D_2—弹簧的中、内、外径(mm)；

T_s—试验扭矩(N·mm)，为弹簧允许承受的最大扭矩；T_1、T_2—工作扭矩(N·mm)；

φ_1、φ_2、φ_3—在 T_1、T_2、T_s 作用下的变形角；H_0—自由长度(mm)；p—节距(mm)

（2）设计计算。

圆柱螺旋扭转弹簧的基本设计公式有

$$\sigma_B = \frac{32K_1 T}{\pi d^3} \geqslant \sigma_{Bp} \tag{8-1}$$

$$\varphi = \frac{64 \times 180 n D T}{E \pi d^4} = \frac{3\,670 n D T}{E \pi d^4} \tag{8-2}$$

$$k = \frac{T}{\varphi} = \frac{E d^4}{3\,670 n D} \tag{8-3}$$

式中 σ_B——弯曲应力(MPa)；

       σ_{Bp}——许用弯曲应力(MPa)；

       T——工作扭矩(N·mm)；

       φ——工作扭矩下的变形角(°)；

       k——扭转弹簧刚度(N·mm/(°))；

       K_1——扭转弹簧曲度系数，由旋绕比 $C = \dfrac{D}{d}$ 按下式计算：

$$K_1 = \frac{4C^2 - C - 1}{4C(C-1)} \tag{8-4}$$

但当扭矩旋向和弹簧旋向相同时，取 $K_1 = 1$；

       n——有效圈数；

       E——弹簧材料的弹性模量(MPa)。

由上列公式可以导出计算弹簧丝径 d 和有效圈数 n 的公式

$$d \geqslant \sqrt[3]{\frac{10 \cdot 2K_1 T}{\sigma_{Bp}}} \tag{8-5}$$

$$n = \frac{E d^4 \varphi}{3\,670 D T} \tag{8-6}$$

对于长臂扭转弹簧,还需考虑扭臂的变形,此时扭转变形角 φ 和扭转刚度 K 按下面两式计算:

$$\varphi = \frac{3\,670T}{\pi E d^3} \cdot \left[\pi n D + \frac{1}{3}(l_1 + l_2) \right] \qquad (8-7)$$

$$K = \frac{\pi E d^2}{3\,670 \left[\pi n D + \frac{1}{3}(l_1 + l_2) \right]} \qquad (8-8)$$

式中 l_1、l_2——扭臂长度(mm)。

试验扭矩值 T_s 令式(8-1)中曲度系数 $K_1 = 1$ 时计算,即

$$T_s = \frac{\pi d^3 \sigma_s}{32} \qquad (8-9)$$

式中 σ_s——试验弯曲应力(MPa),其最大值取表7.1-8(《机械设计手册》2版,机械工业出版社,2004年)中Ⅲ类载荷弹簧的许用弯曲应力值。对于Ⅰ类和Ⅱ类载荷的弹簧,在有些情况下,可取 $\sigma_s = (1.1 \sim 1.3)\sigma_{Bp}$ 或 $T_s = (1.1 \sim 1.3)T_n$,但其值不得超过最大试验弯曲应力值,或其对应的最大试验扭矩值。

受循环载荷的扭转弹簧,需校核其疲劳强度。对于用琴钢丝(注:琴钢丝是经铅浴淬火后拉而成,具有非常高的强度极限和弹性极限,是广泛应用的小弹簧材料)、阀门用油淬火及回火钢丝等优质钢丝制作的弹簧,可由 σ_{min}、σ_{max}、σ_b 等相互间的比值从图8-4中查取其疲劳寿命(循环作用次数)。图中的 $\gamma = \frac{\sigma_{min}}{\sigma_{max}}$。$\sigma_{min}$ 和 σ_{max} 由对应的工作转矩 T_1 和 T_2 确定。图中的 $\frac{\sigma_{min}}{\sigma_{max}} = 0.7$ 的横线是不产生永久变形的极限值。

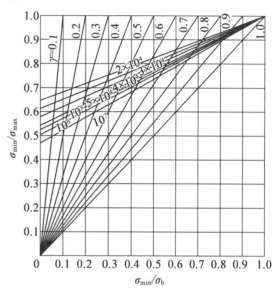

图8-4 疲劳寿命图

8.1.4 扭转弹簧其余尺寸和参数的计算方法

(1)为了避免弹簧承受扭矩后抱紧导杆,应考虑在扭矩作用下弹簧直径(内径)变小,其减小值 ΔD 可近似地按下式计算:

$$\Delta D = \frac{\varphi_s D}{360 n} \qquad (8-10)$$

导杆直径

$$D' = 0.9(D_1 - \Delta D) \qquad (8-11)$$

(2)节距。

$$p = d + \delta \qquad (8-12)$$

式中 δ——间距,一般情况取 $\delta = 0.5$ mm。密卷弹簧的间距为零。

(3)螺旋角。

$$\alpha = \arctan \frac{p}{\pi D} \tag{8-13}$$

无特殊要求时,弹簧一般为右旋。

(4)弹簧轴向自由长度。

$$H_0 = np + d + 扭臂在弹簧轴线上的长度$$

(5)弹簧丝的展开长度。

$$L = \pi nD + 扭臂展开长度$$

8.2 碟形弹簧

8.2.1 碟形弹簧的结构和尺寸系列

碟形弹簧是用钢板冲压成型的截锥形压缩弹簧。它有两个特点:

(1)刚度大——能以小变形承受大载荷,适用于轴向空间要求小的场合。

(2)具有变刚度的性质——碟形弹簧压平时变形量 h_0 和厚度 t 的比值不同,其特性(受力—变形)曲线也不同,当 $\frac{h_0}{t}$ 为 0.4 ~ 0.8 时,其特性曲线接近于直线;当 $\frac{h_0}{t}$ 大于 1.3 时,则随着变形的增加,其载荷增加却逐渐变小(即刚性变小)。

碟形弹簧按其结构形式分为无支承面和有支承面两种,如图 8 – 5 所示。

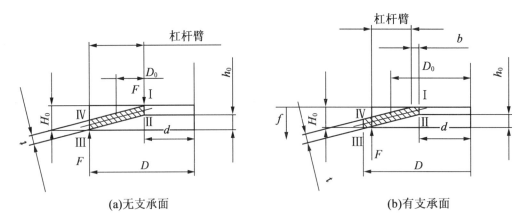

图 8 – 5 碟形弹簧

D—弹簧外径;d—弹簧内径;D_0—弹簧中性径,即弹簧截面中性点所在圆的直径,其大小按 $D_0 = \dfrac{D - d}{\ln \dfrac{D}{d}}$ 计算;t—厚度;

t'—减薄碟簧厚度;H_0—自由高度;h_0—无支承面碟簧压平时变形量,$h_0 = H_0 - t$;h_0'—有支承面碟簧压平时变形量,

$h_0' = H_0 - t'$;b—支承面宽度,$b \approx \dfrac{D}{150}$;F—载荷;f—变形量

碟簧按其厚度分为三类,表 8 – 3 列出了其厚度范围,以及有、无支承面和厚度是否减薄的规定。

碟形弹簧还按其外径 D、压平时变形量 h_0 和厚度 t 的比值 $\dfrac{D}{t}$、$\dfrac{h_0}{t}$ 分为三个系列。各种大小的碟簧尺寸,以及当变形量 $f = 0.75h_0$ 时的载荷 F 和应力值,见表 8 – 4。

表 8 – 3　碟簧按厚度分类(GB/T 1972—1992)

类别	碟簧厚度 t/mm	支承面和减厚厚度
1	<1.25	无
2	1.25 ~ 6.0	无
3	6.4 ~ 14.0	有

表 8 – 4　碟形弹簧的系列、尺寸和参数(摘自 GB/T 1972—1992)

类别	外径 D /mm	内径 d /mm	厚度 $t(t')$ /mm	压平时变形量 h_0 /mm	自由高度 H_0 /mm	$f \approx 0.75h_0$					质量 Q /(kg /1 000 件)
						F /N	f /mm	$H_0 - f$ /mm	σ_{OM} /MPa	σ_{II} 或 σ_{III} /MPa	
系列 A					$\dfrac{D}{t} \approx 18$;$\dfrac{h_0}{t} \approx 0.4$;$E = 206$ GPa;$\mu = 0.3$						
1	8	4.2	0.4	0.2	0.6	210	0.15	0.45	– 1 200	1 200 *	0.114
	10	5.2	0.5	0.25	0.75	329	0.19	0.56	– 1 210	1 240 *	0.225
	12.5	6.2	0.7	0.3	1	673	0.23	0.77	– 1 280	1 420 *	0.508
	14	7.2	0.8	0.3	1.1	813	0.23	0.87	– 1 190	1 340 *	0.711
	16	8.2	0.9	0.35	1.25	1 000	0.26	0.99	– 1 160	1 290 *	1.050
	18	9.2	1	0.4	1.4	1 250	0.3	1.1	– 1 170	1 300 *	1.480
	20	10.2	1.1	0.45	1.55	1 530	0.34	1.21	– 1 180	1 300 *	2.010
2	22.5	11.2	1.25	0.5	1.75	1 950	0.38	1.37	– 1 170	1 320 *	2.940
	25	12.2	1.5	0.55	2.05	2 910	0.41	1.64	– 1 210	1 410 *	4.400
	28	14.2	1.5	0.65	2.15	2 850	0.49	1.66	– 1 180	1 280 *	5.390
	31.5	16.3	1.75	0.7	2.45	3 900	0.53	1.92	– 1 190	1 310 *	7.840
	35.5	18.3	2	0.8	2.8	5 190	0.6	2.2	– 1 210	1 330 *	11.40
	40	20.4	2.25	0.9	3.15	6 540	0.68	2.47	– 1 210	1 340 *	16.40
	45	22.4	2.5	1	3.5	7 720	0.75	2.75	– 1 150	1 300 *	23.50
	50	25.4	3	1.1	4.1	12 000	0.83	3.27	– 1 250	1 430 *	34.30
	56	28.4	3	1.3	4.3	11 400	0.98	3.32	– 1 180	1 280 *	43.00
	63	31	3.5	1.4	4.9	15 000	1.05	3.85	– 1 140	1 300 *	64.90
	71	36	4	1.6	5.6	20 500	1.2	4.4	– 1 200	1 330 *	91.80
	80	41	5	1.7	6.7	33 700	1.28	5.42	– 1 260	1 460 *	145.0
	90	46	5	2	7	31 400	1.5	5.5	– 1 170	1 300 *	184.5
	100	51	6	2.2	8.2	48 000	1.65	6.55	– 1 250	1 420 *	273.7
	112	57	6	2.5	8.5	43 800	1.88	6.62	– 1 130	1 240 *	343.8

续表 8 − 4

类别	外径 D /mm	内径 d /mm	厚度 t(t') /mm	压平时变形量 h_0 /mm	自由高度 H_0 /mm	$f \approx 0.75h_0$					质量 Q /(kg /1 000 件)
						F /N	f /mm	$H_0 - f$ /mm	σ_{OM} /MPa	σ_{II} 或 σ_{III} /MPa	
系列 A $\frac{D}{t} \approx 18; \frac{h_0}{t} \approx 0.4; E = 206$ GPa$; \mu = 0.3$											
3	125	64	8(7.5)	2.6	10.6	85 900	1.95	8.65	− 1 280	1 330 *	533.0
	140	72	8(7.5)	3.2	11.2	85 300	2.4	8.8	− 1 260	1 280 *	666.6
	160	82	10(9.4)	3.5	13.5	139 000	2.63	10.87	− 1 320	1 340 *	1 094
	180	92	10(9.4)	4	14	125 000	3	11	− 1 180	1 200	1 387
	200	102	12(11.25)	4.2	16.2	183 000	3.15	13.05	− 1 210	1 230 *	2 100
	225	112	12(11.25)	5	17	171 000	3.75	13.25	− 1 120	1 140	2 640
	250	127	14(13.1)	5.6	19.6	248 000	4.2	15.4	− 1 200	1 220	3 750
系列 B $\frac{D}{t} \approx 28; \frac{h_0}{t} \approx 0.75; E = 206$ GPa$; \mu = 0.3$											
1	8	4.2	0.3	0.25	0.55	119	0.19	0.36	− 1 140	1 330	0.086
	10	5.2	0.4	0.3	0.7	213	0.23	0.47	− 1 170	1 300	0.180
	12.5	6.2	0.5	0.35	0.85	291	0.26	0.59	− 1 000	1 110	0.363
	14	7.2	0.5	0.4	0.9	279	0.3	0.6	− 970	1 100	0.444
	16	8.2	0.6	0.45	1.05	412	0.34	0.71	− 1 010	1 120	0.698
	18	9.2	0.7	0.5	1.2	572	0.38	0.82	− 1 040	1 130	1.030
	20	10.2	0.8	0.55	1.35	745	0.41	0.94	− 1 030	1 110	1.460
	22.5	11.2	0.8	0.65	1.45	710	0.49	0.96	− 962	1 080	1.880
	25	12.2	0.9	0.7	1.6	868	0.53	1.07	− 938	1 030	2.640
	28	14.2	1	0.8	1.8	1 110	0.6	1.2	− 961	1 090	3.590
2	31.5	16.3	1.25	0.9	2.15	1 920	0.68	1.47	− 1 090	1 190	5.60
	35.5	18.3	1.25	1	2.25	1 700	0.75	1.5	− 944	1 070	7.130
	40	20.4	1.5	1.15	2.65	2 620	0.86	1.79	− 1 020	1 130	10.95
	45	22.4	1.75	1.3	3.05	3 660	0.98	2.07	− 1 050	1 150	16.40
	50	25.4	2	1.4	3.4	4 760	1.05	2.35	− 1 060	1 140	22.90
	56	28.5	2	1.6	3.6	4 440	1.2	2.4	− 963	1 090	28.70
	63	31	2.5	1.75	4.25	7 180	1.31	2.94	− 1 020	1 090	46.40
	71	36	2.5	2	4.5	6 730	1.5	3	− 934	1 060	57.70
	80	41	3	2.3	5.3	10 500	1.73	3.57	− 1 030	1 140	87.30
	90	46	3.5	2.5	6	14 200	1.88	4.12	− 1 030	1 120	129.1
	100	51	3.5	2.8	6.3	13 100	2.1	4.2	− 926	1 050	159.7

续表 8 - 4

类别	外径 D /mm	内径 d /mm	厚度 t(t') /mm	压平时变形量 h_0 /mm	自由高度 H_0 /mm	$f \approx 0.75h_0$					质量 Q /(kg /1 000 件)
						F /N	f /mm	$H_0 - f$ /mm	σ_{OM} /MPa	σ_{II} 或 σ_{III} /MPa	
系列 B $\frac{D}{t} \approx 28$; $\frac{h_0}{t} \approx 0.75$; E = 206 GPa; $\mu = 0.3$											
2	112	57	4	3.2	7.2	17 800	2.4	4.8	-963	1 090	229.2
	125	64	5	3.5	8.5	30 000	2.63	5.87	-1 060	1 150	355.4
	140	82	5	4	9	27 900	3	6	-970	1 110	444.4
	160	82	6	4.5	10.5	41 100	3.38	7.12	-100	1 110	698.3
	180	92	6	5.1	11.1	37 500	3.83	7.27	-895	1 040	885.4
3	200	102	8(7.5)	5.6	13.6	76 400	4.2	9.4	-1 060	1 250	1 369
	225	112	8(7.5)	6.5	14.5	70 800	4.88	9.62	-951	1 180	1 761
	250	127	10(9.4)	7	17	119 000	5.25	11.75	-1 050	1 240	2 687
系列 C $\frac{D}{t} \approx 40$; $\frac{h_0}{t} \approx 1.3$; E = 206 GPa; $\mu = 0.3$											
1	8	4.2	0.2	0.25	0.45	39	0.19	0.26	-762	1 040	0.057
	10	5.2	0.25	0.3	0.55	58	0.23	0.32	-734	980	0.112
	12.5	6.2	0.35	0.45	0.8	152	0.34	0.46	-944	1 280	0.251
	14	7.2	0.35	0.45	0.8	123	0.34	0.46	-769	1 060	0.311
	16	8.2	0.4	0.5	0.9	155	0.38	0.52	-751	1 020	0.466
	18	9.2	0.45	0.6	1.05	214	0.45	0.6	-789	1 110	0.661
	20	10.2	0.5	0.65	1.15	254	0.49	0.66	-772	1 070	0.912
	22.5	11.2	0.6	0.8	1.4	425	0.6	0.8	-883	1 230	1.410
	25	12.2	0.7	0.9	1.6	601	0.68	0.92	-936	1 270	2.060
	28	14.2	0.8	1	1.8	801	0.75	1.05	-961	1 300	2.870
	31.5	16.3	0.8	1.05	1.85	687	0.79	1.06	-810	1 130	3.580
	35.5	18.3	0.9	1.15	2.05	831	0.86	1.19	-779	1 080	5.140
	40	20.4	1	1.3	2.3	1 020	0.98	1.32	-772	1 070	7.30
2	45	22.4	1.25	1.6	2.85	1 890	1.2	1.65	-920	1 250	11.70
	50	25.4	1.25	1.6	2.85	1 550	1.2	1.65	-754	1 040	14.30
	56	28.5	1.5	1.95	3.45	2 620	1.46	1.99	-879	1 220	21.50
	63	31	1.8	2.35	4.15	4 240	1.76	2.39	-985	1 350	33.40
	71	36	2	2.6	4.6	5 140	1.95	2.65	-971	1 340	46.20
	80	41	2.25	2.95	5.2	6 610	2.21	2.99	-982	1 370	65.50
	90	46	2.5	3.2	5.7	7 680	2.4	3.3	-935	1 290	92.20

续表 8－4

类别	外径 D /mm	内径 d /mm	厚度 $t(t')$ /mm	压平时变形量 h_0 /mm	自由高度 H_0 /mm	$f \approx 0.75h_0$					质量 Q /（kg /1 000 件）
						F /N	f /mm	$H_0 - f$ /mm	σ_{OM} /MPa	σ_{II} 或 σ_{III} /MPa	
系列 C $\frac{D}{t} \approx 40$；$\frac{h_0}{t} \approx 1.3$；$E = 206$ GPa；$\mu = 0.3$											
2	100	51	2.7	3.5	6.2	8 610	2.63	3.57	−895	1 240	123.2
	112	57	3	3.9	6.9	10 500	2.93	3.97	−882	1 220	171.9
	125	64	3.5	4.5	8	15 100	3.38	4.62	−956	1 320	248.9
	140	72	3.8	4.9	8.7	17 200	3.68	5.02	−904	1 250	337.7
	160	82	4.3	5.6	9.9	21 800	4.2	5.7	−892	1 240	500.4
	180	92	4.8	6.2	11	26 400	4.65	6.35	−869	1 200	708.4
	200	102	5.5	7	12.5	36 100	5.25	7.25	−910	1 250	1 004
3	225	112	6.5(6.2)	7.1	13.6	44 600	5.33	8.27	−840	1 140	1 456
	250	127	7(6.7)	7.8	14.8	50 500	5.85	8.95	−814	1 120	1 915

注:标记示例:一级精度,系列 A,外径 $D = 100$ mm 的第 2 类弹簧标记为碟簧 A100－1GB/T 1972—1992

①表中给出的弹簧厚度 t 的公称数值,在第 3 类碟簧中碟簧厚度减薄为 t'

②表中 σ_{OM} 表示碟簧上表面 OM 点的计算应力(压应力)

③表中给出的是碟簧下表面的最大计算拉应力,有 * 的数值是在位置Ⅱ处的拉应力,无 * 的数值是位置Ⅲ处的拉应力

　　碟簧的导向采用导杆或导套。导向件与碟簧之间的间隙采用表 8－5 中的数值。设计时优先采用内导向。

表 8－5　碟簧上导杆、导套之间的间隙（GB/T 1972—1992）　　　　　mm

D 或 d	<16	16～20	20～26	26～31.5	31.5～50	50～80	80～140	140～250
间隙	0.2	0.3	0.4	0.5	0.6	0.8	1.0	1.6

8.2.2　碟形弹簧设计计算

1. 单片碟形弹簧的计算

无支承面和有支承面碟簧使用相同的公式计算。

　　为使有支承面的计算载荷(在 $f = 0.75h_0$ 时)与相同尺寸(D、d、H_0)的无支承面碟簧的计算载荷相等,应将有支承面碟簧的厚度减薄,减薄量 $\frac{t'}{t}$ 按表 8－6 计算。

表 8 - 6 有支承面碟簧厚度减薄量(GB/T 1972—1992)

系列	A	B	C
$\dfrac{t'}{t}$	0.94	0.94	0.96

碟形弹簧各参数的计算公式如下:

碟簧载荷

$$F = \frac{4E}{1-\mu^2} \cdot \frac{t^4}{K_1 D^2} K_4^2 \frac{f}{t} \left[K_4^2 \left(\frac{h_0}{t} - \frac{f}{t} \right) \left(\frac{h_0}{t} - \frac{f}{2t} \right) + 1 \right] \qquad (8-14)$$

当碟簧压平时, $f = h_0$,上式简化为

$$F_c = F_{(f=h_0)} = \frac{4E}{1-\mu^2} \cdot \frac{t^3 h_0}{K_1 D^2} K_4^2 \qquad (8-15)$$

碟簧应力

$$\sigma_{OM} = \frac{4E}{1-\mu^2} \cdot \frac{t^2}{K_1 D^2} K_4 \frac{f}{t} \cdot \frac{3}{\pi} \qquad (8-16)$$

$$\sigma_I = -\frac{4E}{1-\mu^2} \cdot \frac{t^2}{K_1 D^2} K_4 \frac{f}{t} \left[K_4 K_3 \left(\frac{h_0}{t} - \frac{f}{2t} \right) + K_3 \right] \qquad (8-17)$$

$$\sigma_{II} = -\frac{4E}{1-\mu^2} \cdot \frac{t^2}{K_1 D^2} K_4 \frac{f}{t} \left[K_4 K_2 \left(\frac{h_0}{t} - \frac{f}{2t} \right) - K_3 \right] \qquad (8-18)$$

$$\sigma_{III} = -\frac{4E}{1-\mu^2} \cdot \frac{t^2}{K_1 D^2} K_4 \cdot \frac{1}{C} \cdot \frac{f}{t} \left[K_4 (K_2 - 2K_3) \left(\frac{h_0}{t} - \frac{f}{2t} \right) - K_3 \right] \qquad (8-19)$$

$$\sigma_{IV} = -\frac{4E}{1-\mu^2} \cdot \frac{t^2}{K_1 D^2} K_4 \cdot \frac{1}{C} \cdot \frac{f}{t} \left[K_4 (K_2 - 2K_3) \left(\frac{h_0}{t} - \frac{f}{2t} \right) + K_3 \right] \qquad (8-20)$$

式(8 - 14) ~ (8 - 20)中,

F ——碟簧载荷(N);

F_c ——碟簧压平时载荷(N);

σ_{OM} ——碟簧 OM 点的应力(MPa);

σ_I 、σ_{II} 、σ_{III} 、σ_{IV} ——碟簧位置 I 、II 、III 、IV 处的应力(MPa);

E ——弹性模量(MPa),弹簧钢取 $E = 2.06 \times 10^5$ MPa;

μ ——泊松比,弹簧钢取 $\mu = 0.3$;

C ——外径与内径之比, $C = \dfrac{D}{d}$;

K_1 、K_2 、K_3 、K_4 ——计算系数,分别为

$$K_1 = \frac{1}{\pi} \cdot \frac{\left(\dfrac{C-1}{C} \right)^2}{\dfrac{C+1}{C-1} - \dfrac{2}{\ln C}} \qquad (8-21)$$

$$K_2 = \frac{6}{\pi} \cdot \frac{\dfrac{C-1}{\ln C} - 1}{\ln C} \qquad (8-22)$$

$$K_3 = \frac{3}{\pi} \cdot \frac{C-1}{\ln C} \qquad (8-23)$$

$$K_4 = \sqrt{-\frac{C_1}{2} + \sqrt{\frac{C_1}{2} + C_2}} \qquad (8-24)$$

其中，

$$C_1 = \frac{\left(\dfrac{t'}{t}\right)^2}{\left(\dfrac{H_0}{4t} - \dfrac{t'}{t} + \dfrac{3}{4}\right)\left(\dfrac{5}{8} \cdot \dfrac{H_0}{t} - \dfrac{t'}{t} + \dfrac{3}{8}\right)}$$

$$C_2 = \frac{C_1}{\left(\dfrac{t'}{t}\right)^3}\left[\frac{5}{32}\left(\frac{H_0}{t} - 1\right)^2 + 1\right]$$

计算系数 K_1、K_2、K_3 值也可以根据 $C = \dfrac{D}{d}$ 从表 8 - 7 中查得。

表 8 - 7　计算系数 K_1、K_2、K_3 的值

$C = \dfrac{D}{d}$	1.90	1.92	1.94	1.96	1.98	2.00	2.02	2.04	2.06
K_1	0.672	0.677	0.682	0.686	0.690	0.694	0.698	0.702	0.706
K_2	1.197	1.201	1.206	1.211	1.215	1.220	1.224	1.229	1.233
K_3	1.339	1.347	1.355	1.362	1.370	1.378	1.385	1.393	1.400

在计算中，对无支承面弹簧 $K_4 = 1$，对有支承面弹簧，K_4 按式（8 - 24）计算，并将公式中的 t 用 t' 替代，h 用 h' 替代。计算得到的应力为正值时是拉应力，负值时是压应力。

弹簧刚度

$$k = \frac{\mathrm{d}F}{\mathrm{d}f} = \frac{4E}{1-\mu^2} \cdot \frac{t^3}{K_1 D^2}K_4^2\left\{K_4^2\left[\left(\frac{h_0}{t}\right)^2 - 3\frac{h_0}{t} \cdot \frac{f}{t} + \frac{3}{2}\left(\frac{f}{t}\right)^2\right] + 1\right\} \qquad (8-25)$$

碟簧变形能

$$U = \int_0^f F\mathrm{d}f = \frac{2E}{1-\mu^2} \cdot \frac{t^5}{K_1 D^2}K_4^2\left(\frac{f}{t}\right)^2\left[K_4^2\left(\frac{h_0}{t} - \frac{f}{2t}\right)^2 + 1\right] \qquad (8-26)$$

碟簧特性线

弹簧的特性线与 $\dfrac{h_0}{t}$ 或 $K_4\dfrac{h_0'}{t'}$ 的比值有关，如图 8 - 6 所示。当 $\dfrac{f}{h} > 0.75$ 时，由于实际杠杆臂缩短，弹簧载荷比计算值要大，这部分的计算特性线与实际特性线有较大区别。

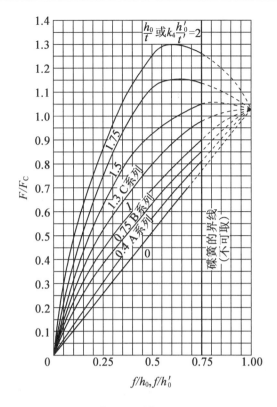

图 8-6　按不同 $\dfrac{h_0}{t}$ 或 $K_4\dfrac{h_0'}{t'}$ 计算的碟簧特性曲线

2. 组合碟形弹簧的计算

叠合、对合和复合组合碟形弹簧的总载荷和总变形量的计算式见表 8-8。

表 8-8　碟簧组形式及计算公式

形式	简图及特性	载荷及变形的计算公式	说明
叠合组合		$F_z = nF$ $f_z = f$ $H_z = H_0 + (n-1)t$	F——单片碟簧载荷(N)； F_z——总载荷(N)；
对合组合		$F_z = F$ $f_z = if$ $H_z = iH_0$	f——单片碟簧变形量； f_z——总变形量； n——叠合层数； i——对合片数； H——单片碟簧自由高度(mm)；
复合组合		$F_z = nF$ $f_z = if$ $H_z = i[H_0 + (n-1)t]$	H_z——组合碟簧自由高度(mm)； t——单片碟簧的厚度(mm)

为获得特殊的碟簧特性曲线,除表 8 – 8 中三种组合形式外,还可以采用不同厚度碟簧组成的对合组合碟簧,或由尺寸相同但各组片数逐渐增加的复合组合弹簧,其总载荷和总变形量可参照表 8 – 8 中公式计算。

使用组合碟簧,必须考虑摩擦力对特性曲线的影响。摩擦力与组合碟簧的组数、每个叠层的片数有关,也与碟簧表面质量和润滑情况有关。由于摩擦力的阻尼作用,叠合组合碟簧的刚性比理论计算值大,对合组合碟簧的各片变形量将依次递减。

在冲击载荷下使用组合碟簧,外力的传递对各片也依次递减。所以组合碟簧的片数不宜用得过多,尽可能采用直径较大、片数较少的组合碟簧。

考虑摩擦力影响时,碟簧载荷 F_R 按下式计算:

$$F_R = F \frac{n}{1 \pm f_M(n-1) \pm f_R} \tag{8-27}$$

式中　n——叠合片数;

　　　f_M——碟簧锥面间的摩擦系数,见表 8 – 9;

　　　f_R——承载边缘处的摩擦系数,见表 8 – 9。

上式用于加载时取负号,卸载时取正号。

由多组叠合碟簧对合组成的复合碟簧,仅考虑叠合表面间摩擦时,可令式中 $f_R = 0$。式(8 – 27)也适用于单片弹簧,以 $n = 1$ 代入即可。

表 8 – 9　组合碟簧接触处的摩擦系数(GB/T 1972—1992)

系列	锥面间的摩擦系数 f_M	承载边缘处的摩擦系数 f_R
A	0.005 ~ 0.03	0.03 ~ 0.05
B	0.003 ~ 0.02	0.02 ~ 0.04
C	0.002 ~ 0.015	0.01 ~ 0.03

3. 碟形弹簧的许用应力和疲劳极限

碟形弹簧按其载荷性质分为两类:

静载荷——作用载荷不变或在长时间内只有偶然变化,在规定寿命内变化次数小于 1×10^4 次。

变载荷——作用在碟簧上的载荷在预加载荷 F_1 和工作载荷 F_2 之间循环变化,在规定寿命内变化次数大于 1×10^4 次。

(1)静载荷作用下碟簧的许用应力。

静载荷作用下的碟簧,应通过校核 OM 点的应力 σ_{OM} 来保证自由高度 H_0 的稳定。在压平时的 σ_{OM} 应接近弹簧材料的屈服点 σ_S。对于材料为 60Si2MnA 或 50CrVA 的弹簧,其屈服点为 $\sigma_S = 1\ 400 \sim 1\ 600\ \text{MPa}$。

(2)变载荷作用下弹簧的疲劳极限。

变载荷作用下碟簧使用寿命可分为

①无限寿命——可以承受 2×10^6 或更多加载次数而不破坏。

②有限寿命——可以在持久强度范围内承受 $1 \times 10^4 \sim 2 \times 10^6$ 次有限的加载次数直至破坏。

受变载作用的碟簧,疲劳破坏一般发生在最大拉应力位置Ⅱ或者Ⅲ处(图 8 - 5)。是Ⅱ点还是Ⅲ点,取决于 $C = \dfrac{D}{d}$ 值和 $\dfrac{h_0}{t}$(无支承面)或 $K_4 \dfrac{h_0'}{t'}$(有支承面)。图 8 - 7 显示了碟簧受疲劳破坏的区域范围,在过渡区内时,应同时校核其 $\sigma_{\mathrm{Ⅱ}}$ 和 $\sigma_{\mathrm{Ⅲ}}$,以确定其破坏部位在Ⅱ点还是Ⅲ点。

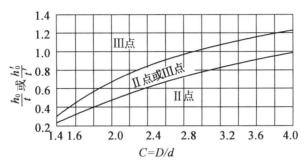

图 8 - 7　弹簧疲劳破坏的关键部位

受变载荷作用的碟簧,安装时必须有预压变形量 f_1,一般 $f_1 = 0.15h_0 \sim 0.20h_0$。此预压变形量 f_1 能防止Ⅰ点附近产生径向小裂纹,对提高寿命也有作用。材料为 50CrVA,在变载荷作用下,单个(或不超过 10 片的对合组合)碟簧的疲劳极限校核方法是:根据碟簧厚度计算出碟簧的上限应力 σ_{rmax}(对应于工作时最大变形量 f_2)和下限应力 σ_{rmin}(对应于预压变形量 f_1),由图 8 - 8 查取其载荷作用次数是否在允许范围内。厚度超过 14 mm 和组合片数较多的碟簧,其他材料制造的碟簧以及在特殊情况下(环境温度较高、有化学作用影响)工作的碟簧,应酌情降低。

4.碟形弹簧的技术要求

碟簧不宜由棒料或其他形式的毛坯直接机械加工成截锥形,而要求冲压成形,以保证其承载能力。

碟簧厚度 $t < 1$ mm 时,常用表面光滑的冷轧带钢,经退火后冷冲压成形;厚度 $t = 1 \sim 6$ mm 时,则在冷冲压成型后,切削加工内孔和外圆;厚度 $t \geqslant 6$ mm 时,可采用热轧钢带或钢板,在热冲压成形后再切削加工各表面。

GB/T 1972—1992 规定了碟簧的技术要求:

(1)碟簧各尺寸参数的公差及偏差见表 8 - 10。

(2)碟簧表面粗糙度按表 8 - 11 的规定。碟簧表面不允许有毛刺、裂纹、斑疤等缺陷。

(3)碟簧材料采用 60Si2MnA 或 50CrVA 带、板材或锻造坯料制造。

(4)碟簧成形后,必须进行热处理,即淬火、回火处理,淬火次数不得超过两次。

(5)碟簧淬火、回火后的硬度必须在 HRC 42 ~ 52 范围内。

(6)经热处理后的碟簧,其表面脱碳层的深度,对于厚度小于 1.25 mm 的碟簧,不得超过其厚度的 5%,对于不小于 1.25 mm 的碟簧,不得超过其厚度的 3%,其最小值允许为 0.06 mm。

(7)碟簧应全部进行强压处理,处理方法为:一次压平,持续时间不少于 12 h,或短时压平,压平次数不少于 5 次,压平力不小于两倍的 $F_{t=0.75h_0}$。碟簧经压平处理后,自由高度尺寸应稳定。在规定的试验条件下,其自由高度应在表 8 - 10 规定的极限偏差范围内。

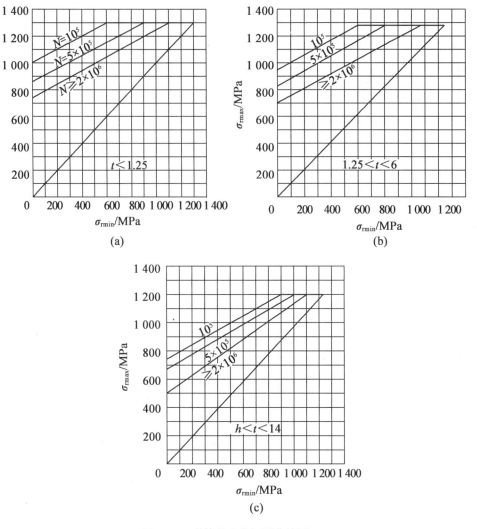

图 8-8　弹簧的疲劳极限曲线图

（8）对用于承受变载荷的弹簧，内锥面推荐进行表面强化处理，例如喷丸处理等。

（9）根据需要，碟簧表面应进行防腐处理（如磷化、氧化、镀锌等），经电镀处理后的碟簧必须进行去氢处理。对接受变载荷作用的碟簧应避免采用电镀方法。

表 8-10　碟簧尺寸和参数的极限偏差（GB/T 1972—1992）

名称		偏差
外径 D 的 极限偏差	一级精良	h12
	二级精良	h13
内径 d 的 极限偏差	一级精良	H12
	二级精良	H13

续表 8 – 10

名称	偏差					
厚度 $t(t')$ 的极限偏差 /mm	$t(t')$/mm	0.2 ~ 0.6	0.6 ~ 1.25	0.25 ~ 3.8	3.8 ~ 6	6 ~ 14
	一、二级精良	+0.02 −0.06	+0.03 −0.09	+0.04 −0.12	+0.05 −0.15	±0.10
自由高度 H_0 的极限偏差 /mm	t/mm	<1.25	1.25 ~ 2	2 ~ 3	3 ~ 6	6 ~ 14
	一、二级精良	+0.1 −0.05	+0.15 −0.08	+0.20 −0.1	+0.30 −0.15	±0.30
载荷 F 在 $f = 0.75h_0$ 时的波动范围（%）	t/mm	<1.25		1.25 ~ 3	3 ~ 6	6 ~ 14
	一级精良	+25 −7.5		+15 −7.5	+10 −5	±5
	二级精良	+30 −10		+20 −10	+15 −7.5	±10

注:在保证载荷偏差的条件下,厚度极限偏差在制造中可做适当调整,但其公差带不得超出表 8 – 10 中规定的范围

表 8 – 11 碟簧表面粗糙度

类别	基本制造方法	表面粗糙度 Ra/μm	
		上、下表面	内、外圆
1	冷成型,边缘倒圆角	3.2	12.5
2	冷成型或热成型,切削内外圆或平面,边缘倒圆角	3.2	12.5
	精冲,边缘倒圆角	6.3	6.3
3	热成型,加工所有表面,边缘倒圆角	12.5	12.5

5. 计算例题

例 1 设计一组合碟形弹簧。承受静载荷为 5 000 N 时,变形量要求为 10 mm。导杆最大直径为 20 mm。

解:根据题意从表 8 – 4 中系列 A、B、C 中各选一个规格,其尺寸参数列在表 8 – 12 中。
$h_0 = 0.9$、$d = 20.4$、$t = 2.25$、$H_0 = 3.15$ mm。

表 8 – 12 计算数据

碟簧	D/mm	d/mm	t/mm	h_0/mm	H_0/mm	$f = 0.75h_0$		
						F/N	f/mm	σ_{II} 或 σ_{III}/mm
A40	40	20.4	2.25	0.9	3.15	6 500	0.68	1 330
B40	40	20.4	1.5	1.15	2.65	2 620	0.86	1 140
C40	40	20.4	1	1.30	2.30	1 020	0.98	1 060

方案 1：采用 A 系列 $D = 40$ mm 碟簧的对合弹簧组。

由 $C = \dfrac{D}{d} = \dfrac{40}{20.4} = 1.96$，从表 8 - 7 查得 $K_1 = 0.686$，对于碟簧无支承面时，$K_4 = 1$。

由式(8 - 15)计算得

$$F_c = \frac{4E}{1-\mu^2} \cdot \frac{t^3 h_0}{K_1 D^2} K_4^2 = \frac{4 \times 2.06 \times 10^5}{1-0.3^2} \times \frac{2.25^3 \times 0.9}{0.686 \times 40^2} \times 1^2 = 8\,460 \, (\text{N})$$

根据 $\dfrac{h_0}{t} = \dfrac{0.9}{2.25} = 0.4$ 及 $\dfrac{F_1}{F_c} = \dfrac{5\,000}{8\,460} = 0.59$，由图 8 - 6 查得 $\dfrac{f_1}{h_0} = 0.57$，由此每片变形量 $f_1 = 0.57 h_0 = 0.57 \times 0.9 = 0.51 \,(\text{mm})$。为满足总变形量 $f_z = 10$ mm，则所需碟簧片数为

$$i = \frac{f_z}{f_1} = \frac{10}{0.51} = 19.6$$

取 $i = 20$ 片。

对合碟簧组的总自由高度为

$$H_i = i H_0 = 20 \times 3.15 = 63 \,(\text{mm})$$

承受载荷 5 000 N 时的高度为

$$H_i = H_Z - f_{Z1} = 63 - i f_1 = 63 - 20 \times 0.51 = 52.8 \,(\text{mm})$$

方案 2：采用 B 系列 $D = 40$ mm 碟簧复合组合弹簧组。$h_0 = 1.15$、$t = 1.5$、$H = 2.65$ mm。

取叠合片数 $n = 2$，如不计摩擦力，单片碟簧承受载荷为 $F_1 = \dfrac{F_z}{n} = \dfrac{5\,000}{2} = 2\,500 \,(\text{N})$。

由式(8 - 15)计算得

$$F_c = \frac{4E}{1-\mu^2} \cdot \frac{t^3 h_0}{K_1 D^2} K_4^2 = \frac{4 \times 2.06 \times 10^5}{1-0.3^2} \times \frac{1.5^3 \times 1.15}{0.686 \times 40^2} \times 1^2 = 3\,200 \,(\text{N})$$

根据 $\dfrac{h_0}{t} = \dfrac{1.15}{1.5} = 0.75$ 及 $\dfrac{F_1}{F_c} = \dfrac{2\,500}{3\,200} = 0.78$，由图 8 - 6 查得 $\dfrac{f_1}{h_0} = 0.71$，则每组变形量 $f_1 = 0.71 h_0 = 0.71 \times 1.15 = 0.82 \,(\text{mm})$

这时，满足总变形量 10 mm 所需对合组数为

$$i = \frac{f_z}{f} = \frac{10}{0.82} = 12.2$$

取 $i = 13$。

复合组合弹簧组的总自由高度为

$$H_Z = i[H_0 + (n-1)t] = 13 \times [2.65 + (2-1) \times 1.5] = 54 \,(\text{mm})$$

承受载荷 5 000 N 后的高度为

$$H_1 = H_Z - i f_1 = 54 - 13 \times 0.82 = 43.34 \,(\text{mm})$$

考虑摩擦力时，碟簧载荷应予以修正，由表 8 - 9 取 $f_M = 0.015$，修正后的单片碟簧载荷为

$$F_1 = F_Z \frac{1 - f_M(n-1)}{n} = 5\,000 \times \frac{1 - 0.001\,5(2-1)}{2} = 2\,463 \,(\text{N})$$

根据 $\dfrac{h_0}{t} = \dfrac{1.15}{1.5} = 0.75$ 及 $\dfrac{F_1}{F_c} = \dfrac{2\,463}{3\,200} = 0.77$，由图 8 - 6 查得 $\dfrac{f_1}{h_0} = 0.68$，其变形量 $f_1 = 0.68 h_0 = 0.68 \times 1.15 = 0.78 \,(\text{mm})$，则复合组数为

$$i = \frac{f_z}{f} = \frac{10}{0.78} = 12.82$$

仍取复合组数为 13。

载荷在 5 000 N 时的高度为

$$H_1 = H_z - if_1 = 54 - 13 \times 0.78 = 43.86 (\text{mm})$$

讨论：

方案 1 的碟簧片数较少；方案 2 的碟簧组总高度较小，单片碟簧的利用也充分。但因叠合组数为单数，所以弹簧组一端为外圆支承，另一端为内圆支承。而一般情况下以外圆支承较稳定。

例 2　有一由 20 片碟簧 A40 对合组合的弹簧，受预加载荷 $F_1 = 1\ 500$ N，工作载荷 $F_2 = 5\ 000$ N，循环加载，验算此弹簧的疲劳强度。

解：(1) 由 F_1、F_2 求 f_1、f_2。

弹簧直径比 $c = \dfrac{D}{d} = \dfrac{40}{20.4} = 1.96$，由表 8 - 7 查得 $K_1 = 0.686$，$K_2 = 1.211$，$K_3 = 1.362$。此碟簧无支承面的，则 $K_4 = 1$。

由式(8 - 15)计算得

$$F_c = \frac{4E}{1-\mu^2} \cdot \frac{t^3 h_0}{K_1 D^2} K_4^2 = \frac{4 \times 2.06 \times 10^5}{1 - 0.3^2} \times \frac{2.25^3 \times 0.9}{0.686 \times 40^2} \times 1^2 = 8\ 460(\text{N})$$

因此，$\dfrac{F_1}{F_c} = \dfrac{1\ 500}{8\ 460} = 0.18$，$\dfrac{F_2}{F_c} = \dfrac{5\ 000}{8\ 460} = 0.59$。

按照 $\dfrac{h_0}{t} = 0.4$，查图 8 - 6 得到 $\dfrac{f_1}{h_0} = 0.155$，$\dfrac{f_2}{h_0} = 0.57$。

由此

$$f_1 = 0.155 h_0 = 0.155 \times 0.9 = 0.14(\text{mm})$$
$$f_2 = 0.57 h_0 = 0.57 \times 0.9 = 0.51(\text{mm})$$

(2) 疲劳破坏的关键部位。

由 $\dfrac{h_0}{t} = 0.4$ 和 $C = 1.96$，从图 8 - 7 中查得疲劳破坏的关键部位在 Ⅱ 点。

(3) 计算 Ⅱ 点应力 $\sigma_{\text{Ⅱ}}$，并检验碟簧寿命。

按式(8 - 18)计算 $\sigma_{\text{Ⅱ}}$

$$\sigma_{\text{Ⅱ}} = -\frac{4E}{1-\mu^2} \cdot \frac{t^2}{K_1 D^2} K_4 \frac{f}{t} \left[K_4 K_2 \left(\frac{h_0}{t} - \frac{f}{2t} \right) - K_3 \right]$$

$$= \frac{4 \times 2.06 \times 10^5}{1 - 0.3^2} \times \frac{2.25^2}{0.686 \times 40^2} \times 1 \times \frac{0.14}{2.25} \left[1 \times 1.211 \times \left(\frac{0.9}{2.25} - \frac{0.14}{2 \times 2.25} \right) - 1.362 \right]$$

$$= 238(\text{MPa})$$

当 $f_2 = 0.51$ mm 时，

$$\sigma_{\text{Ⅱ}} = -\frac{4E}{1-\mu^2} \cdot \frac{t^2}{K_1 D^2} K_4 \frac{f}{t} \left[K_4 K_2 \left(\frac{h_0}{t} - \frac{f}{2t} \right) - K_3 \right]$$

$$= \frac{4 \times 2.06 \times 10^5}{1 - 0.3^2} \times \frac{2.25^2}{0.686 \times 40^2} \times 1 \times \frac{0.51}{2.25} \left[1 \times 1.211 \times \left(\frac{0.9}{2.25} - \frac{0.51}{2 \times 2.25} \right) - 1.362 \right]$$

$$= 961(\text{MPa})$$

碟簧的计算应力幅为

$$\sigma_a = \sigma_{\max} - \sigma_{\min} = 961 - 238 = 723(\text{MPa})$$

由图 8 - 8(b)查得:当 $\sigma_{rmin} = 238$ MPa,寿命为 2×10^6 时的 $\sigma_{rmax} = 840$ MPa,则疲劳强度应力幅 σ_{ra} 为

$$\sigma_{ra} = \sigma_{rmax} - \sigma_{rmin} = 840 - 238 = 602(\text{MPa})$$

由于 $\sigma_a = 723$ MPa $> \sigma_{ra} = 602$ MPa,则不能满足寿命要求。因此改进办法有:

① 提高预加载荷。

为满足疲劳寿命要求,必须满足上限应力为 961 MPa 的条件下,由图 8 - 8(b)查出寿命 $N = 2 \times 10^6$ 时的下限应力为 500 MPa,此时所对应的预加弹簧变形量近似为

$$f_1 \geqslant \frac{500}{240} \times 0.14 = 0.29(\text{mm})(\text{大于原来的} f_1 = 0.14 \text{ mm})$$

再由图 8 - 6 按 $\dfrac{f_1}{h_0} = \dfrac{0.29}{0.9} = 0.32$ 查出 $\dfrac{F_1}{F_c} = 0.35$,则

$$F_1 = 0.35 \times F_c = 0.35 \times 8\ 460 = 2\ 960(\text{N})$$

即预加载荷 F_1 为 2 960 N,这时才能满足工作载荷 $F_2 = 5\ 000$ N 的循环变载荷,达到 $N = 2 \times 10^6$ 疲劳寿命要求。

② 降低工作载荷。

如仍保持预加载荷为 1 500 N 时,要求达到 $N = 2 \times 10^6$ 疲劳寿命要求,则工作载荷应相应降低。由图 8 - 8(b)查出 $\sigma_{rmin} = 238$ MPa,$N = 2 \times 10^6$ 时的 $\sigma_{rmax} = 840$ MPa。考虑安全系数,取 $\sigma_{rmax} = 800$ MPa,则

$$f_2 = \frac{800}{961} \times 0.51 = 0.42(\text{mm})$$

又

$$\frac{f_2}{h_0} = \frac{0.42}{0.9} = 0.47$$

再由图 8 - 6 查得 $\dfrac{F_2}{F_c} = 0.51$,$F_2 = 0.51 \times F_c = 0.51 \times 8\ 460 = 4\ 315(\text{N})$

即工作载荷 F_2 不大于 4 315 N 时,就能满足疲劳强度(在循环次数 $N = 2 \times 10^6$ 次条件下)的要求。

8.3　平面蜗卷弹簧

平面蜗卷弹簧是将等截面的细长材料绕成平面螺旋线形,工作时一端固定,另一端加转矩,线材各界面承受弯曲力矩而产生弯曲弹性变形,在弹簧本身平面内产生扭转,其变形角的大小与所施加的转矩成正比。平面蜗卷弹簧的刚度较小,由于其卷绕圈数较多,变形角大,能在较小体积内储存较多能量。弹簧丝截面形状多半是长方形的,也有少数是圆形的。平面蜗卷弹簧按相邻圈是否接触分为非接触型和接触型两类。

8.3.1　非接触型平面蜗卷弹簧的设计计算

非接触型平面蜗卷弹簧(图 8 - 9),在工作中各圈均不接触,常用来产生反作用力矩,如电动机电刷的压紧弹簧和仪器,钟表中的游丝(俗称)均属于这种弹簧。

非接触型平面弹簧分为外端固定和外端回转两种,它们的强度和变形角计算略有差异,但它们的特性都属于线性的。

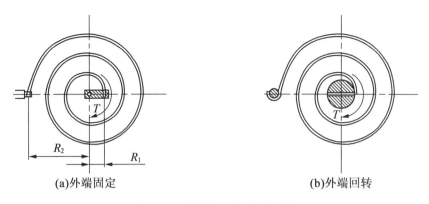

图 8 - 9　非接触型平面蜗卷弹簧

在弹簧的芯轴上施加转矩 T 之后,它使弹性产生角变形,其变形角 φ、弹簧刚度 K 和弯曲应力 σ 分别为

$$\varphi = \frac{m_1 Tl}{EI} \quad (\text{rad}) \tag{8-28}$$

$$K = \frac{T}{\varphi} = \frac{EI}{m_1 l} \quad (\text{N} \cdot \text{m/rad}) \tag{8-29}$$

$$\sigma = \frac{m_2 T}{Z} \leqslant \sigma_p \quad (\text{N/mm}) \tag{8-30}$$

式中　l——弹簧丝工作长度(mm);

　　　E——弹簧材料的弹性模量(MPa);

　　　I——弹簧丝截面惯性矩(mm^4):对于矩形截面,$I = \dfrac{bh^3}{12}$,圆形截面 $I = \dfrac{\pi d^4}{64}$,其中 b、h 及 d

　　　　　分别是截面的宽度、厚度和直径;

　　　Z——材料抗弯截面系数(mm^3):矩形截面 $Z = \dfrac{bh^2}{6}$,圆形截面 $Z = \dfrac{\pi d^3}{32}$;

　　　σ、σ_p——分别为弯曲应力和许用弯曲应力(MPa);

　　　m_1——系数,外端固定时,$m_1 = 1$,外端回转时,$m_1 = 1.25$;

　　　m_2——系数,外端固定时,$m_2 = 1$,外端回转时,$m_2 = 2$。

如果变形角 φ 改用圈数 n 表示,则式(8-28)可改写为

$$n = \frac{Tl}{2\pi EI} \tag{8-31}$$

在设计中,一般是给出承受的转矩和相应的变形角 φ,然后根据工作条件选取弹簧材料,计算弹簧的各个有关参数。

(1)弹簧丝的截面尺寸。

先根据安装空间的要求选取宽度 b,再按下式计算弹簧丝厚度:

$$h = \sqrt{\frac{6 m_2 T}{b \sigma_p}} \tag{8-32}$$

(2)弹簧丝的长度。

弹簧丝工作长度按下式计算:

$$l = \frac{EI\varphi}{m_1 T} = \frac{2\pi n EI}{m_1 T} \tag{8-33}$$

弹簧丝总长度

$$L = l + 两个固定部分的长度$$

（3）弹簧的半径和节距。

弹簧的内半径 R_1、外半径 R_2 和节距 t 按下式计算：

$$R_1 = (8 \sim 15)h \tag{8-34}$$

$$R_2 = R_1 + nt \tag{8-35}$$

$$R_2 = \frac{2l}{\varphi} - R_1 \tag{8-36}$$

$$t = \frac{\pi(R_2^2 - R_1^2)}{l} \tag{8-37}$$

8.3.2　接触型平面蜗卷弹簧

（1）结构及特性线。

接触型平面蜗卷弹簧常用来作为各种仪器和钟表机构的发条（俗称）。弹簧外端固定在簧盒内壁上，内端固定在芯轴上。芯轴上施加转矩时，弹簧丝被卷紧并储蓄能量。卷紧后弹簧各圈紧密接触，紧抱在芯轴上，如图8-10（a）所示。松卷时释放变形能而输出工作力矩，完全松卷时，弹簧各圈也紧密接触，紧贴在簧盒内壁上（图8-10（b））。

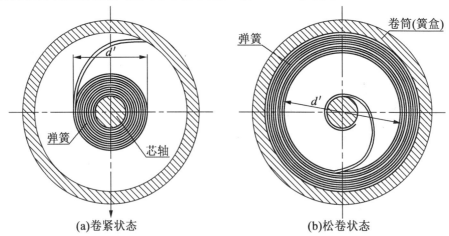

(a)卷紧状态   **(b)松卷状态**

图8-10　接触型平面蜗卷弹簧

在卷紧和松卷过程中，各圈之间有滑动摩擦，加上弹性滞后的影响，其特性线如图8-11所示。

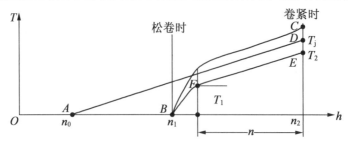

图8-11　平面蜗卷弹簧特性线

卷紧特性线为图中的 BC;松卷特性线为 EFB,图中 AD 为理论特性线。

弹簧的内端和外端固定形式及性能见表 8 – 13 及表 8 – 14。

表 8 – 13　弹簧内端固定形式

形式	说明
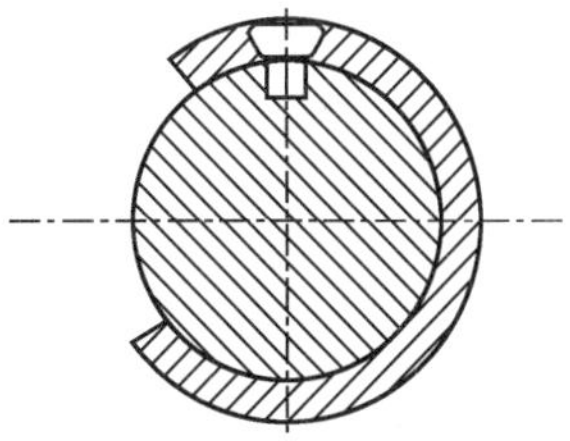	这种固定形式结构简单,销子端使弹簧丝产生应力集中,用于不太重要的机构中
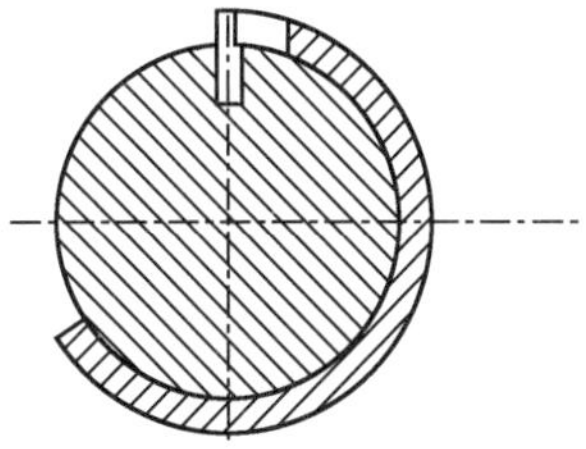	这种固定形式用于簧丝较厚的弹簧
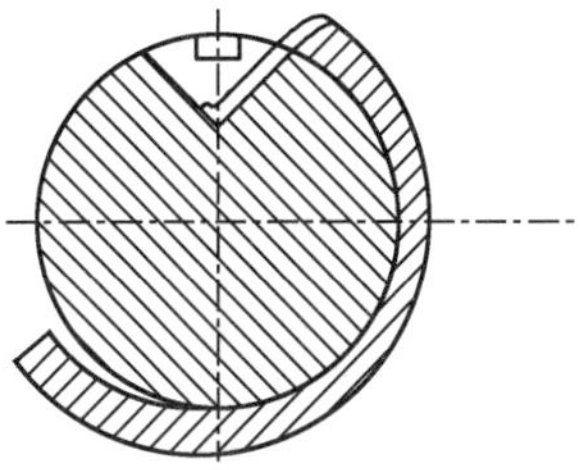	这种固定形式用于具有较大芯轴直径的弹簧
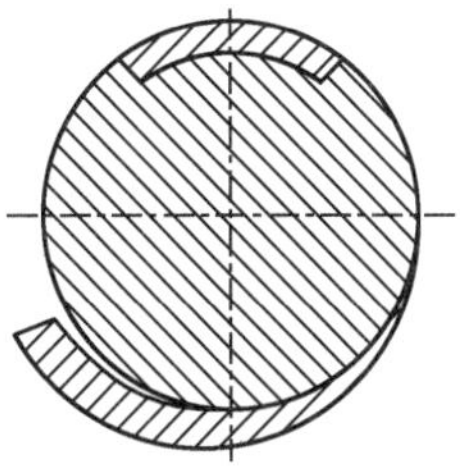	这种固定形式是将芯轴表面制成螺旋线形状,用弯钩将弹簧端部固定,用于重要和精密机构中的弹簧

表 8 – 14　弹簧外端固定形式

形式及其系数	说明
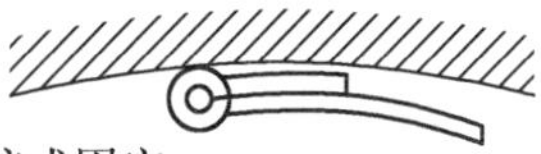 铰式固定 $m_3 = 0.65 \sim 0.70$	圈间摩擦较大,使输出力矩降低较多,且刚度不稳,不适用于精密和特别重要机构中的弹簧

续表 8 - 14

形式及其系数	说明
销式固定 $m_3 = 0.72 \sim 0.78$	圈间摩擦比铰式固定要低,适用于尺寸较大的弹簧
V形固定 $m_3 = 0.80 \sim 0.85$	结构简单,但弯曲处容易断裂,适用于尺寸较小的弹簧
衬片固定 $m_3 = 0.90 \sim 0.95$	在端部铆接衬片,衬片两侧凸耳分别插入盒底及盒盖的长方形孔中,衬片在方孔中可移动,减少了圈间摩擦,有较稳定的刚度,是较合理的固定形式

（2）设计计算。

接触型平面蜗卷弹簧的转矩与变形角间的关系不仅与弹簧丝材料、簧盒内径、芯轴直径、簧丝长度、截面尺寸及内、外端固定形式有关,还与弹簧丝的表面粗糙度和润滑条件有关。要精确计算比较困难,以下所列有关计算公式多为近似公式,计算结果与实际情况有一定误差,对精度要求高的弹簧应通过试验修正。

接触型平面蜗卷弹簧多用带钢制作,以下公式仅适用于矩形截面的弹簧。

①弹簧的转矩。

参看图 8 - 11,弹簧极限转矩 T_j,最大工作转矩 T_2 和最小工作转矩 T_1 分别用下式计算:

$$T_j = \frac{bh^2}{6}\sigma_b \qquad\qquad (8-38)$$

$$T_2 = m_3 T_j = m_3 \frac{bh^2}{6}\sigma_b \qquad\qquad (8-39)$$

$$T_1 = (0.5 \sim 0.7) T_2 = (0.5 \sim 0.7) m_3 \frac{bh^2}{6}\sigma_b \qquad\qquad (8-40)$$

式中　σ_b——材料的抗拉强度（MPa）;

　　　b——簧丝截面宽度（mm）;

　　　h——簧丝截面厚度（mm）;

　　　m_3——强度系数,与外端固定形式有关,可从表 8 - 14 中查取。

②簧丝截面尺寸。

一般先根据安装空间条件先选定宽度 b,然后按下式计算厚度:

$$h = \sqrt{\frac{6T_j}{b\sigma_b}} = \sqrt{\frac{6T_2}{m_3 b\sigma_b}} \qquad\qquad (8-41)$$

③簧丝的长度。

簧丝的工作部分长度 l 根据理论工作圈数 n 计算:

$$l = \frac{\pi E h n}{m_3 m_4 \sigma_b} = \frac{\pi E h}{m_3 \sigma_b}(n_2 - n_1) \qquad (8-42)$$

式中　E——簧丝材料弹性模量(MPa)；

　　　m_4——与圈数 n 有关系数,根据芯轴直径 d 和簧丝厚度 h 之比从图 8 – 12 中查取；

　　　n_2——弹簧卷紧在芯轴上的圈数；

　　　n_1——弹簧在簧盒内松卷状态下的圈数。

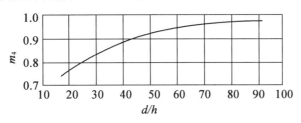

图 8 – 12　有效系数 m_4

弹簧丝的总长度为

$$L = l + l_d + l_D \qquad (8-42a)$$

式中　l_d——固定在芯轴上的长度,一般取 $l_d = (1 \sim 1.5)\pi d$；

　　　l_D——固定在簧盒上的长度,一般取 $l_D = 0.8\pi d$。

设计时,一般取 $\dfrac{l}{h} = 3\,000 \sim 7\,000$,最大不超过 15 000。

④芯轴和簧盒尺寸。

芯轴直径 d 应在 $(15 \sim 25)h$ 范围内选取,一般取 $d \approx 20h$,直径过小,将使 σ_j 增大；d 过大则转矩和圈数将减小。

簧盒内径是簧盒内有效面积和弹簧所占面积之比决定的,当比值为 2 时,弹簧的变形圈数最多,此时簧盒内径为

$$D = \sqrt{2.55 l h + d^2} \qquad (8-43)$$

⑤弹簧的转数和圈数。

当弹簧的工作圈数、簧丝工作长度、芯轴直径和簧盒内径确定之后,弹簧的有关转数和圈数可由下列公式计算。

a. 弹簧卷紧在芯轴上的外直径(图 8 – 10(a))为

$$d' = \sqrt{\frac{4 l h}{\pi} + d^2} \qquad (8-44)$$

b. 弹簧松卷时,簧圈内直径(图 8 – 10(b))为

$$D' = \sqrt{D^2 - \frac{4 l h}{\pi}} \qquad (8-45)$$

c. 弹簧在簧盒内,松卷状态下的圈数为

$$n_1 = \frac{1}{2h}(D - D') \qquad (8-46)$$

d. 弹簧卷紧在芯轴上的圈数为

$$n_2 = \frac{1}{2h}(d' - d) \qquad (8-47)$$

e. 自由状态下弹簧的圈数为

$$n' = n_2 - n_1 \tag{8-48}$$

8.3.3 弹簧材料和许用应力

平面蜗卷弹簧的常用材料有碳素工具钢 T7～T10 和高弹性合金钢 60Si2MnA、50CrVA、70Si2CrA 等。对于有特殊要求的场合,也可采用不锈钢、青铜或其他耐腐蚀的高弹性合金材料。通常用来制作弹簧的钢带有弹簧钢、工具钢冷轧钢带、热处理弹簧钢带和汽车车身附件用异形钢丝等。表 8-15 列出了热处理弹簧钢带的硬度和强度。

表 8-15 热处理弹簧钢带的硬度和强度

钢带的强度级别	硬度		抗拉强度 σ_b/MPa
	HV	HRC	
I	375～485	40～48	1 275～1 569
II	486～600	48～55	1 569～1 863
III	>600	>55	>1 863

材料的许用应力 σ_{BP} 具体值见表 8-16。

表 8-16 弹簧许用应力 MPa

钢丝类型或材料		油淬火回火钢丝	碳素钢丝墨钢丝	不锈钢丝	青铜线	65Mn	55Si2Mn 55SiMnB 50Si2MnA 50CrVA	55CrMnA 60CrMnA
扭转弹簧许用弯曲应力 σ_{BP}	III 类(σ_s)	$0.8\sigma_b$	$0.8\sigma_b$	$0.75\sigma_b$	$0.75\sigma_b$	710	925	890
	II 类	$(0.6～0.68)\sigma_b$	$(0.6～0.68)\sigma_b$	$0.75\sigma_b$	$(0.55～0.65)\sigma_b$	570	740	710
	I 类	$(0.5～0.6)\sigma_b$	$(0.5～0.6)\sigma_b$	$(0.55～0.65)\sigma_b$	$(0.45～0.55)\sigma_b$	455	590	570

作为动力用的接触型弹簧的许用应力较高,接近于材料的强度极限 σ_b,其疲劳强度可按作用次数选取相应的有限疲劳强度。

8.3.4 设计计算例题

例 设计一接触型蜗卷弹簧,已知:工作转矩 $T_2 = 1\,000$ N·mm,工作圈数为 $n = 8$ 圈,弹簧外端采用 V 形固定(表 8-14)。

解:

(1)选用热处理弹簧钢带制作,其材料为 T8A,硬度为 HRC53,对应的抗拉强度 $\sigma_b = 1\,780$ MPa。

（2）计算最小工作转矩 T_1 及极限转矩 T_j。

取最小转矩和最大工作转矩之比为 0.6，按式（8 - 40）计算最小工作转矩 $T_1 = 0.6T_2 = 0.6 \times 1\,000 = 600(\text{N} \cdot \text{mm})$。从表 8 - 14 选定 V 形固定的系数 $m_3 = 0.82$，按式（8 - 39）计算极限转矩 $T_j = \dfrac{T_2}{m_3} = \dfrac{1\,000}{0.82} = 1\,220(\text{N} \cdot \text{mm})$。

（3）计算簧丝截面尺寸。

取簧丝的截面宽度 $b = 12$ mm，按式（8 - 41）计算截面厚度 $h = \sqrt{\dfrac{6T_j}{b\sigma_b}} = \sqrt{\dfrac{6 \times 1\,220}{12 \times 1\,780}} = 0.585(\text{mm})$，按 GB3530 取系列值 $h = 0.6$ mm。

（4）确定簧丝长度。

选定芯轴直径与簧丝厚度之比 $\dfrac{d}{h} = 20$，则芯轴直径 $d = 20h = 20 \times 0.6 = 12(\text{mm})$。

从图 8 - 12 查得对应的有关系数 $m_4 = 0.8$，按式（8 - 42）计算簧丝工作长度

$$l = \frac{\pi E h n}{m_3 m_4 \sigma_b} = \frac{\pi \times 206\,000 \times 0.6 \times 8}{0.82 \times 0.8 \times 1\,780} = 2\,660(\text{mm})$$

取芯轴上固定部分长度 $l_d = 1.5\pi d = 1.5 \times \pi \times 12 = 57(\text{mm})$。

取簧盒上固定部分的长度 $l_D = 0.8\pi d = 0.8 \times \pi \times 12 = 30(\text{mm})$。

簧丝总展开长度 $L = l + l_d + l_D = 2\,660 + 57 + 30 = 2\,747(\text{mm})$。

（5）弹簧各部分的圈数，按式（8 - 43）及式（8 - 48）分别计算各部分的直径和圈数。

① 簧盒内径

$$D = \sqrt{2.55lh + d^2} = \sqrt{2.25 \times 2\,660 \times 0.6 + 12^2} = 64.9(\text{mm})$$

取 $D = 65$ mm。

② 簧丝卷紧在芯轴上的外直径

$$d' = \sqrt{\frac{4lh}{\pi} + d^2} = \sqrt{\frac{4 \times 2\,660 \times 0.6}{\pi} + 12^2} = 46.7(\text{mm})$$

③ 弹簧在簧盒内松卷状态下，簧圈内直径

$$D' = \sqrt{D^2 - \frac{4lh}{\pi}} = \sqrt{65^2 - \frac{4 \times 2\,660 \times 0.6}{\pi}} = 46.8(\text{mm})$$

④ 弹簧在簧盒内松卷状态下的圈数

$$n_1 = \frac{1}{2h}(D - D') = \frac{1}{2 \times 0.6}(65 - 46.8) = 15.2(\text{圈})$$

⑤ 弹簧卷紧在芯轴上的圈数

$$n_2 = \frac{1}{2h}(d' - d) = \frac{1}{2 \times 0.6}(46.7 - 12) = 28.9(\text{圈})$$

⑥ 簧丝在自由状态下，即工作转矩最小时的圈数

$$n' = n_2 - n_1 = 28.9 - 8 = 20.9(\text{圈})$$

8.4　橡胶弹簧

8.4.1　橡胶弹簧特点

橡胶弹簧与钢质弹簧相比,具有下列优点:

(1)形状不受限制,各个方向的刚度可以根据设计要求自由确定。

(2)弹性模量较小,可以获得较大的变形,容易实现理想的非线性的特性。

(3)具有较高的内阻,对突然冲击和高频振动的吸收,以及隔音具有良好效果。

(4)同一弹簧能同时承受多方向载荷,结构简单。

(5)安装和拆卸简便,无须润滑,有利于维护和保养。

橡胶弹簧的缺点是耐高、低温性和耐油性比钢弹簧差。

橡胶弹簧由黏—弹性材料制成,力学性能比较复杂,精确计算它的弹性特性相当困难。

8.4.2　橡胶弹簧的静弹性特性

橡胶材料在纯拉伸和压缩载荷作用下,应力 σ 和应变 ε 间的关系为

$$\sigma = \frac{E}{3}\left[(1+\varepsilon) - (1+\varepsilon)^{-2} \right] \tag{8-49}$$

式中　E——弹性模量(MPa)。

式(8-49)在20%拉伸和50%压缩的工程应用范围内,具有足够的精确性。当应变在 ±15% 范围内,可以将应力和应变间的关系近似地用下式表示:

$$\left.\begin{array}{l} \sigma = E\varepsilon \\ F = \dfrac{EAf}{h} \end{array}\right\} \tag{8-50}$$

式中　F——橡胶材料承受的载荷(N);

　　　A——橡胶材料的承载面积(mm^2);

　　　f——橡胶材料的变形量(mm);

　　　h——橡胶材料的高度(mm)。

橡胶材料在剪切载荷作用下,当切应变不超过100%的范围内,切应力 τ 和切应变 γ 间的关系为

$$\tau = G\gamma \tag{8-51}$$

式中　G——切变模量(MPa)。

由试验得到,橡胶材料的弹性模量 E 和切变模量 G 之间具有以下关系:

$$E \approx 3G$$

橡胶材料的切变模量 G 与橡胶材料的牌号和组成成分几乎无关,而与橡胶的硬度有关。成分不同、硬度相同的橡胶其切变模量之差很小。在设计时,切变模量 G 值可由式(8-52)计算或由图8-13查取。

$$G = 0.177e^{0.034HS} \tag{8-52}$$

式中　HS——橡胶的肖氏硬度。

以上有关橡胶材料的应力和应变关系是在理想条件下得到的,即橡胶材料的端面充分润滑和没有任何约束,并且在承受载荷后仍保持为等截面,但在实际应用中做不到。考虑这些因素的影响,在实际设计中将式(8-49)和式(8-50)中的弹性模量 E 和切变模量 G 以实际的表观弹性模量 E_a 和表观切变模量 G_a 代入,即

$$\left.\begin{array}{l}\sigma = E_a \varepsilon \\ \tau = G_a \gamma\end{array}\right\} \qquad (8-53)$$

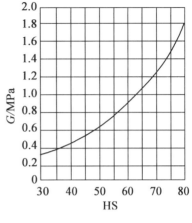

图 8-13　橡胶切变模量 G 和肖氏硬度 HS 的关系

由试验表明,对于拉伸变形 $E_a \approx E$,对于压缩变形,表观弹簧模量 E_a 为其几何形状和硬度的函数,用压缩影响系数 i 来表示这些因素的影响,即

$$E_a = iG \qquad (8-54)$$

系数 i 可由下式确定:

$$\left.\begin{array}{l}\text{圆柱体 } i = 3 + ms^2 \\ \text{衬套 } i = 4 + 0.56ms^2 \\ \text{矩形块(长边为 } a,\text{短边为 } b) i = \dfrac{1}{1+\dfrac{b}{a}}\left[4 + 2\dfrac{b}{a} + 0.56\left(1+\dfrac{b}{a}\right)^2 ms^2\right]\end{array}\right\} \qquad (8-55)$$

式中,$m = 10.7 - 0.098\text{HS}$,形状系数 $s = \dfrac{A_L}{A_F}$,A_L 为橡胶的承载面积,A_F 为橡胶的自由面积。

对于直径为 d,高度为 h 的圆柱体,$s = \dfrac{d}{4h}$;对于外径为 d_1,孔径为 d_2,高度为 h 的圆筒形,$s = \dfrac{d_1 - d_2}{4h}$;对于小径为 d_1,大径为 d_2,高度为 h 的圆锥体,$s = \dfrac{d_1^2 + d_2^2}{4h(d_1 + d_2)}$;对于底面积为 $a \times b$,高度为 h 的矩形块,$s = \dfrac{ab}{2(a+b)h}$。

对于剪切变形,橡胶材料在受剪切时,除剪切变形外,还同时产生弯曲变形,用剪切影响系数 j 表示其关系,即

$$G_a = jG \qquad (8-56)$$

$$\left.\begin{array}{l}\text{对于圆柱体 } j = \left(1 + \dfrac{1}{12is^2}\right)^{-1} \\ \text{对于方块体 } j = \left(1 + \dfrac{1}{16is^2}\right)^{-1}\end{array}\right\} \qquad (8-57)$$

当圆柱体的比值 $\dfrac{h}{d}$ 和方块体的比值 $\dfrac{h}{a}$ 小于 0.5 时,G_a 和 G 的差别不大,可以略去弯曲变形的影响,其误差不到 10%,实际应用时,可近似取 $G_a = G$。

8.4.3　橡胶弹簧的动弹性特性

橡胶是黏—弹性体,其应变滞后于应力,其动表观切变模量值与静表观切变模量值是不同的。当受冲击载荷或动载荷时,应按动表观切变模量计算。设计时,应尽可能通过接近橡胶弹

簧的使用条件来试验确定。当要求不高时,可按橡胶硬度 HS 从图 8 – 14 中查取其动载荷系数。

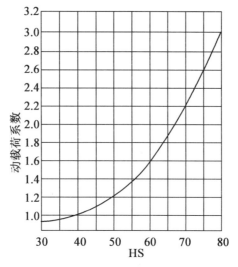

图 8 – 14　硬度与动载荷系数的关系

8.4.4　橡胶弹簧设计计算

橡胶压缩弹簧、剪切弹簧和扭转弹簧的变形量和弹簧刚度的计算公式见表 8 – 17、表 8 – 18 和表 8 – 19。

表 8 – 17　橡胶压缩弹簧计算公式

弹簧形状	变形量 f	弹簧刚度 K
圆柱体	$f = \dfrac{4Fh}{\pi d^2 E_a}$	$K = \dfrac{\pi d^2 E_a}{4h}$
圆筒	$f = \dfrac{4Fh}{\pi(d_2^2 - d_1^2)E_a}$	$K = \dfrac{\pi(d_2^2 - d_1^2)E_a}{4h}$
圆锥台	$f = \dfrac{4Fh}{\pi d_1 d_2 E_a}$	$K = \dfrac{\pi d_1 d_2 E_a}{4h}$

续表 8 – 17

弹簧形状	变形量 f	弹簧刚度 K
圆筒	A 点处的变形量 $$f = \frac{4Fh}{\pi(d_2^2-d_1^2)E_a}\left(1+16\frac{e^2}{d_1^2+d_2^2}\right)$$ 回转轴的位置和角度 $$r = \frac{d_1^2+d_2^2}{16e}$$ $$\theta = \frac{64Feh}{\pi(d_2^4-d_1^4)E_a}$$	$$K = \frac{\pi(d_2^2-d_1^2)E_a}{4h\left(1+16\dfrac{e^2}{d_1^2+d_2^2}\right)}$$
矩形块	A 点处的变形量 $$f = \frac{Fh}{abE_a}\left(1+12\frac{e^2}{a^2}\right)$$ 回转轴的位置和角度 $$r = \frac{a^2}{12e}$$ $$\theta = \frac{12Feh}{a^3bE_a}$$	$$K = \frac{abE_a}{h\left(1+12\dfrac{e^2}{a^2}\right)}$$
两倾斜块	$$f = \frac{Fh}{2A(E_a\sin^2\beta + G\cos^2\beta)}$$	$$K = \frac{2A}{h}(E_a\sin^2\beta + G\cos^2\beta)$$
矩形块	$$f = \frac{Fh}{abE_a}$$	$$K = \frac{abE_a}{h}$$
矩形锥台	有公共锥顶 $$f = \frac{Fh}{a_2b_1E_a}$$ 无公共锥顶 $$f = \frac{Fh\ln\dfrac{a_1b_2}{a_2b_1}}{(a_1b_2-a_2b_1)E_a}$$	有公共锥顶 $$K = \frac{a_2b_1E_a}{h}$$ 无公共锥顶 $$K = \frac{(a_1b_2-a_2b_1)E_a}{h\ln\dfrac{a_1b_2}{a_2b_1}}$$
圆锥衬套	$$f = \frac{2Fb}{\pi l(d_1+d_2)}\times\frac{1}{(E_a\sin^2\beta + G\cos^2\beta)}$$	$$K = \frac{\pi l(d_1+d_2)(E_a\sin^2\beta + G\cos^2\beta)}{2b}$$ 式中，$E_a = iG$ $i = 4 + 0.56ms^2$ $m = 10.7 - 0.098HS$ $$s = \frac{l}{2b}$$

表 8 – 18　橡胶剪切弹簧的计算

弹簧形状	变形量 f	弹簧刚度 K
圆锥台	$f = \dfrac{F_\tau h}{\pi r_1 r_2 G}$ $\left(r_1 = \dfrac{d_1}{2}, r_2 = \dfrac{d_2}{2} \right)$	$K_\tau = \dfrac{\pi r_1 r_2 G}{h}$
矩形块	$f = \dfrac{F_\tau h}{AG}$ A——承载面积	$K_\tau = \dfrac{AG}{h}$
菱形块	$f = \dfrac{F_\tau h}{AG}\left(1 + \dfrac{a^2}{h^2}\right)$ a 为剪切变形时的尺寸 当 $a = 0$ 时, $f = \dfrac{F_\tau h}{AG}$	$K_\tau = \dfrac{AG}{h}\left(1 + \dfrac{a^2}{h^2}\right)^{-1}$ 当 $a = 0$ 时, $K_\tau = \dfrac{AG}{h}$
梯形块	$f = \dfrac{F_\tau h \ln \dfrac{A_2}{A_1}}{(A_2 - A_1)G}$ 近似计算式 $f = \dfrac{2F_\tau h}{(A_2 + A_1)G}$	$K_\tau = \dfrac{(A_2 - A_1)G}{h \ln \dfrac{A_2}{A_1}}$ 近似计算式 $K_\tau = \dfrac{(A_2 + A_1)G}{2h}$
矩形锥台	有公共顶锥 $f = \dfrac{F_\tau h}{a_2 b_1 G}$ 无公共顶锥 $f = \dfrac{F_\tau h \ln \dfrac{a_1 b_2}{a_2 b_1}}{(a_1 b_2 - a_2 b_1)G}$	有公共顶锥 $K_\tau = \dfrac{a_2 b_1 G}{h}$ 无公共顶锥 $K = \dfrac{(a_1 b_2 - a_2 b_1)G}{h \ln \dfrac{a_1 b_2}{a_2 b_1}}$
衬套	$f = \dfrac{F_\tau \ln \dfrac{d_2}{d_1}}{2\pi l G}$	$K_\tau = \dfrac{2\pi l G}{\ln \dfrac{d_2}{d_1}}$

续表 8-18

弹簧形状	变形量 f	弹簧刚度 K
衬套	$$f = \frac{F_\tau(d_2 - d_1)}{2\pi(l_1 d_2 - l_2 d_1)G} \times \ln\frac{l_1 d_2}{l_2 d_1}$$	$$K_\tau = \frac{2\pi(l_1 d_2 - l_2 d_1)G}{(d_2 - d_1)\ln\frac{l_1 d_2}{l_2 d_1}}$$
衬套	$$f = \frac{F_\tau(d_2 - d_1)}{2\pi l_2 d_2 G}$$	$$K_\tau = \frac{2\pi l_2 d_2 G}{d_2 - d_1}$$
盘形	等径向厚度 $f = \dfrac{F_\tau b \ln\dfrac{A_2}{A_1}}{2(A_2 - A_1)G}$ 近似计算式 $f = \dfrac{F_\tau b}{(A_2 + A_1)G}$ 等橡胶面积 $A_1 = A_2$　$f = \dfrac{F_\tau b}{2AG}$	等径向厚度 $K_\tau = \dfrac{2(A_2 - A_1)G}{b \ln\dfrac{A_2}{A_1}}$ 近似计算式 $K_\tau = \dfrac{(A_2 + A_1)G}{b}$ 等橡胶面积 $A_1 = A_2 = A$　$K_\tau = \dfrac{2AG}{b}$

（第二行衬套标注：$l_1 d_1 = l_2 d_2 = ld$）

表 8-19　橡胶扭转弹簧的计算

弹簧形状	变形量 φ	弹簧扭转刚度 K_T
圆柱体	$$\varphi = \frac{32Th}{\pi d^4 G}$$	$$K_T = \frac{\pi d^4 G}{32h}$$
圆锥体	$$\varphi = \frac{32Th(d_1^2 + d_1 d_2 + d_2^2)}{3\pi d_1^3 d_2^3 G}$$	$$K_T = \frac{3\pi d_1^3 d_2^3 G}{32h(d_1^2 + d_1 d_2 + d_2^2)}$$
矩形块	$$\varphi = \frac{Th}{\beta ab^3 G}$$	$$K_T = \frac{\beta ab^3 G}{h}$$

续表 8－19

弹簧形状	变形量 φ	弹簧扭转刚度 K_T
矩形锥台	有公共顶锥 $$\varphi = \frac{Th(b_1^2 + b_1 b_2 + b_2^2)}{3\beta a_2 b_1^3 b_2^2 G}$$	$$K_T = \frac{3\beta a_2 b_1^3 b_2^2 G}{h(b_1^2 + b_1 b_2 + b_2^2)}$$
衬套	$$\varphi = \frac{T}{\pi l G}\left(\frac{1}{d_1^2} - \frac{1}{d_2^2}\right)$$	$$K_T = \frac{\pi l G}{\dfrac{1}{d_1^2} - \dfrac{1}{d_2^2}}$$
衬套	$$\varphi = \frac{T(d_2 - d_1)}{\pi G(l_1 d_2 - l_2 d_1)}\left(\frac{1}{d_1^2} - \frac{1}{d_2^2}\right)$$	$$K_T = \frac{\pi G(l_1 d_2 - l_2 d_1)}{(d_2 - d_1)\left(\dfrac{1}{d_1^2} - \dfrac{1}{d_2^2}\right)}$$
衬套	$$\varphi = \frac{2Tl n \dfrac{d_2}{d_1}}{\pi l_2 d_2^2 G}$$	$$K_T = \frac{\pi l_2 d_2^2 G}{2\ln \dfrac{d_2}{d_1}}$$
圆柱环	$$\varphi = \frac{32Tl}{\pi(d_2^4 - d_1^4)G}$$	$$K_T = \frac{\pi(d_2^4 - d_1^4)G}{32l}$$
圆锥环	$$\varphi = \frac{24Tl}{\pi d_2(d_2^3 - d_1^3)G}$$	$$K_T = \frac{\pi d_2(d_2^3 - d_1^3)G}{24l}$$
圆衬套	$$\varphi = \frac{32bT\tan\beta}{\pi G}\begin{bmatrix}(d_2^4 - d_1^4) + \\ 4b(d_2^3 - d_1^3) + \\ 2b^2(d_2^2 - d_1^2) + \\ 4b^3(d_2 - d_1) - \\ 4b^4\ln\dfrac{d_2 + b}{d_1 + b}\end{bmatrix}^{-1}$$	$$K_T = \frac{\pi G}{32b\tan\beta}\begin{bmatrix}(d_2^4 - d_1^4) + \\ 4b(b_2^3 - b_1^3) + \\ 2b^2(d_2^2 - d_1^2) + \\ 4b^3(d_2 - d_1) - \\ 4b^4\ln\dfrac{d_2 + b}{d_1 + b}\end{bmatrix}$$

注：计算公式中的 β 值根据 $\dfrac{a}{b}$ 由图 8－15 查出

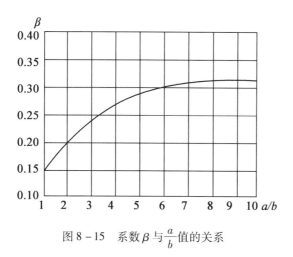

图 8 - 15 系数 β 与 $\dfrac{a}{b}$ 值的关系

8.4.5 组合橡胶弹簧的计算

由几个橡胶元件构成的组合橡胶弹簧的总弹簧刚度依其组合方式不同,分别用表 8 - 20 中公式计算。

表 8 - 20 组合橡胶弹簧的刚度计算

组合方式	结构简图	组合弹簧总刚度 K
并联		$K = \dfrac{(l_1 + l_2)^2}{\dfrac{l_1^2}{K_1} + \dfrac{l_2^2}{K_2}}$ 当 $l_1 = l_2$,$K_1 = K_2$ 时,$K = 2K_1$
串联		$K = \dfrac{K_1 K_2}{K_1 + K_2}$ 当 $K_1 = K_2$ 时,$K = \dfrac{K_1}{2}$
反连		$K = K_1 + K_2$ 当 $K_1 = K_2$ 时,$K = 2K_1$

注:K——组合橡胶弹簧总刚度;K_1、K_2——各橡胶弹簧刚度;l_1、l_2——橡胶弹簧中心到载荷 F 的距离

8.4.6 橡胶弹簧的稳定性计算

橡胶弹簧受压缩时,若其高度和截面之比较大,需要用下式验算其临界压缩应变量 ε_{C}。

在设计时,弹簧的压缩应变量不得超过表 8 – 19 中公式的计算值。

圆柱体弹簧
$$\varepsilon_C = \frac{1}{\left(1 + 1.62\frac{h^2}{d^2}\right)}$$

矩形块弹簧
$$\varepsilon_C = \frac{1}{\left(1 + 1.2\frac{h^2}{a^2}\right)}$$

$(8-58)$

式中　h——弹簧高度(mm);

　　　d——圆柱弹簧的直径(mm);

　　　a——矩形弹簧的短边长度(mm)。

8.4.7　橡胶弹簧的材料和许用应力

(1)材料的选择。

橡胶弹簧在使用中,要求其弹簧特性不因使用条件的变化而产生太大的变化,还要求长期使用而性能不变。因此需针对各种使用条件,选择相应的橡胶材料。表 8 – 21 列出了常用的几种橡胶的特点,供设计时选用。

表 8 – 21　几种橡胶的特性

橡胶类型	性能特点
天然橡胶	耐低温性能较好,受温度影响小,力学性能好,蠕变较小,适用于减振弹簧
氯丁橡胶	弹性模量受温度影响较大,轻度耐油、耐氧及日光性能好,适用于长期不调换弹簧
顺丁橡胶	耐低温性能较好,受温度影响小,蠕变量较小,适用于减振弹簧
丁腈橡胶	耐油性能好,弹性模量受温度影响较大
丁基橡胶	耐臭氧及日光性能好,内阻高,力学性能较差
丁苯橡胶	适用于减振弹簧
乙丙橡胶	耐臭氧及日光性能好

橡胶弹簧在承受载荷后,总有一定程度的蠕变,设计时必须将一定量的蠕变预先考虑进去。一般硫化充分的橡胶其蠕变量较小,填料会使橡胶的蠕变量增大。

(2)弹簧结构对疲劳寿命的影响。

橡胶弹簧的疲劳损坏,主要是由应力集中产生的裂纹、橡胶与金属黏合处的剥离,以及压缩时产生褶皱等逐渐发展造成的。为了防止应力集中,橡胶弹簧的形状应尽量用圆孔代替方孔,用圆角代替方角或锐角。与橡胶接触的配件,其表面不应该有锐角、凸起部位或沟孔,并且尽可能使橡胶表面的变形比较均匀。

橡胶与金属结合端部应制成圆角,如图 8 – 16 所示,这样可提高橡胶弹簧的疲劳寿命。

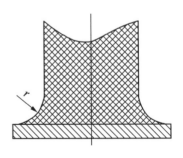

图 8 – 16　橡胶与金属结合处制成圆角

对于带有金属配件的橡胶弹簧,其寿命主要决定于橡胶与金属黏合的牢固程度,黏合必须严格按操作规程执行,以保证黏合质量。

（3）许用应力和许用应变。

表 8 - 22 列出了橡胶的许用应力和许用应变。此表所列的是一般形状和材质的平均值。对于特殊形状和材质的橡胶弹簧,应由实验决定。

表 8 - 22　橡胶的许用应力和许用应变

应力类型	许用应力/MPa		许用应变/%	
	静态	动态	静态	动态
压缩	3	±1	15	5
剪切	1.5	±0.4	25	8
扭转	2	±0.7	—	—

8.4.8　设计计算例题

例　设计一圆柱形橡胶压缩弹簧,当载荷 $F = 8\,000$ N 时,其压缩变形量 $f = 10$ mm,弹簧最大变形量 $f_{max} = 15$ mm。橡胶材料的肖氏硬度为 HS 55。

解:（1）确定弹簧高度。

由表 8 - 22 取弹簧许用应变 $\varepsilon_p = 15\%$,则弹簧高度 $h = \dfrac{f_{max}}{\varepsilon_p} = \dfrac{15}{0.15} = 100(\text{mm})$。

（2）初选弹簧直径,计算表观弹性模量。

初选弹簧直径 $d = 180$ mm,由它计算出形状系数

$$s = \frac{d}{4h} = \frac{180}{4 \times 100} = 0.45$$

用式（8 - 55）计算压缩影响系数 i

$$m = 10.7 - 0.098\text{HS} = 10.7 - 0.098 \times 55 = 5.3$$

$$i = 3 + ms^2 = 3 + 5.3 \times 0.45^2 = 4.07$$

根据橡胶硬度 HS55 从图 8 - 13 查得切变模量 $G = 0.76$ MPa。

用式（8 - 54）计算表观弹性模量

$$E_a = iG = 4.07 \times 0.76 = 3.09(\text{MPa})$$

（3）计算弹簧直径。

由表 8 - 17 得

$$d = \sqrt{\frac{4Fh}{\pi f E_a}} = \sqrt{\frac{4 \times 8\,000 \times 100}{\pi \times 10 \times 3.09}} = 181.6(\text{mm})$$

此值与初选直径接近,仍取 $d = 180$ mm。

（4）验算弹簧应力。

$$\sigma = \frac{F}{A} = \frac{8\,000}{\pi \dfrac{d^2}{4}} = \frac{8\,000 \times 4}{\pi \times 180^2} = 0.314(\text{MPa})$$

最大变形量 $f_{max} = 15$ mm 时所对应的最大应力为

$$\sigma_{max} = \frac{f_{max}}{f} \cdot \sigma = \frac{15}{10} \times 0.314 = 0.471 (MPa)$$

此值小于表 8 – 22 中的许用应力 $\sigma_p = 3$ MPa，则所设计的橡胶弹簧合格。

8.4.9 橡胶弹簧的承力盖板

连接橡胶弹簧的承力盖板，通常是钢铁材料，二者的胶接连接所用的胶黏剂，要选择适用于钢铁和橡胶的胶黏剂，常用胶黏剂见表 8 – 23。

表 8 – 23 常用胶黏剂

被黏物材料	胶黏剂名称
天然橡胶	氯丁胶、聚氨酯胶、天然橡胶胶黏剂
氯丁橡胶	氯丁胶、丁腈胶
丁腈橡胶	丁腈胶
丁苯橡胶	氯丁胶、聚氨酯胶
聚氨酯橡胶	聚氨酯胶、接枝氯丁胶
硅橡胶	硅橡胶
氟橡胶	FXY – 3 胶
钢铁	环氧—聚酰胺胶、环氧—多胺胶、环氧—丁腈胶、环氧—聚砜胶、环氧—聚硫胶、环氧—尼龙胶、环氧—缩醛胶、酚醛—丁腈胶、第二代丙烯酸酯胶、厌氧胶、α – 氰基丙烯酸酯胶、无机胶

8.5 空气弹簧

8.5.1 空气弹簧结构和特性

空气弹簧是在柔性的橡胶囊中充入有一定压力的空气，利用空气的可压缩性实现弹性作用的非金属弹簧。空气弹簧的橡胶囊由成型钢丝圈 1、帘线层 2 和内外橡胶层 4、3 组成，如图 8 – 17 所示。

空气弹簧的载荷主要由帘线承受，内外层橡胶主要用于密封。空气弹簧的橡胶囊与盖板（或内、外筒）间的密封一般用两种方法：用螺丝紧封或靠压力自封。

空气弹簧分为两类：

(1)囊式空气弹簧如图 8 – 18 所示。它的优点是寿命长，制造工艺简单，缺点是刚度大，振动频率高，要得到比较柔软的特性，需另外较大的附加空气室。

(2)膜式空气弹簧，优点是刚度小，振动频率低，特性曲线的形状容易控制。缺点是橡胶囊的工作情况复杂，寿命较低。

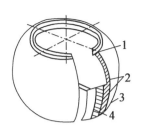

图 8－17　空气弹簧橡胶囊的结构

1—钢丝圈;2—帘线层;3—外橡胶层;4—内橡胶层

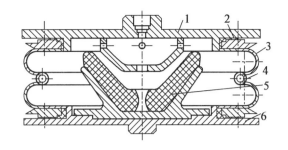

图 8－18　囊式空气弹簧

1—上盖板;2—压环;3—橡胶囊;4—腰环;5—橡胶垫;6—下盖板

膜式空气弹簧又可分为自由膜式(图 8－19)和约束膜式(图 8－20)等。

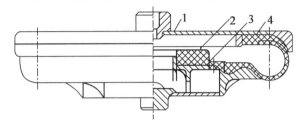

图 8－19　自由膜式空气弹簧

1—上盖板;2—橡胶垫;3—活塞;4—橡胶囊

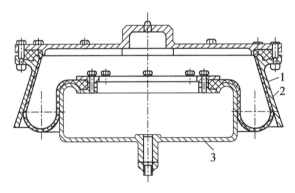

图 8－20　约束膜式空气弹簧

1—橡胶囊;2—外筒;3—内筒

空气弹簧具有下列特性:

①同一个空气弹簧在承受轴向载荷的同时,还能承受径向载荷。

②空气弹簧具有非线性特性,可以根据需要将特性线设计成理想形状。

③空气弹簧的刚度可以通过改变空气内压力加以调整,例如用增加附加空气室使其刚度变得很低。

④空气弹簧的刚度随载荷改变,因而在任何载荷下,其自振频率几乎不变。

⑤可以附加高度控制阀系统,使空气弹簧在任何载荷下,保持一定的工作高度;也可使弹簧在同一载荷下具有不同高度,有利于适应多种结构上的要求。

⑥可在附加的空气室内设置节流孔,起到阻尼作用,如果节流孔径大小选择适当,可以不

设减振器。

⑦空气弹簧可吸收高频振动,隔音性能好。

⑧在承受剧烈振动载荷时,空气弹簧寿命比钢弹簧要长。

8.5.2　空气弹簧的刚度计算

在空气弹簧的设计计算中,有效面积 A 是其主要参数,如图 8 – 21 所示。

$$A = \pi R^2$$

因此弹簧上所受的载荷 F 为

$$F = Ap = \pi R^2 p \tag{8 – 59}$$

式中　p——空气弹簧内压力。

(1)空气弹簧的轴向刚度。

空气弹簧刚度的精确计算难以用解析法处理,只能用图解法。下面是空气弹簧轴向刚度 K 的一般近似计算式:

$$K = m(p + p_a)\frac{A^2}{V} + apA \tag{8 – 60}$$

式中　m——多变指数,其值大小决定于空气变化过程的流动速度。对于等温过程,即热交换充分,温度能保持不变时,$m = 1$;对于绝热过程,$m = 1.4$,一般情况时,$1 < m < 1.4$;

　　　p——空气弹簧的内压力(表压力),MPa;

　　　p_a——大气压力,计算式取 $p_a = 0.098$ MPa;

　　　A——空气弹簧的有效面积(承载面积)(mm^2);

　　　V——空气弹簧有效容积(mm^3),等于空气弹簧本身橡胶囊容积和附加空气室容积之和;

　　　a——空气弹簧轴向变形的形状系数。

各类空气弹簧形状系数的计算式为:

①囊式空气弹簧的形状系数(图 8 – 22)

$$a = \frac{1}{nR} \cdot \frac{\cos\theta + \theta\sin\theta}{\sin\theta - \theta\cos\theta} \tag{8 – 61}$$

式中　n——空气弹簧的曲数,图 8 – 22 中只画出一曲。

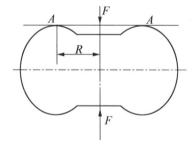

图 8 – 21　弹簧载荷的有效面积

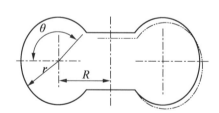

图 8 – 22　囊式空气弹簧的变形

②自由膜式空气弹簧的形状系数(图 8 – 23)

$$a = \frac{1}{R} \cdot \frac{\sin\theta\cos\theta + \theta(\sin^2\theta - \cos\varphi)}{\sin\theta(\sin\theta - \theta\cos\theta)} \tag{8 – 62}$$

③约束膜式空气弹簧的形状系数(图 8 – 24)

$$a = \frac{-1}{R} \cdot \frac{2\left[\sin(\alpha+\beta) + (\pi+\alpha+\beta)\sin\alpha\sin\beta\right]}{2 + 2\cos(\alpha+\beta) + (\pi+\alpha+\beta)\sin(\alpha+\beta)} \tag{8-63}$$

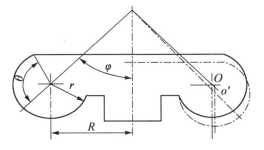 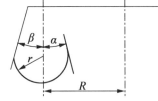

图 8 – 23 自由膜式空气弹簧的变形   图 8 – 24 约束膜式空气弹簧的变形

根据式(8 – 62)作出的计算线图如图 8 – 25 所示。从此图中看出,形状系数 a 随角度 φ 的增加而增加。角度 θ 较小时,φ 对 a 的影响很大,但随着 θ 的增加,φ 的影响逐渐减小。利用此图可使形状系数取得很小,以降低轴向刚度。

根据式(8 – 63)作出的计算线图如图 8 – 26 所示。从该图可以看出,内、外筒的倾斜角度 α、β 对形状系数 a 的影响。$\alpha = \beta = 0$ 时,$a = 0$。a 的绝对值随 α 和 β 的增大而增大,亦即刚度将减小。

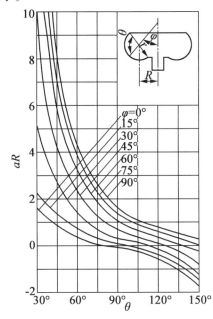

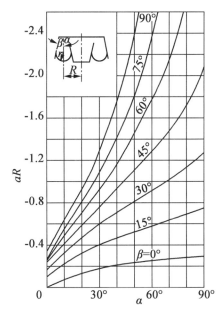

图 8 – 25 自由膜式空气弹簧的形状系数   图 8 – 26 约束膜式空气弹簧的形状系数

(2)空气弹簧的径向刚度。

空气弹簧的径向刚度不仅与其几何形状有关,还与空气囊的结构及其材质有很大关系,而橡胶——帘线膜本身的影响,需要通过试验来确定。

囊式空气弹簧在径向载荷下的变形是弯曲和剪切作用的合成变形。

①单曲囊式空气弹簧的弯曲刚度 K_T,如图 8 – 27 所示,可用下式计算:

$$K_{\mathrm{T}} = \frac{1}{2}\pi a p R^3 (R + r\cos\theta) \tag{8-64}$$

式中 a——形状系数,由式(8-61),取 $n=1$ 来确定。

②单曲囊式空气弹簧的剪切刚度 K_{Q},如图 8-28 所示,用下式计算

$$K_{\mathrm{Q}} = \frac{\pi}{16r\Theta} m\rho E_{\mathrm{f}} (R + r\cos\theta) \sin^2 2\Psi \tag{8-65}$$

式中 m——橡胶囊的帘线层数;

ρ——橡胶囊的帘线密度;

E_{f}——一根帘线的截面积与其纵向弹性系数的乘积;

Ψ——帘线与橡胶囊径向的夹角,如图 8-28 所示。

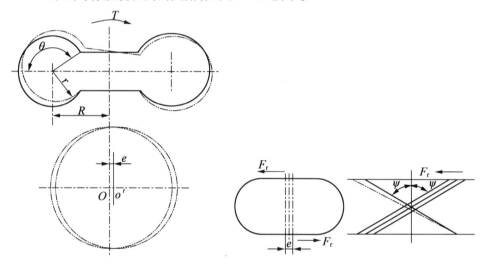

图 8-27 空气弹簧的弯曲变形　　　　图 8-28 空气弹簧的剪切变形

③多曲囊式空气弹簧的径向刚度。

对于多曲囊式空气弹簧,横截面受弯曲和剪切载荷而产生的变形,可以利用力和力矩的平衡关系,将各曲囊的变形叠加求得。

若横截面总的变形很小时,多曲囊式空气弹簧的径向刚度 K_{r} 可用下式计算:

$$K_{\mathrm{r}} = \left\{ \frac{n}{K_{\mathrm{Q}}} + \frac{\left[(n-1)(h+h'+\frac{F}{K_{\mathrm{Q}}}) \right]^2}{(2K_{\mathrm{T}} + \frac{F^2}{2K_{\mathrm{Q}}}) - F(n-1)(h+h'+\frac{F}{K_{\mathrm{Q}}})} \right\}^{-1} \tag{8-66}$$

式中 n——空气弹簧曲数;

h——一曲橡胶囊的高度;

h'——中间腰环高度;

F——空气弹簧承受的轴向载荷;

K_{T}——弯曲刚度,由式(8-64)计算;

K_{Q}——剪切刚度,由式(8-65)计算。

由上式看出,空气弹簧的曲数越多,径向刚度越小。实际上 4 曲以上的空气弹簧,由于弹性不稳定,已不适合于承受径向载荷的场合。通常,囊式空气弹簧在承受轴向载荷时,若利用径向弹性作用,应使径向振幅最大不超过空气囊高度的 20%,尽可能在 10% 以下。

(3)膜式空气弹簧。

自由膜式和约束膜式空气弹簧在径向载荷作用下的变形情况,如图 8-29 和图 8-30 所示。它们的径向刚度 K_r 用下式计算:

$$K_r = \pi b p R^2 + K_{ro} \tag{8-67}$$

式中　b——径向刚度的形状系数;

　　　K_{ro}——橡胶囊本身的径向刚度。

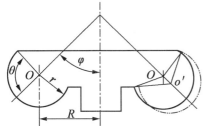
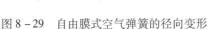
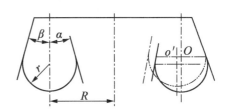

图 8-29　自由膜式空气弹簧的径向变形　　　　图 8-30　约束膜式空气弹簧的径向变形

①自由膜式空气弹簧的形状系数

$$b = \frac{1}{2R} \cdot \frac{\sin\theta\cos\theta + \theta(\sin^2\theta - \sin^2\varphi)}{\sin\theta(\sin\theta - \theta\cos\theta)} \tag{8-68}$$

②约束膜式空气弹簧的形状系数

$$b = \frac{1}{2R} \cdot \frac{(\pi + \alpha + \beta)\cos\alpha\cos\beta - \sin(\alpha + \beta)}{1 + \cos(\alpha + \beta) + \frac{1}{2}(\pi + \alpha + \beta)\sin(\alpha + \beta)} \tag{8-69}$$

由式(8-68)作出的计算线图如图 8-31 所示。从图中看出,形状系数 b 随着角度 φ 的增加而减小;角度 θ 较小时,φ 的影响很大,而随着 θ 的增加,φ 的影响逐渐变小。

由式(8-69)作出的计算线图如图 8-32 所示。由此图可以看出内、外筒倾斜角度对径向刚度的影响,系数 b 随 α 和 β 的增大而减小。

8.5.3　空气弹簧的强度计算

空气弹簧的强度计算主要是橡胶囊的计算,确定它在载荷作用下的几何形状、载荷、内压力和应变等因素间的相互关系。其精确计算烦琐,为了简化,假设空气弹簧在变形前后,橡胶膜的自由变形部分的径向断面仍保持为圆弧,径向载荷全部由帘线承担,内外橡胶层只起密封作用。空气弹簧在变形前形状的几何参数为 R、r 和 θ(图 8-22),橡胶囊的临界内压力 p_{cr} 的计算式为

$$p_{cr} = \frac{m\rho N_{cr}}{r}\left(\frac{i}{\cos^2\varphi} + \frac{j}{\sin^2\varphi} \cdot \frac{E_r}{E_\varphi}\right)^{-1} \tag{8-70}$$

式中　m——橡胶囊的帘线层数；

ρ——橡胶囊的帘线密度；

N_{cr}——单根帘线的抗拉强度；

φ——帘线与橡胶囊径线的夹角（图8-29）；

i、j——计算系数，由R、r和θ从图8-33和图8-34中查取；

E_r、E_φ——橡胶囊经线方向和纬线方向的膜厚与弹性模量之积（膜经线方向和纬线方向单位宽度的弹性模量）。

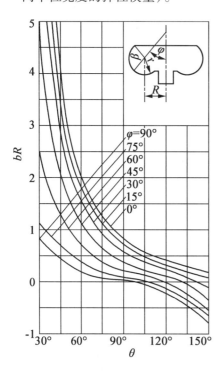

图8-31　自由膜式空气弹簧的形状系数 b

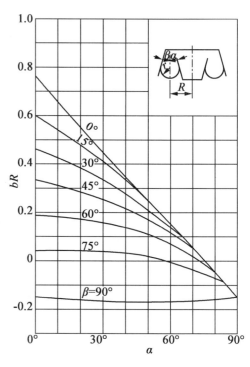

图8-32　约束膜式空气弹簧的形状系数 b

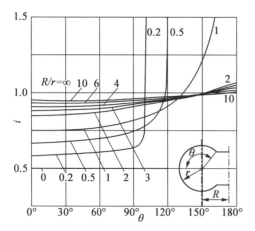

图8-33　临界内压力的计算系数 i

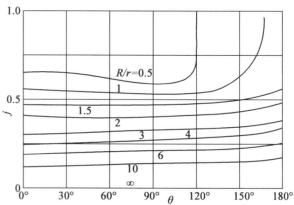

图8-34　临界内压力的计算系数 j

8.6　扭杆弹簧设计计算

8.6.1　扭杆弹簧的结构和特点

扭杆弹簧的主体为一直杆,一端固定,另一端承受载荷,利用杆的扭转变形起弹簧作用。扭杆的截面形状可以是圆形、空心圆形、矩形或多边形等。杆的端部则制成花键轴形或多边形,如图 8 – 35 所示。为了保证机构的刚度,扭杆弹簧可以采用组合结构,例如串联式和并联式,如图 8 – 36 所示。

扭杆弹簧具有质量轻、结构简单、占空间小等优点,其缺点是需精选优质材料、端部加工较困难。它主要用在车辆的牵引和悬挂装置。

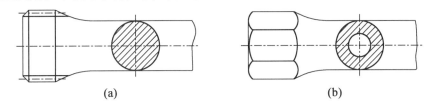

(a)　　　　　　　　　　　　　　　　(b)

图 8 – 35　扭杆弹簧的端部形状

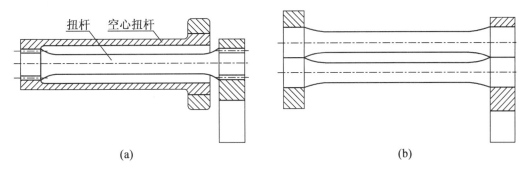

(a)　　　　　　　　　　　　　　　　(b)

图 8 – 36　扭杆的组合形式

8.6.2　扭杆弹簧的设计计算

(1)单根扭杆的计算。

将扭杆的一端固定,另一端施加扭矩 T,各种截面形状扭杆的扭转变形角 φ,扭转切应力 τ,以及扭角刚度 K 的计算公式见表 8 – 24。表中矩形截面的边长 b 是长边,a 是短边,计算公式中系数 K_1 和 K_2 的值由表 8 – 25 查取。

表 8-24　各种截面形状扭杆弹簧的设计计算公式

扭杆的截面形状	圆形	空心圆形	椭圆形	矩形	正方形	三角形
极惯性矩 I_p/mm⁴	$I_p=\dfrac{\pi d^4}{32}$	$I_p=\dfrac{\pi(d_1^4-d_2^4)}{32}$	$I_p=\dfrac{\pi d_1^3 d_2^3}{16(d_1^2+d_2^2)}$	$I_p=k_1 a^3 b$	$I_p=0.141a^4$	$I_p=0.0216a^4$
扭转截面系数 Z_t/mm³	$Z_t=\dfrac{\pi d^3}{16}$	$Z_t=\dfrac{\pi(d_1^4-d_2^4)}{16d_1}$	$Z_t=\dfrac{\pi d_1 d_2^2}{16}$	$Z_t=k_2 a^2 b$	$Z_t=0.208a^3$	$Z_t=0.05a^3$
扭转变形角 $\varphi=\dfrac{TL}{GI_p}$/rad	$\varphi=\dfrac{32TL}{\pi d^4 G}=\dfrac{2\tau L}{dG}$	$\varphi=\dfrac{32TL}{\pi(d_1^4-d_2^4)G}=\dfrac{2\tau L}{dG}$	$\varphi=\dfrac{16TL(d_1^2+d_2^2)}{\pi d_1^3 d_2^3 G}=\dfrac{\tau L(d_1^2+d_2^2)}{d_1^3 d_2 G}$	$\varphi=\dfrac{TL}{k_1 a^3 bG}=\dfrac{k_2\tau L}{k_1 aG}$	$\varphi=\dfrac{TL}{0.141a^4 G}=\dfrac{1.482\tau L}{aG}$	$\varphi=\dfrac{TL}{0.0216a^4 G}=\dfrac{2.31\tau L}{aG}$
扭转切应力 $\tau=\dfrac{T}{Z_t}$/MPa	$\tau=\dfrac{16T}{\pi d^3}=\dfrac{\varphi dG}{2L}$	$\tau=\dfrac{16T}{\pi(d_1^4-d_2^4)}=\dfrac{\varphi dG}{2L}$	$\tau=\dfrac{16T}{\pi d_1 d_2^2}$	$\tau=\dfrac{T}{k_2 a^2 b}=\dfrac{k_1\varphi aG}{k_2 L}$	$\tau=\dfrac{T}{0.208a^3}=\dfrac{0.675\varphi aG}{L}$	$\tau=\dfrac{20T}{a^3}=\dfrac{0.43\varphi aG}{L}$
扭转刚度 $k=\dfrac{T}{\varphi}$/(N·mm·rad⁻¹)	$K=\dfrac{\pi d^4 G}{32L}$	$K=\dfrac{\pi(d_1^4-d_2^4)G}{32L}$	$K=\dfrac{\pi d_1^3 d_2^3 G}{16L(d_1^2+d_2^2)}$	$K=\dfrac{k_1 a^3 bG}{L}$	$K=\dfrac{0.141a^3 G}{L}$	$K=\dfrac{a^4 G}{46.2L}$
载荷作用点刚度 $K'=\dfrac{dF}{df}$/(N·mm⁻¹)	$K'=\dfrac{\pi d^4 G}{32LR^2}$	$K'=\dfrac{\pi(d_1^4-d_2^4)G}{32LR^2}$	$K'=\dfrac{\pi d_1^3 d_2^3 G}{16LR^2(d_1^2+d_2^2)}$	$K'=\dfrac{k_1 a^3 bG}{LR^2}$	$K'=\dfrac{0.141a^3 G}{LR^2}$	$K'=\dfrac{a^4 G}{46.2LR^2}$
变形能 $U=\dfrac{T\varphi}{2}$/(N·mm⁻¹)	$U=\dfrac{\tau^2 V}{4G}$	$U=\dfrac{\tau^2(d_1^2+d_2^2)V}{4d_1^2 G}$	$U=\dfrac{\tau^2(d_1^2+d_2^2)V}{8d_1^2 G}$	$U=\dfrac{k_2^2\tau^2 V}{2k_1 G}$	$U=\dfrac{\tau^2 V}{6.48G}$	$U=\dfrac{\tau^2 V}{7.5G}$

注：L——扭杆长度（mm）；V——扭杆的体积（mm³）；G——材料的切变模量（MPa）；K_1、K_2——矩形截面材料的系数，查表 7.4-2

表 8 - 25　矩形截面材料弹簧受扭转载荷的计算公式中 K_1、K_2 的值

b/a	K_1	K_2	b/a	K_1	K_2
1.00	0.140 6	0.208 2	1.75	0.214 3	0.239
1.05	0.147 4	0.211 2	1.80	0.217 4	0.240 4
1.10	0.154	0.213 9	1.90	0.223 3	0.243 2
1.15	0.160 2	0.216 5	2.00	0.228 7	0.245 9
1.20	0.166 1	0.218 9	2.25	0.240 1	0.252
1.25	0.171 7	0.221 2	2.50	0.249 4	0.257 6
1.30	0.177 1	0.223 6	2.75	0.257	0.262 6
1.35	0.182 1	0.225 4	3.00	0.263 3	0.267 2
1.40	0.186 9	0.227 3	3.50	0.273 3	0.275 1
1.45	0.191 4	0.228 9	4.00	0.280 8	0.281 7
1.50	0.195 8	0.231	4.50	0.286 6	0.287
1.60	0.203 7	0.234 3	5.00	0.291 4	0.291 5
1.70	0.210 9	0.237 5	10.00	0.312 3	0.312 3

（2）扭杆与转臂组合结构的计算。

扭杆弹簧常与转臂组合在一起使用。在此情况下,转臂受力点垂直方向的弹簧刚度随转臂的安装角度和转角而变化。扭杆和转臂的结构,如图 8 - 37 所示。

按图 8 - 37 所示,机构有如下计算式:

扭杆所受转矩 T 为

$$T = FR\cos \alpha \qquad (8-71)$$

扭杆弹簧刚度 $K = \dfrac{T}{\varphi}$,在 T 作用下,扭转角 $\varphi = \alpha + \beta$,将 K、φ 关系代入式(8 - 71)得到

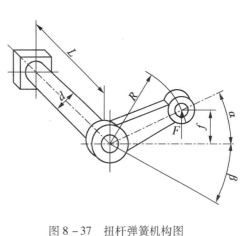

图 8 - 37　扭杆弹簧机构图

$$F = \frac{K(\alpha + \beta)}{R\cos \alpha} = C_1 \frac{K}{R} \qquad (8-72)$$

式中　C_1——计算系数,$C_1 = \dfrac{\alpha + \beta}{R\cos \alpha}$;

　　　F——作用于转臂端部垂直方向的载荷(N);

　　　R——转臂长度(mm);

　　　f——转臂端部力作用点到水平线的距离(mm),$f = R\sin \alpha$;

　　　α——载荷 F 作用时,转臂中心线和水平线的夹角(rad);

　　　β——无载荷时,转臂中心线和水平线的夹角(rad);α 和 β 在图示位置时取正值。

沿载荷方向的弹簧刚度 K' 为

$$K' = \frac{\mathrm{d}F}{\mathrm{d}f} = \frac{K[1 + (\alpha + \beta)\tan\alpha]}{R^2\cos^2\alpha} = C_2\frac{K}{R^2} \qquad (8-73)$$

式中　C_2——计算系数，$C_2 = \dfrac{1 + (\alpha + \beta)\tan\alpha}{\cos^2\alpha}$。

取弹簧的静变形量 $f_{st} = \dfrac{F}{K'}$，由图 8－38 则有

$$f_{st} = \frac{F}{K'} = \frac{R\cos\alpha}{\dfrac{1}{\alpha+\beta} + \tan\alpha} = C_3 R \qquad (8-74)$$

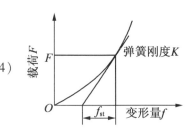

图 8－38　静变形量

式中　C_3——计算系数，$C_3 = \dfrac{\cos\alpha}{\dfrac{1}{\alpha+\beta} + \tan\alpha}$。

静变形量 f_{st} 和弹簧自振频率 ν 之间还有以下关系：

$$f_{st} = \frac{g}{(2\pi\nu)^2} \qquad (8-75)$$

式中　g——重力加速度，$g = 9.8\ \mathrm{m/s^2}$；

　　　ν——自振频率（Hz）。

以上公式中的计算系数 C_1、C_2、C_3 都是 α 和 β 的函数。为便于设计计算，令 $\alpha = \arcsin\dfrac{f}{R}$，用 $\dfrac{f}{R}$ 和 β 求 C_1、C_2、C_3 的列线图分别如图 8－39、图 8－40 和图 8－41 所示。

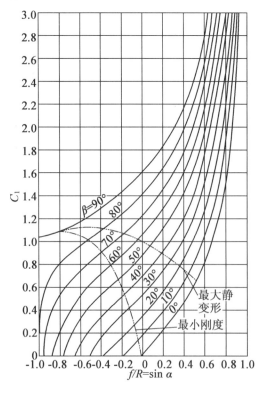

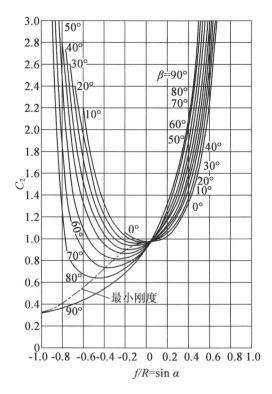

图 8－39　系数 C_1 与 $\dfrac{f}{R}$ 和 β 的关系　　　　　图 8－40　系数 C_2 与 $\dfrac{f}{R}$ 和 β 的关系

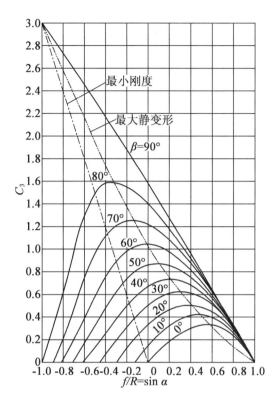

图 8 - 41　系数 C_3 与 $\dfrac{f}{R}$ 和 β 的关系

　　为了扭杆和转臂之间的安装,扭杆端部制成多边形或渐开线花键形。端部为六边形时,其对边间距离取扭杆直径的 1.2 ~ 1.4 倍,长度为 0.7 ~ 1.0 倍。端部为花键时,取花键的压力角为 45°,模数为 0.75 或 1 mm,花键外径为杆径的 1.2 ~ 1.3 倍,长度为杆径的 0.5 ~ 0.7 倍。

　　为防止疲劳破坏,花键齿根部圆角半径应足够大,并保证装配后在花键全长上啮合,以避免降低寿命。

　　如果安装扭杆的结构件刚性不足,会使扭杆受到弯曲载荷,这也是扭杆折损的原因之一。为避免此种情况,在两端或一端附加橡胶衬垫。

　　为避免过大的应力集中,扭杆端部和杆体连接处的过渡圆角半径必须大于扭杆直径的 3 ~ 5 倍(图 8 - 42)。

　　如用圆锥形过渡(图 8 - 43),圆锥的锥顶角 β 一般取 30°,圆锥和杆体间的过渡圆角半径 R 约为杆体直径的 1.5 倍。

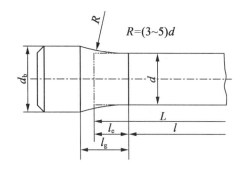

图 8 – 42 扭杆端部的圆弧过渡

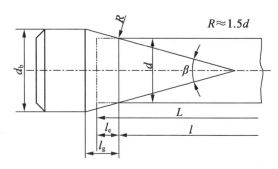

图 8 – 43 扭杆端部的圆锥形过渡

因杆体两端过渡部分也要产生扭转变形,在计算时应将两端的过渡部分换算成当量长度。对于圆形截面扭杆,应当取图 8 – 42 或图 8 – 43 的结构时,其过渡部分的当量长度 l_e 可由图 8 – 44 查取,此时扭杆的有效长度为

$$L = l + 2l_e$$

式中 l ——杆体长度。

(3)扭杆弹簧的材料和许用应力。

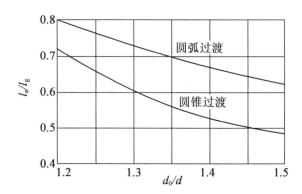

图 8 – 44 过渡部分的当量长度

扭杆弹簧一般采用热轧弹簧钢,要注意其淬透性和加工性,经过热处理后,其硬度应达到 HRC50 左右。常用材料有 40CrNiMoA、45CrNiMoVA、50CrVA 和 60Si2MnA 等。

扭杆的使用应力高,同时直径的误差对弹簧刚度的影响较大,一般使用经过磨削或车削加工去除掉表层缺陷的材料。直径公差要求较严,通常采用 js11。

对扭杆进行喷丸、强扭和滚压等机械强化处理,都能提高疲劳寿命。喷丸和强扭一般同时采用,但顺序是先喷丸后强扭。如果只采用强扭,效果较差。杆体滚压强化,尤其是两端花键部分滚压,对提高疲劳寿命效果显著。机械强化处理不能提高塑性变形率,因此在确定许用应力时,要注意塑性变形率的允许程度。

对仅承受单向载荷的扭杆弹簧,若其材料是 45CrNiMoVA,热处理后硬度达到 HRC44 ~ 50 时,其相应屈服点 σ_s 约为 1 300 ~ 1 400 MPa,若再经过滚压和强化处理,并取许用剪切应力 $\tau_p = 810 ~ 890$ MPa,可获得 10^5 次以上的强度寿命。

对于承受对称循环载荷或平均应力比较小的扭杆,应根据对称疲劳极限确定其许用应力。其对称疲劳极限为:当 $N = 10^6$ 时,$\sigma_{-1} = 800$ MPa,$\tau_{-1} = 410$ MPa。

8.6.3 计算例题

例 按下列条件设计由圆形截面扭杆和转臂组成的扭杆弹簧。工作载荷 $F = 200$ N,转臂长度 $R = 300$ mm,常用工作载荷作用点与水平位置的距离 $f = -20$ mm(参考图 8 – 37 中的 f),最大变形时,$f' = 80$ mm,在工作载荷下,扭杆的自振频率 $\nu = 1$ Hz。

解：

（1）计算工作载荷作用下，扭杆的线性静变形 f_{st}，由式（8-75）计算

$$f_{st} = \frac{g}{(2\pi\nu)^2} = \frac{9\,800}{(2\pi \times 1)^2} = 248(\text{mm})$$

（2）工作载荷作用点的扭杆刚度 K'

$$K' = \frac{F}{f_{st}} = \frac{2\,000}{248} = 8.06(\text{N/mm})$$

（3）按式（8-74），由 f_{st} 计算 C_3

$$C_3 = \frac{f_{st}}{R} = \frac{248}{300} = 0.83$$

（4）由 $\dfrac{f}{R} = \dfrac{-20}{300} = -0.066$ 和 $C_3 = 0.83$，查图 8-39，得到 $\beta = 50°$。

（5）由 $\beta = 50°$ 和 $\dfrac{f}{R} = -0.066$，查图 8-39，得到 $C_2 = 0.95°$。

（6）根据式（8-73），计算扭杆的扭转刚度 K

$$K = \frac{K'R^2}{C_2} = \frac{8.06 \times 300^2}{0.95} = 7.6 \times 10^5(\text{N} \cdot \text{mm/rad}) = 1.33 \times 10^4(\text{N} \cdot \text{mm}/(°))$$

（7）计算转臂在最大变形时的夹角 α

$$\sin\alpha = \frac{f'}{R} = \frac{80}{300} = 0.267，即\ \alpha = 15.466° = 15°27'58''$$

（8）扭杆的最大扭转角 φ_{max} 和最大扭矩 T_{max}

$$\varphi_{max} = \alpha + \beta = 15.466° + 50° = 65.466°$$

$$T_{max} = K\varphi_{max} = 1.33 \times 10^4 \times 65.466 = 8.7 \times 10^5(\text{N} \cdot \text{mm})$$

（9）取许用应力 $\tau_{max} = 850$ MPa，根据表 8-24 的相应公式计算

$$d \geqslant \sqrt[3]{\frac{16T}{\pi\tau_p}} = \sqrt[3]{\frac{16 \times 8.7 \times 10^5}{\pi \times 850}} = 17.3(\text{mm}) \quad (\tau_p = 810 \sim 890\ \text{MPa})$$

取 $d = 18$ mm

（10）计算扭杆的有效长度 L，取 $G = 76 \times 10^3$ MPa，根据表 8-24 中公式计算

$$L = \frac{\pi d^4 G}{32K} = \frac{\pi \times 18^4 \times 76\,000}{32 \times 7.64 \times 10^5} = 1\,025(\text{mm})$$

第9章 与轴承有关轴系的力学问题

机械设计的理论基础是力学问题,包括:数学、理论力学、材料力学、机械设计、弹性力学、流体力学、金属学及热处理等等。上述材料丰富详尽,成熟可靠,应有尽有。但是,有关特种轴承性能特性的力学问题却针对性不强,比如:转轴与轴承的相对倾斜,轴系中弹性元件受力变形,轴系转动固有频率、临界转速、轴承阻尼、轴承的摩擦磨损,被支承体的结构形状以及支承形式等对轴承力学性能的影响。

本书所选择的力学问题就是直接针对上述问题而编入的,不仅便于查找以提高设计效率,而且确保了设计质量和可靠性。

当然,有些设计问题,现有的设计资料还不能直接解决,如零部件的应力松弛和蠕变问题。而专业性很强的书刊,尽管理论分析严谨、深入,但其假设条件的约束与针对性却与实际问题存在差异。本书编选相关内容,一要接近实际设计,二要所确定的参数具备试验保证,特别是对于重要设备,只有一个原则即安全可靠。

总之,对于轴承来说,所涉及的力学问题是十分重要的,如果处理不当都会影响轴承的正常运转,轻者造成支承精度低、运转不稳定、寿命短,重则会发生事故,甚至导致机器破坏。

9.1 应力松弛计算

9.1.1 应力松弛现象和应力松弛曲线

(1)应力松弛是指机械零部件在高温和受载条件下,若保持总的变形量不变,应力就会随时间的延长而逐渐降低的现象。

在应力松弛过程中,变形关系可用下式表示,即

$$\varepsilon = \varepsilon_e + \varepsilon_p \tag{9-1}$$

式中　ε——总应变;

　　　ε_e——弹性应变;

　　　ε_p——塑性应变。

应力松弛现象在常温下也能发生,但对大多数金属材料来说,因松弛进展缓慢可以忽略不计。而在高温下,应力松弛现象会变得十分显著,为了保证机械设备的安全运行,在机械设计中必须予以重视。

(2)应力松弛曲线的特征。

金属材料在恒定温度下,典型的应力松弛曲线如图9-1所示。横坐标为时间,纵坐标为应力,应力松弛曲线分为两个阶段。

①应力松弛第Ⅰ阶段。

该阶段持续时间短,应力随时间的延长急剧下降。第Ⅰ阶段仅对短时间实用的零件及探讨松弛理论有用。由曲线可看出:初始应力 σ_0 的大小对这段应力下降速度有显著影响,初应力越大,应力下降速度也越大。

②应力松弛第Ⅱ阶段。

该阶段延续的时间长,应力下降缓慢,并逐渐趋向恒定。初应力的大小对这段的应力下降速度影响不大。这阶段的松弛特性是分析松弛影响的基础,机械设计中大量的松弛问题都处于这一阶段。

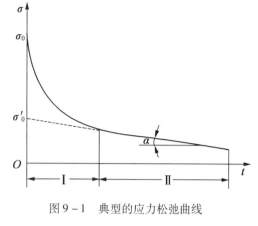

③应力松弛也存在第Ⅲ阶段,即应力急剧下降阶段,但在实际实验中很难观测到。

在机械设计中,重点研究具有时间较长而稳定的应力松弛第Ⅱ阶段。由于第Ⅰ阶段的时间较短,一般予以忽略。

图9-1　典型的应力松弛曲线

(3)应力松弛的经验公式。

在应力松弛的第Ⅱ阶段,应力和时间满足下述经验公式,即

$$\sigma = \sigma_0' \exp\left(-\frac{t}{t_0}\right) \tag{9-2}$$

式中　σ——第Ⅱ阶段任一时间 t 时的残余应力(MPa);

　　　σ_0'——第Ⅱ阶段假定的初始应力(MPa);

　　　t——松弛进行时间(h);

　　　t_0——与材料有关的常数,$t_0 = \dfrac{1}{\tan \alpha}$。

将式(9-2)两边取对数得到

$$\ln \sigma = \ln \sigma' - \frac{t}{t_0}$$

$$\lg \sigma = \lg \sigma' - \frac{t}{2.3 t_0} \tag{9-3}$$

上式表明,在 $\lg(\sigma - t)$ 的半对数坐标中,应力 σ 与时间 t 应呈直线关系,因此,在应力松弛第Ⅱ阶段,可利用线性关系由较短时间的试验结果来推出长时间后的残余应力。

初始应力 σ_0 和第二阶段松弛曲线与横坐标的夹角 α,常用 $S_0 = \dfrac{\sigma_0'}{\sigma_0}$ 和 $t_0 = \dfrac{1}{\tan \alpha}$ 两个指标来表示,它们反映了材料晶间和晶内松弛的稳定性。S_0 称为晶间稳定性系数,t_0 称为晶内稳定性系数。S_0 和 t_0 的值越大,表示材料抗松弛能力越好。

9.1.2　应力松弛试验

应力松弛试验是测定材料在给定温度和给定初应力条件下的松弛曲线,计算出在给定条件下的晶间稳定系数 S_0 和晶内稳定系数 t_0。试验应满足松弛条件下保证零件应力状态的两种基本条件:

(1)在应力长期作用下,保持试样的总变形不变。

(2)能连续或定期地测出试样的残余应力。应力松弛试验可按 GB/T 10120—1966 规定进行,主要有拉伸应力试验法和环状试样试验法两种。即:

①拉伸应力松弛试验。

②环状试样应力松弛试验。

以上两项内容详见《机械设计手册》(5 版,机械工业出版社,2004 年)。

9.1.3　常用材料的应力松弛数据

详见《机械设计手册》(5 版,机械工业出版社,2004 年)。

9.1.4　应力松弛计算和举例

(1)应力松弛和蠕变的关系。

应力松弛和蠕变都属于在恒定温度和恒定初始温度作用下,试样或机械零部件随时间的持续而发生塑性变形的物理现象,两者不同之处是蠕变所产生的塑性变形是随时间的延长而增加,而应力松弛是在总变形量不变的情况下,随时间的延长,弹性变形不断地转化为塑性变形,表 9 - 1 列出了蠕变和应力松弛过程中应力和应变随时间变化的对比关系。

蠕变和应力松弛都存在初始不稳定阶段(即第 I 阶段)和稳定阶段(即第 II 阶段)。虽然在每一阶段中,它们的应变速度实际上并不相同,但在工程计算中,常取应力松弛时的塑性应变速度等于该温度下的蠕变速度。

因此根据应力松弛过程中的应变关系,则有

$$\varepsilon = \varepsilon_e + \varepsilon_p = \frac{\sigma}{E} + \varepsilon_p \qquad (9-4)$$

两边对时间取导数后,得到

$$\frac{d\varepsilon_e}{dt} = \frac{-1}{E} \cdot \frac{d\sigma}{dt} \qquad (9-5)$$

若取

$$v(\text{或 } \varepsilon_e) \approx \frac{d\varepsilon_p}{dt} \qquad (9-6)$$

则应力松弛速度与蠕变速度的关系为

$$v_r = -Ev \qquad (9-7)$$

式中　　v_r——应力松弛速度,$v_r = \dfrac{d\sigma}{dt}$;

　　　　v——蠕变速度;

　　　　E——材料弹性模量。

表 9 - 1　蠕变和应力松弛的应力、应变随时间延长的变化情况

应力、应变	蠕变	应力松弛
弹性应变 ε_e	不变	减小
塑性应变 ε_p	增加	增加
总应变 ε	增加	不变
应力 σ	不变	减小

根据上式可以进行蠕变曲线和应力松弛曲线之间的转换,其方法如下:

①由蠕变曲线绘制应力松弛曲线。

首先,在应力为 σ_0 的蠕变曲线上(图 9 - 2(a)),得到经时间 t_1 后的塑性应变 $\Delta\varepsilon_1$,根据式

(9 - 5)求得相应于应力松弛现象在 σ_0 下,经同样时间 t_1 后的剩余应力 σ_1,其值为

$$\sigma_1 = \sigma_0 - E\Delta\varepsilon_1 \tag{9-8}$$

在松弛曲线上可以得到一个相应的点 a,再在应力为 σ_1 的蠕变曲线上得到由时间 t_1 到时间 t_2 的塑性应变值 $\Delta\varepsilon_2$,又可求出应力松弛曲线中的 t_2 时刻的残余应力 σ_2,其值为

$$\sigma_2 = \sigma_1 - E\Delta\varepsilon_2 \tag{9-9}$$

并可得到相应的 b 点,依此类推,可以获得如图 9 - 2(b)所示的应力松弛曲线。因此当时间间隔取得愈小时,也就是应力值变化愈小时,得到的松弛曲线将愈接近实际结果。

②由应力松弛曲线绘制蠕变曲线。

首先在应力松弛曲线图中,求出等应力 σ 下在不同时间 t_1,t_2,…时的应力松弛速度 v_{r1},v_{r2},…,即图 9 - 3(a)中的 1,2,…各点处曲线的斜率。然后根据公式(9 - 7)可得到相应时刻的蠕变速度 v_1,v_2,…,把它们对时间进行积分,就可得到相应的蠕变应变 ε_1,ε_2,…。这样就可绘制出图 9 - 3(b)所示的一条蠕变曲线。

在进行应力松弛设计计算时,如果缺少材料的应力松弛曲线,可按上述原理由蠕变曲线获得。

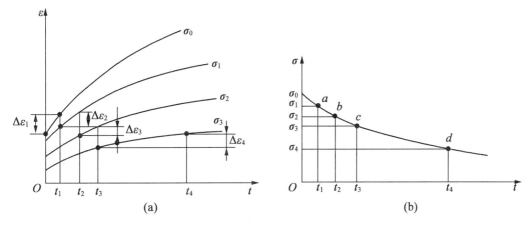

图 9 - 2　根据蠕变曲线绘制应力松弛曲线

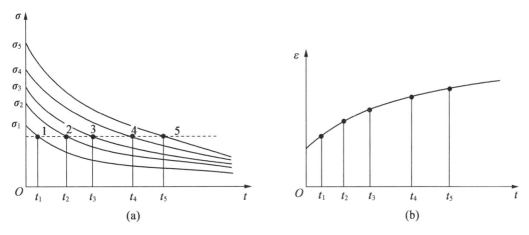

图 9 - 3　根据应力松弛曲线绘制蠕变曲线

（2）应力松弛的设计计算。

①计算主要包括以下两方面内容：

a. 已知初始应力 σ_0 和剩余应力 σ，求许可的工作期限 t。

b. 已知初始应力 σ_0 和工作期限 t，求许可的剩余应力 σ。

②应力松弛的计算方法有以下两种：

a. 根据材料的蠕变数据的间接计算法。

根据式（9－5）和式（9－6）有

$$\varepsilon_e = \frac{-1}{E} \cdot \frac{\mathrm{d}\sigma}{\mathrm{d}t} \tag{9－10}$$

若取第Ⅱ阶段的蠕变速度的表达式为

$$\dot{\varepsilon}_e = a\sigma^b$$

把上式代入式（9－10），则有

$$\mathrm{d}t = \frac{-1}{aE} \cdot \frac{\mathrm{d}\sigma}{\sigma^b} \tag{9－11}$$

对上式两边积分后可得

$$t = \frac{1}{(b-1)aE} \times \frac{1}{\sigma^{b-1}} \left[1 - \left(\frac{\sigma}{\sigma_0} \right)^{b-1} \right] \tag{9－12}$$

或

$$\sigma = \sigma_0 \sqrt[b-1]{\frac{1}{\sigma_0^{b-1}(b-1)aEt + 1}} \tag{9－13}$$

式中　t——工作期限（h）；

　　　E——材料在工作温度下的弹性模量（MPa）；

　　　σ_0——初始应力（MPa）；

　　　a、b——材料常数（按表9－2查得）。

由式（9－12）、式（9－13）可分别得到工作期限或剩余应力。若剩余应力远小于初始应力（即 $\sigma \ll \sigma_0$），上两式可近似写成

$$t = \frac{1}{(b-1)aE} \cdot \frac{1}{\sigma^{b-1}} \tag{9－14}$$

$$\sigma = \sqrt[b-1]{\frac{1}{(b-1)aEt}} \tag{9－15}$$

b. 根据材料的应力松弛数据的直接计算法。

根据零部件相应材料、工作温度和初始应力下的应力松弛试验数据，可获得处于松弛第Ⅱ阶段的假定初始应力 σ_0' 和材料常数 t_0（图9－1）。

根据式（9－3）可获得允许的工作期限 t（h）为

$$t = 2.3 \lg \frac{\sigma_0'}{\sigma} \tag{9－16}$$

或根据式（9－2）可获得剩余应力 σ（MPa）为

$$\sigma = \sigma_0' \exp\left(\frac{-t}{t_0} \right)$$

此计算方法比较接近工程实际，但需要具有相应的应力松弛试验数据。当前，这方面的数

据和蠕变数据相比还是少得多。因此,设计者常常需要首先参与有关的应力松弛试验,以获取设计计算所需要的数据。

(3)应力松弛计算举例。

例:分析连接螺栓的应力松弛。

已知:用螺栓连接的高温管道法兰(图 9 - 4),为防止蒸汽泄漏,螺栓进行了预紧,预紧力 $F = 30$ kN,全部螺栓内径的截面积 $A = 300$ mm^2,螺栓材料为碳素钢,实验测得第 II 阶段蠕变速度的材料常数 $a = 2.26 \times 10^{-19}$ (MPa)$^{-b}$/h,$b = 6.0$。蒸汽温度 $T = 350$ ℃,碳素钢在此温度下的弹性模量 $E = 1.77 \times 10^5$ MPa。

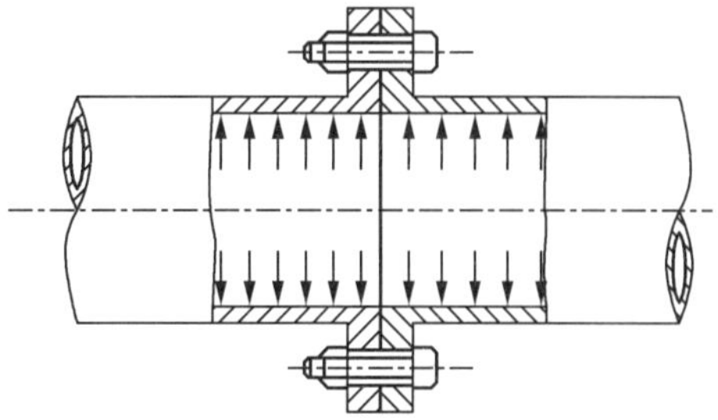

如果应力松弛后,当螺栓应力降低到初始应力的 60% 时,需要再一次拧紧。

图 9 - 4   螺栓连接的高温管道

求:两次拧紧螺栓的时间间隔(因法兰的刚度比螺栓大得多,可不考虑法兰的变形)。

解   (1)计算所需参数。

初始应力

$$\sigma_0 = \frac{F}{A} = \frac{30\ 000}{300} = 100\ (MPa)$$

松弛后的应力

$$\sigma = \sigma_0 \times 60\% = 60\ (MPa)$$

(2)计算两次拧紧螺栓的时间间隔。

按式(9 - 12)可有

$$t = \frac{1}{(b-1)aE} \cdot \frac{1}{\sigma^{b-1}} \left[1 - \left(\frac{\sigma}{\sigma_0} \right)^{b-1} \right]$$

$$= \frac{1}{(6-1) \times 2.26 \times 10^{-19} \times 1.77 \times 10^5} \times \frac{1}{60^{6-1}} \times \left[1 - \left(\frac{60}{100} \right)^{b-1} \right] = 5\ 930\ (h)$$

经上述计算可知,经过 5 930 h 后螺栓中的应力将下降至初始应力的 60%(60 MPa),这时需要再拧紧一次。

9.2   蠕变的设计计算实例

蠕变是指金属材料在恒定温度和恒定应力的长期作用下,随时间的延长金属材料会慢慢地发生永久塑性变形的现象。许多机械设备,例如燃气轮机、压力容器、核动力反应堆及航空、航天工程等,它们中的一些重要零部件都是在长时间的高温条件下工作的。因此,在设计中应保证它们有足够的强度和安全的工作寿命。

金属材料的蠕变过程常用变形与时间之间的关系曲线来描绘,在工程上称为蠕变曲线,它是由蠕变试验得到的。把试验测量结果标在时间 t - 应变 ε 坐标系中绘制而成。在此 ε 为相对变形率,即应变。

$$\varepsilon = \frac{l - l_0}{l_0} \times 100\%$$

式中 l_0——原始长度；

　　　　l——变形后长度。

在恒定温度和恒定拉伸应力作用下，典型的蠕变曲线如图 9 - 5 所示。曲线 $abcd$ 为蠕变曲线。曲线在任一点的斜率 $\tan \alpha = \dfrac{\mathrm{d}\varepsilon}{\mathrm{d}t}$ 为应变随时间变化率，称为某一瞬间的蠕变速度，用 v（或 $\dot\varepsilon_{\mathrm{c}}$）表示，即

$$v（或\dot\varepsilon_{\mathrm{c}}）= \frac{\mathrm{d}\varepsilon}{\mathrm{d}t} \tag{9 - 17}$$

根据蠕变速度的变化情况，蠕变过程分三个阶段（图 9 - 5）。

第 Ⅰ 阶段——曲线 ab 段　这一阶段的蠕变速度 v 随时间的延长而逐渐减小，也称减速蠕变阶段或起始蠕变阶段。

第 Ⅱ 阶段——曲线 bc 段　这一阶段的蠕变曲线接近于一条直线，蠕变速度 v 达到最小值，并基本保持不变，称为等速蠕变阶段或稳定蠕变阶段。

第 Ⅲ 阶段——曲线 cd 段　这一阶段蠕变速度 v 随时间的延长不断增加，达到 d 点时产生蠕变断裂，称为加速蠕变阶段。

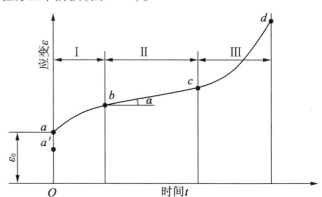

图 9 - 5　典型的蠕变曲线

（1）透平机械叶片的蠕变计算。

对于汽轮机和燃气轮机，通常需要计算叶片在工作时的径向伸长量，其中由蠕变引起的伸长占主要部分。由于蠕变变形与应力有关，而叶片内的应力主要由离心应力引起，而且应力沿叶片高度变化，因此计算叶片径向蠕变量需沿叶片高度积分求得，其值为

$$u_{\mathrm{rc}} = \int_{r_1}^{r_2} \varepsilon_{\mathrm{rc}} \mathrm{d}r \tag{9 - 17a}$$

式中 u_{rc}——蠕变引起的叶片径向伸长量（mm）；

　　　　$\varepsilon_{\mathrm{rc}}$——叶片的径向蠕变应变；

　　　　r_1、r_2——叶片在叶轮上安装后，其工作部分的根部和顶端至叶轮中心的距离（mm）。

为工程计算方便，叶片的蠕变计算可采用下列公式：

$$\varepsilon_{\mathrm{rc}} = f(t)\sigma^b \tag{9 - 18}$$

式中 $f(t)$——时间函数；

　　　　σ——叶片内应力（MPa）；

　　　　b——材料常数，见表 9 - 2。

因此有

$$u_{\mathrm{rc}} = f(t)\int_{r_1}^{r_2} \sigma^b \mathrm{d}r \tag{9 - 19}$$

表 9 - 2　一些材料蠕变方程的材料常数 a 和 b 的值

材料	化学成分（质量分数）/%	热处理状况	试验温度/℃	a /（(MPa)$^{-b} \cdot$ h^{-1}）	b
碳素钢	0.15C,0.50Mn, 0.23Si,0.032S, 0.025P	844 ℃退火	427	6.3×10^{-21}	6.24
			538	1.43×10^{-11}	3.04
			593	3.09×10^{-10}	3.18
			649	9.05×10^{-9}	3.03
	0.30C	—	400	1.43×10^{-23}	6.90
	0.35C	—	454	8.54×10^{-13}	3.44
	0.39C	—	400	2.19×10^{-28}	8.60
	0.45C	—	540	9.53×10^{-16}	5.90
	0.43C,0.68Mn, 0.20Si,0.033S, 0.035P	844 ℃退火	427	1.81×10^{-19}	6.01
			538	4.26×10^{-13}	4.07
			649	6.35×10^{-8}	1.66
	0.30C,1.4Mn	—	450	4.31×10^{-17}	4.70
镍钢	3.5Ni	—	540	9.51×10^{-18}	7.20
钼钢	0.40Mo	—	450	6.50×10^{-19}	3.20
	0.31C,0.49Mn, 0.25Si,0.01S, 0.011P,0.52Mo	844 ℃退火	482	6.23×10^{-18}	5.28
			538	1.45×10^{-15}	4.71
			593	4.97×10^{-14}	3.77
			649	2.23×10^{-10}	3.19
铬钼钢	0.10C,0.38Mn, 1.55Si,0.16S,0.009P, 0.51Mo,0.08Cu	844 ℃退火	538	5.81×10^{-17}	5.80
			593	2.55×10^{-14}	5.07
			649	7.47×10^{-14}	5.68
	0.11C,0.45Mn, 0.42Si,0.015S, 0.12P,0.050Mo, 2.08Cr	844 ℃退火	482	2.05×10^{-21}	6.84
			538	8.99×10^{-18}	5.05
			593	1.13×10^{-15}	5.49
			649	2.32×10^{-11}	3.32
	30CrMo	600 ℃退火	500	2.46×10^{-17}	5.33
	0.37C,0.16Si, 0.38Mn,1.05Cr,0.17Ni, 0.82Mo,0.08Cu	850 ℃淬火 630 ℃回火	525	3.03×10^{-10}	1.85
	0.48C,0.49Mn, 0.625Si,0.52Mo, 1.20Cr	844 ℃淬火	427	3.85×10^{-21}	6.33
			538	7.65×10^{-13}	3.50
			649	3.09×10^{-10}	2.97
	0.60C,0.46Si, 0.28Mn,1.69Cr, 0.22Ni,2.0Mo	1 050 ℃空淬 800~820 ℃ 回火	500	8.19×10^{-12}	1.82
			550	2.31×10^{-11}	2.12
			575	9.76×10^{-11}	2.02
			600	3.02×10^{-11}	2.59

续表 9 - 2

材料	化学成分 （质量分数）/%	热处理状况	试验温度/℃	a $/((MPa)^{-b} \cdot h^{-1})$	b
	0.28C,0.24Si,0.58Mn, 1.55Cr,0.38Mo, 0.16V,4.12Ni	900 ℃淬火 650 ℃回火	450 500 550	9.64×10^{-15} 3.38×10^{-11} 9.32×10^{-11}	2.99 1.83 2.06
铬镍钢	0.06C,0.50Mn, 0.61Si,17.75Cr, 9.25Ni	加热 1 093 ℃	538 593 649 816	4.92×10^{-16} 6.34×10^{-15} 2.37×10^{-13} 2.37×10^{-12}	4.42 4.15 3.79 4.30
	19.0Ni,6.0Cr,1.0Si	—	540	2.27×10^{-35}	13.10
	8.0Ni,18.0Cr,0.5Si	—	540	1.26×10^{-37}	14.8
铬镍钼钢	2.0Ni,0.8Cr,0.4Mo	—	460	1.20×10^{-14}	3.0
	0.31C,0.45Mo,0.54Mn, 0.83Cr,2.05Ni	—	450	1.11×10^{-13}	2.45
铬镍钨钼钢	0.48C,0.68Si,0.47Mn, 2.24W,13.6Cr,14.5Ni, 0.54Mo	1 100 ℃淬火, 空冷	500 600 700	8.57×10^{-25} 3.33×10^{-28} 2.47×10^{-15}	7.76 10.30 5.21
	0.13C,0.67Si,0.60Mn, 2.40W,14.5Cr,14.0Ni, 0.45Mo	1 000 ℃淬火, 空冷	500 600 700	8.57×10^{-25} 1.13×10^{-29} 7.99×10^{-16}	7.76 11.3 5.68
	0.45C,0.60Si,0.76Mn, 13.9Cr,13.8Ni,1.75W, 0.40Mo	1 175 ℃淬火, 750 ℃稳定 处理 5 h	600 650 700	2.00×10^{-10} 1.71×10^{-9} 1.24×10^{-8}	3.00 2.93 2.90
	0.52C,0.82Si,13.51Cr, 15.20Ni,2.01W,0.57Mo	820 ℃退火,	800	9.52×10^{-11}	4.00
铬镍钨钛钢	0.52C,2.05Si,0.77Mn, 16.4Cr,13.9Ni,2.55W, 0.877Ti	—	550 650	5.11×10^{-13} 2.50×10^{-13}	2.63 3.63
	0.15C,0.71Si,0.84Mn, 15.4Cr,13.2Ni,2.28W, 0.76Ti	—	550 600	8.01×10^{-22} 1.42×10^{-9}	6.81 1.22
铬镍钨钢	0.50C,0.71Si,0.84Mn, 13.8Cr,40.9Ni,2.29W	—	600 650	7.25×10^{-13} 7.00×10^{-11}	2.98 2.23
铬锰钨钢	0.46C,1.15Si,14.9Mn, 2.25W,13.9Cr	1 100 ℃淬火, 空冷	600 700	2.25×10^{-26} 1.04×10^{-18}	9.15 6.48
	0.16C,1.20Si,15.2Mn, 2.43W,14.7Cr	1 100 ℃淬火, 空冷	600 700	3.12×10^{-25} 7.99×10^{-16}	9.15 5.68

续表 9 - 2

材料	化学成分 （质量分数）/%	热处理状况	试验温度/℃	a $/((MPa)^{-b} \cdot h^{-1})$	b
铸铁	12.0Cr,3.0W,0.4Mn	—	550	7.70×10^{-13}	1.90
铜	—	—	165	3.65×10^{-10}	1.60
			235	5.60×10^{-9}	2.16
铅	—	—	40	4.26×10^{-9}	5.00

例　计算一台燃气轮机动叶片的蠕变变形。

已知:叶片根部截面至叶轮中心的距离为 197.5 mm,叶片高度为 114 mm,工作温度为 650 ℃,该叶片经过材料的蠕变试验后,得到蠕变方程中的常数 $b = 2.93$,时间函数 $f(t)$ 如图 9 - 6 所示。

叶片应力沿其高度的分布值见表 9 - 3。

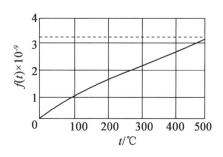

图 9 - 6　650 ℃下材料的 $f(t)$ 曲线

表 9 - 3　叶片各截面上的拉应力

序号	r/mm	σ/MPa	σ^b/MPa^b
1	197.5	213	$6.639\,8 \times 10^6$
2	208.9	210.4	$6.405\,1 \times 10^6$
3	220.3	204.5	$5.892\,9 \times 10^6$
4	231.7	195.5	$5.164\,9 \times 10^6$
5	243.1	182.3	$4.208\,3 \times 10^6$
6	254.5	165.5	$3.142\,2 \times 10^6$
7	265.9	144.1	$2.112\,9 \times 10^6$
8	277.3	118.3	$1.185\,3 \times 10^6$
9	288.7	85.82	$0.462\,8 \times 10^6$
10	300.1	46.23	$0.075\,5 \times 10^6$
11	311.5	0	0

求:500 h 后叶片因蠕变引起的径向伸长量。

解:由于叶片各截面上的应力是变化的,故将叶片沿高度分为 10 段,取每一小段长度 $\Delta l = 11.4$ mm,在每小段内的应力近似认为不变,根据式(9 - 19),利用数值积分法,得到 u_{rc} 值为

$$u_{rc} = f(t) \int_{r_1}^{r_2} \sigma^b \mathrm{d}r = f(t) \left(\frac{\sigma_1^b}{2} + \sigma_2^b + \cdots + \sigma_{10}^b + \frac{\sigma_{11}^b}{2} \right) \Delta l \tag{9 - 20}$$

由图 9 - 6 查得叶片工作 500 h 后的 $f(t) = 3.2 \times 10^{-9}$。因此,引起蠕变伸长量为

$$u_{rc} = 3.2 \times 10^{-9} (\frac{1}{2} \times 6.639\,8 + 6.405\,1 + 5.892\,9 + 5.164\,9 + 4.208\,3 + 3.142\,2 + 2.112\,9 +$$

$$1.185\,3 + 0.462\,8 + \frac{1}{2} \times 0.075\,5) \times 10^6 \times 11.4$$

$$= 1.38(\text{mm})$$

（2）梁的弯曲蠕变计算。

承受弯矩 M 的梁在高温下除了要发生弯曲变形外，经过一定时间后，还会产生蠕变变形。对梁进行弯曲蠕变分析时的一些假设与一般力学计算相同。

①梁内的应力。

图 9-7 给出了承受弯矩梁的计算模型。梁在受载后的弯曲和蠕变变形，使中性层的曲率变大，任一层纤维的总应变为

$$\varepsilon = \varepsilon_e + \varepsilon_p + \varepsilon_c$$

式中　ε_e——弹性应变；

　　　ε_p——塑性应变；

　　　ε_c——蠕变应变。

当忽略弹性应变 ε_e、塑性应变 ε_p 和不稳定阶段的蠕变变形时，根据梁的材料力学计算方法有

$$\frac{\mathrm{d}\varepsilon}{\mathrm{d}t} = \dot{\varepsilon}_c = y \frac{\mathrm{d}}{\mathrm{d}t}\left(\frac{1}{\rho}\right) \tag{9-21}$$

式中　y——计算层纤维离中性层的距离（mm）；

　　　ρ——计算层纤维的曲率半径（mm）。

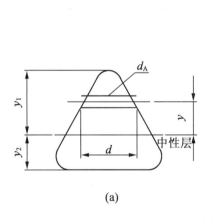
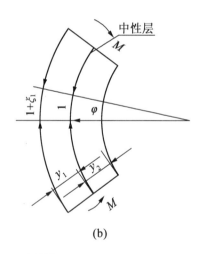

(a)　　　　　　　　　　　(b)

图 9-7　承受弯矩梁的计算模型

假设蠕变速度 $\dot{\varepsilon}_c$ 可用公式 $\dot{\varepsilon}_c = an\sigma^b t^{n-1}$（由于 $\varepsilon_c = a\sigma^b t^n$）描述，则有

$$\dot{\varepsilon}_c = a\sigma^b$$

式中　a——材料常数，见表 9-2。

$$a\sigma^b = y\frac{\mathrm{d}}{\mathrm{d}t}\left(\frac{1}{\rho}\right) \tag{9-22}$$

这就可以得到梁内任意一点的应力为

$$\sigma = \left[\frac{1}{a}\frac{\mathrm{d}}{\mathrm{d}t}\left(\frac{1}{\rho}\right)\right]^{\frac{1}{b}} y^{\frac{1}{b}} = \psi y^{\frac{1}{b}} \tag{9-23}$$

式中

$$\psi = \left[\frac{1}{a} \frac{\mathrm{d}}{\mathrm{d}t} \left(\frac{1}{\rho} \right) \right]^{\frac{1}{b}}$$

根据梁中任意截面上内外力矩相等原理，可得

$$\Psi = \frac{M}{J_{Z0}} \tag{9-24}$$

式中

$$J_{Z0} = \int_{-y_2}^{y_1} y^{\left(1+\frac{1}{b}\right)} \mathrm{d}A \tag{9-25}$$

梁的截面为矩形时，如图 9-8(a) 所示，则有

$$J_{Z0} = \frac{1}{2^{\frac{b+1}{b}}} \times \frac{b}{b+1} B H^{\frac{2b+1}{b}} \tag{9-26}$$

梁的截面为工字形时，如图 9-8(b) 所示，则有

$$J_{Z0} = \frac{1}{2^{\frac{b+1}{b}}} \times \frac{b}{b+1} \left[B H^{\frac{2b+1}{b}} - (B-B_1)(H-2H_1)\frac{2b+1}{b} \right] \tag{9-27}$$

对于矩形截面梁内的应力为

$$|\sigma| = \frac{MH}{2J_Z} \left| \frac{2y}{H} \right|^{\frac{1}{b}} \times \frac{2b+1}{3b} \tag{9-28}$$

式中

$$J_Z = \frac{BH^3}{12}$$

当 $0 \leqslant y \leqslant \frac{H}{2}$ 时，σ 取正值；当 $-\frac{H}{2} \leqslant y \leqslant 0$ 时，σ 取负值。

上式当 $b=1$ 时，与一般材料力学中梁的弯曲应力计算公式相一致，梁属于弹性弯曲情况。

对于不同的 b 值，梁内的弯曲应力分布如图 9-9 所示。由图看出，蠕变弯曲的最大应力比弹性弯曲时的最大应力要小，在梁内有一层纤维应力几乎不随指数 b 而变化。

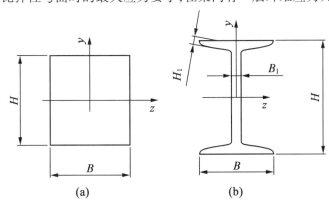

图 9-8　梁的截面形状

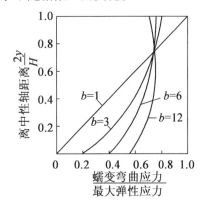

图 9-9　b 值不同时梁内的应力分布

②梁的挠度。

梁的曲率近似公式为

$$\frac{1}{\rho} = \frac{\mathrm{d}^2 y}{\mathrm{d}x^2} \tag{9-29}$$

上式对时间求导数

$$\frac{d}{dt}\left(\frac{1}{\rho}\right) = \frac{d^2}{dx^2}\left(\frac{dy}{dt}\right) \tag{9-30}$$

根据式(9-24)、式(9-30)的关系,则有

$$\frac{d^2}{dx^2}\left(\frac{dy}{dt}\right) = a\left(\frac{M}{J_{z0}}\right)^b \tag{9-31}$$

由式(9-31)可求得长度为 L,中央受集中载荷 F 的矩形截面简支梁的最大挠度为

$$y_{max} = \frac{2a}{H}\left(\frac{H}{2J_z}\right)^b\left(\frac{2b+1}{3b}\right)^b\left(\frac{FL}{4}\right)^b \times \frac{L^2}{4(b+2)}t \tag{9-32}$$

式中 t——工作期限(h)。

以同样方法可求得受均布载荷 q,长度 L 的矩形截面悬臂梁,在自由端的最大挠度为

$$y_{max} = \frac{2a}{H}\left(\frac{H}{2J_z}\right)^b\left(\frac{2b+1}{3b}\right)^b\left(\frac{qL}{2}\right)^b \times \frac{L^2}{2(b+1)}t \tag{9-33}$$

③计算例题。

分析简支梁的蠕变应力和变形。

已知:矩形截面简支梁的宽度 B 为 20 mm,高度 H 为 40 mm,长度为 500 mm。在梁中央受集中力为 4 000 N,工作温度 T 为 500 ℃,梁材料为普通碳素钢,稳定蠕变阶段的蠕变速度 $\dot{\varepsilon}_c = a\sigma^b$,其中 $a = 1.5 \times 10^{-12}$ [(MPa)$^{-b} \cdot$ h^{-1}], $b = 3$。

求:施加载荷 10 000 h 后,简支梁中心截面内的应力分布和最大挠度。

解   在梁中央的最大弯矩为

$$M = \frac{FL}{4} = \frac{4\ 000 \times 500}{4} = 5 \times 10^5 (\text{N} \cdot \text{mm})$$

$$J_Z = \frac{BH^3}{12} = \frac{20 \times 40^3}{12} = 1.067 \times 10^5 (\text{mm}^4)$$

由式(9-28)可求得矩形截面梁内的应力为

$$\sigma = \frac{MH}{2J_Z}\left|\frac{2y}{H}\right|^{\frac{1}{b}} \times \frac{2b+1}{3b} = \frac{5 \times 10^5 \times 40}{2 \times 1.067 \times 10^5}\left|\frac{2y}{40}\right|^{\frac{1}{3}} \times \frac{2 \times 3 + 1}{3 \times 3} = 26.85\left|y\right|^{\frac{1}{3}} (\text{MPa})$$

根据上式可计算出梁中央截面内离中性层 y 处的正应力,其值见表 9-4。

表 9-4   梁截面内的应力值

y/mm	σ/MPa
0	0
2	33.9
4	42.6
8	53.7
12	61.5
16	67.7
20	72.9

梁中央的最大挠度由式(9-32)求得

$$y_{\max} = \frac{2 \times 1.5 \times 10^{-12}}{40} \times \left(\frac{40}{2 \times 1.067 \times 10^5}\right)^3 \times \left(\frac{2 \times 3 + 1}{3 \times 3}\right)^3 \times \left(\frac{4\,000 \times 500}{4}\right)^3 \times \frac{500^2}{4 \times (3 + 2)} \times$$

$$10\,000$$

$$= 3.63 (\text{mm})$$

(3)受内压厚壁圆筒的蠕变计算。

如图9-10所示为受均匀内压 p 的厚壁圆筒,内径为 r_1,在恒温下的变形是属于复杂应力状态下的蠕变问题。

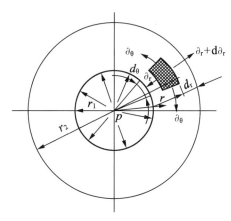

图9-10 受内压厚壁圆筒的截面图

①圆筒的应力。

由于圆筒属于轴对称结构,在截面内取出一单元体,用极坐标列出以下各方程。

a. 平衡方程。

$$r \frac{\mathrm{d}\sigma_r}{\mathrm{d}r} = \sigma_\theta - \sigma_r \tag{9-34}$$

式中　r——径向坐标(mm);

σ_θ——周向应力(MPa);

σ_r——径向应力(MPa)。

b. 几何方程

$$\left. \begin{array}{l} \varepsilon_{cr} = \dfrac{\mathrm{d}u}{\mathrm{d}r} \\[2mm] \varepsilon_{c\theta} = \dfrac{u}{r} \end{array} \right\} \tag{9-35}$$

式中　ε_{cr}——径向蠕变应变;

$\varepsilon_{c\theta}$——周向蠕变应变;

u——径向位移(mm)。

由式(9-35)可得

$$\frac{\mathrm{d}\varepsilon_{c\theta}}{\mathrm{d}r} = \frac{1}{r}\left(\frac{\mathrm{d}u}{\mathrm{d}r} - \frac{u}{r}\right) = \frac{1}{r}(\varepsilon_{cr} - \varepsilon_{c\theta}) \tag{9-36}$$

上式两边对时间取导数,则有

$$r\frac{\mathrm{d}\dot{\varepsilon}_{c\theta}}{\mathrm{d}r} = \dot{\varepsilon}_{cr} - \dot{\varepsilon}_{c\theta} \tag{9-37}$$

式中　$\dot{\varepsilon}_{cr}$——径向蠕变速度;

　　　$\dot{\varepsilon}_{c\theta}$——周向蠕变速度。

当圆筒较长时,轴向蠕变变形和蠕变速度均可认为是 0,根据体积不变定律,有

$$\dot{\varepsilon}_{cr} + \dot{\varepsilon}_{c\theta} + \dot{\varepsilon}_{cZ} = 0 \tag{9-38}$$

式中　$\dot{\varepsilon}_{cZ}$——轴向蠕变速度,$\dot{\varepsilon}_{cZ} = 0$。

　　故有

$$\dot{\varepsilon}_{cr} = -\dot{\varepsilon}_{c\theta} \tag{9-39}$$

②应力-蠕变速度方程。

在厚壁圆筒中,各主应力为

$$\sigma_1 = \sigma_\theta, \quad \sigma_2 = \sigma_r, \quad \sigma_3 = \sigma_Z$$

因此,由《机械设计手册》(3 版,机械工业出版社,2004 年),可查得

$$\left.\begin{aligned}
\dot{\varepsilon}_{c\theta} &= a\sigma^{*(b-1)}\left[\sigma_\theta - \frac{1}{2}(\sigma_r + \sigma_Z)\right] \\
\dot{\varepsilon}_{cr} &= a\sigma^{*(b-1)}\left[\sigma_r - \frac{1}{2}(\sigma_Z + \sigma_\theta)\right] \\
\dot{\varepsilon}_{cZ} &= a\sigma^{*(b-1)}\left[\sigma_Z - \frac{1}{2}(\sigma_\theta + \sigma_r)\right]
\end{aligned}\right\} \tag{9-40}$$

式中　a——材料常数,见表 9-2;

　　　σ_Z——轴向应力(MPa),$\sigma_Z = \frac{1}{2}(\sigma_r + \sigma_\theta)$;

　　　σ^*——等效应力,《机械设计手册》(5 版,机械工业出版社,2004 年)中式(32.3-24)。

　　有

$$\sigma^* = \frac{\sqrt{3}}{2}(\sigma_\theta - \sigma_r)$$

由式(9-37)、式(9-39)、式(9-40),并结合边界条件

当 $r = r_1$ 时,$\sigma_r = -p$;

当 $r = r_2$ 时,$\sigma_r = 0$。

可解得各应力值为

$$\left.\begin{array}{l}\sigma_{\mathrm{r}} = -p\,\dfrac{\left(\dfrac{r_2}{r}\right)^{\frac{2}{b}} - 1}{\left(\dfrac{r_2}{r_1}\right)^{\frac{2}{b}} - 1} \\[4ex] \sigma_{\theta} = p\,\dfrac{\left(\dfrac{2}{b} - 1\right)\left(\dfrac{r_2}{r}\right)^{\frac{2}{b}} + 1}{\left(\dfrac{r_2}{r_1}\right)^{\frac{2}{b}} - 1} \\[4ex] \sigma_{Z} = p\,\dfrac{\left(\dfrac{1}{b} - 1\right)\left(\dfrac{r_2}{r}\right)^{\frac{2}{b}} + 1}{\left(\dfrac{r_2}{r_1}\right)^{\frac{2}{b}} - 1}\end{array}\right\} \tag{9-41}$$

式中　b——材料常数,见表 9 - 2;

　　　r_1——圆筒内径(mm);

　　　r_2——圆筒外径(mm);

　　　r——圆筒任意处半径(mm)。

　　根据上式得到稳定阶段蠕变的应力分布,如图 9 - 11 所示,图中虚线为 $b = 1$ 时弹性应变情况下的应力分布。

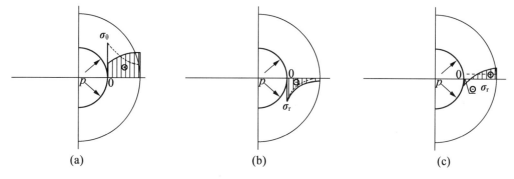

图 9 - 11　厚壁圆筒在稳定蠕变阶段的应力分布

······弹性应力;——稳定阶段蠕变应力

σ_{θ}——轴向应力;σ_{r}——径向应力;σ_{Z}——轴向应力

③圆筒的蠕变变形。

a. 蠕变速度。由式(9 - 40)、式(9 - 41)可获得稳定阶段的蠕变速度

$$\dot{\varepsilon}_{\mathrm{c}\theta} = -\dot{\varepsilon}_{\mathrm{cr}} = \frac{1}{2} \times 3^{\frac{b+1}{2}} a\left(\frac{r_2}{r}\right)^2 \left(\frac{1}{b}\right)^b \left[\frac{p}{\left(\dfrac{r_2}{r_1}\right)^{\frac{2}{b}} - 1}\right]^b \tag{9-42}$$

b. 蠕变应变。任意一点的应变值为

$$\left.\begin{array}{l}\varepsilon_{\mathrm{cr}} = \dot{\varepsilon}_{\mathrm{cr}}t \\[1.5ex] \varepsilon_{\mathrm{c}\theta} = \dot{\varepsilon}_{\mathrm{c}\theta}t\end{array}\right\} \tag{9-42a}$$

在 $r = r_1$ 处，

$$(\varepsilon_{c\theta})_{r=r_1} = -(\varepsilon_{cr})_{r=r_1} = \frac{1}{2} \times 3^{\frac{b+1}{2}} a \left(\frac{r_2}{r_1}\right)^2 \times \left(\frac{1}{b}\right)^b \left[\frac{p}{\left(\frac{r_2}{r_1}\right)^{\frac{2}{b}} - 1}\right]^b \cdot t \qquad (9-43)$$

在 $r = r_2$ 处，

$$(\varepsilon_{c\theta})_{r=r_2} = -(\varepsilon_{cr})_{r=r_2} = \frac{1}{2} \times 3^{\frac{b+1}{2}} a \left(\frac{1}{b}\right)^b \left[\frac{p}{\left(\frac{r_2}{r_1}\right)^{\frac{2}{b}} - 1}\right]^b \cdot t \qquad (9-44)$$

c. 直径扩大量。任意直径上的扩大量为

$$\Delta D = \varepsilon_{c\theta} D$$

式中

$$D = 2r$$

内径扩大量为

$$\Delta D_1 = 3^{\frac{b+1}{2}} a r_1 \left(\frac{r_2}{r_1}\right)^2 \left(\frac{1}{b}\right)^b \left[\frac{p}{\left(\frac{r_2}{r_1}\right)^{\frac{2}{b}} - 1}\right]^b \cdot t \qquad (9-45)$$

外径扩大量为

$$\Delta D_2 = 3^{\frac{b+1}{2}} a r_2 \left(\frac{1}{b}\right)^b \left[\frac{p}{\left(\frac{r_2}{r_1}\right)^{\frac{2}{b}} - 1}\right]^b \cdot t \qquad (9-46)$$

④实际算例。

已知：内压厚壁圆筒，$p = 20$ MPa，$D_1 = 100$ mm（$r_1 = 50$ mm），$D_2 = 200$ mm（$r_2 = 100$ mm）。材料为碳素钢，热处理 844 ℃退火，工作温度为 649 ℃。根据上述条件，查表 9-2 得：$a = 9.05 \times 10^{-9}$、$b = 3.03$。

求：厚壁圆筒中各主应力值：

a. 周向应力

$$\sigma_\theta = p \frac{\left(\frac{2}{b} - 1\right)\left(\frac{r_2}{r}\right)^{\frac{2}{b}} + 1}{\left(\frac{r_2}{r_1}\right)^{\frac{2}{b}} - 1}$$

当 $r = r_1$ 时，

$$\sigma_{\theta_1} = p \frac{\left(\frac{2}{b} - 1\right)\left(\frac{r_2}{r}\right)^{\frac{2}{b}} + 1}{\left(\frac{r_2}{r_1}\right)^{\frac{2}{b}} - 1} = 20 \times \frac{\left(\frac{2}{3.03} - 1\right)\left(\frac{100}{50}\right)^{\frac{2}{3.03}} + 1}{\left(\frac{100}{50}\right)^{\frac{2}{3.03}} - 1} = 0.8 (\text{MPa})$$

当 $r = r_2$ 时，

$$\sigma_{\theta_2} = p \frac{\left(\frac{2}{b} - 1\right)\left(\frac{r_2}{r}\right)^{\frac{2}{b}} + 1}{\left(\frac{r_2}{r_1}\right)^{\frac{2}{b}} - 1} = 20 \times \frac{\left(\frac{2}{3.03} - 1\right)\left(\frac{100}{100}\right)^{\frac{2}{3.03}} + 1}{\left(\frac{100}{50}\right)^{\frac{2}{3.03}} - 1} = 1.58 \text{ MPa}$$

b. 径向应力

$$\sigma_r = -p \frac{\left(\dfrac{r_2}{r}\right)^{\frac{2}{b}} - 1}{\left(\dfrac{r_2}{r_1}\right)^{\frac{2}{b}} - 1}$$

当 $r = r_1$ 时，

$$\sigma_{r_1} = -p \frac{\left(\dfrac{r_2}{r}\right)^{\frac{2}{b}} - 1}{\left(\dfrac{r_2}{r_1}\right)^{\frac{2}{b}} - 1} = -20 \times \frac{\left(\dfrac{100}{50}\right)^{\frac{2}{3.03}} - 1}{\left(\dfrac{100}{50}\right)^{\frac{2}{3.03}} - 1} = -20(\text{MPa})$$

当 $r = r_2$ 时，

$$\sigma_{r_2} = -p \frac{\left(\dfrac{r_2}{r}\right)^{\frac{2}{b}} - 1}{\left(\dfrac{r_2}{r_1}\right)^{\frac{2}{b}} - 1} = -20 \times \frac{\left(\dfrac{100}{100}\right)^{\frac{2}{3.03}} - 1}{\left(\dfrac{100}{50}\right)^{\frac{2}{3.03}} - 1} = 0$$

c. 轴向应力

$$\sigma_Z = p \frac{\left(\dfrac{1}{b} - 1\right)\left(\dfrac{r_2}{r}\right)^{\frac{2}{b}} + 1}{\left(\dfrac{r_2}{r_1}\right)^{\frac{2}{b}} - 1}$$

当 $r = r_1$ 时，

$$\sigma_{Z_1} = p \frac{\left(\dfrac{1}{b} - 1\right)\left(\dfrac{r_2}{r}\right)^{\frac{2}{b}} + 1}{\left(\dfrac{r_2}{r_1}\right)^{\frac{2}{b}} - 1} = 20 \frac{\left(\dfrac{1}{3.03} - 1\right)\left(\dfrac{100}{50}\right)^{\frac{2}{3.03}} + 1}{\left(\dfrac{100}{50}\right)^{\frac{2}{3.03}} - 1} = 0.1(\text{MPa})$$

当 $r = r_2$ 时，

$$\sigma_{Z_2} = p \frac{\left(\dfrac{1}{b} - 1\right)\left(\dfrac{r_2}{r}\right)^{\frac{2}{b}} + 1}{\left(\dfrac{r_2}{r_1}\right)^{\frac{2}{b}} - 1} = 20 \frac{\left(\dfrac{1}{3.03} - 1\right)\left(\dfrac{100}{100}\right)^{\frac{2}{3.03}} + 1}{\left(\dfrac{100}{50}\right)^{\frac{2}{3.03}} - 1} = 0.569(\text{MPa})$$

求厚壁圆筒蠕变变形。

内径扩大量

$$\Delta D_1 = 3^{\frac{b+1}{2}} ar_1 \left(\frac{r_2}{r_1}\right)^2 \left(\frac{1}{b}\right)^b \left[\frac{p}{\left(\dfrac{r_2}{r_1}\right)^{\frac{2}{b}} - 1}\right]^b \cdot t$$

$$= 3^{\frac{3.03+1}{2}} \times 9.05 \times 10^{-9} \times 50 \times \left(\frac{100}{50}\right)^2 \left(\frac{1}{3.03}\right)^{3.03} \left[\frac{20}{\left(\dfrac{100}{50}\right)^{\frac{2}{3.03}} - 1}\right]^{3.03} \times 649$$

$$= 17.07(\text{mm})$$

外径扩大量

$$\Delta D_2 = 3^{\frac{b+1}{2}} a r_2 \left(\frac{1}{b}\right)^b \left[\frac{p}{\left(\frac{r_2}{r_1}\right)^{\frac{2}{b}} - 1}\right]^b \cdot t$$

$$= 3^{\frac{4.03+1}{2}} \times 9.05 \times 10^{-9} \times 100 \times \left(\frac{1}{3.03}\right)^{3.03} \left[\frac{20}{\left(\frac{100}{50}\right)^{\frac{2}{3.03}} - 1}\right]^{3.03} \times 649$$

$$= 8.513\ 4(\text{mm})$$

9.3　弹性元件的刚度

作用在弹性元件上的力(或力矩)的增量与相应的位移(或角位移)增加之比称为刚度。所谓弹性元件的刚度就是产生单位位移所需的力;扭转刚度就是弹性元件产生单位角位移所需的力矩。

简单弹性元件的刚度和扭转刚度分别见表9-5和表9-6。

表9-5　弹性元件刚度

简图	说明	刚度 $K/(\text{N} \cdot \text{m}^{-1})$
 d　b　h	圆柱形 拉伸或 压缩弹簧	圆形截面　$K = \dfrac{Gd^4}{8ND^3}$ 矩形截面　$K = \dfrac{4Ghb^3\eta}{\pi ND^3}$ <table><tr><td>h/b</td><td>1</td><td>1.5</td><td>2</td><td>3</td><td>4</td></tr><tr><td>η</td><td>0.141</td><td>0.196</td><td>0.229</td><td>0.263</td><td>0.281</td></tr></table>
 D_1——大端中径/cm D_2——小端中径/cm	圆锥形 拉伸弹簧	圆形截面　$K = \dfrac{Gd^4}{2N(D_1^2 + D_2^2)(D_1 + D_2)}$ 矩形截面　$K = \dfrac{16Ghb^3\eta}{\pi N(D_1^2 + D_2^2)(D_1 + D_2)}$ 式中　$\eta = \dfrac{0.276\left(\dfrac{h}{b}\right)^2}{1 + \left(\dfrac{h}{b}\right)^2}$
 K_1　K_2	两个串联弹簧	$\dfrac{1}{K} = \dfrac{1}{K_1} + \dfrac{1}{K_2}$
	n 个串联弹簧	$\dfrac{1}{K} = \dfrac{1}{K_1} + \dfrac{1}{K_2} + \cdots + \dfrac{1}{K_n} = \sum\limits_{i=1}^{n} \dfrac{1}{K_i}$

续表 9-5

简图	说明	刚度 $K/(\text{N} \cdot \text{m}^{-1})$
	两个并联弹簧	$K = K_1 + K_2$
	n 个并联弹簧	$K = K_1 + K_2 + \cdots + K_n = \sum\limits_{i=1}^{n} K_i$
	混联弹簧	$K = \dfrac{(K_1 + K_2)K_3}{K_1 + K_2 + K_3}$
	等截面悬臂梁	$K = \dfrac{3EI_a}{l^3}$ 圆形截面 $K = \dfrac{3\pi d^4 E}{64 l^3}$ 矩形截面 $K = \dfrac{bh^3 E}{4 l^3}$
	等厚三角形悬臂梁	$K = \dfrac{bh^3 E}{6 l^3}$
	悬臂板簧 （各板排列成等强度梁）	$K = \dfrac{nbh^3 E}{6 l^3}$ n——钢板数
	简支梁	$K = \dfrac{3EI_a l}{l_1^2 l_2^2}$ 当 $l_1 = l_2$ $K = \dfrac{48EI_a}{l^3}$

续表 9 – 5

简图	说明	刚度 $K/(\text{N} \cdot \text{m}^{-1})$
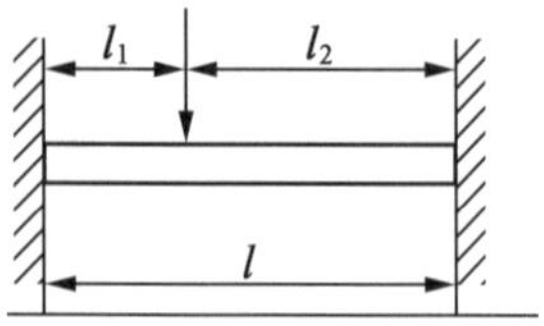	两端固定的梁	$K = \dfrac{3EI_a l^3}{l_1^3 l_2^3}$ 当 $l_1 = l_2$ $K = \dfrac{192EI_a}{l^3}$
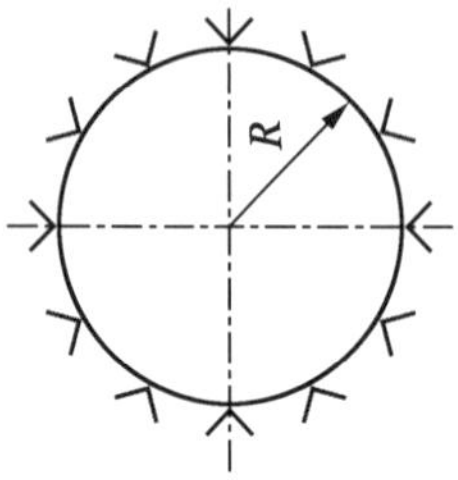	周边简支， 中心受载的圆板	$K = \dfrac{4\pi E t^3}{3R^2(1-\mu)(3+\mu)}$ t——圆板厚； μ——泊松比
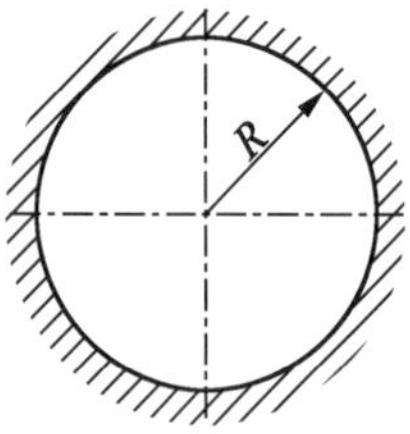	周边固定， 中心受载的圆板	$K = \dfrac{4\pi E t^3}{3R^2(1-\mu^2)}$ t——圆板厚； μ——泊松比

注：E——弹性模量（Pa）；D——弹簧中径（m）；I_a——截面惯性矩（m⁴）；d——钢丝直径（m）；N——弹簧有效圈数；G——切变模量（Pa）

表 9 – 6 弹性元件扭转刚度

简图	说明	扭转刚度 $K_\theta/(\text{N} \cdot \text{m} \cdot \text{rad}^{-1})$
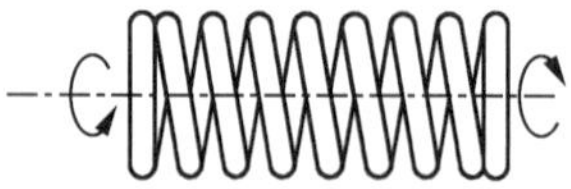	圆柱形扭转弹簧	$K_\theta = \dfrac{Ed^4}{32ND}$
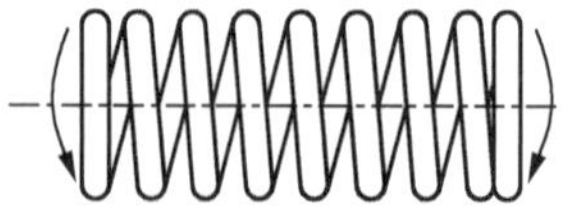	圆柱形弯曲弹簧	$K_\theta = \dfrac{Ed^4}{32ND} \dfrac{1}{(1+E/2G)}$
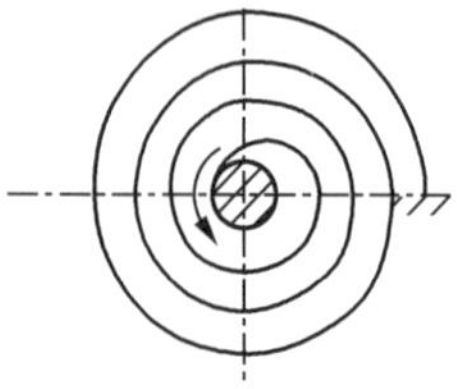	卷簧	$K_\theta = \dfrac{EI_a}{l}$

续表 9 - 6

简图	说明	扭转刚度 $K_\theta/(\text{N}\cdot\text{m}\cdot\text{rad}^{-1})$
	两端受扭的矩形条	当 $\dfrac{b}{h}=1.75\sim20$，$K_\theta=\dfrac{aGbh^3}{l}$ 式中 $a=\dfrac{1}{3}-\dfrac{0.209h}{b}$
	两端受扭的平板	当 $\dfrac{b}{h}>20$，$K_\theta=\dfrac{Gbh^3}{3l}$
	力偶作用于悬梁臂的端部	$K_\theta^{①}=\dfrac{EI_a}{l}$
	力偶作用于简支梁的中点	$K_\theta^{①}=\dfrac{12EI_a}{l}$
	力偶作用于两端固定梁的中点	$K_\theta^{①}=\dfrac{16EI_a}{l}$
	实芯轴	(a) $K_\theta=\dfrac{G\pi D^4}{32l}$；(b) $K_\theta=\dfrac{G\pi D_k^4}{32l}$；(c) $K_\theta=\dfrac{G\pi D_i^4}{32l}$；(d) $K_\theta=1.18\dfrac{G\pi D_1^4}{32l}$；(e) $K_\theta=1.1\dfrac{G\pi D_2^4}{32l}$；(f) $K_\theta=a\dfrac{G\pi b^4}{32l}$ 下表
	空芯轴	$K_\theta=\dfrac{G\pi(D^4-d^4)}{32l}$
	锥形轴	$K_\theta=\dfrac{3G\pi D_1^3 D_2^3(D_2-D_1)}{32l(D_2^3-D_1^3)}$

a/b	1	1.5	2	3	4
a	1.43	2.94	4.57	7.90	11.23

续表 9 – 6

简图	说明	扭转刚度 $K_\theta/(\text{N}\cdot\text{m}\cdot\text{rad}^{-1})$
$K_{\theta1}$　$K_{\theta2}$　$K_{\theta3}$	阶梯轴	$\dfrac{1}{K_\theta}=\dfrac{1}{K_{\theta1}}+\dfrac{1}{K_{\theta2}}+\cdots$
$K_{\theta2}$　$K_{\theta1}$	紧配合的轴	$K_\theta=K_{\theta1}+K_{\theta2}+\cdots$

注:E——弹性模量(Pa);D——弹簧中径(m);I_a——截面惯性矩(m^4);d——钢丝直径(m);N——弹簧有效圈数;G——切变模量(Pa)

角号①为计算转角的刚度

9.4　机械振动系统的固有频率

无阻尼线性系统自由振动的频率,称为无阻尼固有频率,简称固有频率。有阻尼线性系统自由振动的频率,称为阻尼固有频率,它与系统的质量(或转动惯量)、刚度和阻尼有关。对于小阻尼系统的阻尼固有频率与无阻尼固有频率的数值比较接近,因此在估算小阻尼系统固有频率时,可应用无阻尼固有频率的计算公式。

(1)常见的无阻尼轴系扭转振动的固有频率的计算公式见表9 – 7。

表 9 – 7　轴系扭转振动的固有频率

序号	简图	说明	固有角频率 $\omega_n/(\text{rad}\cdot\text{s}^{-1})$
1		一端固定一端有圆盘的轴系	$\omega_n=\sqrt{\dfrac{K_\theta}{I}}$ 若计及轴的转动惯量 I_s $\omega_n=\sqrt{\dfrac{3K_\theta}{3I+I_s}}$
2		两端固定中间有圆盘的轴系	$\omega_n=\sqrt{\dfrac{GI_p(l_1+l_2)}{Il_1l_2}}$
3		两端有圆盘的轴系	$\omega_n=\sqrt{\dfrac{K_\theta(l_1+l_2)}{l_1l_2}}$ 节点 N 的位置 $l_1=\dfrac{I_2}{I_1+I_2}l,\ l_2=\dfrac{I_2}{I_1+I_2}l$

续表 9 - 7

序号	简图	说明	固有角频率 $\omega_n/(\mathrm{rad \cdot s^{-1}})$
4		三轴段两圆盘的系统	$\omega_n^2 = \dfrac{1}{2}(\omega_{11}^2 + \omega_{22}^2) \mp$ $\dfrac{1}{2}\sqrt{(\omega_{11}^2 - \omega_{22}^2)^2 + 4\omega_{12}^4}$ 式中 $\omega_{11}^2 = \dfrac{K_{\theta 1} + K_\theta}{I_1},\ \omega_{22}^2 = \dfrac{K_{\theta 2} + K_\theta}{I_2},\ \omega_{12}^2 = \dfrac{K_\theta}{\sqrt{I_1 I_2}}$
5		两轴段三圆盘的系统	$\omega_n^2 = \dfrac{1}{2}(\omega_1^2 + \omega_2^2 + \omega_3^2) \mp$ $\dfrac{1}{2}\sqrt{(\omega_1^2 + \omega_2^2 + \omega_3^2)^2 - 4\omega_1^2\omega_3^2 \dfrac{I_1 + I_2 + I_3}{I_2}}$ 式中 $\omega_1^2 = \dfrac{K_{\theta 1}}{I_1},\ \omega_2^2 = \dfrac{K_{\theta 1} + K_{\theta 2}}{I_2},\ \omega_3^2 = \dfrac{K_{\theta 2}}{I_3}$
6		两端有圆盘,轴与轴之间有齿轮连接的系统	将以下参数经过如下变换,利用上列公式,即可求出本系统的 ω_n $I_2 \to I_2' + i^2 I_2'',\ I_3 \to i^2 I_3,\ k_{\theta 2} \to i^2 k_{\theta 2}$ 若不计齿轮的转动惯量 I_2', I_2'' $\omega_n^2 = \dfrac{K_{\theta 1} K_{\theta 2}(I_1 + i^2 I_3)}{I_1 I_3(i^2 K_{\theta 2} + K_{\theta 1})}$

注:K_θ——扭转刚度(Nm/rad);I——转动惯量(kg · m²);I_p——极惯性矩(m⁴);G——切变模量(Pa)

（2）杆、梁类的振动的固有频率,见表 9 - 8。

表 9 - 8　杆、梁类的固有频率

序号	简图	说明	固有角频率 $\omega_n/(\mathrm{rad \cdot s^{-1}})$
1	 (a) (b) (c)	等截面杆,梁类的纵向与扭转振动	纵向振动 $\omega_n = \dfrac{a_n}{l}\sqrt{\dfrac{E}{\rho v}}$ 扭转振动 $\omega_n = \dfrac{a_n}{l}\sqrt{\dfrac{G}{\rho v}}$ 式中 a_n——振型常数 (a)一端固定,一端自由 $a_n = (n - \dfrac{1}{2})\pi = \dfrac{1}{2}\pi, \dfrac{1}{3}\pi, \cdots$ (b)两端固定 $a_n = n\pi = \pi, 2\pi, 3\pi, \cdots$ (c)两端自由 $a_n = n\pi = \pi, 2\pi, 3\pi, \cdots$

续表 9 – 8

序号	简图	说明	固有角频率 $\omega_n/(\mathrm{rad \cdot s^{-1}})$
2	(图)	等截面杆、梁类的横向振动	$\omega_n = \dfrac{a_n^2}{l^2}\sqrt{\dfrac{EI_a}{\rho l}}$ 式中 a_n——振型常数 (a)一端固定,一端自由,a_n 由下式求得 $1 + \cosh\alpha \cdot \cos\alpha = 0$ $\alpha_1 = 1.875, \alpha_2 = 4.694, \alpha_3 = 7.855, \cdots$ (b)两端固定,a_n 由下式求得 $1 - \cosh\alpha \cdot \cos\alpha = 0$ $\alpha_1 = 4.730, \alpha_2 = 7.853, \alpha_3 = 10.996, \cdots$ (c)两端自由,a_n 由下式求得 $1 - \cosh\alpha \cdot \cos\alpha = 0$ $\alpha_1 = 4.730, \alpha_2 = 7.853, \alpha_3 = 10.996, \cdots$ (d)两端简支,a_n 由下式求得 $\sin\alpha = 0$ $\alpha_1 = \pi, \alpha_2 = 2\pi, \alpha_3 = 3\pi, \cdots$ (e)一端固定,一端简支,a_n 由下式求得 $\cosh\alpha \cdot \sin\alpha - \sinh\alpha \cdot \cos\alpha = 0$ $\alpha_1 = 3.927, \alpha_2 = 7.096, \alpha_3 = 10.210, \cdots$ (f)一端简支,一端自由,a_n 由下式求得 $\cosh\alpha \cdot \sin\alpha - \sinh\alpha \cdot \cos\alpha = 0$ $\alpha_1 = 3.927, \alpha_2 = 7.096, \alpha_3 = 10.210, \cdots$

续表 9 – 8

序号	简图	说明	固有角频率 $\omega_n/(\text{rad}\cdot\text{s}^{-1})$
3	 (a) (b)	轴向力作用下,两端简支的等截面杆、梁的横向振动	(a)受轴向压力 $$\omega_n=\left(\frac{a_n\pi}{l}\right)^2\sqrt{\frac{EI_a}{\rho l}}\sqrt{1-\frac{Pl^2}{EI_a a_n^2\pi^2}}$$ (b)受轴向拉力 $$\omega_n=\left(\frac{a_n\pi}{l}\right)^2\sqrt{\frac{EI_a}{\rho l}}\sqrt{1+\frac{Pl^2}{EI_a a_n^2\pi^2}}$$ 式中 $a_n=1,2,3,\cdots$
4	 (a) (b)	杆端有集中质量的振动	(a)横向振动 $\omega_n=\sqrt{\dfrac{3EI_a}{(m+0.24m_s)l^3}}$ (b)纵向振动 $\omega_n=\dfrac{\beta}{l}\sqrt{\dfrac{E}{\rho v}}$ 式中 β 由下式求出 $\beta\cdot\tan\beta=\dfrac{m_s}{m}$
5	 (a) (b)	横梁上有集中质量的横向振动	(a)质量位于两端固定的梁上 $$\omega_n=\sqrt{\frac{3EI_a l^3}{(m+0.375m_s)a^3b^3}}$$ (b)质量位于两端简支的梁上 $$\omega_n=\sqrt{\frac{3EI_a l}{(m+0.49m_s)a^2b^2}}$$

注:E——弹性模量(Pa);G——切变模量(Pa);ρ_V——单位体积的质量(kg/m);I_a——截面惯性矩(m^4);
　l——杆、梁的长度(m)

9.5 轴、梁类应力及变形

表 9 – 9　力学基本计算公式

载荷情况	计算公式	参数符号说明
 中心拉伸及压缩： （当 $l < 3c$）	$\sigma = \dfrac{P}{F} \leqslant [\sigma]$（拉伸） $\sigma = \dfrac{P}{F} \leqslant [\sigma]$（压缩） 纵向变形 $\Delta l = \dfrac{Pl}{EF}$ 纵应变 $\varepsilon = \dfrac{\Delta l}{l} = \dfrac{\sigma}{E}$ 横应变 $\varepsilon' = -\mu\varepsilon$	P——纵向力； E——材料拉压弹性模量； F——横截面面积； $[\sigma]$——材料许用应力； μ——泊松比
剪切 	横向力 Q 作用下的剪切应力 $\tau = \dfrac{Q}{F} \leqslant [\tau]$ 剪应变 $\gamma = \dfrac{\tau}{G}$	Q——剪力； $[\tau]$——许用剪切应力； F——横截面面积； $G = \dfrac{E}{2(1+\mu)}$——切变弹性模量
扭转 	（1）圆轴及圆管 剪切应力 $\tau_{\max} = \dfrac{M_n}{W_n} \leqslant [\tau]$ 最大扭转角 $\varphi = \dfrac{M_n l}{GJ_n} \cdot \dfrac{180}{\pi}(°)$ （$J_n = J_{ji}$，$W_n = W_{ji}$） （2）非圆截面轴与异形管材 $\tau_{\max} = \dfrac{M_n}{W_n} \leqslant [\tau]$ 最大扭转角 $\varphi = \dfrac{M_n l}{GJ_n} \cdot \dfrac{180}{\pi}(°)$ 或 $\varphi = \dfrac{M_n \times 100}{GJ_n} \cdot \dfrac{180}{\pi} < [\varphi]((°)/\mathrm{m})$	M_n——扭矩； W_n——抗扭截面系数； J_n——抗扭惯性矩； W_{ji}——极截面系数； J_{ji}——极惯性矩； l——杆件长度； $[\varphi]$——允许扭转角

续表 9-9

载荷情况	计算公式	参数符号说明
横向弯曲 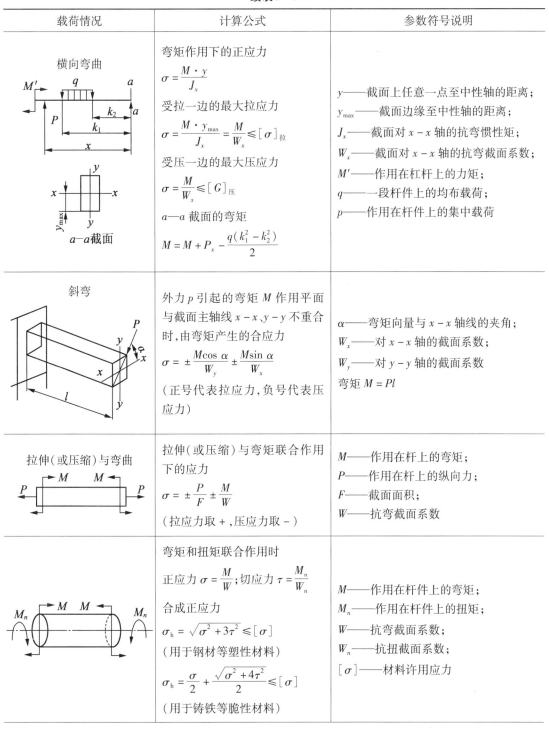 *a-a截面*	弯矩作用下的正应力 $$\sigma = \frac{M \cdot y}{J_x}$$ 受拉一边的最大拉应力 $$\sigma = \frac{M \cdot y_{max}}{J_x} = \frac{M}{W_x} \leq [\sigma]_{拉}$$ 受压一边的最大压应力 $$\sigma = \frac{M}{W_x} \leq [G]_{压}$$ $a-a$ 截面的弯矩 $$M = M + P_x - \frac{q(k_1^2 - k_2^2)}{2}$$	y——截面上任意一点至中性轴的距离; y_{max}——截面边缘至中性轴的距离; J_x——截面对 $x-x$ 轴的抗弯惯性矩; W_x——截面对 $x-x$ 轴的抗弯截面系数; M'——作用在杠杆上的力矩; q——一段杆件上的均布载荷; p——作用在杆件上的集中载荷
斜弯	外力 p 引起的弯矩 M 作用平面与截面主轴线 $x-x$、$y-y$ 不重合时,由弯矩产生的合应力 $$\sigma = \pm \frac{M\cos\alpha}{W_y} \pm \frac{M\sin\alpha}{W_x}$$ (正号代表拉应力,负号代表压应力)	α——弯矩向量与 $x-x$ 轴线的夹角; W_x——对 $x-x$ 轴的截面系数; W_y——对 $y-y$ 轴的截面系数 弯矩 $M = Pl$
拉伸(或压缩)与弯曲	拉伸(或压缩)与弯矩联合作用下的应力 $$\sigma = \pm \frac{P}{F} \pm \frac{M}{W}$$ (拉应力取 +,压应力取 −)	M——作用在杆上的弯矩; P——作用在杆上的纵向力; F——截面面积; W——抗弯截面系数
	弯矩和扭矩联合作用时 正应力 $\sigma = \dfrac{M}{W}$;切应力 $\tau = \dfrac{M_n}{W_n}$ 合成正应力 $$\sigma_h = \sqrt{\sigma^2 + 3\tau^2} \leq [\sigma]$$ (用于钢材等塑性材料) $$\sigma_h = \frac{\sigma}{2} + \frac{\sqrt{\sigma^2 + 4\tau^2}}{2} \leq [\sigma]$$ (用于铸铁等脆性材料)	M——作用在杆件上的弯矩; M_n——作用在杆件上的扭矩; W——抗弯截面系数; W_n——抗扭截面系数; $[\sigma]$——材料许用应力

续表 9－9

载荷情况	计算公式	参数符号说明
纵、横弯曲 	当柔度 $\lambda > 100$ 时,杆件同时受纵向和横向力后的总弯矩 $$M_{max} \approx M + \frac{Pf}{1-\alpha}$$ 最大压应力 $$\sigma = -\frac{M_{max}}{W} - \frac{P}{\varphi F} \leqslant [\sigma]_{y\alpha}$$	M——横向力 Q 产生的弯矩; P——纵向力; f——横向力作用下的最大挠度; $\alpha = \dfrac{P}{P_e}$——纵向力与压杆临界载荷之比; P_e——杆件临界载荷(见压杆稳定分析); φ——折减系数; W——截面系数
 (用于 $\dfrac{R}{h} \leqslant 5$;当 $\dfrac{R}{h} \geqslant 5$ 时,仍按直杆弯曲计算)	杆件任意截面 m—n 上, 法向力:$N = P\sin\theta$ 弯矩:$M = PR_0\sin\theta$ 曲杆外边的应力 $$\sigma_m = \frac{Mh_1}{F(R_0-r)R_1} - \frac{N}{F}$$ 曲杆内边应力 $$\sigma_n = \frac{Mh_2}{F(R_0-r)R_2} - \frac{N}{F}$$ (如 P 方向与图相反,式中前后两项的正负号应改反,括号中符号不变) 中性轴曲率半径 r 可按表 1－4－11(《实用机械设计手册》,上卷,P84)计算 对于圆截面 $\sigma_\omega = k_\omega \dfrac{M}{W}$ 对于矩形面 $\sigma_{ne} = k_{ne} \dfrac{M}{W}$ 公式中的系数 k_ω 及 k_{ne} 由下表查出	P——曲杆上的载荷; h_1——截面外边至中性轴的距离; h_2——截面内边至中性轴的距离; R_0——截面形芯轴曲率半径; R_1——截面外边缘曲率半径; R_2——截面内边缘曲率半径; n_{ck}——截面面积; θ——m—n 截面与作用载荷的夹角; r——中性轴曲率半径; W——截面系数

截面	系数	$\dfrac{R_0}{d}$ 及 $\dfrac{R_0}{h}$						
		1	1.5	2	3	4	5	6
	k_ω	0.73	0.82	0.86	0.91	0.93	0.95	0.96
	k_{ne}	1.6	1.36	1.26	1.17	1.12	1.09	1.08
	k_ω	0.75	0.82	0.86	0.92	0.96	0.97	0.98
	k_{ne}	1.53	1.29	1.21	1.12	1.09	1.06	1.05

表 9 - 10　等截面轴、梁承载特性计算公式

参数说明	P——集中载荷（N）； l——轴、梁长度（cm）； E——弹性模量（N/cm^2）； Q——剪力（N）； x——受载截面至支点或末端的距离（cm）； θ_A、θ_B、θ_C——A 点、B 点、C 点处轴或梁截面转角（rad）；	M_0——外加力矩（N·m）； q——单位长度上的均布载荷（N/cm）； R_A、R_B——A 点、B 点支座反力（N）； J——截面对中性轴的抗弯惯性矩（cm^4）； M——弯矩（N·m）； y——最大挠度（cm）； M_A、M_B——A 点、B 点处反作用力矩（N·m）

图示	公式
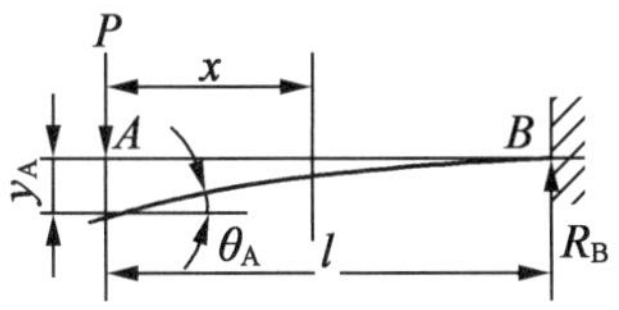 悬臂梁，作用力在末端	$R_B = P$ $M_x = Px$ $M_{max} = -Pl$ $M_B = -Pl$ $y_A = -\dfrac{Pl}{3EJ}$ $\theta_A = \dfrac{Pl^2}{2EJ}$
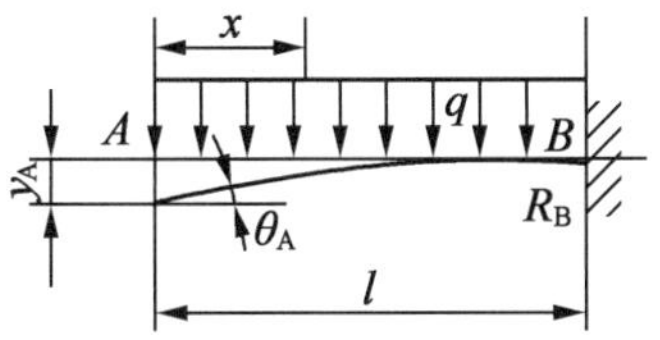 悬臂梁，连续均布载荷	$R_B = P$ $M_x = -\dfrac{qx^2}{2}$（x 由 0→l） $M_B = -\dfrac{qx^2}{2}$ $M_{max} = -\dfrac{qx^2}{2}$ $y_A = \dfrac{ql^4}{8EJ}$ $\theta_A = \dfrac{ql^3}{6EJ}$
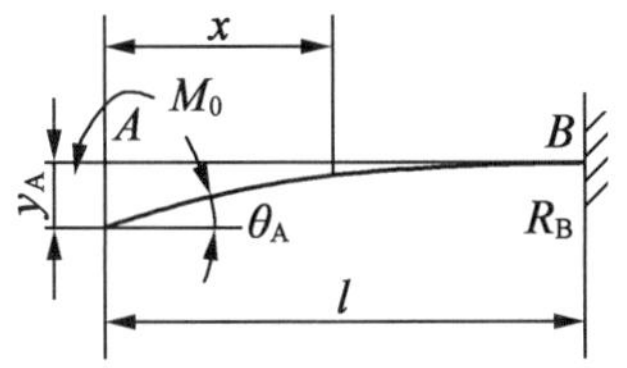 悬臂梁，力矩 M_0 作用在末端	$R_B = 0$ 当 $x = 0 \sim l$ 时 $M_x = -M_0$ $M_{max} = -M_0$ $y_A = -\dfrac{M_0 l^2}{2EJ}$ $\theta_A = -\dfrac{M_0 l}{EJ}$
两端铰支，两个力作用在跨距之间 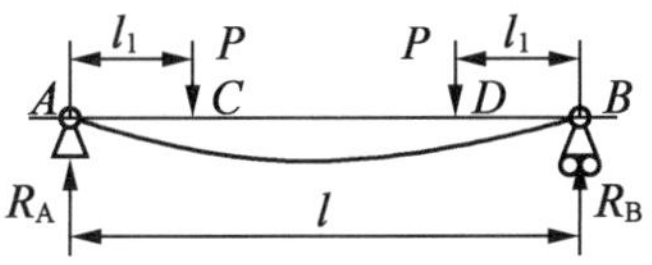 	$R_A = R_B = P$ $M_{max} = Pl_1$ $y_{max} = -\dfrac{Pl_1}{24EJ}(3l^2 - 4l_1^2)$ $\theta_A = -\theta_B = \dfrac{Pl_1(l - l_1)}{2EJ}$ $\theta_C = -\theta_B = -\dfrac{Pl_1(l - 2l_1)}{2EJ}$

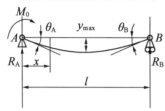

两端铰支,力矩作用于支承端

$R_A = -R_B = -\dfrac{M_0}{l}$

当 $x = 0 \sim l$ 时, $M_x = M_0\left(1 - \dfrac{x}{l}\right)$

$M_{max} = M_0$(在 A 处)

$y_{max} = -0.064\,2\,\dfrac{M_0 l^2}{EJ}$(在 $x = 0.422l$ 处)

$\theta_A = -\dfrac{M_0 l}{3EJ}$

$\theta_B = \dfrac{M_0 l}{6EJ}$

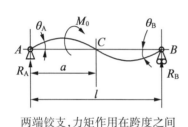

两端铰支,力矩作用在跨度之间

$R_A = -R_B = \dfrac{M_0}{l}; M_x = -\dfrac{M_0}{l} \cdot x$(在 AC 间)

$M_x = M_0\left(1 - \dfrac{x}{l}\right)$(在 BC 间)

$M_{max} = -\dfrac{M_0}{l} \cdot a + M_0$(在 C 点右处)

$-M_{max} = -\dfrac{M_0}{l} \cdot a$(在 C 点左处)

$y = \dfrac{M_0}{6EJ}\left[\left(6a - 3\dfrac{a^2}{l} - 2l\right)x - \dfrac{x^3}{l}\right]$(在 AC 间)

$y = \dfrac{M_0}{6EJ}\left[3a^2 + 3x^2 - \dfrac{x^3}{l} - \left(2l + 3\dfrac{a^2}{l}\right)x\right]$(在 CB 间)

$\theta_A = -\dfrac{M_0}{6EJ}\left(2l - 6a + 3\dfrac{a^2}{l}\right)$

$\theta_B = \dfrac{M_0}{6EJ}\left(l - 3\dfrac{a^2}{l}\right)$

$\theta_C = \dfrac{M_0}{EJ}\left(a - \dfrac{a^2}{l} - \dfrac{l}{3}\right)$

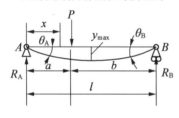

两端铰支,力作用在跨度之间

$R_A = \dfrac{Pb}{l}; R_B = \dfrac{Pa}{l}$

当 $x = 0 \sim a$ 时, $M_x = \dfrac{Pb}{l} \cdot x$

当 $x = a \sim l$ 时, $M_x = \dfrac{Pa}{l}(l - x)$

$M_{max} = \dfrac{Pab}{l}$(在 $x = a$ 处)

$y_{max} = \dfrac{Pb}{48EJ}(3l^2 - 4b^2)$

$\theta_A = -\dfrac{Pl^2}{6EJ}\left(\dfrac{b}{l} - \dfrac{b^3}{l^3}\right)$

$\theta_B = \dfrac{Pl^2}{6EJ}\left(2bl + \dfrac{b^3}{l} - 3b^2\right)$

续表 9 – 10

图	公式
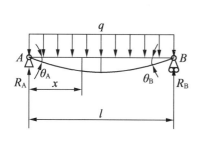	$R_A = R_B = \dfrac{ql}{2}$ $M_x = \dfrac{ql}{2}x - \dfrac{qx^2}{2}$（$x$ 由 0 ~ l） $M_{max} = \dfrac{ql^2}{8}$（在 $x = \dfrac{l}{2}$ 处） $y_{max} = -\dfrac{5}{384} \cdot \dfrac{ql^4}{EJ}$（在 $x = \dfrac{l}{2}$ 处） $\theta_A = -\theta_B = -\dfrac{ql^2}{24EJ}$
两端铰支,力作用在支点外两端 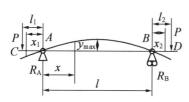	$R_A = R_B = P$ $M_x = -Pl_1$（AB 间）；$M_x = -Px_1$（AC 间）；$M_x = -Px_2$ （BD 间） $y_{max} = \dfrac{Pl^2 l_1}{8EJ}$（在 $\dfrac{l}{2} + l_1$ 处） $y_C = y_D = \dfrac{Pl_1^2}{3EJ}(l_1 + \dfrac{3}{2}l)$ $\theta_A = -\theta_B = \dfrac{Pl_1(l_1 + l)}{2EJ}$
一端铰支,另一端刚性固定,力作用在跨度之间 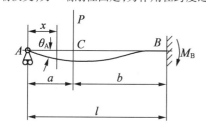	$R_A = \dfrac{P}{2}\left(\dfrac{3b^2 l - b^3}{l^3}\right)$；$R_B = R - R_A$ $M_B = \dfrac{P}{2}\left(\dfrac{b^3 + 2bl^2 - 3b^2 l}{l^2}\right)$ $M_x = R_A \cdot x$（AC 间） $M_x = R_A \cdot x - P(x - l + b)$（$CB$ 间） $M_{max} = R_A \cdot a$ $y \dfrac{1}{6EJ}[R_A(x^3 - 3l^2 x) + 3Pb^2 x]$（$AC$ 间） $y \dfrac{1}{6EJ}\{R_A(x^3 - 3l^2 x) + P[3b^2 x - (x - a)^3]\}$（$CB$ 间） $\theta_A = \dfrac{P}{4EJ}\left(\dfrac{b^3}{l} - b^2\right)$
一端铰支,另一端刚性固定,连续均有载荷 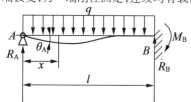	$R_A = \dfrac{3}{8}ql$；$R_B = \dfrac{5}{8}ql$ $M_B = \dfrac{1}{8}ql^2$；$M_x = q\left(\dfrac{3}{8}l - \dfrac{x}{2}\right)$ $M_{max} = \dfrac{9}{128}ql^2$（在 $x = \dfrac{3}{8}l$ 处） $-M_{max} = -\dfrac{ql^2}{8}$（在 B 处） $y_{max} = \dfrac{0.005\,4ql^4}{EJ}$（在 $x = 0.421\,5l$ 处） $\theta_A = \dfrac{ql^3}{48EJ}$

续表 9 – 10

一端铰支，另一端刚性固定，力矩作用在铰支段 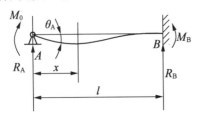	$R_A = -\dfrac{3}{2} \cdot \dfrac{M_0}{l}$；$R_B = \dfrac{3}{2} \cdot \dfrac{M_0}{l}$ $M_B = \dfrac{1}{2}M_0$ $M_x = M_0 - \dfrac{3}{2} \cdot \dfrac{M_0}{l}x \ (x = 0 \to l)$ $M_{max} = M_0$（在 A 处） $-M_{max} = -\dfrac{1}{2}M_0$（在 B 处） $y_{max} = -\dfrac{M_0 l^2}{27EJ}$（在 $x = \dfrac{l}{3}$ 处） $\theta_A = -\dfrac{M_0 l}{4EJ}$
两端铰支 A、B 载荷作用在悬臂端 C 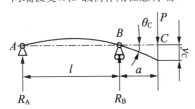	$R_A = -\dfrac{Pa}{l}$；$R_B = P\dfrac{a+l}{l}$ $y_C = \dfrac{pa^2}{3EJ}(a+l)$ $\theta_C = \dfrac{pa}{6EJ}(3a+2l)$
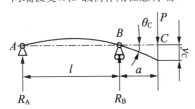	$R_A = \dfrac{Pb^2}{l^3}(3a+b)$；$R_B = \dfrac{Pa^2}{l^3}(3b+a)$ $M_A = P\dfrac{ab^2}{l^2}$；$M_B = P\dfrac{a^2 b}{l^3}$ $M_x = -M_A + R_A x$（在 AC 间） $M_x = -M_A + R_A x - P(x-a)$（在 CB 间） $M_{max} = -M_A + R_A a$（在 C 处） $-M_{max} = -M_A$（当 $a < b$ 时） $-M_{max} = -M_B$（当 $a > b$ 时） $y_{max} = -\dfrac{2}{3} \cdot \dfrac{Pa^3 b^2}{EJ(3a+b)^2}$ （在 $x = \dfrac{2al}{3a+b}$ 处，当 $a > b$ 时） $y_{max} = -\dfrac{2}{3} \cdot \dfrac{Pa^2 b^3}{EJ(3b+a)^2}$ （在 $x = l - \dfrac{2bl}{3b+a}$ 处，当 $a < b$ 时）

续表 9 – 10

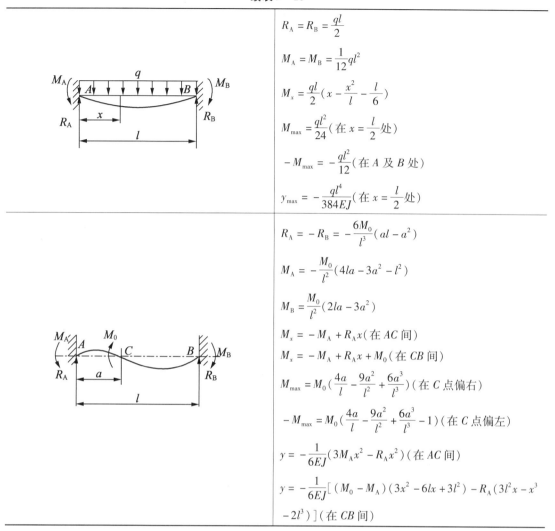

	$R_A = R_B = \dfrac{ql}{2}$
	$M_A = M_B = \dfrac{1}{12}ql^2$
	$M_x = \dfrac{ql}{2}\left(x - \dfrac{x^2}{l} - \dfrac{l}{6}\right)$
	$M_{max} = \dfrac{ql^2}{24}$（在 $x = \dfrac{l}{2}$ 处）
	$-M_{max} = -\dfrac{ql^2}{12}$（在 A 及 B 处）
	$y_{max} = -\dfrac{ql^4}{384EJ}$（在 $x = \dfrac{l}{2}$ 处）
	$R_A = -R_B = -\dfrac{6M_0}{l^3}(al - a^2)$
	$M_A = -\dfrac{M_0}{l^2}(4la - 3a^2 - l^2)$
	$M_B = \dfrac{M_0}{l^2}(2la - 3a^2)$
	$M_x = -M_A + R_A x$（在 AC 间）
	$M_x = -M_A + R_A x + M_0$（在 CB 间）
	$M_{max} = M_0\left(\dfrac{4a}{l} - \dfrac{9a^2}{l^2} + \dfrac{6a^3}{l^3}\right)$（在 C 点偏右）
	$-M_{max} = M_0\left(\dfrac{4a}{l} - \dfrac{9a^2}{l^2} + \dfrac{6a^3}{l^3} - 1\right)$（在 C 点偏左）
	$y = -\dfrac{1}{6EJ}(3M_A x^2 - R_A x^2)$（在 AC 间）
	$y = -\dfrac{1}{6EJ}\left[(M_0 - M_A)(3x^2 - 6lx + 3l^2) - R_A(3l^2 x - x^3 - 2l^3)\right]$（在 CB 间）

9.6　轴系的临界转速

　　轴系由轴本身、联轴器、安装在轴上的传动件、紧固件等以及轴的支承组成。激起轴系共振的转速,称为临界转速。当轴在临界转速或其附近运转时,将引起剧烈振动,严重时造成轴、轴承以及轴上的零件破坏,而当轴的转速在临界转速一定范围之外时,运转即趋平稳。若不考虑陀螺效应和工作环境等因素,轴系的临界转速在数值上等于轴不转动而仅做横向自由振动的固有频率,即

$$n_c = 60f_n = \frac{30\omega_n}{\pi} \tag{9-47}$$

式中　　n_c ——临界频率(r/min);

　　　　f_n ——固有频率(Hz);

　　　　ω_n ——固有角频率(rad/s)。

由于是弹性体,理论上应该有无穷多阶固有频率和相应的临界转速,按其数值的大小排列为 n_{c1},n_{c2},$\cdots$,n_{ck},$\cdots$,分别称为一阶、二阶……k 阶临界转速。当然,工程上有实际意义的只是前几阶,特别是一阶临界转速。

为了保证机器安全运行和正常工作,在机械设计时,应使各旋转的工作转速 n 离开其各阶临界转速一定范围。一般要求是:对工作转速 n 低于其一阶临界转速的轴,$n \leqslant 0.75 n_{c1}$;对工作转速高于其一阶临界转速的轴,$1.4 n_{ck} < n < 0.7 n_{ck+1}$。

临界转速的大小与轴的材料、几何形状、尺寸、结构形式、支承情况、工作环境以及安装在轴上的零件等因素有关。要同时考虑全部影响因素,准确计算临界转速的数值是困难的,也是不必要的。实际上,常按着不同的设计要求,根据主要影响因素,建立相应的简化计算模型,求得临界转速的近似值是十分重要的。

临界转速的常用计算公式。

(1)两支承、等直径轴的临界转速。

$$n_{ck} = \frac{30}{\pi} \lambda_k \sqrt{\frac{EI}{ML^3}} \tag{9-48}$$

式中　M——轴的总质量(kg);

　　　L——轴长(m);

　　　E——轴材料弹性模量(Pa);

　　　I——轴截面惯性矩(m^4);

　　　λ_k——支座形式系数(脚号 k 为临界转速阶数),查表 9 - 11,$k=1$,为一阶,……,$k=5$,为 5 阶。

(2)阶梯轴的临界转速。

可将阶梯轴简化为多质量集中参数的计算模型,即使用传递矩阵法计算转轴临界转速。传递矩阵法,把轴系分割若干单元,每个单元可以是分布质量的轴段、无质量的轴段、集中质量和无质量轴段的组合、弹性支承等。各单元之间的特性用矩阵表示,即传递矩阵;再把这些矩阵相乘,求出整个轴系的传递矩阵,并利用边界条件得到阶梯轴的临界转速。

如果只须做较近似的估算,则可用式(9-48)计算,但计算轴的截面惯性矩需用当量直径 D_m,阶梯轴的当量直径 D_m 可用下式粗略计算:

$$D_\mathrm{m} = \alpha \frac{\sum d_i \Delta l_i}{\sum \Delta l_i} \tag{9-49}$$

式中　d_i——阶梯轴各段直径(m);

　　　Δl_i——对应于 d_i 段的轴段长度(m);

　　　α——经验修正系数。

若阶梯轴最粗一段(或几段)的轴段长度超过全长的 50%,可取 $\alpha=1$;当小于 15% 时,此段轴当作环轴,另按次粗段来考虑。在一般情况下,最好按照同系列机器的计算对象,选取有准确解的轴试算几例,从中找出 α 值。例如,一般的压缩机、离心机、鼓风机的转子,可取 $\alpha = 1.094$。

(3)两支承单盘轴的临界转速(参看表 9 - 12)。

①不计轴的质量。

计算公式为

$$n_{c1} = \frac{30}{\pi}\sqrt{\frac{k}{M_1}} \qquad (9-50)$$

式中　M_1——圆盘质量(kg)；

　　　k——见表 9-12(轴刚度)(kg/m)；

　　②考虑轴的质量。

$$n_{c1} = \frac{30}{\pi}\lambda_1\sqrt{\frac{EI}{(M_0 + M_1\beta)L^3}} \qquad (9-51)$$

式中　E——材料弹性模量(m^4)；

　　　M_1——圆盘质量(kg)；

　　　I——轴截面惯性矩(m^4)；

　　　M_0——轴质量(kg)；

　　　λ_1——查表 9-11；

　　　β——查表 9-12。

表 9-11　等直径轴支座形式系数 λ_k

支座形式	λ_1	λ_2	λ_3	λ_4	λ_5
	9.87	39.48	88.83	157.9	246.7
	15.42	49.97	104.2	178.3	272
	22.37	61.67	120.9	199.9	298.6

μ	0.5	0.55	0.6	0.65	0.7	0.75	0.8	0.85	0.9	0.95	1.0
λ_1	8.716	9.983	11.50	13.13	14.57	15.06	14.44	13.34	12.11	10.92	9.87

支座形式:两端外伸轴 λ_1

μ_2 \ μ_1	0.05	0.10	0.15	0.20	0.25	0.30	0.35	0.40	0.45	0.50
0.05	12.15	13.58	15.06	16.41	17.06	16.32	14.52	12.52	10.80	9.37
0.10	13.58	15.22	16.94	18.41	18.82	17.55	15.26	13.05	11.17	9.70
0.15	15.06	16.94	18.90	20.41	20.54	18.66	15.96	13.54	11.58	10.02
0.20	16.41	18.41	20.41	21.89	21.76	19.56	16.65	14.07	12.03	10.39

续表 9 – 11

μ_1 / μ_2	0.05	0.10	0.15	0.20	0.25	0.30	0.35	0.40	0.45	0.50
0.25	17.06	18.82	20.54	21.76	21.70	20.05	17.18	14.61	12.48	10.80
0.30	16.32	17.55	18.66	19.56	20.05	19.56	17.55	15.10	12.97	11.29
0.35	14.52	15.26	15.96	16.65	17.18	17.55	17.17	15.51	13.54	11.78
0.40	12.52	13.05	13.54	14.07	14.61	15.10	15.51	15.46	14.11	12.41
0.45	10.80	11.17	11.58	12.03	12.48	12.97	13.54	14.11	14.43	13.15
0.50	9.37	9.70	10.02	10.39	10.80	11.29	11.78	12.41	13.15	14.06

表 9 – 12　两支承座单盘轴的临界转速 n_c

支座形式	不计轴的质量 $n_{c1} = \dfrac{30}{\pi} \sqrt{\dfrac{k}{M_1}}$	考虑轴的质量 $n_{c1} = \dfrac{30}{\pi} \lambda_1 \sqrt{\dfrac{EI}{(M_0 + M_1\beta) L^3}}$
	$k = \dfrac{3EI}{\mu^2(1-\mu)^2 L^3}$	$\beta = 32.47\mu^2(1-\mu)^2$
	$k = \dfrac{12EI}{\mu^3(1-\mu)^2(4-\mu)L^3}$	$\beta = 19.84\mu^3(1-\mu)^2(4-\mu)$
	$k = \dfrac{3EI}{\mu^3(1-\mu)^3 L^3}$	$\beta = 166.8\mu^2(1-\mu)^3$
	$k = \dfrac{3EI}{(1-\mu)^2 L^3}$	$\beta = \dfrac{1}{3}(1-\mu)^2\lambda_1^2$

注: M_1——圆盘质量(kg); M_0——轴的质量(kg); E——轴材料弹性模量(Pa); I——轴截面惯性矩(m^4);
λ_1——查表 9 – 11

9.7　机械振动系统的阻尼系数

当振动系统受到大小与速度成正比,方向与速度方向相反的力作用时所呈现的能量耗散,称为黏性阻尼。黏性阻尼系数就是线性黏性阻尼力与速度的比值。对于扭振系统来说,黏性阻尼系数就是振动体所受到的线性黏性阻尼力矩与振动角速度的比值。常用的黏性阻尼系数见表 9 – 13。

如果阻尼是非线性的,为简化计算,可用等效黏性阻尼来代替非线性阻尼。等效黏性阻尼就是为了便于分析而设想的线性黏性阻尼值,它在共振时每个循环所消耗的能量与实际阻尼力耗散的能量相等,等效黏性阻尼系数见表 9 - 14。

表 9 - 13　黏性阻尼系数

简图	说明	黏性阻尼系数 c
	液体介于具有相对运动的两平行板之间	$c = \dfrac{\eta A}{t}$ A——上板与液体的接触面(m^2) t——液层厚度(m)
	板在液体内平行移动	$c = \dfrac{2\eta A}{t}$ A——动板的一侧与液体的接触面积(m^2)
	液体通过移动的活塞柱面与缸壁间的间隙	$c = \dfrac{6\pi\eta l d^3}{(D-d)^3}$
	液体通过移动活塞中的小孔	$c = \dfrac{8\pi\eta l}{n}\left(\dfrac{D}{d}\right)^4$ n——小孔数
	液体介于具有相对运动的两同心圆柱之间	$c_\theta = \dfrac{\pi\eta l(D_1+D_2)^3}{2(D_1-D_2)}$

续表 9 – 13

简图	说明	黏性阻尼系数 c
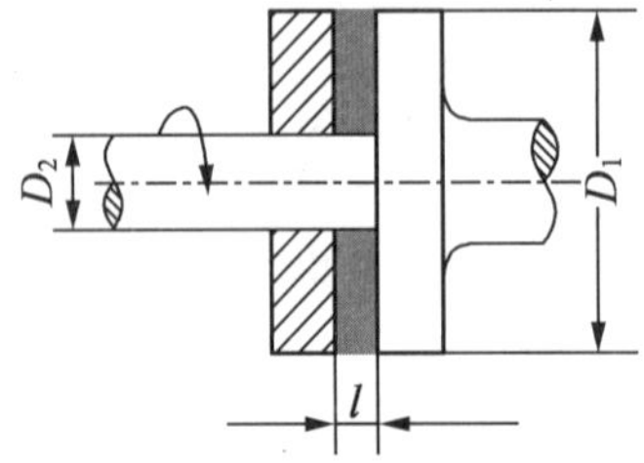	液体介于具有相对运动的两同心圆盘之间	$c_\theta = \dfrac{\pi\eta}{32t}(D_1^4 - D_2^4)$
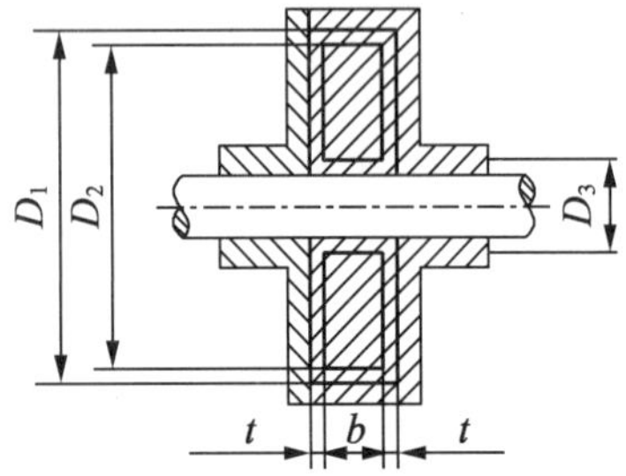	液体介于具有相对运动的圆柱形壳与圆盘之间	$c_\theta = \pi\eta \times \left(\dfrac{bD_1^2 D_2^2}{D_1^2 - D_2^2} + \dfrac{D_1^4 - D_3^4}{16t} \right)$

注:c——黏性阻尼系数($N \cdot s/m$);η——动力黏度($N \cdot s/m^2$);c_θ——黏性扭转阻尼系数($N \cdot m \cdot s/rad$)

表 9 – 14　等效黏性阻尼系数

阻尼的种类	阻尼力	等效黏性阻尼系数 c_e
干摩擦阻尼	$\pm F$	$c_e = \dfrac{4l}{\pi\omega A}$
流体摩擦阻尼	$c_2 \dot{x}^2$	$c_e = \dfrac{8c_2\omega A}{3\pi}$
与速度的 n 次方成正比的阻尼	$c_n \dot{x}^n$	$c_e = \dfrac{2\Gamma\left(\dfrac{n+2}{2}\right)}{\sqrt{\pi}\,\Gamma\left(\dfrac{n+3}{2}\right)} c_n \omega^{n-1} A^{n-1}$
结构阻尼		$c_e = \dfrac{\alpha}{\pi\omega}$
一般非线性阻尼	$f(x, \dot{x})$	$c_e = \dfrac{1}{\pi\omega A}\displaystyle\int_0^{2\pi} f(A\sin\varphi, \omega A\cos\varphi)\cos\varphi\, d\varphi$

注:x——振动体的位移(m);A——振幅(m);ω——频率(rad/s);$x = A\sin\omega t$;Γ——伽马函数;$\dot{x}$——速度;
　　γ——常数

9.8　厚壁圆筒球壳应力与位移

（1）在均匀内、外压单独作用下，厚壁圆筒的应力计算式见表 9 – 15。

表 9 – 15　厚壁圆筒的应力计算

应力分量	端部条件	内压应力	外压应力
径向应力 σ_r	任意	$\dfrac{\sigma_r}{p_i} = -\dfrac{\left(\dfrac{K^2}{k^2}-1\right)}{K^2-1}$	$\dfrac{\sigma_r}{p_o} = -\dfrac{\left(K^2-\dfrac{K^2}{k^2}\right)}{K^2-1}$
周向应力	任意	$\dfrac{\sigma_r}{p_i} = \dfrac{\left(\dfrac{K^2}{k^2}+1\right)}{K^2-1}$	$\dfrac{\sigma_r}{p_o} = -\dfrac{\left(K^2+\dfrac{K^2}{k^2}\right)}{K^2-1}$
轴向应力 σ_z 和径向应力 μ	两端封闭	$\dfrac{\sigma_z}{p_i} = \dfrac{1}{K^2-1}$ $\dfrac{\mu}{R_i} = \dfrac{\left[(1-2\gamma)k+\dfrac{(1+\gamma)K^2}{k}\right]p_i}{E(K^2-1)}$	$\dfrac{\sigma_z}{p_o} = -\dfrac{K^2}{K^2-1}$ $\dfrac{\mu}{R_o} = \dfrac{-K^2\left[(1-2\gamma)k+\dfrac{(1+\gamma)}{k}\right]p_o}{E(K^2-1)}$
	平面应变	$\dfrac{\sigma_z}{p_i} = \dfrac{2\gamma}{K^2-1}$ $\dfrac{\mu}{R_i} = \dfrac{(1+\gamma)}{E(K^2-1)}\left[(1-2\gamma)k+\dfrac{K^2}{k}\right]p_i$	$\dfrac{\sigma_z}{p_i} = -\dfrac{2\gamma K^2}{K^2-1}$ $\dfrac{\mu}{R_o} = \dfrac{-(1+\gamma)K^2\left[(1-2\gamma)k+\dfrac{1}{k}\right]p_o}{E(K^2-1)}$
	两端开口	$\dfrac{\sigma_z}{p_i} = 0$ $\dfrac{\mu}{R_i} = \dfrac{\left[(1-\gamma)k+\dfrac{(1+\gamma)K^2}{k}\right]p_i}{E(K^2-1)}$	$\dfrac{\sigma_z}{p_o} = 0$ $\dfrac{\mu}{R_o} = \dfrac{-K^2\left[(1-\gamma)k+(1+\gamma)k\right]p_o^2}{E(K^2-1)}$
	广义平面应变 （$\varepsilon_z=\varepsilon_0=$ 常数）	$\dfrac{\sigma_z}{p_i} = \dfrac{2\gamma}{K^2-1}+\dfrac{E\varepsilon_0}{p_i}$ $\dfrac{\mu}{R_i} = \dfrac{\left[(1-\gamma)k+\dfrac{(1+\gamma)K^2}{k}\right]p_i}{E(K^2-1)}-\dfrac{\gamma\sigma_z}{E}k$	$\dfrac{\sigma_z}{p_o} = \dfrac{2\gamma K^2}{K^2-1}+\dfrac{E\varepsilon_o}{p_o}$ $\dfrac{\mu}{R_o} = \dfrac{-K\left[(1-\gamma)k+\dfrac{(1+\gamma)}{k}\right]p_o}{E(K^2-1)}-\dfrac{\gamma\sigma_z}{E}k$

注：p_i——内压；p_o——外压；$K=\dfrac{R_0}{R_i}$；$k=\dfrac{r}{R_i}$；r——所求点半径；R_i——内半径；R_o——外半径；E、γ——材料弹性模量和泊松比；ε_0 由轴向合力条件确定（A 为横截面面积），$\int_A \sigma_z \mathrm{d}A = \sigma_z A = T_2$

（2）双层组合圆筒的界面压力 p_f，见表 9 – 16。
①公式参数。

$$A = \frac{K_i^2+1}{k_i^2-1}+\frac{E_i}{E_o}\gamma_o-\gamma_i$$

$$B = 1 + \frac{E_i S_i}{E_o R_i}\left[\frac{K_o^2 + 1}{K_o^2 - 1} + \gamma_o\right]$$

$$C = \frac{E_o S_o + E_i S_i}{E_o S_o}$$

$$K_o = \frac{R_o}{R_f}; \quad K_i = \frac{R_f}{R_i}$$

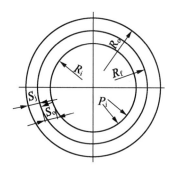

图 9 – 12　圆筒尺寸

②说明(表 9 – 16)。

R_i——内筒内半径;R_f——界面半径;R_o——外筒外半径;S_i、S_o——内、外壁厚;E_i、E_o——内、外筒材料弹性模量;γ_i、γ_o——内、外筒材料泊松比;δ——内、外筒界面半径的过盈量。

表 9 – 16　双层组合圆筒界面压力计算公式

内外筒的薄厚程度	引起界面压力的原因	界面压力 p_f
内外筒均为厚壁	过盈配合	$p_{f\delta} = \dfrac{E_i \delta}{A R_f}$
	均匀内压 p_i	$p_{fi} = \dfrac{p_i}{A}\left(\dfrac{2}{K_i^2 - 1}\right)$
内筒薄壁 外筒厚壁	过盈配合	$p_{f\delta} = \dfrac{E_i}{B} \cdot \dfrac{S_i \delta}{R_f^2}$
	均匀内压 p_i	$p_{fi} = \dfrac{1}{B} p_i$
内、外筒均为薄壁	过盈配合	$p_{f\delta} = \dfrac{E_i}{C} \cdot \dfrac{S_i \delta}{R_f^2}$
	均匀内压 p_i	$p_{fi} = \dfrac{1}{C} p_i$

(3)厚壁球壳的应力和位移计算式,见表 9 – 17。

表 9 – 17　厚壁球壳的应力和位移计算式

载荷	应力公式	径向位移公式
均匀内压 p_i	$\dfrac{\sigma_\gamma}{p_i} = -\dfrac{1}{K^3 - 1}\left(\dfrac{1}{k'^3} - 1\right)$ $\dfrac{\sigma_\theta}{p_i} = \dfrac{1}{K^3 - 1}\left(\dfrac{1}{2k'^2} + 1\right)$	$\dfrac{\mu}{R_o} = \dfrac{k' p_i}{E(K^3 - 1)}\left[(1 - 2\gamma) + \dfrac{1 + \gamma}{2k'^3}\right]$
均匀外压 p_o	$\dfrac{\sigma_\gamma}{p_o} = -\dfrac{K^3}{K^3 - 1}\left(1 - \dfrac{1}{k^3}\right)$ $\dfrac{\sigma_\theta}{p_o} = -\dfrac{K^3}{K^3 - 1}\left(1 + \dfrac{1}{2k^3}\right)$	$\dfrac{\mu}{R_o} = -\dfrac{k K^3 p_o}{E(K^3 - 1)}\left[(1 - 2\gamma) + \dfrac{1 + \gamma}{2k^3}\right]$

注:R_i、R_o——球壳内、外半径;γ——任意点半径;$K = \dfrac{R_o}{R_i}$;$k = \dfrac{r}{R_i}$;$k' = \dfrac{r}{R_o}$;E——弹性模量;γ——泊松比

(4)在均匀内压的作用下,厚壁圆周和球壳的强度设计公式,见表 9 – 18。

表 9 – 18　厚壁圆筒强度设计公式

壳体	导出条件	许用压力[P]	许用内、外半径比[K]	计算壁厚 S′(不包括附加量)	适用范围
厚壁圆筒	第一强度理论	$\dfrac{K^2-1}{K^2+1}\varphi[\sigma]$	$\sqrt{\dfrac{\varphi[\sigma]+p}{\varphi[\sigma]-2p}}$	$\left(\sqrt{\dfrac{\varphi[\sigma]+p}{\varphi[\sigma]-2p}}-1\right)R_i$	脆性材料
	第三强度理论	$\dfrac{K^2-1}{2K^2}\varphi[\sigma]$	$\sqrt{\dfrac{\varphi[\sigma]}{\varphi[\sigma]-2p}}$	$\left(\sqrt{\dfrac{\varphi[\sigma]}{\varphi[\sigma]-2p}}-1\right)R_i$	屈服强度比较高的高碳钢
	第四强度理论	$\dfrac{K^2-1}{\sqrt{3}K^2}\varphi[\sigma]$	$\sqrt{\dfrac{\varphi[\sigma]}{\varphi[\sigma]-\sqrt{3}p}}$	$\left(\sqrt{\dfrac{\varphi[\sigma]}{\varphi[\sigma]-\sqrt{3}p}}-1\right)R_i$	一般塑性材料
	中径公式（按薄壁公式）	$\dfrac{2(K-1)}{K+1}\varphi[\sigma]$	$\dfrac{2\varphi[\sigma]+p}{2\varphi[\sigma]-p}$	$\dfrac{2p}{2\varphi[\sigma]-p}R_i$	各种材料

注：R_i、R_o——壳体内外半径；$K=\dfrac{R_o}{R_i}$；p——内压；$[\sigma]$材料在设计温度下的许用应力；φ——焊缝系数,查有关设计资料(规范)

（5）在均匀内压的作用下,厚壁圆筒和球壳的强度设计公式见表 9 – 19。

表 9 – 19　厚壁球壳的强度设计公式

壳体	导出条件	许用压力[P]	许用外、内半径比[K]	计算壁厚 S′(不包括附加量)	试用范围
厚壁球壳	第一强度理论	$\dfrac{2(K^3-1)}{K^3+2}\varphi[\sigma]$	$\sqrt[3]{\dfrac{p+\varphi[\sigma]}{\varphi[\sigma]-0.5p}}$	$\left(\sqrt[3]{\dfrac{p+\varphi[\sigma]}{\varphi[\sigma]-0.5p}}-1\right)R_i$	脆性材料
	第三、第四强度理论	$\dfrac{2(K^3-1)}{3K^3}\varphi[\sigma]$	$\sqrt[3]{\dfrac{\varphi[\sigma]}{\varphi[\sigma]-1.5p}}$	$\left(\sqrt[3]{\dfrac{\varphi[\sigma]}{\varphi[\sigma]-1.5p}}-1\right)R_i$	塑性材料
	按薄壁球壳的中径公式	$\dfrac{4(K-1)}{K+1}\varphi[\sigma]$	$\dfrac{4\varphi[\sigma]+p}{4\varphi[\sigma]-p}$	$\dfrac{2pR_i}{4\varphi[\sigma]-p}$	各种材料

注：同表 9 – 18

（6）等厚旋转圆盘的应力和位移计算式,见表 9 – 20。

表 9 – 20　等厚旋转圆盘的应力和位移计算公式表

载荷	径向应力 σ_r、环向应力 σ_θ 和径向位移 u 的计算式	
	空心圆盘	实心圆盘
匀速 ω 转动	$\dfrac{\sigma_r}{q}=\left[1+\dfrac{1}{K^2}\left(1-\dfrac{1}{k'^2}\right)-k'^2\right]$	$\dfrac{\sigma_r}{q}=(1-k'^2)$
	$\dfrac{\sigma_\theta}{q}=\left[1+\dfrac{1}{K^2}\left(1+\dfrac{1}{k'^2}\right)-\dfrac{1+3\gamma}{3+\gamma}k'^2\right]$	$\dfrac{\sigma_\theta}{q}=\left(1-\dfrac{1+3\gamma}{3+\gamma}k'^2\right)$
	$\dfrac{u}{r}=\dfrac{q}{E}\left[(1-\gamma)\dfrac{(1+K^2)}{K^2}+\dfrac{(1-\gamma)}{K^2k'^2}-\dfrac{(1-\gamma^2)}{3+\gamma}k'^2\right]k'$	$\dfrac{u}{r}=\dfrac{q}{E}\left[(1-\gamma)-\dfrac{(1-\gamma^2)}{3+\gamma}k'^2\right]k'$

注：$K=\dfrac{R_o}{R_i}$；$k'=\dfrac{r}{R_o}$；R_i、R_o——内、外半径；r——所求点半径；$q=\dfrac{(3+\gamma)\rho\omega^2R_o^2}{8}$；$\gamma$——材料泊松比；$\rho$——材料密度；$\sigma_r$、$\sigma_\theta$——径向、周向应力；$u$——径向位移

（7）旋转场圆筒、圆轴的应力和位移计算公式，见表 9 – 21。

表 9 – 21 旋转长圆及圆轴的应力和位移计算公式

计算量 \ 筒体	空心	实心
周向应力 σ_θ	$\dfrac{\sigma_\theta}{q} = 1 + \dfrac{1}{K^2}\left(1 + \dfrac{1}{k'^2}\right) - Hk'^2$	$\dfrac{\sigma_\theta}{q} = 1 - Hk'^2$
周向应力 σ_θ	在内壁 $\left(k' = \dfrac{1}{K}\right)$ 有最大值 $\left(\dfrac{\sigma_\theta}{q}\right)_{max} = 2 + \dfrac{1}{K^2}(1 - H)$ $K \to \infty \left(\dfrac{\sigma_\theta}{q}\right)_{max} = 2$ $K \to 1 \left(\dfrac{\sigma_\theta}{q}\right)_{max} \overset{\gamma=0.3}{=\!=} 2.33$	在 $k' = 0$ 处有最大值 $\left(\dfrac{\sigma_\theta}{q}\right)_{max} = 1$
径向应力 σ_r	$\dfrac{\sigma_r}{q} = 1 + \dfrac{1}{K^2}\left(1 - \dfrac{1}{k'^2}\right) - k'^2$ 在 $k' = \sqrt{\dfrac{1}{K}}$ 处有最大值 $\left(\dfrac{\sigma_r}{q}\right)_{max} = \left(1 - \dfrac{1}{K}\right)^2$	$\dfrac{\sigma_r}{q} = 1 - k'^2$ 在 $k' = 0$ 处有最大值 $\left(\dfrac{\sigma_r}{q}\right)_{max} = 1$
轴向应力 σ_z	$\dfrac{\sigma_z}{q} = \begin{cases} \dfrac{2\gamma}{3 - 2\gamma}\left(1 + \dfrac{1}{K^2} - 2k'^2\right) & （两端无轴力） \\ 2\gamma\left(1 + \dfrac{1}{K^2} - \dfrac{2}{3 - 2\gamma}k'^2\right) & （平面应变） \end{cases}$ $k' = \dfrac{1}{K}$ 处，$\dfrac{\sigma_z}{q}$ 最大	$\dfrac{\sigma_z}{q} = \begin{cases} \dfrac{2\gamma}{3 - 2\gamma}(1 - 2k'^2) & （两端无轴力） \\ 2\gamma\left(1 - \dfrac{2}{3 - 2\gamma}k'^2\right) & （平面应变） \end{cases}$
径向应力 u	$\dfrac{u}{R_o} = \begin{cases} (1 + \gamma)\dfrac{q}{E}k'\left[\dfrac{(3 - 5\gamma)}{(1 + \gamma)(3 - 2\gamma)}\right]\left(\dfrac{1}{K^2} + 1\right) + \\ \quad \dfrac{1}{K^2 k'^2} - \dfrac{(1 - 2\gamma)}{(3 - 2\gamma)}k'^2 \quad （两端无轴力） \\[2mm] (1 + \gamma)\dfrac{q}{E}k'\left[(1 - 2\gamma)\left(\dfrac{1}{K^2} + 1\right) + \dfrac{1}{K^2 k'^2} - \\ \quad \dfrac{(1 - 2\gamma)}{(3 - 2\gamma)}k'^2\right] \quad （平面应变） \end{cases}$	$\dfrac{u}{R_o} = \begin{cases} \dfrac{1 + \gamma}{3 - 2\gamma} \cdot \dfrac{q}{E}k'\left[\dfrac{3 - 5\gamma}{1 + \gamma} - \\ \quad (1 - 2\gamma)k'^2\right] \quad （两端无轴力） \\[2mm] (1 + \gamma)(1 - 2\gamma)\dfrac{q}{E}k' \cdot \\ \quad \left[1 - \dfrac{1}{(3 - 2\gamma)}k'^2\right] \quad （平面应变） \end{cases}$

注：$K = \dfrac{R_o}{R_i}$；$k' = \dfrac{r}{R_o}$；R_i、R_o——筒体内、外半径；r——所求点半径；ω——角速度；$q = \dfrac{3 - 2\gamma}{8(1 - \gamma)}\rho\omega^2 R_o^2$；$H = \dfrac{1 + 2\gamma}{3 - 2\gamma} \overset{\gamma=0.3}{=\!=} 0.667$；$\rho$、$\gamma$——材料密度及泊松比

9.9　等厚圆板及矩形板应力与位移

（1）等厚实心圆板及矩形板应力及位移计算公式（表 9 – 22）。

表 9 – 22　等厚实心圆板及矩形板应力及位移计算公式

序号	载荷、约束条件及下表面的应力分布： 在整个板作用均布载荷 q	应力与位移计算式
1	周边简支 $2a$ q t	径向弯曲应力 $\sigma_r = \mp 1.24(1-k^2)m^2 q$ 周向弯曲应力 $\sigma_r = \mp 1.24(1-0.576k^2)m^2 q$ 最大应力 $\sigma_{max} = (\sigma_r)_{k=0} = (\sigma_\theta)_{k=0} = \mp 1.24 m^2 q$ 任意半径位移 $\omega = 0.171(1-k^2)(4.08-k^2)m^4 \dfrac{qt}{E}$ 最大位移（挠度） $\omega_{max}(\omega)_{k=0} = 0.696 m^4 \dfrac{qt}{E}$， $k = \dfrac{r}{a}$，r——所求点半径；$m = \dfrac{a}{t}$；t——板厚，$q = \dfrac{P(载荷)}{S(圆面积)}$ 式前的位于上下的" + "" – "号，上面的指上面板；下面的指下面板
2	周边固定 q $2a$	$\sigma_r = \mp(0.488-1.24k^2)m^2 q$ $\sigma_\theta = \mp(0.488-0.713k^2)m^2 q$ $\sigma_{max} = (\sigma_r)_{k=1} = \pm 0.750 m^2 q$ $\omega = 0.171(1-k^2)^2 m^4 \dfrac{qt}{E}(\omega)$ $\omega_{max} = (\omega)_{k=0} = 0.171 m^4 \dfrac{qt}{E}$

（2）半径为 b 的同心圆域内作用均布载荷（表9－23）。

表9－23 在半径为 b 的同心圆域内作用均布载荷

序号	在半径为 b 的同心圆域内作用均布载荷	应力与位移计算式
1	周边简支 q $2b$ $2a$	$k = \dfrac{r}{a}, K = \dfrac{b}{a}$ （1）当 $0 \leqslant k \leqslant K$ 时 $\sigma_r = \mp (1.5K^2 - 0.263K^4 - 1.95K^2 \ln K - 1.24K^2) m^2 q$ $\sigma_\theta = \sigma_r + 0.525 m^2 q K^2$ $\omega = \left[0.171k^4 - (1.05 - 0.184K^2)k^2 K^2 + \left(1.37\dfrac{k^2}{K^2} \right)\ln k \right]\dfrac{K^4 m^4 qt}{E}$ （2）当 $K \leqslant k \leqslant 1$ 时 $\sigma_r = \mp \left[0.263\left(\dfrac{1}{k^2} - 1 \right)K^4 - 1.95K^2 \ln k \right] m^2 q$ $\sigma_\theta = \mp \left[-1.5K^2 - 0.263\left(\dfrac{1}{k^2} + 1 \right)K^4 - 1.95K^2 \ln k \right] m^2 q$ $\omega = \left[0.263(1 - k^2)\left(\dfrac{6.6}{K^2} - 0.7 \right) + 0.683\left(1 + \dfrac{2k^2}{K^2} \right)\ln k \right]\dfrac{K^4 m^4 qt}{E}$ （3）在中心点（ $k = 0$ ）时 $\sigma_r = \sigma_\theta = \mp \alpha m^2 q$ $(\alpha = 1.5K^2 - 0.263K^4 - 1.95K^2 \ln K)$ $\omega = \omega_{max} = \beta m^4 \dfrac{qt}{E}$ $(\beta = 1.73K^2 - 1.04K^4 + 0.683K^4 \ln K)$

K	0.1	0.2	0.3	0.4	0.5	0.6	0.7	0.8	0.9	1.0
α	0.060	0.185	0.344	0.519	0.697	0.865	1.013	1.137	1.209	1.238
β	0.017	0.066	0.141	0.235	0.339	0.444	0.542	0.622	0.676	0.696

续表 9－23

序号	在半径为 b 的同心圆域内作用均布载荷	应力与位移计算式
2	周边固定 $2b$ $2a$	（1）当 $0 \leqslant k \leqslant K$ 时 $\sigma_r = \mp [0.488(K^4 - 4K^2 \ln K) - 1.24k^2] m^2 q$ $\sigma_\theta = \mp [0.488(K^4 - 4K^2 \ln K) - 0.713k^2] m^2 q$ $\omega = \left[0.171k^4 - 0.341k^2 K^4 + 0.683K^4 \left(1 + \dfrac{2k^2}{K^2}\right) \ln K + 0.683K^2 - 0.512K^4\right] \dfrac{m^4 qt}{E}$ （2）当 $K \leqslant k \leqslant 1$ 时 $\sigma_r = \mp \left[0.488\left(K^2 - 4\ln k + 0.263\dfrac{K^2}{k^2} - 1.5\right)\right] K^2 m^2 q$ $\sigma_\theta = \mp \left[0.488(K^4 - 4\ln k) - 0.263\dfrac{K^2}{k^2} - 0.45\right] K^2 m^2 q$ $\omega = 0.683K^2 \left[\dfrac{(1-k^2)}{K^2} - 0.5k^2 + \left(1 + \dfrac{2k^2}{K^2}\right)\ln k + 0.5\right] \dfrac{m^4 qt}{E}$ （3）在中心点（$k=0$） （a）当 $k < 0.569$ 时 $\sigma_r = \sigma_\theta = \sigma_{max} = \mp \alpha m^2 q \quad [\alpha = 0.488(K^2 - 4\ln K)K^2]$ （b）当 $k > 0.569$ 时 $\sigma_{max} = (\sigma_r)_{k=1} = \pm \alpha m^2 q$ $\alpha = 1.5K^2 - 0.75K^4$ $\omega = \omega_{max} = \beta m^4 \dfrac{qt}{E}$ $[\beta = (0.683 - 0.512K^2 + 0.683K^2 \ln K)K^2]$ <table><tr><td>K</td><td>0.1</td><td>0.2</td><td>0.3</td><td>0.4</td><td>0.5</td><td>0.6</td><td>0.7</td><td>0.8</td><td>0.9</td><td>1.0</td></tr><tr><td>α</td><td>0.045</td><td>0.126</td><td>0.215</td><td>0.298</td><td>0.368</td><td>0.443</td><td>0.555</td><td>0.653</td><td>0.723</td><td>0.750</td></tr><tr><td>β</td><td>0.017</td><td>0.025</td><td>0.051</td><td>0.080</td><td>0.109</td><td>0.134</td><td>0.153</td><td>0.165</td><td>0.170</td><td>0.171</td></tr></table>

（3）在板中心作用集中力 P（表 9－24）。

表 9－24　在板中心作用集中力 P

序号	在板的中心作用集中力 P	应力与位移计算式
1	周边简支 P $2a$	$\sigma_r = \mp \left(0.621\ln\dfrac{1}{k}\right)\dfrac{P}{t^2}$；$\sigma_\theta = \mp (0.334 - 0.621\ln k)\dfrac{P}{t^2}$ $\sigma_{max} = (\sigma_r)_{k=0(下面)} = (\sigma_\theta)_{k=0(下面)} = (1.153 + 0.631\ln m)\dfrac{P}{t^2}$ $\omega = [0.551(1-k^2) + 0.434k^2 \ln k] m^2 \dfrac{P}{Et}$ $\omega_{max} = (\omega)_{k=0} = 0.551m^2 \dfrac{P}{Et}$

续表 9 – 24

序号	在板的中心作用集中力 P	应力与位移计算式
2	周边固定 P $2a$	$\sigma_r = \mp\left(0.621\ln\dfrac{1}{k} - 0.477\right)\dfrac{P}{t^2}$ $\sigma_\theta = \mp\left(0.621\ln\dfrac{1}{k} - 0.143\right)\dfrac{P}{t^2}$ $\sigma_{max} = (\sigma_r)_{k=0(下面)} = (\sigma_\theta)_{k=0(下面)} = (0.676 + 0.631\ln m)\dfrac{P}{t^2}$ $(\sigma_r)_{k=1} = \pm0.477\dfrac{P}{t^2}$ $\omega = 0.271[1 - (1 - 2\ln k)k^2]m^2\dfrac{P}{Et}$ $\omega_{max} = (\omega)_{k=0} = 0.271m^2\dfrac{P}{Et}$

（4）等厚圆环板的应力与变形（$\gamma = 0.3$）（表 9 – 25）。

表 9 – 25　等厚圆环板的应力和变形

序号	载荷、约束条件及下表面的应力分布	应力与位移计算公式
1	内边自由，外边简支 q $2b$ $2a$	（1）在整个面板作用均布载荷 $\sigma_r = \pm\left[1.24k^2 + 1.95(A - \ln k)C - 0.263\dfrac{2C + BD}{k^2}\right]m^2q$ $\sigma_\theta = \pm\left[0.713k^2 + 1.95(A - \ln k)C + 0.263\dfrac{2C + BD}{k^2}\right]m^2q$ 对于内边自由，外边简支；内边自由，外边固定；内边可移动固定，外边简支；内边可移动固定，外边固定等情况 $\omega = 0.171[1 - k^4 + 8(A+1)(1 - k^2)K^2 - 4(B - 2K^2k^2)\ln k]m^4\dfrac{qt}{E}$ 对于内边简支，外边自由和内边固定，外边自由的情况 $A = \dfrac{K^2}{K^2 - 1}\ln K - 0.365 - \dfrac{0.635}{K^2}$ $A = \dfrac{K^2}{K^2 - 1}\ln K - 0.365 - \dfrac{0.635}{K^2}$ $B = 7.43\dfrac{K^4}{K^2 - 1}\ln K - 4.71K^2$ $C = K^2, D = 1, \sigma_{max} = (\sigma_\theta)_{k=K} = \mp\alpha m^2q$ $\omega_{max} = (\omega)_{k=K} = \beta m^4\dfrac{qt}{E}$

K	0	0.1	0.2	0.3	0.4	0.5	0.6	0.7	0.8	0.9	1.0
α	2.475	2.379	2.192	1.964	1.710	1.443	1.165	0.881	0.592	0.298	0
β	0.696	0.750	0.813	0.831	0.787	0.682	0.530	0.354	0.184	0.053	0

续表 9 – 25

序号	载荷、约束条件及下表面的应力分布	应力与位移计算公式
2	内边自由，外边固定	（见下）
3	内边可动固定，外边简支	（见下）
4	内边可动固定，外边固定	（见下）

序号 2（内边自由，外边固定）

$$A = -\frac{1}{2.8 + 5.2K^2}\left[0.7\left(2 + \frac{1}{K}\right) + (1.9 - 5.2\ln K)K^2\right]$$

$$B = \frac{-K^2}{0.7 + 1.3K^2}\left[1.3(1 + 4K^2\ln K) + 0.7K^2\right]$$

$$C = K^2, D = 1$$

当 $k < 0.168$，$\sigma_{max} = (\sigma_\theta)_{k=K} = \mp \alpha m^2 q K^2$

$$\omega_{max} = (\omega)_{k=K} = \beta m^4 \frac{q}{E}t, \quad k > 0.168$$

$$\sigma_{max} = (\sigma_\theta)_{k=1} = \mp \alpha m^2 q$$

K	0	0.1	0.2	0.3	0.4	0.5	0.6	0.7	0.8	0.9	1.0
α	0.975	0.869	0.730	0.681	0.596	0.480	0.348	0.217	0.105	0.028	0
β	0.171	0.181	0.175	0.144	0.100	0.058	0.013	0.009	0.002	0.001	0

序号 3（内边可动固定，外边简支）

$$A = -\frac{1}{5.2 + 2.8K^2}\left\{\frac{3.31}{K^2} + 0.7\left[(3 - 4\ln K)K^2 - 2\right]\right\}$$

$$B = \frac{-K^2}{1.3 + 0.7K^2}\left[3.3 - (5.3 - 5.2\ln K)K^2\right], C = K^2, D = 1$$

$$\sigma_{max} = (\sigma_r)_{k=K} = \mp \alpha m^2 q, \quad \omega_{max} = (\omega)_{k=K} = \beta m^4 \frac{q}{E}t$$

K	0	0.1	0.2	0.3	0.4	0.5	0.6	0.7	0.8	0.9	1.0
α	1.904	1.802	1.585	1.311	1.017	0.733	0.481	0.282	0.122	0.030	0
β	0.696	0.628	0.493	0.343	0.211	0.113	0.050	0.017	0.003	0.0002	0

序号 4（内边可动固定，外边固定）

$$A = -0.25\left(3 + \frac{1}{K^2}\right) - \frac{K^2}{1 - K^2}\ln K$$

$$B = \left(1 + \frac{4K^2}{1 - K^2}\ln K\right)K^2, C = K^2, D = 1$$

$$\sigma_{max} = (\sigma_r)_{k=1} = \mp \alpha m^2 q$$

$$\omega_{max} = (\omega)_{k=K} = \beta m^4 \frac{q}{E}t$$

K	0	0.1	0.2	0.3	0.4	0.5	0.6	0.7	0.8	0.9	1.0
α	0.750	0.728	0.668	0.580	0.474	0.361	0.250	0.151	0.072	0.017	0
β	0.171	0.150	0.112	0.075	0.044	0.023	0.010	0.003	0.0007	0	0

续表 9 − 25

序号	载荷、约束条件及下表面的应力分布	应力与位移计算公式

序号 5 — 内边简支，外边自由

$$A = -\frac{K^2}{1-K^2}\ln K - 0.365 - 0.635K^2$$

$$B = 4.71K^2 + 7.43\frac{K^2}{1-K^2}\ln K, C = 1, D = -1$$

$$\sigma_{\max} = (\sigma_\theta)_{k=K} = \mp\alpha m^2 q$$

$$\omega_{\max} = (\omega)_{k=1} = \beta m^4\frac{qt}{E}$$

K	0	0.1	0.2	0.3	0.4	0.5	0.6	0.7	0.8	0.9	1.0
α	—	7.641	5.092	3.688	2.745	2.048	1.499	1.045	0.656	0.312	0
β	1.037	1.217	1.309	1.265	1.117	0.902	0.656	0.412	0.202	0.055	0

序号 6 — 内边固定，外边自由

$$A = -\frac{1}{5.2+2.8K^2}[1.9+0.7(2+K^2-4\ln K)K^2]$$

$$B = \frac{K^2}{1.3+0.7K^2}[0.7+1.3(K^2-4\ln K)], C=1, D=-1$$

$$\sigma_{\max} = (\sigma_r)_{k=K} = \mp\alpha m^2 q$$

$$\omega_{\max} = (\omega)_{k=1} = \beta m^4\frac{q}{E}t$$

K	0	0.1	0.2	0.3	0.4	0.5	0.6	0.7	0.8	0.9	1.0
α	—	5.787	3.680	2.462	1.633	1.041	0.618	0.324	0.135	0.032	0
β	1.037	0.827	0.560	0.347	0.193	0.094	0.038	0.012	0.002	0.000 1	0

（2）在周边作用均布载荷，其合力为 P

$$\sigma_r = \mp\left[0.621(A-\ln k)-0.167\left(1-\frac{B}{k^2}\right)\right]\frac{P}{t^2}$$

$$\sigma_\theta = \mp\left[0.621(A-\ln k)-0.167\left(1-\frac{B}{k^2}\right)\right]\frac{P}{t^2}$$

$$\omega = 0.434[(1+A)(1-k^2)+(B+k^2)\ln k]m^2\frac{P}{Et}$$

序号 7 — 内边自由，外边简支

$$A = 0.269 - \frac{K^2}{1-K^2}\ln K$$

$$B = 3.71\frac{K^2}{1-K^2}\ln K$$

$$\sigma_{\max} = (\sigma_\theta)_{k=K} = \mp\alpha\frac{P}{t^2}$$

$$\omega_{\max} = (\omega)_{k=K} = \beta m^2\frac{P}{Et}$$

K	0	0.1	0.2	0.3	0.4	0.5	0.6	0.7	0.8	0.9	1.0
α	—	3.222	2.415	1.977	1.688	1.482	1.325	1.202	1.104	1.023	0.955
β	0.550	0.632	0.704	0.733	0.721	0.672	0.590	0.478	0.341	0.181	0

续表 **9 – 25**

序号	载荷、约束条件及下表面的应力分布	应力与位移计算公式
8	内边自由，外边固定 $2b$ $2a$	$A = \dfrac{1}{0.538 + K^2}\left[K^2 \ln K - 0.269(1 - K^2) \right]$ $B = \dfrac{2K}{0.538 + K^2}(\ln K + 0.769)$ 当 $K < 0.385$ 时 $\sigma_{max} = (\sigma_\theta)_{k=K} = \mp \alpha \dfrac{P}{t^2}$ 当 $K > 0.385$ 时 $\sigma_{max} = (\sigma_r)_{k=1} = \pm \alpha \dfrac{P}{t^2}$ $\omega_{max} = (\omega)_{k=K} = \beta m^2 \dfrac{P}{Et}$ 表见下

K	0	0.1	0.2	0.3	0.4	0.5	0.6	0.7	0.8	0.9	1.0
α	—	2.203	1.305	0.797	0.570	0.454	0.379	0.290	0.194	0.097	0
β	0.217	0.247	0.238	0.191	0.123	0.081	0.042	0.017	0.005	0.001	0

序号	载荷、约束条件及下表面的应力分布	应力与位移计算公式
9	内边可动固定，外边简支 $2b$ $2a$	$A = \dfrac{1}{3.71 + 2K^2}\left[1 - (1 - 2\ln K)K^2 \right]$ $B = \dfrac{2K^2}{1.3 + 0.7K^2}(1 - 1.3K)$ $\sigma_{max} = (\sigma_r)_{k=K} = \mp \alpha \dfrac{P}{t^2}$ $\omega_{max} = (\omega)_{k=K} = \beta m^2 \dfrac{P}{Et}$

K	0	0.1	0.2	0.3	0.4	0.5	0.6	0.7	0.8	0.9	1.0
α	—	2.440	1.746	1.320	1.001	0.753	0.546	0.373	0.228	0.104	0
β	0.551	0.468	0.352	0.241	0.153	0.088	0.044	0.018	0.005	0.000 6	0

序号	载荷、约束条件及下表面的应力分布	应力与位移计算公式
10	内边可动固定，外边固定 $2b$ $2a$	$A = \dfrac{-K^2}{1 - K^2}\ln K - 0.5$ $B = \dfrac{-2K^2}{1 - K^2}\ln K$ $\sigma_{max} = (\sigma_r)_{k=K} = \mp \alpha \dfrac{P}{t^2}$ $\omega_{max} = (\omega)_{k=K} = \beta m^2 \dfrac{P}{Et}$

K	0	0.1	0.2	0.3	0.4	0.5	0.6	0.7	0.8	0.9	1.0
α	—	1.744	1.123	0.786	0.564	0.405	0.285	0.190	0.114	0.052	0
β	0.217	0.169	0.115	0.073	0.044	0.024	0.011	0.005	0.000 7	0.000 2	0

（5）等厚板形板的应力与位移（$\gamma = 0.3$）（表 9 – 26）。

表 9 – 26　等厚板形板的应力与位移

序号	约束条件, σ_{max}、ω_{max} 位置	α、β 系数值

(1)在整个面板上作用均布载荷 q　　$\sigma_{max} = \alpha\left(\dfrac{b}{t}\right)^2 q$, $\omega_{max} = \beta\left(\dfrac{b}{t}\right)^4 \dfrac{q}{E}t$

1　四边简支

a/b	1.0	1.1	1.2	1.3	1.4	1.5	1.6
α	0.287 4	0.331 8	0.375 6	0.415 8	0.451 8	0.487 2	0.517 2
β	0.044 3	0.053 0	0.061 6	0.069 7	0.077 0	0.084 3	0.090 6

a/b	1.7	1.8	1.9	2.0	3.0	4.0	∞
α	0.544 8	0.568 8	0.591 0	0.610 2	0.713 4	0.741 0	0.750 0
β	0.096 4	0.101 7	0.106 4	0.110 6	0.133 6	0.140 0	0.142 2

2　四边固定

a/b	1.0	1.2	1.4	1.6	1.8	2.0	∞
α	0.307 8	0.383 4	0.435 6	0.468 0	0.487 2	0.497 4	0.500 0
β	0.013 8	0.018 8	0.022 6	0.025 1	0.026 7	0.027 7	0.028 4

3　一对边简支,另一对边固定

a/b	0	0.5	1/1.8	1/1.6	1/1.4	1/1.2	1/1.0
α	0.750	0.714 6	0.691 2	0.654 0	0.598 8	0.520 8	0.418 2
β	0.142 2	0.092 2	0.080 0	0.658	0.050 2	0.034 9	0.021 0

a/b	1.2	1.4	1.6	1.8	2.0	∞
α	0.462 6	0.486 0	0.496 8	0.497 1	0.497 3	0.500 0
β	0.024 3	0.026 2	0.027 3	0.028 0	0.028 3	0.028 5

当 $a/b < 1$ 时　$\sigma_{max} = \alpha\left(\dfrac{a}{t}\right)^2 q$, $\omega_{max} = \beta\left(\dfrac{a}{t}\right)^4 \dfrac{q}{E}t$

4　三边简支,一边自由

a/b	1/2	2/3	1.0	1.5	2.0	3.0	4.0
α	0.36	0.50	0.67	0.768	0.79	0.798	0.80
β	0.080	0.106	0.140	0.160	0.165	0.166	0.167

续表 9 – 26

序号	约束条件,σ_{max}、ω_{max} 位置	α、β 系数值

(2)在板的中心作用集中力 P　　$\sigma_{max} = \alpha\dfrac{P}{t^2}$,$\omega_{max} = \beta\left(\dfrac{b}{t}\right)^2\dfrac{P}{Et}$

5

四边简支

a/b	1.0	1.2	1.4	1.6	1.8	2.0	3.0	∞
α	见注							
β	0.126 7	0.147 8	0.162 1	0.171 4	0.176 9	0.180 3	0.184 5	0.185 1

注:载荷作用点附近的应力分布大致与半径为 $0.64b$、中心受集中力的简支圆板相同

6

四边固定

a/b	1.0	1.2	1.4	1.6	1.8	2.0	∞
α	0.754 2	0.894 0	0.962 4	0.990 6	1.000 0	1.004	1.008
β	0.061 15	0.070 65	0.075 45	0.077 75	0.078 02	0.078 84	0.079 17

(3)集中载荷作用在自由边中点

$$\sigma_{max} = \alpha\frac{P}{t^2},\ \omega_{max} = \beta\left(\frac{b}{t}\right)^2\frac{P}{Et}$$

7

受载边自由,一边固定,
一对边简支

a/b	0.25	0.5	0.667	1.0	1.5	2.0	3.0	4.0	∞
α	0.000 2	0.070 2	0.273 0	0.978 0	2.196	2.616	2.988	3.042	3.054

当 $a\gg b$ 时　$\beta = 1.835$

说明

σ_{max}——最大弯曲正应力;ω_{max}——最大挠性;t——板厚

截面图	平面图		
	- - - -	简支边	最大弯曲应力作用点,箭头指出上表面是应力的方向;
	————	自由边	
	/////////	固定边	✕ 最大挠度位置

第10章　摩擦与磨损

摩擦力及摩擦力矩是机器的重要使用性能,它直接影响到能量的耗损,也涉及机器运转过程中温度的上升,润滑剂劣化,磨损加剧。摩擦还关联精密机械、仪表动作和信息传递的准确性以及惯性导航漂移率。

经验可知,滚动摩擦低于滑动摩擦。滚动摩擦的产生是多种因素综合作用的结果,以滚动轴承为例,其中既有滚动摩擦,也有滑动摩擦;既有干摩擦,也有润滑剂黏性阻力摩擦,从工程应用角度考虑,需要了解摩擦类型、负荷和相对运动速度等因素对摩擦的影响。为此,本章介绍了摩擦与摩擦因素,机械零件磨损分析、磨损控制,并针对与轴承有关联的具体机件介绍了:机械零件的摩擦、螺纹连接的摩擦、轴承的摩擦、带与轮的摩擦、绳与卷筒的摩擦、车轮与钢轨的摩擦等。对于机械设计所要求的摩擦因素的定量数值,直接给出了:室温及大气中的非金属材料的、润滑表面的、高温下的、真空中的、滑动轴承的、滚动轴承的摩擦因数,十分便于查找和确定。在磨损控制中,引入了滚动轴承的磨损、滑动轴承的磨损预测和寿命计算。

在利用摩擦装置中,介绍了制动器、止动器、离合器、缓冲器、减震器和调速器,为正确选择或设计摩擦装置提供了依据。

10.1　摩擦与摩擦因素

两个互相接触的物体,在切向外力的作用下发生相对运动(或具有相对运动趋势)时,在接触面间产生阻止切向运动的阻力,这种现象就称为摩擦,该阻力即摩擦力。

可以从不同的出发点对摩擦力分类。各种类型的摩擦力见表 10 – 1。

表 10 – 1　摩擦类型

分类方法	摩擦类型
按摩擦副运动形式	滑动摩擦;滚动摩擦
按摩擦副运动状态	静摩擦;动摩擦
按摩擦副表面润滑状态	干摩擦;边界摩擦;混合摩擦;流体摩擦

(1)固体摩擦的摩擦力及其计算。

①摩擦力的性质。

摩擦是两个接触固体在外载荷作用下所形成的真实接触区内做相对切向移动时发生的能量逸散过程。摩擦力是无势的,其方向始终与移动方向相反。根据切向移动状态,摩擦力分为:局部静摩擦力,静摩擦力和动摩擦力。一般静摩擦力大于动摩擦力。

②摩擦因数。

定义摩擦因数为摩擦力与法向载荷之比,即

$$\mu = \frac{F_\mu}{F_N}$$

(10 – 1)

由此,摩擦力的计算公式为

$$F_\mu = \mu F_N \qquad (10-2)$$

法向载荷是外载荷,因此摩擦力的计算实际上就是摩擦因数的计算。

(2)固体摩擦定律。

①古典摩擦定律。

古典摩擦定律称为库仑定律,综述如下:

a. 摩擦力与法向载荷成正比。

b. 摩擦因数与(表观)接触面积无关。

c. 摩擦因数与滑动速度无关。

d. 静摩擦因数大于动摩擦因数。

②这一古典法并不一定完全正确,必须做如下修正:

a. 当法向载荷较大时,摩擦力与法向压力呈非线性关系;法向载荷越大,摩擦力增加得越快。

b. 有一定屈服点的材料(如金属),其摩擦力才与(表现)接触面积无关。黏弹性材料的摩擦力与(表观)接触面积有关。

c. 精确测量,摩擦力与速度有关,金属与金属的摩擦力随速度变化不大。

d. 黏性材料的静摩擦因数不大于动摩擦因数。

(3)固体摩擦的现代理论。

固体摩擦的现代理论认为摩擦具有二重性。摩擦力由两部分组成,即分子部分和机械(变形)部分。分子部分主要是切开黏附结点的切向力,机械部分主要是一个表面的轮廓峰在另一表面的犁削力。若忽视这两部分的相互影响,则摩擦力可表述为

$$F_\mu = F_{\mu n} + F_{\mu j} \qquad (10-3)$$

式中　$F_{\mu n}$——分子黏附部分的摩擦力;

　　　$F_{\mu j}$——机械变形部分的摩擦力。

因而,摩擦因数为

$$\mu = \frac{F_{\mu n} + F_{\mu j}}{F_N} = \mu_n + \mu_j \qquad (10-4)$$

a. 黏附分量的摩擦因数计算。

若真实接触面积为 A_r,黏附结点的抗剪强度为 τ,则摩擦力(切向阻力)的黏附分量为

$$F_{\mu n} = \tau A_r \qquad (10-5)$$

一般金属滑动摩擦副黏附结点的抗剪强度为

$$\tau = \tau_0 + \beta p \qquad (10-6)$$

式中　τ_0——法向压力为零时的抗剪强度;

　　　β——压力因子;

　　　p——摩擦副中较弱金属的屈服压力。

各种金属的 τ_0 和 β 是常量(数),见表 10-2。

对一定的表面形貌,真实接触面积 A_r 与法向载荷成正比,而与物体尺寸无关,故摩擦力的黏附分量与法向载荷的大小成正比,而与表面接触面积无关。

接触区呈塑性流动的金属呈现下述关系:

$$A_r = \frac{F_N}{p} \qquad (10-7)$$

表 10-2 几种金属的 τ_0 和 β 值

金属	τ_0/MPa	β	金属	τ_0/MPa	β
钒	17.7	0.250	银	63.7	0.090
铍	4.4	0.250	铝	29.4	0.043
铬	49.0	0.240	锌	78.5	0.020
铜	107.9	0.110	铅	8.8	0.014
铂	93.2	0.100	锡	12.3	0.012

于是黏附分量的摩擦因数为

$$\mu_n = \frac{\tau_0}{p} + \beta \qquad (10-8)$$

b. 变形分量的摩擦因数计算。

（a）相对支承比率曲线。

表面粗糙度对摩擦有很大的影响，仅用表面粗糙度来评定参数轮廓的算术平均偏差 R_a、轮廓最大高度 R_z、微观不平度十点高度等，还不能完全反映这一影响，需要引入评定表面粗糙度的附加评定参数相对于支承比率 R_{mr}。在不同的粗糙表层高度上，相对支承比率 R_{mr} 是不同的，其变化可表述为

$$R_{mr} = b \left(\frac{a}{R_y} \right)^{\xi} \qquad (10-9)$$

式中 b、ξ——相对支承比率的曲线参数；

a——到轮廓峰顶线的距离。

各种方法加工的各种材料表面，其表面粗糙度相对支承比率的曲线参数近似值，见表 10-3 ~ 10-5。

表 10-3   各种方法加工的钢件表面粗糙度参数近似值

加工方法	R_a/μm	R_z/μm	r[①]/μm	b	ξ
车削	5.0	37.50	15	1.00	2.10
	2.5	18.75	20	1.40	1.95
	1.25	9.37	35	1.80	1.80
	0.63	4.72	55	2.00	1.60
端面铣削	5.0	37	420	0.40	2.20
	2.5	18	900	0.55	1.65
	1.25	9.37	1 350	0.60	1.40

续表 10 - 3

加工方法	$R_a/\mu m$	$R_z/\mu m$	$r^{①}/\mu m$	b	ξ
外圆磨削	1.25	9.37	8	0.60	2.00
	0.63	4.72	12	0.90	1.95
	0.32	2.4	20	1.27	1.90
	0.16	1.2	30	2.00	1.90
内圆磨削	2.5	18.75	5	0.65	2.00
	1.25	9.37	8	0.90	1.90
	0.63	4.72	13	1.10	1.85
	0.32	2.4	18.5	1.35	1.75
平面磨削	5.0	37.5	35	0.625	2.20
	2.5	18.75	100	0.90	1.95
	1.25	9.37	180	0.95	1.85
	0.63	4.72	370	1.60	1.80
	0.32	2.4	550	2.30	1.65
外圆研磨	0.16	1.20	30	2.50	1.5
	0.08	0.60	40	2.55	1.4
	0.04	0.30	55	2.60	1.3
	0.02	0.15	75	3.30	1.2
内孔研磨	0.160	0.84	30	2.5	1.5
	0.125	0.66	33	2.5	1.5
	0.100	0.54	36	2.4	1.4
	0.080	0.43	40	2.5	1.4
	0.063	0.33	45	2.5	1.4
	0.050	0.27	50	2.6	1.4
	0.040	0.21	55	2.6	1.3
	0.032	0.16	62	2.5	1.4
	0.025	0.13	70	2.5	1.3
	0.020	0.10	75	3.3	1.2
	0.016	0.08	80	2.8	1.4
	0.012	0.06	85	2.9	1.5
平面研磨	0.160	1.20	300	2.4	1.60
	0.080	0.60	500	3.0	1.40
	0.040	0.30	1 000	3.3	1.22
	0.020	0.15	3 000	4.5	1.15
珩磨	0.63	4.72	15	0.75	1.8
	0.32	2.40	20	1.00	1.75
	0.16	1.20	35	1.95	1.6
	0.08	0.60	70	2.50	1.5

续表 10 - 3

加工方法	$R_a/\mu m$	$R_z/\mu m$	$r^{①}/\mu m$	b	ξ
抛光	0.63	4.72	230	2.0	1.7
	0.32	2.40	450	2.5	1.6
	0.16	1.20	670	3.5	1.5
金刚石光整加工	0.32	1.5	1 228	0.9	1.0
	0.25	1.32	1 300	2.1	1.2
	0.20	1.20	1 320	0.9	1.2
	0.16	0.84	2 200	1.0	1.4
	0.125	0.72	2 300	1.0	1.4
	0.10	0.60	2 400	1.1	1.5
	0.08	0.32	2 400	1.6	1.5
	0.063	0.24	2 600	2.0	1.0
	0.050	0.22	2 800	2.0	1.2
	0.040	0.19	3 100	2.5	1.5
	0.032	0.17	3 150	2.0	1.2
	0.025	0.12	3 200	3.5	1.8

注:①r 为轮廓峰半径

表 10 - 4　各种加工方法加工铸铁件表面粗糙度参数近似值

加工方法	$R_a/\mu m$	$R_z/\mu m$	$r^{①}/\mu m$	b	ξ
车削	10.0	48	25	1.10	1.9
	5.0	22.1	37	1.20	1.8
	2.5	11.5	60	1.45	1.7
	1.25	7.4	130	1.50	1.65
刨削	10.0	47.5	18	0.75	2.2
	5.0	21.5	25	0.90	2.0
	2.5	11.5	100	1.20	1.95
	1.25	6.9	150	1.65	1.90
端面铣削	5.0	23	40	0.425	2.0
	2.5	11.5	60	0.70	1.95
	1.25	6.9	90	0.95	1.80
平面铣削	10.0	28.8	17	1.40	2.8
	5.0	23	20	1.60	2.6
	2.5	11.5	25	1.70	2.4
	1.25	7.2	50	2.10	2.15
镗削	5.0	23	12	0.72	2.25
	2.5	11.5	13	1.00	2.2
	1.25	6.9	15	1.15	2.1
	0.63	3.8	20	1.75	2.05

续表 10 - 4

加工方法	$R_a/\mu m$	$R_z/\mu m$	$r^{①}/\mu m$	b	ξ
外圆磨削	2.5	11.5	50	0.7	1.97
	1.25	7.2	85	1.2	1.95
	0.63	3.5	150	1.25	1.85
	0.32	1.8	190	1.55	1.75
内圆磨削	2.5	11.5	12	1.6	2.66
	1.25	7.4	16	1.75	2.45
	0.63	3.6	25	1.95	2.35
	0.32	1.7	45	2.10	2.20
平面研磨	0.16	0.98	15	2.0	1.3
	0.08	0.42	20	2.3	1.2
	0.04	0.23	40	2.4	1.1
	0.02	0.18	55	3.1	1.05

注：①r 为轮廓峰半径

（b）摩擦因数。

滞后损失和轮廓峰相对压入深度是判别变形分量的主要参数。以半球形模拟轮廓峰的形状，变形分量的摩擦因数为

$$\mu_j = 0.55 K_s \left(\frac{h}{r}\right)^{\frac{1}{2}} \quad （塑性接触）（10 - 10）$$

$$\mu_j = 0.42 \alpha K_t \left(\frac{h}{r}\right)^{\frac{1}{2}} \quad （弹性接触）（10 - 11）$$

式中　α——单向拉伸试验中材料滞后损失因子，见表 10 - 6；

K_s、K_t——塑性和弹性变形时依据相对支承比率曲线参数 ξ 的两个因子（图 10 - 1）；

h——压入深度；

r——轮廓峰半径。

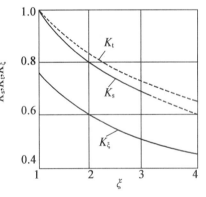

图 10 - 1　K_s、K_t、K_ξ 与 ξ 的关系曲线

表 10 - 5　各种磨合表面粗糙度参数近似值

零件名称		$R_a/\mu m$	$R_z/\mu m$	$r^{①}/\mu m$	b	ξ
与橡胶唇型密封圈接触的钢件表面		0.13	0.72	180	3.1	3.0
滑动轴承	轴颈（材料为 2Cr13）	0.15	0.84	58	1.8	2.0
	轴套（材料为 MoS_2 的金属陶瓷）	0.09	5.40	77	3.5	1.8
机床摩擦离合器	外摩擦片	0.10	0.60	46	1.4	2.1
	内摩擦片	0.32	1.8	60	2.8	2.2
蒸汽锤机身导轨		0.67	3.6	19	1.0	1.2

续表 10 – 5

零件名称		$R_a/\mu m$	$R_z/\mu m$	$r^{①}/\mu m$	b	ξ
多联齿轮的环槽		1.27	7.3	35	1.6	1.4
飞机制动器的制动盘、制动瓦	合金铸铁	0.65	4	76	1.0	2.1
	30CrMnSiA	0.78	5	82	1.0	2.2
气缸套		0.04	1.2	1 000	—	1.0
铸铁活塞环		0.03	0.15	85	1.8	2.3
活塞环		0.02	0.48	270	—	0.4
曲轴主轴颈和连杆轴颈		0.05	1.6	500	—	1.2
曲轴主轴瓦		0.42	2.6	300	—	—
活塞销		0.11	6.7	300	—	—
连杆小头轴套		0.12	7.0	250	—	—
活塞销孔		0.18	1.1	220	—	—
柴油机喷油嘴		0.10	0.6	35	3.8	1.9

注:①r 为轮廓峰半径

表 10 – 6　材料单向拉伸滞后损失因子 α

材料	α	材料	α
钢、磷青铜	0.04	橡胶	0.09 ~ 0.13
硬铝	0.03	木材	0.20
淬硬钢	0.02	生皮革	0.06
塑料	0.08 ~ 0.12	去毛皮革	0.10

（c）摩擦角和摩擦锥（图 10 – 2）。

静摩擦角：

要使受法向压力 F_N 的物体沿接触面滑动,必须施加切向外力 F,且 F 只有达到某临界值时,物体才开始滑动,此临界值就是静摩擦力 $F_{\mu st}$。静摩擦力与法向压力之比,就是静摩擦因数(系数)μ_{st}。

若法向压力 F_N 和切向外力 F 的合力构成的夹角 ρ 小于某临界角,物体就不会滑动,称该临界角为摩擦角。因此,静摩擦角为

$$\rho_{st} = \arctan \mu_{st} \tag{10 – 12}$$

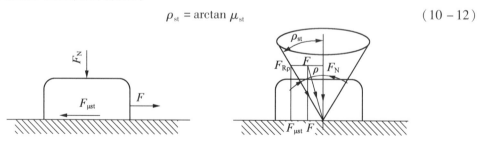

图 10 – 2　平面滑动摩擦与摩擦锥

静摩擦锥：

若接触面的状况是没有方向性的，式(10-12)对沿摩擦面的任意方向的外力都成立。所以，F_N 和 $F_{\mu st}$ 的合力形成了一个以 $2\rho_{st}$ 为圆锥角的圆锥(图 10-2)，称为静摩擦锥。如果 F_N 和 F 的合力位于静摩擦锥内，物体就不会滑动。

动摩擦角和动摩擦锥：

为使受法向压力的物体在平面上沿给定的方向做匀速运动必须克服的阻力称为动摩擦力 $F_{\mu st}$。它与法向压力之比称为动摩擦因数 μ_{st}。

作用在物体上的法向压力和推动物体做匀速运动的切向外力之合力，与法向压力构成的夹角称为动摩擦角 ρ_{st}，也可以得到以 $2\rho_{st}$ 为圆锥角的动摩擦锥。

(4)滑动摩擦因数(系数)。

虽然在式(10-4)以及式(10-8)中给出了摩擦因数的计算式，但是目前尚无法利用公式(10-11)计算出工程上可用的摩擦因数值。实用的滑动摩擦因数都是靠试验得出。

在一般的压力和速度下，对确定的摩擦副环境，可以认为摩擦因数都是常数。

摩擦因数受摩擦副材料、表面粗糙度、润滑状态、环境、压力和温度的影响很大。因此摩擦因数试验值受试验环境与试验状态的影响也很大。

(5)室温及大气中的摩擦因数。

①无润滑表面的滑动摩擦因数。

纯净金属表面的摩擦因数相当大，而且同类纯金属间的摩擦因数比异类纯金属间的和同类合金间的摩擦因数大得多。大气环境中的金属表面有污染膜，它对摩擦因数值有较大的影响，表 10-7 是污染极少时金属(包括合金)间的摩擦因数；表 10-8 是一般情况下，常用材料间的摩擦因数。

表 10-7　金属(包括合金)间的摩擦因数

摩擦副材料		μ
I	II	
铅、银、钼、锌、镍	未淬硬钢	0.4
锡基、铅基轴承合金		0.3~0.35
铜、镉、磷青铜		
淬硬钢	淬硬钢	0.35~0.40
未淬硬钢	未淬硬钢	
银	银	1.4
铜	铜	1.4
镍	镍	0.7
铂	铂	1.2~1.3

通常，非金属材料不会形成表面氧化膜，只有吸附膜，它对摩擦因数的影响不如金属的大。

工程塑料是黏弹性材料，它与钢相互摩擦时，摩擦因数随滑动速度和表面粗糙度变化的范围较宽。聚四氟乙烯的分子链较长，氟原子有效地遮蔽住碳原子，使分子间的内聚力降低，所以摩擦因数较小。

各种工程塑料间，工程塑料与钢间的摩擦因数见表 10-9。

表 10 – 8　常用材料间的摩擦因数

摩擦副材料		摩擦因数	
I	II	μ_{si}	μ_{sl}
钢	钢	0.15	0.10
	未淬硬钢	0.2	
	T8 钢	0.18	
	铸铁	0.2 ~ 0.3	0.16 ~ 0.19
	黄铜	0.19	
	青铜	0.15 ~ 0.18	
	铝	0.17	
	锡基、铅基轴承合金	0.2	
	酚醛层压材料	0.22	
	冰	0.027	0.014
	粉末冶金材料	0.35 ~ 0.55	—
皮革	钢铁材料	0.30 ~ 0.50	
硬木		0.20 ~ 0.35	
软木		0.30 ~ 0.50	
毛毡		0.22	
石棉基材料		0.25 ~ 0.40	
未淬硬钢	青铜	0.20	0.18
	铸铁		
铸铁	铸铁	0.15	
	青铜	0.28	0.15 ~ 0.18
	皮革	0.55	0.28
	橡胶	0.8	
铜	T8 钢	0.15	
	铜	0.20	
硅铝合金	酚醛层压材料	0.31	
	塑料	0.28	
	硬橡胶	0.25	
	石板	0.26	
黄铜	T8 钢（未淬火）	0.19	
	T8 钢（淬火）	0.14	
	黄铜	0.17	
	钢	0.30	
	硬橡胶	0.25	
	石板		

续表 10 - 8

摩擦副材料		摩擦因数	
I	II	μ_{si}	μ_{sl}
青铜	T8 钢	0.16	
	黄铜		
	青铜	0.15 ~ 0.20	
	钢	0.16	
	酚醛层压材料	0.23	
	塑料	0.21	
	硬橡胶	0.36	
	石板	0.33	
铝	T8 钢(未淬火)	0.18	
	T8 钢(淬火)	0.17	
	黄铜	0.27	
	青铜	0.22	
	钢	0.30	
	酚醛层压材料	0.26	

表 10 - 9　工程塑料间、工程塑料与钢的摩擦因数

摩擦副材料		摩擦因数	
I	II	μ_{si}	μ_{sl}
聚四氯乙烯	聚四氯乙烯	0.04	
	钢	0.10	0.05
聚全氟乙丙烯	钢	0.25	0.18
聚偏二氟乙烯	钢	0.33	0.25
聚三氯氟乙烯	聚三氯氟乙烯	0.43	0.32
	钢	0.45	0.33
低密度聚乙烯	低密度聚乙烯	0.33	
	钢	0.27	0.26
高密度聚乙烯	高密度聚乙烯	0.12	0.11
	钢	0.18	0.10
聚氯乙烯	聚氯乙烯	0.50	0.40
	钢	0.45	0.40
聚甲醛	钢	0.14	0.13
氯化聚醚	钢	—	0.35

续表 10 - 9

摩擦副材料		摩擦因数	
I	II	μ_{si}	μ_{sl}
聚偏二氯乙烯	聚偏二氯乙烯	0.90	0.52
	钢	0.68	0.45
聚对苯二甲酸乙二醇酯	聚对苯二甲酸乙二醇酯	0.27	0.20
	钢	0.29	0.28
聚己二酰己二胺	聚己二酰己二胺	0.42	0.35
	钢	0.37	0.34
聚壬酸胺	填充 MoS_2	钢	—	0.57
	填充玻璃纤维	钢	—	0.48
聚葵二酰葵二酸胺	填充玻璃纤维	钢	—	0.39
聚碳酸酯	钢	0.60	0.53
苯乙烯 - 丁二烯 - 丙烯腈共聚体	钢	—	0.40

非金属材料、银基、铜基、铁基自润滑材料,密封材料等的摩擦因数,见表 10 - 10 ~ 10 - 14。

表 10 - 10　非金属材料的摩擦因数

摩擦副材料		μ_{si}	μ_{sl}
I	II		
砖	砖	0.6 ~ 0.7	
石料	金属	0.3 ~ 0.4	
石料	土	0.3(0.5)[①]	
土	土	0.25 ~ 0.10	—
木材	木材	0.2(0.5)[①]	
木材	石料	0.4	
木材	金属	0.3(0.6)[①]	
橡胶	橡胶	0.5	
毛织物	毛织物	—	0.4
棉织物	棉织物	—	0.44
皮革	金属	0.4 ~ 0.6	—
尼龙	尼龙	0.15 ~ 0.25	—
皮革	木材	0.4 ~ 0.5	0.03 ~ 0.05

续表 10 – 10

摩擦副材料		μ_{si}	μ_{sl}
I	II		
软木	松木		0.5
石墨	未淬硬钢		0.21
玻璃	玻璃		0.7
水晶	水晶		0.9
红宝石	红宝石		0.16
淬硬钢	红宝石	—	0.25
黄铜	玻璃		0.25
淬硬钢	玻璃		0.7
淬硬钢	水晶		0.8
铁	冰		0.027
冰	冰	0.3 ~ 0.5	0.11[2],0.025[3]
麻绳	木材	0.5 ~ 0.8	—

注:①括号内为干时的值,括号外为湿时的值

②为 – 140 ~ – 40 ℃下的值

③为 0 ℃左右的值

碳石墨易吸附湿气,吸附湿气后摩擦因数明显降低,在干燥空气中摩擦因数较大,石墨甚至会因摩擦而燃烧。

宝石是各向异性材料,在不同方向上摩擦因数不等。

橡胶比较软,弹性大,摩擦因数随滑动速度而改变,滑动速度很低时,摩擦因数低于动摩擦因数。

表 10-11　银基自润滑复合材料的摩擦因数

材料		配副材料				材料性能			
		渗碳钢	铝合金			密度/(kg·m⁻³)		硬度	抗压强度/MPa
		环块试验机	环块试验机	黏滑试验机				（HBS）	
成分	质量分数/%	μ_{sl}	μ_{sl}		μ_{st}	烧结前	烧结后		
Ag	100	—	0.58~0.65	0.63	0.66	9 800	9 600	25	386
Ag + WSe₂	90 + 10	0.25~0.37	0.12~0.15	0.17	0.18	9 600	9 500	25	185
	80 + 20	0.25~0.26	0.12~0.14	0.16	0.16	9 500	9 400	22	110
	70 + 30	0.19~0.25	0.14~0.17	0.15	0.16	9 500	9 300	20	72
	60 + 40	0.33~0.38	0.15~0.17	0.14	0.15	9 200	9 100	19	45
Ag + MoS₂	95 + 5	0.23~0.34	0.12~0.16	0.13	0.19	8 900	8 800	25	304
	90 + 10	0.17~0.23	0.10~0.13	0.14	0.13	8 600	8 500	24	229
	80 + 20	0.25~0.31	0.13~0.14	0.14	0.14	7 900	7 800	22	105
	70 + 30	0.22~0.25	0.13~0.14	0.13	0.14	7 300	7 200	20	67
	60 + 40	0.18~0.22	0.14~0.16	0.11	0.12	7 000	6 700	20	46
Ag + Cu + Zn	62 + 29 + 9	0.48~0.49	—	0.55	0.57	8 600	8 500	58	>386
Ag + Cu + Zn + MoS₂	58.9 + 27.6 + 8.5 + 5	0.21~0.34	0.15~0.20	0.33	0.38	8 100	7 800	50	287
	55.8 + 26.1 + 8.1 + 10	0.21~0.29	0.11~0.16	0.30	0.32	7 900	7 700	45	216
	52.7 + 24.6 + 7.7 + 15	0.13~0.20	0.14~0.16	0.24	0.27	7 600	7 400	42	194

注：材料在 600 ℃下自由烧结；试验载荷 4.8 N；速度 8 m/min

表 10 – 12　铜基自润滑复合材料的摩擦因数

| 材料 | | 配副材料 | | | | 材料性能 | | | |
成分	质量分数/%	渗碳钢 环块试验机 μ_{sl}	铝合金 环块试验机 μ_{sl}	铝合金 黏滑试验机	铝合金 黏滑试验机 μ_{sl}	密度/(kg·m⁻³) 烧结前	密度/(kg·m⁻³) 烧结后	硬度(HBS)	抗压强度/MPa
Cu	100	0.72~0.77	—	0.44	0.46	6 900	7 000	44	266
Cu + WSe₂	90 + 10	0.14~0.31	0.12~0.15	0.29	0.31	7 400	7 400	38	247
	80 + 20	0.10~0.31	0.11~0.13	0.26	0.28	7 500	7 500	35	196
	75 + 25	0.15~0.28	0.14~0.17	0.23	0.25	7 700	7 600	27	128
	65 + 35	0.26~0.29	0.12~0.15	0.21	0.24	7 700	7 700	25	107
	60 + 40	0.19~0.26	0.12~0.13	0.20	0.21	7 700	7 600	22	71
Cu + MoS₂	90 + 10	0.19~0.21	0.11~0.14	0.33	0.37	6 900	6 900	38	157
	80 + 20	0.13~0.28	0.11~0.13	0.25	0.30	6 500	6 500	39	103
	70 + 30	0.15~0.22	0.13~0.15	0.17	0.19	6 300	6 300	26	77
Cu + 石墨	90 + 10	0.22~0.23	—	0.15	0.15	6 000	6 000	21	119
	80 + 20	0.23~0.26	0.17~0.18	0.17	0.17	5 100	5 000	14	65
	70 + 30	0.23~0.21	0.19~0.21	0.17	0.17	4 300	4 300	12	43

注：材料在 600 ℃下自由烧结；试验载荷 4.8 N；速度 8 m/min

表 10 – 13　铁基自润滑复合材料的摩擦因数

材料		配副材料 黏滑试验机			材料性能			
成分	质量分数/%	环块试验机 铝合金 μ_{sl}	铝合金 μ_{sl}	渗碳钢 μ_{sl}	密度/(kg·m⁻³) 烧结前	密度/(kg·m⁻³) 烧结后	硬度 (HBS)	抗压强度/MPa
Fe + 石墨	90 + 10	0.14 ~ 0.15	0.17	0.18	5 000	4 700	30 ~ 40	187
	80 + 20	0.18 ~ 0.20	0.15	0.15	4 400	4 300	16 ~ 18	72
	70 + 30	0.20 ~ 0.21	0.13	0.13	3 900	3 900	15 ~ 17	52

注：材料在 600 ℃下自由烧结；试验载荷 4.8 N；速度 8 m/min。

表 10 – 14　密封材料的摩擦因数

密封材料			鞣制皮革	铬鞣皮革	氯丁橡胶	特殊橡胶	鞣制皮革	氯丁橡胶	特殊橡胶	氯丁橡胶
$v_{40}/(\text{mm}^2 \cdot \text{s}^{-1})$					46			100		220
添加剂			抗氧添加剂							加 10% 菜籽油（质量分数）
润滑剂供给量	18 ℃	充足	0.09	0.13	0.02	0.03	0.06	0.01	0.02	0.01
		不足	0.06	0.06	0.07	0.06	0.06	—	—	0.16
	100 ℃	充足	0.16	—	0.12	0.16	—	—	0.15	—
		不足	0.08	—	—	0.17	—	—	—	—

　　木材的纤维素极易吸收油和水等,因而摩擦因数较低。木材也是各向异性材料,在不同方向上的摩擦因数有较大差异。

　　②润滑表面的摩擦因数。

　　在摩擦表面上涂覆少量润滑剂,则呈边界摩擦状态,这时摩擦因数遵循下述一般规律变化:

　　a. 润滑表面的摩擦因数低于无润滑表面的摩擦因数。

　　b. 润滑剂分子的极性强,分子越长,则摩擦因数降低得越多。因此,通常油脂比矿物油更能降低摩擦因数。

　　c. 对于同一种摩擦剂来说,一般无润滑时摩擦因数大的金属摩擦副,润滑时其摩擦因数较大。润滑表面的摩擦因数见表 10 - 15、表 10 - 16。

表 10 - 15　不同润滑油下润滑表面的摩擦因数

| 润滑剂 | 静摩擦因数 μ_{st} | | 黏度 $\eta_{20}/(\mathrm{Pa \cdot s})$ |
| | 摩擦副材料 | | |
	未淬硬钢 - 铸铁	未淬硬钢 - 铅青铜	
蓖麻籽油	0.183	0.159	0.75
橄榄油	0.119	0.196	0.082
菜籽油	0.119	0.136	0.09
鲸油	0.127	0.180	0.033
猪油	0.123	0.152	0.089
全损耗油	0.211	0.294	0.028
气缸油	0.193	0.236	1.95
主轴油	0.183	0.262	0.055

表 10 - 16　各种材料润滑表面的摩擦因数

| 摩擦副材料 | | 摩擦因数 | |
I	II	μ_{si}	μ_{sl}
钢	钢	0.10 ~ 0.12	0.05 ~ 0.10
	未淬硬钢	0.1 ~ 0.2	
	T8 钢(不淬火)	0.03	
	铸铁	0.05 ~ 0.15	
	黄铜	0.03	
	青铜	0.10 ~ 0.15	0.07
	铝	0.02	
	轴承合金	0.04	
未淬硬钢	铸铁	0.05 ~ 0.15	
	青铜	0.07 ~ 0.15	
石棉基材料	钢铁	0.08 ~ 0.012	
皮革		0.12 ~ 0.15	
硬木		0.12 ~ 0.16	
软木		0.15 ~ 0.25	
毛毡		0.18	

续表 10 – 16

摩擦副材料		摩擦因数	
I	II	μ_{si}	μ_{sl}
铜	T8 钢	0.18	
铸铁	铸铁	0.15 ~ 0.16	0.07 ~ 0.12
	青铜	0.16	0.07 ~ 0.15
	皮革	0.15	0.12
	橡胶	0.5	
黄铜	T8 钢(不淬火)	0.03	
	T8 钢(淬火)	0.02	
	黄铜	0.02	
青铜	青铜	0.04 ~ 0.10	
铝	T8 钢(不淬火)	0.03	
	T8 钢(淬火)	0.02	
	黄铜	0.02	
淬火钢	聚甲醛	0.016	
	聚碳酸酯	0.03	
	聚酰胺	0.02	

(6)高温下的摩擦因数。

温度高时污染膜和吸附膜会松弛、蒸发或脱吸,所以摩擦因数通常随温度升高而增大,摩擦因数与温度的关系,见表 10 – 17。

表 10 – 17　摩擦因数与温度的关系

温度/℃		20	50	100	150	200	250	300	350
润滑剂	L – EQC 15W/40	0.28	0.32	0.35	0.40	0.45	0.55	0.60	0.50
	蓖麻籽油	0.18	0.20	0.25	0.30	0.35	0.40	0.45	0.50
无润滑		0.55 ~ 0.6				1.20 ~ 1.30			

注:摩擦副材料为未淬硬钢对未淬硬钢

(7)真空中的摩擦因数。

在真空中,摩擦表面上氧化和吸附膜生成速率低,黏结点散热缓慢,故摩擦因数大,真空度越高,摩擦因数越大。可以采用自润滑材料、固体润滑剂或软金属膜来改善真空材料间的摩擦特性。

碳氢化合物在真空中会汽化,影响摩擦因数。根据有无碳氢化合物的残留气体,分为"油真空"和"无油真空"。"无油真空"中滑动摩擦系数较大,易咬粘,磨损严重。同种纯金属表面在真空中滑动,摩擦因数随它们的硬度增加而下降。表 10 – 18 ~ 10 – 21 是各种材料在真空中的摩擦因数。

表 10 - 18　不锈钢试件在不同真空度中的摩擦因数

压力/Pa	1.01×10^5		53.3×10^{-6}	1.87×10^{-4}	1.07×10^{-4}
摩擦因数	$0.47^{①}$	$(0.82^{②})$	1.22	2.74	2.94

注:①开始运转时的值
②运转 2 h 后的值

表 10 - 19　纯金属在真空中的摩擦因数

摩擦副材料	I	Ni			Fe	Cu	
	II	Cu	Ta	W	Cu	Ta	W
压力/Pa	1.01×10^5	0.45	0.23	0.21	0.51	0.44	0.34
	1.33×10^{-3}	1.50	0.90	1.36	0.75	0.43	0.41

表 10 - 20　非金属材料在真空(压力 1.33×10^{-3} Pa)和低温下的摩擦因数

摩擦副材料		温度/℃				
I	II	- 80	- 60	- 40	- 20	0
聚乙烯	聚乙烯	0.33	0.40	0.38	0.42	0.53
聚四氟乙烯	聚四氟乙烯	0.2	0.2	0.7	0.11	0.1
聚三氟氯乙烯	聚三氟氯乙烯	0.3	0.31	0.35	0.41	0.48
聚甲基丙烯酸甲酯	聚甲基丙烯酸甲酯	0.45	0.45	0.46	0.48	0.54

表 10 - 21　各种不同金属(合金)在空气和真空中的摩擦因数

摩擦副材料		载荷/N	摩擦因数					
I	II		在大气压力下			在真空下(0.267×10^{-3} Pa)		
			启动	10 min 后	60 min 后	启动	10 min 后	60 min 后
铝	铝	30	0.50	0.78	0.78	1.10	1.57	1.57
		62	0.57	0.59	0.59	0.61	0.75	0.59
铍青铜	铍青铜	32	0.46	0.57	0.58	0.71	0.87	1.10
		64	0.44	0.89	0.70	—	—	—
黄铜	黄铜	32	0.31	0.31	—	0.43	0.50	0.70
		64	0.37	0.39		0.40	0.55	0.60
纯铜	纯铜	32	0.26	1.04	1.04	0.32	1.22	2.0
不锈钢	不锈钢	64	0.29	0.47	0.51	0.32	0.62	0.93
	铝	32	0.29	0.39	0.40	0.38	0.39	0.34
	黄铜	64	0.21	0.32	0.39	0.32	0.67	0.84
GCr15	纯铜	64	0.13	0.66	0.70	0.25	0.41	0.45
铍青铜	黄铜	64	0.28	0.34	0.38	0.49	0.62	0.90
镉	镉	64	0.26	0.44	0.39	0.43	0.43	0.31

续表 10 – 21

摩擦副材料		载荷/N	摩擦因数					
Ⅰ	Ⅱ		在大气压力下			在真空下(0.267 × 10⁻³ Pa)		
			启动	10 min 后	60 min 后	启动	10 min 后	60 min 后
镍	镍	32	0.33	0.33	0.30	—	—	—
银	银	64	—	—	—	0.28	0.41	0.39

(8)低温下的摩擦因数。

在 0 ~ –150 ℃下的摩擦称为低温摩擦。实际上低温摩擦多半是在低温液体(如液氮、液氦、液氢等)中进行的。低温液体的特点是黏度低和有腐蚀性,虽然在摩擦表面上可以保持氧化膜,但该膜易破裂,所以,低温下的摩擦面易咬粘,磨损严重。

液氮具有保护作用,在液氮中摩擦磨损是稳定的,且摩擦因数略有下降。

立方晶体金属的低温摩擦因数大于六方晶体金属。

表 10 – 20 ~ 10 – 25 是金属与塑料在低温下的摩擦因数。

表 10 – 22 在液氮介质中的摩擦因数

摩擦副材料		摩擦因数	摩擦副材料		摩擦因数	摩擦副材料		摩擦因数
Ⅰ	Ⅱ	μ	Ⅰ	Ⅱ	μ	Ⅰ	Ⅱ	μ
Al	Al	0.718	Al		0.853	30CrMoAlA	30CrMoAlA	0.897
Ti	Ti	0.692	Ti		0.734	聚苯乙烯		0.33 ~ 0.38
Nb	Nb	0.990	Nb		1.016	聚氯乙烯		0.20 ~ 0.28
Mo	Mo	0.831	Mo	30CrMoAlA (渗氮处理)	0.879	酚醛层压布材		0.31 ~ 0.38
W	W	1.006	W		1.068	聚四氟乙烯	45 (热处理)	0.09 ~ 0.15
Fe	Fe	0.841	Fe		1.023	山毛榉木		0.32 ~ 0.38
Co	Co	0.512	Co		0.537	硬橡胶		0.30 ~ 0.42
Ni	Ni	0.879	Ni		1.037	石墨		0.68 ~ 0.76

表 10 – 23 在氮气中金属的摩擦系数

摩擦副材料		Ⅰ	Fe(99.9%)	Al(99%)	Cu(99.95%)	Au(99.98%)	Pt(99.98%)	Ni(99.98%)
		Ⅱ	Fe(99.99%)	Al(99%)	Cu(99.95%)	Au(99.98%)	Pt(99.98%)	Ni(99.98%)
温度 /℃	27	μ_{st}	1.09	1.62	1.76	1.88	1.92	2.11
		μ_{sl}	0.92	1.43	1.56	1.60	1.70	1.78
	–193	μ_{st}	1.04	1.60	1.70	1.77	1.93	2.00
		μ_{sl}	0.90	1.41	1.45	1.60	1.68	1.68
	–253	μ_{st}	—	—	1.66	2.03	—	2.02
		μ_{sl}	—	—	1.42	1.79	—	1.68

续表 10 - 23

摩擦副材料	I		Au(99.98%)	Fe(99.9%)	Ni(99.95%)	Cu(99.95%)	
	II		Al(99%)	Cu(99.95%)		Fe(99.9%)	Ni(99.95%)
温度/℃	27	μ_{st}	1.42	1.99	2.34	0.43	0.85
		μ_{sl}	1.22	1.80	2.13	0.43	0.85
	-193	μ_{st}	1.50	2.03	2.35	0.40	0.85
		μ_{sl}	1.16	1.80	2.12	0.40	0.85

注:表中括号内的百分含量均为质量分数

表 10 - 24　低温、真空下金属的摩擦因数

摩擦副材料		压力 /1.33Pa	温度 /℃	摩擦因数	摩擦副材料		压力 /1.33Pa	温度 /℃	摩擦因数
I	II				I	II			
Al	Al	10^{-8}	-268	2.2 ~ 2.4	Fe	Fe	10^{-8}	-268	1.1 ~ 1.2
		10^{-6}	-196	2.5 ~ 2.8			10^{-6}	-196	1.1 ~ 1.3
Cu	Cu	10^{-8}	-268	≥5				27	1.5 ~ 1.8
电解铜	电解铜	10^{-6}	-196 ~ 27	≥5	Zn	Zn	10^{-8}	-268	0.25 ~ 0.36
		10^{-8}	-200	3			10^{-6}	-196	0.35 ~ 0.40
			0	4				27	0.50 ~ 0.55
Pb	Pb	10^{-8}	-268	≥6	40Cr (碳氮共渗)	40Cr (碳氮共渗)	5×10^{-5}	-190	0.4 ~ 0.5
								20	0.6 ~ 0.7
		10^{-6}	-196 ~ 27	≥6	ZGMn13	Cr		-190	0.95

表 10 - 25　几种材料在低温液体介质中与不锈钢的摩擦因数

材料	液体介质	
	液氮	液氢
填充石墨的金属氟化物	0.18	0.22
填充石墨的酚醛树脂	0.04	0.06
填充15%石墨的聚四氟乙烯	0.09	0.16
填充5%石墨的聚酰胺	0.06	0.15

注:表中的百分含量为质量分数

(9)滚动摩擦。

两接触面物体成点接触或线接触,接触处的速度大小和方向均相同的摩擦为滚动摩擦。物体作无滑动的滚动时,其阻力矩称为滚动摩擦阻力矩。

因定义不同,有滚动摩擦因数和滚动摩擦系数之分,见表 10 - 26。

滚动摩擦系数值和滚动摩擦因数值,见表 10 - 27 和表 10 - 28。

表 10 - 26　滚动摩擦因数和滚动摩擦系数

名称	定义	量纲	摩擦角	特点	图示
滚动摩擦因数	$\mu'_g = \dfrac{A}{F_N \Delta l}$ A——驱动力所做的功 $A = Fr\Delta\varphi$ Δl——滚轮中心位移量 $\Delta l = r\Delta\varphi$	1	$\tan\rho_g = \mu'_g$	在一定载荷条件下可与滑动摩擦因数做比较	
滚动摩擦系数	$\mu_g = \dfrac{M}{F_N}$ M——阻力矩 $M = Fr$	L	$\tan\rho_g = \dfrac{\mu_g}{r}$	摩擦系数定义与滑动摩擦相似;μ_g 值随滚轮大小而改变	

表 10 - 27　滚动摩擦系数的典型数值

滚轮	铁梨木	榆木	钢				充气轮胎		实心橡胶轮胎	
滚道	柞木	柞木	钢	木	碎石路	软土路	优质路	泥土路	实质路	泥土路
μ_g	0.5	0.8	0.2~0.4	1.5~2.5	1.2~5.0	75~125	0.5~0.55	1.0~1.5	1.0	2.2~2.8

表 10 - 28　滚动摩擦因数的典型数值

滚动体	$\phi1.587\ 5$ mm 钢球							
滚道	淬火钢	未淬火钢	黄铜	铜	铝	锡	铅	玻璃
μ'_g	0.000 02	0.000 04~0.000 01	0.000 045	0.000 12	0.001	0.001 2	0.001 4	0.000 014

（10）机械零件的摩擦。

机械零件构成的运动副,不但无润滑和固体润滑,而且边界润滑、混合润滑也采用式(10-2)计算摩擦力,就连液体润滑的轴承和导轨也借用固体摩擦的概念,采用式(10-2)计算摩擦力。

摩擦力可以是机械零件工作的基础之一:如车辆行驶、摩擦传动和摩擦制动。但摩擦力更经常的是有害阻力,造成机器的功率损耗。

①斜面的摩擦。

考虑摩擦力之后,斜面上的作用力、效率和自锁条件的计算,见表 10 - 29。

表 10 - 29　斜面上的作用力计算

斜面类型	平面滑块		楔形滑块	
	等速上升	等速下降	等速上升	等速下降
力平衡图				

续表 10 – 29

斜面类型	平面滑块		楔形滑块	
	等速上升	等速下降	等速上升	等速下降
作用力	$F = F_Q \tan(\alpha + \rho)$	$F = F_Q \tan(\alpha - \rho)$	$F = F_Q \tan(\alpha + \rho)$ $\tan \rho' = \dfrac{\mu}{\sin \beta}$	$F = F_Q \tan(\alpha - \rho)$ $\tan \rho' = \dfrac{\mu}{\sin \beta}$
效率	$\eta = \dfrac{\tan \alpha}{\tan(\alpha + \rho)}$ $\eta_{max} = \tan\left(45° - \dfrac{\rho}{2}\right)$	$\eta = \dfrac{\tan(\alpha - \rho)}{\tan \alpha}$	$\eta = \dfrac{\tan \alpha}{\tan(\alpha + \rho')}$ $\eta_{max} = \tan\left(45° - \dfrac{\rho'}{2}\right)$	$\eta = \dfrac{\tan(\alpha - \rho')}{\tan \alpha}$
自锁条件	$\alpha \geqslant \dfrac{\pi}{2} - \rho$	$\alpha \leqslant \rho$	$\alpha \geqslant \dfrac{\pi}{2} - \rho$	$\alpha \leqslant \rho$

②楔连接的摩擦。

楔连接的楔紧力、松脱力和自锁条件的计算,见表 10 – 30,楔连接的摩擦因数,见表 10 – 31。

表 10 – 30　楔连接的作用力计算

楔的类型	力平衡图	楔紧力	松脱力	自锁条件
楔连接		$F = F_Q\big[\tan(\alpha_1 + \rho_1)\big] +$ $\tan(\alpha_2 + \rho_2)$	$F = F_Q\big[\tan(\alpha_1 - \rho_1)\big] +$ $\tan(\alpha_2 - \rho_2)$	$\alpha_1 + \alpha_2$ $\leqslant \rho_1 + \rho_2$
调整楔		$F = F_Q \dfrac{\sin(\rho_2 + \rho_3 + \alpha)\cos \rho_1}{\cos(\rho_1 + \rho_2 + \alpha)\cos \rho_3}$ 若 $\rho_1 = \rho_2 = \rho_3 = \rho$ $F = F_Q \tan(\alpha + 2\rho)$	$F = F_Q \dfrac{\sin(\alpha - \rho_2 - \rho_3)\cos \rho_1}{\cos(\alpha - \rho_1 - \rho_2)\cos \rho_2}$ 若 $\rho_1 = \rho_2 = \rho_3 = \rho$ $F = F_Q \tan(\alpha - 2\rho)$	$\alpha \leqslant \rho_3 + \rho_2$

表 10 – 31　楔连接的摩擦因数

材料和表面状况	钢 – 钢仔细加工涂脂	钢 – 钢刨削涂脂	钢 – 钢油润滑	钢 – 钢无油或脂
摩擦因数 μ	0.04	0.07	0.15	0.20 ~ 0.22
摩擦角 ρ	2°17′	4°0′	8°32′	11°19′ ~ 12°24′

③螺纹连接的摩擦。

螺纹连接的旋紧力矩、松脱力矩、效率和自锁条件,见表10-32。

表 10-32　螺纹连接作用力矩的计算

螺纹类型	矩形螺纹	三角螺纹
简图	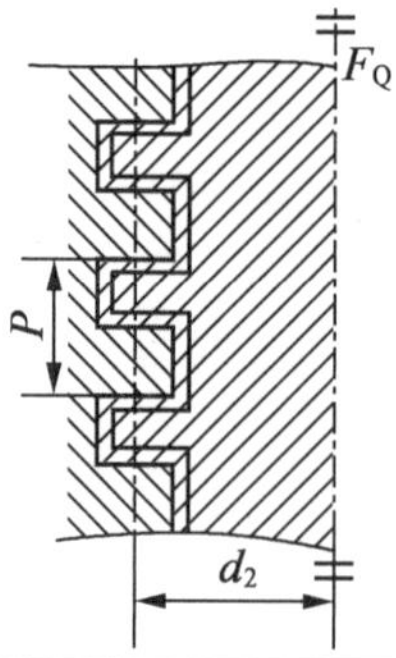	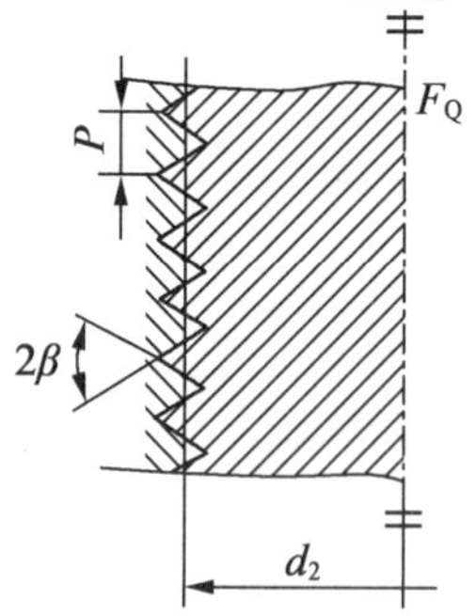
旋紧力矩	$T = F_Q d_2 \dfrac{(P + \pi d_2 \mu)}{2(\pi d_2 - P\mu)}$	$T = F_Q d_2 \dfrac{P\cos\beta + \pi d_2 \mu}{2(\pi d_2 \cos\beta - P\mu)}$
松脱力矩	$T = F_Q d_2 \dfrac{(P + \pi d_2 \mu)}{2(\pi d_2 - P\mu)}$	$T = F_Q d_2 \dfrac{P\cos\beta - \pi d_2 \mu}{2(\pi d_2 \cos\beta + P\mu)}$
自锁条件	$P \leqslant \pi d_2 \mu$	$P \leqslant \dfrac{\pi d_2 \mu}{\cos\beta}$
效率	$\eta = \dfrac{P}{\pi d_2} \dfrac{\pi d_2 - P\mu}{\pi d_2 \mu + P}$ 当 $P = \pi d_2 \mu$ 时, $\eta = \dfrac{1 - \mu^2}{2}$	$\eta = \dfrac{P}{\pi d_2} \dfrac{\pi d_2 \cos\beta - P\mu}{\pi d_2 \mu + P\cos\beta}$ 当 $P = \dfrac{\pi d_2 \mu}{\cos\beta}$ 时, $\eta = \dfrac{1 - \dfrac{\mu}{\cos^2\beta}}{2}$

④(非流体润滑)滑动轴承的摩擦。

a. 径向轴承的摩擦。

轴瓦承载面上的载荷分布,根据轴颈与轴瓦的间隙和接触状况而定,间隙较大时,理论上是线接触,载荷为集中载荷;间隙极小时是面接触,载荷为均布载荷。

表10-33给出径向轴承的摩擦转矩、摩擦功耗和摩擦圆半径的计算公式。

表 10-33　径向滑动轴承中摩擦转矩、功耗和摩擦圆半径的计算

载荷类型	图示	摩擦转矩	摩擦功耗	摩擦圆半径
集中载荷	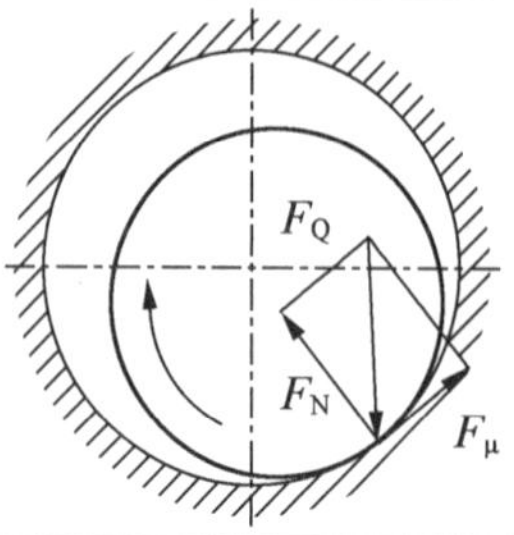	$T = \dfrac{F_Q d}{2} \dfrac{\pi\mu}{\sqrt{1 + \mu^2}}$	$P = F_Q \pi d n \dfrac{\mu}{\sqrt{1 + \mu^2}}$	$r = \dfrac{d}{2} \dfrac{\mu}{\sqrt{1 + \mu^2}}$

续表 10 – 33

载荷类型		图示	摩擦转矩	摩擦功耗	摩擦圆半径
均布载荷	非磨合轴颈	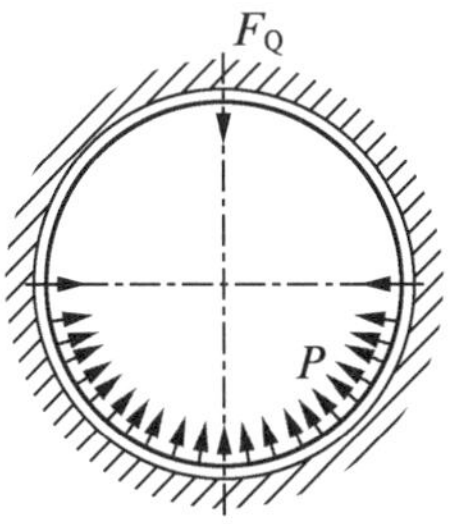	$T = \dfrac{F_Q d}{2}\dfrac{\pi\mu}{2}$	$P = \dfrac{F_Q \pi^2 dn\mu}{2}$	$r = \dfrac{\pi d\mu}{4}$
	磨合轴颈		$T = \dfrac{F_Q d}{2}\dfrac{4\mu}{\pi}$	$P = 4F_Q dn\mu$	$r = \dfrac{2d\mu}{2}$

b. 止推轴承的摩擦。

各种形式的止推轴承的摩擦转矩和功耗的计算,见表 10 – 34。

表 10 – 34　止推滑动轴承中摩擦转矩和功耗的计算

轴承类型	平面止推轴承	环面止推轴承	圆锥止推轴承	圆台止推轴承
图示	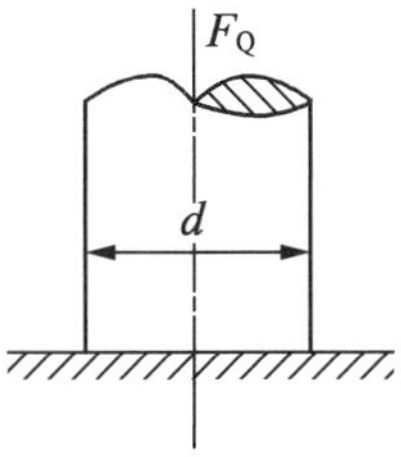	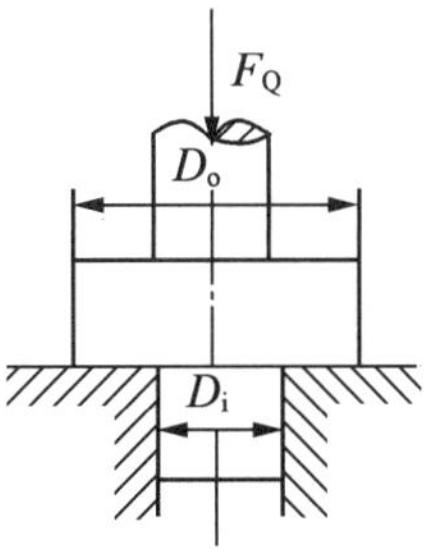	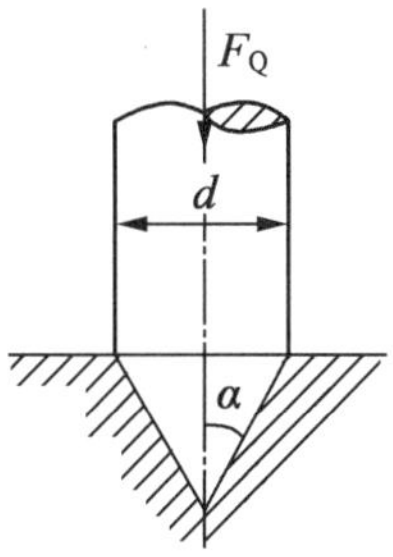	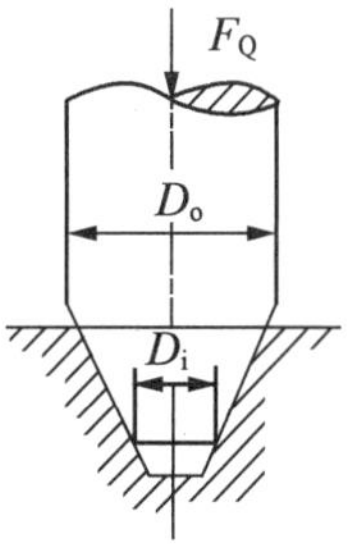
摩擦转矩	$T = \dfrac{dF_Q\mu}{3}$	$T = \dfrac{F_Q\mu}{3}\dfrac{D_o^3 - D_i^3}{D_o^2 - D_i^2}$	$T = \dfrac{F_Q\mu}{3}\dfrac{d}{\sin\alpha}$	$T = \dfrac{F_Q\mu}{3}\dfrac{1}{\sin\alpha}\dfrac{D_o^3 - D_i^3}{D_o^2 - D_i^2}$
摩擦功耗	$P = \dfrac{2}{3}\pi d\mu F_Q$	$P = \dfrac{2\pi n\mu F_Q}{3}\dfrac{D_o^3 - D_i^3}{D_o^2 - D_i^2}$	$P = \dfrac{2\pi n\mu F_Q}{3}\dfrac{d}{\sin\alpha}$	$P = \dfrac{2\pi n\mu F_Q}{3\sin\alpha}\dfrac{D_o^3 - D_i^3}{D_o^2 - D_i^2}$

⑤滚动轴承的摩擦。

实际上,滚动轴承中除滚动摩擦外,还有滑动摩擦和润滑剂的流体摩擦。

a. 摩擦转矩的粗略计算。

若 $C/P = 10$、润滑良好、工作状况正常,摩擦转矩可按下式计算:

$$T = 0.5\mu Fd \tag{10 – 13}$$

式中　μ——滚动轴承的摩擦因数,见表 10 – 35;

　　　F——滚动轴承上的载荷,对于向芯轴承是径向载荷,对于推力轴承是轴向载荷;

　　　d——滚动轴承内径。

表 10-35　滚动轴承的摩擦因数

轴承类型		摩擦因数 μ
深沟球轴承		0.001 5
调心球轴承		0.001 0
角接触球轴承	单列	0.002 0
	双列	0.002 4
	四点接触	0.002 4
圆柱滚子轴承	有保持架	0.001 1
	满滚子	0.002 0
滚针轴承		0.002 5
调心滚子轴承		0.001 8
圆锥滚子轴承		0.001 8
推力球轴承		0.001 3
推力圆柱滚子轴承		0.005 0
推力滚针轴承		0.005 0
推力调心滚子轴承		0.001 8

b. 摩擦转矩的精确计算。

滚动轴承的摩擦力转矩由两部分组成,由流体动力损耗决定的部分和滚动、滑动摩擦决定的部分,即

$$T = T_0 + T_1 \tag{10-14}$$

在滚动轴承有良好的润滑油膜条件下,由流体动力损耗决定的摩擦转矩 T_0 与载荷无关;而与润滑剂黏度、用量和轴承转速有关,其计算式为

当 $vn \geqslant 2\ 000$ 时

$$T_0 = f_0 (vn)^{\frac{2}{3}} d_m^3 \times 10^{-7} \tag{10-15}$$

当 $vn < 2\ 000$ 时

$$T_0 = 160 f_0 d_m^3 \times 10^{-7}$$

式中　T_0——流体动力损耗决定的摩擦转矩($N \cdot mm$);

　　　f_0——与轴承类型和润滑有关的系数,从表 10-36 查得;

　　　v——工作温度下润滑油或润滑脂基础油的运动黏度 mm^2/s;

　　　n——轴承转速(r/min);

　　　d_m——滚动体中心圆直径,$d_m \approx \dfrac{D+d}{2}(mm)$。

由滚动和滑动摩擦决定的摩擦转矩 T_1 随载荷而变化,其计算公式为

$$T_1 = f_1 F^a (d_m)^b \tag{10-16}$$

式中　T_1——滚动和滑动摩擦决定的摩擦转矩($N \cdot mm$);

　　　f_1——与轴承类型和载荷有关的系数,从表 10-36 中查取。

　　　F——决定轴承摩擦转矩的载荷,从表 10-36 中查取。

　　　a,b——与轴承类型有关的指数,从表 10-37 中查取。

表 10 – 36　系数 f_0 和 f_1

轴承类型		f_0				f_1	F[⑦]
		脂润滑[①]	油雾润滑	油浴润滑	竖轴油浴润滑,喷油润滑		
深沟球轴承	单列	$0.75 \sim 2.0$[②]	1.0	2.0	4.0	$(0.000\,6 \sim 0.000\,9)$	$3F_a - 0.1F_r$
	双列	3.0	2.0	4.0	8.0	$\times (P_0/C_0)^{0.55}$[②]	
调心球轴承		$1.5 \sim 2.0$[②]	$0.7 \sim 1.0$[②]	$1.5 \sim 2.0$[②]	$3.0 \sim 40$[②]	$0.000\,3(P_0/C_0)^{0.4}$	$1.4Y_zF_a - 0.1F_r$
角接触球轴承	单列	2	1.7	3.3	6.6	$0.000\,1(P_0/C_0)^{0.33}$	$F_a - 0.1F_r$
	双列	4	3.4	6.5	13.0		$1.4F_a - 0.1F_r$
	四点接触	6	2.0	6.0	9.0		$1.5F_a - 3.6F_r$
圆柱滚子轴承 有保持架	系列 10	0.6	1.5	2.2	2.2[③]	0.000 2	F_r[⑥]
	系列 02	0.6	1.5	2.2	2.2[③]	0.000 3	
	系列 03	0.6	1.5	2.2	2.2[③]	0.000 35	
	系列 04	0.6	1.5	2.2	2.2[③]	0.000 4	
	系列 22	0.9	2.1	3.0	3.0[③]	0.000 4	
	系列 23	1.0	2.8	4.0	4.0[③]	0.000 4	
圆柱滚子轴承 满滚子	单列	5.0[④]	—	5.0	—	0.000 55	F_r[⑥]
	双列	10.0[④]	—	10.0	—	—	
滚针轴承		12.0	6.0	12.0	24.0	0.002	F_r
调心滚子轴承	系列 13	3.5	1.75	3.5	7.0	0.000 22	$\dfrac{F_a}{F_r} > e$ $1.35Y_zF_2$ $\dfrac{F_a}{F_r} \leqslant e$ $F_r\left[1 + 0.35\left(\dfrac{Y_zF_a}{F_r}\right)^3\right]$
	系列 22	4.0	2.0	4.0	8.0	0.000 15	
	系列 23	4.5	2.25	4.5	9.0	0.000 65	
	系列 30	4.5	2.25	4.5	9.0	0.001	
	系列 31	5.5	2.75	5.5	11.0	0.000 35	
	系列 32	6.0	3.0	6.0	12.0	0.000 45	
	系列 40	6.5	3.25	6.5	13.0	0.000 8	
	系列 41	7.0	3.5	7.0	14.0	0.001	
圆锥滚子轴承	单列	6.0	3.0	6.0	$8.0 \sim 10.0$[②③]	0.000 4	$2YF_a$
	成对安装	12.0	6.0	12.0	$16.0 \sim 20.0$[②③]		$1.2Y_zF_a$
推力球轴承		5.5	0.8	1.5	3.0	$0.000\,8(P_0/C_0)^{0.33}$	F_a
推力圆柱滚子轴承		9.0	—	3.5	7.0	0.001 5	F_a
推力滚针轴承		14	—	5.0	11.0	0.001 5	F_a
推力调心滚子轴承	系列 92E	—	—	2.5	5.0	0.000 23	$F_a(F_{max} \leqslant 0.55F_a)$
	系列 92	—	—	3.7	7.4	0.000 3	
	系列 93E	—	—	3.0	6.0	0.000 3	
	系列 93	—	—	4.5	9.0	0.000 4	
	系列 94E	—	—	3.3	6.6	0.000 33	
	系列 94	—	—	5.0	10.0	0.000 5	

注:e、Y 和 Y_z 是轴承的计算因数,可由轴承手册查得

①用于稳定状态,新脂或填脂后应采用 $(2 \sim 4)f_0$

②直径系列较轻的轴承取最小值,反之取最大值

③适用于喷油润滑,对于竖轴油浴润滑应采用 $2f_0$

④适用于低速,高速时采用 $2f_0$

⑤加强型设计,基本尺寸相同

⑥不受轴向力的按此计算,受轴向力者按此表(表10-36)计算

⑦若 $F < F_r$,则取 $F = F_z$

表10-37 指数 a、b

轴承类型		a	b
调心滚子轴承	系列 13	1.35	0.2
	系列 22	1.35	0.3
	系列 23	1.35	0.1
	系列 30	1.50	-0.3
	系列 31、32	1.50	-0.1
	系列 40、41	1.50	-0.2
其他轴承		1.00	1.0

对于圆柱滚子轴承,同时承受径向载荷和轴向载荷时,轴承的摩擦转矩将加大,增加的量与内外圈挡边和滚子端面接触处的设计和润滑条件有关。当轴向载荷与径向载荷之比(F_a/F_r),对单列滚子轴承不大于0.5,双列滚子轴承不大于0.25,对于带保持架的轴承不大于0.4时,摩擦转矩可按下式计算:

$$T = T_0 + T_1 + T_2 \tag{10-17}$$

式中 T_2——与轴向载荷有关的,摩擦转矩部分,且

$$T_2 = f_2 F_a d_m \tag{10-18}$$

式中 f_2——与轴承设计和润滑有关的系数,见表10-38。

表10-38 圆柱子轴承的系数 f_2

轴承类型		f_2	
		脂润滑	油润滑
带保持架轴承	改进设计	0.003	0.002
	其他设计	0.009	0.006
满滚子轴承	单列	0.006	0.003
	双列	0.015	0.009

接触式密封轴承中,密封引起的摩擦损失可能比轴承本身的还大,故滚动轴承的摩擦转矩,还必须计入这一部分损失。

两面接触密封轴承,密封引起的摩擦转矩可按下列经验公式计算:

$$T_3 = \left(\frac{d+D}{f_3} \right)^2 + f_4 \tag{10-19}$$

对于密封球轴承,通常 $f_3 = 20$,$f_4 = 10$;单面密封轴承中密封的摩擦转矩取为 $\frac{T_3}{2}$。

⑥齿轮的摩擦。

渐开线齿轮的啮合齿廓间,既有滚动又有滑动。滚动摩擦损失通常很小,可忽略,只考虑滑动摩擦引起的功率损失。

标准渐开线圆柱齿轮的实际啮合线为 K_1、K_2（图 10 - 3）。假设节点两侧的实际啮合线长度相等，即

$$PK = PK_1 = PK_2 = \Lambda_1 = \Lambda_2 = \frac{\pi \varepsilon m \cos \alpha}{2} \tag{10 - 20}$$

以节点一侧啮合线中点啮合时的滑动速度为平均滑动速度，即取

$$PK = \frac{\pi \varepsilon m \cos \alpha}{4} \tag{10 - 21}$$

齿廓间的相对滑动速度为

$$\upsilon_{ck} = (\omega_1 + \omega_2) PK \tag{10 - 22}$$

则摩擦功耗为

$$P_{\mu} = \frac{\pi \mu F_N (\omega_1 + \omega_2) \varepsilon m \cos \alpha}{4} \tag{10 - 23}$$

效率为

$$\eta = 1 - \pi \varepsilon \mu \frac{\dfrac{1}{Z_1} \pm \dfrac{1}{Z_2}}{2} \tag{10 - 24}$$

式中　Z_1，Z_2——小大齿轮齿数；

ε——重合度。

"+"用于外啮合，"-"用于内啮合。齿轮齿条啮合时，取 $Z_2 \to \infty$。

⑦带与轮的摩擦。

若带的紧边拉力为 F_1，松边拉力为 F_2，带速为 υ，带绕在轮上的包角为 α，带的线质量为 ρ_1，则轮带动带运动时，其紧松边拉力的关系为（图 10 - 4）

$$F_1 = \rho_1 \upsilon^2 = e^{\mu \alpha} (F_2 - \rho_1 \upsilon^2) \tag{10 - 25}$$

式中　μ——带与轮间的摩擦因数。

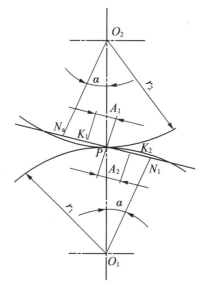

图 10 - 3　齿轮的啮合

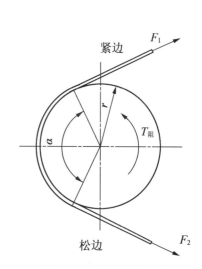

图 10 - 4　带与轮的摩擦

带与轮的总静摩擦力为

$$F_\mu = F_1 - F_2 = (F_1 - \rho_1 v^2) \frac{e^{\mu\alpha} - 1}{e^{\mu\alpha}} \qquad (10-26)$$

带与轮的接触形式不同(表10-39),摩擦力的大小亦不同。

若在式(10-25)和式(10-26)中,以有效摩擦因数μ_{ef}代替μ,则该两式可适用于各种带与轮的摩擦。各种形式带传动的有效摩擦,见表10-39。

表 10-39 带与轮的有效摩擦因数

形式	平面	圆弧	V形
图示	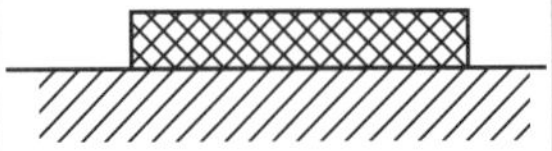	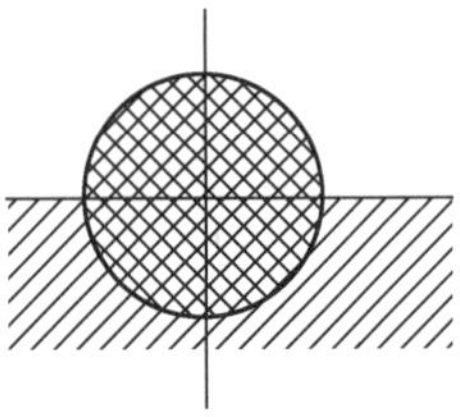	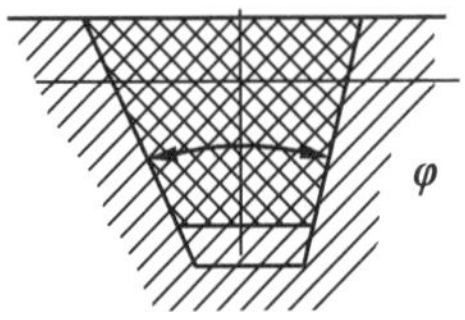
有效摩擦因数 μ_{ef}	μ	$\dfrac{4\mu}{\pi}$	$\dfrac{\mu}{\sin\dfrac{\varphi}{2} + \mu\cos\dfrac{\varphi}{2}}$

在带传动、绳传动、带式运输机和带式制动器中,都产生带与轮的摩擦。常用带传动有橡胶带、棉织带、毛织带和皮革带,它们与带轮的摩擦因数,见表10-40。

皮革带与铸铁带轮的摩擦因数还可以用下式计算:

$$\mu = 0.54 \frac{7.11}{25.4 + v} \qquad (10-27)$$

表 10-40 传动带与带轮的摩擦因数

传动带品种	带轮材料			
	层压纸板	木料	塑料	钢与铸铁
植物鞣制皮革带	0.35	0.30	—	0.25
矿物鞣制皮革带	0.50	0.45	—	0.40
棉织带	0.38	0.25	—	0.22
缝合棉织带	0.25	0.23	—	0.20
毛织带	0.45	0.40	—	0.35
橡胶布带	0.35	0.32	0.30	0.36

⑧绳与卷筒的摩擦。

绳绕在卷筒上,两端拉力的关系式为

$$\frac{F_1}{F_2} = e^{\mu\alpha} \tag{10-28}$$

式中　μ——绳与轮的摩擦因数;

　　　α——绳在卷筒上的包角,(°)。

绳与卷筒的接触形式不同,两端拉力的关系也不同。若把式(10-28)中的摩擦因数 μ 视作有效摩擦因数 μ_{ef},则该式可用来计算任何接触形式的卷筒的拉力。不同接触形式下的有效摩擦因数,见表 10-41。

表 10-41　绳与卷筒的有效摩擦因数

	平面	U 形	V 形	下切 V 形
内槽形状	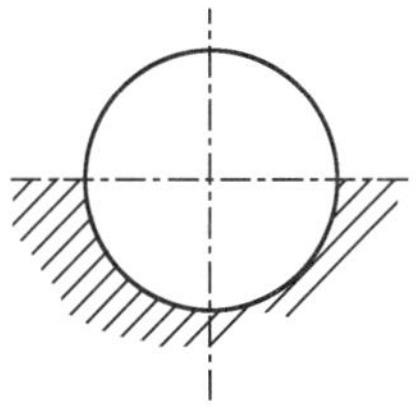	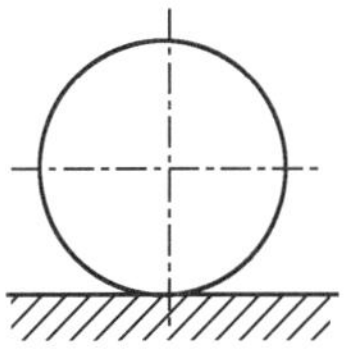	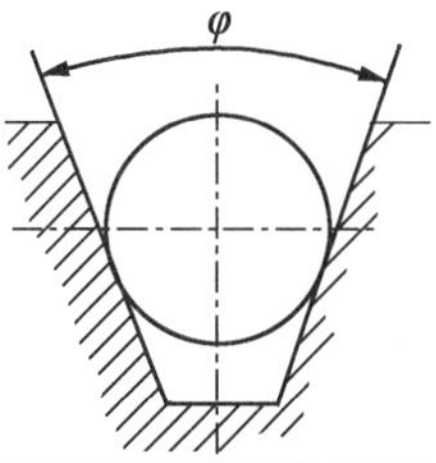	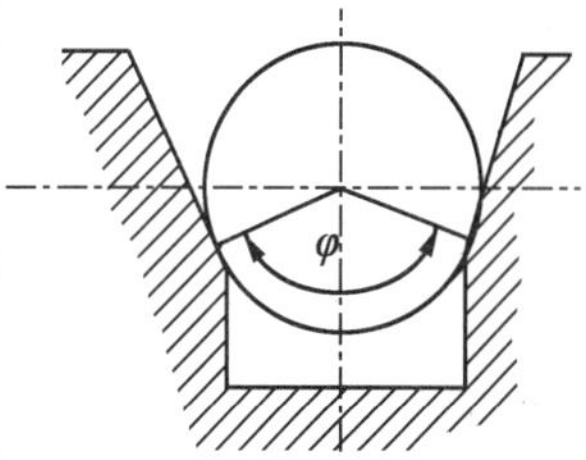
有效摩擦因数 μ_{ef}	μ	$\dfrac{4\mu}{\pi}$	$\mu\sin\left(\dfrac{\varphi}{2}\right)$	$\dfrac{4\mu\left[1-\sin\left(\dfrac{\varphi}{2}\right)\right]}{(\pi-\varphi-\sin\varphi)}$

⑨车轮与钢轨(路面)的摩擦。

车轮与钢轨的滑动摩擦力,即车辆的牵引力 F_T,而车轮与钢轨的滚动摩擦力是车辆的阻力 F_{zr}。环境和设计参数对牵引力和滚动阻力的影响,见表 10-42。

⑩摩擦装置中的摩擦。

利用摩擦力传递运动或改变运动方向、加速度或制动车辆的装置,称为摩擦机构和摩擦装置。属于摩擦装置的有制动器、止动器、离合器、缓冲器、减振器和调速器等。

a. 基本特征。

(a)接触种类。为了评价接触状况对温度场、材料的摩擦与磨损的影响,引入描述接触状况的特性数,将表观滑动接触面积与元件参与摩擦的全部表面积之比称作重叠因子 K。根据上述定义可知,K 是小于或等于 1 的数。

接触种类及其 K 值范围,见表 10-43。

表10-42　各种因素对牵引力和滚动阻力的影响

车轮类型	载荷 F	速度	温度	水	车轮直径 D	车轮宽度 B	材料	配合表面	其他
钢轮箍	$F_{zz} \propto F^{0.9}$ $F_T \propto F$	随着速度的增加，F_T 稍有减小，而 F_{zz} 增加	影响不大，除非很高局部出现烧蚀温度段摩擦面上污染物	小雨对 F_T 有不利影响，大雨因其清洁作用而增大牵引力	$F_T \propto D^7$ $\gamma = 0.5 \sim 1.0$	影响甚小	影响甚小	消除轨道的污染物或者撒沙子能增加牵引力	驱动转矩均匀时，牵引力较大
充气橡胶轮胎	F_{zz} 随载荷增加；$F_T \propto F$	拐弯时速度才有影响	橡胶的摩擦因数随温度的升高而下降，每升高 15 ℃，约降低 10%	F_T 有较大降低	随着 D 增大，F_{zz} 减小而 F_T 增大（D——车轮直径）	随 B 增大，F_{zz} 稍降低，而 F_T 增加（B——车轮宽度）	橡胶成分比踏面的形式更重要	路面极为关键	在潮湿的路面上，磨光的踏面，牵引力只有磨光面的一半
实心轮胎	$F_{zz} \propto F^{4/3}$ $F_T \propto F$	适宜速度 $v \leqslant 40$ km/h	随轮胎材质性质而变	F_T 更大降低	$F_{zz} \propto D^{-0.6}$	$F_{zz} \propto B^{-0.3}$	$F_{zz} \propto E^{1.3}$ E 为弹性模量	只适用于光的路面	

表 10-43　接触种类与重叠因子

接触表面	圆柱面和圆锥面		平面	
	外表面	内表面	圆环形端面	在圆盘上的角柱
示意图				
K	≤1	<1	=1	<1
应用实例	闸带离合器、带式制动器、外包块式制动器	圆锥盘式制动器、锥盘式制动器、内张蹄式制动器	圆盘摩擦片离合器、盘式制动器	圆盘摩擦块制动器、点盘式制动器

（b）接触刚性。摩擦元件的接触刚性取决于摩擦表面的粗糙程度和波纹度,摩擦材料在作用力方向上的柔性,以及摩擦材料支承结构的柔性。

不管哪种接触,摩擦元件在法向和切向的柔性高,则摩擦因数大,而且稳定。柔性能保证在接触处实际载荷均匀分布,因而表面有较低的温度、温度梯度和热应力。通常,摩擦因数随温度上升而下降(图 10-5),较低的接触温度意味着较大的摩擦因数。

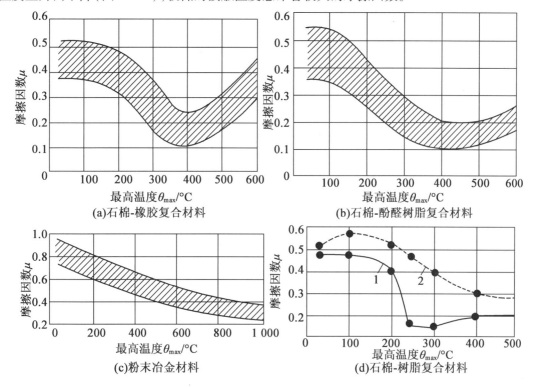

图 10-5　摩擦的热稳定性曲线

采用弹性衬垫(例如多孔橡胶)、增加独立作用元件数目和在结构件上开槽等,都能提高支承结构的柔性。

摩擦力矩由零增加到 T_μ 所需的时间称为摩擦机构惯性时间。摩擦元件柔性大,则摩擦装置的惯性时间短,这对动态工作的离合器特别重要。摩擦元件在油中工作的摩擦装置,在摩擦表面制造出的沟槽或增加摩擦元件数目,能使惯性时间缩短。沟槽可增进散热并易于排屑。

(c)成膜介质对摩擦的影响。$K<1$ 的摩擦装置,仍有部分摩擦表面与含气体、潮气和尘埃的环境介质接触,发生化学反应和吸附过程,而摩擦引起的高温和高接触压力,使这个过程变得强烈。

与含氢介质接触,钢中的含氢量急剧增长,性能发生变化,呈氢化磨损。

氮和二氧化碳对石墨 - 橡胶复合材料在钢上摩擦时的摩擦特性和耐磨性有良好的作用。氨对粉末冶金材料与铸铁组成的摩擦副有良好的作用。

K 值大,不利用活性介质进入接触区,在原有表面膜消失后,极易发生咬粘或严重磨损。

(d)滑动持续时间。用滑动持续时间 t_T 和表面传热系数 h 两个参数评价摩擦装置的运转状态和选择摩擦副。在 $h=0.023\sim0.07\ \text{W}/(\text{m}^2\cdot\text{℃})$ 的正常状态,若傅里叶数 $F_0\leqslant10$($F_0 = \dfrac{at_T}{b^2}$;a 是热扩散率,b 是摩擦元件散热方向的尺寸,F_0 是一量纲为 1 的数群),计算温度时可忽略制动过程的传热影响。

滑动持续时间的分类,见表 10 - 44。

表 10 - 44　滑动持续时间的分类

滑动特性	滑动持续时间 t_T/s	传热因素
短时滑动	<60	可忽略
长时滑动	60 ~ 300	不可忽略
准稳定滑动	300 ~ 1 000	不可忽略
稳定滑动	>1 000	不可忽略

(e)工作状态。摩擦副的工作状态有干式和湿式两种。干式摩擦副,其金属摩擦材料的摩擦因数在 0.2 ~ 0.5 范围内。

为了加强散热,常将摩擦副浸入油中工作,称为湿式摩擦副。它的动、静摩擦因数相差较小,滑动速度可以提高。这时,需在摩擦面上开设沟槽,以阻止形成油膜(如果形成油膜,摩擦因数将大大降低)。槽宽为 0.65 ~ 1.50 mm,槽深为 0.2 ~ 1.0 mm。

(f)外部能量场对摩擦特性的影响。外部能量场对摩擦特性的影响,见表 10 - 45。

表 10 – 45　外部能量场对摩擦副工作状态的影响

能量场	作用	摩擦特性的最大变化	
		摩擦因数	磨损率
热场	加热或冷却环境介质	变化 2 ~ 3 倍	变化 5 ~ 10 倍
电场	电流通过摩擦副	变化 1 ~ 5 倍	增大 5 ~ 10 倍
电磁场	在强磁场中摩擦	增大 40% ~ 50%	增大 40% ~ 50%
化学场	在摩擦元件体积中的放热和吸热效应	变化 15% ~ 20%	减小 1/2 ~ 1/3
核子场	摩擦表面经辐射处理	减小到 1% 以下	

b. 摩擦副的主要参数。摩擦副的主要参数,见表 10 – 46。

表 10 – 46　摩擦副的主要参数

参数	符号	单位
结合开始和终止时的速度	v_b, v_c	m/s
载荷	F	N
预期单位面积载荷	p	Pa
平均摩擦因数	μ_{ar}	—
摩擦因数的稳定度	α_{st}	—
滑动持续时间	t_T	s
摩擦元件的体积温度	θ_V	℃
摩擦表面的平均温度	θ_{ar}	℃
每小时的结合次数	n	—
驱动和被驱动部件的转动惯量	J	kg · m²
热扩散率	a	m²/s
平均摩擦功及其变化	W_{ar}, τ_W	J
平均摩擦功率及其变化	$P_{\mu ar}, \tau P$	W
预期磨损率	K_t	m/h

（a）滑动速度。在现代摩擦装置中,初始速度从每秒几厘米到 50 m/s,甚至更高。分离时的滑动速度变化范围也很大。滑动速度对功率、摩擦功和温度有实质性的影响,而温度与载荷决定了摩擦学特性。

（b）载荷。在给定摩擦装置的全部尺寸后,可以计算单位面积上的载荷,在中等运转状态下,单位面积载荷不大于表 10 – 47 中给出的值。而且计算出的摩擦元件的体积温度和摩擦表面的平均温度,也应与表 10 – 49 所给定的值相适应。

（c）摩擦因数。摩擦装置在摩擦表面上施加工作压力后,该装置应能提供足够的摩擦力。希望在结合过程中,摩擦材料有稳定的摩擦因数值。摩擦因数值与载荷、温度、结构、表面粗糙程度和材料有关。

摩擦副处于弹性或弹—塑性接触时,磨损寿命最长,设计者通常采用增加摩擦面积,以减少单位面积上载荷或采用有更高耐磨性材料的措施,以满足磨损寿命更长的条件。

金属对复合材料的摩擦副,取 $\mu = 0.28 \sim 0.30$;金属对粉末冶金材料的摩擦副,取 $\mu = 0.20 \sim 0.23$;金属对金属的摩擦副,取 $\mu = 0.15$,均能有较好的耐磨寿命。

(d)摩擦因数的稳定度。摩擦力矩随时间变化的曲线与横坐标(时间)所围面积用的时间去除,得到有效摩擦力矩。把有效摩擦力矩 T_{ef} 和最大摩擦力矩 T_{max} 之比定义为摩擦因数的稳定度 α_{st}。稳定度可以表征摩擦装置的安全因数。

石棉基复合材料的摩擦元件:$\alpha_{st} = 0.9$;

粉末冶金复合材料的摩擦元件:$\alpha_{st} = 0.75 \sim 0.85$;

金属对金属的摩擦件:$\alpha_{st} = 0.4 \sim 0.5$。

这就表明:金属对金属的摩擦,可能产生强烈的摩擦振动。

摩擦因数的稳定度是一个重要的参数,它随速度(温度)的上升而下降。稳定度下降将导致摩擦装置的能力减小。有时制动器在长期和重复制动时不能刹住车轮,就是因为这个缘故。

(e)摩擦功。计算摩擦功不仅要考虑所有移动部件的质量,而且还要考虑所有转动零件的转动惯量。例如,铁路车辆每个制动器上能量的平衡方程为

$$W = \frac{E_{KV} - (W_a + W_b + W_s) + 4E_{KJ}}{n} \qquad (10-29)$$

式中　E_{KV}——车辆移动的动能;

　　　W_b——轴承中的摩擦功;

　　　W_a——克服空气阻力所做的功;

　　　W_s——车轮在钢轨上打滑消耗的功;

　　　E_{KJ}——转动质量的动能(J),$E_{KJ} = \dfrac{J\omega^2}{2}$。

摩擦元件单位摩擦表面积或者单位体积的平均摩擦功率、摩擦功是评价摩擦装置设计中摩擦材料能力的特性指标。

c.摩擦材料的选取。摩擦装置不能采用温度升高后摩擦学特性会发生不可逆劣化(热衰退)的材料。通常,摩擦副两个摩擦元件不能都用散热性差的材料制造,至少其中一个元件应采用金属、合金或石墨复合材料,以便散去摩擦区的热量。即使只有一个摩擦元件采用低散热性和高接触刚度制造,摩擦表面上也可能出现高达 $800 \sim 1\,000\ ℃$ 的高温区。在高温区及其附近出现磨损点内,低散热性摩擦材料将破裂,涂抹在金属的摩擦表面上。

摩擦元件交替在热和冷态下运转,热应力超过了机械应力。因此,应该选用能抵抗热疲劳的材料。这种材料的磨损可用下式近似计算:

$$K_1 = \frac{KP}{H} \qquad (10-30)$$

式中　K_1——线磨损度(m/m);

　　　K——磨损因子;

　　　P——单位面积上的载荷(MPa);

　　　H——材料表面硬度。

摩擦材料的物理性能,见表 10 - 47 和表 10 - 48。

各种摩擦材料的使用范围,见表 10 - 49 若摩擦副在该表推荐的范围内运转,则因子 K 将在 $10^{-6} \sim 10^{-7}$ 范围内。

表 10 - 47　金属摩擦材料的物理性能

材料名称	$\lambda/(W \cdot m^{-1} \cdot ℃^{-1})$	$c/(J \cdot kg^{-1} \cdot ℃^{-1})$	$\rho/(kg \cdot m^{-3} \times 10^{-3})$	$\alpha/(m^2 \cdot s^{-1} \times 10^6)$	$(\lambda c \rho)^{1/2}/10^3$
铁基粉末冶金材料	34.3/30.4	500/610	5.5/6	12.4/0.82	9.71/10.55
铜基粉末冶金材料	29.4/34.3	—	5.6/6.3	—	—
30CrMnSiA	38.2/38.2	461/481	7.8	10.7/10.1	11.72/11.97
65Mn	45.1/28.4	451/500	7.8	12.6/7.0	12.60/10.52
10	58.1/48.1	461/590	7.8	16.1/10.4	14.45/14.88
45	48.1/41.2	471/520	7.8	13.0/10.1	13.29/12.93
12Gr18Ni9Ti	12.7/17.7	500/549	7.9	3.4/4.3	7.08/8.76
ZCuAH0Fe3Mn2	58.8/76.5	382/431	8.9	17.4/20.1	14.14/17.13
合金铸铁	50.0/46.1	500/590	7.1	14.1/11.0	13.32/13.90
灰铸铁	42.2/50.0	540	7.15	10.0/13.0	12.77/13.89
钛	7.8	559	4.5	0.33	4.43
铍	150.0/119.6	1 902/2 354	1.8	43.0/27.0	22.66/22.51
铬	66.7/39.2	451/500	7.2	20.0/12.5	14.72/11.88

注:1. 金属材料的物理性能受热处理和时效状态影响,故表中为近似值

2. 分子在 20 ℃时的值,分母为在 300 ℃时的值

3. 粉末冶金材料硬度为:HBS61.2 ~ 96.9,铸铁硬度为:HBS163.2 ~ 224.4,钢硬度为:HBS204 ~ 224.4

表 10 - 48　非金属摩擦材料的物理性能

材料名称		$\lambda/(W \cdot m^{-1} \cdot ℃^{-1})$	$c/(J \cdot kg^{-1} \cdot ℃^{-1})$	$\rho/(kg \cdot m^{-3} \times 10^{-3})$	$\alpha/(m^2 \cdot s^{-1} \times 10^6)$	$(\lambda c \rho)^{1/2}/10^3$
石棉基复合材料	橡胶黏结剂	0.40 ~ 0.51	900 ~ 1 200	2.0 ~ 2.5	0.17 ~ 0.28	0.85 ~ 1.24
	复合黏结剂	0.40 ~ 0.60	900 ~ 1 150	2.0 ~ 2.6	0.13 ~ 0.34	0.85 ~ 1.34
	树脂黏结剂	0.75 ~ 0.80	960 ~ 1 000	2.3 ~ 2.5	0.30 ~ 0.35	1.29 ~ 1.41
弹性 - 石棉复合材料		0.45 ~ 0.50	881 ~ 1 000	2.1	0.24 ~ 0.27	0.91 ~ 1.02
纸板 - 胶乳复合材料		0.35	1 090	1.6	0.20	0.78
酚醛层压纸板		0.35	1 050	2.0	0.17	0.86
酚醛层压布板		0.45	1 220	2.0 ~ 2.1	0.18	1.05 ~ 1.07

续表 10 - 48

材料名称	$\lambda/(\text{W} \cdot \text{m}^{-1} \cdot \text{℃}^{-1})$	$c/(\text{J} \cdot \text{kg}^{-1} \cdot \text{℃}^{-1})$	$\rho/(\text{kg} \cdot \text{m}^{-3} \times 10^{-3})$	$\alpha/(\text{m}^2 \cdot \text{s}^{-1} \times 10^6)$	$(\lambda c \rho)^{1/2}/10^3$
螺旋形卷绕材料	0.38	1 250 ~ 1 350	1.5 ~ 1.8	0.16 ~ 0.20	0.84 ~ 0.96
碳,石墨	100 ~ 250	600 ~ 800	1.5 ~ 2.2	1.4 ~ 2.8	9.49 ~ 20.98

表 10 - 49   各种摩擦材料的荐用范围

运转状态	摩擦副材料	工作压力 /MPa	应用温度范围		摩擦因数近似值（用于计算）
			$\theta_A/$℃	$\theta_V/$℃	
轻载无润滑	石棉橡胶复合材料、铜基或铝基粉末冶金材料、皮革、木材 – 钢	≤0.785 (0.98)	60 ~ 200	≤120	0.30 ~ 0.35
中载无润滑	带络合物黏结剂的石棉复合材料、铜基或铁基粉末液晶材料 – 钢或铸铁	≤1.47	≤400 (450)	≤250	0.25 ~ 0.28
重载无润滑	铁基粉末冶金材料、合成材料、碳纤维材料、石棉树脂复合材料 – 钢或铸铁	≤5.88	≤1 200	≤600 (800)	0.22 ~ 0.25
轻载有润滑	铜基和铝基粉末冶金材料、石棉树脂复合材料 – 钢、青铜或钼	≤3.43	≤100 (120)	≤100	≤0.12
中载有润滑	铁基粉末冶金材料 – 钢、钛合金或钼	5.77 ~ 6.87	≤120 (150)	≤100	≤0.1
重载有润滑	钢、钛合金或铁基粉末冶金材料 – 钢	≤147	– 60 ~ 50	– 40 ~ 40	0.22 ~ 0.25

注：θ_A 是表面温度；θ_V 是体积温度；括号内的数值为短时容许值

d. 摩擦热力学计算。滑动持续时间,滑动速度和摩擦功率及其变化规律是计算摩擦元件表面湿度和推导摩擦热力学方程最重要的原始数据。如图 10 - 6 给出摩擦功率、滑动速度和制动力矩常见的随时间的几种变化。摩擦元件温度和摩擦热力学计算步骤及计算公式,见表 10 - 50。

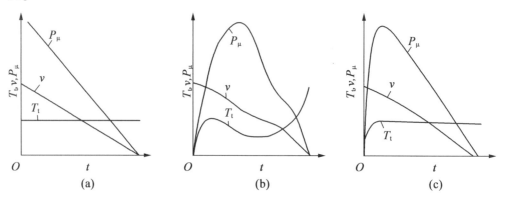

图 10 - 6   摩擦功率 P_μ、滑动速度 v 和制动力矩 T_t 随时间的几种变化

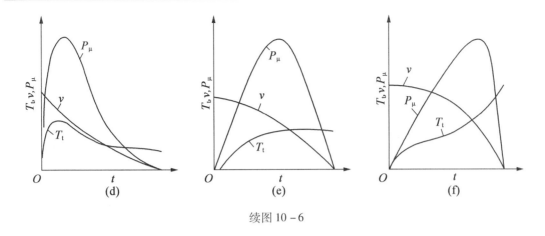

续图 10 - 6

表 10 - 50　摩擦装置摩擦热力学计算公式

序号	计算项目	计算公式
1	在散热方向的有效尺寸	$b_{\text{efi}} = 1.73 \sqrt{a_i t_{\text{T}}}$
2	傅里叶数	若 $b_i < b_{\text{cli}}$，$F_{\text{O}i} = \dfrac{a_i t_{\text{T}}}{b_i^2}$；若 $b_i \geqslant b_{\text{cli}}$，$F_{\text{O}i} = 0.333$
3	有效体积系数	$\psi_{v_i} = \dfrac{m_{\text{efi}} c_i}{m_{\text{efi}} c_i + 0.5 c_i \sum m_{\text{adi}}}$
4	热流分配因子	a_{hf} 的计算公式见表 10 - 51
5	平均体积温度	$\theta_{v_{mi}} = \dfrac{2 \alpha_{\text{hf}} W}{3 m_{\text{efi}} c_i}$
6	摩擦元件平均表面温度	$\theta_{\text{A}i} = \dfrac{\alpha_{\text{hf}} \psi_{v_i} W(t) b_i}{\lambda_i t_{\text{T}} A_i} \times \left(\dfrac{\tau_p}{3} + F_{\text{O}i} \tau_{\text{W}} - \dfrac{2 \tau_p}{\pi^2} \sum_{n=1}^{\infty} \dfrac{\exp(-\pi n^2)}{n^2} \dfrac{a_i t_{\text{T}}}{b_i^2} \right)$ $\tau_p = \dfrac{P_\mu t_{\text{T}}}{E_k}, \tau_{\text{W}} = \dfrac{W}{E_k}$
7	闪温	$\theta = \dfrac{1.73 E_k \tau_p \sqrt{a_2}}{A_\tau \tau_{\text{T}} (4 \lambda_1 \sqrt{a_2} + \lambda_2 \sqrt{\pi d_r v_t})}$ $d_r = \sqrt{\left(\dfrac{8 r_1 h_1}{\zeta} \right)^{2\zeta}} \sqrt{\dfrac{F}{A_c b H}}, A_r = \dfrac{pA}{H_2}$ $A = \sqrt{F_{\text{O}i} + \dfrac{1}{9}}, v_t = \dfrac{v_0}{\sqrt{1 - \tau_{\text{W}}}}$
8	摩擦表面的最高温度	$\theta_{\max} = \theta_{\text{A}i} + \theta$

说明：a——热扩散率（m²/s）；ζ、b——较硬表面相对支承比率的曲线参数；m_{efi}——有效吸热体积的质量（kg）；H——表面硬度，HBS；m_{adi}——附加有效体积的质量（kg）；c——比热容（J/(kg·K)）；λ——热导率（W/(m·K)）；E_k——一次制动中吸收的动能（J）；r——表面轮廓的曲率半径（m）；h——表面轮廓峰的最大高度（m）；A_c——轮廓接触面积（m²）；v_0——初始滑动速度（m/s）

注：$i = 1, 2$。1 代表摩擦副中较硬的元件；2 代表摩擦副中较软的元件

如果需要更准确的计算结果，表 10 - 50 中的热导率、比热容、密度和热扩散率应代入相应

的当量值。这些参数当量值的计算公式为

$$\lambda_{ef} = \frac{4}{\sum\limits_{k=1}^{n} \frac{\Delta k}{\lambda_k}}$$

$$c_{ef} = \frac{\sum\limits_{k=1}^{n}(m_k c_k)}{\sum\limits_{k=1}^{n} m_k}$$

$$\rho_{ef} = \frac{\sum\limits_{k=1}^{n} m_k}{\sum\limits_{k=1}^{n} V_k}$$

$$\alpha_{ef} = \frac{\lambda_{ef}}{c_{ef} \cdot \rho_{ef}}$$

式中 V——有效吸热体积。

$\Delta k = \dfrac{b_k A_k}{bA}$，$b$ 和 A 的计算见表 10-51。

当 $n \geqslant 10$ 时散热状态趋于稳定，摩擦元件体积温度的计算式可简化为

$$\theta_{v1} = \theta_{v0} + (10 \sim 45)\frac{kt_e \alpha_{hf} W}{m_1 c_1} \qquad (10-31)$$

如果体积温度越过 $500 \sim 600$ ℃，则必须采用强制冷却。

表 10-51   热流分配因子的计算公式

参数范围	计算公式
$K \approx 1$、$v \leqslant 3$ m/s、$P_e \leqslant 0.4$、两摩擦元件体积大致相等	$\alpha_{hf} = \dfrac{\sqrt{\lambda_2 c_2 \rho_2}}{\sqrt{\lambda_1 c_1 \rho_1} + \sqrt{\lambda_2 c_2 \rho_2}}$
$0.6 < K < 1$、$v > 3$ m/s、$P_e > 0.4$、两摩擦元件体积可以有相当差异	$\alpha_{hf} = \dfrac{1}{1 + \dfrac{b_1 c_1}{b_2 c_2}\sqrt{\dfrac{a_1}{a_2}}}$
$0.2 < K < 1$、$v > 3$ m/s、$P_e > 0.4$、两摩擦元件体积有相当大差异	$\alpha_{hf} = \dfrac{1}{1 + \dfrac{\lambda_1}{K\lambda_2}\dfrac{\sqrt{a_2}}{\sqrt{a_1}}}$，$b > b_{ef}$
$K > 1$、$v > 3$ m/s、$P_e > 20$	$\alpha_{ef} = \dfrac{4\lambda_1}{4\lambda_2 + \lambda_2 \sqrt{\pi P_e}}$

注:1. ρ——密度(kg/m^3)

2. $P_e = \dfrac{vd_\tau}{a}$

10.2 机械零件磨损分析

虽然有关资料给出了线磨损的计算公式,但是这些公式距使用还有很大一段距离。目前,绝大多数机械零件的磨损寿命预测,还是依靠试验数据,用经验公式估算。

10.2.1 轴瓦(套)的磨损预测

处于无润滑、固体润滑、边界润滑和混合润滑状态下的轴瓦(套),运转过程都会出现磨损,由于磨损情况十分复杂,很难准确计算。下面介绍以试验数据为基础进行简化近似计算的方法。

轴瓦(套)在运转过程中不断磨损,内径 D 不断增大,轴颈位置精度不断下降,当内径增大到某一临界值,轴颈完全丧失了其位置精度,不能再精确继续运转,而内径增大的最大允许值决定了最大允许磨损量。

轴瓦内径增量与载荷 F、轴颈转速 n、轴瓦(套)内径 D 尺寸和运转时间 t 成正比;与轴瓦(套)宽度 B 成反比,如图 10-7 所示。上述因子的比例系数称为磨损系数 K_μ,此外还与轴瓦(套)材料有关。基此轴瓦内径增量为

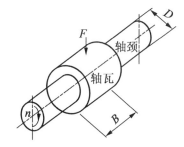

$$\Delta D = K_\mu \cdot F \cdot \frac{nt}{B} \qquad (10-32)$$

式中 K_μ——材料磨损系数,见表 10-52;

图 10-7 轴瓦的计算参数示意图

F——轴瓦(套)上的载荷;

n——轴颈转速;

t——运转时间;

B——瓦(套)宽度。

表 10-52 轴瓦(套)的磨损系数

材料	磨损系数 $K_\mu/(m^2 \cdot N^{-1})$	摩擦因数 μ
锡青铜	1.8×10^{-16}	0.05
铅青铜	3.6×10^{-16}	0.05
铝青铜	7.3×10^{-17}	0.07
铅锑合金	$>1.2 \times 10^{-16}$	0.05
锡锑合金	$>1.2 \times 10^{-16}$	0.05
铍青铜	3.0×10^{-17}	0.07
多孔青铜	$>1.8 \times 10^{-16}$	0.10
多孔铁	$>2.4 \times 10^{-16}$	0.12
工具钢	6.0×10^{-17}	0.1~0.2
碳石墨	7.3×10^{-17}	0.1~0.2

续表 10 – 52

材料	磨损系数 $K_\mu/(m^2 \cdot N^{-1})$	摩擦因数 μ
电极石墨	3.6×10^{-17}	$0.2 \sim 0.4$
增强聚四氟乙烯	$6.0 \times 10^{-15} \sim 1.2 \times 10^{-14}$	0.1
聚四氟乙烯织物	$6.0 \times 10^{-16} \sim 1.2 \times 10^{-15}$	$0.02 \sim 0.10$
聚酰胺 66	2.4×10^{-13}	$0.2 \sim 0.3$
增强聚酰胺 66	1.8×10^{-14}	$0.1 \sim 0.2$
乙缩醛	2.4×10^{-12}	0.2
聚酰亚胺	3.6×10^{-13}	$0.15 \sim 0.3$
增强聚酰亚胺	4.8×10^{-14}	$0.15 \sim 0.3$
酚醛层压布板	1.2×10^{-15}	$0.2 \sim 0.3$
钢背聚四氟乙烯 青铜涂层	3.6×10^{-17}	$0.1 \sim 0.2$

注:金属轴瓦有润滑;非金属轴瓦无润滑

限定了允许的直径增量,即可计算出轴瓦(套)的磨损寿命,其公式为

$$t = \frac{[\Delta D] B}{K_\mu \cdot F \cdot n} \tag{10-33}$$

10.2.2　滚动轴承的磨损预测

滚动轴承的使用寿命应由两项指标评价:一项是接触疲劳造成工作表面的损伤;另一项是由其他磨损形式造成轴承间隙过大,以致轴承丧失工作性能。本节只介绍轴承工作中必然产生的磨损。

(1)黏附接触磨损计算。

根据试验值用下述公式计算滚动轴承滚道黏附磨损深度

$$h = K_V \frac{S^{m'}}{A_h} \tag{10-34}$$

式中　S——滑动距离;

　　　m'——指数,通常 $m' = 0.1 \sim 0.5$,影响 m 的因素复杂,很难分析;

　　　K_V——体积磨损度;

　　　A_h——赫兹接触面积,$A_h = 0.13 \times 10^{-6}$ m^2。

试验所得体积磨损度 K_V 可按轴承外径和润滑油运动黏度与转速之乘积从图 10 – 8 查出。

滚动轴承每百万转的单位滑移距离 S_0 的近似值,可根据轴承的 $\frac{C}{P}$ 值和几何参数 $D = (1 + 10\sin\beta)$ 由图 10 – 9 查出。几何参数中的 β 是轴承标称接触角。由此轴承滚道磨损深度为

$$h = 7.7 K_V \left(60 \cdot S_0 \cdot \frac{n\varepsilon L_n}{10^6}\right)^m \tag{10-35}$$

式中　K_V——体积磨损度($\mu m^3/\mu m$);

　　　h——滚道磨损深度(μm);

n——轴承转速(r/min)；

ε——寿命因子；

L_n——滚动轴承寿命(h)。

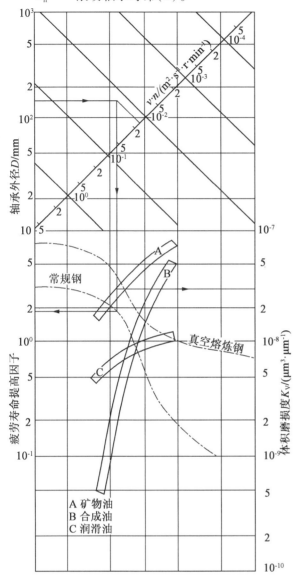

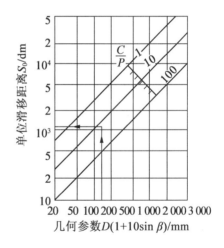

图 10-8　体积磨损度和寿命提高因子　　　　　图 10-9　单位滑移距离 S_0 的近似值

考虑弹性流体动力润滑膜的作用后,常规疲劳寿命的提高因子也可由图 10-8 查出。

算例　齿轮减速机高速轴采用两个 6314 轴承支承,转速 $n = 1\,450$ r/min,轴承径向载荷 $F_r = 4\,800$ N,轴向载荷 $F_a = 2\,500$ N。试计算内圈滚道在工作寿命期间的黏附磨损深度。轴承用润滑油牌号 L-FC10 号。

解　查轴承手册,6314 轴承,$C = 105\,000$ N,$C_0 = 68\,000$ N,轴承外径 $D = 150$ mm。

依据 $\dfrac{F_a}{C_0} = \dfrac{2\,500}{68\,000} = 0.037$,查得 $e = 0.22$,因 $\dfrac{F_a}{F_r} = \dfrac{2\,500}{48\,000} = 0.52 > e$,查得 $X = 0.56$,$Y = 1.97$。

则当量载荷 $P = XF_r + YF_a = 0.56 \times 4\,800 + 1.97 \times 2\,500 = 7\,613(\text{N})$，再取载荷系数 $f_F = 1.2$（又称载荷性质因子），则轴承常规疲劳寿命为

$$L_n = \frac{10^6}{60n}\left(\frac{C}{f_F P}\right)^{\varepsilon=3} = \frac{10^6}{60 \times 1\,450}\left(\frac{105\,000}{1.2 \times 7\,613}\right)^3 = 17\,452(\text{h})$$

润滑油运动黏度 $\upsilon = 10 \times 10^{-6}\ \text{m}^2/\text{s} = 10^{-5}\ \text{m}^2/\text{s}$。

$\gamma n = 10^{-5} \times 1\,450 = 0.014\,5\ \text{m}^2/\text{s} \cdot \text{r}/\text{min}$，据此由图 10-8 查出 $K_V = 2.95 \times 10^{-8}\ \text{cm}^3/\mu\text{m} = 2.95 \times 10^{-8}\ \text{m}^3/\text{m}$，寿命提高因子约为 1.85。

轴承标称接触角 $\beta = 0°$，几何参数 $D \times (1 + 10\sin\beta) = 150(1 + 10 \times 0) = 150(\text{mm})$。根据 $\frac{C}{P} = 13.8$，由图 10-9 查出 $S_0 = 1\,150\ \mu\text{m}$。取寿命因子为 $\varepsilon = 1.85$，及取 $m' = 0.25$，则

$$h = 7.7K_V\left(\frac{60S_0 n\varepsilon L_n}{10^6}\right)^{m'} = 7.7 \times 2.95 \times 10^{-2}\left(\frac{60 \times 1\,150 \times 1\,450 \times 1.85 \times 17\,452}{10^6}\right)^{0.25}$$

$$= 9.6(\mu\text{m})$$

（2）轴承磨粒磨损计算。

滚动轴承的磨粒磨损往往是由润滑油不清洁或密封不良引起的。改善润滑剂的过滤和密封，可以防止滚动轴承过度的磨粒磨损。不过，定时更换新润滑剂更经济。

根据试验给出的在各种工作状态下，滚动轴承磨粒磨损的线磨损度 K_l 与运转时间的关系曲线如图 10-10 所示。

磨粒磨损产生的径向游隙增量为

$$\Delta\delta_r = e_0 K_l \qquad\qquad (10-36)$$

式中　e_0——考虑轴承尺寸和几何形状的修正系数，其值根据轴承内径在图 10-11 查出。

按照滚动轴承的应用场合，从 a 到 k 的 7 种工作状态，根据不同的工作状态和轴承运转时间，从图 10-10 中查出 K_l，再根据轴承内径，从图 10-11 中查出 e_0，即可用式（10-36）计算出轴承游隙增量 $\Delta\delta_r$。

各类机器中，滚动轴承的工作状态见表 10-53。表中也给出了按规定的允许游隙增量计算得到的允许线磨损度 $[K_l]$。

再根据 $[K_l]$ 由图 10-10 可以查出轴承磨损运转寿命。

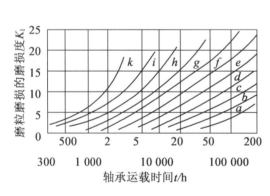

图 10-10　滚动轴承磨粒磨损的线磨损度曲线

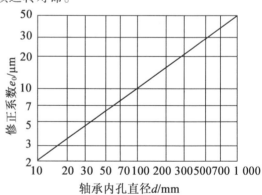

图 10-11　考虑轴承尺寸和几何形状的修正系数

表 10 – 53 滚动轴承的工作状态和允许的 $[K_1]$ 值

应用场合			$[K_1]$	工作状态	备注
绕轮转动装置	普通齿轮装置		3 ~ 8	e ~ g	小值用于高速和斜齿轮，大值用于直齿轮
				d ~ e	
			5 ~ 10	c ~ d	
	铁路车辆用齿轮装置		3 ~ 6		
			6 ~ 12		
机动车辆	前 轮		4 ~ 8	h ~ i	可以补偿磨损
	齿轮箱		5 ~ 10	i ~ k	小值用于要求平稳传动的场合
	轴的转动		3 ~ 6		
电动机	家用电器用电动机		3 ~ 5	i ~ k	带自动调节
	固定电动机	小型		e ~ g	
		中型		d ~ e	小值用于立式电动机的游动支承
		大型		c ~ d	工厂使用时用大值
	牵引电动机		4 ~ 6	d ~ e	
	纺织机械		2 ~ 8	c ~ f	
变速箱	牵引车辆		12 ~ 15	f ~ h	
	货车		8 ~ 12	c ~ d	
	轿车		6 ~ 8	d ~ e	
通用机械	轧机			e ~ f	
	船用推力轴承				
	船用螺旋桨轴轴承		15 ~ 20		
	风扇	小型	5 ~ 8	f ~ h	带弹簧调整
		中型	3 ~ 5	c ~ d	
		大型		d ~ f	
通用机械	离心泵		3 ~ 5	d ~ e	
	印刷机械		3 ~ 4	a ~ b	
	离心机		2 ~ 4	d ~ e	按速度取值
	带式传输机托辊		10 ~ 30	h ~ k	按带速取值
	带式输送机滚筒		10 ~ 15	e ~ f	
	起重机滑轮组		8 ~ 12	c ~ d	
	清理装置与浇注包		12 ~ 15	c ~ g	
	轧碎机		8 ~ 12	f ~ g	
	托滚		4 ~ 6	c ~ d	
	振动箍			e ~ f	

续表 10 – 53

应用场合		$[K_1]$	工作状态	备注
通用机械	振动器滚子和振荡器	3 ~ 4	g ~ i	
	振动混合机			
	煤砖压力机	8 ~ 12	e ~ g	
	大型搅拌机	8 ~ 15	g ~ h	
	轧管机	12 ~ 18	f ~ g	
	转炉转轴			
	镗床和铣床	0.5 ~ 1.5	a ~ b	
	磨床、研磨和抛光机	~ 0.5	c ~ d	
	飞轮	3 ~ 8	d ~ f	
造纸机械	湿的部件	7 ~ 10	b ~ c	
	干的部件	10 ~ 15	a ~ b	
	匀浆机	5 ~ 8	b ~ c	
	软压机	4 ~ 8	a ~ b	
木工机械	切断机和刀轴	1.5 ~ 3	e ~ f	
	锯床	3 ~ 4	e ~ g	
	木材、塑料作业机械	3 ~ 5	e ~ f	
离心铸造机		8 ~ 12	e ~ f	

10.2.3 导轨的磨损预测

(1) 滑动导轨。

滑动导轨多数是不完全密封的,不能彻底避免切屑和尘土的附着。同时,工作台频繁停歇和换向,使润滑条件不良,故多数滑动导轨处于混合润滑状态。另外,由于导轨各段使用程度不同,因此直线运动导轨的磨损率较高且很不均匀。

表 10 – 54 列出了在单件和小批生产条件下运转的机床,其混合摩擦滑动导轨的磨损率 K_1 和磨损系数 K_μ 的平均值,它们的定义分别是

$$K_t = \frac{h}{t_e}$$

$$K_\mu = \frac{h}{pL} \tag{10 – 37}$$

式中 h——导轨全长上的最大磨损深度;

t_e——机床有效使用时间;

p——导轨标称平均载荷;

L——工作台或滑板的滑动距离。

在大批量生产条件下,车床床身导轨的磨损率是表 10 – 54 所列值的 2 ~ 3 倍。

根据导轨的磨损系数,可以建立在混合润滑条件下,由磨粒磨损作用产生的磨损量的工程

计算方法,其计算公式为

$$h = K_\mu \sum_{i=1}^{n} P_i L_i \frac{h_i}{h_{oi}} \cdot \frac{\mu_i}{\mu} \qquad (10-38)$$

式中　i——运动状态(工作行程,空行程等)的顺序号;

　　　n——不同运动状态的数目;

　　　P_i——在第 i 个运动状态下的平均载荷;

　　　L_i——在第 i 个运动状态下的行程长度;

　　　h_i——在第 i 个运动状态下,滑动导轨长度上,实际最大磨损深度;

　　　h_{oi}——在第 i 个运动状态下,压力分布均匀滑动距离始终等于导轨长度时,应有的磨损深度;

　　　μ_i——第 i 个运动状态下的摩擦因数;

　　　μ——无润滑时的摩擦因数。

表 10-54　机床床身导轨的磨损率和磨损系数

机床类型	导轨面	材料	硬度	表面污染情况	介面状态	$K_\mu/(\mu\mathrm{m \cdot m \cdot kN^{-1}})$	$K_t/(\mu\mathrm{m \cdot h^{-1}})$
车床	前棱形导轨面	HT200	HBS180	显著污染	封闭	$(2.65 \sim 3.87) \times 10^{-3}$	50
车床	后平导轨面	HT200	HBS180	中等污染	不封闭	$(5.10 \sim 7.14) \times 10^{-4}$	15
单柱坐标镗床	立柱平导轨面	HT300	HBS200	轻微污染	封闭	$(1.12 \sim 1.63) \times 10^{-5}$	0.7
车床	前棱形导轨面	HT250	HRC50	显著污染	封闭	1.43×10^{-3}	30
车床	后平导轨面	HT250	HRC50	中等污染	不封闭	$(2.55 \sim 3.67) \times 10^{-4}$	10

注:1. 工作台材料 HT150 和 HT200,未硬化处理

　　2. 车床床身上回转半径 400 mm、床鞍滑动距离大约 17.3 km/a(两班制运转)

　　3. 坐标镗床工作台尺寸 280 mm×560 mm,滑动距离大约 1.1 km/a(两班制运转)

(2)滚动导轨。

对于维护良好,假设没有滑动的滚动导轨,其主要的磨损失效形式是表面层的疲劳磨损,校核疲劳磨损的公式为

$$L_h = \frac{N_\delta}{60nN} \cdot \left(\frac{F_\delta}{F} \right)^3 \qquad (10-39)$$

式中　L_h——导轨寿命(h);

　　　N_δ——基本循环次数,通常取 $N_\delta = 10^7$;

　　　n——每分钟行程次数;

　　　N——一个行程中的接触次数,$N = \dfrac{L}{2P}$,L 是行程长度,P 是滚动体节距;

　　　F_δ——在基本循环次数下,导轨所能承受的载荷;

　　　F——滚动导轨的载荷。

当表面硬度为 HRC60 时,对滚动体是球的导轨

$$F_\delta = \left[\frac{\sigma_0}{2\,127 \times 10^4} \right]^3 \cdot d^2 \qquad (10-40)$$

对滚动体为滚子的导轨

$$F_{\delta} = \left[\frac{\sigma_0}{27 \times 10^4}\right] \cdot dl \qquad (10-41)$$

上述两式中　d——球或滚子直径；

　　　　　　l——滚子长度。

对于球 $\sigma_0 = 3\,236 \sim 3\,432$ MPa；

对于滚子 $\sigma_0 = 2\,256$ MPa。

除了接触疲劳磨损外,滚动导轨的磨损失效主要是由切屑或磨粒进入摩擦表面和滚球（滚子）有滑动造成的。磨粒进入导轨破坏了导轨面与滚动体的正常接触,使滚动体卡住或产生滑动,在铸铁导轨面上造成划伤、擦伤或其他损伤。保持架有缺陷和采用滚针作为滚动元件也会引起滚动体的滑动。这时,滚动导轨的磨损寿命将大大缩短。装配误差也会极大地影响滚动导轨的工作性能。

10.2.4　齿轮传动的磨损控制

大多数齿轮在润滑下运转,由于运转条件不同,它的润滑状态也不同。而润滑状态对齿轮的磨损有重要影响。

齿轮传动随速度与载荷不同,有三种润滑状态,即:边界润滑、混合润滑和流体膜润滑。三种润滑状态区域的划分如图 10-12 所示。图中纵坐标载荷强度的定义为

$$p_k = \frac{F_t}{db} \cdot \frac{a \pm 1}{u} \qquad (10-42)$$

式中　F_t——齿轮节圆上的圆周力；

　　　d——齿轮节圆直径；

　　　b——齿轮啮合宽度；

　　　u——齿数比。

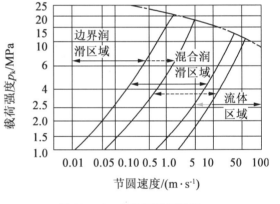

图 10-12　齿轮润滑区域图

式（10-42）中的"$-$"号用于内啮合,"$+$"号用于外啮合。

（1）在边界润滑区,接触区建立不起流体膜,表面和边界膜的性能决定着表面的摩擦与磨损。这时摩擦因数可能高达 $0.15 \sim 0.20$,如润滑良好、齿面光滑,摩擦因数可能为 $0.06 \sim 0.10$。

（2）在流体膜润滑区,接触区建立起完整的弹性流体润滑膜,在这种润滑状态下,磨损形式主要是接触疲劳磨损（剥蚀）。这时摩擦因数最小,为 $0.01 \sim 0.04$。

（3）混合润滑区,接触区局部形成流体膜,表面摩擦和磨损是上述两种情况的混合,摩擦因数介于它们之间,为 $0.03 \sim 0.07$。

如图 10-12 所示实线是处于最佳状态的值,点划线是标称值,顶部虚线表示齿轮载荷强度最高极限值。

齿轮胶合:

齿轮胶合分为两类:一类是因温度过高使油膜破坏造成的热胶合。热胶合多半发生在高速齿轮传动中,如宇航设备、涡轮机齿轮等,这些齿轮传动处于流体膜润滑区;另一类是因载荷过大使油膜破裂,出现金属直接接触的冷胶合。冷胶合主要发生在处于边界润滑或混合润滑状态下的重载齿轮传动中。

①热胶合控制。

用于计算轮齿表面温度控制热胶合、有关齿轮表面温度的计算方法,参见《机械设计手册》(5 版,机械工业出版社,2004 年)中的第 16 篇齿轮传动中。

②冷胶合控制。

用控制最小油膜厚度的方法避免轮齿冷胶合,最小油膜厚度可用弹性流体动力润滑理论计算,避免冷胶合允许的最小油膜厚度值见表 10 - 55。

表 10 - 55　允许最小油膜厚度[用 $v_{100} = 10 \sim 13$ mm^2/s]

齿轮工作状态		$[h_{min}]$/μm							
		节圆圆周速度/(m·s^{-1})							
温度 θ/℃	载荷 P/MPa	小型齿轮传动				大型齿轮传动			
		0.5	2.5	10	50	0.5	2.5	10	50
60	1.38	0.053	0.163	0.44	1.33	0.086	0.265	0.72	2.15
60	4.14	0.045	0.141	0.38	1.15	0.073	0.229	0.62	1.87
60	13.8	0.039	0.120	0.33	0.98	0.063	0.196	0.53	1.60
80	1.38	0.031	0.097	0.26	0.79	0.051	0.157	0.43	1.28
80	4.14	0.027	0.084	0.23	0.69	0.044	0.136	0.37	1.11
80	13.8	0.023	0.072	0.20	0.58	0.038	0.116	0.32	0.95
100	1.38	0.021	0.065	0.18	0.53	0.034	0.105	0.29	0.86
100	4.14	0.018	0.056	0.15	0.46	0.029	0.092	0.25	0.75
100	13.8	0.015	0.048	0.13	0.39	0.025	0.078	0.21	0.64

齿轮磨粒磨损:

开式齿轮传动,磨损的主要形式是磨粒磨损。轮齿磨粒磨损的线磨损率 K_t 的计算公式为

$$K_{t1(2)} = 1.9 \frac{\sqrt[3]{\varphi_m^2} \cdot \sqrt{\gamma_{ar}} \cdot \sqrt{\sigma_y^5} Y_{t1(2)} n_{1(2)}}{\delta_{s1(2)} H_{2(1)} \sqrt{H_{1(2)}^3}} \cdot \sqrt{\frac{m_n(z_1 + z_2)\sin \alpha_n}{\cos \beta (1 - \cos^2 \alpha_n \sin^2 \beta)}} \quad (10 - 43)$$

式中　K_t——轮齿磨粒磨损的线磨损率(μm/h);

φ_m——磨粒在润滑油中的体积分数(%);

γ_{ar}——磨粒有效尺寸的平均半径(mm);

σ_y——磨粒的破坏应力(MPa);

Y_t——几何常数,见表 10 - 56;

n——齿轮转速(r/min);

δ_s——齿轮材料的伸长率(%);

H——齿轮表面硬度(HBS);

m_n——齿轮法向模数(mm);

z_1、z_2——齿轮齿数;

α_n——齿轮法向压力角;

β——斜齿轮螺旋角。

脚标 1 代表小齿轮,脚标 2 代表大齿轮。

　　从强度考虑,硬齿面齿轮磨损量允许到齿厚的 5%,软齿面齿轮在某些情况下,磨损量允许达到齿厚的 20%。从振动与噪声考虑,低速齿轮磨损量允许达到模数的 1/3,当 $v = 20$ m/s 左右时,模数 $m = 10$ mm 的齿轮磨损量允许达到 0.11 mm;当 $v = 80$ m/s 时,该齿轮允许磨损量仅为 0.05 mm。

表 10 – 56　齿轮几何常数 Y_t

计算零件		小齿轮	大齿轮
开式传动	大、小齿轮	$Y_{t1} = \dfrac{\sqrt{r'(1-r')}\left[r'(1-r')u\right]}{r'}$	$Y_{t2} = \dfrac{\sqrt{r'(1-r')}\left[r'(1-r')u\right]}{(1-r')u}$
闭式传动 润滑油供给	大齿轮	$Y_{t1} = \dfrac{\sqrt{r'(1-r')}\left[r'(1-r')u\right]}{r'+(1-r')u} \cdot \dfrac{(1-r')u}{r'}$	$Y_{t2} = \dfrac{\sqrt{r'(1-r')}\left[r'-(1-r')u\right]}{r'+(1-r')u}$
	小齿轮	$Y_{t1} = \dfrac{\sqrt{r'(1-r')}\left[r'-(1-r')u\right]}{r'+(1-r')u}$	$Y_{t2} = \dfrac{\sqrt{r''(1-r')}\left[r'-(1-r')u\right]}{r'+(1-r')u} \cdot \dfrac{r'}{(1-r')u}$

注:u 为齿数比;$r' = \dfrac{r_1}{r_1 + r_2}$,$r_1$、$r_2$ 分别为两轮齿接触点的曲率半径

10.2.5　链传动的磨损预测

　　(1)磨损率。

　　在链节进入和离开链轮的时候,铰链内有相对转动,以 v 表示相对滑动速度,p 表示铰链内的压力,链的啮合系数定义为

$$K_A = \sum_{i=1}^{k} v_i p_i \qquad (10-44)$$

对于无张紧链轮的两个链轮传动则有

$$K_A = \frac{\pi n_1 (2F_c + F_t)}{L_p \cdot l \cdot Z_p} \cdot \left(1 + \frac{Z_1}{Z_2}\right) \qquad (10-45)$$

式中　K_A——啮合系数(N/(min·mm));

　　　　n_1——小链轮转速(r/min);

　　　　F_c——链条上的惯性离心拉力(N);

　　　　F_t——链的工作拉力(N);

　　　　L_p——链节数;

　　　　l——套筒长度(mm);

　　　　Z_p——链条列数;

　　　　Z_1,Z_2——小、大链轮齿数。

　　磨损率 K_t 与啮合系数 K_A 的关系受润滑状态的影响,根据实验室和使用现场的数据二者的关系如图 10 – 13 所示;每 8 h 加一次油的链传动,其磨损率是图 10 – 13 中曲线

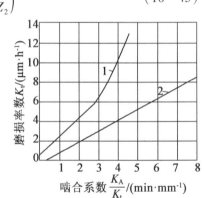

图 10 – 13　链节磨损率 K_t

1—充分供油;2—不供油

2 的 1/10。

（2）允许磨损量。

每节链允许磨损量$[h_p]$，即链节允许伸长量$[\Delta p]$见表 10 – 57。

表 10 – 57 链节允许伸长量$[\Delta p]$

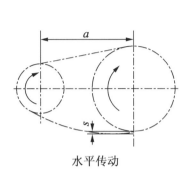

水平传动

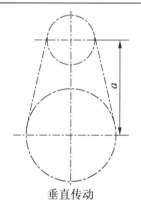

垂直传动

中心距可调或有张紧轮	中心距不可调	中心距不可调
$[\Delta p]=\min\left[\dfrac{2p}{z_2},0.03p\right]$	$[\Delta p]=\dfrac{4ps^2}{3a^2}$	$[\Delta p]=\dfrac{p^2}{4a}$

注:p 为链节距

（3）磨损寿命。

预期磨损寿命为

$$L_h = \frac{[\Delta p]}{K_t} \qquad (10-46)$$

（4）算例。

一链传动传递功率为 $P=7.35$ kW，链节距 $p=19.05$ mm，小链轮齿数 $Z_1=15$，大链轮齿数 $Z_2=45$，小链轮转速 $n_1=550$ r/min，单链条 $Z_p=1$，链节数 $L_p=76$。中心距 a 可调，水平布置。试计算该链传动的磨损寿命。

解:计算链速

$$v = Z_1 p n_1 = 15 \times 19.05 \times 10^{-3} \times \frac{550}{60} = 2.62 (\text{m/s})$$

工作拉力 $F_t = \dfrac{P}{v} = \dfrac{7\,350}{2.62} = 2\,806(\text{N})$

选链条规格为 12A 链:$q=1.5$ kg/m，$s=2.4$ mm，$c_{min}=12.7$ mm。

慢性离心拉力 $F_e = qv^2 = 1.5 \times 2.62^2 = 10.29(\text{N})$

套筒长度 $l = 2S + C = 2 \times 2.4 + 12.7 = 17.5(\text{mm})$

啮合系数

$$K_A = \pi n_1 \frac{2F_c + F_t}{L_p l Z_p} \cdot \left(1 + \frac{Z_1}{Z_2}\right)$$

$$= \pi \times 550 \frac{2 \times 10.29 + 2\,806}{76 \times 17.5 \times 1} \times \left(1 + \frac{15}{45}\right) (\text{N/min} \cdot \text{mm})$$

$$\approx 4\,900\,(\,\text{N/min}\cdot\text{mm}\,)$$

链节允许伸长量

$$\Delta p = \min\left[\frac{2p}{Z_2}, 0.03P\right] = \min\left[2\times\frac{19.05}{45\ \text{mm}}, 0.03\times 19.05\right]$$

$$= \min\left[0.847\ \text{mm}, 0.572\ \text{mm}\right]$$

取 $[\Delta p] = 0.572\ \text{mm}$。

查图 10-13，若运转期间不加油，磨损率 $K_t = 4.95\times 10^{-4}\ \text{mm/h}$

预测磨损寿命为

$$L_h = \frac{[\Delta p]}{K_t} = \frac{0.572}{4.95\times 10^{-4}} = 1\,150\,(\,\text{h}\,)$$

若充分供油润滑，磨损率 $K_t = 1.35\times 10^{-4}\ \text{mm/h}$

预测磨损寿命为

$$L_h = \frac{[\Delta p]}{K_t} = \frac{0.572}{1.35\times 10^{-4}} = 42\,300\,(\,\text{h}\,)$$

10.2.6 气缸套与活塞环的磨损预测

气缸套与活塞环是内燃机、压缩机中主要的摩擦副，也是最主要的磨损件。活塞在一个行程中速度是变化的，侧推力造成的对缸套壁的压力也是活塞位置的函数，摩擦表面的温度又沿缸套长度方向而改变。因此，在一个行程中，油膜厚度和磨损量均是活塞位置的函数。这些因素的关系曲线如图 10-14 所示。由图可见，在活塞的两个极限位置（上、下返回点）附近，出现最不利的摩擦条件。

（1）黏附磨损预测。

根据黏附磨损定律，磨损量与载荷和滑动距离成正比，而与摩擦副两表面中较软材料的硬度成反比。

平均磨损深度为

$$h = \frac{KLF_N}{3HA_a} \qquad (10-47)$$

磨损因数 K 与摩擦材料性能及表面洁净度有关。

用循环次数 N 和冲程 S 表示滑动距离，用 h_i 表示第 i 个活塞环在缸套壁上造成的磨损深度，对四冲程内燃气缸，有

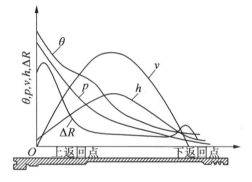

图 10-14 各物理量随缸套长度坐标的变化

θ——温度；p——侧推力；v——速度；
h——油膜厚度；ΔR——磨损量

$$h_i = 4KF_N\cdot\frac{SN}{3HA_a} \qquad (10-48)$$

$p = \dfrac{F_N}{A_S}$，若 p_i 表示第 i 个活塞对缸套壁的压力，4 冲程内燃机每个循环有 4 个冲程，因而有

$$p_i = p_{燃烧} + p_{排气} + p_{吸气} + p_{压缩}$$

令系数

$$K_b = \frac{4KS}{3H} \qquad (10-49)$$

表 11-58 列出的 K_h 值是内燃机的实验数据,可以用来预测缸套孔的磨损,于是缸套壁上的磨损深度为

$$h = K_h N \sum_{i=1}^{m} p_i \qquad (10-50)$$

式中 m——活塞环数目。

计算式注意活塞环在活塞上的位置,缸套壁有些段只能承受部分活塞环的摩擦与磨损。

表 10-58 内燃机缸套孔的系数 K_h

机器类型	船用柴油机		柴油机			汽油机				
$K_h/(10^{-10}\ mm^3 \cdot N^{-1})$	0.927 ~ 3.159	2.272 ~ 3.799	0.303	0.949 ~ 1.344	0.659 ~ 1.322	0.276	0.423	0.725	1.745	2.566

计算程序如下:

①获取该发动机运转条件下燃烧室中的 $p-\theta$ 曲线;

②根据泄漏理论计算整个循环过程中,活塞间的压力分配;

③计算各个活塞环与缸壁间的油膜厚度,若油膜小于油膜润滑最小油膜厚度的极限值,则可确定活塞环与缸套壁的接触区域;

④确定每个活塞环在燃烧、排气、吸气和压缩冲程中,环与壁间的接触压力及其沿缸壁的变化;

⑤计算大、小侧推力面上的侧推力,并把它们转换成环—孔壁接触压力;

⑥求每个活塞环按④和⑤求出其值的总和;

⑦按活塞位置,将每个环对缸套壁的压力分布曲线叠加起来;

⑧求大、小侧推力面上的磨损深度。

(2)磨粒磨损预测。

活塞第一道气环靠近上返回点的区域将有磨粒出现,在这个区域磨损最严重。把每个磨粒对缸套壁的损伤,用统计方法累计起来。若磨粒均匀分布,利用磨粒沉积在工作面上的效率关系式可求得磨粒数。于是得到缸套与活塞环的磨粒磨损计算式,即

$$h_i = 0.016\ 6 \frac{Ag_i}{j_i} \qquad (10-51)$$

其中,$i=1$ 代表第一道气环,$i=2$ 代表气缸套,A、g_i、j_i 三个参数见表 10-59。

表 10-59 参数 A、g_i、j_i 的计算式

参数	发动机	第一道气环	气缸套
A	汽油机和柴油机	$A = \rho_m \left[1 - \exp\left(-0.086\ 8 \frac{sr_{ar}^2}{D} \right) \right] \sqrt{(0.1\sigma_y)^5}$	
j_i		$j_1 = \frac{\delta_{s1} \sqrt{H_1^5}}{H_2^2(H_1 + H_2)}$	$j_2 = \frac{\delta_{s2} \sqrt{H_2^5} H_1}{H_1 + H_2}$

续表 10 – 59

参数	发动机	第一道气环	气缸套
g_i	汽油机	$g_1 = q_T \dfrac{\dfrac{\partial_n m_B}{\rho_B} + \dfrac{1}{\rho_T}}{Dh_k \tan\theta}$	$g_2 = 2g \dfrac{\dfrac{\partial_n m_B}{\rho_B} + \dfrac{1}{\rho_T}}{DS\tan\theta}$
	柴油机	$g_1 = q_T = \dfrac{\partial_n m_B}{Dh_k \rho_B \tan\theta}$	$g_2 = q_T = \dfrac{\partial_n m_B}{DS\rho_B \tan\theta}$
说明			

说明：ρ_m——进入气缸的空气中的粉尘密度（mg/m³）；s——冲程（mm）；D——缸径（mm）；r_{ar}——磨粒有效半径的平均值（mm）；σ_y——磨粒的破坏应力（MPa）；δ_s——活塞环或缸套材料的伸长率（%）；q_T——燃料消耗量（kg）；∂_n——空气过剩因数；m_B——单位燃料理论上所需空气的质量（kg/kg）；ρ_B——空气密度（kg/m³）；ρ_T——燃料密度（kg/m³）；h_k——活塞球高度（mm）；Q——活塞环与缸套两摩擦面母线的夹角；H_1——活塞环表面硬度；H_2——气缸套表面硬度

10.2.7　机械密封的磨损预测

与轴一起旋转的动环和与壳体连接的静环构成滑动摩擦副，静环与动环的摩擦面是机械密封的磨损面。

（1）磨损类型。

设计正确的机械密封中的磨损形式是黏附磨损。机械密封的寿命较短，绝大多数情况是工作环境中的磨粒进入摩擦面造成磨粒磨损的结果。这种磨粒磨损属于三种磨粒磨损。

腐蚀或腐蚀磨损也常碰到，由于摩擦热、摩擦表面有较高的温度，会促进化学反应，温度提高 10 ℃，化学反应速度将提高一倍。

机械密封中偶尔也可能出现疲劳磨损（点蚀）。碳原子间结合能量很高，不可能出现晶粒生长或晶体缺陷迁移，所以常用机械密封材料，如：碳石墨、碳化钨、增强四氟乙烯等，是优良的抗疲劳材料。

当主要密封面因受热、振动和磨损等轴向移动时，辅助密封面上会发生轻微磨损。黏附磨损促进微动磨损，减轻黏附磨损的措施均可缓解微动磨损。

（2）磨损因数与极限 pv 值。

限定机械密封环材料的允许磨损量和密封的工作寿命（通常是 2 a），即可确定允许的线磨损率 $\dfrac{h}{t}$。

通过实验可以定出给定材料所保证的线磨损率的极限 pv 值。

给定磨损因数为

$$K = \frac{hH}{tpv} \tag{10 – 52}$$

表 10 – 60 给出了几种机械密封材料的磨损因数的数量级。

线磨损率 $\dfrac{h}{t} = 0.000\ 203$ mm/h 时的极限 pv 值，见表 10 – 61 ～ 10 – 63。由表 10 – 61 可以看出，密封材料并不是越硬越耐磨。

表 10 - 60　机械密封材料磨损因数 K 的数量级

滑动材料	旋转	碳石墨（填充树脂）	碳石墨（填充树脂）	碳石墨（填充钨锑、铝锑轴承合金）	碳石墨（填充青铜）	碳化钨（铝 6%）	碳化硅（掺碳）
	固定	耐蚀高镍铸铁	陶瓷（Al$_2$O$_3$ 85%）			碳化钨（铝 6%）	碳化硅
磨损因数 K		10^{-6}	10^{-7}	10^{-7}	10^{-8}	10^{-8}	10^{-9}

表 10 - 61　碳石墨材料的极限 pv 值与磨损因数 K

密封环材料			极限 pv 值 /(MPa·m·s^{-1})	磨损因数 K	备注
动环		静环			
填充树脂的碳石墨	硬度 HS	84	5.08	7.41×10^{-8}	生产厂家不同
		90	3.37	1.21×10^{-7}	
		90 陶瓷	4.73	8.60×10^{-8}	
		95 （Al$_2$O$_3$85%）	3.94	1.05×10^{-7}	生产厂家不同
		95	3.94	1.05×10^{-7}	

注:表中元素的百分含量均指质量分数

表 10 - 62　机械密封常用材料的极限 pv 值

密封环材料				极限 pv 值 /(MPa·m·s^{-1})	备注
动环		静环			
材料	硬度	材料	硬度		
不同材料摩擦副	碳石墨 HS60~105	Ni 护层	HBS (131 - 183)	3.503	比陶瓷更耐热冲击
		陶瓷 Al$_2$O$_3$85%	HRC87		不如 Ni 护层更耐热冲击但耐蚀性好得多
		陶瓷 Al$_2$O$_3$99%	HRC87		耐蚀性优于 Al$_2$O$_3$85% 的陶瓷
		碳化钨（Co 6%）	HRC92	17.515	填充青铜的碳石墨的极限 pv 值为 14.73
		碳化钨（Ni 6%）			可以镀镍提高耐蚀性
		碳石墨上掺碳化硅	HR45T　90		良好的耐蚀性
		碳化硅	HR45N 86 ~ 88		比碳化钨耐蚀性好,但耐热冲击性差

续表 10 – 62

密封环材料				极限 pv 值 /(MPa·m·s^{-1})	备注
动环		静环			
材料	硬度	材料	硬度		
密封环材料		硬度			
碳石墨		HB60 ~ 105		1.751	pv 值较低,但能很好地防止表面气泡
陶瓷		HRC87		0.350	适宜用于密封染料
碳化钨		HRC92		4.204	采用更好的检验剂,pv 值可达6.481
碳石墨上掺碳化硅		HR45T 90		17.515	比碳化硅更便宜
碳化硅		HR45N 86 ~ 88			极好的磨粒磨损性能,更好的耐蚀性,中等的耐热冲击性
碳化硼		HK2 800			极好的耐蚀性,价格昂贵

相同材料摩擦副

注:表中元素的百分含量均指质量分数

表 10 – 63 锡锑或铅锑轴承合金增强碳石墨与不同静环的极限 pv 值和磨损因数

密封环材料		极限 pv 值	磨损因数 K
动环	静环		
填充碳石墨的锡锑或铅锑轴承合金	镍护层	3.64	8.74×10^{-8}
	陶瓷(Al$_2$O$_3$85%)	5.60	5.68×10^{-8}
	碳化钨(Co 6%)	13.03	2.44×10^{-8}

注:表中元素的百分含量均指质量分数

10.2.8 刀具磨损的预测

(1)刀具的磨损部位。

刀具的磨损出现在与刚切削好之表面摩擦的主后刀面,与强烈变形的切削摩擦的前刀面和切削刃上,主后刀面上的是带状磨损,磨损带靠刀尖处形成刀尖磨损,另一端形成缺口,称为缺口状磨损。前刀面上是月牙洼状磨损。副切削刃上是氧化磨损(图 10 – 15)。

刀具的各个磨损部位,具有不同的磨损类型,因为各个部位的温度,滑动速度和应力各不相同。通常认为,磨损带上是磨粒磨损,月牙洼的磨损是黏附磨损,切削刃的磨损主要是热软化和显微剥落。

刀具磨损类型的多样性,使得至今还没有形成预测磨损寿命的理论。再加上切削参数、冶金变化、机械缺陷、机床振动和环境条件的影响,使刀具磨损和刀具寿命具有易变性,因而也具有不可预测性。

预测刀具磨损和寿命的唯一实用方法,就是在尽可能接近实际切削加工情况的切削加工条件下,做一系列的切削加工试验。

（2）刀具磨损和刀具寿命的数学模型。

建立刀具寿命数学模型的目的是在试验切削参数范围内,用插值法计算刀具寿命。

由于刀具磨损的理论还不能建立能用于描述、测量和估算刀具磨损和刀具寿命的数学模型,因此制定了一些经验方法。基本的刀具寿命的经验模型有:

①泰勒方程。

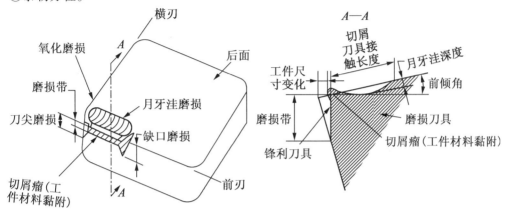

图 10 - 15　车刀(镶嵌硬质合金)的典型磨损形式

$$\ln L = a_0 + a_1 \ln v$$

②广义泰勒方程。

$$\ln L = a_0 + a_1 \ln v + a_2 \ln f + a_3 \ln d$$

③二次线性方程。

$$\ln L = a_0 + a_1 \ln v + a_2 \ln f + a_3 \ln d + a_{11}(\ln v)^2 + a_{22}(\ln f)^2 + a_{33}(\ln d)^2 + a_{12}\ln v \cdot \ln f + a_{13}\ln v \cdot \ln d + a_{23}\ln f \cdot \ln d$$

④柯格尼 – 德皮罗方程。

$$\ln L = a_0 + a_1 v^{a_2} + a_3 f^{a_4}$$

⑤高尔基方程。

$$L = L_0 \exp\left\{ a_0 \left[1 - \left(1 - a_1 \frac{v}{v_0} \right) \right]^{\frac{1}{2}} \right\}$$

在这些方程中,L、v、f、d 分别为刀具寿命、切削速度、进给量和工作(加工)直径;a_1、a_2、a_3、a_{11}、a_{22}、a_{33}、a_{12}、a_{13}、a_{23}均为要通过试验确定的因子。

10.3　磨损控制

10.3.1　磨损过程

在一定的摩擦条件下,磨损过程分为三个阶段,即磨合阶段、稳定磨损阶段和剧烈磨损阶段。如图 10 - 16 表示磨损量与工作时间的典型关系,它明显地显示出三个磨损阶段。

(摩擦副材料:45 刚、ZCuSu5Pb5、Zn5;$p = 3$ MPa;$v = 5$ m/s;边界润滑)

磨合阶段是磨损的不稳定阶段,在整个工作时间内其比率很小。稳定磨损阶段时间最长,其特征是磨损缓慢,磨损率稳定。

剧烈磨损阶段的特征是磨损率极高,产生异常噪声和振动,摩擦副温度迅速升高,很快导致零件失效。

10.3.2 磨合

磨合过程包括摩擦表面轮廓峰的形状变化和材料表面层被加工硬化的两个过程。磨合能使接触表面形成弹性接触的条件,而接触表面维持弹性接触状态,才能提供稳定的摩擦力值并获得最小的磨损率。

(1)稳定粗糙度。

在磨合初期,只有很少的轮廓峰接触并发生摩擦,因此接触面上真实应力很大,使接触轮廓峰激烈破坏,压碎和塑性形变,原有的轮廓峰逐渐局部或全部消失,产生形状和尺寸均不同于原有轮廓峰的新轮廓峰,同时,新轮廓峰的表层被冷作硬化。

实验证明,各种摩擦副在不同条件下磨合之后,形成稳定的表面粗糙度,在以后的摩擦过程中,此粗糙度不会继续改变。磨合的重要规律之一是稳定粗糙度与原始粗糙度无关,而取决于摩擦条件。如图 10-17 表明这一规律。

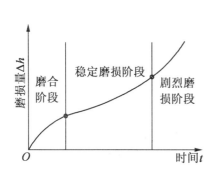

图 10-16 磨损量与工作时间的关系

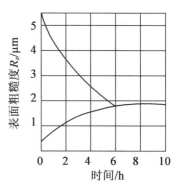

图 10-17 磨合中表面粗糙度的变化

磨合后的稳定粗糙度可能大于、等于,也可能小于原始粗糙度,是给定摩擦条件(包括材料、压力、温度、润滑剂与润滑情况等)下的最佳粗糙度,它能保证磨损率最低。

(2)影响磨合效果的因素。

影响磨合效果的因素是:载荷、速度、材料的物理力学特性和润滑剂。

载荷对磨合效果和磨合时间有很大的影响。在磨合初期,表层的塑性变形部分随载荷增加而增加,摩擦功和发热量亦增加,若单位面积载荷不超过某一临界值,其接触为弹性接触,磨合表面的质量将会改善。单位面积载荷超过临界值后,接触转变为塑性接触,磨合后的稳定粗糙度劣化。临界单位面积载荷可按下式计算:

$$p_{cr} = \frac{5.4 \frac{2\zeta}{2} K_\zeta b}{2\sqrt{\pi}} \cdot \frac{rb^{\frac{1}{\zeta}}}{R_z} \cdot p_{ar} \left(\frac{p_{ar}}{E_e}\right)^{2\zeta} \tag{10-53}$$

式中 r ——轮廓峰平均曲率半径;

    b、ζ ——相对支承比率的曲线参数,其值见表 10-3~10-5;

    K_ζ ——决定于 ζ 的因数,"摩擦与摩擦因数"如图 10-1 所示;

    p_{ar} ——平均应力;

E_e——有效弹性模量，$E_e = \dfrac{E}{(1-v^2)}$。

不同材料的平均应力 p_{ar}、有效弹性模量 E_e、表面轮廓几何参数和载荷临界值 p_{cr} 见表 10 - 64。

表 10 - 64　材料的力学性能与表面粗糙度综合参数

材料	p_{ar}/GPa	E_e/GPa	$R_z(rb^{1/5})$	p_{cr}/p_{ar}
钢铁材料	1 960	218		$7.5 \times 10^{-6} \sim 7.5 \times 10^{-4}$
非铁金属	785	109	$10^{-1} \sim 10^{-2}$	$3.0 \times 10^{-6} \sim 3.0 \times 10^{-4}$
塑料	98	2.5		$3.0 \times 10^{-3} \sim 3.0 \times 10^{-1}$

润滑剂对磨合后粗糙度的变化有很大的影响，见表 10 - 65。

表 10 - 65　不同润滑剂对轴承磨合的影响

润滑剂	$Ra/\mu m$			
	青铜轴承		60 钢轴	
	磨合前	磨合后	磨合前	磨合后
液压油	0.93	0.88	0.72	0.51
工业用甘油	0.93	0.32	0.72	0.43
聚乙二醇	0.64	0.32	0.60	0.60

（3）磨合与磨损寿命。

不同磨合规范将影响磨合时间、磨合磨损和磨合后的磨损率（即磨损寿命）。实践证明：良好的磨合能够使摩擦副的工作寿命提高 1 ~ 2 倍。

10.3.3　磨损类型

表层在接触中发生多种多样的变化，导致磨损有多种类型，必须区别磨损类型来进行磨损控制。

按参与磨损的物质，分为单相磨损和多相磨损；按界面的介质分为干磨损、边界磨损和磨粒磨损；按表面层的变形，分为弹性接触中的磨损、塑性接触中的磨损和微切削中的磨损；按磨损机理有黏附磨损、磨粒磨损、表面疲劳磨损、腐蚀磨损和微动磨损等。

磨损类型见表 10 - 66。

表 10 - 66　磨损类型

常用名称	接触	运动	示意图	磨粒	典型实例
滑动磨损	固体	滑动往复运动		无	轴承、密封、制动器过盈配合、紧固件

续表 10 - 66

常用名称	接触	运动	示意图	磨粒	典型实例
滚动磨损（疲劳磨损）	固体	滚动		无	滚动轴承、齿轮、凸轮
冲击磨损	固体	冲击	固体	无	电触头、锤头
滑动磨粒磨损	固体	滑动	固体	粗糙表面	砂纸磨光、锉削
三体磨粒磨损	液体 气体 固体	滑动 滚动		固体	润滑剂中尘土对机器零件的磨损，泥浆泵、搅拌机、鞋底与路面、碎石机轮胎踏面与路面的磨损
液体磨粒磨损	液体 气体	颗粒冲击 颗粒滑动		固体	载有固体颗粒的液体或气体的泵送器输送、喷砂、喷丸、泥浆泵
气蚀磨损	液体	颗粒冲击		气体	阀、桨叶、管件
液体侵蚀磨损	气体 液体	流体冲击 锤击	液压或气体	无	阀、导流板、管件

10.3.4　影响磨损的参数

影响磨损的参数很多,包括载荷速度、温度等,磨损过程要考虑这些参数的影响,并且在设计中加以考虑,即是不了解它们的定量关系,掌握其定性关系也是十分重要的。

在表 10 -67 中,列出对磨损最重要的设计参数,并分为四类:材料参数、工作参数、几何参数和环境参数。

表 10-67　影响磨损过程的设计参数

材料参数	工作参数	几何参数	环境参数
成分	载荷	面积	润滑油量
组织	速度	形状	污染情况
弹性模量	滑动距离	尺寸	环境温度
硬度	滑动时间	表面粗糙度	环境气氛
润滑剂种类	循环次数	间隙	
润滑剂黏度	滑滚比[①]	对中	
	表面温升		
	润滑油油膜厚度		

注:①滑滚比是指含有滑动成分的滑动接触中,接触点速度差与速度之比

改变这些参数值会使任何应用场合的磨损率(度)发生变化,而更重要的是有些参数具有临界值,超越该值将引起磨损率(度)的突变。

(1)载荷。

影响磨损率(度)最主要的因素是载荷(法向压力)。

未磨合表面,磨损率(度)与法向压力呈非线性关系,表面没有波度,接触面积小时,法向压力的影响较大,波度可显著降低法向压力的影响。

磨合表面磨损度与法向压力成正比。

如图 10-18 所示为一个圆销在一个环上摩擦测出的线磨损度随载荷变化的线图。圆销和环都由普通退火状态碳钢制造,在磨损进入均衡的稳定磨损期,磨损量与滑移距离呈线性关系时,测量其线性磨损度。这个磨损度曲线的特性是许多金属材料共有的。

在临界载荷 p_{1cp} 之后,磨损度将加大两个数量级以上,此刻磨削变成肉眼可见的金属颗粒,表面出现严重划伤。

当载荷超过更高的某一临界值 p_{2cp} 之后,磨损又转为缓和的。

随着摩擦表面初始硬度增高,p_{1cp} 和 p_{2cp} 的差值减小,当初始硬度达到 HV436 时,磨损曲线变为近似直线。

(2)速度。

滑动摩擦决定着材料变形的速率,故无润滑摩擦副的磨损率(度)随速度的提高而增加,滑动速度也决定着摩擦表面的发热量,影响表面温度。表面温度升高导致表层材料力学与摩擦能的变化,同时也引起机械和化学结构的改变,使磨损率急剧增大。因此,应注意影响磨损度等参数,如 m_μ、σ_0、μ 和 E 与温度的关系。然而,在较高的速度下磨损率将降低。

滑动速度不仅影响磨损率,还会改变磨损类型,如图 10-19 所示为在载荷一定而改变滑动速度时,钢对钢的磨损度的变化曲线,并反映出磨损类型的转化。摩擦副最好在氧化磨损率大于黏附磨损率的滑动速度下运转。边界润滑摩擦副的磨损率(度)也经常随着速度的提高而增加,直到边界膜因温升而失效后,磨损率将急剧增大。如果随速度的提高,液体膜厚度增加,则磨损率反而降低;流体润滑摩擦副的磨损率(度)非常低,只有温度达到使润滑膜失效后,磨损率才会急剧增大。

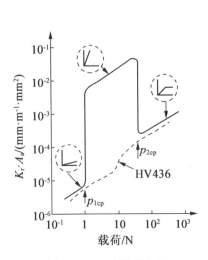

图 10 - 18　磨损度曲线

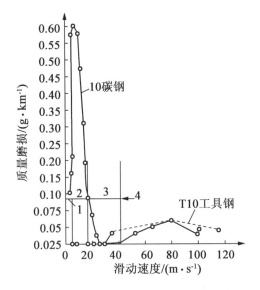

图 10 - 19　磨损度磨损类型随速度的变化

（3）温度。

温度的影响极为重要，对于无润滑摩擦副，温度达到临界温度后，其磨损率（度）将会迅速增大；对于完全润滑膜摩擦副，温升会使润滑状态转变为边界润滑，若温度继续升高，能导致润滑失效而转为无润滑滑动。

（4）其他参数。

影响磨损率（度）的其他重要因素还有：

①弹性模量 E。它对材料的磨损率有显著的影响，在同样的断裂强度条件下，材料的弹性模量大，磨损率亦大，有波度的粗糙表面，弹性模量对磨损的影响最大。

②摩擦疲劳曲线参数 σ_0，m'（强度特性）。σ_0 值是将摩擦疲劳曲线外推到循环次数 $N = 1$ 而求得的，在某些情况下它的值接近 σ_b，m' 是该曲线的幂指数。σ_0 值越大材料强度越高。m' 越大，产生疲劳需要的循环次数越多。所以两者数值的增大对提高磨损寿命总是有利的。

③摩擦因数（摩擦特性）。磨损度与摩擦因数呈指数关系，即 $K_1 \propto \mu^{m'}$。

④表面粗糙度和波度。定义表面粗糙度的综合参数为

$$\Delta = \frac{R_z}{rb^{\frac{1}{\zeta}}} \tag{10 - 54}$$

一般加工表面 Δ 值的变化范围达 4 个数量级，同时，Δ 对未磨合表面磨损度的影响比载荷略大，所以忽视粗糙度能使磨损度的计算值相差若干个数量级。

波度的影响小于粗糙度，但在极端的情况下也能使磨损变化两个数量级，因此，即使波度参数值不准确，也应考虑波度的影响。摩擦表面几何形状对磨合表面的磨损没有影响。

⑤分子的相互作用。磨合表面的磨损度随着摩擦表面的切向阻力而改变，而切向阻力取决于界面清洁程度、润滑剂的种类和介质气体的参数与清洁程度。

用摩擦参数 τ_0 来表征界面的摩擦条件。加润滑剂能减小 τ_0，因而能延长摩擦副的磨损寿命。各种材料的 τ_0 值见表 10 - 2。

10.3.5　有效控制磨损的设计方法

将各种影响磨损的参数分成 10 种,设计时要考虑磨损控制因素,它们是:

①材料选择;

②表面粗糙度;

③润滑剂选择;

④润滑油量和油膜度;

⑤压力/面积;

⑥表面结构形式;

⑦过滤、密封和污染控制;

⑧安装和对中(即同轴度);

⑨温度和冷却;

⑩运动和滑动距离的控制。

在表 10 - 68 中列出了这种磨损控制因素适用的磨损形式。

表 10 - 68　磨损控制因素适用的磨损形式

设计磨损方式	材料选择	表面粗糙度	润滑剂选择	润滑油量油膜厚度	压力/面积	表面结构形状	污染控制	参数对中	温度控制	运动控制
无润滑滑动磨损	√	√	×	×	(√)	(√)	×	√	√	√
有润滑滑动磨损	√	√	√	√	√	√	√	√	√	√
无润滑滚动磨损	√	√	×	×	(√)	(√)	(√)	(√)	√	√
有润滑滚动磨损	√	√	√	√	(√)	√	√	(√)	√	√
冲击磨损	√	√	(√)	(√)	√	(√)	√	√	(√)	√
流体侵蚀磨损	√	(√)	×	×	(√)	√	√	√	(√)	√
滚动磨粒磨损	√	√	×	×	√	√	×	(√)	√	√
滑动磨粒磨损	√	(√)	×	×	√	√	×	(√)	√	√
三体磨粒磨损	√	(√)	×	×	√	√	×	(√)	√	√
流体磨粒磨损	√	√	×	×	√	√	×	√	√	(√)
气蚀磨损	√	√	×	×	√	(√)	√	√	√	√

注:√表示重要相关;(√)表示不重要相关;×表示不相关

(1)材料。

材料的成分、性能和金相组织将决定材料在各种工况下的磨损率(度)。特别重要的材料性能是表面硬度、冲击韧度、弹性模量、耐腐蚀性和抗疲劳性。在不同的磨损类型中,这些性能的重要程度不同。对于所出现的磨损类型,选择合适的材料可能是有效控制磨损的最重要一步。

表面硬度是影响磨损率最重要的性能材料。对于黏附磨损,材料表面硬度值(HBS)应该不小于单位面积法向载荷(以 MPa 为单位)的 30%;对于三种磨粒磨损,材料表面硬度应不低于磨粒硬度的 80%;对于疲劳磨损,材料表面硬度应为磨粒硬度的 80%;对于疲劳磨损,材料表面硬度应为 HRC62 左右。

(2)表面粗糙度。

若是软材料和硬材料组成滑动摩擦副,如密封、电刷、滑动轴承、离合器和制动器,则表面粗糙度极其重要,硬材料上的轮廓峰将切削或擦伤软材料表面。如果软材料能黏附于硬材料表面并填满凹坑,可以减轻磨损。

(3)润滑剂。

润滑的主要作用之一是减轻磨损,因此选择合适的润滑剂是控制磨损的重要手段之一。润滑按一定的应用场合,一定的工况调配而成,它们含有能在这些工况下控制磨损的添加剂。

对控制磨损而言,润滑剂最重要的性能是油性(润滑性)和黏度。

润滑剂在润滑过程中,本身会发生变化,如氧化和分解,它们的产物对磨损有影响,润滑剂的氧化物可能会提高润滑剂的承载能力,如果缺乏这样的氧化物,还必须加入添加剂。

(4)表面结构状况。

排除磨屑和使润滑剂分布到接触表面的结构措施,例如沟槽对减少边界润滑摩擦副的磨损有重要作用,沟槽边缘应当切成圆角或倒模,以免刮掉润滑剂。然而,当磨损类型为塑料流动时,例如在制动器和离合器中,磨损会因沟槽边缘上形成唇口而加剧。

在流动侵蚀磨损时,将表面做成流线型,使流动方向平缓变化和避免尖锐边缘非常重要。

(5)环境、过滤与密封。

对摩擦副来说,其污染物包括:尘埃、磨粒、水分、盐水、燃料、燃烧物、腐蚀产物、润滑剂分解物和氧化物等。如能组织这些污染物进入摩擦表面,机器零件的磨损通常不会成为大问题。过滤、密封和表面状态检测是控制污染的有效措施。采用这些措施后,系统将变得复杂,但所花费的成本对减少磨损和维护费用来说,通常是值得的。

(6)表面温度和冷却能力。

摩擦系统的表面温度和冷却能力是进行系统磨损设计时,非常重要的综合考虑因素。高的温度有下列不利于磨损的作用:

①材料软化,导致磨损度提高;

②加速材料表面软化,使磨粒磨损加剧;

③吸附膜脱吸或反应膜破裂,引起较快的黏附磨损;

④润滑剂黏度下降;油膜承载能力降低,可能导致油膜破裂;

⑤各种形式的腐蚀磨损加速;

⑥使润滑剂加速氧化,产生较多的氧化物,使腐蚀磨损加剧。

只要表面温度超过 150 ℃,就应当考虑提高冷却能力的措施。能提高冷却能力的措施有:

a. 增加润滑剂流量;

b. 设置润滑剂冷却装置;

c. 加大表面面积;

d. 加速零件周围的空气流动;

e. 改善表面上的热流路线;

f. 增加零件的质量;

g. 降低载荷或滑动速度;

h. 采用散热性好(热导率高、密度大、热容大)的材料;

i. 改用减摩性或传热性较好的润滑剂。

（7）运动控制。

磨损是相对运动的结果,应当尽量减少或消除相对运动,特别是对微动磨损。磨损通常是与滑动距离成正比。因此往往可用缩短滑动距离的方法来减少磨损。

10.3.6　磨损的度量和预测

（1）磨损的度量。

磨损可以用磨损元件磨损面的法向尺寸改变、体积改变和质量改变来度量,称之为磨损量。磨损量与摩擦经过的时间之比,称为磨损率;磨损量与滑动距离或摩擦功之比,称为磨损度。

表 10 - 69 为各种磨损度的定义。

线磨损度为 $10^{-3} \sim 10^{-12}$。可以根据线磨损度的大小,将机械零件的耐磨性分级,见表 10 - 70。

表 10 - 69　各种磨损度

名称	线磨损度	体积磨损度	能量磨损度	质量磨损度	磨损系数
定义	磨损表面法向尺寸变化	磨损件体积变化	磨损体体积变化	磨损体质量变化	能量磨损度 × 摩擦因数
	滑移距离	滑移距离	摩擦力	滑移距离 × 表面接触面积	
量纲	1	m^2	m^2/N	kg/m^3	m^2/N
表达式	$k_l = \dfrac{\Delta h}{L}$	$k_v = \dfrac{\Delta v}{L}$	$k_E = \dfrac{\Delta v}{LF_N}$	$k_m = \dfrac{\Delta m}{LA_a}$	$k_\mu = \dfrac{\Delta v}{LF_N}$

表 10 - 70　耐磨性等级

等级	0	I	II	III	IV	V	VI	VII	VIII	IX
$l_g K_{lmin}$	- 13	- 12	- 11	- 10	- 9	- 8	- 7	- 6	- 5	- 4
$l_g K_{lmax}$	- 12	- 11	- 10	- 9	- 8	- 7	- 6	- 5	- 4	- 3
接触状态		弹性形变					弹塑性形变		微切削作用	

（2）磨损计算。

线磨损度的计算在预测机械零件的磨损寿命（特别是在设计阶段）上有重要意义。

（3）磨损计算的经验公式。

将能量磨损度 K_E 与表面硬度 H 的乘积定义为磨损因数 K,即

$$K = K_E H$$

式中　H——表面硬度。

于是,磨损深度 h 可表述为

$$h = \frac{KF_\mu L}{A_a H} \tag{10 - 55}$$

因此,只要能给出磨损因数 K,就可以用式(10-55)估算滑动表面的磨损深度 h(磨损量)。目前,还不能根据材料性能计算出磨损因数,通常需通过试验求得。

凡金属摩擦副不外乎下面四种:

①同样元素组合、同样合金组合以及金属与以它为主要组元的合金组成,称为同样金属组合;

②冶金上相容金属组合,如银和钯,称为相容金属组合;

③室温下只用有限固溶性(低于1%)的金属组合,如银与铜、铝与锡,称为部分相容金属组合;

④熔化时形成两相的金属组合,如银和镍,称为不相容金属组合。

表10-71列出了不同金属组合在不同滑动条件下黏附磨损的磨损因数。

表 10-71　金属间黏附磨损的磨损因数

滑动条件	同样金属	相容金属	部分相容金属	不相容金属
	$K(10^{-6})$			
洁净表面	1 500	500	100	15
润滑不良	300	100	20	3
润滑良好	30	10	2	0.3
润滑极好	1	0.3	0.1	0.03

注:本表数值不适用于贵金属,含软组元的合金、六方结构金属

因而,可以通过典型事件测出 K 值的数量级来判断摩擦副选材即接触表面的黏着情况。显然,当 K 值接近 10^{-3} 时,表明设计中磨损问题已成为一个重要的问题,甚至需要更换材料。

(4)磨损计算理论公式。

计算出磨损度即可通过磨损度的表达式转换成磨损量的计算式。线磨损度的理论计算公式,见表10-72。

表 10-72　线磨损度的理论计算公式

接触表面	计算公式	应用实例
粗糙、无浓度、未磨合	$K_1 = K_2 K_{m'} \alpha_A p^{(1+\gamma)} E^{(2\beta-1)} \Delta^{\beta} \left(\dfrac{k\mu_n}{\delta_0} \right)^{m'}$	钟表支承、螺旋、销、滑键、导向柱、刀具、齿轮传动、凸轮、车轮与钢轨
粗糙、有浓度、未磨合	$K_1 = K_3 K_{m'} \alpha_A p^{(1+0.2\gamma)} E^{(2\beta+0.8\gamma-1)} \Delta^{\beta} \left(\dfrac{H_h}{R_h} \right)^{\frac{2\gamma}{5}} \left(\dfrac{k_n}{\delta_0} \right)^{m'}$	机床导轨、盘式刷动器和离合器
磨合	$K_1 = 15^{0.4m'} K_2 K_{m'} \alpha_A p E^{(0.5m'-1)} \tau_0^{0.5m'} \dfrac{1}{\sqrt{\alpha^{m'}}} \left(\dfrac{k\mu_n}{\delta_0} \right)^{m'}$	任何摩擦副
说明	$\gamma = \dfrac{m'}{2\xi+1}$;$\beta = \xi\gamma$;$\alpha$ 为滞后损失因子,见表10-6;m' 和 δ_0 是摩擦疲劳曲线参数,其值见表10-74	

表中各符号的意义及其值如下:

$K_i(i=1,2,3)$ 是表面轮廓峰几何形状和高度决定的因数,其中

$$K_1 \approx 2$$

$$K_2 = \sqrt[2\zeta]{2} \times \left(\frac{1}{2}\right)^{m'-1\frac{2}{2\zeta}} \times K_1 \qquad (10-56)$$

$$K_3 = 0.2^\gamma \times K_2 \qquad (10-57)$$

$K_{m'}$ 是应用了疲劳损伤积累假说并考虑了接触点载荷不稳定的统计关系而设的修正因子,其随 ζ 的变化的值如图 10 – 20 所示。

$\alpha_A = \dfrac{A_r}{A_a}$,是真实接触面积与表观接触面积之比,称为覆盖因子,p 是单位表观接触面积上的法向载荷。

k 是接触状态因子,随材料性质而改变。应用不同的强度理论计算出的 k 值不相同,通常对薄片材料可取 $k \approx 5$,对高弹性材料可取 $k = 3$。

μ_n 是摩擦因数的黏附分量,其值见表 10 – 73。

σ_0 和 m' 是摩擦疲劳曲线的参数,其值见表 10 – 74。

H_b、R_b 是表面波度的波高和波峰曲率半径。

当研磨件和被磨件弹性模量不同,但差别不很大时,可采用当量弹性模量代入表 10 – 72 中的公式。当量弹性模量为

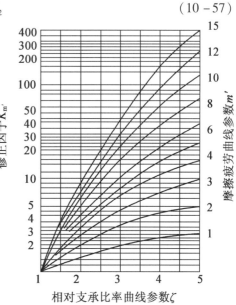

图 10 – 20　因子 $K_{m'}$ 的线图

$$E_p = \frac{E_1 E_2}{E_1 + E_2} \qquad (10-58)$$

表 10 –73　材料的摩擦参数

材料	硬度(HBS)	μ_n	τ_0/MPa
金属			
铅	2.8	0.155	2.687
	3.3	0.140	—
银	55	0.096	7.551
铝	23	0.124	—
铜	28.5	0.139	16.475
	40.0	0.125	17.652
	52.0	0.115	17.848
	85.0	0.100	16.671

续表 10 – 73

材料	硬度（HBS）	μ_n	τ_0/MPa
钒	110.0	0.103	—
镍	70.0	0.123	4.805
	105.0	0.130	14.416
	180.0	0.095	37.069
铬	100.0	0.135	14.710
	200.0	0.095	—
钽	78.0	0.115	23.732
工业纯铁	65.0	0.160	
	70.0	0.139	—
	130.0	0.097	
钨	285.0	0.082	—
锡	4.4	0.170	4.403
铟	0.6	0.250	—
	0.8	0.200	1.049
锑	27.0	0.127	7.159
铋	7.7	0.175	4.452
钼	110.0	0.105	18.338
	140.0	0.128	—
	186.0	0.095	27.361
铌	32.0	0.142	8.787
铼	105.0	0.095	—
锆	74.0	0.121	—
钴	83.5	0.082	
	130.0	0.092	—
镉	23.0	0.096	9.248
锌	33.0	0.088	—
镁	44.0	0.082	—
钛	128.0	0.100	27.655
	190.0	0.085	—
钢			
30CrMnSiA	340	0.125	196.721
45	270	0.119	199.958
	324	0.112	127.094
1Cr18Ni9Ti	159	0.150	31.185
40Cr	341	0.109	180.540

续表 10−73

材料	硬度（HBS）	μ_n	τ_0/MPa
轴承合金			
ZSnSb11Cu6	24	0.150	—
ZPbSb15Sn10	25	0.102	—
铍青铜	150	0.095	
塑料			
聚乙内酰胺	7.5	0.088	—
聚氯乙烯	120	0.091	3.648
聚酰胺	16.0	0.085	—
聚甲基丙烯酸	16.0	0.220	—
聚四氯乙烯	3.10	0.028	3.344
聚乙烯	2.0	0.080	0.431
	2.6	0.090	1.275
	3.8	0.080	1.118
聚丙烯	3.7	0.380	0.108

表 10−74 材料的摩擦疲劳曲线参数

材料			σ_0/MPa	m'
丁二烯腈橡胶		轮胎踏面	157	3.4
		密封填料	21	4.8
聚甲醛			144	1.3
聚碳酸酯			824	2.9
无填料的环氧树脂			177	4.5
聚四氟乙烯			62	5.0
聚乙内酰胺			618	2.5
45			686	7.9
合金铸铁			647	4.1
电刷石墨			270	6.7
橡胶	E/MPa	2.16	207	3.0
		2.75	143	3.4
		3.19	34	3.6

试验条件：在空气中、钢试件上、无润滑滑动

表面粗糙度参数也可采用这样的当量值,把摩擦副两个表面的参数都考虑入计算公式

$$Y_{\mathrm{p}} = \frac{r_1 r_2}{r_1 + r_2} \tag{10-59}$$

$$R_{\mathrm{ZP}} = R_{\mathrm{Z1}} + R_{\mathrm{Z2}} \tag{10-60}$$

$$\zeta_{\mathrm{P}} = \zeta_1 + \zeta_2 \tag{10-61}$$

$$b_{\mathrm{p}} = b_1 b_2 K' \frac{R_{\mathrm{ZP}}}{R_{\mathrm{Z1}}^{\zeta_1} R_{\mathrm{Z2}}^{\zeta_2}} \tag{10-62}$$

$$\Delta p = 1.6 \frac{\sqrt{R_{\mathrm{Z1}} R_{\mathrm{Z2}}}}{(r_{\mathrm{p}} \sqrt[4]{b_1 b_2})} \tag{10-63}$$

式中的 K' 值,如图 $10-21$ 所示。

若摩擦副两表面的摩擦粗糙度参数 R_{a} 值之比大于 4,则较光滑表面的粗糙度可忽略不计。上面给出的磨损度计算公式仅适用于无润滑摩擦和边界摩擦中的稳定运动。

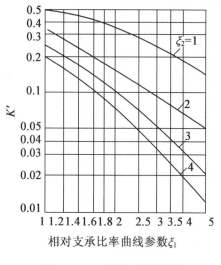

图 $10-21$ 因子 K' 的线图

10.3.7 各种机械零件的典型线磨损度(率)

为提高设计效率,将机械零件典型磨损度和磨损率列表给出定量值,以供设计者直接引用。

(1)机械零件的典型线磨损度,见表 $10-75$。

(2)机械零件的典型磨损率,见表 $10-76$。

表 $10-75$ 机械零件的典型线磨损度

磨损零件名称	线磨损度 K_1	备注
气缸套	1.8×10^{-12}	镀锡活塞环
	2.5×10^{-12}	镀铬活塞环
	$(1.5 \sim 5.6) \times 10^{-11}$	铸铁活塞环

续表 10 – 75

磨损零件名称			线磨损度 K_1		备注	
活塞环		镀锡	2.5×10^{-11}		铸铁气缸套	
		镀铬	2.5×10^{-12}			
		铸铁	$(0.6 \sim 1.2) \times 10^{-11}$			
挖掘机		转台支承环	8.6×10^{-11}		50Mn – GCr15	
		转台花键轴	5.3×10^{-10}		40Cr – 35Mn	
	换向机构	圆柱齿轮	1.5×10^{-11}		40Cr – 45	
		锥齿轮	6.3×10^{-12}		40 – 40Cr	
		链轮	7.3×10^{-12}		45 – 45	
		行走机构牙钳离合器	6.3×10^{-10}		45 – 45	
		铲斗齿	$1 \times 10^{-4} \sim 1 \times 10^{-8}$		45	
机床导轨			$2 \times 10^{-9} \sim 1 \times 10^{-8}$		铸铁 – 铸铁	
牛头刨滑枕			2×10^{-11}		铸铁 – 铸铁	
在水中工作的滚动轴承的滚动体			$(0.7 \sim 2) \times 10^{-11}$		$\delta_{max} < 1\,960$ MPa	
			$(1.3 \sim 4.3) \times 10^{-9}$		$\delta_{max} > 1\,960$ MPa	
制动摩擦元件		盘式	$8 \times 10^{-7} \sim 4 \times 10^{-10}$			
		带式	$(2 \sim 8) \times 10^{-7}$			
		蹄式	$2 \times 10^{-6} \sim 1 \times 10^{-7}$			
切削刀具	YT15		$(1.5 \sim 6) \times 10^{-8}$		加工材料 40Cr	切削速度 150 ~ 230 m/min
	YT5	后面	1.1×10^{-8}			切削速度 180 m/min
		前面	2.2×10^{-8}			
	YT30	后面	5.5×10^{-7}		加工材料 Cr15Ni36W3TiAl 切削速度 4 m/min	
		前面	6.0×10^{-7}			
量规		硬质合金	1×10^{-10}			
		碳素工具钢	$(1.3 \sim 2.9) \times 10^{-9}$			
连接、联轴器			$8 \times 10^{-5} \sim 1 \times 10^{-8}$		微动磨损	
轮胎踏面			$(2 \sim 10) \times 10^{-8}$		在沥青路面上	
橡胶密封(无润滑)			$5 \times 10^{-7} \sim 5 \times 10^{-8}$		与钢摩擦	
混砂机的旋转叶片		混砂	$(2.1 \sim 3.1) \times 10^{-8}$			
		混黏土	$(4 \sim 10) \times 10^{-8}$			
飞机起落架关节轴承		锂基脂加铅润滑	1.3×10^{-10}		30CrMnSiA 镁铝铁青铜	
		锂基脂润滑	5.2×10^{-10}			
镗头滑动轴承			$1 \times 10^{-5} \sim 1 \times 10^{-7}$			
阻尼器的青铜套			2×10^{-11}			

表 10 – 76　机械零件的典型磨损率

零件名称			材料	磨损率/$(g \cdot h^{-1})$
锤式碳碎机	锤头	石灰石物料	中锰钢	17.760
			高锰钢	36.786
	碎板	高岭土物料	中锰钢	884.3
			高锰钢	1 425.0
水泥球磨机衬板			ZGTCr13	0.017 6
			MWTMn6	0.075
			ZGMn13	0.286
			MQTMn7	0.084 7
			ZGMn13	0.141
风扇磨煤机冲击板			高铬铸铁	43.5
			ZGMn13	68.9
			50Mn2	49.6
颚式破碎机颚板			镉钼铸铁	0.029 g/kg[①]
			高锰钢	0.022 g/kg
			40SiMnCrWMoVB	0.022 g/kg

注：①磨损量/破碎物料质量

第 11 章　振动与噪声

描述机械系统运动或位置的量值相对于某一平均值或大或小交替地随时间变化的现象称为机械振动。机械振动是机器性能下降、工作失效,甚至是破坏的根源,特别对于高速机械振动对于轴承具有致命的影响,比如:燃气涡喷发动机中,流体的高速流动所产生的主轴振动。其振动加速度竟达到 10 g 以上,使涡轮叶片振断飞出,发动机破坏。

本书分析了机械振动类型、振动力学模型,弹性件刚度及机械系统阻尼对振动的影响;轴类转动件的临界转速;机械振动系统的固有频率以及由振动引起的噪声分类、评价及其控制。除了负荷和转速之外,滚动轴承最敏感的因素是振动,因此要正确选择轴承类型、精度,合理设计轴承部件,并对轴承本身实施减振和阻尼措施,还以上述课题,我们在前轴承外加置"鼠笼"弹性减振器;后轴承外套装液体静压轴承,其试验情况证明发动机主轴振动加速度降至 3g 以下,满足了发动机性能要求及轴承工作寿命。

机械振动是噪声的根源,噪声是高频振动的表象,不仅影响机器的性能和精度,而且对操作人员的身心健康是不利的,有效的解决措施是减振和隔音,包括:减小摩擦力,分散机器振动能量,注意机械的运转平衡,振动机件尽可能选用内耗功较大的材料等。隔振包括整体隔振、部件隔振、机罩隔振等,均可降低机械振动产生的噪声。

11.1　机械振动类型

机械振动分类见表 11 - 1。

表 11 - 1　机械振动分类

分类	名称	主要特征及说明
按产生振动的原因分类	自由振动	激励或约束去除后出现的振动。无阻尼线性系统以其固有频率做自由振动,系统的恢复力维持振动,有阻尼时,振动逐渐衰弱
	受迫振动	由稳态激励产生的稳态振动。其振幅、频率及时间历程与激励密切相关
	参数振动	外来作用使系统参数(如转动惯量、刚度等)按一定规律变化而引起的振动
	自激振动	在非线性系统内,由于非振荡能量转换为振荡能量而形成的振动。没有外部激励、维持振动的交变力是由系统自身激发的。振动的频率接近系统的固有频率
	张弛振动	在一个周期内运动量有快速变化段和缓慢变化段的振动。属于自激振动,在振动过程中,系统振动能量缓慢地储存起来又快速地释放出来

续表 11-1

分类	名称	主要特征及说明
按振动的规律分类	周期振动	每经相同的时间间隔,其运动量值重复出现的振动
	准周期振动	波形略有变化的周期振动。即稍微偏离周期振动的振动
	简谐振动 正弦振动	运动的规律按正弦函数随时间变化的周期振动。振动的幅值和相位可预先判定
	准正弦振动	波形很像正弦波,但其频率和(或)振幅有相当缓慢的变化
	确定性振动	可以由时间历程的过去信息来预知未来任一时刻瞬时值的振动
	随机振动	在未来任一给定时刻,其瞬时值不能精确预知的振动。在某一范围内,随机振动大小的概率,可以用概率密度函数来确定
	稳态振动	连续的周期振动
	瞬态振动	非稳态、非随机、短暂存在的振动
按振动系统自由度数分类	单自由度系统的振动	在任意时刻,只用一个广义坐标就可完全确定其位置的系统的振动
	多自由度系统的振动	在任意时刻,需要两个或两个以上的广义坐标才能完全确定其位置的系统的振动
	弹性体振动	在任意时刻,需要无限多的广义坐标才能完全确定其位置的系统的振动
按振动系统结构参数的特性分类	线性振动	系统的各参数都具有线性性质,能用常系数线性微分方程描述的振动,系统的响应能运用叠加原理,振动的固有频率与其振幅无关
	非线性振动	系统中某个或某几个参数(如刚度、阻尼等)具有非线性性质,只能用非线性微分方程描述的振动。不能运用叠加原理。振动的固有频率与其振幅有关
按振动位移的特性分类	纵向振动	细长弹性体沿其纵轴方向的振动
	弯曲振动 横向振动	使弹性体产生弯曲变形的振动
	扭转振动	使系统产生扭转变形的振动。如果振动体是杆体,其质点只做绕杆件轴线的振动
	摆动	振动点围绕转轴所做的往复角位移,即摆的振动,简称摆动
	椭圆振动	振动点的轨迹为椭圆形的振动
	圆振动	振动点的轨迹为圆形的振动
	直线振动	振动点的轨迹为直线的振动
其他	冲击	系统受到瞬态激励,其力、位置、速度或加速度发生突然变化的现象。在冲击作用下及冲击停止后将产生初始振动及剩余振动,二者属于瞬态振动
	波动	介质某点的位移是时间变量,同时该时刻的位移又是空间坐标的函数,如此传播的现象。波动是振动过程向周围介质由近及远的传播,介质的质点在其平衡位置振动不随波前进
	环境振动	与给定环境有关的所有的周围的振动,通常是由远近振源产生的振动的综合效果
	附加振动	除了主要研究的振动以外的全部振动

11.1.1　机械振动的表示方法

（1）振动的时间历程。

幅值是振动的最大值。机械振动的幅值包括位移幅值、速度幅值和加速度幅值。位移幅值是指振动体离开其平衡位置的最大位移,通常称为振幅。振动每循环一次的时间间隔,称为振动周期 $T(s)$。周期的倒数,即每秒钟振动的次数,称为振动的频率 f,单位为赫兹（Hz）。当频率用 rad/s 表示时,称为角频率 $\omega(\text{rad/s})$,即每 2π 秒振动的次数,也称为圆频率。T、f、ω 与每分钟振动的次数 n 之间的关系为

$$\omega = 2\pi f = 2\pi \frac{1}{T} = \frac{\pi n}{30} \tag{11-1}$$

机械振动是时间的函数,通常以时间为横坐标,以振动体的某一振动量（位移、速度或加速度）为纵坐标的线图,即为振动的时间历程,来描述振动的运动规律,例如,简谐振动的时间历程是正弦或余弦曲线,见表 11-2 的图示。

表 11-2　简谐振动的表示方法

内容	矢量表示法	复数表示法
图形		
说明	矢量 A 以等角度 ω 做逆时针方向旋转时,它在纵轴（或横轴）上的投影表示振动	模为 A,幅角为 ωt,实部为 $A\cos\omega t$,虚部为 $A\sin\omega t$ 的复数表示振动
振动位移	$x = A\sin\omega t$	$x = Ae^{i\omega t} = A(\cos\omega t + i\sin\omega t)$
振动速度	$\dot{x} = \omega A\sin\left(\omega t + \dfrac{\pi}{2}\right)$	$\dot{x} = i\omega Ae^{i\omega t}$
振动加速度	$\ddot{x} = \omega^2 A\sin(\omega t + \pi)$	$\ddot{x} = -\omega^2 Ae^{i\omega t}$
振动位移、速度、加速度的关系	振动的位移、速度、加速度的角频率等于 ω。最大位移即振幅 A 振动速度矢量比位移矢量超前 90°,此即振动速度与位移的相位差,最大速度 $v_{\max} = \omega A$ 振动加速度矢量比位移矢量超前 180°,此即振动加速度与位移的相位差,最大加速度 $a_{\max} = \omega^2 A$	

（2）简谐振动的表示方法。

在数学上,简谐振动可用矢量或复数来表述。一个振幅为 A,角频率为 ω 的简谐振动的表示方法见表 11-2。

（3）振动幅值的描述量。

根据不同的需要,振动幅值的描述量可不同。若周期振动的时间历程是 $x(t)$,则其幅值

的描述量见表 11-3。

表 11-3 周期振动幅值的描述量

名称	周期为 T 的周期振动 $x(t)$ 的幅值	简谐振动 $x = A\sin\dfrac{2\pi}{T}t$	
		幅值	图形
峰值 A	在给定区间 $x(t)$ 的最大值	A	
峰峰值 A_{FF}	在给定区间 $x(t)$ 的最大值和最小值之差	$2A$	
平均绝对值 $\overline{A}$	$\dfrac{1}{T}\displaystyle\int_0^T \mid x(t)\mid \mathrm{d}t$	$\dfrac{2A}{\pi}$	
均方值 A_{ms}	$\dfrac{1}{T}\displaystyle\int_0^T x^2(t)\,\mathrm{d}t$	$\dfrac{A^2}{2}$	
均方根值 A_{rms}（有效值）	$\sqrt{\dfrac{1}{T}\displaystyle\int_0^T x^2(t)\,\mathrm{d}t}$	$\sqrt{\dfrac{1}{2}}A$	

（4）振动的频谱。

振动的时间历程是在时间域上描述振动的规律,振动的频率则是在频率上描述振动的规律。对于非简谐的复杂振动,经常需要从它的时间历程求出它的频谱,即通常称为频谱分析,但有时也需要从振动的频谱求出它的时间历程。

①周期振动的频谱。任何周期函数可用傅里叶级数展开为若干简谐函数之和。根据此原理,可以认为非简谐的周期振动是由若干简谐振动组成的。这些简谐振动的频率按整数倍递增。

设非简谐的周期振动的时间函数为 $f(t)$,其周期为 T,则它的傅里叶级数为

$$f(t) = a_0 + \sum_{n=1}^{\infty}(a_n\cos n\omega t + b_n\sin n\omega t) = c_0 + \sum_{n=1}^{\infty}c_n\cos(n\omega t + \varphi_n) \qquad (11-2)$$

式中,$\omega = \dfrac{2\pi}{T}$;$c_0 = \dfrac{1}{T}\displaystyle\int_0^T f(t)\,\mathrm{d}t$;$c_n = \sqrt{a_n^2 + b_n^2}$;

$a_n = \dfrac{2}{T}\displaystyle\int_0^T f(t)\cos n\omega t\mathrm{d}t$;$b_n = \dfrac{2}{T}\displaystyle\int_0^T f(t)\sin n\omega t\mathrm{d}t$;$\varphi_n = \arctan\left(\dfrac{-b_n}{a_n}\right)$。

将其变为复数形式

$$f(t) = \sum_{n=-\infty}^{\infty}D_n\mathrm{e}^{in\omega t} \qquad (11-3)$$

式中,$D_n = \dfrac{1}{2}(a_n - ib_n) = \dfrac{1}{T}\displaystyle\int_0^T f(t)\mathrm{e}^{-in\omega t}\mathrm{d}t$。

通常称 $C_n\cos(n\omega t + \varphi_n)$ 或 $D_n\mathrm{e}^{in\omega t}$ 为 $f(t)$ 的一个谐波分量,在以频率 f 为横坐标的直角坐标系上,绘制各谐波分量,即可得:"$C_n - f$"幅值谱、"$\varphi_n - f$"相位谱、"$D_n - f$"复谱。谐波分量的次数取得越高(即 n 越大)频谱越完整,所有分量都绘制在图内才是振动 $f(t)$ 的完整频谱。

周期振动的频谱图是由若干竖直线段组成的离散线谱。如图 11-1(a)所示的周期振动的频谱为图 11-1(b),图中表示了该振动仅有的两个谐波分量,为完整的频谱。而图 11-2(a)所

示的周期振动的频谱为 11 -2(b),图中值表示了该振动的前四次谐波分量,为不完整频谱。

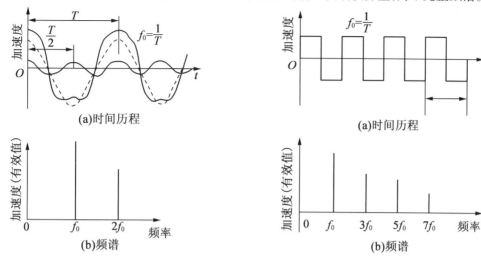

图 11 - 1　周期振动的时间历程及频谱　　　　图 11 - 2　矩形波周期振动的时间历程及频谱

②非周期振动的频谱。

非周期频谱可用傅里叶积分表示为

$$
\left.
\begin{aligned}
f(t) &= \frac{1}{2\pi}f\int_{-\infty}^{\infty} F(\omega)\,\mathrm{e}^{\mathrm{i}\omega t}\mathrm{d}\omega = \int_{-\infty}^{\infty} F(f)\,\mathrm{e}^{\mathrm{i}2\pi f}\mathrm{d}f \\
F(\omega) &= \int_{-\infty}^{\infty} f(t)\,\mathrm{e}^{-\mathrm{i}\omega t}\mathrm{d}t \\
F(f) &= \int_{-\infty}^{\infty} f(t)\,\mathrm{e}^{-\mathrm{i}2\pi f}\mathrm{d}t
\end{aligned}
\right\}
\qquad (11-4)
$$

　　因此,可以认为非周期振动 $f(t)$ 是由无数个幅值为 $F(\omega)\mathrm{d}\omega$ 的谐波分量组成的。$F(\omega)$ 称为 $f(t)$ 的复谱(或傅里叶频谱),$|F(\omega)|-f$ 为幅值谱。非周期振动的频谱是一条连续的曲线,称为连续谱。如图 11 -3(a)所示的矩形冲击脉冲,它的频谱为图 11 -3(b)所示的连续谱。一个完整的连续谱应包括由零到无限大的所有频率分量。

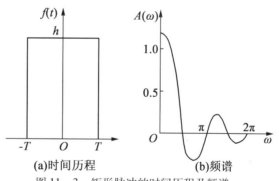

图 11 - 3　矩形脉冲的时间历程及频谱

11.1.2　机械振动系统的动力学模型

　　当分析、计算、监测和控制机械系统的振动特性时,建立其动力学模型,是必不可少的一步。首先根据实际结构形状、尺寸、材料、支承、连接及受力情况,建立反映其动力特性的物理模型,也称力学模型。再根据物理模型的动力特性及求解数学表达式的手段,建立其数学模型,即用于求解系统振动特性的数学表达式。

　　一个具体结构可以根据不同的用途,建立不同的动力学模型。为便于分析和计算,应抓住结构的主要特性,忽略次要因素,对其进行一定程度的简化(线性化、离散化……)。在满足工程精度要求的前提下,模型应尽可能简单,以降低成本。动力学模型大体可分为:

(1)集总参量模型。

集总参量模型是由惯性元件(集中质量、刚体、圆盘)、弹性元件(弹簧、弹性梁、弹性轴段)和阻尼元件(阻尼器)等离散元件组成的模型。其自由度是有限的。运动量只依赖于时间而与空间无关,可用常微分方法来描述。这种模型由于过多的简化,与实际结构的动力特性相差较大,只适用于初步估算系统的动力特性及工程精度要求不高的情况。

(2)连续参量模型。

连续参量模型是由无数个质量通过弹性连接而成的连续模型。有无限多个自由度。运动量既与时间有关,又与空间有关,必须用偏微分方程来描述。这种模型比较好地反映结构的真实情况,但只有一些形状比较简单的系统,其数学表达式才有解析解。因此,常用于弦、杆、梁、板、膜和壳等系统。

(3)离散参量模型。

离散参量模型是由有限个离散单元组成,而每个单元则是连续的。这种模型按照有限元的计算方法,比较容易地解决其偏微分方程的求解问题,而且能满足较高的工程精度,可用于各种结构。

(4)混合模型。

把大型复杂结构划分为若干子结构,根据各子结构特征,选用上述模型,分别建立其相应的模型。对于子结构模型进行分析或实验,得到各子结构的动力特性后,通过模态综合技术,求得整个结构的动力特性,适用于大型复杂结构。

物理模型建成后,建立其数学模型。同一个物理模型,可以有不同的数学模型。例如,对系统的参量可以建立线性或非线性,定常或时变,确定性或随时性等不同的数学模型;对信号分析可建立用微分方程描述的连续时间模型,或用差分方程描述的离散时间模型;对输入输出关系可建立输入 - 输出模型。可以根据建模的目的和求解数学表达式的手段,来选取以上各种数学模型。

11.1.3 弹性元件的刚度

作用在弹性元件上的力(或力矩)的增量与相应的位移(或角位移)的增量之比,称为刚度。弹性元件的刚度就是其产生单位位移所需的力,扭转刚度就是弹性元件产生单位角位移所需的扭矩。简单弹性元件的刚度和扭转刚度分别见表 11 -4、表 11 -5。

表 11 -4　弹性元件的刚度

简图	说明	刚度 $K/(\text{N} \cdot \text{m}^{-1})$					
	圆柱形拉伸或压缩弹簧	圆形截面 $K = \dfrac{Gd^4}{8ND^3}$					
		矩形截面 $K = \dfrac{4Ghb^3\eta}{\pi ND^3}$					
		h/b	1	1.5	2	3	4
		η	0.141	0.196	0.229	0.263	0.281

续表 11 - 4

简图	说明	刚度 $K/(\mathrm{N \cdot m^{-1}})$
D_1——大端中径, cm D_2——小端中径, cm	圆锥形拉伸弹簧	圆形截面 $K = \dfrac{Gd^4}{2N(D_1^2 + D_2^2)(D_1 + D_2)}$ 矩形截面 $K = \dfrac{16Ghb^3\eta}{\pi N(D_1^2 + D_2^2)(D_1 + D_2)}$ 式中　$\eta = \dfrac{0.276\left(\dfrac{h}{b}\right)^2}{1 + \left(\dfrac{h}{b}\right)^2}$
K_1　K_2	两个串联弹簧	$\dfrac{1}{K} = \dfrac{1}{K_1} + \dfrac{1}{K_2}$
	几个串联弹簧	$\dfrac{1}{K} = \dfrac{1}{K_1} + \dfrac{1}{K_2} + \cdots + \dfrac{1}{K_n} = \displaystyle\sum_{i=1}^{n}\dfrac{1}{K_i}$
K_1 K_2	两个并联弹簧	$K = K_1 + K_2$
	几个并联弹簧	$K = K_1 + K_2 + \cdots + K_n = \displaystyle\sum_{i=1}^{n} K_i$
K_1 K_3 K_2	混联弹簧	$K = \dfrac{(K_1 + K_2)K_3}{K_1 + K_2 + K_3}$
l h b d	等截面悬臂梁	$K = \dfrac{3EI_a}{l^3}$ 圆形截面 $K = \dfrac{3\pi d^4 E}{64l^3}$ 矩形截面 $K = \dfrac{6bh^3 E}{4l^3}$
h b l	等厚三角形悬臂梁	$K = \dfrac{bh^3 E}{6l^3}$

续表 11 - 4

简图	说明	刚度 $K/(\mathrm{N \cdot m^{-1}})$
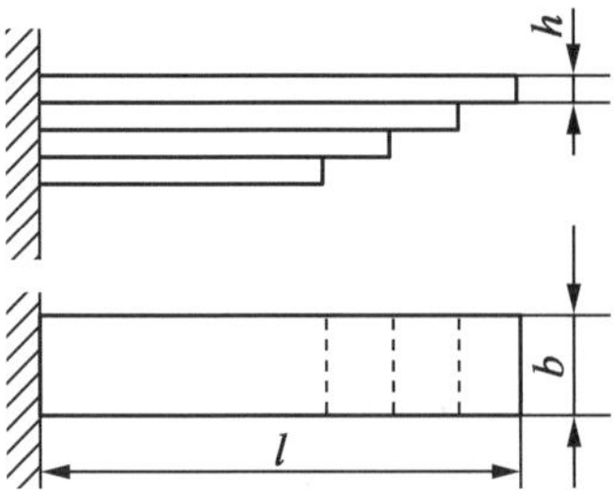	悬臂板簧（各板排列成等强度梁）	$K = \dfrac{nbh^3 E}{6l^3}$ n——钢板数
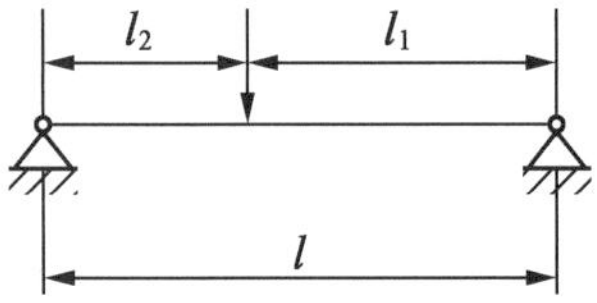	简支梁	$K = \dfrac{3EI_a l}{l_1^2 l_2^2}$ 当 $l_1 = l_2$ 时 $K = \dfrac{48EI_a}{l^3}$
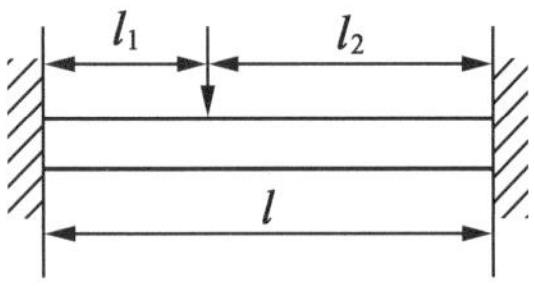	两端固定梁	$K = \dfrac{3EI_a l^3}{l_1^3 l_2^3}$ 当 $l_1 = l_2$ 时，$K = \dfrac{192EI_a}{l^3}$
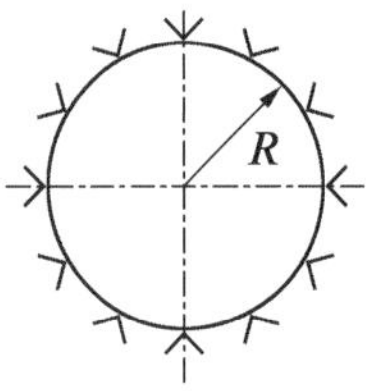	周边简支，中心受载的圆板	$K = \dfrac{4\pi E t^3}{3R^2(1-\mu)(3+\mu)}$ t——圆板厚； μ——泊松比
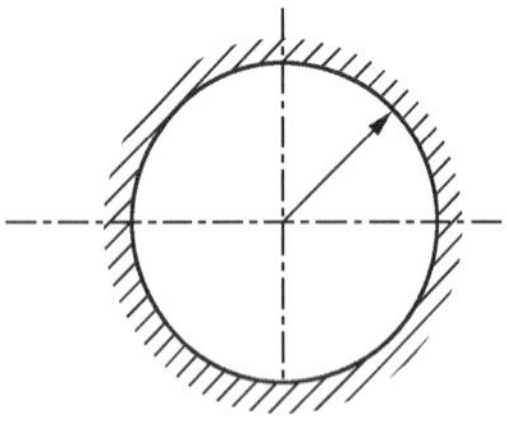	周边固定，中心受载的圆板	$K = \dfrac{4\pi E t^3}{3R^2(1-\mu^2)}$ t——圆板厚； μ——泊松比

注：E——弹性模量（Pa）；D——弹簧中径；I_a——截面惯性矩（$\mathrm{m^4}$）；d——钢丝直径（m）；N——弹簧有效圈数；G——切变模量

表 11 - 5　弹性元件的扭转刚度

简图	说明	扭转刚度 $K_\theta/(\mathrm{N \cdot m \cdot rad^{-1}})$
	圆柱形扭转弹簧	$K_\theta = \dfrac{Ed^4}{32ND}$
	圆柱形弯曲弹簧	$K_\theta = \dfrac{Ed^4}{32ND} \cdot \dfrac{1}{1 + \dfrac{E}{2G}}$

续表 11 - 5

简图	说明	扭转刚度 $K_\theta/(\text{N}\cdot\text{m}\cdot\text{rad}^{-1})$
	卷簧	$K_\theta = \dfrac{EI_a}{l}$ I_a——钢条总长
	两端受扭的矩形条	当 $\dfrac{b}{h} = 1.75 \sim 20$ 时，$K_\theta = \dfrac{\alpha G b h^3}{l}$ 式中　$\alpha = \dfrac{1}{3} - \dfrac{0.209h}{b}$
	两端受扭的平板	当 $\dfrac{b}{h} > 20$ 时，$K_\theta = \dfrac{G b h^3}{3l}$
	力偶作用于悬臂梁的端部	$K_\theta = \dfrac{EI_a}{l}$
	力偶作用于简支梁的中点	$K_\theta = \dfrac{12EI_a}{l}$
	力偶作用于两端固定梁的中点	$K_\theta = \dfrac{16EI_a}{l}$
	实芯轴	$(\text{a})\,K_\theta = \dfrac{G\pi D^4}{32l}$，$(\text{b})\,K_\theta = \dfrac{G\pi D_k^4}{32l}$， $(\text{c})\,K_\theta = \dfrac{G\pi D_i^4}{32l}$，$(\text{d})\,K_\theta = \dfrac{G\pi D_1^4}{32l}$ $(\text{e})\,K_\theta = 1.1\dfrac{G\pi D_z^4}{32l}$，$(\text{f})\,K_\theta = \alpha\dfrac{G\pi b^4}{32l}$

a/b	1	1.5	2	3	4
α	1.43	2.94	4.57	7.90	11.23

续表 11 – 5

简图	说明	扭转刚度 $K_\theta/(\mathrm{N \cdot m \cdot rad^{-1}})$
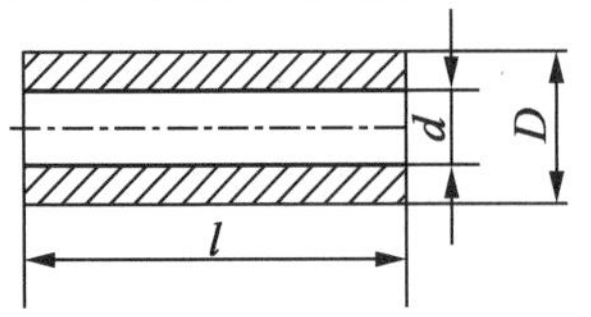	空芯轴	$K_\theta = \dfrac{G\pi(D^4 - d^4)}{32l}$
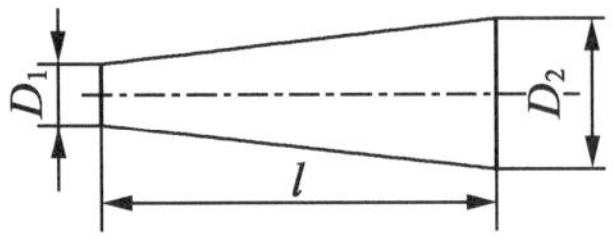	锥形轴	$K_\theta = \dfrac{3G\pi D_1^3 D_2^3 (D_2 - D_1)}{32l(D_2^3 - D_1^3)}$
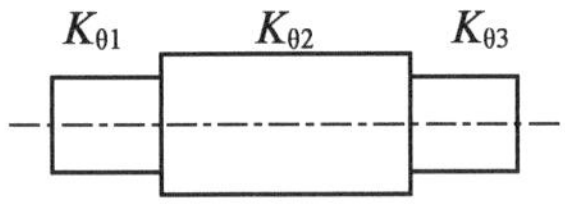	阶梯轴	$\dfrac{1}{K_\theta} = \dfrac{1}{K_{\theta 1}} + \dfrac{1}{K_{\theta 2}} + \cdots$
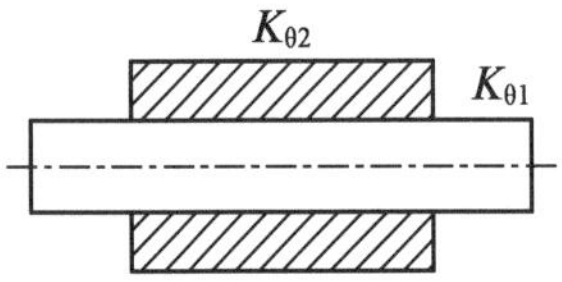	紧配合的轴	$K_\theta = K_{\theta 1} + K_{\theta 2} + \cdots$

注:E——弹性模量(Pa);D——弹簧中径(m);G——切变模量(Pa);d——钢丝直径(m);I_a——截面惯性矩($\mathrm{m^4}$);N——弹簧有效圈数

11.1.4　机械振动系统的阻尼系数

当振动系统受到大小与速度成正比,方向与速度方向相反的力作用时,所呈现的能量耗散,称为黏性阻尼。黏性阻尼系数就是线性黏性阻尼力与速度的比值。对于扭振系统来说,黏性阻尼系数就是振动体所受到的线性黏性阻尼力矩与振动角速度的比值。常用的黏性阻尼系数见表 11 – 6。

表 11 – 6　黏性阻尼系数

简图	说明	黏性阻尼系数 C_θ
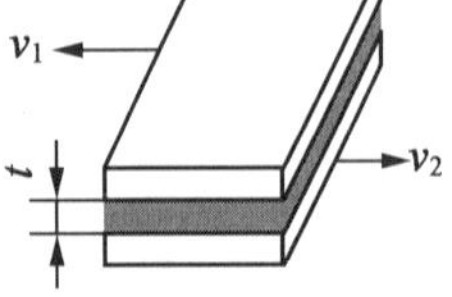	液体介于具有相对运动的二平行板之间	$C_\theta = \dfrac{\eta A}{t}$ A——上板与液体的接触面积($\mathrm{m^2}$); t——液层厚度(m)

续表 11-6

简图	说明	黏性阻尼系数 C_θ
	板在液体内平行移动	$C_\theta = \dfrac{2\eta A}{t}$ A——动板的一侧与液体的接触面积(m^2)
	液体通过移动的活塞柱面与缸壁间的间隙	$C_\theta = \dfrac{6\pi\eta l d^3}{(D-d)^3}$
	液体通过移动活塞上的小孔	$C_\theta = \dfrac{8\pi\eta l}{n}\left(\dfrac{D}{d}\right)^4$ n——小孔数
	液体介于具有相对运动的两同心圆柱之间	$C_\theta = \dfrac{\pi\eta l(D_1 + D_2)^3}{2(D_1 - D_2)}$
	液体介于具有相对运动的两同心圆盘之间	$C_\theta = \dfrac{\pi\eta}{32t}(D_1^4 - D_2^4)$
	液体介于具有相对运动的圆柱形壳与圆盘之间	$C_\theta = \pi\eta \times \left(\dfrac{bD_1^2 D_2^2}{D_1^2 - D_2^2} + \dfrac{D_2^4 - D_3^4}{16t}\right)$

注：η——动力黏度($\text{N}\cdot\text{s}/\text{m}^2$)；$C_\theta$——黏性扭转阻尼系数($\text{N}\cdot\text{m}\cdot\text{s}/\text{rad}$)

如果阻尼是非线性的,为简化计算,可用等效黏性阻尼来代替非线性阻尼,等效黏性阻尼就是为了便于分析而设想的线性黏性阻尼值,它在共振时每个循环所耗散的能量与实际阻尼力耗散的能量相等,等效黏性阻尼系数见表 11 - 7。

表 11 - 7　等效黏性阻尼系数

阻尼的种类	阻尼力	等效黏性阻尼系数 C_e
干摩擦阻尼	$\pm F$	$C_e = \dfrac{4F}{\pi \omega A}$
液体摩擦阻尼	$C_2 \dot{x}^2$	$C_e = \dfrac{8C_2 \omega A}{3\pi}$
与速度的 n 次方成正比的阻尼	$C_2 \dot{x}^n$	$C_e = \dfrac{2\Gamma\left(\dfrac{n+2}{2}\right)}{\sqrt{\pi}\,\Gamma\left(\dfrac{n+3}{2}\right)} \cdot C_n \omega^{n-1} A^{n-1}$
结构阻尼	—	$C_e = \dfrac{\alpha}{\pi \omega}$
一般非线性阻尼	$f(x, \dot{x})$	$C_e = \dfrac{1}{\pi \omega A}\displaystyle\int_0^{2\pi} f(A\sin\varphi \cdot \omega A\cos\varphi) \cdot \cos\varphi \,\mathrm{d}\varphi$

注:x——振动体的位移(m);A——振幅(m);ω——频率(rad/s);$x = A\sin\omega t$;Γ——伽马函数;$\dot{x}$——速度;α——常数(查表 11 - 5)

11.1.5　影响临界转速的因素

(1)支承刚度对临界转速的影响。

支承刚度越小,临界转速越低。对于支承刚度比轴本身刚度大很多的情况,可忽略支承刚度的影响,否则,应按弹性支承计算临界转速。

(2)回转力矩的影响。

当圆盘处于轴中央部位(图 11 - 4(a))时,圆盘只在自身的平面做振动或弓形回旋,圆盘的转动轴线在空间描绘了一个圆柱面,没有回转力矩的影响。

当圆盘不在轴的中央部位(图 11 - 4(b))时,圆盘的转动轴线在空间描绘出一个圆锥面,圆盘的自身平面将不断地偏转。因此,应考虑由于圆盘的角运动而引起的惯性力矩,此力常称回转力矩。

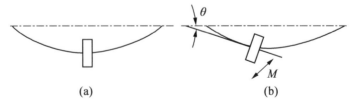

(a)　　　　　　　　　(b)

图 11 - 4　回转力矩效应示意图

一般回转力矩使转轴的轴线倾角减小,相当于增加了轴的刚度,提高了临界转速。因此,当轴的转速较高、圆盘尺寸较大以及圆盘位置偏离轴中部使回转力矩增大时,应把圆盘的传递矩阵(见《机械设计手册》第 5 册表 26.4 - 7,机械工业出版社,2004 年)代入轴承的传递方程,计算轴的临界转速,以考虑回转力矩的影响。

(3)联轴器对临界转速的影响。

有时由于联轴器的位置约束作用,轴系比单轴的临界转速要高,也有时由于联轴器的质量作用,轴系比单轴的临界转速要低。因此应把联轴器作为一个单元,其左端到右端的传递矩阵见表 26.4 - 9№5(机械工业出版社,2004 年)。把相应的传递矩阵代入轴系的传递方程,计算出受联轴器影响的轴系临界转速。

(4)其他影响因素。

影响临界转速的因素很多,例如,轴向力、横向剪力、温度场、阻尼、多支承轴中各支承不同心,转轴的特殊结构形式等。另外,由于转速水平安装时受重力影响,还会产生 $\frac{1}{2}$ 的第一阶临界转速的振动。这些影响因素一般可忽略不计,在特殊情况下,应予以考虑。可参考梁受横向剪力、温度场、轴向力等的振动理论进行计算。

11.1.6　改变临界转速的措施

当转轴的工作转速和其临界转速比较接近,而且工作转速又不变动时,应采取措施改变转轴的临界转速。

设计时,一般可采取以下措施,改变轴的刚度和质量分布,合理选取轴承和设计轴承座。其次,对高速转轴的油膜振荡,对大型机组的基础刚度要考虑它们对临界转速的影响。

当机器运行中发生强烈振动时,首先要检查轴的弯曲变形、动平衡和装配质量等情况。当判别清楚强烈振动是因工作转速和临界转速接近而引起时,一般可采用以下措施:在结构允许的条件下附加质量,改变油膜刚度和轴瓦结构;改变轴承座刚度;采用阻尼减震、动力减震或其他减震措施。

11.1.7　机械结构的动刚度

(1)动刚度的基本概念。

机械设计中,提高机械结构的抗振能力,是适应当前机器向高质量、高速度、高效率、低成本和低噪声发展的重要措施之一。机械结构的抗振能力取决于它的动态性能,包括:固有特性、动力响应和动力稳定性。一般用动力响应表达其动态性能,因此,根据不同的需要,可使用描述结构动态响应的以下指标,来衡量结构的抗振能力。

①在分析机械振动对人体感受的舒适性以及振动引起的噪声的大小时,使用机械阻抗,也称速度阻抗,即线性定常系统的简谐激振力与其响应的速度之比。机械阻抗的倒数,为机械导纳,也称速度导纳。

②在分析机械振动引起结构的动态位移及其对机器工作能力的影响时,使用动刚度,也称位移阻抗,即响应为位移量时的机械阻抗。动刚度的倒数,为动柔度,也称位移导纳。

③在分析机械振动引起结构的动态应力以及结构的疲劳损伤时,使用视在质量,也称加速度阻抗,即响应为加速度时的机械阻抗。视在质量的倒数,为机械惯性,也称为加速度导纳。

从上看出,对线性定常系统,相同激励力向量(幅值为振动的振幅,而角度为相角的复数)分别与其相应的位移、速度和加速度相量之比,得到动刚度、机械阻抗和视在质量。它们各自的倒数分别得到动柔度、速度导纳和加速度导纳。从表 11 – 2(简谐振动的表示方法)中,可知振动位移、速度和加速度的相互关系,就可以推导出它们之间的相互关系。

由于动刚度和动柔度是衡量机械结构抗振能力的常用指标,本节将详细地介绍,所介绍的有关内容,根据上述的相互关系,可以推导到其他指标中去。

动刚度在数值上等于结构产生单位位移振幅所需要的激励力,动柔度是动刚度的倒数,即单位激励力使结构产生的位移幅值二者都是激励频率的函数。动刚度越大或动柔度越小,表示机械结构在一定动态力作用下,产生幅值越小,其抗振能力越好,反之,抗振能力差。因此,要提高结构的抗振能力,就要提高其动刚度,即降低其动柔度。

必须说明,在提高结构动刚度的同时,还要获得经济合理的结构。为此,需要找出结构刚度过高而造成浪费的部分,和刚度不足而限制机器工作能力的部分,使其得到合理的分配。这将在"结构动态优化设计原理"中论述。参见《机械设计手册》(新版)№5,机械工业出版社,2004 年。

如图 11 – 5 所示,按激励力作用点的位置和方向,与所求振动点的位置和方向不同,动刚度分为驱动点动刚度和交叉动刚度。当结构上某点的激励力与引起该点振动方向相同时,激励力与振动位移振幅相比,即为驱动点的动刚度,也称直接动刚度。当结构上某点激励力与引起该点的振动位移方向不同,或引起另一点的振动位移时,二者之比,即为交叉动刚度,也称传递动刚度。

对于复杂的结构,可分为局部刚度和整体刚度,整体刚度为局部刚度的合成。

(2)影响动刚度的主要参数。

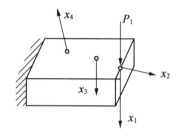

图 11 – 5 作用点和交叉刚度

作用点动刚度:$K_{D11} = \dfrac{P_1}{x_1}$

交叉动刚度:$K_{D12} = \dfrac{P_1}{x_2}$;$K_{D13} = \dfrac{P_1}{x_3}$;$K_{D14} = \dfrac{P_1}{x_4}$

结构动刚度,对于不同的振动,其数值各不相同,但都取决于激励频率和结构本身的参数——质量、刚度、阻尼等。对于自由振动,按在相同干扰力作用下,结构产生的最大振幅和振幅衰减的快慢程度来求动刚度。结构的固有频率越高,阻尼越大,则最大振幅越小,振动衰减越快,动刚度也越大。对于自激振荡,按结构不产生自激振动的临界条件来求动刚度,不同的结构其不产生自激振动的临界条件越高,或者说机械的工作能力越大,稳定性越好,则动刚度越高。对于受迫振动,按结构受激励力作用下的响应求其动刚度。

设单自由度系统受简谐激励力 $Fe^{i\omega t}$ 的作用时,其响应为 $Xe^{i(\omega t - \varphi)}$,则二者之比的幅值,即为单自由度系统动刚度的幅值,其表达式为

$$|k_D| = k\sqrt{(1 - \lambda^2)^2 + (2\zeta\lambda)^2} \qquad (11 - 5)$$

动柔度幅值的表达为

$$|H| = \frac{1}{k(1 - \lambda^2)^2 + (2\zeta\lambda)^2} \qquad (11 - 6)$$

式中　k——静刚度;

　　　λ——频率比,$\lambda = \dfrac{\omega}{\omega_n}$;

ω——激励频率;

ω_n——系统的固有频率;

ζ——阻尼比。

根据式(11-5)和式(11-6)可分别作出动刚度和动柔度与频率比的关系曲线,即二者的幅频响应曲线,如图 11-6 和图 11-7 所示。

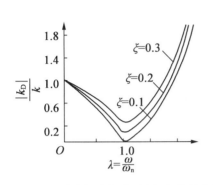

图 11-6　受迫振动的动刚度幅频特性曲线　　　　图 11-7　受迫振动的动柔度幅频特性曲线

由图 11-6 及 11-7 可看出:

①当频率比 λ 很小时,即激励频率 ω 远小于系统的固有频率 ω_n 时,无论阻尼大小如何, $|k_D| \approx k$,即动刚度主要取决于静刚度。这个区域一般称为准静态区。

②当频率比 λ 很大时,即激励频率远大于固有频率时,系统的静刚度和阻尼均对动刚度影响不大,而主要取决于系统的质量 $|k_D| \approx m\omega^2$。这个区域称为惯性区。

③当频率比 λ 接近 1 时,即激励频率接近固有频率时,动刚度显著降低,其大小主要决定于系统的阻尼。阻尼越大,动刚度越大, $|k_D| \approx 2\zeta k$。这个区域一般称为阻尼区。

④在相同频率比 λ 的条件下,静刚度越大,动刚度越大;阻尼越大,动刚度越大。

11.2　机械振动系统的固有频率

无阻尼线性系统自由振动的频率,称为无阻尼固有频率,简称固有频率。有阻尼线性系统自由振动的频率称为阻尼固有频率,它与系统质量(或转动惯量)、刚度和阻尼有关。对于小阻尼系统,其阻尼固有频率与无阻尼固有频率的数值比较接近,在估算小阻尼系统的固有频率时,可应用无阻尼固有频率的计算公式。常见的无阻尼固有频率的计算公式见表 11-8 ~ 11-10。

表 11-8　弹簧-质量系统的固有频率

序号	系统简图	说明	固有角频率 $\omega_n / (\mathrm{rad \cdot s^{-1}})$
1	K　m_s　m	一个质量,一个弹簧的系统	$\omega_n = \sqrt{\dfrac{K}{m}}$　若计及弹簧质量 m_s　$\omega_n = \sqrt{\dfrac{3K}{3m + m_s}}$

续表 11 − 8

序号	系统简图	说明	固有角频率 $\omega_n / (\text{rad} \cdot \text{s}^{-1})$
2		一个质量,两个弹簧并联的系统	$\omega_n = \sqrt{\dfrac{K_1 + K_2}{m}}$
		一个质量,n 个弹簧并联的系统	$\omega_n = \sqrt{\dfrac{K_1 + K_2 + \cdots + K_n}{m}}$
3		一个质量,两个弹簧串联的系统	$\omega_n = \sqrt{\dfrac{K_1 K_2}{m(K_1 + K_2)}}$
		一个质量,n 个弹簧串联的系统	$\omega_n = \sqrt{\dfrac{1}{m\left(\displaystyle\sum_{i=1}^{n}\dfrac{1}{K_i}\right)}}$
4		两个质量,一个弹簧的系统	$\omega_n = \sqrt{\dfrac{K(m_1 + m_2)}{m_1 \cdot m_2}}$
5		两个质量,两个弹簧的系统	$\omega_n^2 = \dfrac{1}{2}\left[\omega_1^2 + \omega_2^2\left(1 + \dfrac{m_2}{m_1}\right)\right] \mp$ $\dfrac{1}{2}\sqrt{\left[\omega_1^2 + \omega_2^2\left(1 + \dfrac{m_2}{m_1}\right)\right]^2 - 4\omega_1^2\omega_2^2}$ 式中,$\omega_1^2 = \dfrac{K_1}{m_1}, \omega_2^2 = \dfrac{K_2}{m_2}$

表 11 − 9 摆、弦的固有频率

序号	简图	说明	固有角频率 $\omega_n / (\text{rad} \cdot \text{s}^{-1})$
1		单摆	$\omega_n = \sqrt{\dfrac{g}{l}}$
2		物理摆	$\omega_n = \sqrt{\dfrac{gl}{\rho^2 + l^2}}$ l——摆的重心至转轴中心的距离

续表 11-9

序号	简图	说明	固有角频率 $\omega_n/(\text{rad}\cdot\text{s}^{-1})$
3		倾斜摆	$\omega_n = \sqrt{\dfrac{g\sin\beta}{l}}$ β——转轴中心线与悬垂线之间的夹角
4		双簧摆	$\omega_n = \sqrt{\dfrac{Ka^2}{ml^2} + \dfrac{g}{l}}$
5		倒立双簧摆	$\omega_n = \sqrt{\dfrac{Ka^2}{ml^2} - \dfrac{g}{l}}$
6		杠杆摆	$\omega_n = \sqrt{\dfrac{Kr^2\cos^2\alpha - P\cdot r\sin\alpha}{ml^2}}$ 式中 $P = K\delta_{st}$ δ_{st}——弹簧静位移(m)
7		离心摆(转轴中心线垂直于振动体的运动平面)	$\omega_n = \dfrac{\pi n}{30}\sqrt{\dfrac{r}{l}}$ 式中 n——转轴每分钟的转数
8		离心摆(转轴中心线在振动体的运动平面中)	$\omega_n = \dfrac{\pi n}{30}\sqrt{\dfrac{l+r}{l}}$ 式中 n——转轴每分钟的转数

续表 11 - 9

序号	简图	说明	固有角频率 $\omega_n/(\text{rad} \cdot \text{s}^{-1})$
9		圆盘及其轴在弧面上摆动	$\omega_n = \sqrt{\dfrac{g}{(R-r)\left(1+\dfrac{\rho^2}{r^2}\right)}}$
10		圆柱体在弧面上摆动	$\omega_n = \sqrt{\dfrac{2g}{3(R-r)}}$
11		球在弧面上摆动	$\omega_n = \sqrt{\dfrac{5g}{7(R-r)}}$
12		二重摆	$\omega_n^2 = \dfrac{m_1+m_2}{2m_1}\left[\omega_1^2+\omega_2^2 \mp \sqrt{(\omega_1^2-\omega_2^2)^2 + 4\omega_1^2\omega_2^2\dfrac{m_2}{m_1+m_2}}\right]$ 式中 $\omega_1^2 = \dfrac{g}{l_1}$; $\omega_2^2 = \dfrac{g}{l_2}$
13		二联合单摆	$\omega_{n1}^2 = \dfrac{g}{l}$ $\omega_{n2}^2 = \dfrac{g}{l} + \dfrac{2Ka^2}{ml^2}$
14		两端固定，内受张力的弦	$\omega_n = \dfrac{n}{l}\sqrt{\dfrac{T}{\rho_e}}$ $n = \pi, 2\pi, 3\pi, \cdots$

续表 11 - 9

序号	简图	说明	固有角频率 $\omega_n/(\mathrm{rad\cdot s^{-1}})$
15		质量位于受张力的弦上	$\omega_n = \sqrt{\dfrac{T(a+b)}{mab}}$ 若计及弦的质量 m_s $\omega_n = \sqrt{\dfrac{3T(a+b)}{(3m+m_s)ab}}$
16		两质量位于受张力的弦上	$\omega_n^2 = \dfrac{T}{2}\left[\dfrac{l_1+l_2}{m_1 l_1 l_2}+\dfrac{l_2+l_3}{m_2 l_2 l_3}\mp\sqrt{\left(\dfrac{l_1+l_2}{m_1 l_1 l_2}-\dfrac{l_2+l_3}{m_2 l_2 l_3}\right)^2+\dfrac{4}{m_1 l_1 l_2^2}}\right]$
17		一水平杆被两根对称的弦吊着的系统	$\omega_n = \sqrt{\dfrac{gab}{\rho^2 h}}$
18		一水平板被三根等长的平行弦吊着的系统	$\omega_n = \sqrt{\dfrac{ga^2}{\rho^2 h}}$ 式中　ρ——板的回转半径

注:m——振动体质量(kg);K——弹簧刚度(N/m);T——弦受的张力(N);g——重力加速度($\mathrm{m/s^2}$);ρ_e——弦单位长度的质量(kg/m);ρ——振动体回转半径(m)

表 11 - 10　膜、板、圆环的固有频率

序号	简图	说明	固有角频率 $\omega_n/(\mathrm{rad\cdot s^{-1}})$
1	$N=0$　$N=1$　$N=2$　$S=1$　$S=2$	周边受张力的圆形膜	$\omega_n = \dfrac{a_{NS}}{R}\sqrt{\dfrac{T_1}{\rho_A}}$ 式中　a_{NS}——振型常数,与节直径数 N 和节圆数 S 有关,见下表:

S \ N	0	1	2	3
1	2.404	3.83	5.135	6.379
2	5.520	7.026	8.417	9.760
3	8.654	70.173	11.620	13.07

续表 11 – 10

序号	简图	说明	固有角频率 ω_n/(rad · s^{-1})
2	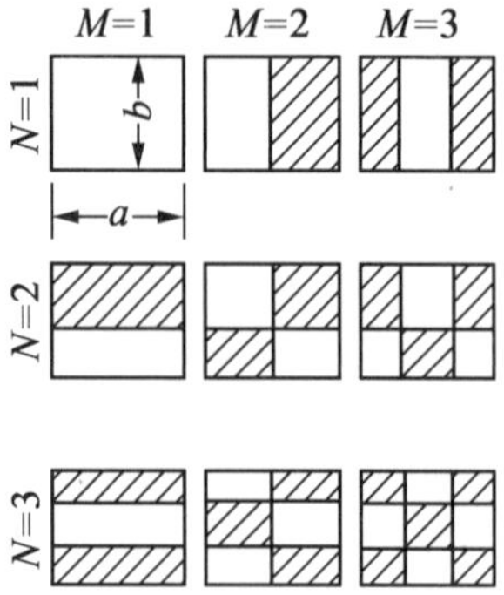 $M=1$ $M=2$ $M=3$，$N=1$，$N=2$，$N=3$，b，a	周边受张力的矩形膜	$\omega_n = \pi \sqrt{\dfrac{T_1}{\rho_A}\left(\dfrac{M^2}{a^2} + \dfrac{N^2}{b^2}\right)}$ 若为正方形的膜 $\omega_n = \dfrac{\pi}{a}\sqrt{\dfrac{T_1}{\rho_A}(M^2 + N^2)}$ $M = 1,2,3,\cdots;N = 1,2,3,\cdots$ M、N 联合表示如左图所示振型
3	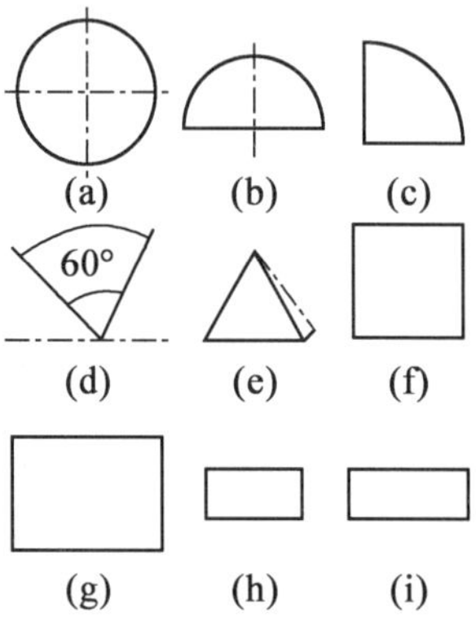 (a) (b) (c) 60° (d) (e) (f) (g) (h) (i)	几种周边受张力的膜	$\omega_{n1} = a_1\sqrt{\dfrac{T_1}{\rho_A \cdot A}}$ 式中 ω_{n1}——第一个固有角频率(rad/s); A——膜的面积(m^2); a_1 与左图相对应的数值: (a)整圆 4.261,(b)半圆 4.803,(c)1/4 圆 4.551, (d)60°扇形 4.616,(e)等边三角形 4.774,(f)正方形 4.443,(g)3 × 2 矩形 4.624,(h)2 × 1 矩形 4.967,(i)3 × 1 矩形 5.736
4	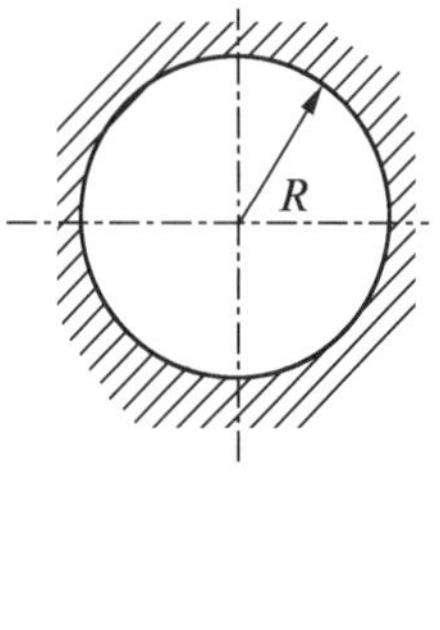 R	周边固定的圆形板	$\omega_n = \dfrac{a_{NS}}{R^2}\sqrt{\dfrac{Et^3}{12(1-\mu^2)\rho_A}}$ 式中 a_{NS}——振型常数,振型与圆膜相仿,其值见下表:

S \ N	0	1	2
1	10.17	21.27	34.85
2	39.76	60.80	88.35
3	88.83	120.56	157.91

序号	简图	说明	固有角频率 ω_n/(rad · s^{-1})
5	R	周边自由的圆形板	公式同上,振型常数 a_{NS} 如下:

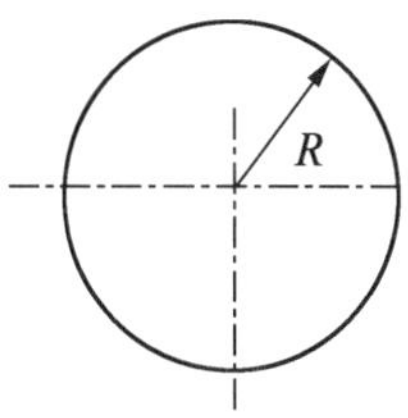

S \ N	0	1	2	3
0	—	—	5.251	12.23
1	9.076	20.52	35.24	52.91
2	38.52	59.56	—	—

续表 11 – 10

序号	简图	说明	固有角频率 $\omega_n/(\mathrm{rad \cdot s^{-1}})$
6	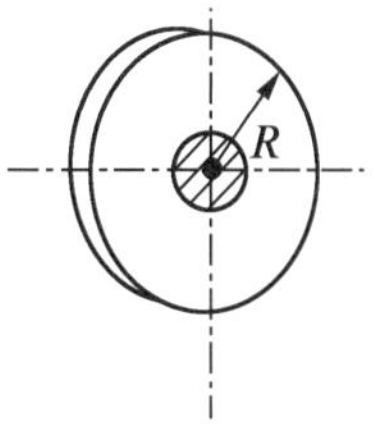	周边自由,中间固定的圆形板	公式同上,振型常数 a_{NS} 如下: <table><tr><td>S\N</td><td>0</td><td>1</td><td>2</td></tr><tr><td>0</td><td>3.75</td><td>—</td><td>5.40</td></tr><tr><td>1</td><td>20.91</td><td>—</td><td>30.48</td></tr><tr><td>2</td><td>60.68</td><td>—</td><td>—</td></tr></table>
7	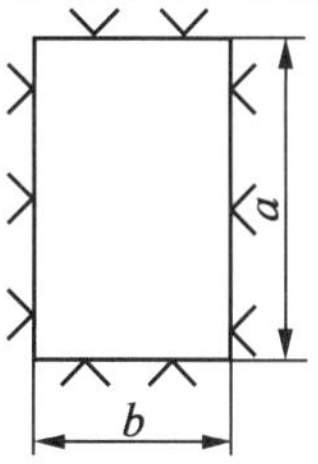	周边简支的矩形板	$$\omega_n = \pi^2 \left(\frac{M^2}{a^2} + \frac{N^2}{b^2} \right) \sqrt{\frac{Et^3}{12(1-\mu^2)\rho_A}}$$ 振型与矩形膜相仿 M、N 为纵横节线数 $M = 1,2,3,\cdots;N = 1,2,3,\cdots$
8	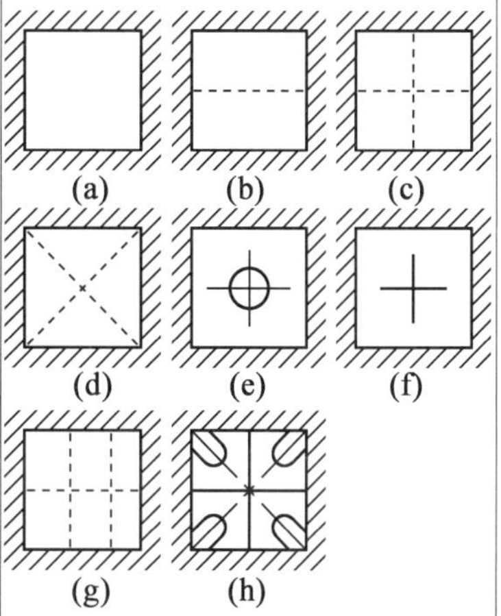	周边固定的正方形板	$$\omega_n = \frac{a}{b^2} \sqrt{\frac{Et^3}{12(1-\mu^2)\rho_A}}$$ 与左图相对应的振型常数 a 为: (a)35.99,(b)73.41,(c)108.27,(d)131.64,(e)132.25,(f)164.99,(g)165.15,(h)243.11
9	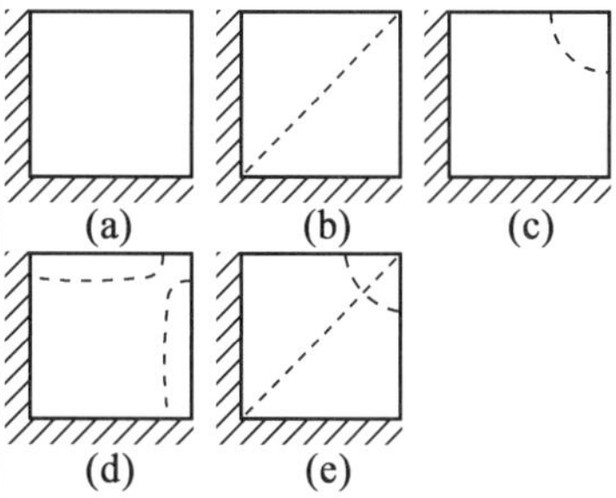	两边固定,两边自由的正方形板	公式同上 与左图相对应的振型常数 a 为: (a)6.958,(b)24.08,(c)26.80,(d)48.05,(e)63.14

序号	简图	说明	固有角频率 $\omega_n/(\text{rad} \cdot \text{s}^{-1})$
10	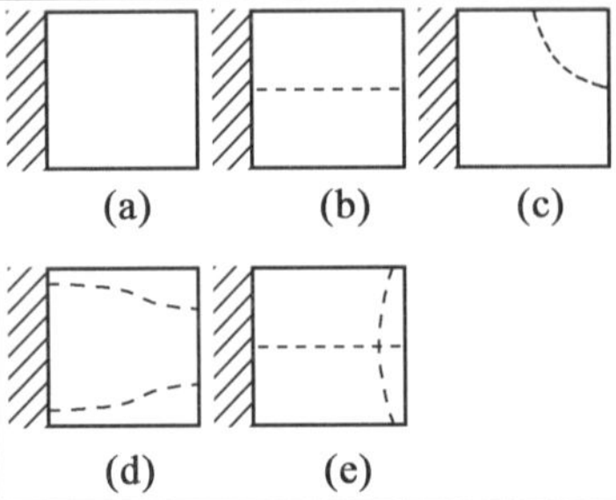 (a) (b) (c) (d) (e)	一边固定，三边自由的正方形板	公式同上 与左图相对应的振型常数 a 为： (a)3.494,(b)8.547,(c)21.44,(d)27.46, (e)31.17
11	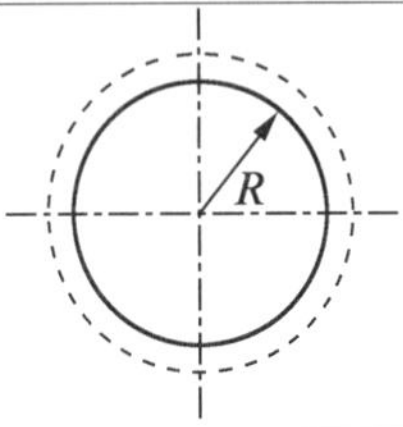 R	只有径向振动的圆环	$\omega_n = \sqrt{\dfrac{E}{\rho_V R^2}}$
12	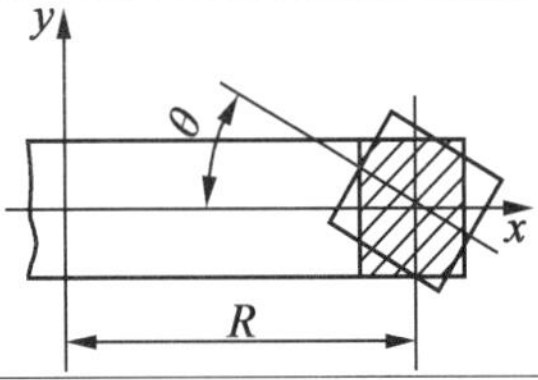 θ R	只有扭转振动的圆环	$\omega_n = \sqrt{\dfrac{E}{\rho_V R^2} \cdot \dfrac{I_x}{I_p}}$ 式中　I_x——截面对 x 轴惯性矩； 　　　I_p——截面的极惯性矩。
13	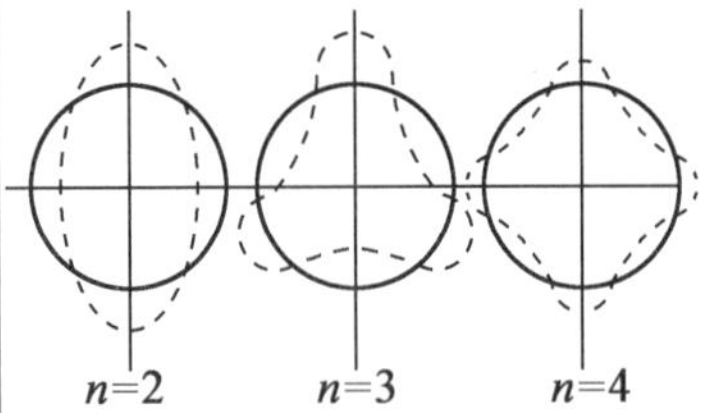 $n=2$　$n=3$　$n=4$	有径向和切向振动的圆环	$\omega_n = \sqrt{\dfrac{EI_a}{\rho_V AR^4} \cdot \dfrac{n^2(n^2-1)^2}{n^2+1}}$ 式中　n——节点数的一半； 　　　A——圆环圈截面积(m^2)。

注：E——弹性模量(Pa)；I_a——截面惯性矩(m^4)；T——单位长度所受的张力(N/m)；t——板厚(m)；μ——泊松比；ρ_V——单位体积的质量(kg/m^3)；ρ_A——单位面积的质量(kg/m^2)

11.3　轴系、杆、梁类振动固有频率

11.3.1　轴系扭转振动的固有频率

轴系扭转振动的固有频率见表 11 – 11。

表 11 – 11　轴系扭转振动的固有频率

序号	简图	说明	固有角频率 $\omega_n/(\text{rad} \cdot \text{s}^{-1})$
1	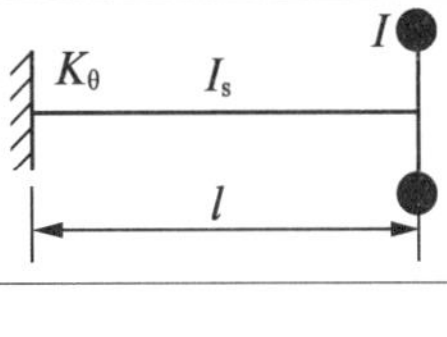 K_θ　I_s　I　l	一端固定，一端有圆盘的轴系	不计轴的转动惯量 $\omega_n = \sqrt{\dfrac{K_\theta}{I}}$ 若计轴的转动惯量 $\omega_n = \sqrt{\dfrac{3K_\theta}{3I+I_s}}$

续表 11 – 11

序号	简图	说明	固有角频率 $\omega_n/(\mathrm{rad\cdot s^{-1}})$
2		两端固定，中间有圆盘的轴系	$\omega_n = \sqrt{\dfrac{GI_p(l_1+l_2)}{Il_1l_2}}$
3		两端有圆盘的轴系	$\omega_n = \sqrt{\dfrac{K_\theta(l_1+l_2)}{l_1l_2}}$ 节点 N 的位置 $l_1 = \dfrac{I_2}{I_1+I_2}l;\ l_2 = \dfrac{I_1}{I_1+I_2}l$
4		三轴段两圆盘系统	$\omega_n^2 = \dfrac{1}{2}(\omega_{11}^2+\omega_{22}^2)\mp\dfrac{1}{2}\sqrt{(\omega_{11}^2+\omega_{22}^2)^2+4\omega_{12}^4}$ 式中 $\omega_{11}^2 = \dfrac{K_{\theta 1}+K_\theta}{I_1};\ \omega_{22}^2=\dfrac{K_{\theta 2}+K_\theta}{I_2};\ \omega_{12}^2=\dfrac{K_\theta}{\sqrt{I_1 I_2}}$
5		两轴段三圆盘的系统	$\omega_n^2 = \dfrac{1}{2}(\omega_1^2+\omega_2^2+\omega_3^2)\mp$ $\dfrac{1}{2}\sqrt{(\omega_1^2+\omega_2^2+\omega_3^2)^2-4\omega_1^2\omega_3^2\dfrac{I_1+I_2+I_3}{I_2}}$ 式中 $\omega_1^2=\dfrac{K_{\theta 1}}{I_1};\ \omega_2^2=\dfrac{K_{\theta 1}+K_{\theta 2}}{I_2};\ \omega_3^2=\dfrac{K_{\theta 2}}{\sqrt{I_3}}$
6	 速比 $i=\dfrac{Z_1}{Z_2}$	两端有圆盘，轴与轴之间有齿轮连接的系统	将以下参数经过如下变换，利用上列序号 5 公式，即可求出本系统的 ω_n $I_2\to I_2'+i^2 I_2'';\ I_3\to i^2 I_3;\ K_{\theta 2}\to i^2 K_{\theta 2}$ 若不计齿轮转动惯量 $I_1'\cdot I_2''$，则有 $\omega_n^2 = \dfrac{K_{\theta 1}K_{\theta 2}(I_1+i^2\cdot I_3)}{I_1 I_3(i^2\cdot K_{\theta 2}+K_{\theta 1})}$

注：K_θ——扭转刚度（N·m/rad）；I——转动惯量（kg·m²）；I_p——极惯性矩（m⁴）；G——剪切模量（Pa）

11.3.2 杆、梁类的固有频率

杆、梁类的固有频率见表 11 – 12。

表 11 – 12 杆、梁类的固有频率

序号	简图	说明	固有角频率 $\omega_n/(\mathrm{rad\cdot s^{-1}})$
1		等截面杆、梁类的纵向与扭转频率	纵向振动　$\omega_n = \dfrac{\alpha_n}{l}\sqrt{\dfrac{E}{\rho_V}}$ 扭转振动　$\omega_n = \dfrac{\alpha_n}{l}\sqrt{\dfrac{G}{\rho_V}}$ 式中　α_n——振动常数 (a) 一端固定，一端自由 　　$\alpha_n = \left(n-\dfrac{1}{2}\right)\pi = \dfrac{1}{2}\pi,\ \dfrac{3}{2}\pi,\cdots$ (b) 两端固定 　　$\alpha_n = n\pi = \pi,\ 2\pi,\ 3\pi,\cdots$ (c) 两端自由 　　$\alpha_n = n\pi = \pi,\ 2\pi,\ 3\pi,\cdots$

续表 11 – 12

序号	简图	说明	固有角频率 $\omega_n/(\mathrm{rad}\cdot\mathrm{s}^{-1})$
2		等截面杆、梁类的横向振动	$$\omega_n = \frac{\alpha_n^2}{l^2}\sqrt{\frac{EI_a}{\rho_l}}$$ 式中 α_n——振动常数。 （a）一端固定，一端自由，由下式求得 $$1 + \cosh\alpha\cdot\cos\alpha = 0$$ 即得 $\alpha_1 = 1.875, \alpha_2 = 4.694, \alpha_3 = 7.855, \cdots$ （b）两端固定，α_n 由下式求得 $$1 - \cosh\alpha\cdot\cos\alpha = 0$$ 即得 $\alpha_1 = 4.730, \alpha_2 = 7.853, \alpha_3 = 10.9963, \cdots$ （c）两端自由，α_n 由下式求得 $$1 - \cosh\alpha\cdot\cos\alpha = 0$$ $\alpha_1 = 4.730, \alpha_2 = 7.853, \alpha_3 = 10.996, \cdots$ （d）两端简支，α_n 由下式求得 $$\sin\alpha = 0$$ $\alpha_1 = \pi, \alpha_2 = 2\pi, \alpha_3 = 3\pi, \cdots$ （e）一端固定，一端简支，α_n 由下式求得 $$\cosh\alpha\cdot\sin\alpha - \sinh\alpha\cdot\cos\alpha = 0$$ $\alpha_1 = 3.927, \alpha_2 = 7.069, \alpha_3 = 10.210, \cdots$ （f）一端简支，一端自由，α_n 由下式求得 $$\cosh\alpha\cdot\sin\alpha - \sinh\alpha\cdot\cos\alpha = 0$$ $\alpha_1 = 3.927, \alpha_2 = 7.069, \alpha_3 = 10.210, \cdots$

续表 11－12

序号	简图	说明	固有角频率 $\omega_n/(\mathrm{rad \cdot s^{-1}})$
3	（a） （b）	轴向力作用下,两端简支的等截面杆、梁的横向振动	（a）受轴向压力 $$\omega_n = \left(\frac{\alpha_n \pi}{l}\right)^2 \sqrt{\frac{EI_a}{\rho_l}} \sqrt{1 - \frac{Pl^2}{EI_a \alpha_n^2 \pi^2}}$$ （b）受轴向拉力 $$\omega_n = \left(\frac{\alpha_n \pi}{l}\right)^2 \sqrt{\frac{EI_a}{\rho_l}} \sqrt{1 + \frac{Pl^2}{EI_a \alpha_n^2 \pi^2}}$$ 式中 $\alpha_n = 1,2,3,\cdots$
4	（a） （b）	杆端有集中质量的振动	（a）横向振动 $$\omega_n = \sqrt{\frac{3EI_a}{(m + 0.24m_s)l^3}}$$ （b）纵向振动 $$\omega_n = \frac{\beta}{l}\sqrt{\frac{E}{\rho_V}}$$ 式中　β 由下式求出 $$\beta \cdot \tan\beta = \frac{m_s}{m}$$
5	（a） （b）	横梁上有集中质量的横向振动	（a）质量位于两端固定的梁上 $$\omega_n = \sqrt{\frac{3EI_a l^3}{(m + 0.375m_s)a^3 b^3}}$$ （b）质量位于两端简支的梁上 $$\omega_n = \sqrt{\frac{3EI_a l}{(m + 0.49m_s)a^2 b^2}}$$

注:E——弹性模量(Pa);G——剪切模量(Pa);ρ_V——单位体积质量($\mathrm{kg/m^3}$);ρ_l——单位长度质量($\mathrm{kg/m}$);

I_a——截面惯性矩($\mathrm{m^4}$);l——杆、梁的长度(m)

11.3.3　轴类临界转速

（1）两支承等直径轴的临界转速。

$$n_{ok} = \frac{30}{\pi}\lambda_k \sqrt{\frac{EI}{ML^3}} \tag{11-7}$$

式中　M——轴的总质量(kg);

$\quad\quad L$——轴长(m);

$\quad\quad E$——轴材料弹性模量(Pa);

$\quad\quad I$——轴截面惯性矩(m^4);

$\quad\quad \lambda_k$——支承形式系数。

脚号 k 为临界转速阶数,查表 11 - 13。

(2)阶梯轴的临界转速。

如果只需要做近似估算,可用公式(11 - 7)即可,但在计算轴的截面惯性矩时须用当量直径 D_m。阶梯轴的当量直径 D_m 可用下式计算:

$$D_\text{m} = \alpha \frac{\sum d_i \Delta l_i}{\sum \Delta l_i} \quad\quad\quad (11 - 8)$$

①若阶梯最粗一段(或几段)的轴段长度超过全长 50% 时,可取 $\alpha = 1$ 而小于 15% 时,此段可当作轴环,另按次粗段来考虑分析。

②在一般情况下,最好按照同系列机器的计算对象,选取有准确解的轴试算实例,从中找出 α 值。对于一般压缩机、离心机、鼓风机的转子可取 $\alpha = 1.094$。

(3)两支承单盘轴的临界转速。

详见表 11 - 14。

表 11 - 13　等直径轴支座形式系数 λ_k

支座形式	λ_1	λ_2	λ_3	λ_4	λ_5
	9.87	39.48	88.83	157.9	246.7
	15.42	49.97	104.2	178.3	272
	22.37	61.67	120.9	199.9	298.6

	μ	0.5	0.55	0.6	0.65	0.7	0.75	0.8	0.85	0.9	0.95	1.0
	λ_1	8.716	9.983	11.50	13.13	14.57	15.06	14.44	13.34	12.11	10.92	9.87

续表 11 – 13

两端外伸轴 λ_1 见下表

μ_2＼μ_1	0.05	0.10	0.15	0.20	0.25	0.30	0.35	0.40	0.45	0.50
0.05	12.15	13.58	15.06	16.41	17.06	16.32	14.52	12.52	10.80	9.37
0.10	13.58	15.22	16.94	18.41	18.82	17.55	15.26	13.05	11.17	9.70
0.15	15.06	16.94	18.90	20.41	20.54	18.66	15.96	13.54	11.58	10.02
0.20	16.41	18.41	20.41	21.89	21.76	19.56	16.65	14.07	12.03	10.39
0.25	17.06	18.82	20.54	21.76	21.70	20.05	17.18	14.61	12.48	10.80
0.30	16.32	17.55	18.66	19.56	20.05	19.56	17.55	15.10	12.97	11.29
0.35	14.52	15.26	15.96	16.65	17.18	17.55	17.18	15.51	13.54	11.78
0.40	12.52	13.05	13.54	14.07	14.61	15.10	15.51	15.46	14.11	12.41
0.45	10.80	11.17	11.58	12.03	12.48	12.97	13.54	14.11	14.43	13.15
0.50	9.37	9.70	10.02	10.39	10.80	11.29	11.78	12.41	13.15	14.06

11.3.4　两支承单盘轴的临界转速

两支承单盘轴的临界转速,见表 11 – 14。

表 11 – 14　两支承单盘轴的临界转速

支座形式	不计轴质量 $n_{c1} = \dfrac{30}{\pi}\sqrt{\dfrac{K}{M_1}}$	考虑轴的质量 $n_{c2} = \dfrac{30}{\pi}\lambda_1\sqrt{\dfrac{EI}{(M_0 + \beta M_1)L^3}}$
	$K = \dfrac{3EI}{\mu^2(1-\mu)^2 L^3}$	$\beta = 32.47\mu^2(1-\mu)^2$
	$K = \dfrac{12EI}{\mu^3(1-\mu)^2(4-\mu)L}$	$\beta = 19.84\mu^3(1-\mu)^2(4-\mu)$
	$K = \dfrac{3EI}{\mu^3(1-\mu)^3 L^3}$	$\beta = 166.8\mu^2(1-\mu)^3$

续表 11 – 14

支座形式	不计轴质量 $n_{c1} = \dfrac{30}{\pi}\sqrt{\dfrac{k}{M_1}}$	考虑轴的质量 $n_{c2} = \dfrac{30}{\pi}\lambda_1\sqrt{\dfrac{EI}{(M_0 + \beta M_1)L^3}}$
	$K = \dfrac{3EI}{(1-\mu)^2 L^3}$	$\beta = \dfrac{1}{3}(1-\mu)^2\lambda_1^2$

注:M_1——圆盘质量(kg);M_0——轴的质量(kg);E——轴材料弹性模量(Pa);I——轴截面惯性矩(m^4);

λ_1——查表 11 – 13

11.4　轴的临界转速计算实例

11.4.1　临界转速简介

　　轴的临界转速是指轴的某些特定的转速。当轴在这些转速或靠近这些转速运转时,轴将产生剧烈振动,从而破坏机器的正常工作状态,甚至会造成轴承或转子的损坏;而当轴在这些特定转速一定的范围之外工作时,轴将趋于平稳运转。因此,对于转速较高、跨度较大而刚性较小,或外伸端较长的轴,一般要进行临界转速的校核计算。

　　对于任何一个轴来说,理论上都有无穷多个临界转速,如果按其数值由小到大排列为 n_{cr1},n_{cr2},…,n_{crk},分别称为轴的一阶、二阶……k 阶临界转速。而在工程上具有实际意义的主要是一阶和二阶。

　　设计轴时,为确保安全,工作转速应避开临界转速,而且应该在各阶临界转速一定范围之外。当轴工作转速低于一阶临界转速时,其工作转速应取 $n < 0.75 n_{cr1}$,工程上称这种轴为刚性轴;当轴工作转速高于一阶临界转速时,其工作转速应选 $1.4 n_{cr1} < n < 0.7 n_{cr2}$ 之间,通常称这种轴为挠性轴。

　　轴的临界转速大小与轴的形状和尺寸,轴材料的弹性特性、轴的支承形式和轴上零件质量等有关,与轴的空间位置(垂直、水平或倾斜)无关。

　　轴的振动类型不只是一种,有横向振动(弯曲振动)、纵向振动和扭转振动。一般轴最常见的是横向振动,故本节只介绍轴的横向振动的临界转速的校核。

　　阶梯轴临界转速的精确计算比较复杂,作为近似计算,可将阶梯轴视为当量直径为 d_v 的光轴进行计算,当量直径 d_v 按下式计算:

$$d_v = \xi \frac{\sum d_i \Delta l_i}{\sum \Delta l_i} \tag{11 – 9}$$

式中　d_i——第 i 段轴的直径(mm);

　　　　Δl_i——第 i 段轴的长度(mm);

　　　　ξ——经验修正系数。

　　若阶梯轴最粗一段或几段的轴段长度超过轴全长的50%时可取 $\xi = 1$;小于15%时此段当

作轴环,另按次粗轴来考虑。在一般情况下,最好按照同系列机器的计算对象,选取有准确解的轴试算几例,从中找出 ξ 值。例如,一般的压缩机、离心机、鼓风机转子可取 $\xi=1.094$。

（1）不带圆盘均质轴的临界转速。

各种支承条件下,等直径轴横向振动时,第一、二、三阶临界转速的计算公式见表 11 - 15。

表 11 - 15　横向振动时轴的临界转速 n_{cr}

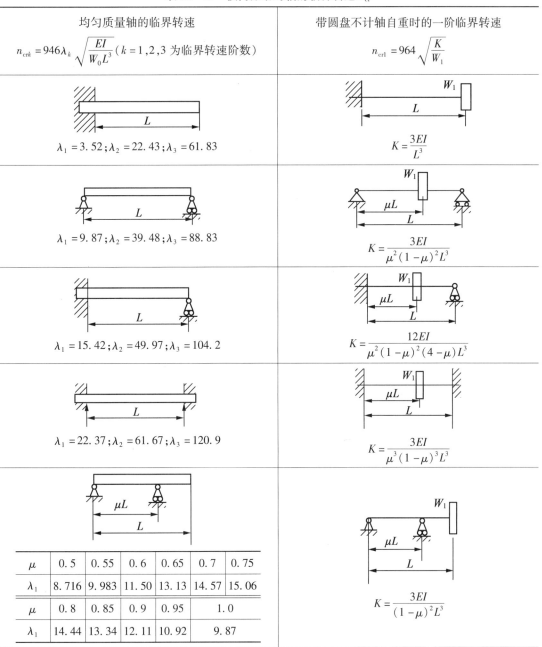

注:W_0——轴所受的重力(N);W_1——圆盘所受重力(N);L——轴的长度(mm);λ_k——支承形式系数;E——材料弹性模量,对钢 $E=206\times10^3$ MPa;I——轴截面的惯性矩(mm⁴),$I=\dfrac{\pi d^4}{64}$;μ——支承间距离或圆盘处轴段长度 μL 与轴总长度 L 之比;K——轴的刚度(N/mm)

（2）带单个圆盘轴的临界转速。

带单个圆盘且不计轴自重时，轴的一阶临界转速 n_{cr1} 的计算公式见表 11 – 15。

（3）带多个圆盘并计及轴自重时，可按邓柯莱（Dunkerley）公式计算 n_{cr1}，即

$$\frac{1}{n_{cn}^2} \approx \frac{1}{n_0^2} + \frac{1}{n_{01}^2} + \cdots + \frac{1}{n_{0i}^2} + \cdots \tag{11 – 10}$$

式中 n_0 为只考虑轴自重时轴的一阶临界转速；$n_{01}, n_{02}, \cdots, n_{0i}$ 分别表示轴上只装一个圆盘（盘 $1, 2, \cdots, i$）且不计轴自重时的一阶临界转速，均可按表 11 – 15 所列公式分别计算。

（4）对双铰支多圆盘钢轴（图 11 – 8），式（11 – 10）按表 11 – 15 中所列算式简化为

$$\frac{1}{n_{cr1}^2} \approx \frac{w_0 L^3}{9.04 \times 10^9 \lambda_1^2 d_v^4} + \frac{\sum w_i a_i^2 b_i^2}{27.14 \times 10^9 L d_v^4} + \frac{\sum G_j c_j^2 (L + c_j)}{27.14 \times 10^9 d_v^4} \tag{11 – 11}$$

式中 λ_1——一阶临界转速时的支座形式系数，查看表 11 – 15 可得；

w_0——轴所受的重力（N）；

w_i——支承间的圆盘所受的重力（N）；

G_j——外伸端的圆盘所受的重力（N）；

d_v——轴的当量直径（mm）。

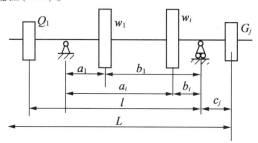

图 11 – 8   双铰支多圆盘轴

带多个圆盘的轴（包括阶梯轴），如果在各个圆盘重力的作用下，轴的挠度曲线或轴上各个圆盘处的挠度值已知时，也可用雷利（Ray – Leigh）公式近似求某一阶临界转速。

$$n_{cr1} = 946 \sqrt{\frac{\sum_{i=1}^{n} w_i y_i}{\sum_{i=1}^{n} w_i y_i^2}}$$

式中 w_i——轴上所装各个零件或阶梯轴各个轴段的重力（N）；

y_i——在 w_i 作用的截面内，全部载荷引起的轴的挠度（mm）。

11.4.2 光轴的一阶临界转速计算

实际机器中的轴有各种形式，在计算其临界转速时，应视其具体条件及形式按上面介绍的公式进行计算。为便于工程中计算简化，现将几种光轴的典型形式、一阶临界转速的简化计算公式列于表 11 – 16 中，供设计时参考。

表 11 - 16　光轴的临界转速计算公式

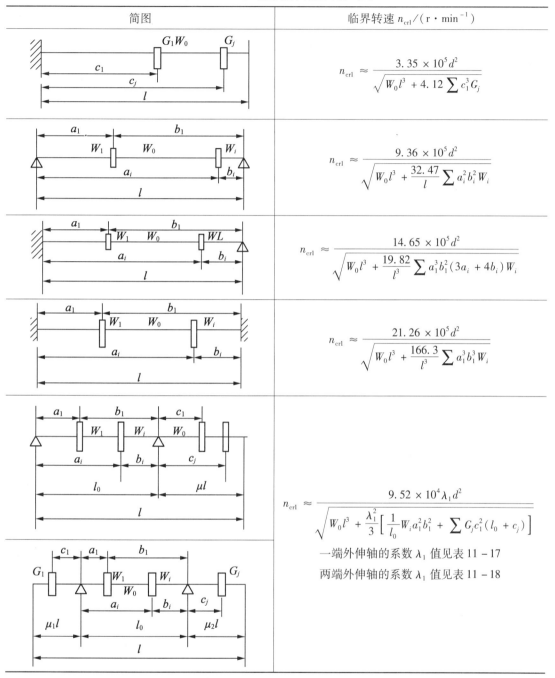

简图	临界转速 $n_{crl}/(\mathrm{r} \cdot \mathrm{min}^{-1})$
	$n_{crl} \approx \dfrac{3.35 \times 10^5 d^2}{\sqrt{W_0 l^3 + 4.12 \sum c_1^3 G_j}}$
	$n_{crl} \approx \dfrac{9.36 \times 10^5 d^2}{\sqrt{W_0 l^3 + \dfrac{32.47}{l} \sum a_i^2 b_i^2 W_i}}$
	$n_{crl} \approx \dfrac{14.65 \times 10^5 d^2}{\sqrt{W_0 l^3 + \dfrac{19.82}{l^3} \sum a_1^3 b_1^2 (3a_i + 4b_i) W_i}}$
	$n_{crl} \approx \dfrac{21.26 \times 10^5 d^2}{\sqrt{W_0 l^3 + \dfrac{166.3}{l^3} \sum a_1^3 b_1^3 W_i}}$
	$n_{crl} \approx \dfrac{9.52 \times 10^4 \lambda_1 d^2}{\sqrt{W_0 l^3 + \dfrac{\lambda_1^2}{3}\left[\dfrac{1}{l_0} W_i a_1^2 b_1^2 + \sum G_j c_1^2 (l_0 + c_j)\right]}}$
	一端外伸轴的系数 λ_1 值见表 11 - 17 两端外伸轴的系数 λ_1 值见表 11 - 18

说明：W_i——支承间第 i 个圆盘重力(N)；l——轴的全长(mm)；G_j——外伸端第 j 个圆盘重力(N)；l_0——支承间距离(mm)；W_0——轴的重力(N)。对于实心钢轴 $W_0 = 60.5 \times 10^{-6} d^2 l$；对空心钢轴应乘以 $(1 - d^2)$；μ、μ_1、μ_2——外伸端长度与轴长之比；$a_i b_i$——支承间第 i 个圆盘至左及右支承的距离(mm)；α——空芯轴内径 d_0 与外径 d 之比；c_j——外伸端第 j 个圆盘至支承间的距离(mm)；d——轴的直径(mm)

注：1. 表列公式适用于弹性模量 $E = 206 \times 10^3$ MPa 的钢轴

　　2. 当计算空芯轴的临界转速时，应将表列公式乘以 $\sqrt{1 - \alpha^2}$

表 11 - 17　一端外伸轴的系数 λ_1 值

μ	0	0.05	0.10	0.15	0.20	0.25	0.30	0.35	0.40	0.45	0.50
λ_1	9.87	10.9	12.1	13.3	14.4	15.1	14.6	13.1	11.5	10	8.7
μ	0.55	0.60	0.65	0.70	0.75	0.80	0.85	0.90	0.95	1	—
λ_1	7.7	6.9	6.2	5.6	5.2	4.8	4.4	4	3.7	3.5	—

表 11 - 18　两端外伸轴的系数 λ_1 值

μ_2	μ_1									
	0.05	0.10	0.15	0.20	0.25	0.30	0.35	0.40	0.45	0.50
0.05	12.15	13.58	15.06	16.41	17.06	16.32	14.52	12.52	10.80	9.37
0.10	13.58	15.22	16.94	18.41	18.82	17.55	15.26	13.05	11.17	9.70
0.15	15.06	16.94	18.90	20.41	20.54	18.66	15.96	13.54	11.58	10.02
0.20	16.41	18.41	20.41	21.89	21.76	19.56	16.65	14.07	12.03	10.39
0.25	17.06	18.82	20.54	21.76	21.70	20.05	17.18	14.61	12.48	10.80
0.30	16.32	17.55	18.66	19.56	20.05	19.56	17.55	15.10	12.97	11.29
0.35	14.52	15.26	15.96	16.65	17.18	17.55	17.18	15.51	13.54	11.78
0.40	12.52	13.05	13.54	14.07	14.61	15.10	15.51	15.46	14.11	12.41
0.45	10.80	11.17	11.58	12.03	12.48	12.97	13.54	14.11	14.43	13.15
0.50	9.37	9.70	10.02	10.39	10.80	11.29	11.78	12.41	13.15	14.06

11.4.3　轴的临界转速计算举例

如图 11 - 9 所示为由两个轴承支承的鼓风机转子,其各段的直径与长度尺寸,以及四个圆盘所受的 $w_1 \sim w_4$ 重力均列于表 11 - 19 中。试计算转子的一阶临界转速 n_{cr1}。

解: 由于 $w_1 \sim w_4$ 四个圆盘所受的重力远大于轴上其他零件所受的重力,故其他零件都不能作为圆盘来考虑,而只将其重力加在相应的轴段上。

本例可利用表 11 - 15 所列公式分别算出只考虑轴自重及每个圆盘时的临界转速,然后用式(11 - 10)或式(11 - 11)计算转子的临界转速。

阶梯轴的当量直径 d_v 用式(11 - 9)计算。

计算过程详解参考图 11 - 9 及表 11 - 19。

(1)阶梯轴每段直径(mm)。

$d_1 = 65, d_2 = 85, d_3 = 90, d_4 = 105, d_5 = 110, d_6 = 115, d_7 = 120, d_8 = 120, d_9 = 110, d_{10} = 100, d_{11} = 70$。

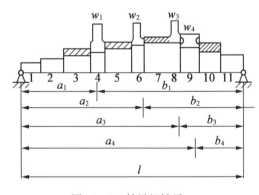

图 11 - 9　鼓风机转子

（2）每段轴长度（mm）。

$l_1 = 160, l_2 = 168, l_3 = 155, l_4 = 60, l_5 = 180, l_6 = 60, l_7 = 150, l_8 = 77, l_9 = 80, l_{10} = 50,$ $l_{11} = 160$。

（3）$d_i l_i$（mm^2）。

$d_1 l_1 = 65 \times 160 = 10\,400, d_2 l_2 = 85 \times 168 = 14\,280, d_3 l_3 = 90 \times 155 = 13\,950, d_4 l_4 = 105 \times 60 = 6\,300, d_5 l_5 = 110 \times 180 = 19\,800, d_6 l_6 = 115 \times 60 = 6\,900, d_7 l_7 = 120 \times 150 = 18\,000, d_8 l_8 = 120 \times 77 = 9\,240, d_9 l_9 = 110 \times 80 = 8\,800, d_{10} l_{10} = 100 \times 50 = 5\,000, d_{11} l_{11} = 160 \times 70 = 11\,200$。

（4）钢轴质量 w_{0i}（N）。

对于实芯轴：

$w_{01} = 60.5 \times 10^{-6} d_1^2 l_1 = 60.5 \times 10^{-6} \times 65^2 \times 160 = 41.6$

$w_{02} = 60.5 \times 10^{-6} \times 85^2 \times 168 = 74.8$

$w_{03}' = 60.5 \times 10^{-6} \times 90^2 \times 155 = 76$

$w_{03}'' = 13.4$

$w_{03} = w_{03}' + w_{03}'' = 76 + 13.7 = 89.7$

$w_{04} = 60.5 \times 10^{-6} \times 105^2 \times 60 = 40.02$

$w_{05}' = 60.5 \times 10^{-6} \times 110^2 \times 180 = 132$

$w_{05}'' = 48.9$

$w_{05} = w_{05}' + w_{05}'' = 132 + 48.9 = 180.9$

$w_{06} = 60.5 \times 10^{-6} \times 115^2 \times 60 = 48$

$w_{07}' = 60.5 \times 10^{-6} \times 120^2 \times 150 = 131$

$w_{07}'' = 54.3$

$w_{07} = 131 + 54.3 = 185.3$

$w_{08} = 60.5 \times 10^{-6} \times 120^2 \times 77 = 67.1$

$w_{09} = 60.5 \times 10^{-6} \times 110^2 \times 80 = 59$

$w_{010}' = 60.5 \times 10^{-6} \times 100^2 \times 50 = 30.3$

$w_{010}'' = 10.7$

$w_{010} = 30.5 + 10.7 = 41.2$

$w_{011} = 60.5 \times 10^{-6} \times 70^2 \times 160 = 47.4$

（5）轴总长。

$L = l_1 + l_2 + \cdots + l_{11} = 160 + 168 + 155 + 60 + 180 + 60 + 150 + 77 + 80 + 50 + 160 = 1\,300$ （mm）

（6）$\sum_{i=1}^{11} d_i l_i = d_1 l_1 + d_2 l_2 + \cdots + d_{11} l_{11}$

$= 10\,400 + 14\,280 + 13\,950 + 6\,300 + 19\,800 + 6\,900 + 18\,000 + 9\,240 + 8\,800 + 5\,000 + 11\,200$

$= 123\,870$（mm^2）

（7）轴段总质量。

$\sum_{i=1}^{11} w_{0i} = w_{01} + w_{02} + \cdots + w_{011}$

$$= 41.6 + 74.8 + 89.7 + 40.02 + 181 + 48 + 185.3 + 67.1 + 59 + 41 + 47.4$$
$$= 875(\text{N})$$

（8）圆盘质量 w_i（共有 4、6、8、9 四个圆盘）。

$$w_4 = 500.4(\text{N}), w_6 = 490.3(\text{N}), w_8 = 499.5(\text{N}), w_9 = 147.3(\text{N})$$

（9）第 i 个圆盘至左及至右支承的距离分别为 a_i 及 b_i（mm）。

$$a_4 = l_1 + l_2 + l_3 + \frac{l_\Delta}{2} = 160 + 168 + 155 + 30 = 513$$

$$b_4 = \frac{l_\Delta}{2} + l_5 + l_6 + \cdots + l_{11} = 30 + 180 + 60 + 150 + 77 + 80 + 50 + 160 = 787$$

同理：

$$a_6 = \frac{l_6}{2} + l_5 + l_4 + \cdots + l_1 = 30 + 180 + 60 + 155 + 168 + 160 = 753$$

$$b_6 = \frac{l_6}{2} + l_7 + l_8 + \cdots + l_{11} = 30 + 150 + 77 + 80 + 50 + 160 = 547$$

$$a_8 = l_1 + l_2 + \cdots + l_7 + \frac{l_8}{2} = 160 + 168 + 155 + 60 + 180 + 60 + 150 + 77/2 = 971.5$$

$$b_8 = \frac{l_8}{2} + l_9 + l_{10} + l_{11} = 77 \times 2 + 80 + 50 + 160 = 328.5$$

$$a_9 = l_1 + l_2 + \cdots + l_7 + l_8 + \frac{l_9}{2} = 60 + 168 + 155 + 60 + 180 + 60 + 150 + 77 + 80/2 = 1\,050$$

$$b_9 = \frac{l_9}{2} + l_{10} + l_{11} = 80/2 + 50 + 160 = 250$$

（10）$w_i a_i^2 b_i^2 (\text{N} \cdot \text{mm}^4)$（$w_i$——圆盘 X）。

$$w_4 a_4^2 b_4^2 = 500.4 \times 513^2 \times 787^2 = 81.56 \times 10^{12}$$
$$w_6 a_6^2 b_6^2 = 490.3 \times 753^2 \times 547^2 = 83.16 \times 10^{12}$$
$$w_8 a_8^2 b_8^2 = 499.5 \times 971.5^2 \times 328.5^2 = 50.87 \times 10^{12}$$
$$w_9 a_9^2 b_9^2 = 147.3 \times 1\,050^2 \times 250^2 = 10.15 \times 10^{12}$$

（11）$\sum w_i \cdot a_i^2 \cdot b_i^2 = (81.56 + 83.16 + 50.87 + 10.15) \times 10^{12} = 225.74 \times 10^{12}(\text{N} \cdot \text{mm}^2)$

（12）轴当量直径 d_v（mm）。

最粗轴段为 7、8 二段，其长度 $l_e = l_7 + l_8 = 150 + 77 = 227$

$\dfrac{l_e}{L} = \dfrac{227}{1\,300} = 0.174\,6 < 0.5$，则取 $\varepsilon = 1$，这时由公式（11-9）得

$$d_v = \xi \frac{\sum d_i l_i}{\sum l_i} = 1 \times \frac{123\,870}{1\,300} = 95.3(\text{mm})$$

（13）计算一阶临界转速。

根据表 11-15 所示的支承结构形式查得一阶支承形式系数 $\lambda_1 = 9.87$，再由式（11-11）计算一阶临界转速 n_{cr1}

$$\frac{1}{n_{\text{cr1}}^2} = \frac{w_0 L^3}{9.04 \times 10^9 \lambda_1^2 d_v^4} + \frac{\sum w_i a_i^2 b_i^2}{27.14 \times 10^9 L d_v^4} + \frac{\sum G_j c_j^2 (L + c_j)}{27.14 \times 10^9 d_v^4}$$

表 11-19　计算结果

计算内容	轴段号及结果											$\sum$
	1	2	3	4	5	6	7	8	9	10	11	
d_i/mm	65	85	90	105	110	115	120	120	110	100	70	
l_i/mm	160	168	155	60	180	60	150	77	80	50	160	
$d_i l_i$/mm	10 400	14 280	13 950	6 300	19 800	6 900	18 000	9 240	8 800	5 000	11 200	$L = 1\,300$ $\sum d_i l_i = 123\,870$ $W_0 = 885.6$
W_{oi}/N	41.6	74.8	77.4 + 13.7 =91.1	40.7	134.2 + 48.9 =183.1	48.9	133.2 + 54.3 =187.5	68.4	59.7	30.8 + 10.7 =41.5	47.4	
W_i/N				500.4		490.3		499.5	147.3			
a_i/mm				513		753		971.5	1 050			
b_i/mm				787		547		328.5	250			
$W_i a_i^2 b_i^2$/(N·mm⁴)				81.56 × 10¹²		83.16 × 10¹²		50.87 × 10¹²	10.15 × 10¹²			$\sum W_i a_i^2 b_i^2 = 225.74 \times 10^{12}$

d_v/mm

最粗轴段长 $l_c = 150 + 77 = 277$（7,8 二段）

$\dfrac{l_c}{L} = \dfrac{227}{1\,300} = 0.174\,6 < 0.5$

取 $\xi = 1.094$

由式(11-9)得 $d_v = \xi\,\dfrac{\sum d_i l_i}{\sum l_i} = 104.2$

由表 11-14，$\lambda_1 = 9.87$

n_{cr1}/(r·min⁻¹)

由式(11-11)得 $\dfrac{1}{n_{cr1}^2} \approx \dfrac{W_0 L^3}{9.04 \times 10^9 \lambda_1^2 d_v^4} + \dfrac{\sum W_i a_i^2 b_i^2}{27.14 \times 10^9 L d_v^4} = \dfrac{885.6 \times 1\,300^3}{9.04 \times 10^9 \times 9.87^2 \times 104.2^4} + \dfrac{225.74 \times 10^{12}}{27.14 \times 10^9 \times 1\,300 \times 104.2^4}$

$\approx 1.874 \times 10^{-8} + 5.427 \times 10^{-8} = 7.301 \times 10^{-8}$

则 $n_{cr1} \approx 3\,701$ r/min = 61.7 Hz

因为支承形式无外伸端圆盘，则 $G_j = 0$、$c_j = 0$，所以

$$\frac{1}{n_{\mathrm{cr1}}^2} \approx \frac{875 \times 1\ 300^3}{9.04 \times 10^9 \times 9.07^2 \times 104.2^4} + \frac{225.74 \times 10^{12}}{27.14 \times 10^9 \times 1\ 300 \times 104.2^4}$$

$$= 1.852 \times 10^{-8} + 5.427 \times 10^{-8} = 7.3 \times 10^{-8}$$

$$n_{\mathrm{cr1}} = \sqrt{\frac{1}{7.3 \times 10^{-8}}} \approx 3\ 701\,(\mathrm{r/min})$$

11.5　机械噪声及其评价

11.5.1　机械噪声的分类与特性

（1）起源不同的机械噪声。

①机械性噪声。

机械性噪声因固体振动而产生，如齿轮传动部件、曲柄连杆部件、链传动部件、轴承部件、液压系统部件等多种运动部件产生的噪声，以及某些结构件因振动而产生的噪声。

②气体动力性噪声。

气体动力性噪声因气体振动而产生，如风机、压缩机、活塞式发动机等所产生的主要噪声，以及因气流激发而产生的噪声，如喷注噪声、排气噪声、卡门（Karman）旋涡噪声。

③电磁性噪声。

电磁性噪声是因高频谐磁场的相互作用，引起电磁性振动而产生的噪声，如电动机、发电机、变压器等产生的噪声。

（2）强度变化不同的机械噪声。

①稳态噪声。

稳态噪声一般指噪声强度波动范围在 5 dB 以内的连续性噪声，或重复频率大于 10 Hz 的脉冲噪声。

②非稳态噪声。

非稳态噪声一般指噪声强度波动范围超过 5 dB 的连续性噪声。

③脉冲噪声。

脉冲噪声一般指持续时间小于 1 s，噪声强度峰值比其均方根值大 10 dB，而重复频率又小于 10 dB 的间断性噪声。

机械噪声是环境噪声的一个重要组成部分，因而成为环境保护的治理指标之一；同时它也是评价机器质量的重要指标。故控制机械噪声，使其降低至容许范围内，已成为机械设计中的重要课题。

11.5.2　机械噪声的评价

机械噪声通常为宽频带噪声，其强弱可用客观评价量（如声强级、声压级、声功率级等）或主观评价量（如 A 计权声级、A 计权声功率级、噪声评价数 NR 等）来进行评价。客观评价量是对机械噪声强弱的物理量度；而主观评价量则表征了人对机械噪声强弱的主观感觉，遵循国际通用的以人为本的原则，为保护环境、造福人类，工程中评价机械噪声常用主观评价量来进行

评价。

（1）声强与声强级。

单位时间内在垂直于声波传播方向的单位面积上所通过的能量称为声强,符号为 I,单位是 W/m^2。

$$I = \frac{E}{S} \tag{11-12}$$

式中　E——声功率（W）;

　　　S——面积（m^2）。

普通人的听觉能感受的声强范围很大,为 $10^{-12} \sim 1$ W/m^2。这样大的范围很难用一个线性尺度来计算,所以在声学中常用声强级来表示声波的强度。声强级是实际声强 I 与规定的基准声强 I_0 之比的对数。基础声强为 $I_0 = 10^{-12}$ W/m,它相当于频率 1 000 Hz 时人耳朵所能感觉到的最弱声强。设 L_1 为所测声强 I 的声强级,则

$$L_1 = \lg \frac{I}{I_0} \tag{11-13}$$

式中　I——实际声强;

　　　I_0——基准声强,声强级的单位为贝尔。

应用时常取其 $\frac{1}{10}$ 作为声强级的单位,称为分贝,符号为 dB,即

$$L_1 = 10\lg \frac{I}{I_0} \tag{11-14}$$

（2）声压与声压级。

声波是一种纵波,传播声波的介质在波动过程中,质量密集的地方压力大于静态大气压,质点稀疏的地方压力小于静态大气压。声波超过大气压就构成声压,符号为 P,单位为 Pa,即牛顿每平方米（N/m^2）。

声压与声强有密切关系。声压是声波在与其传播方向垂直的平面上的压力;声强则是在此平面上通过的能量。在自由声场中,某点的声强与该点的声压的平方成正比。

$$I = \frac{P^2}{\rho c} \tag{11-15}$$

式中　P——有效声压（Pa）;

　　　ρ——空气密度（kg/m^3）;

　　　c——空气中声波的传播速度（m/s）。

这里的声压其实是平均平方根声压,如图 11-10 所示,即

$$P_m = \sqrt{\frac{1}{t}\int_0^t P^2 \mathrm{d}t} \tag{11-16}$$

式中　P_m——平均平方根声压;

　　　P——瞬时声压;

　　　t——时间。

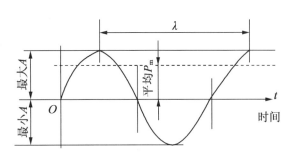

图 11-10　平均声压 P_m

如果声压有周期性,例如正弦形脉动声压,则用来取平均平方根值的时间应是一周期时间的整数倍,或远比周期长的一段时间。若是非周期性声压,则所取用以求平均值的时间须很长,即使时间稍有增减,也不致改变均方根的数值。

健康的年轻人耳朵能听到的最微弱的声音的声压约为 $P_0 = 2 \times 10^{-5}$ N/m²,这是下限,相应的声强为 10^{-12} W/m²。震耳欲聋的强噪声所具有的声压比可听的下限 P_0 大约高 100 万倍,因此不用线性尺度而用对数尺度来计算。习惯是以 $P_0 = 2 \times 10^{-5}$ N/m² 为基准声压,其他声压与基准声压之比的对数来恒量声强。以其比的对数来衡量。因声强与声压的平方成正比,所以声压级为

$$L_p = 10\lg \frac{P^2}{P_0^2} = 20\lg \frac{P}{P_0} \tag{11-17}$$

式中 L_p——声压级(dB);

      P——所量声压(Pa)。

(3)声功率与声功率级。

声源在单位时间内辐射出的总声能称为声功率。声功率的范围很宽,例如轻声耳语的声功率仅为 0.000 1 微瓦(10^{-10} W)或更小一些,而大功率的喷气式飞机的声功率可达千瓦级。所以人们常采用声功率级,将其一个实际声功率 W 与大家公认的基准声功率 W_0 之比的对数乘以 10 为单位,亦称"分贝",符号为 L_W,即

$$L_W = 10\lg \frac{W}{W_0} \tag{11-18}$$

其中,基准声功率为 10^{-12} W。

(4)A 计权声级。

由于人耳对声音的感受不仅和声压有关,而且还与频率有关,一般对高频声音感觉灵敏,而对低频声音感觉迟钝,为了使评价结果能与人的主观感觉一致,在以声级计为代表的测量仪器内,模拟人耳的听觉特性,设计了特殊的滤波器——频率计权网络,使声音信号在通过计权网络后得到不同程度的加权。这样一来,通过计权网络后得到的声级就已不再是客观物理量的评价量,而称为主观评价量,称为计权声压级或简称为计权声级。

一般声级计设置有 A、B、C 三种计权网络,它们的主要差别是对噪声的低频成分衰减程度不同,其中 A 计权与人耳的主观特性最为接近,故目前获得广泛的应用,称为 A 计权声级。某些声级计还设置有 D 计权网络,专用于飞机噪声的测量。A、B、C、D 计权特性曲线如图 11-11 所示,它们的衰减量见表 11-20。

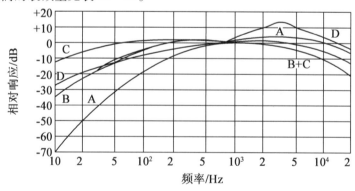

图 11-11   A、B、C、D 计权特性曲线

表 11 - 20　A、B、C、D 计权曲线衰减量

频率 /Hz	相对响应/dB				频率 /Hz	相对响应/dB			
	A 曲线	B 曲线	C 曲线	D 曲线		A 曲线	B 曲线	C 曲线	D 曲线
10	− 70.4	− 38.2	− 14.3	− 26.6	500	− 3.2	− 0.3	0	− 0.3
12.5	− 63.4	− 33.2	− 11.2	− 24.6	630	− 1.9	− 0.1	0	− 0.5
16	− 56.7	− 28.5	− 8.5	− 22.6	800	− 0.8	0	0	− 0.6
20	− 50.5	− 24.2	− 6.2	− 20.6	1 000	0	0	0	0
25	− 44.7	− 20.4	− 4.4	− 18.7	1 250	0.6	0	0	2.0
31.8	− 39.4	− 17.1	− 3.0	− 16.7	1 600	1.0	0	− 0.1	4.9
40	− 34.6	− 14.2	− 2.0	− 14.7	2 000	1.2	− 0.1	− 0.2	7.9
50	− 30.2	− 11.6	− 1.3	− 12.8	2 500	1.3	− 0.2	− 0.3	10.4
63	− 26.2	− 9.3	− 0.8	− 10.9	3 150	1.2	− 0.4	− 0.5	11.6
80	− 22.5	− 7.4	− 0.5	− 9.0	4 000	1.0	− 0.7	− 0.3	11.1
100	− 19.1	− 5.6	− 0.3	− 7.2	5 000	0.5	− 1.2	− 1.3	9.6
125	− 16.1	− 4.2	− 0.2	− 5.5	6 300	− 0.1	− 1.9	− 2.0	7.6
160	− 13.4	− 3.0	− 0.1	− 4.0	8 000	− 1.1	− 2.9	− 3.0	5.5
200	− 10.9	− 2.0	0	− 2.6	10 000	− 2.5	− 4.3	− 4.4	3.4
250	− 8.6	− 1.3	0	− 1.6	12 500	− 4.3	− 6.1	− 6.2	1.4
315	− 6.6	− 0.8	0	− 0.8	16 000	− 6.6	− 8.4	− 8.5	− 0.7
400	− 4.8	− 0.5	0	− 0.4	20 000	− 9.3	− 11.1	− 11.2	− 2.7

（5）A 计权声功率级数。

声功率是反映声源辐射声能速率与辐射特性的物理量,单位为瓦(W);对于确定的声源,其声功率是一恒量。声功率级则是声功率的相对表示,记为 L_W;声功率级通常是按一定的测量方法测得声压级后经换算而得到,当利用 A 计权网络测量时,则可换算得到 A 计权声功率级,作为一个主观评价量,并记为 L_{WA},其单位为分贝 dB(A)。

（6）噪声评价数 NR。

利用噪声评价数 NR(Noise Rating)评价噪声,同时考虑了噪声在每个倍频带内的强度和频率两个因素。故比单一的 A 声级做评价指标更为严格。噪声评价数这一评价指标主要用于评定噪声对听觉的损伤、语言干扰和对周围环境的影响。NR 数可由下式决定:

$$NR = \frac{L_{PB1} - a}{b} \tag{11 - 19}$$

式中　L_{PB1}——倍频程声压级;

　　a, b——与各倍频程中心频率有关的常数,见表 11 - 21。

表 11-21　常数 a、b 值

一倍频程中心频率/Hz	63	125	250	500	1 000	2 000	4 000	8 000
a	35.5	22	12	4.8	0	-3.5	-6.1	-8.0
b	0.790	0.870	0.930	0.974	1	1.015	1.025	1.030

为了便于实际应用,已将式(11-19)绘制成噪声评价曲线(NR 曲线),如图 11-12 所示。

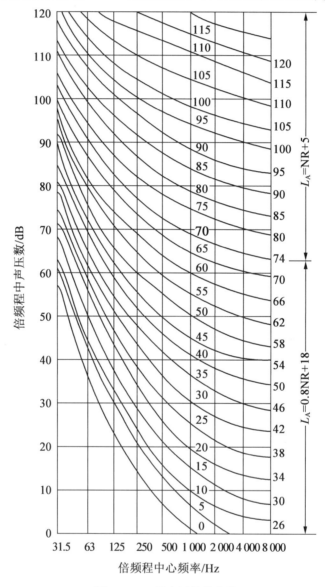

图 11-12　噪声评价数曲线

其特点是强调了噪声的高频成分比低频成分更为烦扰人的特性。同一曲线上各倍频程的噪声级对人们的干扰程度相同,每条曲线在中心频率为 1 000 Hz 处的频带声压级数值即为该曲线的噪声评价数,亦即噪声评价曲线的序号。

对某机器或环境噪声的评价,是以其倍频程噪声频谱最高点所靠近的曲线值作为它的 NR

数。例如:某噪声其倍频程频谱的最高点接近 NR75 的曲线,则该噪声的评价数为 NR75。

用实测噪声的 NR 数与允许的 NR 数相比较,即可判定噪声是否超标,在哪几个频带内超标。

噪声评价数 NR 在数值上与 A 声级的关系可近似表示为

当 $L_A < 75$ dB(A)时,

$$L_A \approx 0.8NR + 18 \tag{11-20}$$

当 $L_A > 75$ dB(A)时,

$$L_A \approx NR + 5$$

(7)声波的综合。

注意声级(声强级、声压级、声功率级)都是对数量,在声级相加相减时,不能直接进行代数运算,而必须进行对数运算。

以声压级的综合为例,如果声场中有两个以上声源,则声场中的任意一点将同时收到两个以上声源发出的压力波的作用。此点的声压级就不是单独一个声源作用的结果,也不是来自各个声源的声压级的代数和。声功率也一样,这是因为声压级和声功率级是对数量。在求声压级总和时必须先找出各个声压级的反对数,然后相加。其反对数和的对数,才是声压级的综合。若有

$$L_{P1} = 10\lg\left(\frac{P_1}{P_0}\right)^2 \qquad L_{P2} = 10\lg\left(\frac{P_2}{P_0}\right)^2$$

$$\left(\frac{P_1}{P_0}\right)^2 = 10^{\frac{L_{P1}}{10}} \qquad \left(\frac{P_2}{P_0}\right)^2 = 10^{\frac{L_{P2}}{10}}$$

所以

$$L_{PT} = 10\lg\left[\left(\frac{P_1}{P_0}\right)^2 + \left(\frac{P_2}{P_0}\right)^2\right] = 10\lg\left[10^{\frac{L_{P1}}{10}} + 10^{\frac{L_{P2}}{10}}\right]$$

当 $P_1 = P_2$ 时,

$$L_{PT} = 10\lg\left[2 \times 10^{\frac{L_{P1}}{10}}\right] = 10\lg 10^{\frac{L_{P1}}{10}} + 10\lg 2 = 10\lg\left(\frac{P_1}{P_0}\right)^2 + 3$$

式中　L_{PT}——总声压级(dB)。

因此,两个声压级相同的噪声叠加起来的声压级只比一个噪声的声压级增加了 3 dB。对于几个不同声压级的噪声的综合则为

$$L_{PT} = 10\lg\left[10^{\frac{L_{P1}}{10}} + 10^{\frac{L_{P2}}{10}} + \cdots + 10^{\frac{L_{Pn}}{10}}\right] = 10\lg\left[\sum_{i=1}^{n} 10^{\frac{L_{Pi}}{10}}\right] \tag{11-21}$$

如果有 n 个相同声压级的声源同时作用,则总的声压级的和为

$$L_{PT} = 10\lg\left(\frac{P_1}{P_0}\right)^2 + 10\lg n \tag{11-22}$$

同理,对于 n 个不同声功率级的综合为

$$L_{WT} = 10\lg\left[10^{\frac{L_{W1}}{10}} + 10^{\frac{L_{W2}}{10}} + \cdots + 10^{\frac{L_{Wn}}{10}}\right] = 10\lg\left[\sum_{i=1}^{n} 10^{\frac{L_{Wi}}{10}}\right]$$

式中　L_{WT}——总声功率级;

　　　L_{Wi}——第 i 个声源的声功率级。

有些场合需要将声压级相减,例如将测量得的机器噪声声压级中减去本底噪声的声压级,

以得出所测机器发声的声压级。

如果本底噪声低于机器噪声的声压级 12 dB 以上,则本底噪声对总声压级的作用就不大了。

噪声相减与噪声相加的步骤相似。

$$L_P = 10\lg\Big[\Big(\frac{P_T}{P_0}\Big)^2 - \Big(\frac{P_B}{P_0}\Big)^2\Big] = 10\lg\big[10^{\frac{Lt}{10}} - 10^{\frac{Lb}{10}}\big] \qquad (11-23)$$

式中 L_P——所测机器的声压级(dB);

        L_T——所测得的总声压级(dB);

        L_B——本底噪声的声压级(dB)。

还可以用图解法直接从曲线上查。从图 11-13 可以看出两个相等声压级的噪声的综合是单个声源的声压级加 3 dB。四个相等声压级的综合是单个声源的声压级加 6 dB。

当两个声源发出的噪声级不相等时,可采用图 11-14 的曲线。

从图中可以看出如果两声源的声压级相等,即差值为零时,综合噪声的声压级比单个声源的声压级高 3 dB。如果两声源的声压级差 6 dB,综合噪声只比较大噪声源的声压级高 1 dB。从图中还可以看出当两个声源的声压级相差 10 dB 以上时,其综合声压级比原来较大的声压级大不了多少,其增量在 0.4 dB 以下。

两个声源的声压级相差越大则增量越少。原来噪声较低的那个声源对总噪声级起的作用越小。

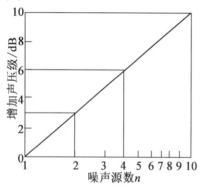

图 11-13 相等声压级的 n 个声源综合

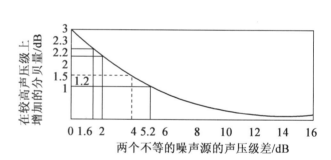

图 11-14 不相等噪声源的声压级差(dB)

例 1 有五台机器同时运转,所发出噪声的声压级分别为 92、92、90、88、87 dB。求总的声压级。

解:先以两个 92 dB 综合,是加 3 dB 得 95 dB。90 dB 与 88 dB 相差 2 dB。从图 11-14 可知差 2 dB 时综合为较高声压上加 2.2 dB,即为 92.2 dB。此值与 87 dB 综合时差为 5.2 dB。从图中找出相应增加值为 1.2 dB,即得 92.2+1.2=93.4 dB。再将此值与 95 dB 综合,其差值为 95-93.4=1.6(dB),再从图曲线中找出相应增加 2.3 dB。总声压级便是 95+2.3=97.3(dB)。

例 2 机器开动时测得声压级为 82 dB,停机后测得背景环境噪声为 78 dB,求机器本身的噪声。

解:两个噪声的差值为 4 dB,从图 11-14 查出应增加 1.5 dB,因此机器本身的噪声应是 82-1.5=80.5(dB)。

11.5.3　法规及标准

为了避免噪声的危害,各国对不同环境、不同条件或不同声源做了一定限制的规定。噪声控制标准是在各种条件下,为各种目的规定的容许噪声级标准。这些标准主要是以保护听力为依据的,所以它表达了人们对噪声的容忍程度、暴露于强噪声下的容许时间,从背景噪声中语言通信的可靠性。工作、学习、修养、睡眠等环境下,人对噪声的反应等。此外,还有各种机器设备和产品的噪声辐射容许标准,以及各种交通器具产生的噪声的容许标准。科学不断发展,机器设备的质量及水平不断提高,人们对限制噪声的要求也不断提高,因而常有较高的新的标准或规定代替或补充原有的标准或规定。

世界各国的听力保护标准起点大多以 8 h 的工作,允许暴露声级为 90 dB(A),有的国家起点定为 85 dB(A)。对于暴露时间不到 8 h 的,一般采用等能量规律,可提高允许暴露声级。例如,每天 8 h 的暴露时间减为 4 h,允许暴露声级可提高为 93 dB(A),即暴露时间减半,允许暴露声级便可提高 3 dB(A);但允许暴露声级有最高限制,在任何情况下,连续噪声以115 dB(A)为极限,脉冲噪声以 140 dB(A)为极限。换句话说,为了保护听力在 90 dB(A)的噪声环境中,可暴露 8 h,环境噪声每增加 3 dB(A),暴露时间就要减半。如果一个人间歇地暴露在稳定噪声中,则其听力有可能间歇地得到恢复,因而允许暴露声级可以略高。表 11 − 22为间歇性暴露的噪声允许声级 dB(A)。

表 11 − 22　间歇性暴露的噪声允许声级 dB(A)

分段数 暴露时间	8 h 工作中分段暴露的噪声声级							
	1	3	7	15	25	35	75	150 以上
8 h	90							
6 h	91	92	93	94	94	94	94	94
4 h	93	94	95	96	97	98	99	100
2 h	96	98	100	103	104	106	109	112
1 h	99	102	105	109	111	114	115	
30 min	102	106	110	114	115			
15 min	105	110	115					
8 min	108	115						

我国根据国情,对新建、扩建、改建企业与 1980 年 1 月 1 日前已有企业做了区别,其生产车间、作业场所所允许噪声声级见表 11 − 22a 和表 11 − 22b。

表 11 − 22a　新建、扩建、改建企业参照表

每个工作日接触噪声的时间/h	8	4	2	1	最高不得超过 115 dB(A)
允许噪声声级/dB(A)	85	88	91	94	

表 11-22b   已有企业暂时达不到标准时的参照表

每个工作日接触噪声的时间/h	8	4	2	1	最高不得超过 115 dB(A)
允许噪声声级/dB(A)	90	93	96	99	

11.5.4   语言干扰标准

语言干扰级实际上是清晰度计算的简化。它是 500、1 000、2 000、4 000 四个倍频程声压级的算术平均值,因为人们的语言主要在这四个倍频程的频率范围中。

如果环境的声压级低于 55 dB(A),则对语言没有干扰。但是如果环境噪声达到 65 dB 以上,就会干扰谈话,必须提高嗓门才能交谈。这就是语言干扰级。如果环境噪声达到 90 dB(A),则大声叫喊也听不清楚了。

噪声大则只有在较近距离内可以交谈,表 11-23 是噪声对语言可懂度的影响。

表 11-23   环境噪声对语言的影响

环境噪声/dB(A)	以正常嗓音交谈的最大距离/m	提高嗓音交谈的距离/m
48	7	14
53	4	8
58	2.2	4.5
63	1.3	2.5
68	0.7	1.4
73	0.4	0.8
77	0.22	0.45
82	0.13	0.25
87	0.07	0.14
92	—	0.08

表 11-24 是普通人的听觉在噪声环境中通电话的质量。

表 11-24   噪声对电话通话的影响

环境噪声/dB(A)	55	65	80	80 以上
电话通话质量	满意	稍有困难	困难	不满意

为了提高机械产品质量,避免机械噪声造成环境污染,我国颁布了关于各类机械产品的噪声限值、噪声测量方法,平均声压级或声功率级的计算方法等的国家标准。参看《机械设计手册(新版)》第五册,2004 年列出了部分有关机械噪声的国家标准名称供参考。

11.6 机械噪声源特性及其控制

11.6.1 一般控制原则与控制方法

（1）机械噪声源中，机械性噪声和气体动力性噪声的控制原则见表 11 - 25。

表 11 - 25 机械噪声控制的一般原则

控制原则	措施举例
降低激振力	①用连续运动代替不连续运动 ②减少运动部件的质量及速度 ③提高机器和运动部件的平衡精度 ④控制运动部件间隙，减少冲击 ⑤改进机器性能参数
减小机械振动	①采用高阻尼材料或增加结构阻尼 ②增大刚度，如合理加肋等 ③改变零件尺寸，如增大壁厚，以改变固有频率 ④正确校正中心，改善润滑条件 ⑤采用减震器、隔震器或缓冲器
降低气体动力性噪声	①防止气流压力突变，消除湍流噪声、射流噪声和激波噪声 ②降低气流速度，减小气体压降和分散降压 ③设计高效消声器 ④改变气流频谱特性，向高频方向移动 ⑤降低气流管道噪声，如改变管道支持位置等
降低机械性噪声	①减小齿轮、轴承、驱动电机、液压系统等噪声 ②改进部件结构和材料，如设计新型凸轮等 ③合理设计罩壳、盖板、防止激振，减少噪声辐射 ④设计局部隔音罩 ⑤采用电子干涉消声装置，降低窄频噪声

（2）某些机械设备噪声的控制方法，见表 11 - 26。

表 11-26　某些机械设备的噪声控制方法

设备种类	推荐的噪声控制方法（打√者为推荐方法）				
	吸音	隔声	振动阻尼	隔振	消声器
制螺钉机		√		√	
冲床	√	√	√	√	
冷轧机		√		√	
滚筒		√		√	
研磨机	√	√		√	
钻床		√		√	
车床				√	
滚齿机				√	
焊机		√	√		
打孔机	√	√		√	
铆钉机	√	√	√	√	
剪切机		√		√	
锯床		√	√	√	
刨床		√		√	
风扇		√		√	√
鼓风机		√		√	√
压缩机		√		√	√
空调设备		√		√	√
发电机	√	√		√	
泵		√		√	
阀门、管道系统		√		√	√
印刷机	√	√		√	
精密仪器				√	
设备外罩	√	√		√	
振动机械		√		√	
拉床				√	

（3）工业噪声的一般控制方法，见表 11-27。

表 11 - 27　工业噪声的一般控制方法

控制职能	控制途径		一般控制方法	举例	备注
工程方面	噪声源	维护	经过零件的调换、修理、调节和校正,维持原有的噪声	更换磨损的轴承或零件,调整松动了的配合,扣紧已松开的盖板或安全防护罩	通常是现有设备噪声级增大的主要原因
		运转	降低驱动力	运转速度不高于实际需要的数值,降低加速与减速时的驱动力	可能需要使用大型低速驱动电机
			减小摩擦力	运转部件的良好润滑。在切削和磨削时,应利用润滑油和冷却剂。使用锋利适度的道具	目前已普遍采用
			将工作的能量分散在较长的一段时间内	采用分段的冲模,采用水压机和采用油膜缓冲器	冲击噪声取决于冲击力的最大幅值和钣金工加工操作的特点
			变更人—机站位的分界面	当噪声的指向性明显时,改变噪声源的位置或方向	只对近场有效,在混合响声场中噪声的降低甚少
			降低材料运输中的冲击噪声	在台架导轨、滑行道、输送设备中,采用弹性衬垫	利用薄的金属涂层,可将弹性衬垫的损耗减少到最低程度
		调整	减小振动表面的响应	增加刚性或质量,采用阻尼材料,改进支承	增加刚性或质量,将相应地提高或降低固有频率。阻尼胶带或直接将阻尼材料喷涂在金属表面上将使噪声降低,这对金属薄板最为有效
			改变或控制流体流动	安装进气或排气消声器。降低风扇叶片外缘的线速度。重新设计风扇叶形以减小湍流。降低蒸汽喷射速度。将排气噪声引导到人不注意的区域	消声器能降低高频噪声 30 ~ 50 dB;低频噪声 6 ~ 20 dB。对于无阻挡的喷射流体,噪声功率正比于流速的 6 ~ 8 次方
			使用弹性的或内耗大的材料	尼龙齿轮,以带式传动代替齿轮,采用低强度钢	在重载荷情况下不适用。磨损问题用留有留量的设计来部分地加以解决
			减少辐射表面面积	将表面分隔成更小的面积。零件呈流线型。采用穿孔金属表面	能减少低频辐射噪声
			转动力或磁性力的平衡	采用可转动的平衡块或往复的构件	刚性不足的电动机,必须在三个平面上进行平衡

续表 11 – 27

控制职能	控制途径		一般控制方法	举例	备注
工程方面	声传递途径	固体声的传递	利用效率差的传动件将刚性组件隔离	挠性支承、挠性联轴器、弹性罩壳	降低数分贝至 20 ~ 30 dB。弹性或多孔材料是有成效的
		空气声的传递	在一般工作场所的声吸收	在墙上或平顶上应用或悬挂吸声纤维板	工业噪声控制中,大部分的通用处置方法,噪声总声级降低的限值约为 10 dB,对于近场噪声的降低收益甚少
			局部隔声罩	在管道内表面衬以吸声材料和在声源外面包覆单层或复合结构的隔声板	降低 10 ~ 15 dB
			整机隔声罩	具有隔声检查孔的隔声罩。在罩内表面通常衬以吸声材料	在恰当的设计前提下,可降低声级 20 ~ 40 dB,但应注意,不影响散热、维修及操作
管理方面	个人	工作时间安排	工作人员的轮班	根据工业企业卫生标准,限制工作人员噪声暴露时间的长短	对生产和工作人员的安排会带来困难
			操作方面的变更	硬性限制暴露在强噪声中的操作时间	对流水线作业的工矿企业一般不易实现
	工厂和设备	工厂设计	基地定点和工厂的远景规划	最佳利用地形建筑物的外形,运行调度和工厂设计与设备的选择	要求对周围环境的噪声级、地形和机器与生产过程中的噪声特性进行分析。考虑从长远角度最经济的规划
			改变工厂的设计	具有噪声的生产过程的集中或分散	能利用现有的设备与结构作为天然的屏障
		设备选用	对购买设备的技术要求	在购买设备的技术要求中,要包括噪声指标。对新设备的噪声特性应有要求	对长期有效的控制噪声是安全的,这比事后花费的代价要少
			工作过程的改善	冲压代替锻造,焊接代替铆接,用挤压工艺较液压好	并非普遍可行
	声接受处	个人	可更换的耳朵保护用品	耳塞、护耳套、护耳头盔	对公共噪声的改善无效
		结构	永久性的隔声措施	操作人员和监控仪器的位置采用隔声间	当人—机站位的分界面是间接的和固定地点的,且工作人员数较少时,这种方法还是有效的

11.6.2　齿轮及滚动轴承噪声及其控制

齿轮噪声的产生是由于齿轮本身可视为一弹簧质量系统(齿轮可视为板簧,而轮体则视为质量块),在齿轮啮合过程中,齿轮的各种误差及轮弹性刚度的周期性变化等造成的激励,使这一系统产生了周向、径向和轴向的振动,通过固体传导或直接辐射等传播途径而形成齿轮噪声。齿轮噪声的主要频率成分有啮合频率和自激励频率,啮合频率 f_Z 由下式计算,即

$$f_Z = \frac{NZ}{60} \tag{11-24}$$

式中　N——齿轮转速(r/min);

　　　Z——齿轮齿数。

当齿轮安装有偏心时,啮合频率往往还伴有上、下边频带,这些边频带是由轴的旋转频率 f_r 与齿轮的啮合频率相互调制而产生的。上、下边频带的计算,为

上边频带　　　　　　　　　　　$f_{up} = f_Z + nf_f$

下边频带　　　　　　　　　　　$f_{down} = f_Z - nf_f$ 　　　　(11-25)

式中　f_r——轴的旋转频率,$f_r = \dfrac{N}{60}$ Hz;

　　　n——自然正整数,$n = 1,2,3,\cdots$。

齿轮噪声的控制,可以从设计、结构、制造、材料等方面考虑,见表 11-28。

在采取某些措施后,齿轮噪声的可能降噪量,见表 11-29。

表 11-28　齿轮噪声控制途径与措施

控制途径	措施举例	
改进设计参数	降低齿轮圆周速度	当齿轮圆周速度由 u_1 降至 u_2 时,齿轮噪声的衰减值 ΔL 为 $$\Delta L = 23\lg \frac{u_1}{u_2}$$
	减小齿轮模数	可相应增大重叠系数,从而降低相对滑动使运转平稳,噪声降低
	减小齿形角	亦可增大重叠系数,并减轻啮合时冲击
	合理确定齿隙	使齿隙大小合适。齿隙过大,易产生冲击;齿隙过小,啮合时排气的速度增大,都使噪声增大
改进结构形式	(1)在相同条件下,斜齿轮由于重叠系数,一个轮齿上分担的载荷小噪声降低,而直齿轮噪声大 (2)人字齿轮比斜齿轮噪声降低更为显著 (3)螺旋锥齿轮比直齿轮噪声低,双曲线锥齿轮则更低	
改进制造工艺	(1)启齿、研齿及剃齿可降低齿轮噪声 (2)齿形加工处必须准确,严格控制热处理后齿形的变形 (3)齿顶修缘后必须与标准齿轮对研 (4)啮合齿轮的两轴中心线的不平行度应保证在容许范围内	

续表 11 - 28

控制途径	措施举例
改变制造材料，增大外部阻尼	(1)在齿轮轮缘处压入摩擦系数较大的材料(如铸铁)制成的环 (2)在轮辐上加橡皮垫圈 (3)改用非金属材料或低噪声合金钢 (4)在轮辐等噪声辐射表面上涂以阻尼材料,如含铅量大的巴氏合金等

表 11 - 29　齿轮噪声的可能降噪量

影响因素	可能降噪量 $\Delta L / \mathrm{dB}$	备注
齿形误差	$0 \sim 5$ $5 \sim 10$	一般制造精度 超精度齿轮
齿表面粗糙度	$3 \sim 7$	在标准的制造技术范围内
周节误差	$3 \sim 5$	
齿向误差	0.8	包括两轴不平行引起的齿向误差
速度	$\propto 10 \lg \left(\dfrac{U}{U_0} \right)$	
齿轮负荷	$\propto 10 \lg \left(\dfrac{L}{L_0} \right)$ $\propto 20 \lg \left(\dfrac{L}{L_0} \right)$	低速小负荷 高速小负荷及低速大负荷
传递功率	$\propto 20 \lg \left(\dfrac{LU}{L_0 U_0} \right)$	低速小负荷除外
啮合系数	$0 \sim 7$	越大越好,可能的话取大于 2.0 的值
压力角		越小越安静
螺旋角	$2 \sim 4$	对由直齿轮改为斜齿轮而言
齿侧间隙	$0 \sim 14$ $3 \sim 5$	间隙过大 间隙过小
齿宽	0	对比载荷而言毫无作用
空气挤压效应	$6 \sim 10$	$v \geqslant 1\ 524\ \mathrm{m/min}(25.4\ \mathrm{m/s})$
齿轮箱体	$6 \sim 10$	如果发生共振
齿轮阻尼	$0 \sim 5$	如果共振或需要防振
轴承	$0 \sim 4$	增加阻尼,某些形式可增加结构刚度
轴承安装	$0 \sim 2$	能增加寿命和消除某些振动频率
润滑	$0 \sim 2$	处理不当可能产生其他问题

(1)滚动轴承噪声及其控制。

轴承噪声与轴承本身的设计、精度、类型、安装及使用条件等因素有关。轴承噪声对精密机械是不容忽视的主要噪声源。轴承噪声一般具有宽的频率范围,滚动轴承的频率估算见表 11 - 30。由于轴承套圈的沟道加工留下波纹引起的振动,波纹波数与振动频率之间的关系见

表 11 - 31。

表 11 - 30　滚动轴承的频率估算公式

轴承运转状态	频率估算公式/Hz
轴转动频率	$f = \dfrac{N}{60}$
滚动体自转频率	$f = \dfrac{N}{120} \cdot \dfrac{D}{d}\left(1 - \dfrac{d^2}{D^2} - \cos^2 \varphi \right)$
外环固定,保持架转动频率	$f = \dfrac{N}{120}\left(1 - \dfrac{d}{D}\cos \varphi \right)$
外环固定,外环上固定点与滚动体的接触频率	$f = \dfrac{ZN}{60}\left[1 - \dfrac{1}{2}\left(1 - \dfrac{d}{D}\cos \varphi \right) \right]$
外环固定,保持器相对内环的转动频率	$f = \dfrac{N}{60}\left[1 - \dfrac{1}{2}\left(1 - \dfrac{d}{D}\cos \varphi \right) \right]$
内环固定,保持器转动频率	$f = \dfrac{N}{120}\left(1 + \dfrac{d}{D}\cos \varphi \right)$
内环固定,内环上固定点与滚动体的接触频率	$f = \dfrac{ZN}{120}\left(1 + \dfrac{d}{D}\cos \varphi \right)$
内环固定,保持器相对外环的转动频率	$f = \dfrac{N}{60}\left[1 - \dfrac{1}{2}\left(1 + \dfrac{d}{D}\cos \varphi \right) \right]$
内环固定,外环上固定点与滚动体的接触频率	$f = \dfrac{ZN}{60}\left[1 - \dfrac{1}{2}\left(1 + \dfrac{d}{D}\cos \varphi \right) \right]$
滚动体上固定点与内外环的接触频率	$f = \dfrac{N}{60} \cdot \dfrac{D}{d}\left(1 - \dfrac{d^2}{D^2}\cos^2 \varphi \right)$

注:N——每分钟转速;Z——滚动体个数;D——轴承节圆直径;d——滚动体直径;φ——滚动体与滚道接触角

　　轴承噪声的控制措施,包括仔细选择轴承及其使用条件;提高轴承加工精度;减小轴承安装后的径向间隙;良好的润滑;增大轴承安装支座的刚度;防止轴承锈蚀和杂质进入轴承等。

表 11 - 31　波峰数与振动频率

波纹	波峰数		振动频率	
	径向	轴向	径向	轴向
内环	$nZ \pm 1$	nZ	$nZf_i \pm f_v$	nZf_i
外环	$nZ \pm 1$	nZ	nZf_c	nZf_c
滚动体	$2nZ$	$2n$	$2nf_b \pm f_c$	$2nf_b$

注:n——正整数;Z——滚动体个数;f_v——内环转速(Hz);f_c——保持器转速(Hz);f_b——滚动体自转转速(Hz);$f_i = f_v - f_c$

（2）液压系统噪声及其控制。

液压系统噪声源，主要是液压泵、溢流阀、换向阀、液压管路系统和系统中的空穴现象。液压系统噪声的产生过程，如图 11 – 15 所示。液压系统噪声控制的一般原则及措施，见表 11 – 32。

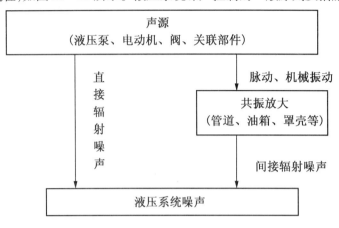

图 11 – 15　液压系统噪声的产生过程

表 11 – 32　液压系统噪声控制的一般原则及措施

一般原则	改进部件类别	措施举例
降低激振力和减少液压泵脉动	液压泵	（1）外啮合泵采用困油槽，减少困油影响（齿轮泵） （2）柱塞泵采用多柱塞和奇数柱塞，使流量平稳 （3）柱塞泵和叶片泵的高压配流槽与低压配流槽增开小沟，使压力渐变，防止压力冲击 （4）叶片泵采用平衡式结构，以控制困油
	液压系统	采用蓄触器，减轻流量和压力的波动
	阀件	换向阀采用电液控制，防止启、闭过快
减少结构震动	液压泵的安装	（1）液压泵与电动机安装时，轴承不同心度应在允许范围内。采用挠性联轴节 （2）液压泵与电机安装时，采取隔振措施
	液压管路	（1）管路刚度要足够，在管路支点上设置隔振垫 （2）管路内壁光滑，截面变化均匀 （3）改善管路支承，增加弹性接头，防止管路共振
	阀件	（1）降低流速及压降 （2）将阀座受阻区分成几个，逐渐节流
减少系统中的空穴现象	液压泵	减少液压泵进口管的压力
	液压管路	管路中排气孔尽量少用陡弯、突粗、突细管路
	阀件	高压节流阀出口防止空穴

（3）气体动力性噪声及其控制。

高速气流、不稳定气流以及由于气流与物体相互作用而产生的噪声，称为气体动力性噪声。按噪声产生的机理和特性，气体动力性噪声可分为：喷射噪声（射流噪声），涡流噪声（湍流噪声),旋转噪声,周期性进、排气噪声,激波噪声和火焰燃烧噪声等。

①气体动力性噪声的基本声源。

气体动力性噪声源,通常可用一个或多个基本声源表示,各类基本的气体动力性噪声源特性,见表 11 – 33。

表 11 – 33 基本的气体动力性噪声源

基本声源类型	辐射声功率	辐射效率	与气流速度的关系	举例
单极子	$\propto \rho \dfrac{L^2}{c} V^4 = \rho L^2 V^3 M$	$\propto M$	$\propto V^4$	周期性排气噪声、燃烧噪声
偶极子	$\propto \rho \dfrac{L^2}{c^3} V^6 = \rho L^2 V^3 M^3$	$\propto M^3$	$\propto V^6$	涡流噪声
四极子	$\propto \rho \dfrac{L^2}{c^5} V^8 = \rho L^2 V^3 M^5$	$\propto M^5$	$\propto V^8$	喷射噪声

注:ρ——气体介质密度(kg/m^3);c——声速(m/s);V——气流速度(m/s);L——有关的特征尺寸(m);M——马赫数,$M = \dfrac{V}{c}$;辐射效率等于声功率与机械功率之比

②气体动力性噪声的特性与控制措施。

射流噪声、涡流噪声和激波噪声的峰值频率f_p为

$$f_p = S_{tr} \frac{V}{d} \qquad (11 - 26)$$

式中 V——气流速度(m/s);

d——气流受阻时,障碍物的特征尺寸,对于圆管即为直径(m);

S_{tr}——斯脱罗哈(Strouhal)数,是与雷诺数有关的无量纲数,见表 11 – 34。

旋转噪声的频率,则是叶片通过频率与高次谐波频率的合成,其各次谐波频率f_i为

$$f_i = \frac{nz}{60} i \qquad (11 - 27)$$

式中 n——每分钟转速(r/min);

z——叶片数;

i——自然正整数,$i = 1, 2, 3, \cdots$。

燃烧噪声具有较宽的频带,其中燃烧噪声大部分声能集中在 250 ~ 60 Hz 范围内;而振荡燃烧噪声,则含有高频谐波成分,每一谐波成分的带宽通常小于 20 Hz。

气体动力性噪声的控制措施主要有:降低流速;减小压降;分散压降和改变噪声的峰值频率,例如在总截面积保持不变的情况下,用若干小喷管来代替一个大喷管,根据式(11 – 26)就能将噪声峰值频率往高频方向移动,以便后接消声器,容易取得较好的效果;减小气流管道中障碍物的阻力,如把管道中的导流器、支承物改进成流线型,表面尽可能光滑,可减小涡流噪声,也可调节气阀和节流板等,并采用多级串联降压方式,以减弱噪声声功率;降低叶片尖端的速度,增加叶片数,均可降低旋转噪声;在排气口安装扩张室或共振腔等形式的抗性消声器,可降低周期性排气噪声;选择风量合适的风机,采取保证可燃气体或气体流速稳定的措施,在燃烧器中使用 1/4 波长管、亥姆霍兹共振器、吸声材料衬层等,均能减小燃烧噪声。

表 11 – 34　斯脱罗哈数 S_{tr} 的经验数值

气体动力性噪声类型	气体激发振动的特征条件		S_{tr}
涡流噪声	气体受阻而产生绕流,由卡门旋涡产生的振动和噪声 对单个圆柱形		0.22
	对顺列管束		$\left(\dfrac{0.18}{T}+\dfrac{0.36}{l}\right)d$
	对错列管束		$\left(\dfrac{0.34}{T}+\dfrac{0.67}{l}\right)d$
喷射噪声	高速气流由圆管口喷出		1.5 ~ 2.0
激波噪声	高速气流通过阀门时, 阀门前后端的压强比不同	压强比为 2 时	0.60
		压强比为 4 时	0.15
		压强比为 8 时	0.08

参考文献

[1] 庞志成.液体气体静压技术[M].哈尔滨:黑龙江人民出版社,1981.

[2] 庞志成.液体静压动静压轴承[M].哈尔滨:哈尔滨工业大学出版社,1991.

[3] 庞志成,韩铁香.液体静压支承动态特性分析、实验及其应用[J].机械工程学报,1991, 27(4):49-54.

[4] PANG Zhicheng GOU Jianhui. Theory, holographic photoelastic experiment and application of elastohydrostatic lubrication[J]. Wear,1991,146(1):99-105.

[5] PANG ZhiCheng, WANG Shuguo, LIU Qingming. Theoretical and experimental study of the dynamic transient characteristics of a hydrostatic bearing[J]. Wear,1993,160(1):27-31.

[6] PANG Z C,ZHAI W J,SHUN J W. The study of hydrostatic lubrication of the slipper in a high-pressure plunger pump[J]. Tribology Transactions,1993,36(2):316-320.

[7] PANG Zhicheng. The study of hydrostatic lubrication of the bydrostatics bearings[J]. Wear, 1993,166(6):316-320.

[8] 庞志成,马岩.最佳动态稳定条件下的静压轴承优化设计[J].哈尔滨工业大学学报, 1989(1):86-92.

[9] 庞志成,韩铁香.柱塞泵滑履静压润滑的研究[J].液压工业,1988(2):13-18.

[10] 庞志成,环隙节流静压轴承静动态特性的理论与实验研究及应用[J].机床与液压, 1989(5):35-39.

[11] 庞志成,荣涵锐,孙殿才.扭板反馈节流液体静压轴承的理论与试验研究[J].哈尔滨 工业大学学报,1985(3):98-103.

[12] 庞志成,胡正涛.翘板反馈节流静压轴承的研制[J].机床,1985(9):6-8.

[13] 庞志成,韩铁香,荣函锐,等.摆板反馈节流静压轴承的理论与实验研究[J].哈尔滨工 业大学学报,1987(4):96-102.

[14] 万长森.滚动轴承的分析方法[M].北京:机械工业出版社,1987.

[15] 十合晋一.气体轴承的设计与制造[M].刘湘,徐桢基,译.哈尔滨:黑龙江科学技术出 版社,1988.

[16] 孟宪源.现代机械手册[M].北京:机械工业出版社,1994.

[17] 广州机床研究所.液体静压技术原理及应用[M].北京:机械工业出版社,1972.

[18] 庞志成,荣涵锐,孙殿才,等.弹性元件反馈节流静压轴承的理论与实验研究与应用 [J].润滑与密封,1985(6):11-16.

[19] 庞志成,陈亚元.用于C512型立式车床的液体静压支承系统[J].设备维修.1983(2): 21-26.

[20] 庞志成,叶瑞达.弹性流体动压润滑理论及全息光弹试验研究[J].机械工程师,1987(3): 2-5.

[21] 许尚贤.缝隙式动静压轴承的优化设计[J].润滑与密封,1984(4):4-14.

[22] 庞志成.楔腔液体动静压混合轴承[J].机械工程,1991(1):28-31.

[23] 庞志成,荣涵锐,王培俊.倾斜腔液体动静压混合轴承的理论分析与试验研究[J].哈 尔滨工业大学学报,1989(6):88-94.

[24] 姜复兴,庞志成.惯导测试设备原理与设计[M].哈尔滨:哈尔滨工业大学出版社,

1998.

[25] 机械设计手册编委会. 机械设计手册[M]. 北京:机械工程出版社,1991.

[26] 机械设计手册编委会. 机械设计手册[M]. 3 版. 北京:机械工业出版社,2004.

[27] 钱伟长. 弹性力学[M]. 北京:科学出版社,1954.

[28] 余俊. 摩擦学[M]. 长沙:湖南科学技术出版社,1984.

[29] 中国国家标准化管理委员会. 圆柱螺旋弹簧设计计算:GB / T23935—2009 [S]. 南京:凤凰出版社,2009.

[30] 陆明万,罗学富. 弹性理论基础[M]. 北京:清华大学出版社,1997.

[31] 王启德. 应用弹性力学[M]. 北京:机械工业出版社,1966.

[32] 黄炎. 工程弹性学[M]. 北京:清华大学出版社,1982.

[33] 梅晓榕. 自动控制原理[M]. 北京:科学出版社,2002.

[34] 庞志成,汪尔康,张正. 线性电流扫描过程中的液/液界面离子转移动力学[J]. 中国科学(B 辑 化学 生命科学 地学),1990,33(1):21 −27.

[35] POWELL J W. 空气静压轴承设计[M]. 丁维刚,译. 北京:国防工业出版社,1978.

[36] 庞志成. 液体静压支撑动态稳定性理论研究[J]. 哈尔滨工业大学学报,1982(4):86 −89.

[37] 南京工学院数学教研室. 积分变换[M]. 北京:人民教育出版社,1979.

[38] PANG Zhicheng, SUN Jingwu, ZHAI Wenjie, et al. The dynamic characteristics of hydrostatic bearings[J]. Wear,1993,166(2):215 −220.

[39] PANG Zhicheng, WANG Erkang, CHANG C A. Study on the transfer of the basic electrolyte ion Tpas + across the water/nitrobenzene interface by linear current scanning method [J]. Electrochimica Acta,1988, 33(10):1291 −1297.

[40] PANG Zhicheng, CHANG C A, WANG Erkang. Compensation for ohmic drop in the measurement of the potential difference at a liquid/liquid interface by the step current method [J]. Journal of Electroanalytical Chemistry and Interfacial Electrochemistry, 1988, 243 (1): 81 −86.

[41] PANG Z C, CHANG C A, WANG E K. Study on the transfer of the base electrolyte ion Tba + across the water nitrobenzene interface by the linear current scanning method[J]. Journal of Electroanalytical Chemistry,1987, 234(1 −2): 71 −84.

[42] WANG E K,PANG Z C. A Study of ion transfer across the interface of 2 immiscible electrolyte-solutions by chronopotentiometry with cyclic linear current-scanning[J]. Journal of Electroanalytical Chemistry, 1985,189(1):1 −20.

[43] WANG E K, PANG Z C. A study of ion transfer across the interface of 2 immiscible electrolyte-solutions by chronopotentiometry with cyclic linear current-scanning. 2. ion transfer facilitated by complex-formation in the organic-phase[J]. Journal of Electroanalytical Chemistry,1985, 189(1): 21 −34.

[44] WANG E K, PANG Z C. A study of ion transfer across the interface of 2 immiscible electrolyte-solutions by chronopotentiometry with cyclic linear current-scanning . 3. 2-component system [J]. Journal of Electroanalytical Chemistry, 1985,189 (1): 35 −49.